住房和城乡建设部“十四五”规划教材
高等学校土木工程学科专业指导委员会铁道工程指导小组规划教材

混凝土结构设计原理

吕晓寅　常　鹏　主　编

中国建筑工业出版社

图书在版编目（CIP）数据

混凝土结构设计原理 / 吕晓寅，常鹏主编. — 北京：中国建筑工业出版社，2023.8

住房和城乡建设部“十四五”规划教材 高等学校土木工程学科专业指导委员会铁道工程指导小组规划教材

ISBN 978-7-112-28443-6

Ⅰ. ①混… Ⅱ. ①吕… ②常… Ⅲ. ①混凝土结构—结构设计—高等学校—教材 Ⅳ. ①TU370.4

中国国家版本馆 CIP 数据核字(2023)第 038776 号

本书依据我国最新的标准和行业规范，介绍混凝土结构的材料性能、设计原理、计算方法及工程应用。主要内容包括绪论、材料的物理力学性能、混凝土结构设计方法、受弯构件正截面承载力、受弯构件斜截面承载力、受压构件的截面承载力、受拉构件的截面承载力、受扭构件的截面承载力、正常使用极限状态验算及耐久性设计、公路混凝土结构设计原理、铁路混凝土结构设计原理以及预应力混凝土构件。

本书可作为高等学校土木工程、结构工程等相关专业本科生的教学用书，也可作为从事混凝土结构设计的相关工程技术人员的参考书。

本书加入了大量数字资源，每章均附有以视频和图片形式呈现的相关知识应用背景，帮助读者更好地理解和掌握。

为了更好地支持相应课程的教学，我们向采用本书作为教材的教师提供课件，有需要者可与出版社联系。建工书院：http：//edu.cabplink.com，邮箱：jckj@cabp.com.cn，电话：（010）58337285。

责任编辑：聂　伟　吉万旺
文字编辑：卜　煜
责任校对：张惠雯

住房和城乡建设部“十四五”规划教材
高等学校土木工程学科专业指导委员会铁道工程指导小组规划教材
混凝土结构设计原理
吕晓寅　常　鹏　主　编
*
中国建筑工业出版社出版、发行（北京海淀三里河路 9 号）
各地新华书店、建筑书店经销
北京红光制版公司制版
北京云浩印刷有限责任公司印刷
*
开本：787 毫米×1092 毫米　1/16　印张：22¼　字数：549 千字
2023 年 6 月第一版　2023 年 6 月第一次印刷
定价：**58.00** 元（赠教师课件）
ISBN 978-7-112-28443-6
（40255）

出版说明

党和国家高度重视教材建设。2016年，中办国办印发了《关于加强和改进新形势下大中小学教材建设的意见》，提出要健全国家教材制度。2019年12月，教育部牵头制定了《普通高等学校教材管理办法》和《职业院校教材管理办法》，旨在全面加强党的领导，切实提高教材建设的科学化水平，打造精品教材。住房和城乡建设部历来重视土建类学科专业教材建设，从“九五”开始组织部级规划教材立项工作，经过近30年的不断建设，规划教材提升了住房和城乡建设行业教材质量和认可度，出版了一系列精品教材，有效促进了行业部门引导专业教育，推动了行业高质量发展。

为进一步加强高等教育、职业教育住房和城乡建设领域学科专业教材建设工作，提高住房和城乡建设行业人才培养质量，2020年12月，住房和城乡建设部办公厅印发《关于申报高等教育职业教育住房和城乡建设领域学科专业“十四五”规划教材的通知》（建办人函〔2020〕656号），开展了住房和城乡建设部“十四五”规划教材选题的申报工作。经过专家评审和部人事司审核，512项选题列入住房和城乡建设领域学科专业“十四五”规划教材（简称规划教材）。2021年9月，住房和城乡建设部印发了《高等教育职业教育住房和城乡建设领域学科专业“十四五”规划教材选题的通知》（建人函〔2021〕36号）。为做好“十四五”规划教材的编写、审核、出版等工作，《通知》要求：（1）规划教材的编著者应依据《住房和城乡建设领域学科专业“十四五”规划教材申请书》（简称《申请书》）中的立项目标、申报依据、工作安排及进度，按时编写出高质量的教材；（2）规划教材编著者所在单位应履行《申请书》中的学校保证计划实施的主要条件，支持编著者按计划完成书稿编写工作；（3）高等学校土建类专业课程教材与教学资源专家委员会、全国住房和城乡建设职业教育教学指导委员会、住房和城乡建设部中等职业教育专业指导委员会应做好规划教材的指导、协调和审稿等工作，保证编写质量；（4）规划教材出版单位应积极配合，做好编辑、出版、发行等工作；（5）规划教材封面和书脊应标注“住房和城乡建设部‘十四五’规划教材”字样和统一标识；（6）规划教材应在“十四五”期间完成出版，逾期不能完成的，不再作为《住房和城乡建设领域学科专业“十四五”规划教材》。

住房和城乡建设领域学科专业“十四五”规划教材的特点：一是重点以修订教育部、住房和城乡建设部“十二五”“十三五”规划教材为主；二是严格按照专业标准规范要求编写，体现新发展理念；三是系列教材具有明显特点，满足不同层次和类型的学校专业教学要求；四是配备了数字资源，适应现代化教学的要求。规划教材的出版凝聚了作者、主审及编辑的心血，得到了有关院校、出版单位的大力支持，教材建设管理过程有严格保障。希望广大院校及各专业师生在选用、使用过程中，对规划教材的编写、出版质量进行反馈，以促进规划教材建设质量不断提高。

住房和城乡建设部“十四五”规划教材办公室

2021年11月

前　言

本书依据我国国家标准和行业规范《铁路工程结构可靠性设计统一标准》GB 50216—2019、《公路工程结构可靠性设计统一标准》JTG 2120—2020、《建筑结构可靠性设计统一标准》GB 50068—2018、《铁路桥涵混凝土结构设计规范》TB 10092—2017、《公路钢筋混凝土及预应力混凝土桥涵设计规范》JTG 3362—2018、《混凝土结构设计规范》GB 50010—2010（2015 年版）和《工程结构通用规范》GB 55001—2021 等，在原教材《混凝土结构基本原理》（2012 年，吕晓寅等编）基础上编写而成。

本书共 12 章，包括：绪论、材料的物理力学性能、混凝土结构设计方法、受弯构件正截面承载力、受弯构件斜截面承载力、受压构件的截面承载力、受拉构件的截面承载力、受扭构件的截面承载力、正常使用极限状态验算及耐久性设计、公路混凝土结构设计原理、铁路混凝土结构设计原理和预应力混凝土构件。

融入近几年的教学成果和新标准新规程的内容，本教材具有以下特色。

1. 结合我国对铁路和公路人才的需求，加入了铁路和公路混凝土结构设计的内容，并着重讲解各设计方法和设计要求的不同。

2. 对各章内容的阐述均进行了更新和补充。

3. 对全书例题进行了大量的调整，更加贴合工程实际，注重各章内容的连贯性，便于学生理解和掌握。

4. 每章均增加了以视频和图片形式呈现的相关知识应用背景（包含重大工程项目介绍、混凝土发展史、混凝土试验动画、混凝土工程应用、混凝土理论深度解析、拓展例题等，可通过扫描二维码获得相关资料）。

5. 改变了以往思考题的模式，密切结合工程实际，给出工程背景，采用开放式的思考方式，帮助读者开阔思路，避免纸上谈兵。

6. 本教材是中国大学 MOOC 平台国家一流课程（混凝土结构设计原理，北京交通大学，课程负责人：吕晓寅）的参考教材，可作为高等学校相关专业本科生的教学用书，同时还可作为广大工程技术人员学习和自修的参考书。

本书由吕晓寅和常鹏担任主编。具体编写分工如下：第 1 章由吕晓寅编写，第 2、3 章由刘林编写，第 4 章由常鹏编写，第 5、8 章由袁泉编写，第 6、7 章由孙静编写，第 9、12 章由贾英杰编写，第 10、11 章由卢文良编写，贾英杰对全书文稿进行了校对，常鹏、吕晓寅对全书二维码和思考题进行了编辑和整理工作。

衷心感谢清华大学冯鹏教授对全书的审阅和提出的宝贵意见。

由于编者的水平有限，书中必有不当之处，请读者指正，以便及时改进。

吕晓寅

2022 年 8 月于北京交通大学

目　　录

第1章　绪　　论

混凝土是现代土木工程的主要材料，在道路工程、桥梁工程、隧道与地下工程、建筑工程、特种工程、给水排水工程、港口工程、水利工程、环境工程等各种土木工程中均广泛使用。本书将介绍混凝土结构的材料性能、设计原理、计算方法和构造措施。

二维码1-1
重大工程

1.1　结构和结构构件

结构是一整套组成复杂且形式多样的骨架，它能承受自然与人为的作用，以保证使用功能的正常实现。

结构构件指组成骨架并具有独立功能的结构材料单元或部件，如桥梁结构中的梁、桥墩、桥台，房屋建筑结构中的板、梁、柱及基础等。

合理的结构体系必须受力清晰、传力明确、安全可靠。

1.2　混凝土结构的一般概念

二维码1-2
文献拓展

由钢筋和混凝土两种材料所构成的结构称为钢筋混凝土结构。混凝土抗压强度高，抗拉强度低（其抗拉强度一般仅为抗压强度的1/10左右），在破坏时具有明显的脆性性质。而钢筋的抗拉能力很强，且破坏时有较好的塑性。将钢筋和混凝土两种材料结合在一起共同工作，可以组成性能良好的结构材料，充分发挥两者各自的优点。

对于图1-1所示的素混凝土梁（仅由混凝土组成），由于混凝土抗拉强度很低，当荷载P很小时，梁下部受拉区边缘的混凝土就会开裂，而一旦开裂，梁在瞬间就会脆断而破坏。

图1-2是一根在受拉区配置了适量钢筋的钢筋混凝土梁。当混凝土开裂后，拉力由钢

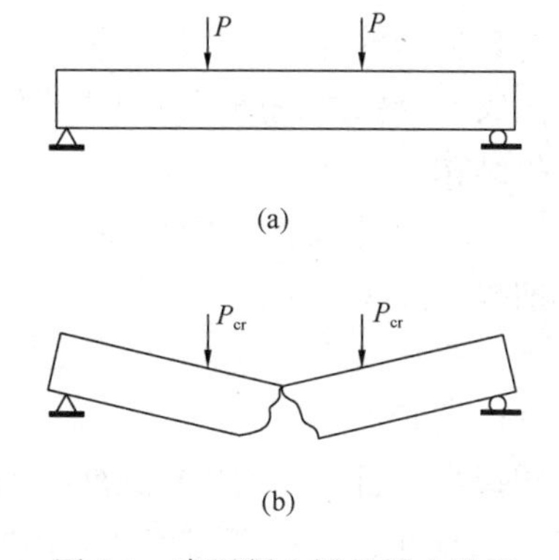

图1-1　素混凝土梁的受力性能
（a）素混凝土梁；（b）素混凝土梁的断裂

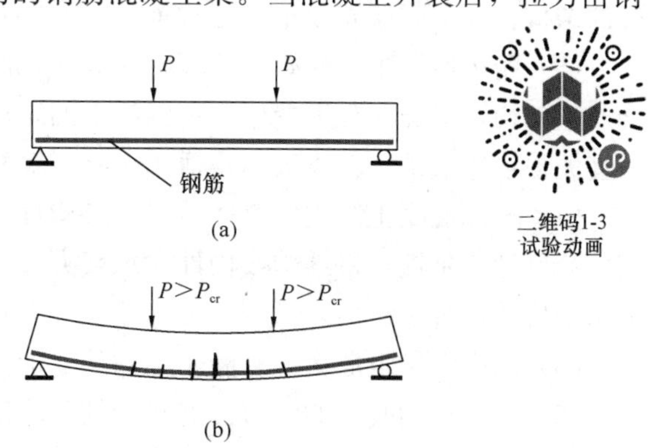

图1-2　钢筋混凝土梁的受力性能
（a）钢筋混凝土梁；（b）钢筋混凝土梁的开裂

二维码1-3
试验动画

筋承担，此时梁没有破坏，仍可以继续承受荷载。钢筋不但提高了梁的承载能力，还提高了梁的变形能力，使得梁在破坏前能给人以明显的预兆。

钢筋和混凝土这两种物理和力学性能差别很大的材料，之所以能够有机地结合在一起共同工作，主要有如下原因。

(1) 钢筋和混凝土之间存在有良好的黏结力，可以保证两种材料在荷载作用下协调变形，共同受力。

(2) 钢材与混凝土具有基本相同的温度线膨胀系数（钢材为 1.2×10^{-5}℃，混凝土为 $1.0\times10^{-5}\sim1.5\times10^{-5}$℃），因此当温度变化时，两种材料不会产生过大的变形差而导致两者间黏结力的破坏。

(3) 混凝土包裹在钢筋的外面，可以使钢筋免于腐蚀和高温软化。

除在构件的受拉区配置钢筋外，还有许多其他配筋方式，如在受压区配置钢筋，可协助混凝土抗压；配置箍筋可帮助混凝土抗剪和抗扭，同时也可约束混凝土以提高混凝土的强度和变形能力。

钢材与混凝土材料的结合使用能够有效改善混凝土的脆性性质，如采用钢管混凝土可使混凝土的变形能力大大提高；掺入钢纤维形成钢纤维混凝土，可增强混凝土的抗拉强度，提高混凝土的抗冲击韧性等。

本书主要介绍钢筋混凝土和预应力混凝土基本构件的受力性能、计算理论和设计方法，为进一步学习铁路桥梁、公路桥梁及房屋建筑等混凝土结构设计奠定基础。

1.3 混凝土结构的特点

1.3.1 混凝土结构的优点

混凝土结构在土木工程中的应用十分广泛，主要是因为有以下优点。

(1) 材料利用合理：采用钢筋混凝土结构时，钢筋和混凝土两种材料的强度均可得到充分发挥，结构的承载力与其刚度比例合适，基本无局部稳定问题。

(2) 可模性好：混凝土可根据需要浇筑成各种形状和尺寸的结构，适用于各种形状复杂的结构，如空间薄壳、箱形结构等。

(3) 耐久性和耐火性好、防辐射能力强：由于混凝土包裹在钢筋外面，一般环境下不会产生锈蚀，保养和维修费用低；混凝土的导热系数低，火灾时可保护钢筋不致很快软化而丧失强度造成结构整体破坏；适用于有防辐射要求的防护结构。

(4) 现浇混凝土结构的整体性好：各构件之间连接牢固，且通过适量的配筋，可获得较好的延性（延性是指结构或构件在承载力无明显降低的前提下发生非弹性变形的能力），适用于抗震、抗爆结构。

(5) 刚度大、阻尼大：有利于结构的变形控制，使用舒适性好。

(6) 具有持续改性的潜力：混凝土的平均抗压强度逐年提高，目前采用优质天然矿物骨料能生产出抗压强度 230MPa 的混凝土，采用优质陶瓷骨料能生产出抗压强度 600MPa 的混凝土。

1.3.2 混凝土结构的不足

混凝土结构的不足也是非常显著的，主要有：

（1）自重大：在承受同样荷载的情况下，混凝土构件的自重比钢结构构件大很多，它所能负担的有效荷载相对较小，这对大跨度结构、高层建筑结构十分不利；自重大还会造成结构地震作用加大，对结构抗震不利。

（2）抗裂性差：由于混凝土的抗拉强度非常低，所以普通钢筋混凝土结构经常带裂缝工作。如果裂缝过宽，会影响结构的耐久性和应用范围，还会使使用者产生不安全感。

（3）承载力低：用于承受重载结构和高层建筑底部结构时，往往会导致构件尺寸过大，占据较多的使用空间。

（4）施工周期长，工序多（支模、绑钢筋、浇筑、养护、拆模），施工受到季节和天气的影响较大。

（5）模板用量大：混凝土结构制作时需要大量模板，如果采用木模板，木材消耗量大，不利于环保。

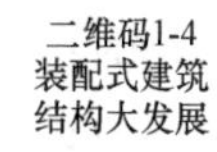

二维码1-4
装配式建筑
结构大发展

（6）混凝土结构一旦损坏，其修复、加固、补强比较困难。

（7）混凝土的生产过程会消耗大量资源，同时混凝土结构拆除后会产生大量混凝土垃圾。

（8）混凝土中的水泥在生产过程中产生大量的CO_2，对全球气候及人们的身体健康都有很大影响。

但随着科学技术的不断发展，这些不足正在被不断克服和改善。

1.4 混凝土结构的发展简况及其应用

混凝土结构诞生于19世纪中期，与砖石结构、钢木结构相比，混凝土结构的历史并不长，但由于它具有突出的优点，使其在各个领域里的发展都很快，现已在世界各国成为占主导地位的结构形式。

1.4.1 混凝土结构的发展简况

二维码1-5
不一样的长城

在钢筋混凝土发明之前，古人就已经知道将两种不同性能的材料组合在一起使用可获得新的特性，例如在土墙中加入稻草可避免开裂。与钢筋混凝土相比，二者的概念是类似的，只是材料不同。钢筋混凝土是随着水泥和钢铁工业的发展而发展起来的，至今只有160多年的历史。

1854年，英国的W. B. Wilkinson发明了一项采用配置有铁棒的混凝土楼板的专利。在19世纪中期，法国的L. Lambot建造了一艘小船，并在1855年的巴黎博览会上展出，同年获得专利。另一位法国人Francois Coignet在1861年出版了一本专著，记述了钢筋混凝土的一些应用。

二维码1-6
我国古代建筑
的辉煌成就

法国人J. Monier，巴黎一个著名托儿所的老板，被公认为第一个将钢筋混凝土应用于工程实践的人，他当时意识到了钢筋混凝土的潜在应用价值。J. Monier于1867年因发明钢筋混凝土浴盆获得了他第一个法国专利，随后他又拥有了一些其他专利，例如1868年发明的钢筋混凝土水管和水箱、1869年的楼板、1873年的桥和1875年的楼梯；在1880年和1881年，他又先后获得了铁路轨枕、水槽、圆花盆、灌溉水渠等德国专利。

美国律师Thaddeus Hyatt于19世纪50年代最早进行了钢筋混凝土梁的试验。在试验梁中，钢筋布置在受拉区，在支座附近向上弯起，并锚固在受压区，此外，支座附近还使用了横向钢筋（箍筋）。显然，Hyatt清楚地掌握了钢筋混凝土的工作原理，然而他的试验却鲜为人知，直到1877年他的著作出版，人们才了解了他在这方面做的工作。旧金山一个钢材公司的老板E. L. Ransome于19世纪70年代建造了多个钢筋混凝土结构。随后他继续推广钢丝绳和带钩的钢材在混凝土结构中的使用，且第一次使用了带肋钢筋以增加钢筋与混凝土的黏结，并在1884年获得专利；1890年，Ransome在旧金山建造了斯坦福博物馆，这是一栋2层高，约95m长的钢筋混凝土美术馆。1903年，首栋钢筋混凝土高层建筑Ingalls Building（15层，64m高）在美国辛辛那提市建成。

在计算理论和结构设计方面，1886年，德国工程师Koenen在他出版的著作中提出了受弯构件的中性轴位于截面中心的假说，为钢筋混凝土受弯构件正截面的应力分析建立了最原始的力学模型。1894年，Coignet（Francois Coignet之子）和De Tedeskko在他们提供给法国土木工程师协会的论文中拓展了Koenen的理论，提出钢筋混凝土构件的容许应力设计法。由于该方法以弹性力学为基础，在数学处理上比较简单，一经提出便很快被工程界所接受。尽管混凝土的弹塑性性能以及钢筋混凝土结构的极限强度理论早已被人们所接受，但在工程设计中容许应力设计法依然被广泛使用，如1976年美国和英国的房屋结构设计规范仍以容许应力法为主，2019年出版的美国混凝土房屋规范（ACI 318）还将容许应力法作为可供选择的设计方法之一列入附录中，我国目前仍在实施的《铁路桥涵混凝土结构设计规范》TB 10092—2017也是采用容许应力法。1932年，苏联的混凝土结构专家A. A. Гвозлев提出了考虑混凝土塑性性能的破损阶段的设计法。随着对荷载和材料变异性的研究，专家学者逐渐认识到结构在使用期限内的作用、作用产生的效应以及结构的承载能力均非定值，进而苏联专家在20世纪50年代又提出了更为合理的极限状态设计法，奠定了现代钢筋混凝土结构的计算理论基础。

世界各国所使用的混凝土平均抗压强度，在20世纪30年代约为10MPa，20世纪50年代提高到了20MPa，20世纪60年代约为30MPa，20世纪70年代已提高到了40MPa，20世纪80年代初，在发达国家使用C60混凝土已非常普遍了，我国目前在桥梁中大多使用C50混凝土，若采用超高性能混凝土（UHPC），可以达到C100以上。效能减水剂的应用更促进了混凝土强度的提高。在试验室条件下，已可制成600MPa以上的混凝土。高强混凝土的出现更加扩大了混凝土结构的应用范围，为钢筋混凝土在防护工程、压力容器、海洋工程等领域的应用创造了条件。

到了20世纪50年代，研究的重点放在了预应力混凝土结构上，预应力混凝土使混凝土结构的抗裂性得到根本改善，使高强钢筋在混凝土结构中得到有效的利用，使混凝土结构能够用于大跨结构、压力贮罐、核电站容器等领域中。

自20世纪60年代以来，建设速度的加快对材料性能和施工技术提出了更高的要求，出现了装配式钢筋混凝土结构、泵送商品混凝土等工业化生产的混凝土结构。随着高强混凝土和高强钢筋的发展、计算机技术的采用和先进施工机械设备的发明，建造了一大批超高层建筑、大跨度桥梁、特长跨海隧道、高耸结构等大型结构工程。计算理论方面，人们

正在利用非线性分析方法对各种复杂混凝土结构进行全过程受力模拟，而新型混凝土材料及其复合结构形式的出现又不断提出新的课题，并不断促进混凝土结构的发展。

混凝土结构是土木工程中应用最多的结构形式，各国的工程建设标准中，均以混凝土结构设计规范作为其土木工程发展水平的标志。

我国规范编制工作起步较晚，以混凝土结构设计规范为例，在20世纪60年代后期，建设工程部照搬苏联的设计规范（HNTY 123—55）发布了《混筋混凝土结构设计规范》BJG 21—66，其中只有个别术语的译名重新进行了定义和命名，其他内容没有任何改动。在借鉴和吸收了一些英美国家标准规范的内容后，1974年颁布了新的《钢筋混凝土结构设计规范》TJ 10—74，但大部分内容仍然是参照苏联的预应力混凝土结构设计规范CH 10—57，此规范采用了极限状态设计法。改革开放后，我国混凝土结构设计规范进入了跨越式的发展阶段。在大量自主的试验和理论研究后，《混凝土结构设计规范》GBJ 10—89于1989年应运而生。20世纪90年代末，由于出现了大量的新技术和新材料，又对规范GBJ 10—89进行了系统修订；于2002年颁布了《混凝土结构设计规范》GB 50010—2002；2010年又颁布了《混凝土结构设计规范》GB 50010—2010；为适应国际技术法规与技术标准通行规则，2021年我国颁布了《混凝土结构通用规范》GB 55008—2021，逐步形成由法律、行政法规、部门规章中的技术性规定与全文强制性工程建设规范构成的“技术法规”体系。

混凝土结构的设计方法包含了土木工程结构的基本哲学思想，随着工程建设需求和形式的发展，其内容和知识也在不断更新，掌握混凝土结构的基本设计原理已经成为土木工程师的必要条件。

1.4.2 混凝土结构的应用

二维码1-7
从京张铁路
到京张高铁

1. 隧道与地下工程

（1）目前世界上最长的铁路隧道是新阿尔卑斯铁路干线（NEAT）的哥达基础隧道，2016年底正式运营，跨越阿尔卑斯山，连接瑞士和意大利。这一项目由两条并行单轨隧道组成，每条均长57km，如图1-3。

（2）目前我国最长的铁路隧道是青藏铁路新关角隧道，全长32.645km，如图1-4。

图1-3 哥达基础隧道

图1-4 新关角隧道

（3）目前我国最长的公路隧道是秦岭终南山隧道，全长18.02km，这是我国自行设计施工的世界最长的双洞单向公路隧道，是国家规划西部大通道的“咽喉工程”，如图1-5。

（4）青岛胶州湾隧道是中国现今最长的海底公路隧道，全长9.47km，如图1-6。

另外，地下工厂、地下车站、地下商场、地下车库等地下建筑及人防工程也都优先采用混凝土结构。

图 1-5　终南山隧道

图 1-6　胶州湾海底隧道

2. 桥梁工程

(1) 1997 年，一座长 856m，主跨 420m，跨过长江的劲性骨架钢筋混凝土拱桥——万州长江大桥建成，成为目前世界上同类型跨度最大的拱桥，如图 1-7。

二维码1-8 大跨度桥梁的挑战

(2) 贵州北盘江大桥为我国第一座铁路钢管混凝土拱桥，主跨 236m，是目前我国跨度最大的铁路拱桥，也是目前世界上跨度最大的铁路钢管混凝土拱桥，如图 1-8。

图 1-7　万州长江大桥

图 1-8　北盘江大桥

3. 建筑工程

(1) 中国台北的 101 大厦，高 508m，巨型框架-核心筒-伸臂桁架结构，由八根钢管混凝土柱支撑。它曾于 2004 年 12 月 1 日～2010 年 1 月 7 日间拥有世界第一高楼的纪录，如图 1-9。

(2) 马来西亚吉隆坡市中心的双塔大厦，高 450m，为钢骨混凝土结构。该建筑曾是世界最高的摩天大楼，如图 1-10。

(3) 中国上海中心大厦，118 层，高 632m，巨型框架-核心筒-伸臂桁架结构，其中核心筒采用钢筋混凝土结构。2009 年开始施工，历时 8 年。建成时它的高度全球第二，仅次于全球最高的迪拜哈利法塔 (828m)，如图 1-11。

(4) 美国的休斯敦贝壳广场大厦，51 层，212m，原设计为 35 层，后因采用陶粒混凝土 ($\gamma=18.42\mathrm{kN/m^3}$)，增加到了 52 层，该工程是因减轻自重而增层的典型案例。在 1971 年竣工时，它是这座城市中最高的建筑，如图 1-12。

图 1-9 101 大厦

图 1-10 双塔大厦

图 1-11 上海中心大厦

图 1-12 贝壳广场大厦

二维码1-9
高层建筑的挑战

4. 水利工程

(1) 三峡大坝是世界上最大的混凝土重力坝，坝高 181m，坝长 2309m，混凝土浇筑量达 1600 多万 m^3，如图 1-13。

图 1-13 三峡大坝

（2）瑞士的正大狄克逊坝是世界最高的重力坝，坝高 285m，坝长 695m，如图 1-14。

图 1-14　正大狄克逊坝

5. 港口工程

港口工程中的码头、仓库和货场都可由混凝土结构建成，宁波舟山港是中国超大型巨轮进出最多的港口，也是世界上少有的深水良港，如图 1-15。2020 年，宁波舟山港完成货物吞吐量 11.72 亿 t，同比增长 4.7%，连续 12 年保持全球第一。

图 1-15　宁波舟山港

1.5 本课程的研究对象及研究内容

混凝土结构设计原理是一门理论与应用并重的专业基础课，是土木工程专业的必修课，也是学习结构设计的基础。

例如：桥梁结构构件有梁、桥墩、桥台等，如图 1-16（a），建筑结构构件有楼板、梁、柱、基础等，如图 1-16（b）。梁和框架梁受弯矩和剪力的共同作用，边梁除受弯、受剪外还承受扭矩；桥墩和框架柱主要承受压力，同时还受弯、受剪；边柱是双向受压弯构件；楼板一般只承受竖向荷载，所以是受弯构件；基础和承台受力复杂，要根据具体工程进行分析。本课程的研究对象就是这些处于复杂受力状态中的结构构件。

(a)

(b)

图 1-16 构件类型

（a）桥梁结构；（b）建筑结构

混凝土结构设计原理主要介绍混凝土和钢筋的力学性能、结构设计的基本方法、各类基本构件（包括预应力混凝土构件）的受力性能、计算理论、计算方法、配筋构造等。通过本课程的学习可以获得解决实际工程问题的能力，为后续课程的学习打下良好的基础。

1.6 学习中应注意的问题

1. 注重建立工程概念：构件和结构的设计是一个综合性问题。设计过程包括确定结构方案、构件选型、材料选择、配筋构造、施工方案等，同时还需要考虑安全适用和经济合理。设计中许多数据可能有多种选择方案，设计结果往往不唯一，但有合理和不合理之分。最终的设计结果是经过多种方案比较后综合考虑使用功能、材料选择、造价分析、施工技术等各项指标的可行性和经济性确定的。因此，要做到能深刻理解一些重要的工程概念，就要多参加各种实践活动，如认识实习、课程设计等，积累感性认识；同时还要勤思考，阅读参考资料。切不可死记硬背，事实上不理解的东西也是很难记住的。

2. 注意学科的特殊性：由于混凝土材料物理力学性能的复杂性，混凝土结构理论大多建立在试验研究的基础上，理论体系尚有待发展完善。很多公式和系数难以由缜密的数学模型推导得出，只能由试验发现规律，建立简化模型，并经工程实践检验而得到，而且很多构造要求也不能通过计算得出，是根据力学概念和工程实践总结而得。学习和应用时要注意思维方式的转变，学习方法与以均质材料为研究对象的《材料力学》《结构力学》和《弹性力学》等课程有相同之处，但也有较大的区别。

3. 关注混凝土学科的发展方向：随着新材料、新的结构体系、新的施工技术的不断涌现，混凝土学科的发展将被不断推向新的高度。混凝土材料的主要发展方向是高强、轻质、耐久、提高抗裂性和易于成型；钢筋的发展方向是高强、较好的塑性和较好的黏结锚固性能。而钢和混凝土的组合结构近年来应用范围越来越广，在约束混凝土概念的指导下，钢管混凝土柱、外包钢混凝土柱已在高层建筑、地下铁道、桥梁、火电厂厂房以及石油化工企业构筑物中大量应用。钢-混凝土组合梁、钢骨混凝土（劲性钢筋混凝土）构件，由于其具有强度高、截面小、延性好以及施工简便等优点，也被广泛应用。施工机械和技术大大影响着混凝土结构的发展，预应力技术的发明使混凝土结构的跨度有很大增加，商品混凝土的应用和泵送混凝土技术的出现使高层建筑、大跨桥梁可以快速整体现场浇筑，喷射混凝土、碾压混凝土、自密实混凝土等施工技术也广泛应用于公路、水利工程中。学习中要多注意发展新动向和新成就，以扩大自己的知识面。

二维码1-10
思维导图

二维码1-11
思考题

名词和术语

混凝土结构　Concrete structure
素混凝土结构　Plain concrete structure
钢筋混凝土结构　Reinforced concrete structure
预应力混凝土结构　Prestressed concrete structure

二维码1-12
学以致用

第 2 章　材料的物理力学性能

混凝土结构由钢筋和混凝土这两种性质不同的材料组成，它们共同承担和传递结构上的作用，因此，钢筋和混凝土的物理力学性能以及共同工作的特性直接影响混凝土结构和构件的性能，这些性能也是混凝土结构计算理论和设计方法的基础。在工程中，适当地选用材料，合理地利用这两种材料的力学性能，不仅可以改善钢筋混凝土结构和构件的受力性能，还可以取得良好的经济效益。因此，了解钢筋和混凝土这两种材料的力学性能是非常重要的。

二维码2-1
本章引入

本章主要介绍钢筋的品种、级别及其强度和变形性能，混凝土在不同受力状态下的强度和变形性能，以及钢筋和混凝土共同工作的原理。

2.1　钢筋

2.1.1　钢筋的种类和选用原则

普通混凝土结构中使用的普通钢筋多为热轧钢筋。预应力混凝土结构中使用的预应力筋宜采用钢绞线、消除应力钢丝、中强度预应力钢丝、预应力螺纹钢筋等。

1. 热轧钢筋

热轧钢筋是由低碳钢、普通低合金钢或细晶粒钢在高温状态下轧制而成的。热轧钢筋的应力—应变曲线有明显的屈服点和流幅，断裂时有颈缩现象，伸长率比较大。热轧钢筋按强度由低到高依次分为 HPB300 级（符号Φ）、HRB400 级（符号Φ）、HRBF400 级（符号$Φ^{F}$）、RRB400 级（符号$Φ^{R}$）、HRB500 级（符号Φ）和 HRBF500 级（符号$Φ^{F}$）。HPB 表示热轧光圆钢筋（Hot-rolled Plain Bars）；HRB 表示热轧带肋钢筋（Hot-rolled Ribbed Bars）；HRBF 表示细晶粒热轧带肋钢筋（Hot-rolled Ribbed Bars of Fine Grains）；RRB 表示余热处理的带肋钢筋（Remained-heat-treatment Ribbed Bar）。另外，各级钢筋的数字代表钢筋强度的标准值，单位为“MPa”，如 HRB400 中的 400 代表钢筋强度的标准值为 400MPa。HRB 系列的钢筋因其表面带肋也称为变形钢筋，我国目前生产的此类钢筋大多为月牙纹钢筋，其横肋高度向肋的两端逐渐降至零，呈月牙形，这样可缓解横肋相交处的应力集中现象。由于热轧带肋钢筋截面包括纵肋和横肋，外周不是一个光滑连续的圆周，因此，热轧带肋钢筋直径采用公称直径。公称直径是与钢筋的公称横截面面积相等的圆的直径，即以公称直径计算的圆面积就是钢筋的截面面积。对于热轧光圆钢筋截面，其直径就是公称直径。在本书中，凡未加特别说明的“钢筋直径”均指钢筋公称直径。

目前我国混凝土工程中广泛采用的是 HRB 系列的钢筋，其具有较好的延性、可焊性、机械连接性能及施工适应性。其中，构件纵向受力钢筋建议优先选用强度为 400MPa、500MPa 的钢筋；RRB 系列的钢筋一般可用于对变形性能和加工性能要求不高的构件，如基础、大体积混凝土、楼板和墙体等，不宜用作重要部位的受力钢筋，不应用于直接承受疲劳荷载的构件；HRBF 系列的钢筋具有强韧化、降低碳当量、改善焊接性能、节约合金资源、循环利用以降低对环境的损害等优点。

我国铁路桥梁和公路桥梁钢筋混凝土结构常用的热轧钢筋为 HPB300、HRB400 和 HRB500。由于铁路桥梁以承受疲劳荷载为主，应对热轧带肋钢筋的碳当量严格要求。

2. 预应力筋

二维码2-2
钢筋的品种

预应力筋有钢绞线、消除应力钢丝、预应力螺纹钢筋、中强度预应力钢丝等。预应力筋的应力—应变曲线无明显的屈服点，其中，钢绞线（符号Φ^S）是由多根高强钢丝扭结而成，抗拉强度为 1570～1960MPa，常用的有 1×7（7 股）和 1×3（3 股）等；消除应力钢丝是由钢筋冷拔塑性变形下进行短时热处理而成的，能够消除冷拔过程中存在的内应力，其抗拉强度为 1570～1860MPa，外形也有光圆（符号Φ^P）和螺旋肋（符号Φ^H）两种；预应力螺纹钢筋（符号Φ^T）又称精轧螺纹钢筋，抗拉强度为 980～1280MPa，是用于预应力混凝土结构的大直径高强钢筋；中强度预应力钢丝的抗拉强度为 800～1270MPa，外形有光圆（符号Φ^{PM}）和螺旋肋（符号Φ^{HM}）两种，主要用于中、小跨度的预应力构件。

常用的热轧钢筋和预应力筋的外形如图 2-1 所示。

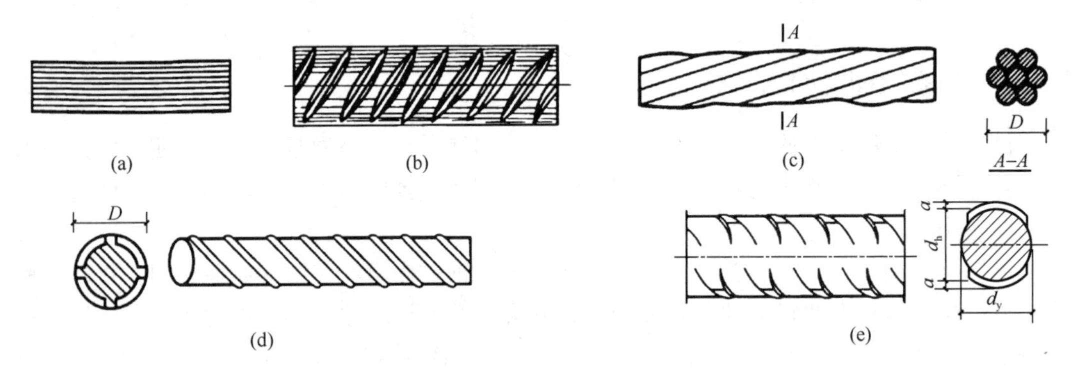

图 2-1　常用钢筋、预应力筋的外形

(a) 光圆钢筋；(b) 月牙纹钢筋；(c) 钢绞线（7 股）；(d) 螺旋肋钢丝；(e) 预应力螺纹钢筋

我国铁路桥梁和公路桥梁预应力混凝土构件常用的预应力钢筋种类有 1×7 的钢绞线、光圆和螺旋肋钢丝及预应力螺纹钢筋。

2.1.2　钢筋的强度和变形性能

1. 钢筋的应力—应变关系

根据钢筋单调受拉时应力—应变关系的不同，可分为有明显屈服点钢筋和无明显屈服点钢筋两种，习惯上也分别称为软钢和硬钢。一般热轧钢筋属于有明显屈服点的钢筋，而预应力筋多属于无明显屈服点的钢筋。

(1) 有明显屈服点钢筋

有明显屈服点钢筋拉伸时的典型应力—应变曲线（$\sigma-\varepsilon$ 曲线）如图 2-2 所示。图中 a 点称为比例极限，在达到比例极限点之前，材料处于弹性阶段，应力与应变的比值为常数，即为钢筋的弹性模量 E_s。b_h 点称为屈服上限，当应力超过 b_h 点后，钢筋开始屈服，

随之应力下降到 b_l 点（称为屈服下限），b_l 点以后钢筋开始塑性流动，即应力不变而应变增加很快，曲线为一水平段，称为流幅或屈服台阶。屈服上限不太稳定，受加载速度、钢筋截面形式和表面光洁度的影响而波动，屈服下限则比较稳定，通常以屈服下限 b_l 点的应力作为屈服强度。

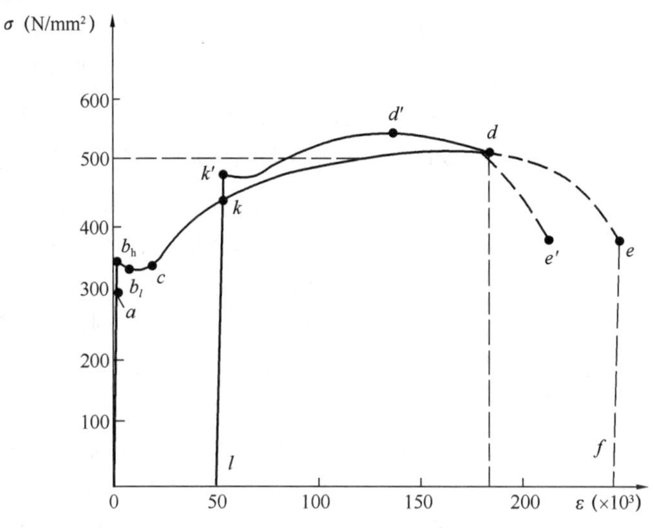

图 2-2　有明显屈服点钢筋的应力—应变曲线

当钢筋屈服塑性流动到达 c 点以后，随着应变的增加，应力又继续增大，至 d 点时应力达到最大值，d 点的应力称为钢筋的极限抗拉强度，cd 段称为强化段或应变硬化段。d 点以后，在试件的薄弱位置出现颈缩现象，变形增加迅速，钢筋断面缩小，应力降低，直至 e 点被拉断。

另外，从图 2-2 中可知，若先将钢筋加载到强化段（cd 段）的 k 点，再卸载至零，将产生残余变形。如果卸载后立刻重新加载，加载曲线实际上与卸载曲线重合，即应力—应变曲线将沿 lkd 进行，说明钢筋屈服点已提高到 k 点，这一现象称为冷拉强化；但如果卸载后不是立刻重新加载，而是经过一段时间再加载，则应力—应变曲线将沿 $lk'd'$ 进行，这时屈服强度提高到 k' 点，这一现象叫冷拉时效。对比可知，经过冷拉时效的钢筋，虽然强度获得了提高，但延伸率和塑性都有所降低。

钢筋受压时，在达到屈服强度之前与受拉时的应力—应变规律相同，其屈服强度值与受拉时也基本相同。当应力达到屈服强度后，由于试件发生明显的横向塑性变形，截面面积增大，不会发生材料破坏，因此难以测得其极限抗压强度。

有明显屈服点的钢筋有两个强度指标：一个是对应于 b_l 点的屈服强度，它是混凝土构件计算的强度限值，因为当构件某一截面的钢筋应力达到屈服强度后，将在荷载基本不变的情况下产生持续的塑性变形，使构件的变形和裂缝宽度显著增大以致无法使用，因此一般结构计算中不考虑钢筋的强化段而取屈服强度作为设计强度的依据；另一个是对应于 d 点的极限抗拉强度，一般情况下用作材料的实际破坏强度。钢筋的强屈比（极限抗拉强度与屈服强度的比值）反映材料的安全储备，在抗震结构中考虑到受拉钢筋可能进入强化阶段，要求强屈比不小于 1.25。

《混凝土结构设计规范》GB 50010—2010（2015 年版）给出的普通钢筋强度的标准值

如本书附录 1 的附表 1-4 所示；普通钢筋的弹性模量如本书附录 1 的附表 1-8 所示。

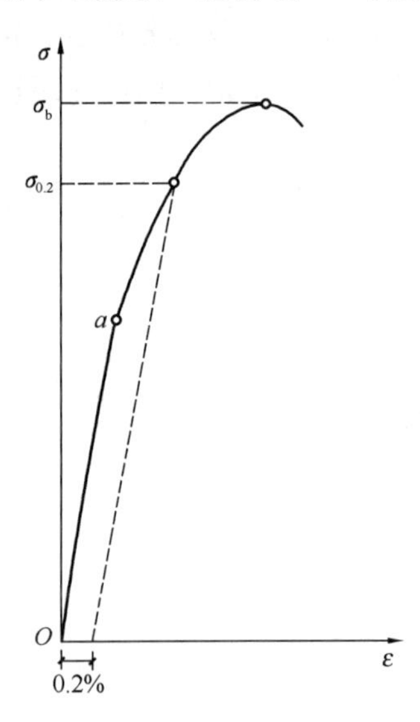

图 2-3　无明显屈服点钢筋的应力—应变曲线

（2）无明显屈服点钢筋

无明显屈服点钢筋拉伸的典型应力—应变曲线如图 2-3 所示。在应力未超过 a 点时，钢筋仍具有理想的弹性性质，a 点的应力称为比例极限，其值约为极限抗拉强度的 0.65 倍。超过 a 点后应力—应变关系为非线性，没有明显的屈服点。达到极限抗拉强度后钢筋很快被拉断，破坏时呈脆性。

对无明显屈服点的钢筋，在工程设计中一般取残余应变为 0.2%时所对应的应力 $\sigma_{0.2}$ 作为强度设计指标，称为条件屈服强度。条件屈服强度取为极限抗拉强度的 0.85 倍。

《混凝土结构设计规范》GB 50010—2010（2015 年版）给出的预应力筋强度的标准值如本书附录 1 的附表 1-5 所示；预应力筋的弹性模量如本书附录 1 的附表 1-8 所示。

2. 钢筋的应力—应变数学模型

针对不同种类的钢筋，有两种常用的应力—应变数学模型。

对于普通热轧钢筋，有明显屈服点且流幅较长，认为达到强化段的起始点时，构件的变形已很大，不能满足正常使用要求，所以不考虑强化段。采用斜线加水平线的双直线模型，其数学表达式为

$$\sigma_s = \begin{cases} E_s \varepsilon_s & \varepsilon_s \leqslant \varepsilon_y \\ f_y & \varepsilon_s > \varepsilon_y \end{cases} \tag{2-1}$$

式中　E_s——钢筋的弹性模量，即斜线段的斜率；

f_y——钢筋的屈服强度；

ε_y——钢筋的屈服应变。

对于预应力钢筋，无明显屈服点，可采用双斜线模型，其数学表达式为

$$\sigma_s = \begin{cases} E_s \varepsilon_s & \varepsilon_s \leqslant \varepsilon_y \\ \sigma_y + E'_s(\varepsilon_s - \varepsilon_y) & \varepsilon_s > \varepsilon_y \end{cases} \tag{2-2}$$

式中　E_s——钢筋的弹性模量，即应力小于条件屈服点的斜线段的斜率；

σ_y——钢筋的条件屈服强度；

ε_y——钢筋的屈服应变；

E'_s——应力大于条件屈服点的斜线段的斜率。

3. 钢筋的延伸率

钢筋除了要有足够的强度外，还应具有一定的变形能力，延伸率即是反映钢筋性能的一个指标。

钢筋的延伸率分断后延伸率和最大力总延伸率。

钢筋的断后延伸率为钢筋拉断后量测标距的伸长值与原长之比，按式（2-3）计算。

$$\delta = \frac{l - l_0}{l_0} \times 100\% \tag{2-3}$$

式中　δ——断后延伸率（%）；

l ——钢筋包含颈缩区的量测标距拉断后的长度；

l_0 ——试件拉伸前的标距长度，一般可取 $l_0 = 5d$（d 为钢筋直径）或 $l_0 = 10d$，相应的断后延伸率表示为 δ_5 或 δ_{10}。

断后延伸率只能反映钢筋残余变形的大小（试件拉断后弹性变形已消失），且包含了断口颈缩区域的局部变形，这使得不同量测标距长度 l_0 得到的计算结果不同，且不能反映总体变形的能力。

最大力总延伸率的量测和计算方法克服了断后延伸率的上述缺点，因此目前倾向于使用最大力总延伸率作为衡量钢筋变形能力的指标。

测量最大力总延伸率时要求测量区避开颈缩区，其测区布置如图 2-4 所示。

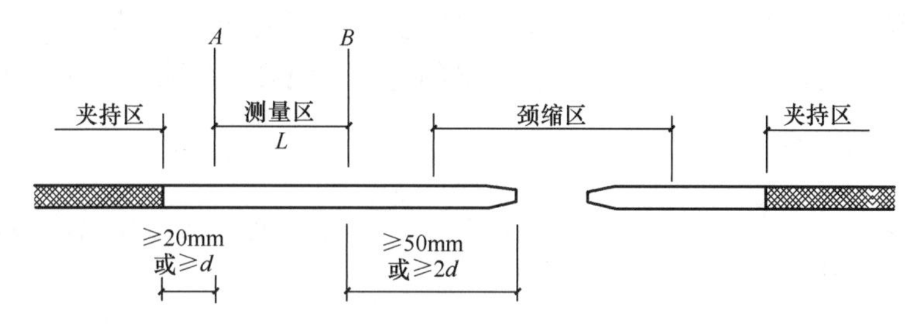

图 2-4　最大力总延伸率的测量区布置

在试验前，在离断裂点较远的一侧选择 A 和 B 两个标记，两个标记之间的原始标距 L_0 至少应取为 100mm；标记 A 与夹具的距离不应小于 20mm 和 d（d 为钢筋公称直径）两者中的较大值，标记 B 与断裂点之间的距离不应小于 50mm 和 $2d$ 两者中的较大值，这样可避免夹持区和颈缩区对测量结果的不良影响。钢筋拉断后量测标记之间的距离为 L，记录钢筋拉断时的最大拉应力 σ_b，钢筋最大力总延伸率按式（2-4）计算。

$$\delta_{gt} = \left(\frac{L - L_0}{L_0} + \frac{\sigma_b}{E_s}\right) \times 100\% \tag{2-4}$$

式中　δ_{gt} ——最大力总延伸率；

L_0 ——试验前的原始标距（不包含颈缩区）；

L ——试验后量测标记之间的距离；

σ_b ——钢筋的最大拉应力（即极限抗拉强度）；

E_s ——钢筋的弹性模量，可取 $2 \times 10^5 \mathrm{N/mm^2}$。

如图 2-5 所示，钢筋在达到最大应力 σ_b 时的应变包括塑性残余应变 ε_r 和弹性应变 ε_e 两部分。式（2-4）括号中的第一项反映了钢筋的塑性残余应变；第二项反映了钢筋在最大拉应力下的弹性应变，钢筋拉断后这一部分应变随钢筋回缩消失。

钢筋的最大力总延伸率要求：普通热轧钢筋中的 HPB300 级钢筋不应低于 10%，HRB400 和 HRB500 级钢筋不应低于 7.5%，RRB400 级钢筋不应低于 5%；预应力筋中的钢绞线和预应力螺纹钢筋不应低于 4.5%等。

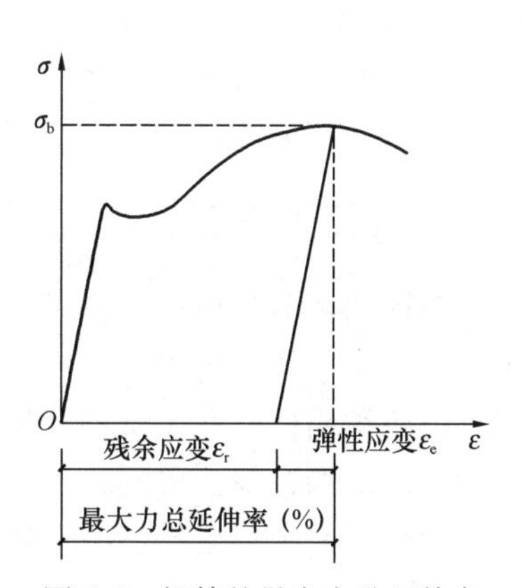

图 2-5　钢筋的最大力总延伸率

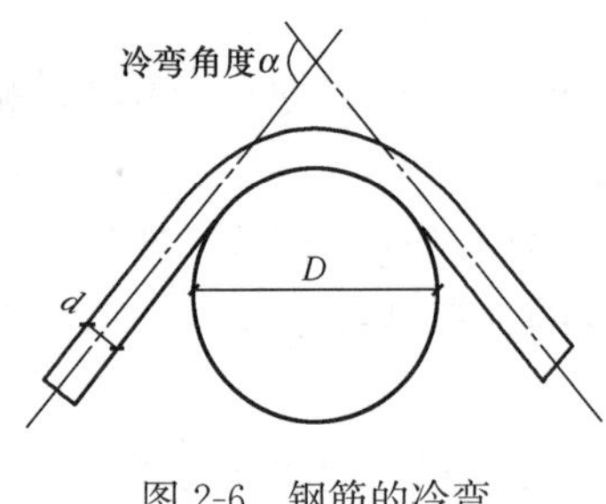

图 2-6　钢筋的冷弯

4. 钢筋的冷弯性能

冷弯性能测试是检验钢筋韧性、内部质量和加工适应性的有效手段。测试时将直径为 d 的钢筋绕直径为 D 的弯芯进行弯折，如图 2-6 所示，通过观察在达到规定冷弯角度 α 时钢筋是否发生裂纹、断裂或起层现象来评价钢筋的冷弯性能。冷弯性能是评价钢筋塑性的指标，弯芯的直径 D 越小，弯折角 α 越大，说明钢筋的冷弯塑性越好。

对有明显屈服点的钢筋，其检验指标为屈服强度、极限抗拉强度、延伸率和冷弯性能四项；对无明显屈服点的钢筋，其检验指标则为极限抗拉强度、延伸率和冷弯性能三项；对在混凝土结构中应用的热轧钢筋和预应力筋的具体性能要求见有关国家标准。

2.1.3　钢筋的冷加工

为了节约钢材和扩大钢筋的应用范围，常常对热轧钢筋进行冷拉、冷拔等机械加工。钢筋经冷加工后，其力学性能会发生较大变化。

1. 钢筋的冷拉

冷拉是在常温下用机械方法将有明显流幅的钢筋拉到超过屈服强度，即强化阶段中的某一应力值，如图 2-2 中的 k 点，然后再卸载至零的加工方法。前面介绍了冷拉强化和冷拉时效的现象。应当指出，冷拉只能提高钢筋的抗拉屈服强度，但会降低钢筋的抗压屈服强度和塑性。因此，在设计中冷拉钢筋不宜作受压钢筋使用。

2. 钢筋的冷拔

冷拔一般是将 $\phi6$ 的光圆热轧钢筋强行拔过小于其直径的硬质合金拔丝模具。钢筋纵向经拉伸长度拔长，横向经挤压直径减小，使钢筋纵、横向都产生塑性变形。经冷拔的钢丝，强度可显著提高，但塑性降低。冷拔可同时提高钢筋的抗拉和抗压强度。

3. 钢筋的冷轧

冷轧带肋钢筋（Cold-rolled Ribbed Bars，缩写为 CRB）是指采用普通低碳钢、中碳钢或低合金钢热轧圆盘条为母材，经冷轧减径后在其表面形成具有月牙形横肋的钢筋。其牌号主要有 CRB550、CRB650、CRB800 及 CRB970，CRB 后面的数字表示其抗拉强度标准值（N/mm^2）。

由于冷轧带肋钢筋的塑性不如普通热轧钢筋，故其应用有限，主要用于房屋建筑工程中楼板钢筋和墙体分布钢筋等。

2.1.4　钢筋的疲劳

钢筋的疲劳是指钢筋在承受重复、周期性的动荷载作用下，经过一定次数后，突然发生脆性断裂破坏的现象。铁路和公路桥梁、铁路轨枕、海洋采油平台及工业厂房中的吊车梁等混凝土构件，在正常使用期间均可能出现疲劳破坏。通常认为，钢筋发生疲劳断裂是由钢筋内部的缺陷造成的，这些缺陷一方面引起局部的应力集中，另一方面由于重复荷载的作用，已产生的微裂纹时而压合，时而张开，使裂痕逐渐扩展，导致最终断裂。尽管钢筋在静力荷载作用下表现出良好的塑性，但疲劳破坏是脆性的。

试验表明，钢筋的疲劳寿命主要与应力幅有关，应力幅是指循环应力中最大应力 σ^{f}_{max} 和最小应力 σ^{f}_{min} 的差值 $\Delta\sigma^{f}$，即 $\Delta\sigma^{f}=\sigma^{f}_{max}-\sigma^{f}_{min}$。应力幅越大，疲劳寿命越短；应力幅越小，疲劳寿命越长。

《混凝土结构设计规范》GB 50010—2010（2015 年版）规定了不同等级钢筋在不同的疲劳应力比（$\rho^{f}=\sigma^{f}_{min}/\sigma^{f}_{max}$）下的疲劳应力幅度限值。

2.2　混凝土

2.2.1　混凝土的组成

混凝土是由水泥、水、砂（细骨料）、石材（粗骨料）以及外加剂等原材料经搅拌后入模浇筑，经养护硬化形成的人工石材。混凝土各组成成分的数量比例、水泥的强度、骨料的性质以及水与水泥胶凝材料的比例（水胶比）对混凝土的强度和变形有着重要的影响。另外，混凝土的性能在很大程度上还取决于搅拌质量、浇筑的密实性和养护条件。

混凝土在凝结硬化过程中，水化反应形成的水泥结晶体和水泥凝胶体组成的水泥胶块把砂、石骨料黏结在一起。水泥结晶体和砂、石骨料组成了混凝土中错综复杂的弹性骨架，该骨架主要承受外力的作用，并使混凝土具有弹性变形的特点。水泥凝胶体是混凝土产生塑性变形的根源，并起着调整和扩散混凝土应力的作用。

2.2.2　混凝土的受压破坏机理

在混凝土凝结初期，由于水泥胶块的收缩、泌水、骨料下沉等原因，在水泥胶块内部以及粗骨料与水泥胶块的接触面上会形成微裂缝，也称黏结裂缝（图 2-7a），它是混凝土内最薄弱的环节。混凝土在受荷前存在的微裂缝在荷载作用下将继续发展，对混凝土的强度和变形产生重要影响。

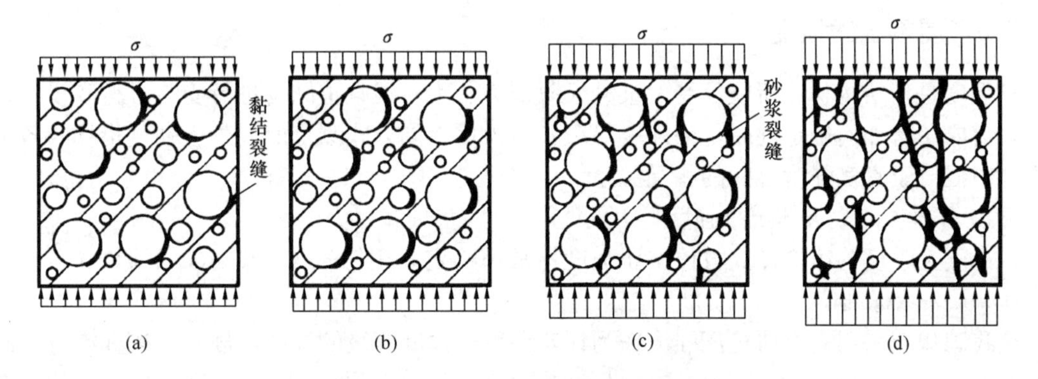

图 2-7　混凝土内微裂缝发展情况

(a) $\sigma<0.4\sigma_{max}$；(b) $\sigma=0.65\sigma_{max}$；(c) $\sigma=0.85\sigma_{max}$；(d) $\sigma=\sigma_{max}$

从开始受力到极限荷载 σ_{max}，混凝土内的微裂缝逐渐增多和扩展，大致可分为三个阶段。

1. 微裂缝相对稳定期（$\sigma/\sigma_{max} \leqslant 0.4$）

这时混凝土的压应力较小，虽然有些微裂缝的尖端因应力集中而沿界面略有发展，也有些微裂缝和间隙因受压而闭合，但混凝土的宏观变形性能无明显变化。即使荷载多次重复作用或者持续较长时间，微裂缝也不致有大发展，残余变形很小，如图 2-7（a）所示。

2. 稳定裂缝发展期（$0.4 < \sigma/\sigma_{max} \leqslant 0.8$）

混凝土的应力增大后，原有的粗骨料界面裂缝逐渐延伸和增宽，其他骨料界面又出现新的黏结裂缝。一些界面裂缝的伸展，逐渐地进入水泥砂浆，或者水泥砂浆中原有缝隙处的应力集中将砂浆拉断，产生少量微裂缝。这一阶段，混凝土内微裂缝发展较多，变形增长较大。但是，当荷载不再增大，微裂缝的发展亦将停滞，裂缝形态保持基本稳定。故在该阶段荷载长期作用下，混凝土的变形将增大，但不会提前过早破坏，如图 2-7（b）所示。

3. 不稳定裂缝发展期（$\sigma/\sigma_{max} > 0.8$）

混凝土在更高的应力作用下，粗骨料的界面裂缝突然加宽和延伸，进入水泥砂浆；水泥砂浆中的已有裂缝也加快发展，并和相邻的粗骨料界面裂缝相连。这些裂缝逐个连通，构成大致平行于压应力方向的连续裂缝，或称纵向劈裂裂缝。这一阶段的应力增量不大，而裂缝发展迅速，变形增长较快。即使应力维持常值，裂缝仍将继续发展，不再能保持稳定状态。纵向的通缝将试件分隔成数个小柱体，承载力下降而导致混凝土的最终破坏，如图 2-7（c）和（d）所示。

从对混凝土受压过程的微观现象分析，其破坏机理可以概括为：首先是水泥砂浆沿粗骨料的界面和砂浆内部形成微裂缝；应力增大后这些微裂缝逐渐地延伸和扩展，并连通成为宏观裂缝；砂浆的损伤不断积累，切断了和骨料的联系，混凝土的整体性遭到破坏而逐渐地丧失承载力。

普通混凝土的强度远低于粗骨料本身的强度，当混凝土破坏后，其中的粗骨料一般无破损的迹象，裂缝和破碎都发生在水泥砂浆内部。所以，普通混凝土的强度和变形性能在很大程度上取决于水泥砂浆的质量和密实性。

2.2.3 混凝土的强度

强度是指结构材料所能承受的某种极限应力。为对混凝土结构进行受力分析和设计计算，需要了解如何确定混凝土的强度等级，以及用不同方式测定的混凝土强度指标与各类构件中混凝土真实强度之间的相互关系。

1. 混凝土的立方体抗压强度

混凝土强度等级应按立方体抗压强度标准值确定，用符号 $f_{cu,k}$ 表示，下标 cu 表示立方体，k 表示标准值。

我国规范采用立方体抗压强度作为评定混凝土强度等级的标准，规定把按标准方法制作、养护的边长为 150mm 的立方体试件，在 28d 或规定龄期用标准试验方法测得的具有 95%保证率的抗压强度值（以“N/mm^2”计）作为混凝土的强度等级。

根据对大量试验资料的统计分析，混凝土强度总体分布服从正态分布，因此具有 95%保证率的抗压强度标准值与抗压强度平均值的关系为

$$f_{cu,k} = \mu_{f_{cu}} - 1.645\sigma_{f_{cu}} = \mu_{f_{cu}}(1 - 1.645\delta_{f_{cu}}) \tag{2-5}$$

式中 $\mu_{f_{cu}}$——立方体抗压强度平均值；

$\sigma_{f_{cu}}$、$\delta_{f_{cu}'}$——立方体抗压强度的标准差和变异系数。

我国规范规定的混凝土强度等级有 13 级，分别为 C20、C25、C30、C35、C40、C45、C50、C55、C60、C65、C70、C75 和 C80。符号 C 代表混凝土，后面的数字表示混凝土的立方体抗压强度的标准值（以“N/mm^2”计），如 C60 表示混凝土立方体抗压强度标准值为 $60N/mm^2$。其中，C50 以下为普通混凝土，C50 及以上为高强混凝土。规范规定，钢筋混凝土结构的混凝土强度等级不应低于 C25；采用 500MPa 及以上的钢筋时，混凝土强度等级不应低于 C30；承受重复荷载的钢筋混凝土构件，混凝土强度等级不应低于 C30；预应力混凝土楼板结构的混凝土强度等级不应低于 C30；其他预应力混凝土结构构件的混凝土强度等级不应低于 C40。

混凝土立方体抗压强度不仅与养护时的温度、湿度和龄期等因素有关，而且与立方体试件的尺寸和试验方法也有密切关系。试验结果表明，用边长 200mm 的立方体试件测得的强度偏低，而用边长 100mm 的立方体试件测得的强度偏高，因此需将非标准试件的实测值乘以换算系数换算成标准试件的立方体抗压强度。根据对比试验结果，采用边长为 200mm 的立方体试件的换算系数为 1.05，采用边长为 100mm 的立方体试件的换算系数为 0.95。也有的国家采用直径为 150mm、高度为 300mm 的圆柱体试件作为标准试件。对同一种混凝土，其圆柱体抗压强度与边长 150mm 的标准立方体试件抗压强度之比约为 0.79～0.81。

试验方法对混凝土立方体的抗压强度有较大影响。在一般情况下，试件受压时上下表面与试验机承压板之间将产生阻止试件向外横向变形的摩擦阻力，像两道套箍一样将试件上下两端套住，从而延缓裂缝的发展，提高了试件的抗压强度；破坏时试件中部剥落，形成两个对顶角的锥形破坏面，如图 2-8（a）所示。如果在试件的上下表面涂一些润滑剂，试验时摩擦阻力就大大减小，试件将沿着平行力的作用方向产生几条裂缝而破坏，所测得的抗压强度较低，其破坏形状如图 2-8（b）所示。我国规定的标准试验方法是不涂润滑剂的。

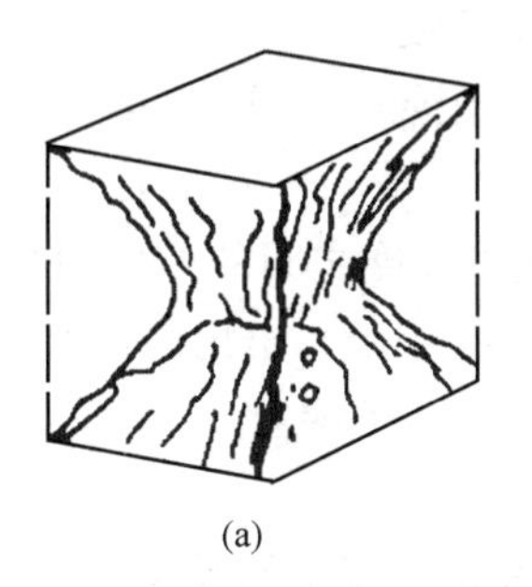
(a)

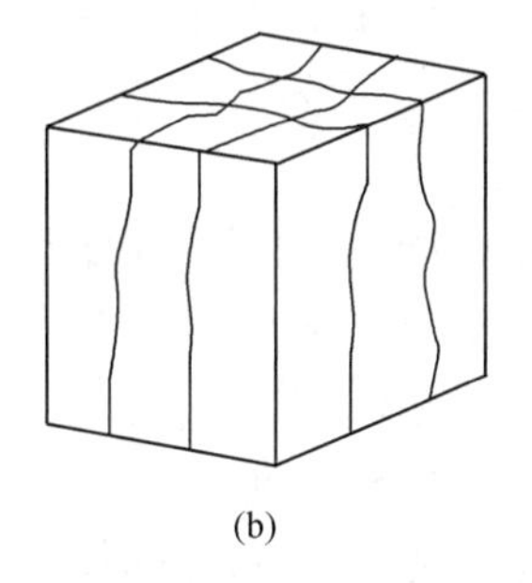
(b)

图 2-8 混凝土立方体试件破坏情况

（a）加载面不涂润滑剂；（b）加载面涂润滑剂

加载速度对混凝土立方体抗压强度也有影响，加载速度越快，测得的强度越高。通常规定的加载速度为：混凝土强度等级低于 C30 时，取每秒钟 0.3～$0.5N/mm^2$；混凝土强度等级不低于 C30 且低于 C60 时，取每秒钟 0.5～$0.8N/mm^2$；混凝土强度等级不低于 C60，取每秒钟 0.8～$1.0N/mm^2$。

混凝土立方体抗压强度还与养护条件和龄期有关。混凝土立方体抗压强度随混凝土的龄期逐渐增长，初期增长较快，以后逐渐缓慢；在潮湿环境中增长较快，而在干燥环境中增长较慢，甚至还有所下降。我国规范规定的标准养护条件为温度（20±3)℃、相对湿度在90%以上的潮湿空气环境。试验龄期一般为28d，但对某些种类的混凝土（如粉煤灰混凝土等）的试验龄期作了修改，允许根据有关标准的规定对这些种类的混凝土试件的试验龄期进行调整，如粉煤灰混凝土因早期强度增长较慢，其试验龄期可定得长些。

2. 混凝土的轴心抗压强度

通常钢筋混凝土构件的长度比它的截面边长要大得多，因此，棱柱体试件（高度大于截面边长的试件）的受力状态更接近于实际构件中混凝土的受力情况。

按照与立方体试件相同条件下制作并采用相同试验方法所得的棱柱体试件的抗压强度值，称为混凝土轴心抗压强度标准值，用符号 f_{ck} 表示，下标 c 表示受压，k 表示标准值。

混凝土的轴心抗压强度比立方体抗压强度要低，这是因为棱柱体的高度 h 比宽度 b 大，试验机压板与试件之间的摩擦力对试件中部横向变形的约束要小。高宽比 h/b 越大，测得的强度越低，但当高宽比达到一定值后，这种影响就不明显了。试验表明，当高宽比 h/b 由 1 增加到 2 时，抗压强度降低很快；但当高宽比 h/b 由 2 增加到 4 时，其抗压强度变化不大。我国规范规定以 150mm×150mm×300mm 的棱柱体作为混凝土轴心抗压强度试验的标准试件。

试验表明，f_{ck} 和 $f_{cu,k}$ 大致呈线性关系。考虑实际结构构件混凝土与试件在尺寸、制作、养护和受力方面的差异，并假定棱柱体抗压强度的变异系数与立方体抗压强度的变异系数相同，我国规范采用的混凝土轴心抗压强度标准值 f_{ck} 与立方体抗压强度标准值 $f_{cu,k}$ 之间的换算关系为

$$f_{ck} = 0.88\alpha_{c1}\alpha_{c2}f_{cu,k} \tag{2-6}$$

式中 α_{c1}——棱柱体抗压强度与立方体抗压强度的比值，当混凝土强度等级不大于 C50 时，$\alpha_{c1}=0.76$；当混凝土强度等级为 C80 时，$\alpha_{c1}=0.82$；当混凝土强度等级为中间值时，按线性变化插值；

α_{c2}——混凝土的脆性系数，当混凝土强度等级不大于 C40 时，$\alpha_{c2}=1.0$；当混凝土强度等级为 C80 时，$\alpha_{c2}=0.87$；当混凝土强度等级为中间值时，按线性变化插值；

0.88——考虑结构中混凝土强度与试件混凝土强度之间的差异而采取的修正系数。

《混凝土结构设计规范》GB 50010—2010（2015 年版）给出的混凝土轴心抗压强度的标准值如本书附录 1 的附表 1-1 所示。

3. 混凝土的轴心抗拉强度

混凝土轴心抗拉强度和轴心抗压强度一样，都是混凝土的重要基本力学指标。混凝土构件的开裂、裂缝宽度、变形验算以及受剪、受扭、受冲切等承载力的计算均与抗拉强度有关。但是，混凝土的抗拉强度比抗压强度低得多，它与同龄期混凝土抗压强度的比值大约在 1/18～1/8，且比值随着混凝土强度等级的增大而减小。

测定混凝土抗拉强度的试验方法通常有两种：一种为直接拉伸试验，试件尺寸为 100mm×100mm×500mm，两端预埋钢筋，钢筋位于试件的轴线上，对试件施加拉力使其均匀受拉，试件破坏时的平均拉应力即为混凝土的抗拉强度，称为轴心抗拉强度 f_t，这种试验对试件尺寸及钢筋位置要求很严格；另一种为间接测试方法，称为劈裂试验，如

图 2-9 所示，对圆柱体或立方体试件施加线荷载，试件破坏时，在破裂面上产生与该面垂直且基本均匀分布的拉应力。根据弹性理论，试件劈裂破坏时，混凝土抗拉强度（劈裂抗拉强度）$f_{t,s}$可按式（2-7）计算。

$$f_{t,s}=\frac{2N}{\pi dl}=0.637\frac{N}{dl} \tag{2-7}$$

式中　N——劈裂破坏荷载；

d——圆柱体的直径或立方体的边长；

l——圆柱体的长度或立方体的边长。

采用上述试验方法测得的混凝土劈裂抗拉强度值换算成轴心抗拉强度时，应乘以换算系数 0.9，即 $f_t=0.9f_{t,s}$ 。

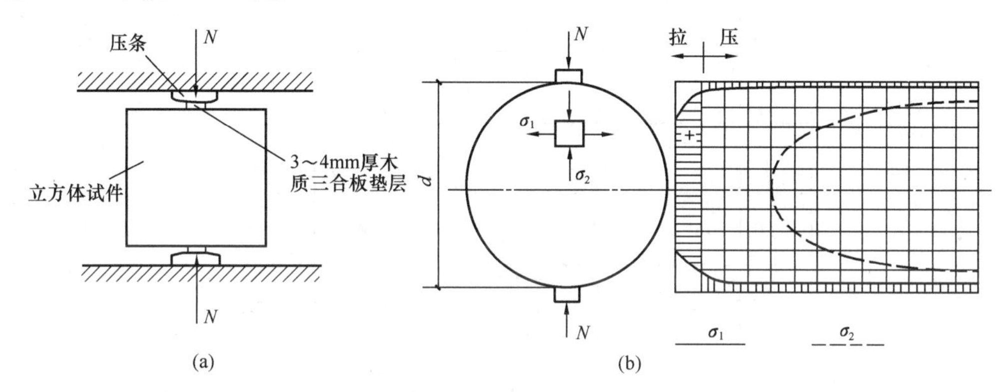

图 2-9　混凝土的劈裂试验

（a）立方体；（b）圆柱体

假定轴心抗拉强度的变异系数与立方体抗压强度的变异系数相同，混凝土轴心抗拉强度标准值 f_{tk}与立方体抗压强度标准值 $f_{cu,k}$之间的换算关系为

$$f_{tk}=0.88\times0.395\alpha_{c2}f_{cu,k}^{0.55}(1-1.645\delta_{f_{cu}})^{0.45} \tag{2-8}$$

式中　α_{c2}——取值与式（2-6）相同；

$\delta_{f_{cu}}$——立方体抗压强度的变异系数。

《混凝土结构设计规范》GB 50010—2010（2015 年版）给出的混凝土轴心抗拉强度的标准值如本书附录 1 的附表 1-1 所示。

4. 混凝土在复合应力作用下的强度

实际工程中的混凝土结构或构件通常受到轴力、弯矩、剪力及扭矩的不同组合作用，混凝土很少处于单向受力状态，往往是处于双向或三向受力状态。在复合应力状态下，混凝土的强度和变形性能有明显的变化。

（1）混凝土的双向受力强度

在实际混凝土构件中取微元体，若其两个互相垂直的平面上作用有法向应力 σ_1 和 σ_2 ，而第三个平面上应力为零，则混凝土处于双向应力状态。混凝土在双向应力状态下强度的变化曲线如图 2-10 所示，图中以受压为正，受拉为负，f_c 是单向受压时混凝土的强度。

混凝土双向受压（图 2-10 第一象限）时，总体上一个方向的抗压强度随另一向压应力的增大而增大，最多可提高 29%左右；双向受拉（图 2-10 第三象限）时，两个方向应力的相互影响不显著，抗拉强度基本接近单向抗拉强度；当一个方向受拉、另一个方向受压时（图 2-10 二、四象限）时，一个方向的强度随另一个方向应力的增加而近似地线性下降。

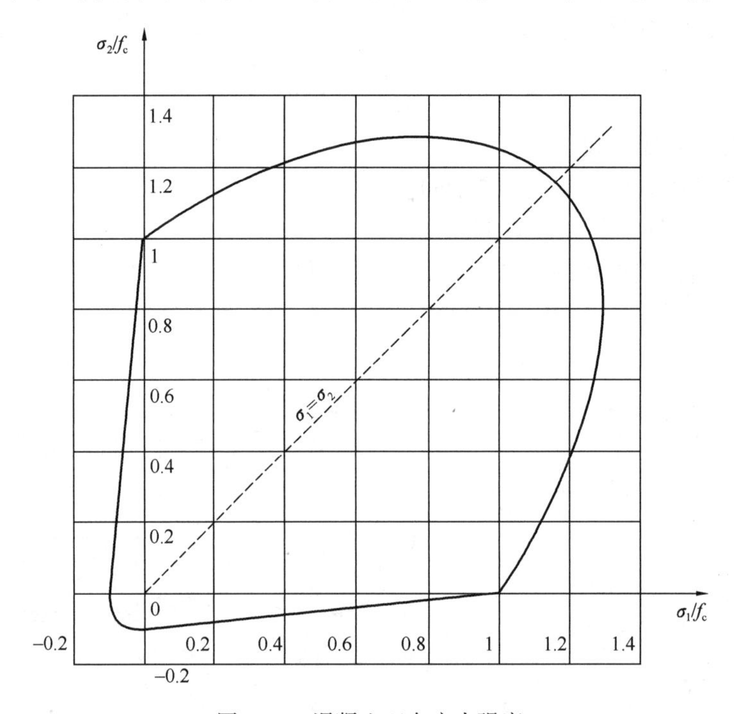

图 2-10　混凝土双向应力强度

（2）混凝土的三向受压强度

混凝土三向受压时，一向抗压强度随另两向压应力的增加而增大，并且混凝土受压的极限变形也大大增加。图 2-11 所示为圆柱体混凝土试件三向受压时（侧向压应力均为 σ_2 ）的试验结果，由于周围的压应力限制了混凝土内微裂缝的发展，这就大大提高了混凝土的纵向抗压强度和承受变形的能力。由试验结果得到的经验公式为

$$f_{cc} = f_c + \beta\sigma_2 \tag{2-9}$$

式中　f_{cc} ——在等侧向压应力 σ_2 作用下混凝土圆柱体抗压强度；

f_c ——无侧向压应力时混凝土圆柱体抗压强度；

β ——侧向压应力系数，根据试验结果取 $\beta = 4.5 \sim 7.0$ 。

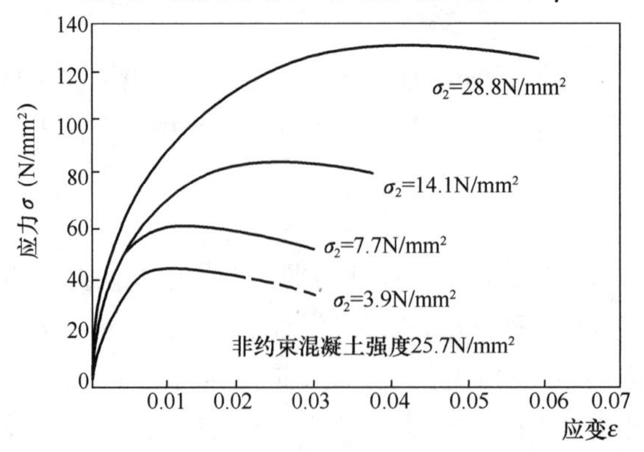

图 2-11　圆柱体试件三向受压试验

工程上可以通过设置密排螺旋箍筋、焊接环式箍筋或采用钢管、复材管来约束混凝土受压时发生的横向变形，从而改善混凝土受压构件的受力性能，这就是所谓的约束混凝土的概念。在混凝土轴向压力很小时，螺旋箍筋几乎不受力，此时混凝土基本上不受约束，当混凝土应力达到临界应力时，混凝土内部裂缝引起体积膨胀使螺旋箍筋受拉，反过来，螺旋箍筋对其所包围的混凝土（也称核心混凝土）起到套箍作用，从而使核心混凝土的强度和变形性能均得以提高。螺旋箍筋柱可用于地震区的工程结构以提高柱的强度和延性。

二维码2-3
约束混凝土的应用

（3）混凝土在正应力和剪应力共同作用下的强度

图 2-12 所示为混凝土在正应力和剪应力共同作用下的强度变化曲线，可以看出混凝土的抗剪强度受正应力的影响规律为：在剪拉状态下，抗剪强度随拉应力的增大而减小，混凝土受拉开裂时，抗剪强度降低为零；在剪压状态下，随着压应力增加，抗剪强度呈现先增后减的变化，当压应力为（0.5～0.7）f_c时，抗剪强度达到最大值，若继续增加压应力，由于混凝土内裂缝的明显发展，抗剪强度随压应力的增大而减小，当压应力达到混凝土轴心抗压强度时，抗剪强度为零。

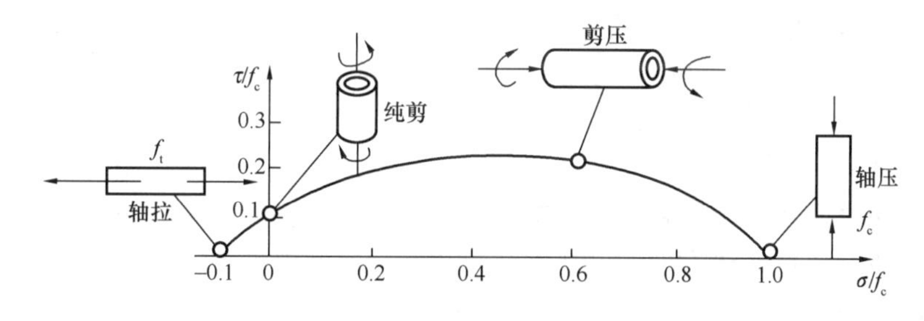

图 2-12　混凝土在正应力和剪应力共同作用下的强度曲线

2.2.4　混凝土的变形

混凝土的变形可分为两类：一类是混凝土的受力变形，包括一次单调加载的变形、重复荷载作用下的变形及荷载长期作用下的变形等；另一类为混凝土由于收缩、膨胀以及温度变化产生的变形。

1. 混凝土在一次单调加载时的变形性能

1）混凝土受压应力—应变曲线

混凝土的应力—应变关系是混凝土最基本的力学性能，它是研究钢筋混凝土构件截面应力分析，建立强度和变形计算理论所必不可少的依据。我国采用棱柱体试件测定混凝土单调加载时的变形性能，图 2-13 所示为典型的混凝土棱柱体在一次单调加载下的应力—应变全曲线。可以看到，应力—应变曲线分为上升段和下降段两个部分。

上升段（OC）：上升段（OC）又可分为三个阶段。第一阶段 OA 为准弹性阶段，从开始加载到 A 点［对应的应力 $\sigma=(0.3\sim0.4)f_c$］，应力—应变关系接近于直线，A 点称为比例极限，其变形主要是骨料和水泥石结晶体受压后的弹性变形，已存在于混凝土内部的微裂缝没有明显发展，如图 2-7（a）所示。第二阶段 AB 为裂缝稳定扩展阶段，压应

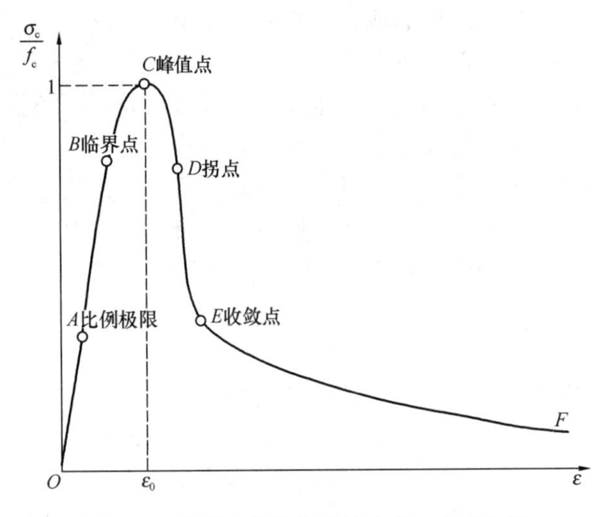

图 2-13　混凝土棱柱体受压应力—应变曲线

力随荷载增大而逐渐提高，混凝土逐渐表现出明显的非弹性性质，应力—应变曲线向应变轴逐渐弯曲，说明应变增长速度超过应力增长速度，B 点为临界点（对应的应力 σ 约为 $0.8f_c$）；在这一阶段，混凝土内原有的微裂缝开始扩展，并产生新的裂缝，如图 2-7（b）所示，但裂缝的发展仍能保持稳定，即应力不增加，裂缝也不继续发展；B 点的应力可作为混凝土长期受压强度的依据。第三阶段 BC 为裂缝不稳定扩展阶段，随着荷载的进一步增加，曲线明显向应变轴弯曲，直至峰值 C 点；这一阶段内裂缝发展很快并相互贯通，进入不稳定状态，如图 2-7（c）所示；峰值 C 点的应力即为混凝土的轴心抗压强度 f_c ，相应的应变称为峰值应变 ε_0 ，ε_0 随混凝土强度的提高有增大的趋势，对于普通混凝土，通常近似取 $\varepsilon_0 = 0.002$ 。

下降段（CF）：当混凝土的应力达到 f_c 以后，承载力开始下降，试验机受力也随之下降而产生恢复变形。对于一般的试验机，由于机器的刚度小，恢复变形较大，试件将在机器的冲击作用下迅速破坏而测不出下降段。如果能控制机器的恢复变形（如在试件旁附加弹性元件吸收试验机所积蓄的变形能，或采用有伺服装置控制下降段应变速度的特殊试验机），则在到达最大应力后，试件并不立即破坏，而是随着应变的增长，应力逐渐减小，呈现出明显的下降段。下降段曲线开始为凸曲线，随后变为凹曲线，D 点为拐点；超过 D 点后曲线下降加快，至 E 点曲率最大，E 点称为收敛点；超过 E 点后，试件的贯通主裂缝已经很宽，已失去结构意义。混凝土达到极限强度后，在应力下降幅度相同的情况下，变形能力差的混凝土表现出明显的脆性。

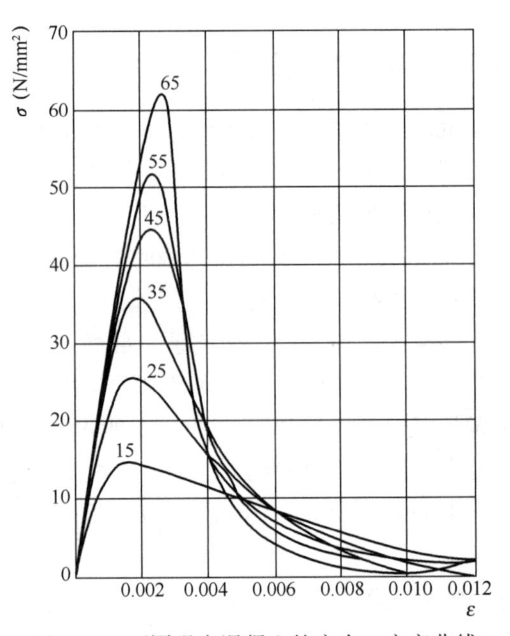

图 2-14　不同强度混凝土的应力—应变曲线

混凝土应力—应变曲线的形状和特征是混凝土内部结构变化的力学反映，影响应力—应变曲线的因素有混凝土的强度、加载速度、横向约束以及纵向钢筋的配筋率等。不同强度混凝土的应力—应变曲线如图 2-14 所示。可以看出，随着混凝土强度的提高，上升段曲线的直线部分增大，峰值应变 ε_0 也有所增大；但混凝土强度越高，曲线下降段越陡，脆性越强。图 2-15 所示为相同强度的混凝土在不同应变速度下的应力—应变曲线。可以看出，加载速度越快，测得的峰值应力

越大，峰值应变越小，下降段越陡。

2）混凝土受压应力—应变曲线的数学模型

国内外学者在试验的基础上提出过各种混凝土单轴受压应力—应变曲线的数学模型，其中美国学者 E. Hognestad 和德国学者 H. Rusch 提出的模型形式较为简单，使用较普遍。

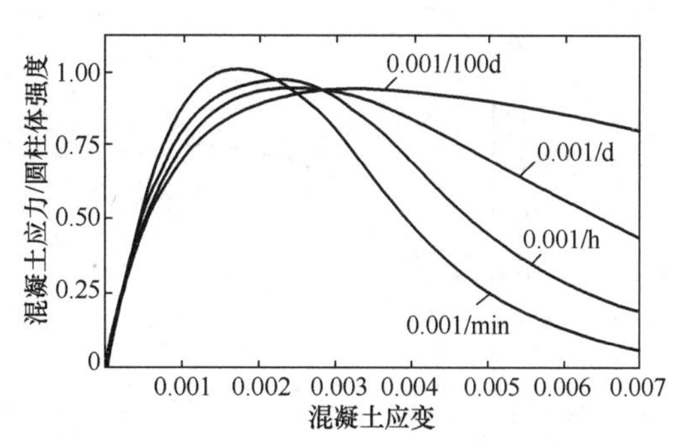

图 2-15　不同应变速度下混凝土的应力—应变曲线

Hognestad 提出的应力—应变关系上升段采用抛物线、下降段采用直线，其数学表达形式为

$$\sigma_c=\begin{cases}f_c\left[2\dfrac{\varepsilon_c}{\varepsilon_0}-\left(\dfrac{\varepsilon_c}{\varepsilon_0}\right)^2\right] & 0\leqslant\varepsilon_c\leqslant\varepsilon_0\\ f_c\left(1-0.15\dfrac{\varepsilon_c-\varepsilon_0}{\varepsilon_{cu}-\varepsilon_0}\right) & \varepsilon_0<\varepsilon_c\leqslant\varepsilon_{cu}\end{cases}\tag{2-10}$$

式中　f_c——峰值应力，即棱柱体抗压强度；

ε_0——峰值应变，取为 0.002；

ε_{cu}——极限压应变，取为 0.0038。

Rusch 提出的应力—应变关系上升段采用与式（2-10）相同的形式，下降段采用水平直线段，极限压应变取为 0.0035。

我国《混凝土结构设计规范》GB 50010—2010（2015 年版）在进行正截面承载力计算时采用抛物线上升段和水平直线下降段的应力—应变关系，其数学表达式为

$$\sigma_c=\begin{cases}f_c\left[1-\left(1-\dfrac{\varepsilon_c}{\varepsilon_0}\right)^n\right] & 0\leqslant\varepsilon_c\leqslant\varepsilon_0\\ f_c & \varepsilon_0<\varepsilon_c\leqslant\varepsilon_{cu}\end{cases}\tag{2-11}$$

式中　n——上升段曲线形状系数，取 $n=2-(f_{cu,k}-50)/60\leqslant 2$；

ε_0——峰值应变，取 $\varepsilon_0=0.002+0.5(f_{cu,k}-50)\times10^{-5}\geqslant 0.002$；

ε_{cu}——极限压应变，取 $\varepsilon_{cu}=0.0033-(f_{cu,k}-50)\times10^{-5}\leqslant 0.0033$；

$f_{cu,k}$——立方体抗压强度标准值。

3）混凝土受压时纵向应变与横向应变的关系

混凝土试件在单调加载时，除了产生纵向压应变外，还将在横向产生膨胀应变。横向应变与纵向应变的比值称横向变形系数，又称为泊松比 ν_c。

不同应力下泊松比 ν_c 的变化如图 2-16 所示。当应力值小于 $0.5f_c$ 时，横向变形系数基本保持为常数；当应力值超过 $0.5f_c$ 以后，横向变形系数逐渐增大，应力越高，增大的速度越快，表明试件内部的微裂缝迅速发展。材料处于弹性阶段时，泊松比 ν_c 可取为 0.2。

试验表明，当混凝土应力较小时，体积随压应力的增大而减小。当压应力超过一定值后，随着压应力的增加，体积又重新增大，最后会超过原来的体积。混凝土体积应变 ε_v 与应力的变化关系如图 2-17 所示。

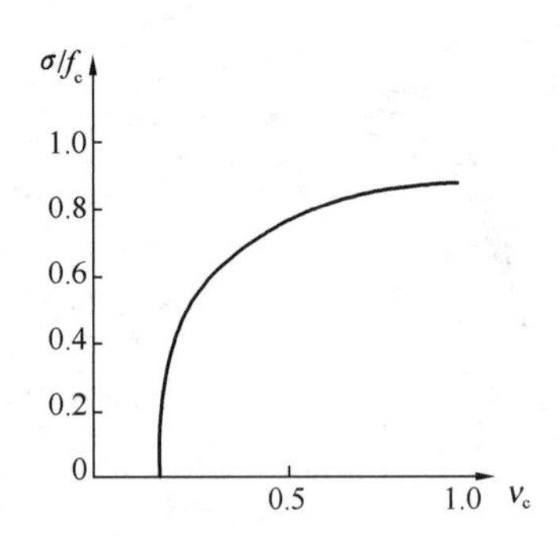

图 2-16　混凝土泊松比与应力的变化关系

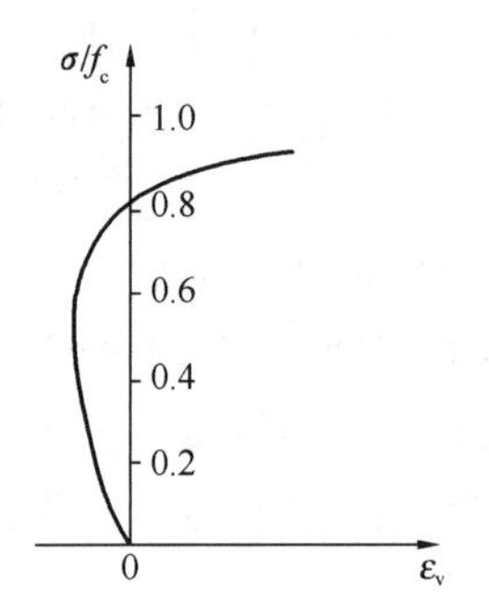

图 2-17　混凝土体积应变与应力的变化关系

4）混凝土的变形模量

在实际工程中，为了计算结构的变形，需要借助材料的弹性模量。与线弹性材料不同，混凝土受压应力—应变关系是一条曲线，在不同的应力阶段，应力与应变之比是变数，因此严格意义上不能称它为弹性模量，而应称其为变形模量。混凝土的变形模量有三种表示方法。

（1）原点切线模量 E_c

如图 2-18 所示，在混凝土应力—应变曲线的原点作切线，该切线的斜率即为原点模量，习惯称为弹性模量，用 E_c 表示。

$$E_c = \frac{\sigma_c}{\varepsilon_{ce}} = \tan\alpha_0 \tag{2-12}$$

式中　α_0 ——混凝土应力—应变曲线在原点处的切线与横坐标的夹角。

为了能较准确地确定混凝土弹性模量，可将标准棱柱体试件在压应力 $\sigma_c = 0.5\text{N/mm}^2 \sim f_c/3$ 之间重复加载、卸载 2 次以上，然后将该范围内应力—应变曲线的应力差与相应的应变差的比值作为弹性模量的测量值。

根据不同等级混凝土弹性模量试验值的统计分析，混凝土弹性模量可按式（2-13）计算。

$$E_c = \frac{10^5}{2.2 + \dfrac{34.7}{f_{cu,k}}} \tag{2-13}$$

式中　$f_{cu,k}$ ——单位应取“N/mm^2”。

《混凝土结构设计规范》GB 50010—2010（2015 年版）给出的混凝土的弹性模量如本书附录 1 的附表 1-3 所示。需要注意的是，混凝土不是弹性材料，所以不能用已知的混凝土应变乘以规范中所给的弹性模量值去求混凝土的应力。弹性模量仅适用于应力比较低的情况，当应力比较高时需要用割线模量或切线模量描述混凝土应力和应变之间的关系。

（2）割线模量 E'_c

连接图 2-18 中原点 O 至曲线上应力为 σ_c 处的点，即作割线，割线的斜率称为混凝土在 σ_c 处的割线模量，用 E'_c 表示。

$$E'_c = \frac{\sigma_c}{\varepsilon_c} = \tan\alpha_1 \tag{2-14}$$

式中　α_1 ——混凝土应力—应变曲线上应力为 σ_c 处割线与横坐标的夹角。

显然，混凝土的割线模量是变值，随混凝土应力的增大而减小。式（2-14）中总应变 ε_c 包含了混凝土弹性应变 ε_{ce} 和塑性应变 ε_{cp} 两部分。比较式（2-12）和式（2-14）可以得到

$$E'_c = \frac{\sigma_c}{\varepsilon_c} = \frac{\sigma_c}{\varepsilon_{ce} + \varepsilon_{cp}} = \frac{\varepsilon_{ce}}{\varepsilon_{ce} + \varepsilon_{cp}} \cdot \frac{\sigma_c}{\varepsilon_{ce}} = \nu E_c \tag{2-15}$$

式中　ν——混凝土受压时的弹性系数，为混凝土弹性应变与总应变之比，其值随混凝土应力的增大而减小，当 $\sigma_c < 0.3f_c$ 时，混凝土基本处于弹性阶段，可取 $\nu = 1$；当 $\sigma_c = 0.5f_c$ 时，可取 $\nu = 0.8 \sim 0.9$；当 $\sigma_c = 0.8f_c$ 时，可取 $\nu = 0.4 \sim 0.7$。

（3）切线模量 E''_c

在混凝土应力—应变曲线上某一应力值 σ_c 处作切线，该切线的斜率即为相应于应力 σ_c 时混凝土的切线模量，用 E''_c 表示。

$$E''_c = \tan\alpha_2 \tag{2-16}$$

式中　α_2——混凝土应力—应变曲线上应力为 σ_c 处切线与横坐标的夹角。

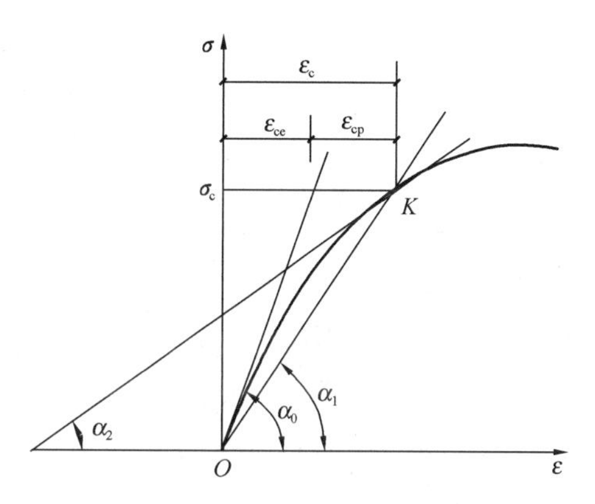

图 2-18　混凝土变形模量的表示方法

显然，混凝土的切线模量是一个变值，它随着混凝土应力的增大而减小。切线模量主要用于混凝土结构非线性数值分析，当应力—应变曲线的数学模型已知时，通过求导可以方便地求出切线模量，并在小增量条件下用其近似替代割线模量进行数值求解。

混凝土的剪切模量 G_c 可根据抗压试验测定的弹性模量 E_c 和泊松比 ν_c 按式（2-17）确定。

$$G_c = \frac{E_c}{2(1 + \nu_c)} \tag{2-17}$$

若取 $\nu_c = 0.2$，则 $G_c = 0.417E_c$，我国规范近似取 $G_c = 0.4E_c$。

5）混凝土轴向受拉时的应力—应变关系

混凝土受拉应力—应变曲线的测试比受压时要更困难。图 2-19 所示是采用电液伺服

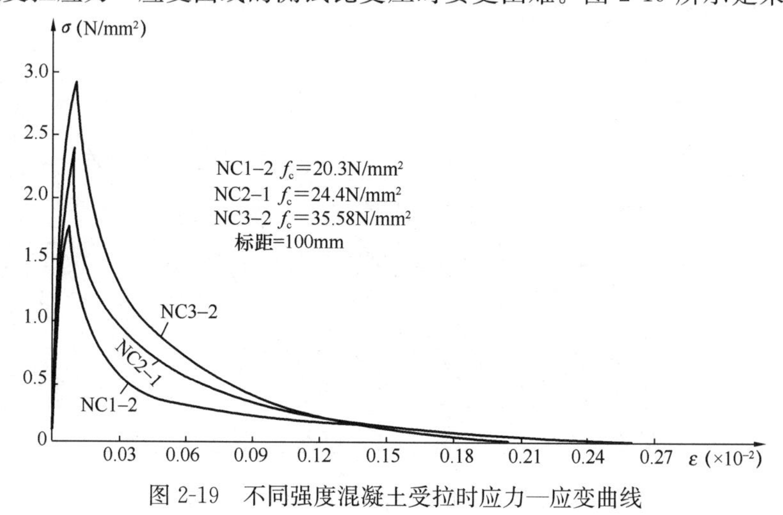

图 2-19　不同强度混凝土受拉时应力—应变曲线

试验机控制应变速度测出的混凝土轴心受拉应力—应变曲线。可以看出，曲线形状与受压时相似，也有上升段和下降段。曲线原点切线斜率与受压时基本一致，因此混凝土受拉和受压均可采用相同的弹性模量 E_c。到达峰值应力 f_t 时的应变很小，只有 $75\times10^{-6}\sim115\times10^{-6}$，曲线的下降段随着混凝土强度的提高也更为陡峭；相应于抗拉强度 f_t 时的变形模量可取 $E'_c=0.5E_c$，即取弹性系数 $\nu=0.5$。

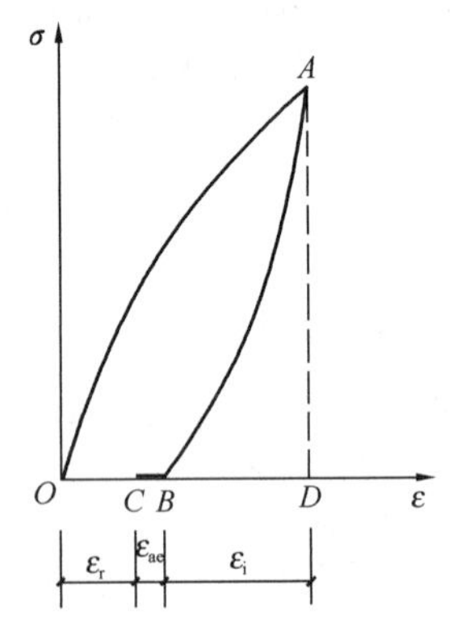

图 2-20　混凝土一次加载、卸载的应力—应变曲线

2. 混凝土在重复荷载作用下的变形性能（疲劳变形）

与单调荷载作用相比，重复荷载作用下混凝土的变形性能有着重要的变化。图 2-20 所示是混凝土受压棱柱体在一次加载、卸载时的应力—应变曲线。当混凝土棱柱体试件完成一次短期加载和卸载，加载的应力—应变曲线为 OA，卸载的应力—应变曲线为 ABC，卸载后瞬时恢复的应变值为 ε_i（instantaneous strain）；经过一段时间，其应变又恢复一部分，即弹性后效 ε_{ae}（after-effect strain）；最后剩下永远不能恢复的应变，即残余应变 ε_r（residue strain）。

图 2-21 所示为混凝土棱柱体在多次重复加载、卸载作用下的应力—应变曲线。由图 2-21可见，随着重复荷载作用下应力值的不同，其应力—应变曲线也不相同。图中几条曲线描述如下：曲线①是一次连续加载时的应力—应变关系（上升段）。曲线②和③分别表示在压应力小于混凝土疲劳强度 f_c^f 的应力 σ_1 和 σ_2 作用下，循环重复加载、卸载的应力—应变曲线，曲线②和③的特点是卸载和随后加载的应力—应变曲线都形成一封闭应力—应变滞回环，而且滞回环所包围的面积是随荷载重复次数的增加而逐渐减少的，直至卸载和随后的加载应力—应变曲线变成重合的直线，即滞回环消失。继续重复加载，混凝土的应力—应变关系仍维持直线的弹性工作，不会因混凝土内部开裂或变形过大而破坏。试验表明，这条直线与一次加载曲线在 O 点的切线基本平行；曲线④表示在压应力大于混凝土疲劳强度 f_c^f 的应力 σ_3 作用下，循环重复加载、卸载时应力—应变曲线，在循环重复加载、卸载初期，其变化情况和曲线②、③相似，但由于 $\sigma_3>f_c^f$，每次加载会引起混凝土内部微裂缝不断发展，加载的应力—应变曲线会由凸向应力轴，逐步转向凸向应变轴。随着荷载重

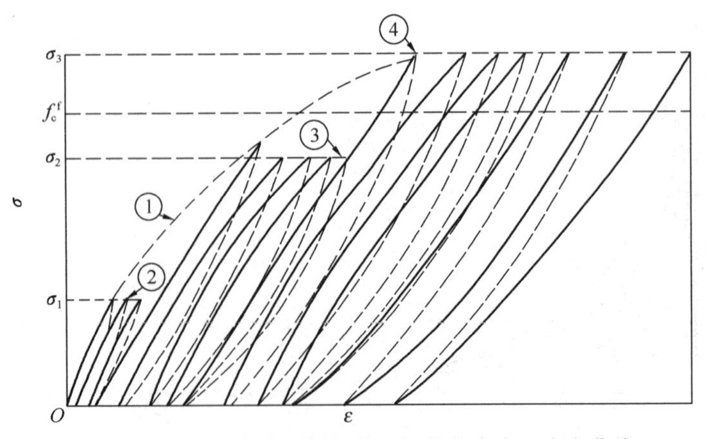

图 2-21　混凝土多次重复加载、卸载的应力—应变曲线

复次数的增加，应力—应变曲线的斜率不断降低，最后混凝土试件因严重开裂或变形太大而破坏。这种因荷载重复作用而引起的混凝土破坏称为混凝土的疲劳破坏。混凝土能承受荷载多次重复作用而不发生疲劳破坏的最大应力限值称为混凝土的疲劳强度 f_c^f。

由图 2-21 可看出，施加荷载时的应力大小是影响应力—应变曲线变化的关键因素，即混凝土的疲劳强度与荷载重复作用时应力变化的幅度有关。在相同的重复次数下，疲劳强度随着疲劳应力比 ρ_c^f 的增大而增大。疲劳应力比 ρ_c^f 的表达式为

$$\rho_c^f = \frac{\sigma_{c,min}^f}{\sigma_{c,max}^f} \tag{2-18}$$

式中　$\sigma_{c,min}^f$、$\sigma_{c,max}^f$——截面同一纤维上混凝土的最小、最大应力。

《混凝土结构设计规范》GB 50010—2010（2015 年版）规定，混凝土轴心受压、轴心受拉疲劳强度设计值 f_c^f、f_t^f 应按其混凝土轴心受压强度设计值 f_c、轴心受拉强度设计值 f_t 分别乘以相应的疲劳强度修正系数 γ_ρ 确定，受压和受拉状态下的疲劳强度修正系数 γ_ρ 分别如表 2-1 和表 2-2 所示。

混凝土受压疲劳强度修正系数 γ_ρ　　表 2-1

ρ_c^f	$0 \leqslant \rho_c^f < 0.1$	$0.1 \leqslant \rho_c^f < 0.2$	$0.2 \leqslant \rho_c^f < 0.3$	$0.3 \leqslant \rho_c^f < 0.4$	$0.4 \leqslant \rho_c^f < 0.5$	$\rho_c^f \geqslant 0.5$
γ_ρ	0.68	0.74	0.80	0.86	0.93	1.00

混凝土受拉疲劳强度修正系数 γ_ρ　　表 2-2

ρ_c^f	$0 \leqslant \rho_c^f < 0.1$	$0.1 \leqslant \rho_c^f < 0.2$	$0.2 \leqslant \rho_c^f < 0.3$	$0.3 \leqslant \rho_c^f < 0.4$	$0.4 \leqslant \rho_c^f < 0.5$
γ_ρ	0.63	0.66	0.69	0.72	0.74
ρ_c^f	$0.5 \leqslant \rho_c^f < 0.6$	$0.6 \leqslant \rho_c^f < 0.7$	$0.7 \leqslant \rho_c^f < 0.8$	$\rho_c^f \geqslant 0.8$	—
γ_ρ	0.76	0.80	0.90	1.00	—

3. 混凝土在荷载长期作用下的变形性能——徐变

结构或材料承受的应力不变，而应变随时间增长的现象称为徐变。混凝土的徐变特性主要与时间参数有关。混凝土的典型徐变曲线如图 2-22 所示。可以看出，当对棱柱体试

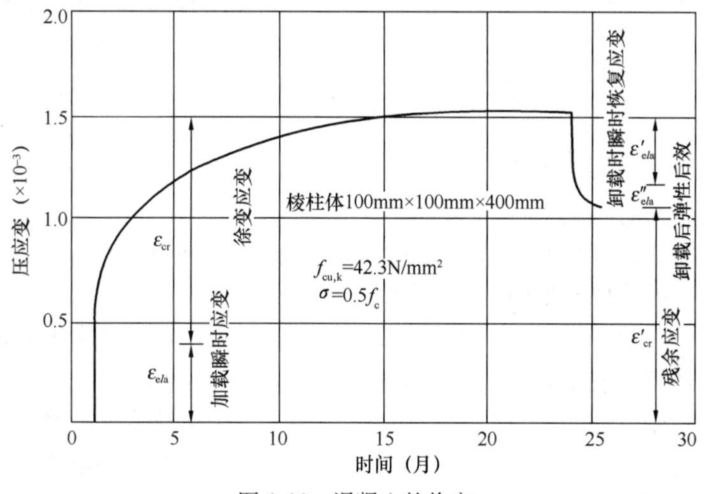

图 2-22　混凝土的徐变

件加载，应力达到 $0.5f_c$ 时，其加载瞬间产生的应变为瞬时应变 ε_{ela} 。若保持荷载不变，随着加载作用时间的增加，应变也将继续增长，这就是混凝土的徐变 ε_{cr} 。一般情况下，徐变开始增长较快，以后逐渐减慢，经过较长时间后就逐渐趋于稳定。徐变值约为瞬时应变的 1～4 倍。

如图 2-22 所示，两年后卸载，试件瞬时要恢复的一部分应变称为瞬时恢复应变 ε'_{ela} ，其值比加载时的瞬时应变 ε_{ela} 略小；之后的一段时间内（约为 20d），仍能恢复少量变形，称为弹性后效 ε''_{ela} ，其值仅为徐变值的 1/12 左右；在试件中还有绝大部分应变是不可恢复的，称为残余应变 ε'_{cr} 。

影响混凝土徐变的因素很多，主要可分为三类。

（1）内在因素

内在因素主要是指混凝土的组成与配合比。水泥用量大，水泥胶体多，水胶比越高，徐变越大。要减小徐变，就应尽量减少水泥用量，降低水胶比，增加骨料所占体积及刚度。

（2）环境影响

环境影响主要是指混凝土的养护条件以及使用条件下的温度和湿度影响。养护的温度越高，湿度越大，水泥水化作用越充分，徐变就越小，采用蒸汽养护可使徐变减少20%～35%；试件受荷后，环境温度越低，湿度越大，以及体表比（构件体积与表面积的比值）越大，徐变就越小。

（3）应力条件

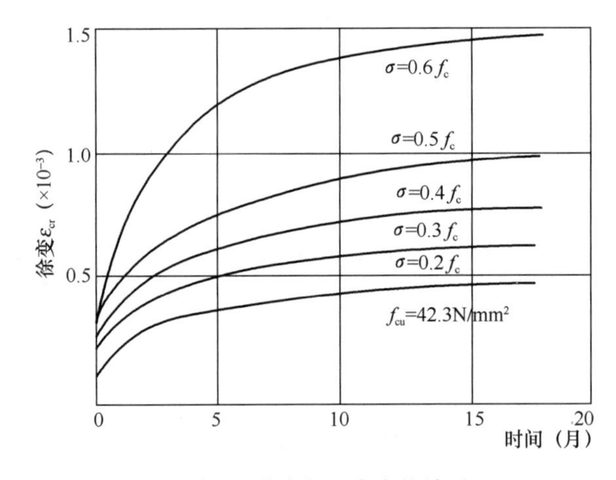

图 2-23　徐变与压应力的关系

应力条件的影响包括加载时施加的初应力水平和混凝土的龄期两个方面。在同样的应力水平下，加荷龄期越早，混凝土硬化越不充分，徐变就越大；在同样的加荷龄期条件下，施加的初应力水平越大，徐变就越大。图 2-23 所示为不同 σ_c/f_c 比值的条件下徐变随时间增长的曲线变化图。从图中可以看出，当 σ_c/f_c 的比值小于 0.5 时，曲线接近等间距分布，即徐变值与应力的大小呈正比，这种徐变称为线性徐变，通常线性徐变在两年后趋于稳定，其渐近线与时间轴平行；当应力 $\sigma_c=(0.5\sim0.8)f_c$ 时，徐变的增长较应力增长快，这种徐变称为非线性徐变；当应力 $\sigma_c>0.8f_c$ 时，这种非线性徐变往往是不收敛的，最终将导致混凝土的破坏，如图 2-24 所示。

对于混凝土产生徐变的原因，通常可从两个方面来理解：一是由于尚未转化为结晶体的水泥凝胶体黏性流动的结果；二是混凝土内部的微裂缝在荷载长期作用下持续延伸和扩展的结果。线性徐变以第一个原因为主，因为黏性流动的增长将逐渐趋于稳定；非线性徐变以第二个原因为主，因为应力集中引起的微裂缝开展将随应力的增加而急剧发展。

徐变对钢筋混凝土构件的受力性能有重要影响。一方面，徐变将使构件的变形增加，

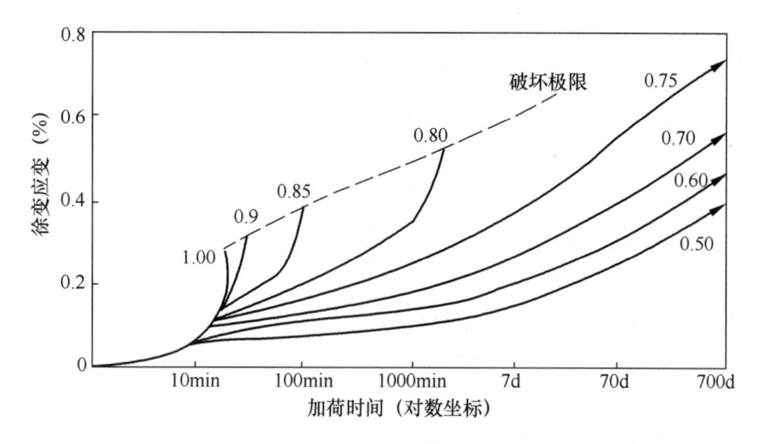

图 2-24　不同应力比值下的徐变随时间变化曲线（图中数字为应力比）

如受长期荷载作用的受弯构件由于受压区混凝土的徐变，可使挠度增大 2～3 倍甚至更多；长细比较大的偏心受压构件，由于徐变引起的附加偏心距增大，将使构件的承载力降低；徐变还会在钢筋混凝土截面引起应力重分布；在预应力混凝土构件中，徐变还会引起相当大的预应力损失。另一方面，徐变对结构的影响也有有利的一面，在某些情况下，徐变可减少由于支座不均匀沉降而产生的应力；还可延缓收缩裂缝的出现。

4. 混凝土的收缩、膨胀和温度变形

混凝土在凝结硬化过程中，体积会发生变化，在空气中硬化时体积会收缩，而在水中硬化时体积会膨胀。一般来说，收缩值要比膨胀值大很多。

混凝土的收缩是一种随时间增长而增长的变形，如图 2-25 所示。凝结硬化初期收缩变形发展较快，两周可完成全部收缩的 25%，一个月约可完成全部收缩的 50%，三个月后增长逐渐缓慢，一般两年后趋于稳定，最终收缩徐变一般为（2～5）$\times 10^{-4}$。

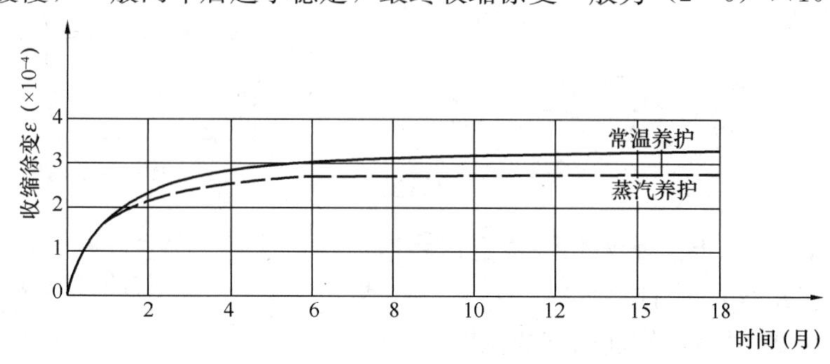

图 2-25　混凝土的收缩变形

引起混凝土收缩的原因，在硬化初期主要是水泥在凝结硬化过程中产生的体积变形，后期主要是混凝土内自由水分蒸发而引起的干缩。混凝土的组成、配合比是影响收缩的重要因素。水泥用量越多，水灰比越大，收缩就越大。骨料级配好、密度大、弹性模量高、粒径大等均可减少混凝土的收缩。

干燥失水是引起收缩的重要原因，因此构件的养护条件，使用环境的温度和湿度，以及凡是影响混凝土中水分保持的因素，都对混凝土的收缩有影响。蒸汽养护可加快水化作用，减少混凝土中的自由水分，因而可使收缩减小。使用环境的温度越高，相对湿度越低，收缩就越大。混凝土的最终收缩量还和构件的体表比有关，体表比较小的构件如工字形、箱形薄壁构件，收缩量较大，而且发展也较快。

混凝土的收缩对钢筋混凝土结构有着不利的影响。在钢筋混凝土结构中，混凝土往往由于钢筋或邻近部件的牵制处于不同程度的约束状态，使混凝土产生收缩拉应力，从而加速裂缝的出现和发展。在预应力混凝土结构中，混凝土的收缩将导致预应力的损失。对跨度变化比较敏感的超静定结构（如拱等），混凝土的收缩还将产生不利于结构的内力。

混凝土的膨胀往往是有利的，一般可不予考虑。

混凝土的线膨胀系数随骨料的性质和配合比的不同而在（1.0～1.5）$\times10^{-5}$/℃之间变化，它与钢筋的线膨胀系数 1.2×10^{-5}/℃ 相近，因此当温度变化时，在钢筋和混凝土之间仅引起很小的内应力，不致产生有害的影响。

2.3 钢筋与混凝土之间的黏结

2.3.1 黏结的意义

在钢筋混凝土结构中，钢筋和混凝土这两种性质不同的材料之所以能够共同工作，主要是依靠钢筋和混凝土之间的黏结应力。由于这种黏结应力的存在，使钢筋和周围混凝土之间的内力得以传递。

钢筋受力后，由于钢筋和周围混凝土的作用，使钢筋沿纵向应力发生变化，钢筋应力的变化率取决于黏结力的大小。由图 2-26 中钢筋微段 $\mathrm{d}x$ 上内力的平衡可求得

$$\tau=\frac{\mathrm{d}N}{\pi d\cdot\mathrm{d}x}=\frac{A_{\mathrm{s}}\cdot\mathrm{d}\sigma_{\mathrm{s}}}{\pi d\cdot\mathrm{d}x}=\frac{\frac{1}{4}\pi d^{2}}{\pi d}\cdot\frac{\mathrm{d}\sigma_{\mathrm{s}}}{\mathrm{d}x}=\frac{d}{4}\cdot\frac{\mathrm{d}\sigma_{\mathrm{s}}}{\mathrm{d}x}\tag{2-19}$$

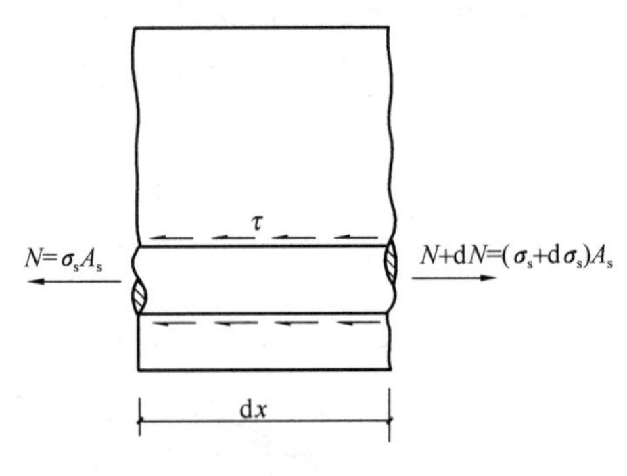

图 2-26　钢筋与混凝土之间的黏结应力

式中　τ——微段 $\mathrm{d}x$ 上的平均黏结应力，即钢筋表面上的剪应力；

$\mathrm{d}N$——在 $\mathrm{d}x$ 长度上钢筋两端的拉力差；

A_{s}——钢筋的截面面积；

d——钢筋直径；

σ_{s}——钢筋的应变。

式（2-19）表明，在荷载作用下，沿钢筋与混凝土界面上任何一点的黏结应力与该点在荷载作用下的钢筋应力分布曲线的斜率呈正比。黏结应力使钢筋应力（或应变）沿其长度发生变化，没有黏结应力，钢筋应力（或应变）就不会发生变化；反之，如果钢筋应力（或应变）没有变化，就不存在黏结应力 τ。

钢筋与混凝土的黏结性能按其在构件中的作用性质可分为两类：第一类是钢筋的锚固

黏结，如图 2-27（a）所示，要使钢筋承受所需的拉力，就要求受拉钢筋必须有足够的锚固长度，以确保在这段长度上黏结应力的积累足以抵抗钢筋的拉力；第二类是混凝土构件裂缝间的黏结，如图 2-27（b）所示，在两个开裂截面之间，它使得相邻两条裂缝间未开裂截面的混凝土参与抗拉，并造成裂缝间钢筋的应变（或应力）分布不均匀。

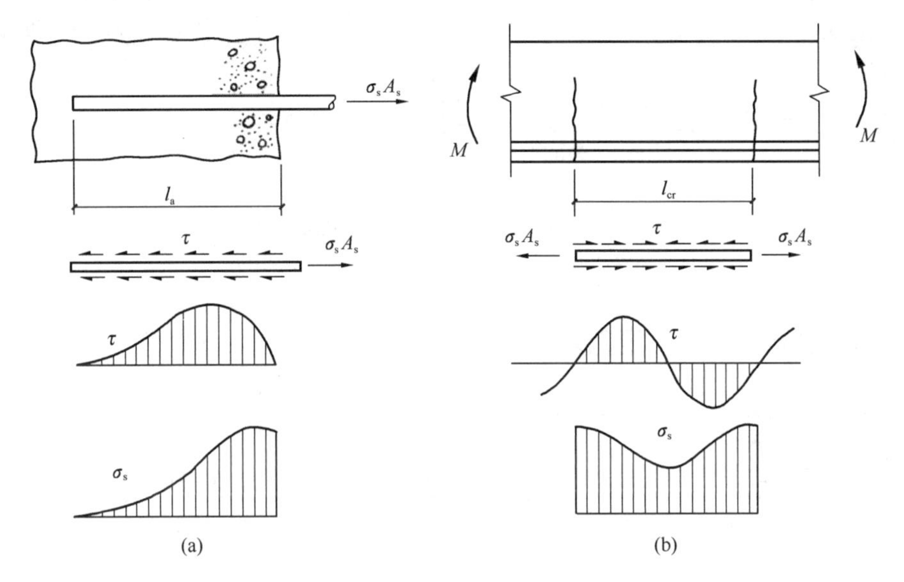

图 2-27　锚固黏结和裂缝间黏结

（a）锚固黏结；（b）裂缝间黏结

2.3.2　黏结机理分析

钢筋和混凝土的黏结力，主要由三部分组成。

第一部分是钢筋和混凝土接触面上的化学吸附力，亦称胶结力。这来源于浇筑时水泥浆体向钢筋表面氧化层的渗透和养护过程中水泥晶体的生长和硬化，从而使水泥胶体和钢筋表面产生吸附胶着作用。化学胶结力只能在钢筋和混凝土界面处于原生状态时才起作用，一旦发生滑移，它就失去作用。

第二部分是钢筋与混凝土之间的摩阻力。由于混凝土凝结时收缩，使钢筋和混凝土接触面上产生正应力，因此，当钢筋和混凝土产生相对滑移时，在钢筋和混凝土的界面上将产生摩阻力。摩阻力的大小取决于垂直摩擦面上的压应力，还取决于摩擦系数，即钢筋与混凝土接触面的粗糙程度。强度越高的混凝土收缩越大，因而摩阻力也越大。

第三部分是钢筋与混凝土之间的机械咬合力。对光圆钢筋，是指表面粗糙不平产生的咬合应力；对带肋钢筋，是指带肋钢筋肋间嵌入混凝土而形成的机械咬合作用，这是带肋钢筋与混凝土黏结的主要来源。图 2-28 所示为带肋钢筋与混凝土的相互作用，钢筋横肋对混凝土的挤压就像一个楔体，斜向挤压力不仅产生沿钢筋表面的轴向分力，而且产生沿钢筋径向的径向分力。当荷载增加时，因斜向挤压作用，肋顶前方的混凝土将发生斜向开裂形成内裂缝，而径向分力将使钢筋周围的混凝土产生环向拉应力，形成径向裂缝。

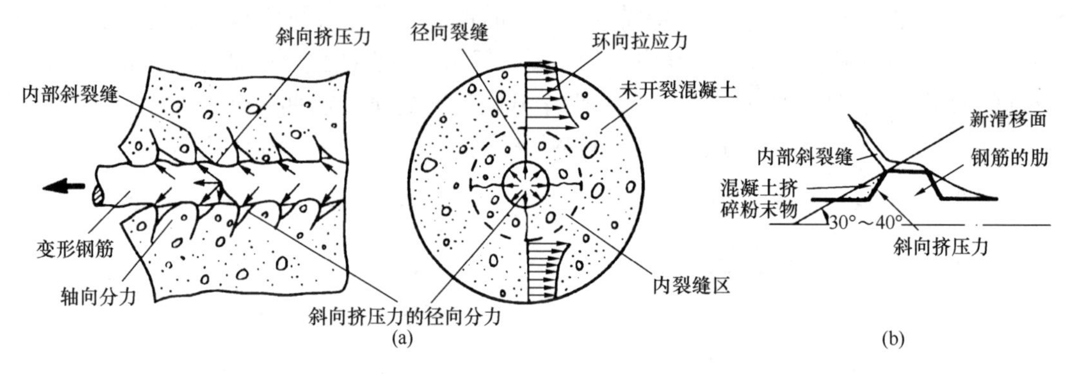

图 2-28　带肋钢筋与混凝土的相互作用

（a）钢筋力和混凝土应力分布；（b）局部放大图

2.3.3　影响黏结强度的主要因素

影响钢筋与混凝土黏结强度的因素很多，主要有以下六种。

1. 钢筋表面形状

试验表明，带肋钢筋的黏结力比光圆钢筋高出 2～3 倍，因此带肋钢筋所需的锚固长度比光圆钢筋要短，而光圆钢筋的锚固端头一般需要作弯钩以提高黏结强度。

2. 混凝土强度

钢筋与混凝土的黏结强度均随混凝土强度的提高而提高，但不是与混凝土的抗压强度 f_c 呈正比，而是与混凝土的抗拉强度 f_t 大致呈正比例关系。

3. 保护层厚度和钢筋净距

混凝土保护层厚度和钢筋间距对黏结强度也有重要影响。对于高强度的带肋钢筋，当混凝土保护层厚度较小时，外围混凝土可能发生劈裂而使黏结强度降低；当钢筋之间净距过小时，将可能出现水平劈裂而导致整个保护层崩落，从而使黏结强度显著降低。

4. 钢筋浇筑位置

黏结强度与浇筑混凝土时钢筋所处的位置也有明显的关系。水平布置的钢筋，其底面的混凝土由于水分、气泡的逸出和骨料泌水下沉，与钢筋间形成了空隙层，从而削弱了钢筋与混凝土的黏结作用，使得水平布置的钢筋比竖向布置的钢筋的黏结强度低。

5. 横向钢筋

横向钢筋（如梁中的箍筋）可以延缓径向劈裂裂缝的发展或限制裂缝的宽度，从而可以提高黏结强度。在较大直径钢筋的锚固区或钢筋搭接长度范围内，以及当一排并列的钢筋根数较多时，均应设置一定数量的附加箍筋，以防止保护层的劈裂崩落。

6. 侧向压力

当钢筋的锚固区作用有侧向压应力时，可增强钢筋与混凝土之间的摩阻作用，使黏结强度提高。因此在直接支承的支座处，如梁的简支端，考虑支座压力的有利影响，伸入支座的钢筋锚固长度可适当减少。

2.3.4　钢筋的锚固

为了保证钢筋与混凝土之间的可靠黏结，钢筋必须有一定的锚固长度。纵向受拉钢筋的锚固长度作为钢筋的基本锚固长度 l_{ab}，它与钢筋强度、混凝土强度、钢筋直径及外形有关，按式（2-20）计算。

$$l_{ab}=\alpha\frac{f_y}{f_t}d \tag{2-20}$$

或

$$l_{ab}=\alpha\frac{f_{py}}{f_t}d \tag{2-21}$$

式中　f_y、f_{py}——普通钢筋、预应力筋的抗拉强度设计值；

f_t——混凝土轴心抗拉强度设计值，当混凝土的强度等级高于 C60 时，按 C60 取值；

d——锚固钢筋的直径；

α——锚固钢筋的外形系数，按表 2-3 取用。

锚固钢筋的外形系数　　表 2-3

钢筋类型	光圆钢筋	带肋钢筋	螺旋肋钢丝	三股钢绞线	七股钢绞线
α	0.16	0.14	0.13	0.16	0.17

注：光圆钢筋末端应做 180°弯钩，弯后平直段长度不应小于 $3d$，但作受压钢筋时可不做弯钩。

可见，钢筋直径越大、强度越高，所需的锚固长度越长；混凝土抗拉强度越高，所需的锚固长度越短；光圆钢筋的黏结性能比带肋钢筋差，所以系数 α 大些。为了改善锚固性能，一般要求光圆钢筋在端部设 180°弯钩。

一般情况下，受拉钢筋的锚固长度可取基本锚固长度。考虑各种影响钢筋与混凝土黏结锚固强度的因素，当采取不同的埋置方式和构造措施时，锚固长度应按式（2-22）计算。

$$l_a=\zeta_a l_{ab} \tag{2-22}$$

式中　l_a——受拉钢筋的锚固长度；

ζ_a——锚固长度修正系数，按下面规定取用，当多于一项时，可以连乘计算；经修正的锚固长度不应小于基本锚固长度的 0.6 倍且不小于 200mm。

纵向受拉带肋钢筋的锚固长度修正系数 ζ_a 应根据钢筋的锚固条件按下列规定取用。

（1）当带肋钢筋的公称直径大于 25mm 时取 1.10。

（2）对环氧涂层钢筋取 1.25。

（3）施工过程中易受扰动的钢筋取 1.10。

（4）当纵向受力钢筋的实际配筋面积大于其设计计算面积时取设计计算面积与实际配筋面积的比值，但对有抗震设防要求及直接承受动力荷载的结构构件不得考虑此项修正。

（5）锚固区保护层厚度为 $3d$ 时修正系数可取 0.80，保护层厚度为 $5d$ 时修正系数可取 0.70，中间按内插法取值（此处 d 为纵向受力带肋钢筋的直径）。

（6）当纵向受拉普通钢筋末端采用钢筋弯钩或机械锚固措施时，包括弯钩或锚固端头在内的锚固长度（投影长度）可取为基本锚固长度 l_{ab} 的 0.6 倍。钢筋弯钩和机械锚固的形式和技术要求应符合图 2-29 的规定。

钢筋受压时，钢筋的横向膨胀可以提高摩阻力，因此受压钢筋的锚固长度小于受拉钢筋。当计算中充分利用钢筋的抗压强度时，受压钢筋的锚固长度应不小于相应受拉锚固长

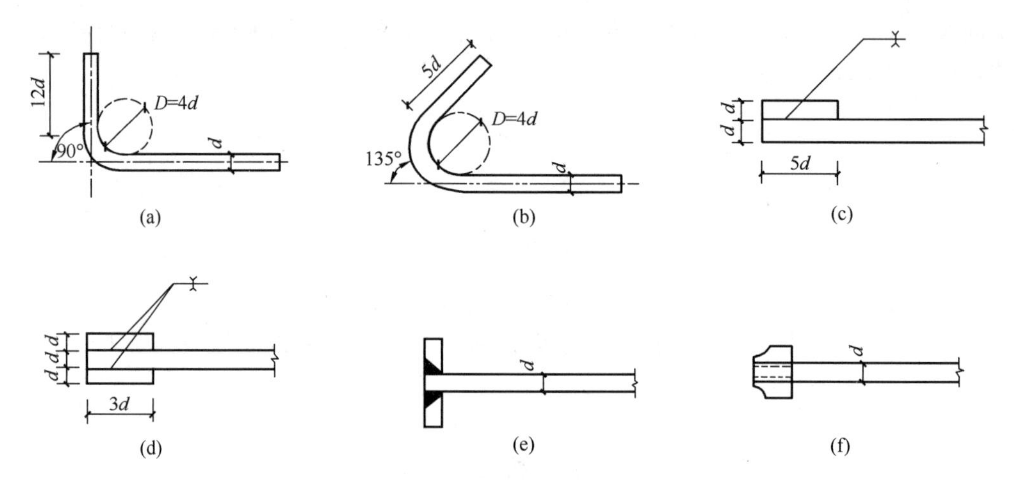

图 2-29　钢筋机械锚固的形式及构造要求

(a) 90°弯钩；(b) 135°弯钩；(c) 一侧贴焊锚筋；(d) 两侧贴焊锚筋；(e) 穿孔塞焊锚板；(f) 螺栓锚头

度的 0.7 倍。

名词和术语

混凝土立方体抗压强度　Cubic compressive strength of concrete

混凝土轴心抗压强度　Axial compressive strength of concrete

混凝土轴心抗拉强度　Axial tensile strength of concrete

混凝土的徐变　Concrete creep

黏结应力　Bond stress

锚固长度　Anchorage length

习　题

2-1　在某铁路桥梁施工现场制作了一批混凝土标准立方体试件，已测得其立方体抗压强度的均值为 40.50MPa，变异系数为 0.12，假定轴心抗压强度、轴心抗拉强度的变异系数与立方体抗压强度的变异系数相同，试推算该批混凝土的轴心抗压强度标准值和轴心抗拉强度标准值。

2-2　我国高速铁路简支梁桥上部结构多采用 C50 混凝土，已知 $f_c=33.5\text{N/mm}^2$，试用式（2-11）所表示的混凝土应力—应变曲线，分别估算混凝土的原点切线模量、曲线上升段应力为 $0.5f_c$ 处的切线模量、割线模量及弹性系数。

2-3　图 2-27（a）所示锚固段钢筋应力达到屈服强度 f_y 时的有效锚固长度为 l_a，假定 l_a 长度范围内黏结应力分布可以近似表示为 $\tau_x=\tau_0\sin(\pi x/l_a)$，其中坐标原点在钢筋的左端，沿钢筋的纵向向右为 x 轴的正方向，试推导出钢筋的应力分布曲线方程。

第 3 章　混凝土结构设计方法

工程结构设计的基本目标是保证设计的结构安全可靠、适用耐久且经济合理。工程师需要用最经济的手段，设计并建造出安全可靠的结构，使其在预定的设计工作年限内，满足各种预定功能的要求。为确保安全性、适用性和耐久性，各类工程结构在各种作用下必须基于某种特定的设计方法进行设计。

本章将系统地介绍钢筋混凝土结构荷载与作用的概念和确定方法、结构可靠度基本原理以及满足可靠度要求的钢筋混凝土结构的基本设计方法。

3.1　结构设计方法简介

二维码3-1
本章导入

自从 19 世纪末钢筋混凝土结构在工程中应用以来，随着生产实践的不断积累和科学研究的不断深入，钢筋混凝土结构的设计理论也在不断发展。根据相关研究的发展以及不同方法的特点，混凝土结构设计方法可分为容许应力法、破坏阶段法及极限状态设计法等。

1. 容许应力法

容许应力法是一种传统的工程结构设计方法，该方法将材料视为理想弹性材料，采用弹性计算理论，以截面上的最大应力为考察对象。其设计准则是结构构件截面的某一点或某一局部的计算应力不得超过材料的容许应力。材料的容许应力由材料的强度除以安全系数得到。容许应力法是材料力学课程中介绍的主要方法。

容许应力法应用简便，目前我国铁路桥涵设计中仍在使用，如在受弯构件的受弯分析时采用换算截面法，先将钢筋截面面积按两种材料的弹性模量比换算为混凝土截面面积，再按单一弹性材料进行计算。

容许应力法存在的不足是该方法缺乏明确的结构可靠度概念；未考虑结构材料的塑性性能；所用的设计准则不能客观地反映构件截面承载能力；安全系数单一且取值缺乏科学依据。

2. 破坏阶段法

破坏阶段法是对容许应力法的一种改进，也称为安全系数法，以截面的内力（而不是应力）为考察对象，在考虑材料塑性性能的基础上，按破坏阶段计算构件截面的承载能力。其设计原则是结构构件达到破坏阶段的设计承载力不低于荷载产生的内力乘以安全系数。此方法安全系数单一且仅根据经验和主观判断来确定，无法反映不同荷载和材料强度变异性的差异。目前，岩土结构的稳定性验算仍采用安全系数法。

3. 极限状态法

极限状态法是破坏阶段法的发展，该方法以概率与统计理论为基础，规定了结构的极限状态，将作用效应和影响结构抗力的主要因素作为随机变量，根据统计分析确定结构的可靠指标（或失效概率）以度量结构可靠性。其设计准则是对于规定的极限状态，作用效应超过结构抗力的概率（也称失效概率）不应超过规定的限值。

按发展阶段，国际上将极限状态法分为三个水准。

（1）水准Ⅰ：半概率设计法。将单一的安全系数转化为多个分项系数，分别考虑荷载、材料强度等参数的变异性，分项系数的取值部分应用了概率统计分析，并结合工程经验确定，故称为半概率半经验法。但对结构可靠度的定义和计算方法尚未给予明确回答。我国早期颁布的《钢筋混凝土结构设计规范》，如 BJG 21—66 和 TJ 10—74，均采用这种方法。

（2）水准Ⅱ：近似概率设计法。将作用效应和结构抗力作为随机变量，明确给出了结构的功能函数和极限状态方程式，提出了一套计算可靠指标和推导分项系数的理论和方法；为了便于应用，设计表达式仍采用分项系数形式，各分项系数根据可靠度分析经优选确定。我国现行《工程结构可靠性设计统一标准》GB 50153—2008、《建筑结构可靠性设计统一标准》GB 50068—2018 和《公路工程结构可靠性设计统一标准》JTG 2120—2020 所采用的就是近似概率设计法。

（3）水准Ⅲ：全概率设计法。完全基于概率论的结构整体优化设计方法，目前尚处于研究探索阶段，真正达到实用还需经历较长的时间。

考虑到全概率法计算的繁琐以及结构设计应用的传统习惯，目前国内外大部分工程结构设计均采用近似概率法，也称为以概率理论为基础，采用分项系数表达的极限状态设计方法，简称极限状态法。工程结构设计宜采用极限状态法，如铁路工程结构、公路工程结构和房屋建筑结构可分别依据《铁路桥涵设计规范（极限状态法）》Q/CR 9300—2018、《公路钢筋混凝土及预应力混凝土桥涵设计规范》JTG 3362—2018 和《混凝土结构设计规范》GB 50011—2010（2015 年版）按极限状态法进行结构设计；当缺乏统计资料时，可根据可靠的工程经验或必要的试验研究进行设计，也可继续按传统模式采用容许应力法或单一安全系数等经验方法进行设计，如铁路工程结构也可依据《铁路桥涵混凝土结构设计规范》TB 10092—2017，按容许应力法进行结构设计。

本章主要介绍极限状态法的相关理论。容许应力法的相关理论及应用将在第 11 章介绍。

3.2 结构的功能要求和极限状态

3.2.1 结构的安全等级

在进行结构设计时，应根据工程结构的重要性采用不同的可靠度水平。不同类型的工程结构丧失承载能力所引发的后果是不同的，例如人员密集的大型公共建筑，一旦破坏可能会造成众多的人员伤亡。工程结构根据破坏可能产生后果的严重性，即危及人的生命、造成的经济损失、产生的不良社会影响，划分为不同的安全等级，如表 3-1 所示。

工程结构的安全等级　　表 3-1

安全等级	一级	二级	三级
破坏后果	很严重	严重	不严重
铁路桥涵示例	跨越大江、大河、山区深谷，且技术复杂、修复困难的特殊结构桥梁或重要桥梁	一般特大桥、大桥、中桥、小桥、涵洞	其他附属结构或构件
公路桥涵示例	各等级公路上的特大桥、大桥、中桥；高速公路，一、二级公路，国防公路及城市附近交通繁忙公路上的小桥	三、四级公路上的小桥；高速公路，一、二级公路，国防公路及城市附近交通繁忙公路上的涵洞	三、四级公路上的涵洞
房屋建筑示例	大型公共建筑	普通住宅和办公楼	小型或临时性储存建筑

各类结构构件的安全等级，宜与整个结构的安全等级相同。但允许对部分结构构件根据其重要程度和综合经济效益进行适当调整。如提高某一结构构件的安全等级所需额外费用很少，又能减轻整个结构的破坏，从而大大减少人员伤亡和财产损失，则可将该结构构件的安全等级比整个结构的安全等级提高一级；相反，如某一结构构件的破坏并不影响整个结构或其他结构构件的安全性，则可将其安全等级降低一级，但不得低于三级。对于结构中的重要构件和关键传力部位，宜适当提高其安全等级。

3.2.2　结构的设计工作年限

设计工作年限（也称设计使用年限）是设计规定的一个期限，在这个期限内，结构或结构构件不需进行大修应能保持其使用功能。结构设计时，应根据工程的使用功能、建造和使用维护成本以及环境影响等因素规定设计工作年限。公路桥涵和房屋建筑结构的设计工作年限分别不应低于表 3-2 和表 3-3 中规定的值；铁路桥涵主体结构的设计工作年限为 100 年。

公路桥涵的设计工作年限（年）　　表 3-2

公路等级		高速公路、一级公路	二、三、四级公路
主体结构	特大桥、大桥	100	100
	中桥	100	50
	小桥、涵洞	50	30
可更换部件	斜拉索、吊索、系杆等	20	20
	栏杆、伸缩装置、支座等	15	15

房屋建筑的设计工作年限　　表 3-3

类别	设计工作年限（年）
临时性建筑结构	5
易于替换的结构构件	25
普通房屋和构筑物	50
标志性建筑和特别重要的建筑结构	100

3.2.3 结构的功能要求

工程结构设计的基本目的是在一定的经济条件下，使结构在设计工作年限内能满足设计所预期的各种功能要求。结构的功能要求包括以下三方面。

1. 安全性

在设计工作年限内，在正常施工和正常使用条件下，结构应能承受可能出现的各种作用（包括荷载及外加变形或约束变形）；当发生火灾时，在规定的时间内可保持足够的承载力；当发生爆炸、撞击、人为错误等偶然事件时，结构能保持必需的整体稳固性，不出现与起因不相称的破坏后果，防止出现结构的连续倒塌。

2. 适用性

在设计工作年限内，结构应具有良好的使用性能，如不发生过大的变形、过宽的裂缝及令人不适的振动等。

3. 耐久性

在设计工作年限内，在正常维护条件下，结构应具有足够的耐久性，不需要进行大修就可满足安全性和适用性的功能要求。

3.2.4 极限状态

整个结构或结构的一部分超过某一特定状态（如承载力、变形、裂缝宽度、材料性能劣化等超过某一限值）就不能满足设计规定的某一功能要求，此特定状态称为该功能的极限状态，极限状态实质上是区分结构可靠与失效的界限。

极限状态分为三类，即承载能力极限状态、正常使用极限状态和耐久性极限状态，分别与功能要求的安全性、适用性和耐久性相对应。

1. 承载能力极限状态

结构或构件达到最大承载力或不适于继续承载的变形状态，称为承载能力极限状态。超过了承载能力极限状态，结构或构件就不能满足安全性的要求。

当结构或结构构件出现下列状态之一时，应认为超过了承载能力极限状态。

（1）结构构件或连接因所受应力超过材料强度而破坏，或因过度变形而不适于继续承载。

（2）整个结构或结构的一部分作为刚体失去平衡（如倾覆、滑移）。

（3）结构转变为机动体系（如静定结构和超静定结构出现足够多的塑性铰）。

（4）结构或结构构件丧失稳定（如细长受压构件的压屈失稳）。

（5）结构因局部破坏而发生连续倒塌。

（6）地基丧失承载能力而破坏（如地基液化）。

（7）结构或结构构件的疲劳破坏。

2. 正常使用极限状态

结构或构件达到正常使用的某项规定限值的状态，称为正常使用极限状态。超过了正常使用极限状态，结构或构件就不能满足适用性的要求。

根据超过正常使用极限状态的作用卸除后，该作用产生的后果是否可以恢复，可将正常使用极限状态区分为可逆的正常使用极限状态和不可逆的正常使用极限状态。前者后果

可恢复，后者后果不可恢复。

当结构或构件出现下列状态之一时，应认为超过了正常使用极限状态。

（1）影响正常使用或外观的变形，如过大的变形会造成房屋内粉刷层剥落、填充墙和隔墙开裂及屋面积水等。

（2）影响正常使用的局部损坏（包括裂缝），如水池开裂漏水不能正常使用，梁裂缝过宽使用户心理上产生不安全感等。

（3）影响正常使用的振动，如轨道交通引发的振动可能会造成用户的不适感或影响实验室精密仪器的使用。

（4）影响正常使用的其他特定状态。

通常对结构构件先按承载能力极限状态进行承载能力计算，然后根据使用要求按正常使用极限状态进行变形、抗裂及裂缝宽度等验算。

3. 耐久性极限状态

结构或构件在环境影响下出现的劣化（材料性能随时间的逐渐衰退）达到耐久性的某项规定限值或标志的状态，称为耐久性极限状态。超过了耐久性极限状态，结构或构件就不能满足耐久性的要求。

当结构或结构构件出现下列状态之一时，应认为超过了耐久性极限状态。

（1）影响承载能力和正常使用的材料性能劣化，如钢筋、混凝土的强度降低等。

（2）影响耐久性的裂缝、变形、缺口、外观、材料削弱等，如混凝土构件的裂缝宽度超过某一限值会引起构件内钢筋锈蚀；预应力筋和直径较细的受力主筋具备锈蚀条件；混凝土构件表面出现由钢筋锈蚀引发的裂缝等。

（3）影响耐久性的其他特定状态，如构件的金属连接件出现锈蚀，阴极或阳极保护措施失去作用等。

结构的耐久性极限状态设计，应使结构构件出现耐久性极限状态标志或限值的年限不小于其设计工作年限。结构构件的耐久性极限状态设计，应包括保证构件质量的预防性处理措施、减小侵蚀作用的局部环境改善措施、延缓构件出现损伤的表面防护措施和延缓材料性能劣化速度的保护措施。

3.3　作用、作用效应与结构抗力

3.3.1　结构上的作用和环境影响

结构上的作用是指施加在结构上的集中力或分布力和引起结构外加变形或约束变形的原因。前者为直接作用，也称为荷载，如恒荷载、活荷载、风荷载、雪荷载和车辆荷载等；后者为间接作用，如地震、温度变化、混凝土徐变和收缩、基础不均匀沉降等。

结构上的作用按时间的变异性，可分为三类。

（1）永久作用：在结构使用期间，其量值不变，或量值变化与平均值相比可以忽略，或单调变化并趋于限值的作用，如结构的自重、土压力、预应力及焊接应力等。这种作用一般为直接作用，通常也称为永久荷载或恒荷载。

（2）可变作用：在结构使用期间，其量值随时间变化，且其变化与平均值相比不可忽略的作用，如风荷载、雪荷载、楼面活荷载、温度变形、公路桥面或路面上的车辆荷载、铁路列车制动力、牵引力、竖向冲击力和横向摇摆力等。这种作用如为直接作用，则通常称为可变荷载或活荷载。

（3）偶然作用：在结构使用期间不一定出现，但一旦出现其量值很大，且持续时间很短的作用，如爆炸、火灾、罕遇地震、船只撞击桥墩、列车脱轨及轨道断轨等引起的作用。这种作用多为间接作用，当为直接作用时，通常称为偶然荷载。

结构上的作用按空间位置的变化情况，可分为固定作用和自由作用两大类。前者的空间分布是固定的，如结构的自重；后者的空间分布具有随机性，如楼面活荷载及车辆荷载。

结构上的作用按是否引起振动，可分为静态作用和动态作用两大类。不产生加速度或加速度可以忽略的作用为静态作用，如自重、温度变形等；加速度不可忽略的作用为动态作用，如风对柔性结构的作用、地震作用等。判断作用是否为动态作用，除了与作用本身的特性有关外，还与结构的自振周期有关。例如风荷载对一些比较刚的结构可按静态作用考虑，但对于比较柔的高层建筑和大跨桥梁需按动态作用考虑。

环境影响是指环境对结构产生的各种机械的、物理的、化学的或生物的不利影响。环境影响会引起结构材料性能的劣化，降低结构的安全性或适用性，影响结构的耐久性。环境影响按时间的变异性，可分为永久影响、可变影响和偶然影响三类。例如，对处于海洋环境中的混凝土结构，氯离子对钢筋的腐蚀作用是永久影响；空气湿度对木材强度的影响是可变影响等。

如同作用一样，对结构的环境影响应尽量地予以定量描述。如定量描述确有困难，可根据材料特点，通过环境对结构影响程度的分级（轻微、轻度、中度、严重等）等方法进行定性描述，并在设计中采取相应的技术措施。

3.3.2 作用效应和结构抗力

作用和环境影响引起的结构反应，包括内力、变形、速度和加速度等，称为作用效应，通常用 S 表示。直接作用（即荷载）引起的效应也称为荷载效应。荷载与荷载效应之间一般为线性关系，如均布荷载 q 作用下的跨度为 l 的简支梁，其跨中截面弯矩为 $M = ql^2/8$。计算作用效应的过程称为结构分析，包括静态作用下的结构静力分析和动态作用下的结构动力分析，可借助结构力学、结构动力学知识及结构有限元软件进行分析。

结构抗力是指结构构件承受作用效应的能力，如构件截面的承载能力、构件的屈曲失稳抗力、结构的抗滑移或抗倾覆能力等，通常用 R 表示。其中，构件的截面承载能力包括第 4 章、第 6 章和第 7 章分别介绍的正截面抗弯、抗压和抗拉承载力、第 5 章介绍的斜截面承载力和第 8 章介绍的截面抗扭承载力。抗力的影响因素的变异性导致了抗力的不定性。抗力的不定性包括材料性能（强度、变形模量等）的不定性、构件几何参数（截面高度、宽度、惯性矩、面积矩等）的不定性和计算模式（基本假定的近似性）的不定性。

作用效应 S 和结构抗力 R 具有随机性，可用随机变量或随机过程来描述。

3.3.3 作用的代表值和结构抗力的标准值

工程结构所承受的作用不是一个定值，存在变异性；结构所用材料性能的变异性导致

抗力也存在变异性。因此，结构设计时所取用的作用和抗力应采用概率统计方法来确定。

1. 设计基准期

设计基准期是指在工程设计时，为了确定可变作用及与时间有关的材料性能等选用的时间参数。例如，公路和铁路桥梁结构的设计基准期为100年，房屋建筑结构为50年，按这一时间参数经统计分析确定可变作用的取值。若设计基准期不等于设计工作年限，需要对可变荷载的取值进行调整。

2. 作用的代表值

永久作用在设计基准期内基本不变，可视为与时间无关的随机变量；可变作用不仅具有随机性，而且还与时间有关，在数学上采用随机过程来描述，随机过程的时间参数就是上述的设计基准期。

尽管结构上的作用是不确定的，但在结构设计时，为方便起见，需要将作用根据一定的规则取为某些定值，这些值即称为作用的代表值。根据使用情况不同或者适用于不同的极限状态，这些取值可以有多个或多种取法，即作用可以有多个代表值。

永久作用因其时间变异性较小，只有一个代表值，即标准值。可变作用随时间变化显著，除了有标准值外还有组合值、频遇值和准永久值。标准值是作用的基本代表值，其他作用代表值均由标准值乘以相应的系数得到，同时标准值也是所有代表值中最大的。

1）作用的标准值

作用标准值是指在设计基准期内可能出现的最大作用值，可由设计基准期内最大作用概率分布的某个分位值确定，即

$$P_k = \mu_P + \alpha_P \sigma_P \tag{3-1}$$

式中　P_k——作用的标准值；

μ_P、σ_P——作用均值和标准差；

α_P——与作用概率分布的某一分位值对应的保证率系数，若作用符合正态分布，取$\alpha_P=1.645$，则作用的标准值具有95%的保证率，即在设计基准期内超过此标准值的作用出现的概率为5%。

（1）永久作用标准值G_k。对于结构自重等永久作用，其标准值可按工程图纸的标注尺寸及有关荷载规范规定的材料标准重度（或单位面积的自重）计算确定。因永久荷载的变异性小，其标准值与其概率分布的均值通常很接近。根据大量现场实测数据统计表明，结构自重的标准值略小于均值，其保证率只有21%左右，这是在结构设计中需要关注的。对于自重变异性较大的材料，如墙体保温材料和屋面轻质材料，在设计中应根据作用对结构不利或有利，分别取其自重的上限值或下限值。

（2）可变作用标准值Q_k。根据作用在设计基准期内可能出现的最大作用的概率分布，满足一定保证率的某一较高分位值得到其取值。例如，民用建筑办公楼和住宅的楼面活荷载标准值分别取2.5kN/m^2和2.0kN/m^2，其保证率均大于95%。各种可变荷载标准值的具体取值规定，可参见《工程结构通用规范》GB 55001—2021及相关的荷载规范。

2）可变作用的组合值、频遇值和准永久值

当结构上作用有多个可变作用时，各可变作用标准值在同一时刻出现的概率较小，若设计中仍按各可变作用标准值进行组合不仅会使设计过于保守，经济上亦不合理。因而需对可变作用标准值乘以组合值系数ψ_c进行折减，折减后的作用值$\psi_c Q_k$称为可变作用的组

合值。作用组合值系数 ψ_c 是依据组合后的作用效应在设计基准期内的超越概率与作用单独作用时相应的超越概率趋于一致的原则确定的。如《建筑结构荷载规范》GB 50009—2012 规定风荷载取 0.6，其他大部分可变荷载取 0.7。

可变作用的频遇值是指在设计基准期内，其超越的总时间为规定的较小比率（如 0.1 倍设计基准期）或超越频率为规定频率的作用值，由标准值乘以频遇值系数 ψ_f 得到。如民用建筑办公楼和住宅的楼面活荷载的频遇值系数分别取 0.6 和 0.5。

可变作用的准永久值是指在设计基准期内，其超越的总时间约为设计基准期一半的作用值，即在设计基准期内经常出现的作用值，由标准值乘以准永久值系数 ψ_q 得到。如民用建筑办公楼和住宅的楼面活荷载的频遇值系数分别取 0.5 和 0.4。

各类可变作用相应的 ψ_c 、ψ_f 和 ψ_q ，可参见《工程结构通用规范》GB 55001—2021 及相关的荷载规范。

3. 结构抗力的标准值

在影响抗力不定性的三个因素中，几何参数和计算模式不随时间变化。当结构抗力由材料强度控制时，抗力的标准值是材料强度标准值、几何参数标准值的函数，即

$$R_k = R(f_{ck}, f_{sk}, a_k, \cdots) \tag{3-2}$$

式中 $R(\cdot)$ ——结构抗力函数；

f_{ck} 、f_{sk} 、a_k ——混凝土强度、钢筋强度和几何参数的标准值。

材料强度等性能指标是影响结构抗力的重要因素，其取值是进行结构设计的前提。受原材料材质、生产工艺和环境等因素影响，材料强度具有变异性。统计资料表明，钢筋强度和混凝土的强度的概率分布基本符合正态分布。

钢筋和混凝土材料强度的标准值是钢筋混凝土结构按极限状态设计时采用的材料强度的基本代表值。材料强度的标准值应取其概率分布的某个下分位值，即材料强度标准值是材料强度概率分布中具有一定保证率的偏低的强度值。钢筋和混凝土强度一般均符合正态分布，故其强度标准值 f_k 可统一表示为

$$f_k = \mu_f - \alpha_f \sigma_f \tag{3-3}$$

式中 μ_f ——材料强度的均值；

σ_f ——材料强度的标准差；

α_f ——与概率分布的某一分位值对应的保证率系数，若保证率为 95% 时，$\alpha_f = 1.645$。

（1）钢筋的强度标准值

为了保证钢材的质量，钢材出厂前需按国家标准规定的废品限值进行抽样检查。对于热轧钢筋，废品限值约相当于屈服强度的均值减去两倍标准差，即保证率为 97.73%。而混凝土结构设计规范规定，钢筋强度的标准值应具有不小于 95%的保证率，可见国家标准规定的保证率符合这一要求，故直接采用屈服点的废品限值作为强度的标准值。具体取值方法如下：对有明显屈服点的热轧钢筋，取国家钢筋标准规定的屈服强度特征值作为屈服强度标准值；对无明显屈服点的钢筋、钢丝及钢绞线，取国家钢筋标准规定的极限抗拉强度 σ_b 作为强度标准值，但设计时取 0.85 σ_b 作为条件屈服点。

各类钢筋、钢丝和钢绞线的强度标准值如附录 1 的附表 1-4 和附表 1-5 所示。

（2）混凝土的强度标准值

混凝土强度标准值为具有95%保证率的强度值，即式（3-3）中的保证率系数 $\alpha_f = 1.645$。混凝土各强度标准值取值方法如下。

立方体抗压强度标准值 $f_{cu,k}$ 为

$$f_{cu,k} = f_{cu,m} - 1.645\sigma_{f_{cu}} = f_{cu,m}(1 - 1.645\delta_{f_{cu}}) \tag{3-4}$$

式中　$f_{cu,m}$、$\sigma_{f_{cu}}$、$\delta_{f_{cu}}$——立方体抗压强度的均值、标准差和变异系数。

混凝土立方体抗压强度标准值是混凝土强度的基本代表值，轴心抗压强度标准值 f_{ck}、轴心抗拉强度标准值 f_{tk} 与立方体抗压强度标准值存在一定的换算关系，详见2.2.3节。

不同强度等级的混凝土强度标准值如附录1的附表1-1所示。

3.4　极限状态设计法的基本原理

3.4.1　结构的可靠性和可靠度

结构的可靠性是指结构在设计工作年限内，在正常设计、正常施工、正常使用和维护的条件下完成预定功能的能力。所谓的预定功能是指结构安全性、适用性和耐久性。

结构可靠度是指结构在设计工作年限内，在正常设计、正常施工、正常使用和维护的条件下完成预定功能的概率。结构可靠度是结构可靠性的概率度量。

作用效应 S 和结构抗力 R 具有变异性，因此结构不满足或满足功能要求的事件是随机事件。一般将作用效应 S 超过结构抗力 R 的事件的概率称为结构的失效概率，记为 P_f，相反的事件出现的概率称为可靠概率，记为 P_s。由于可靠概率和失效概率是互补的，即 $P_f + P_s = 1$，因此结构的可靠性也可用结构的失效概率 P_f 来度量。

3.4.2　结构的失效概率和可靠指标

结构功能的函数表达称为结构的功能函数。当仅考虑作用效应 S 和结构抗力 R 两个综合随机变量时，结构的功能函数 Z 可简单表示为

$$Z = R - S \tag{3-5}$$

借助功能函数 Z 可以判别结构所处的状态：当 $Z > 0$ 时，结构处于可靠状态；当 $Z < 0$ 时，结构处于失效状态；当 $Z = 0$ 时，结构处于极限状态，相应的方程称为极限状态方程，即结构的极限状态可用极限状态方程来表示。极限状态方程在 ROS 坐标系中代表通过原点的一条直线，直线与坐标轴的夹角为45°，如图3-1所示。

如前所述，结构的可靠度可用失效概率进行度量。结构的失效概率可表示为

$$P_f = P(Z < 0) = \int_{-\infty}^{0} f(Z) \cdot \mathrm{d}Z \tag{3-6}$$

式中　$f(Z)$——Z 的概率密度函数。

要确定功能函数的概率分布需要有足够的统计资料，但如果概率模型过于复杂会给失效概率的计算带来困难，因此用失效概率来度量结构的可靠度在工程应用上仍不够方便。为此，需要寻求替代的可靠度衡量指标。

若功能函数服从正态分布，功能函数的均值和方差的比值与失效概率具有一一对应的关系，这一比值是反映结构可靠度的合适指标。

定义结构的可靠指标为

$$\beta=\frac{\mu_Z}{\sigma_Z} \tag{3-7}$$

式中 μ_Z、σ_Z——功能函数 Z 的均值和标准差。

可靠指标 β 与失效概率 P_f 的对应关系可用图 3-2 表示。若 Z 服从正态分布，即 $Z \sim N(\mu_Z, \sigma_Z)$，则结构的失效概率与可靠指标的关系为

$$P_f=\Phi(-\beta)=1-\frac{1}{\sqrt{2\pi}}\int_{-\infty}^{\beta} e^{-\frac{x^2}{2}}dx \tag{3-8}$$

式中 $\Phi(\cdot)$——标准正态分布的概率分布函数，其函数值可由数学手册中查表求得，可靠指标与失效概率的部分对应关系如表 3-4 所示，β 越大，P_f 就越小，即结构越可靠，故 β 称为可靠指标。

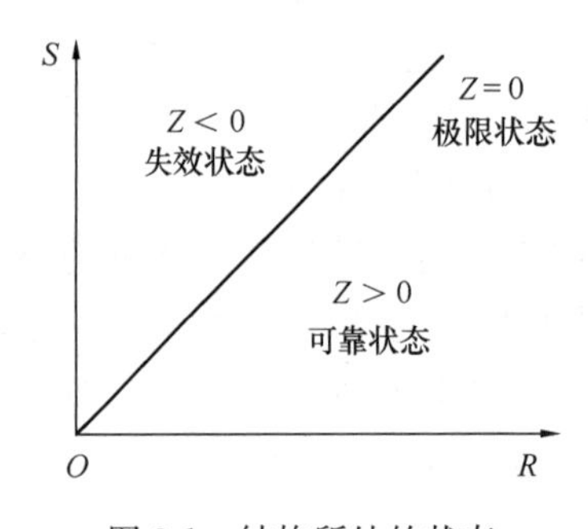

图 3-1 结构所处的状态

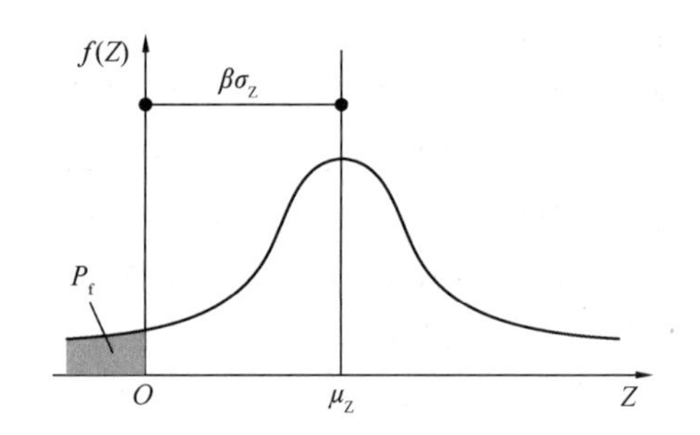

图 3-2 可靠指标与失效概率的关系

可靠指标 β 与失效概率 P_f 的对应关系 **表 3-4**

β	1.0	2.0	3.2	3.7	4.2	4.7	5.2
P_f	1.59×10^{-1}	2.28×10^{-2}	6.87×10^{-4}	1.08×10^{-4}	1.33×10^{-5}	1.30×10^{-6}	9.96×10^{-8}

可靠指标不涉及随机变量和功能函数的概率分布，只是用到其一阶矩和二阶矩，所以基于可靠指标的设计方法更为实用。另外，对于复杂的功能函数（如非线性函数），可采用线性化（一次函数）近似，这种不是直接计算失效概率而是计算可靠指标的可靠度计算方法也称为一次二阶矩法。

下面讨论可靠指标的几何意义。

若 R 和 S 均服从正态分布，且相互独立，则结构的可靠指标可表示为

$$\beta=\frac{\mu_R-\mu_S}{\sqrt{\sigma_R^2+\sigma_S^2}} \tag{3-9}$$

式中 μ_R、μ_S——R 和 S 的均值；

σ_R、σ_S——R 和 S 的标准差。

对 R 和 S 进行标准化变换得

$$\hat{R}=\frac{R-\mu_{\mathrm{R}}}{\sigma_{\mathrm{R}}} \tag{3-10}$$

$$\hat{S}=\frac{S-\mu_{\mathrm{S}}}{\sigma_{\mathrm{S}}} \tag{3-11}$$

则极限状态方程 $Z=R-S=0$ 变换为

$$\sigma_{\mathrm{R}}\hat{R}-\sigma_{\mathrm{S}}\hat{S}+\mu_{\mathrm{R}}-\mu_{\mathrm{S}}=0 \tag{3-12}$$

在 $\hat{R}\hat{O}\hat{S}$ 坐标系中上述方程代表一条直线，如图 3-3 所示，称为极限状态线。直线上每个点代表结构达到极限状态时抗力与作用效应的一种可能组合；该线的左上部分是失效区，右下部分是可靠区。当直线往左上方移动时，失效区减小，可靠区增大，结构的可靠性增加；反之，结构的可靠性下降。

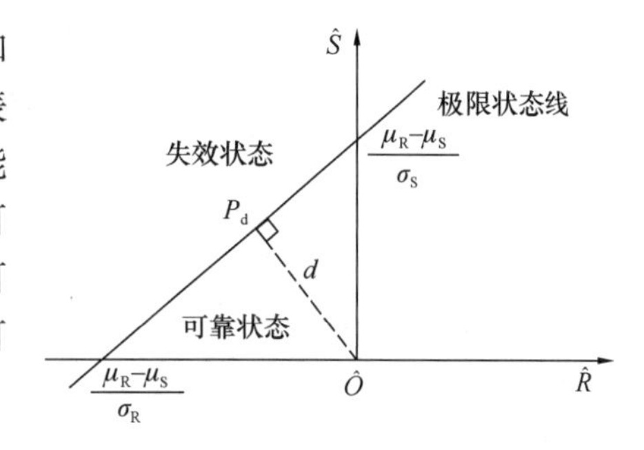

图 3-3　标准化空间中的极限状态线

如图 3-3 所示，在 $\hat{R}\hat{O}\hat{S}$ 坐标系中，极限状态线到坐标原点最短的距离 d 可由几何关系求得。

$$d\times\sqrt{\left(\frac{\mu_{\mathrm{R}}-\mu_{\mathrm{S}}}{\sigma_{\mathrm{R}}}\right)^2+\left(\frac{\mu_{\mathrm{R}}-\mu_{\mathrm{S}}}{\sigma_{\mathrm{S}}}\right)^2}=\frac{\mu_{\mathrm{R}}-\mu_{\mathrm{S}}}{\sigma_{\mathrm{R}}}\times\frac{\mu_{\mathrm{R}}-\mu_{\mathrm{S}}}{\sigma_{\mathrm{S}}} \tag{3-13}$$

$$d=\frac{\mu_{\mathrm{R}}-\mu_{\mathrm{S}}}{\sqrt{\sigma_{\mathrm{R}}^2+\sigma_{\mathrm{S}}^2}}=\beta \tag{3-14}$$

由此可见，可靠指标 β 代表着 $\hat{R}\hat{O}\hat{S}$ 坐标系（也称标准化空间）中的坐标原点到极限状态线的最短距离，可靠指标的计算问题也就转化为计算坐标原点到极限状态线的最短距离问题。

由原点到极限状态线作垂线，其垂足称为设计验算点，即图 3-3 中的点 P_{d}，该点是最可能的失效点，相应的可靠指标为设计可靠指标 β_{t}，其坐标为

$$\hat{R}_{\mathrm{d}}=\frac{-\beta_{\mathrm{t}}\sigma_{\mathrm{R}}}{\sqrt{\sigma_{\mathrm{R}}^2+\sigma_{\mathrm{S}}^2}} \tag{3-15}$$

$$\hat{S}_{\mathrm{d}}=\frac{\beta_{\mathrm{t}}\sigma_{\mathrm{S}}}{\sqrt{\sigma_{\mathrm{R}}^2+\sigma_{\mathrm{S}}^2}} \tag{3-16}$$

在原坐标系 ROS 中，设计验算点的坐标为

$$R_{\mathrm{d}}=\mu_{\mathrm{R}}-\frac{\beta_{\mathrm{t}}\sigma_{\mathrm{R}}^2}{\sqrt{\sigma_{\mathrm{R}}^2+\sigma_{\mathrm{S}}^2}} \tag{3-17}$$

$$S_{\mathrm{d}}=\mu_{\mathrm{S}}+\frac{\beta_{\mathrm{t}}\sigma_{\mathrm{S}}^2}{\sqrt{\sigma_{\mathrm{R}}^2+\sigma_{\mathrm{S}}^2}} \tag{3-18}$$

一般可将 R_{d} 和 S_{d} 理解为结构抗力和作用效应的设计值。由式（3-17）和式（3-18）可见，R_{d} 和 S_{d} 均偏离均值，偏离程度与可靠指标和变量离散性有关，可靠指标越大，偏离均值就越多；离散性越大，偏离均值也越多。

设计可靠指标 β_t 是设计规范中规定的、作为设计结构或构件时所应达到的可靠指标，也称为目标可靠指标。设计可靠指标理论上应根据各种结构构件的重要性、破坏性质（延性、脆性）及失效后果经优化分析确定。

各类工程结构可靠性设计统一标准根据结构的安全等级和破坏类型，给出了结构构件承载能力极限状态的设计可靠指标，如表 3-5 所示。表中延性破坏是指结构构件在破坏前有明显的变形或其他预兆；脆性破坏是指结构构件在破坏前无明显的变形或其他预兆。显然，延性破坏的危害相对较小，故 β_t 值相对低一些；脆性破坏的危害较大，所以 β_t 值相对高一些。

二维码3-2
可靠度分析例题

承载能力极限状态的设计可靠指标 β_t **表 3-5**

工程类别	破坏类型	安全等级		
		一级	二级	三级
铁路桥涵	延性破坏	5.2	4.7	4.2
	脆性破坏	5.7	5.2	4.7
公路桥涵	延性破坏	4.7	4.2	3.7
	脆性破坏	5.2	4.7	4.2
房屋建筑	延性破坏	3.7	3.2	2.7
	脆性破坏	4.2	3.7	3.2

正常使用极限状态和耐久性极限状态的设计可靠指标可根据工程经验，取比承载能力极限状态低的值。例如，房屋建筑结构正常使用极限状态设计可靠指标宜根据其可逆程度取 0～1.5，对可逆的正常使用极限状态取低限，对不可逆的正常使用极限状态取高限；耐久性极限状态的设计可靠指标宜根据其可逆程度取 1.0～2.0。

3.4.3 以分项系数表达的设计方法的理论基础

当前国际上通行的工程结构设计方法是采用分项系数表达的、以概率论为基础的极限状态设计方法，是一种近似概率的设计方法。采用分项系数的目的是将近似概率的设计方法表达成工程设计人员习惯采用的传统的设计表达形式。传统的设计方法一般采用单一安全系数表达，安全系数是人为取定的，没有引入可靠度的概念，不能确定结构的可靠概率。而分项系数是以概率论为基础、基于可靠度计算、经优化分析得到的，与预期的可靠度水平直接相关。因此，分项系数与安全系数虽然表达形式类似，但是两者是两个不同的概念，有着本质的区别。本节简要阐述分项系数与设计可靠指标之间的联系，以便于更好地理解分项系数的概念和含义，了解分项系数与安全系数的区别。

1. 承载能力极限状态

将作用效应分为永久作用效应 S_G 和可变作用效应 S_Q，结构抗力仍记为 R，则极限状态方程可改写为

$$Z = R - (S_G + S_Q) = 0 \tag{3-19}$$

假设 S_G、S_Q 和 R 相互独立，将上一节中两个变量的验算点 P_d 的概念推广到三个变量的情况，则验算点 P_d 的原始坐标为

$$R_d = \mu_R - \frac{\beta_t \sigma_R^2}{\sqrt{\sigma_R^2 + \sigma_{S_G}^2 + \sigma_{S_Q}^2}} \tag{3-20}$$

$$S_{Gd} = \mu_{S_G} + \frac{\beta_t \sigma_{S_G}^2}{\sqrt{\sigma_R^2 + \sigma_{S_G}^2 + \sigma_{S_Q}^2}} \tag{3-21}$$

$$S_{Qd} = \mu_{S_Q} + \frac{\beta_t \sigma_{S_Q}^2}{\sqrt{\sigma_R^2 + \sigma_{S_G}^2 + \sigma_{S_Q}^2}} \tag{3-22}$$

式中　μ_R、μ_{S_G}、μ_{S_Q}——R、S_G 和 S_Q 的均值；

σ_R、σ_{S_G}、σ_{S_Q}——R、S_G 和 S_Q 的标准差；

β_t——设计可靠指标。

定义作用效应的设计值 $S_d = S_{Gd} + S_{Qd}$，并考虑不同安全等级的结构可靠度要求的差异，承载能力极限状态设计表达式为

$$\gamma_0 S_d \leqslant R_d \tag{3-23}$$

式中　γ_0——结构重要性系数，其值取决于结构的安全等级，各安全等级的可靠指标相差 0.5。

令作用效应的设计值等于其标准值乘以分项系数，即 $S_{Gd} = \gamma_G S_{Gk}$，$S_{Qd} = \gamma_Q S_{Qk}$；抗力的设计值等于其标准值除以分项系数，即 $R_d = R_k/\gamma_R$；则可推算出永久作用的分项系数 γ_G、可变作用的分项系数 γ_Q 及抗力的分项系数 γ_R 的表达式分别为

$$\gamma_G = \frac{\mu_{S_G} + \dfrac{\beta_t \sigma_{S_G}^2}{\sqrt{\sigma_R^2 + \sigma_{S_G}^2 + \sigma_{S_Q}^2}}}{S_{Gk}} \tag{3-24}$$

$$\gamma_Q = \frac{\mu_{S_Q} + \dfrac{\beta_t \sigma_{S_Q}^2}{\sqrt{\sigma_R^2 + \sigma_{S_G}^2 + \sigma_{S_Q}^2}}}{S_{Qk}} \tag{3-25}$$

$$\gamma_R = \frac{R_k}{\mu_R - \dfrac{\beta_t \sigma_R^2}{\sqrt{\sigma_R^2 + \sigma_{S_G}^2 + \sigma_{S_Q}^2}}} \tag{3-26}$$

由此可见，荷载分项系数和抗力分项系数中含有设计可靠指标 β_t，即各分项系数可由设计可靠指标 β_t 推算得到。设计表达式（3-23）中隐含了设计可靠指标及对应的失效概率，从而确保设计的结构具有相应的可靠概率。

二维码3-3
分项系数例题

在钢筋混凝土结构中，抗力由混凝土和钢筋两种材料提供。采用相应的分离变量方法，理论上抗力分项系数可进一步分离为钢筋的材料强度分项系数和混凝土的材料强度分项系数。

2. 正常使用极限状态

正常使用极限状态表述为结构构件的变形、裂缝、应力、振幅、加速度等达到正常使用要求的规定限值。这种限值统一用 C 表示，结构的作用效应仍用 S 表示，则正常使用极限状态方程可以表示为

$$Z = C - S = 0 \tag{3-27}$$

与承载能力极限状态方程不同的是限值 C 是定值，不是随机变量。作用效应不仅与作用有关，还与材料性能有关，如混凝土裂缝宽度与混凝土抗拉强度有关。

相应的可靠指标可表示为

$$\beta = \frac{\mu_Z}{\sigma_Z} = \frac{C - \mu_S}{\sigma_S} \tag{3-28}$$

式中　μ_S、σ_S——S 的均值和标准差。

设计验算点的原坐标为

$$C_d = C \tag{3-29}$$

$$S_d = \mu_S + \beta_t \sigma_S \tag{3-30}$$

式中　β_t——正常使用极限状态的设计可靠指标，房屋建筑结构构件宜取 0～1.5。

验算点处的极限状态方程为

$$C - (\mu_S + \beta_t \sigma_S) = 0 \tag{3-31}$$

正常使用极限状态的设计表达式为

$$S_d = \mu_S + \beta_t \sigma_S \leqslant C \tag{3-32}$$

正常使用极限状态的设计可靠指标 β_t 较低，荷载分项系数和材料强度分项系数均取 1.0；因正常使用极限状态不涉及结构安全，不考虑结构安全等级的影响，结构重要性系数 γ_0 取 1.0。

综上可见，上述推导得到的设计表达式（3-23）和式（3-32）与容许应力法等传统设计方法的表达式非常类似，分项系数与安全系数也类似，但是两者的含义完全不同。采用安全系数进行设计并不能体现结构的可靠度，而分项系数与可靠指标相关，采用给定的分项系数进行设计可以达到预期的可靠度要求。

当前我国工程结构设计规范给出的承载能力极限状态设计表达式的分项系数的取值是按上述原理确定的。需要说明的是规范表达式中虽然用了概率统计方法，但用到的随机变量的概率统计特征值只有平均值和标准差，并非实际的概率分布，且在分项系数计算时还作了一些假定，并采用了一些近似的处理方法，因而所得的计算结果是近似的，故称为近似概率极限状态设计方法。

3.5　极限状态设计表达式

如前所述，直接采用设计可靠指标进行设计的方法过于繁琐。为了实用上的简便，并考虑工程技术人员的习惯，规范采用基本变量的标准值（如荷载标准值、材料强度标准值等）和相应的分项系数（如荷载分项系数、材料分项系数等）来表示的设计表达式，其中，分项系数是根据基本变量的统计特性，以结构可靠度的概率分析为基础，并考虑工程经验，经优选确定的，以使实用设计表达式的计算结果近似地满足设计可靠指标的要求。

工程结构往往同时承受多种作用，除承受永久作用外，还可能承受一种或多种可变作用。由于可变作用可能出现也可能不出现，不同可变作用的变化趋势也不相同，因此在设计时需要考虑不同设计状况下可能同时出现的多种可变作用的组合情况，并根据不同的应用场合选择合适的代表值。

不同的设计状况一般都需要进行承载能力极限状态设计或验算，可能还需要进行正常使用极限状态验算。承载能力极限状态考虑的是结构的安全性，正常使用极限状态考虑的是结构的适用性，这两种极限状态设计时需要考虑不同的作用组合并选用合适的作用代表值。此外，耐久性极限状态设计目前仍以定性的描述为主，具体参见第9章，这里不再赘述。

3.5.1　设计状况

工程结构在施工建造、使用及维修等不同阶段由于作用和环境条件的不同以及可能发生的灾害都会影响结构的受力体系，因此在设计中应该分别考虑工程结构不同的设计状况来进行承载能力极限状态和正常使用极限状态的计算。

结构的设计状况是结构从建造到使用的全过程中，代表一定时段内实际情况的一组设计条件，设计应做到在该组条件下结构不超越有关的极限状态。根据结构在建造和使用中的环境条件和影响，区分下列四种设计状况。

（1）持久设计状况。在结构使用过程中一定出现，且其持续期很长的状况。持续期一般与设计工作年限为同一数量级。适用于结构使用时的正常情况，如工程结构使用过程正常情况下承受各种荷载的状况。

（2）短暂设计状况。在结构施工和使用过程中出现概率较大，而与设计工作年限相比，持续时间很短的状况。适用于结构出现的临时情况，如结构施工和维修时承受堆料和施工荷载的状况。

（3）偶然设计状况。在结构使用过程中出现概率很小，且持续期很短的状况。适用于结构出现的异常情况，如结构遭受火灾、爆炸、撞击等作用的状况。

（4）地震设计状况。结构使用过程中遭受地震作用时的状况。适用于处于抗震设防地区的结构。

对于上述四种设计状况，均应进行承载能力极限状态设计，以确保结构的安全性；对持久设计状况，尚应进行正常使用极限状态设计，以保证结构的适用性；对偶然设计状况，因持续期很短，可不进行正常使用极限状态设计；对短暂设计状况和地震设计状况，可根据需要进行正常使用极限状态设计。

3.5.2　承载能力极限状态设计表达式

1. 基本表达式

混凝土结构如为杆系结构或简化为杆系结构计算模型，则由结构分析可得构件控制截面内力；如为平面板或空间大体积结构，则由结构分析可得控制截面应力。因此，混凝土结构构件截面设计表达式可用内力或应力表达。

（1）对持久设计状况、短暂设计状况和地震设计状况，当用内力的形式表达时，混凝土结构构件应采用下列承载能力极限状态设计表达式。

$$\gamma_0 S_d \leqslant R_d \tag{3-33}$$

$$R_d = R(f_c, f_s, a_k, \cdots)/\gamma_{Rd} \tag{3-34}$$

式中　γ_0——结构重要性系数，在持久设计状况和短暂设计状况下，对安全等级为一级的结构构件不应小于1.1，对安全等级为二级的结构构件不应小于1.0，对安全等级为三级的结构构件不应小于0.9；在偶然设计状况和地震设计状况下，不应小于 1.0；

S_d ——承载能力极限状态下作用组合的效应设计值，对持久设计状况和短暂设计状况按作用的基本组合计算，对地震设计状况按作用的地震组合计算；

R_d ——结构构件的抗力设计值；

$R(\cdot)$ ——结构构件的抗力函数；

γ_{Rd} ——结构构件的抗力模型不定性系数，静力设计取 1.0，对不确定性较大的结构构件根据具体情况取大于 1.0 的数值；抗震设计应使用承载力抗震调整系数 γ_{RE} 代替 γ_{Rd}；

a_k ——几何参数的标准值，当几何参数的变异性对结构性能有明显的不利影响时可增、减一个附加值；

f_c ——混凝土的强度设计值；

f_s ——钢筋的强度设计值。

（2）对二维、三维混凝土结构构件，当按弹性或弹塑性方法分析并以应力形式表达时，可将混凝土应力按区域等代成内力设计值，按式（3-33）进行计算；也可直接采用多轴强度准则进行设计验算。

（3）对偶然作用下的结构进行承载能力极限状态设计时，式（3-33）中的作用效应设计值 S_d 按偶然组合计算，结构重要性系数 γ_0 取不小于 1.0 的数值。当计算结构构件的承载力函数时，式（3-34）中混凝土、钢筋的强度设计值 f_c、f_s 改用强度标准值 f_{ck}、f_{yk}（或 f_{pyk}）。当进行结构防连续倒塌验算时，作用宜考虑结构相应部位倒塌冲击引起的动力效应；在承载力函数的计算中，混凝土强度取强度标准值 f_{ck}，普通钢筋强度取极限强度标准值 f_{stk}，预应力筋强度取极限强度标准值 f_{ptk} 并考虑锚具的影响；a_k 宜考虑偶然作用下结构倒塌对结构几何参数的影响；必要时可考虑材料在动力作用下的强度和脆性，并取相应的强度特征值。

（4）整个结构或其一部分作为刚体失去静力平衡的承载能力极限状态设计，应符合式（3-35）要求。

$$\gamma_0 S_{d,dst} \leqslant S_{d,stb} \tag{3-35}$$

式中 $S_{d,dst}$ ——不平衡作用效应的设计值；

$S_{d,stb}$ ——平衡作用效应的设计值。

2. 作用组合的效应设计值 S_d

结构设计时，应根据所考虑的设计状况，选用不同的组合：对持久和短暂设计状况，应采用基本组合；对偶然设计状况，应采用偶然组合；对于地震设计状况，应采用作用效应的地震组合。

1）基本组合

对于基本组合，当作用效应与作用呈线性关系时，作用组合的效应设计值 S_d 应按式（3-36）确定。

$$S_d = \sum_{i\geqslant 1}\gamma_{G_i}S_{G_{ik}} + \gamma_P S_P + \gamma_{Q_1}\gamma_{L1}S_{Q_{1k}} + \sum_{j>1}\gamma_{Q_j}\psi_{cj}\gamma_{Lj}S_{Q_{jk}} \tag{3-36}$$

式中 $S_{G_{ik}}$ ——第 i 个永久作用（除预应力以外）标准值的效应；

S_P ——预应力作用有关代表值的效应；

$S_{Q_{1k}}$ ——主导可变作用标准值的效应；

$S_{Q_{jk}}$ ——第 j 个伴随可变作用标准值的效应；

γ_{G_i} ——第 i 个永久作用的分项系数；

γ_P ——预应力作用的分项系数；

γ_{Q_1} ——主导可变作用的分项系数；

γ_{Q_j} ——第 j 个伴随可变作用的分项系数；

γ_{L1}、γ_{Lj} ——第1个和第 j 个考虑结构设计工作年限的荷载调整系数，对于设计工作年限和设计基准期相同的结构取1.0；对于房屋建筑结构，设计工作年限为5年、50年和100年，楼面和屋面活荷载的调整系数 γ_L 分别不应小于0.9、1.0和1.1；风荷载和雪荷载的调整系数应按重现期与设计工作年限相同的原则确定；

ψ_{cj} ——第 j 个可变作用的组合值系数。

组合时主导可变作用以标准值为代表值，其余伴随可变作用以组合值为代表值。如果对主导可变作用无法明显判断，可将各可变作用轮流作为主导作用，最终选最不利的作用效应组合。

2）偶然组合

偶然设计状况的设计可靠指标比持久设计状况低，所有作用的分项系数均取1；主导可变作用以频遇值或准永久值为代表值，伴随可变作用以准永久值为代表值。考虑偶然作用发生时和发生后两种极限状态（后一种极限状态针对连续倒塌）。当作用效应与作用呈线性关系时，作用效应的设计值分别按式（3-37a）和式（3-37b）计算。

（1）偶然作用发生时

$$S_d = \sum_{i\geqslant 1} S_{G_{ik}} + S_P + S_{A_d} + (\psi_{f1} \text{ 或 } \psi_{q1}) S_{Q_{1k}} + \sum_{j>1} \psi_{qj} S_{Q_{jk}} \tag{3-37a}$$

式中　S_{A_d} ——按偶然作用标准值 A_d 计算的荷载效应值；

ψ_{f1} ——第1个可变作用的频遇值系数；

ψ_{q1}、ψ_{qj} ——第1个和第 j 个可变作用的准永久值系数。

（2）偶然作用发生后

$$S_d = \sum_{i\geqslant 1} S_{G_{ik}} + S_P + \psi_{f1} S_{Q_{1k}} + \sum_{j>1} \psi_{qj} S_{Q_{jk}} \tag{3-37b}$$

上述偶然作用组合的效应设计值表达式主要考虑到：①由于偶然作用的确定往往带有主观臆测因素，因而设计表达式中不再考虑荷载分项系数，而直接采用规定的设计值；②对偶然设计状况，偶然事件本身属于小概率事件，两种不相关的偶然事件同时发生的概率更小，所以不必同时考虑两种偶然作用；③偶然事件的发生是一个极不确定性事件，偶然作用的大小也是不确定的，所以实际情况下偶然作用值超过规定设计值的可能性是存在的，按规定设计值设计的结构仍然存在破坏的可能性；但为保证人的生命安全，设计还应保证偶然事件发生后受损的结构能够承担对应于偶然设计状况的永久作用和可变作用。所以，表达式分别给出了偶然事件发生时承载能力计算和发生后整体稳定性验算两种不同的情况。

3）地震组合

地震设计状况的承载力极限状态计算时的作用效应设计值采用作用效应的地震组合。地震组合的作用效应值由抗震设计规范规定。

上述各作用组合公式中用到的系数可参照相关标准取值，如《工程结构通用规范》GB 55001—2021、《公路桥涵设计通用规范》JTG D60—2015 及《建筑结构荷载规范》GB 50009—2012 等。

3. 作用分项系数的取值及作用的设计值

《公路桥涵设计通用规范》JTG D60—2015 规定了公路桥涵结构作用的分项系数，如表 3-6 所示；《工程结构通用规范》GB 55001—2021 规定了房屋建筑结构作用的分项系数，如表 3-7 所示。

公路桥涵结构作用的分项系数　　表 3-6

作用类别	作用种类		分项系数	
			作用效应对承载力不利	作用效应对承载力有利
永久作用	混凝土和圬工结构的重力		1.2	1.0
	钢结构重力		1.1（钢桥面板） 1.2（混凝土桥面板）	
	预加力		1.2	
	土的重力		1.2	
	土侧压力		1.4	
	混凝土收缩与徐变		1.0	
	水的浮力		1.0	
	基础变位作用	混凝土和圬工结构	0.5	0.5
		钢结构	1.0	1.0
可变作用	汽车荷载		1.4（采用车道荷载计算） 1.8（采用车辆荷载计算）	0
	风荷载		1.1	
	其他荷载		1.4	

房屋建筑结构作用的分项系数　　表 3-7

作用类别	作用种类	分项系数	
		作用效应对承载力不利	作用效应对承载力有利
永久作用	预应力	≥1.3	≤1.0
	其他	≥1.3	≤1.0
可变作用	标准值大于 $4kN/m^2$ 的工业房屋楼面活荷载	≥1.4	0
	其他	≥1.5	0

《铁路桥涵设计规范（极限状态法）》Q/CR 9300—2018 规定了铁路桥涵结构作用的分项系数，以结构自重为例，对承载能力有利时取 1.0；对承载能力不利时，预制混凝土构件取 1.1，现浇混凝土构件取 1.2。因划分较细，这里不再赘述，可参见该规范取值。

作用的设计值应为作用的代表值与作用分项系数的乘积。

4. 材料强度分项系数的取值及材料强度的设计值

考虑到材料强度值的离散性，将材料强度标准值除以一个大于 1 的系数，即得材料强

度设计值，相应的系数称为材料强度分项系数。

确定钢筋和混凝土材料强度分项系数取值的基本方法为：先对钢筋混凝土轴心受拉构件进行可靠度分析，此时构件承载力仅与钢筋有关，属延性破坏（取 $\beta_t = 3.2$），求得钢筋的材料强度分项系数 γ_s；再根据已经确定的 γ_s，对钢筋混凝土轴心受压构件进行可靠度分析，此时构件属于脆性破坏（取 $\beta_t = 3.7$），进而求得混凝土的材料分项系数 γ_c。

钢筋强度的设计值与其标准值之间的关系为

普通钢筋

$$f_y = f_{yk}/\gamma_s \tag{3-38}$$

预应力钢筋

$$f_{py} = f_{pyk}/\gamma_s \tag{3-39}$$

式中　f_y、f_{yk}——普通钢筋的抗拉强度的设计值和标准值；

f_{py}、f_{pyk}——预应力筋的抗拉强度的设计值和标准值；

γ_s——钢筋的材料强度分项系数，对于房屋建筑结构，400MPa 级及以下的钢筋取 1.1，500MPa 级钢筋取 1.15，预应力筋一般不小于 1.2。

房屋建筑结构普通钢筋的强度标准值和设计值分别如附录 1 的附表 1-4 和附表 1-6 所示；预应力钢筋的强度标准值和设计值分别如附录 1 的附表 1-5 和附表 1-7 所示；公路桥涵普通钢筋强度设计值如附录 2 的附表 2-4 所示。

混凝土强度的设计值与其标准值之间的关系为

$$f_c = f_{ck}/\gamma_c \tag{3-40}$$

$$f_t = f_{tk}/\gamma_c \tag{3-41}$$

式中　f_c、f_{ck}——混凝土轴心抗压强度的设计值和标准值；

f_t、f_{tk}——混凝土轴心抗拉强度的设计值和标准值；

γ_c——混凝土的材料强度分项系数，房屋建筑结构取 1.4。

因设计可靠指标不同，公路桥涵的普通钢筋的分项系数取 1.2，混凝土材料分项系数 γ_c 取 1.45。

房屋建筑结构混凝土轴心抗压强度、轴心抗拉强度标准值和设计值分别如附录 1 的附表 1-1 和附表 1-2 所示；公路桥涵混凝土轴心抗压强度、轴心抗拉强度标准值和设计值如附录 2 的附表 2-1 所示。

3.5.3　正常使用极限状态设计表达式

按正常使用极限状态的要求进行设计时，应验算结构构件的变形、裂缝宽度以及应力等。由于结构构件达到或超过正常使用极限状态时的危害程度不如承载力不足引起结构破坏时大，故对其可靠度要求可适当降低，如房屋建筑结构构件正常使用极限状态的可靠指标取为 0～1.5 之间。因此，按正常使用极限状态设计时，不再考虑荷载分项系数和材料强度分项系数（也可认为分项系数取 1.0），也不再考虑结构的重要性系数 γ_0。验算时应根据不同的要求，来选择作用的代表值。如前所述，可变作用有四种代表值，即标准值、组合值、频遇值和准永久值。其中标准值为基本代表值，其他三值可由标准值分别乘以相应系数（小于 1.0）而得。

对于正常使用极限状态，结构构件应分别考虑荷载效应的标准组合、频遇组合、准永久组合，并采用如下极限状态设计表达式。

$$S_{\mathrm{d}} \leqslant C \tag{3-42}$$

式中 S_{d}——正常使用极限状态荷载组合的效应设计值（如变形、裂缝宽度、应力等的效应设计值）；

C——结构构件达到正常使用要求所规定的变形、裂缝宽度和应力等的限值。

1. 标准组合

对于不可逆正常使用极限状态（如一个极限状态被超越时将产生严重的永久性损害的情况），采用作用效应的标准组合，主导可变作用以标准值为代表值，其余伴随可变作用以组合值为代表值。当作用效应与作用呈线性关系时，标准组合的效应设计值按式(3-43)确定。

$$S_{\mathrm{d}} = \sum_{i\geqslant 1} S_{G_{i\mathrm{k}}} + S_{\mathrm{P}} + S_{Q_{1\mathrm{k}}} + \sum_{j>1} \psi_{cj} S_{Q_{j\mathrm{k}}} \tag{3-43}$$

式中符号意义同前。

2. 频遇组合

对于可逆正常使用极限状态（如一个极限状态被超越时将产生局部损害、较大变形或短暂振动等情况），采用作用效应的频遇组合，主导可变作用以频遇值为代表值，其余伴随可变作用以准永久值为代表值。当作用效应与作用呈线性关系时，频遇组合的效应设计值按式（3-44）确定。

$$S_{\mathrm{d}} = \sum_{i\geqslant 1} S_{G_{i\mathrm{k}}} + S_{\mathrm{P}} + \psi_{\mathrm{f1}} S_{Q_{1\mathrm{k}}} + \sum_{j>1} \psi_{qj} S_{Q_{j\mathrm{k}}} \tag{3-44}$$

式中符号意义同前。

3. 准永久组合

对于长期效应起决定性作用的正常使用极限状态，采用作用效应的准永久组合，所有可变作用以准永久值为代表值。当作用效应与作用呈线性关系时，准永久组合的效应设计值按式（3-45）确定。

$$S_{\mathrm{d}} = \sum_{i\geqslant 1} S_{G_{i\mathrm{k}}} + S_{\mathrm{P}} + \sum_{j\geqslant 1} \psi_{qj} S_{Q_{j\mathrm{k}}} \tag{3-45}$$

式中符号意义同前。

上述各作用组合公式中用到的系数可参照相关标准取值，如《工程结构通用规范》GB 55001—2021、《公路桥涵设计通用规范》JTG D60—2015 及《建筑结构荷载规范》GB 50009—2012 等。

4. 正常使用极限状态验算规定

下面以房屋建筑结构为例，说明正常使用极限状态验算的相关规定。

（1）受弯构件的挠度验算时，钢筋混凝土构件应按作用的准永久组合，预应力混凝土构件应按作用的标准组合，分别计算构件的最大挠度，其计算值不应超过规范规定的挠度限值，受弯构件的挠度限值按附表 5-1 确定。具体验算方法和规定见第 9 章和第 12 章。

（2）结构构件的裂缝宽度验算时，钢筋混凝土构件应按作用的准永久组合，预应力混凝土构件按作用的标准组合，分别计算构件的最大裂缝宽度，其计算值不应超过规范规定的最大裂缝宽度限值。最大裂缝宽度限值应根据结构的环境类别、裂缝控制等级及结构类别，按附表 5-3 确定。具体验算方法和规定见第 9 章和第 12 章。

（3）预应力结构构件的抗裂验算时，应按作用的标准组合、准永久组合进行计算，其计算值不应超过规范规定的相应限值。具体验算方法和规定见第 12 章。

公路桥涵结构和铁路桥涵结构相关的验算见第 10 章和第 11 章并参见相关的行业标准。

名词和术语

二维码3-4
思维导图

二维码3-5
思考题

设计工作/使用年限　Design working/service life
可靠性　Reliability
安全性　Safety
适用性　Serviceability
耐久性　Durability
极限状态　Limit states
承载能力极限状态　Ultimate limit states
正常使用极限状态　Serviceability limit states
可靠度　Degree of reliability（reliability）
失效概率　Probability of failure
可靠指标　Reliability index
安全等级　Safety classes
脆性破坏　Brittle failure
延性破坏　Ductile failure
设计基准期　Design reference period
作用　Action
永久作用　Permanent action
可变作用　Variable action
偶然作用　Accident action
环境作用　Environmental action
作用的代表值　Representative value of an action
作用的标准值　Characteristic value of an action
可变作用的组合值　Combination value of a variable action
可变作用的频遇值　Frequent value of a variable action
可变作用的准永久值　Quasi-permanent value of a variable action
作用的设计值　Design value of an action
作用效应　Effect of action
材料性能的标准值　Characteristic value of a material property
材料性能的设计值　Design value of a material property
抗力　Resistance
分项系数　Partial safety factor
结构重要性系数　Factor for importance of structure

设计工作年限荷载调整系数　Regulation factor of design working life
设计状况　Design situations
持久设计状况　Persistent design situation
短暂设计状况　Transient design situation
偶然设计状况　Accidental design situation
地震设计状况　Seismic design situation

习　　题

3-1　图 3-4 所示宽为 b 的矩形截面三层复合截面梁；已知各层材料的弹性模量分别为 E_1 、E_2 和 E_3 ，相应的厚度分别为 h_1 、h_2 和 h_3 ，其中 $E_1=E_3=E_2/5=E$ ，$h_1=h_2=h_3/50=h$ ，对其进行如图 3-4 所示的受弯加载试验，试用材料力学相关知识分析以下问题：

（1）求截面中性轴的位置（y 坐标值）；

（2）设弯曲后 BC 段中性轴曲率半径为 ρ，试写出该段横截面上的正应力与 ρ 的关系；

（3）若第 2 层的拉应力达到容许应力 $[\sigma_2]$ 时，层 1 和层 3 仍为线弹性变形，试确定 BC 段中性轴的曲率半径 R 及 BC 段截面所能承担的最大弯矩。

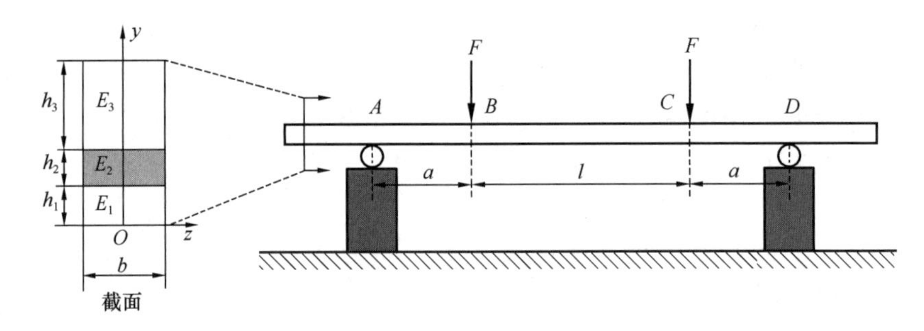

图 3-4　习题 3-1 图

3-2　图 3-5 所示结构，横梁承受均布永久作用标准值 $g_k=20\text{kN/m}$；AB 跨均布可变作用标准值 $q_{\text{Ik}}=15\text{kN/m}$，$BC$ 跨均布可变作用标准值 $q_{\text{IIk}}=25\text{kN/m}$。可变作用的组合值系数、频遇值系数和准永久值系数参照《工程结构通用规范》GB 55001—2021 中民用建筑楼面均布活荷载（办公建筑门厅结构）取值。该结构的安全等级为一级，设计工作年限同设计基准期。试计算：

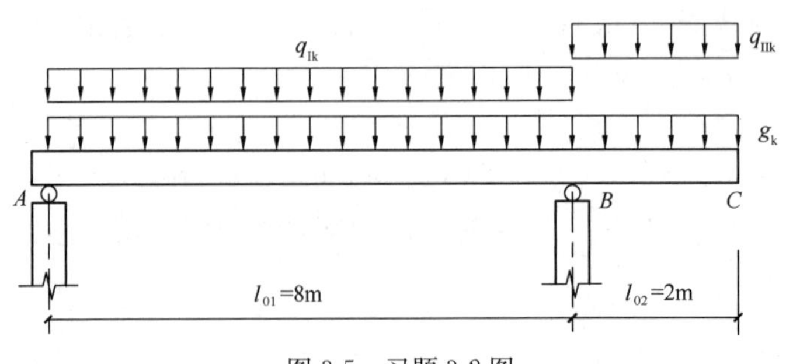

图 3-5　习题 3-2 图

（1）AB 跨跨中截面弯矩的基本组合值和弯矩设计值；

（2）AB 跨跨中截面弯矩的标准组合值、频遇值和准永久值；

（3）B 柱顶轴力的基本组合值和弯矩设计值。

3-3　钢筋混凝土简支梁桥主梁在结构重力、汽车荷载和人群荷载作用下，分别得到在主梁 1/4 跨径处截面的弯矩标准值：结构重力产生的弯矩 $M_{Gk} = 575.8\text{kN}\cdot\text{m}$，汽车荷载（车道荷载）产生的弯矩 $M_{Q1k} = 481.5\text{kN}\cdot\text{m}$（已计入冲击系数 1.2），人群荷载产生的弯矩 $M_{Q2k} = 46.3\text{kN}\cdot\text{m}$。钢筋混凝土简支梁的结构安全等级为二级，作用与作用效应可按线性关系考虑。参照《公路桥涵设计通用规范》JTG D60—2015，试进行以下作用组合计算：

（1）承载能力极限状态设计时作用的基本组合；

（2）正常使用极限状态设计时作用的频遇组合和准永久组合（提示：正常使用极限状态设计时，汽车荷载不需计入冲击系数）。

第 4 章　受弯构件正截面承载力

受弯构件在土木工程中有着广泛的应用。梁是典型的受弯构件，而楼板、桥面板、挡土墙等也是以受弯为主的结构构件。

本章将以钢筋混凝土梁的受弯性能试验研究结果为依据，阐述钢筋混凝土受弯构件的受力阶段、应力分布和破坏特征及由此建立的受弯构件正截面承载力计算方法和一般构造要求。

二维码4-1
开篇故事导入

4.1　受弯构件的截面形式和配筋构造

钢筋混凝土受弯构件以梁和板最为典型。梁一般是指承受垂直于其纵轴方向荷载的线形构件，常见的截面形式有矩形、T 形、箱形、倒 L 形和工字形等。板一般是指具有较大平面尺寸，厚度相对较小的面类构件，常见的有实心板、空心板、槽形板和 T 形板等，如图 4-1 所示。

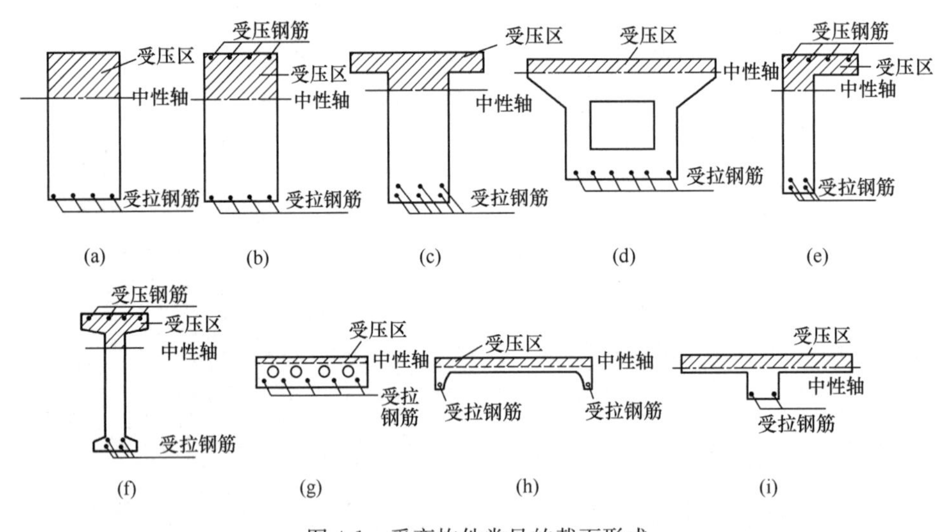

图 4-1　受弯构件常见的截面形式

（a）单筋矩形梁；（b）双筋矩形梁；（c）T 形梁；（d）箱形梁；（e）倒 L 形梁；（f）工字形梁；（g）空心板；（h）槽形板；（i）T 形板

图 4-2 所示为一根钢筋混凝土梁在两个对称的位置作用集中荷载时的弯矩图和剪力图，由图可见，梁在两个集中荷载之间只承受弯矩（纯弯段），而在梁的两端既有弯矩作用又有剪力作用（弯剪段）。在此弯矩的作用下，梁在中性轴以下的截面是受拉的，则在此区域内需配置可以抵抗拉应力的钢筋（纵筋）。而在梁的弯剪段（即弯剪共同作用的区段），为了抵抗弯矩产生的拉应力和剪力产生的剪应力，要同时配置受拉钢筋纵筋和抗剪

箍筋。为了固定箍筋的位置还要配置架立钢筋。纵筋、箍筋、架立钢筋一起绑扎或焊接成钢筋笼（图 4-3）。施工时，一般先支设底模，绑扎好钢筋后，再支设侧模、浇筑混凝土，振捣养护后，钢筋混凝土梁就制成了。与梁相比，一般的钢筋混凝土板的厚度较小，截面宽度较大，加之受到的荷载较小，产生的剪力也小，多发生弯曲破坏，而较少发生剪切破坏。因此在钢筋混凝土板中仅配有纵向受力钢筋和固定受力钢筋的分布钢筋（图 4-4）。

二维码4-2
钢筋混凝土梁制作

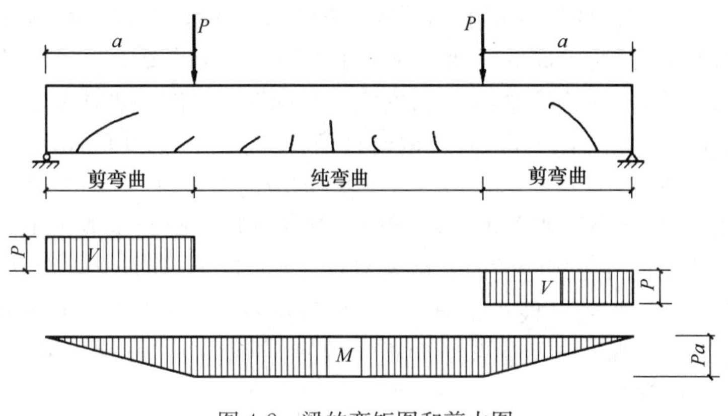

图 4-2　梁的弯矩图和剪力图

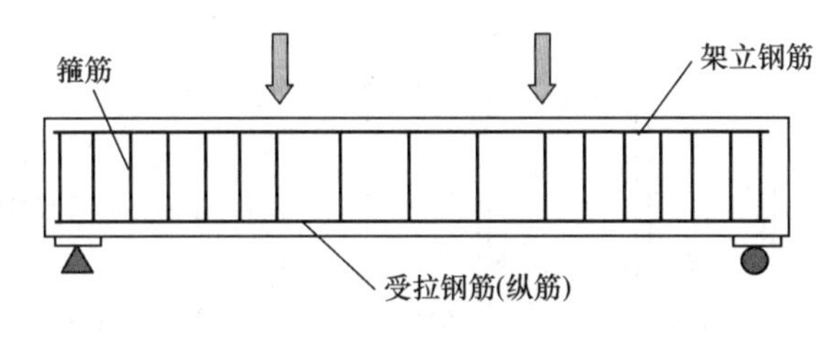

图 4-3　梁的配筋

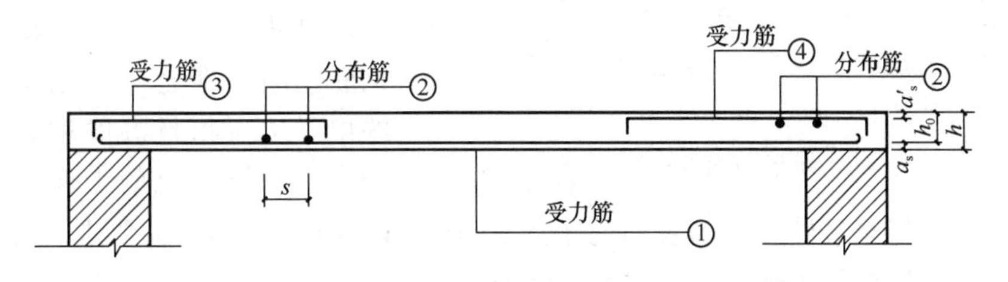

图 4-4　板的配筋

为了便于施工，保证钢筋和混凝土之间的黏结牢靠，确保混凝土可以有效地保护钢筋，充分发挥混凝土中钢筋的作用，钢筋混凝土受弯构件的截面尺寸和构件中的配筋均应满足一定的构造要求。

1. 梁的构造要求

为统一模板尺寸、便于施工，梁的宽度 b 通常采用 150mm、180mm、200mm、220mm、250mm、300mm、350mm，其后按 50mm 的模数（最小的增量单位）递增；梁的高度 h 通常采用 250mm、300mm、350mm……700mm、750mm、800mm、900mm，其后按 100mm 的模数递增。梁高和

二维码4-3
规范中材料规定

梁跨度之比一般取 1/18～1/8；梁高和梁宽（T形截面梁为肋宽）之比 h/b，对矩形截面梁取 2～3.5，对T形截面梁取 2.5～4。

梁的纵向受力钢筋应采用 HRB400、HRB500、HRBF400 和 HRBF500 钢筋。钢筋混凝土结构的混凝土强度等级不应低于 C25；采用强度等级 HRB500 及以上的钢筋时，混凝土强度等级不应低于 C30；承受重复荷载的钢筋混凝土构件，混凝土强度等级不应低于 C30。

为保证耐久性、防火性以及钢筋与混凝土的黏结性能，钢筋的混凝土保护层厚度 c（混凝土边缘至最外层钢筋表面的距离）应不小于附表 5-4 的要求；为使得混凝土中的粗骨料能顺利通过钢筋笼，保证混凝土浇捣密实，确保混凝土能握裹住钢筋以提供足够的黏结，梁底部钢筋的净距不小于 25mm 及钢筋直径 d，梁上部钢筋的净距不小于 30mm 及 1.5d。梁腹部高度 $h_w \geqslant 450$mm 时，要求在梁两侧沿高度每隔 200mm 设置一根纵向构造钢筋（也称腰筋），以减小梁腹部的裂缝宽度，钢筋直径一般大于或等于 10mm。受力钢筋的形心至截面受压混凝土边缘的距离称为截面有效高度 $h_0 = h - a_s$，如图 4-5 所示。梁上部无受压钢筋时，需配置 2 根架立钢筋，以便与箍筋和梁底部纵筋形成钢筋骨架，钢筋直径一般大于或等于 12mm；梁底部纵向受力钢筋一般不少于 2 根，钢筋直径常用 10～32mm，桥梁中一般为 14～40mm。

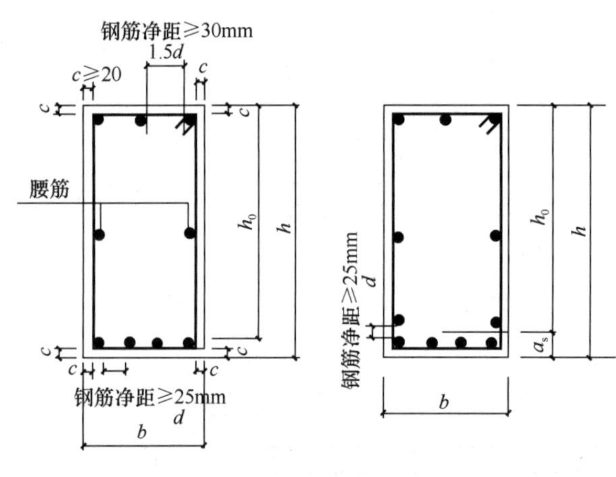

图 4-5 矩形截面梁构造

2. 板的构造要求

实心板的厚度以 10mm 为模数。钢筋直径通常为 8～12mm，板的纵向受力配筋宜采用 HRB400、HRB500、HRBF400、HRBF500 钢筋，也可采用 HPB300、RRB400 钢筋；受力钢筋间距一般在 70～200mm 之间；垂直于受力钢筋的方向应布置分布钢筋，以便将荷载均匀地传递给受力钢筋，同时在施工中固定受力钢筋的位置也可抵抗温度和收缩等产生的应力。板的混凝土保护层厚度同样是指混凝土边缘至最外层钢筋表面的距离 c，其值不小于附表 5-4 的要求。受力钢筋的形心至截面受压混凝土边缘的距离称为截面的有效高度，取值为 $h_0 = h - a_s = h - (c + d/2)$，其中 d 为受力钢筋的直径。

3. 配筋率

钢筋混凝土构件由钢筋和混凝土两种材料构成，随着它们配比的变化，将对构件的受力性能和破坏形态有很大影响。截面上受拉钢筋的总面积 A_s 和混凝土截面的有效面积 bh_0 的比值称为配筋率，即

$$\rho = \frac{A_s}{bh_0} \tag{4-1}$$

式中 h_0 ——截面有效高度。

钢筋混凝土受弯构件的设计内容通常包括：正截面受弯承载力计算，即按已知截面弯

矩设计值 M，确定截面尺寸并计算纵向受力钢筋；斜截面受剪承载力计算，即按截面的剪力设计值 V，计算确定箍筋和弯起钢筋的数量；钢筋布置，即为保证钢筋与混凝土的黏结，并使钢筋充分发挥作用，根据荷载产生的弯矩图和剪力图确定钢筋的布置；正常使用阶段的裂缝宽度和挠度变形验算；最后绘制施工图。本章主要介绍正截面受弯承载力计算，同时涵盖钢筋布置、绘制施工图等内容。

4.2　受弯构件正截面受弯的受力全过程分析

正截面是指与受弯构件的中性轴相垂直的截面，斜截面是指与受弯构件的中性轴夹角在 0°～90°范围内的截面。本章只讨论受弯构件正截面的受弯性能及计算。

根据纵向受力钢筋配筋率 ρ 的大小，钢筋混凝土受弯构件的正截面可分为三类：适筋截面（适筋梁）、超筋截面（超筋梁）和少筋截面（少筋梁）。

4.2.1　适筋梁正截面受弯的三个工作阶段

适筋梁即为配筋合适的梁。由于钢筋和混凝土材料力学性能的差异，使得钢筋混凝土受弯构件与材料力学中介绍的由均质、单一材料组成的受弯构件有着明显的区别。

图 4-6 所示为一典型的钢筋混凝土单筋矩形截面适筋简支梁正截面受弯试验装置简图。外加荷载通过荷载分配梁集中加在梁的三分点处。由该荷载作用下的梁的内力图可知，梁的中部只承受弯矩没有剪力，中部为纯弯段。根据纯弯段内混凝土的开裂和破坏情况可研究梁正截面受弯时的破坏机理。在梁的中部沿着梁的截面高度布置大标距的应变仪，根据测得的应变可以研究弯矩作用下梁截面上的应变分布。在梁的跨中底部布置位移计以测试整个受力过程中梁的挠度。

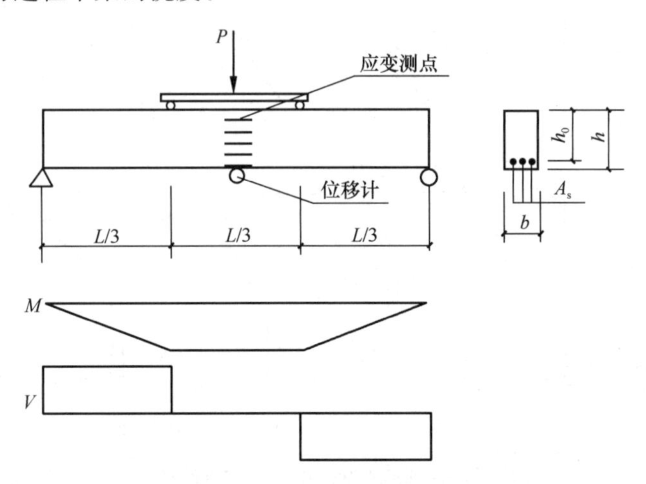

图 4-6　钢筋混凝土简支梁试验装置示意图

此适筋梁正截面的受弯破坏过程分为三个阶段。

第Ⅰ阶段：混凝土未裂阶段。从开始加载到受拉区混凝土开裂前，整个截面都参加工作，所以也称为全截面工作阶段。此阶段由于荷载较小，混凝土处于弹性阶段，故截面应力变化呈三角形分布，如图 4-7（a），这时梁的工作情况与均质弹性梁相似。当荷载增大到使得受拉区混凝土的最大拉应力达到甚至超过混凝土的抗拉强度 f_t，且最大的混凝土拉应变接近混凝土的极限拉应变 ε_{tu} 时，截面处于即将开裂状态，称为第Ⅰ阶段末，用Ⅰa表示，如图 4-7（b），此时梁所承担的弯矩称为开裂弯矩 M_{cr}。

第Ⅱ阶段：混凝土带裂缝工作阶段。即混凝土开裂后至钢筋屈服的阶段。当截面上的弯矩超过开裂弯矩 M_{cr} 后，拉应变最大处会出现第一条裂缝，梁进入带裂缝工作阶段。混凝土一开裂，就把原先由它承担的那部分拉力传给了钢筋，使钢筋应力突然增大，裂缝很快就有了一定宽度，并延伸到一定的高度，而梁的挠度和截面曲率都会突然增大。裂缝截面处的中性轴位置也随之上移，如图 4-7（c），在中性轴以下和裂缝顶端之间的混凝土仍可承受一小部分拉力，但受拉区的拉力主要由钢筋承担。随着弯矩的逐渐增大，压区混凝土中压应力也由线性分布转为非线性分布。当受拉钢筋屈服时，标志着第Ⅱ阶段的结束，称为第Ⅱ阶段末，用Ⅱa表示，如图 4-7（d），此时梁承受的弯矩称为屈服弯矩 M_y。

第Ⅲ阶段：破坏阶段。钢筋屈服后，在很小的荷载增量下，梁会产生很大的变形。裂缝的高度和宽度进一步发展，中性轴不断上移，如图 4-7（e）。而钢筋进入屈服后可以经历一个比较长的塑性变形过程，所以此阶段钢筋的应力基本没有变化。当受压区混凝土的最大压应变达到混凝土的极限压应变 ε_{cu} 时，压区混凝土压碎，梁正截面受弯破坏，称为第Ⅲ阶段末，用Ⅲa 表示，如图 4-7（f），此时梁承担的弯矩达到最大值，称为破坏弯矩 M_u。值得注意的是，在第Ⅲ阶段后期，虽然截面上端的应变最大，但应力最大值出现在上端边缘往下的一定距离处，这主要是由于混凝土材料塑性特征及应变梯度的影响。

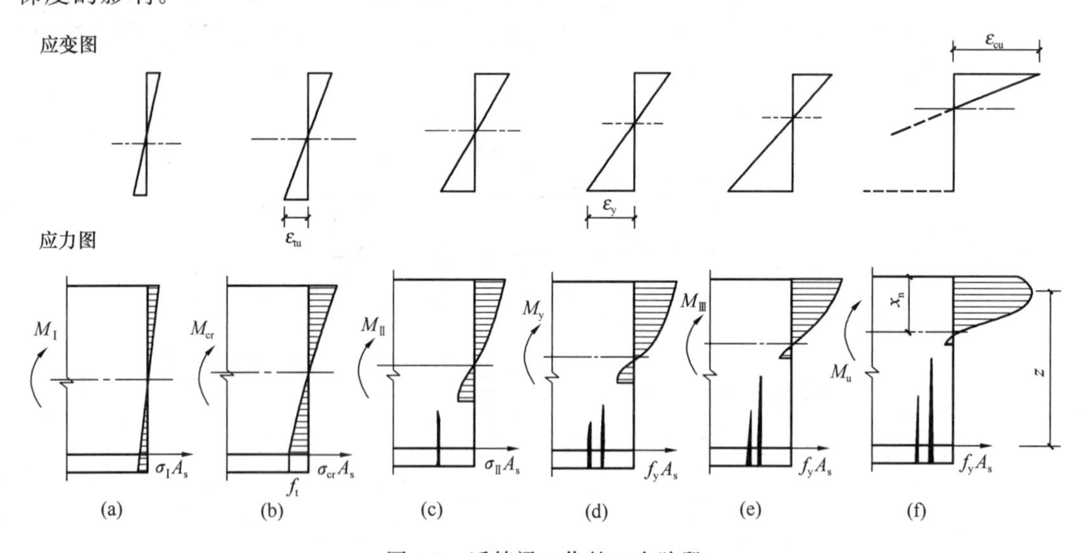

图 4-7　适筋梁工作的三个阶段

（a）Ⅰ；（b）Ⅰa；（c）Ⅱ；（d）Ⅱa；（e）Ⅲ；（f）Ⅲa

图 4-8 是根据试验绘制的弯矩—截面曲率关系曲线，从图中可以清晰地分三个工作阶段，其受力特点明显不同于弹性均质材料梁。主要区别体现在以下四个方面。

（1）弹性均质材料梁截面的应力为线性分布，且与弯矩 M 呈正比；钢筋混凝土梁截面的应力分布随弯矩 M 增大不仅表现为非线性分布，而且有性质上的变化（开裂和钢筋

屈服），钢筋和混凝土的应力均不与弯矩 M 呈正比。

（2）弹性均质材料梁截面中性轴的位置始终不变；钢筋混凝土梁截面的中性轴位置随弯矩 M 的增大而不断上移。

（3）弹性均质材料梁的弯矩—截面曲率关系呈直线，即截面刚度为常数；钢筋混凝土梁的弯矩—截面曲率关系不是直线，即截面刚度随弯矩 M 的增大而不断减小。

（4）钢筋混凝土梁在大部分的工作阶段都是带裂缝工作的，因此，裂缝问题对钢筋混凝土构件的影响会非常大；而弹性均质材料梁无此问题存在。

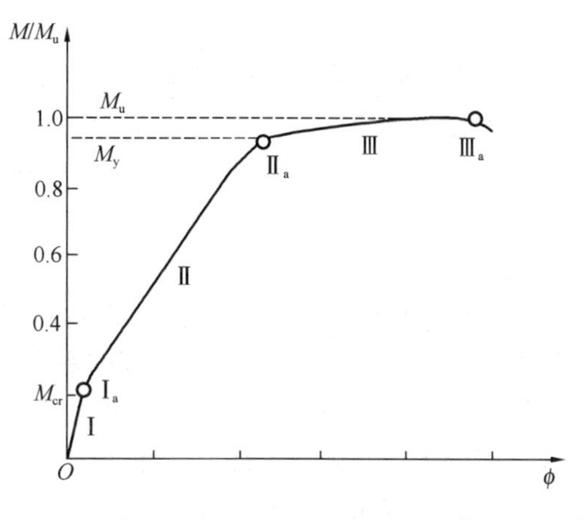

图 4-8　弯矩—截面曲率关系曲线

4.2.2　正截面受弯的三种破坏形态

根据纵向受力钢筋配筋率 ρ 的大小，正截面破坏形态分为适筋破坏、超筋破坏和少筋破坏，如图 4-9 所示。

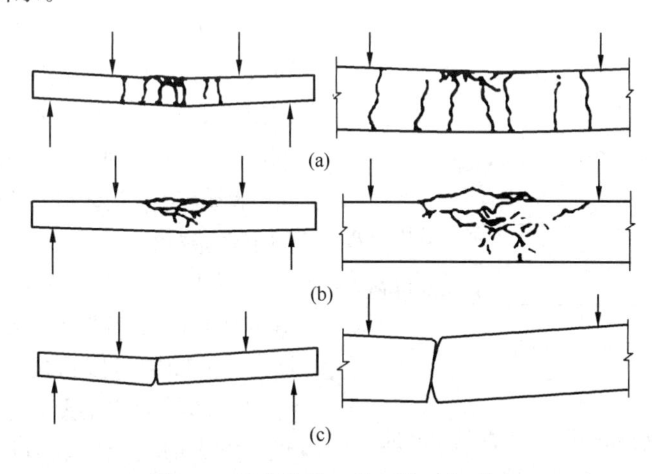

图 4-9　受弯构件正截面的破坏形态

（a）适筋破坏；（b）超筋破坏；（c）少筋破坏

二维码4-4
适筋破坏视频

1. 适筋破坏

当截面纵向受拉钢筋的配筋率合适时发生适筋破坏。

适筋破坏的特点是纵向受拉钢筋首先达到屈服强度，最后以混凝土被压碎而告终。这种梁在破坏前，由于钢筋要经历一段较长的塑性变形，随之引起裂缝开展和挠度增加，因此破坏时有明显的预兆，属于塑性破坏。破坏时受拉钢筋的抗拉强度和混凝土的抗压强度都得到充分的发挥。

2. 超筋破坏

当截面纵向受拉钢筋的配筋率过大时发生超筋破坏。

超筋破坏的特点是受压区混凝土首先被压碎，破坏时纵向受拉钢筋没

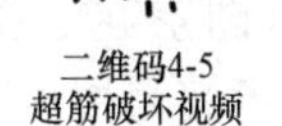

二维码4-5
超筋破坏视频

有屈服。这种梁在破坏前受拉钢筋仍处于弹性工作阶段，受拉区裂缝开展不充分，梁的挠度不大，破坏时没有明显的预兆，属于脆性破坏。而且由于钢筋配置过多，造成浪费，因此设计中应该避免。

超筋梁正截面的受弯承载力取决于混凝土的抗压强度。

3. 少筋破坏

当截面纵向受拉钢筋的配筋率过小时发生少筋破坏。

二维码4-6
少筋破坏视频

少筋破坏的特点是受拉区混凝土达到其抗拉强度出现裂缝后，裂缝截面的混凝土就退出工作，拉力全部转移给受拉钢筋，由于钢筋配置过少，受拉钢筋会立即屈服，并很快进入强化阶段，甚至拉断。梁的变形和裂缝宽度急剧增大，其破坏性质和素混凝土梁类似，属于脆性破坏，承载力很低，破坏时没有明显预兆，受压区混凝土的抗压强度没有得到充分发挥，因此设计中应该避免。

少筋梁正截面的受弯承载力取决于混凝土的抗拉强度。

在超筋破坏和适筋破坏之间存在着一种界限破坏（或称平衡破坏）。其破坏特征是纵向受拉钢筋屈服的同时受压区外缘混凝土被压碎。发生界限破坏的受弯构件纵向受力钢筋的配筋率称为界限配筋率（或平衡配筋率），用 ρ_b 表示。ρ_b 是区分适筋破坏和超筋破坏的定量指标，也是适筋构件的最大配筋率。

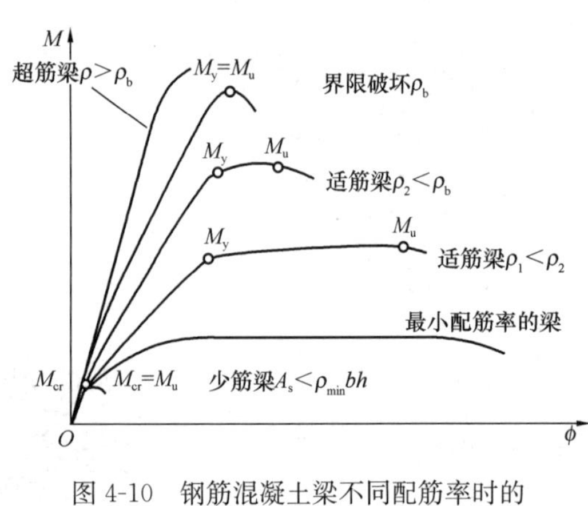

图 4-10　钢筋混凝土梁不同配筋率时的弯矩—曲率关系曲线

同样，在少筋破坏和适筋破坏之间也存在着一种界限破坏。其特征是构件的屈服弯矩和开裂弯矩相等。这种构件的配筋率实际上是适筋梁的最小配筋率，用 ρ_{min} 表示。ρ_{min} 是区分适筋破坏和少筋破坏的定量指标。

图 4-10 为不同配筋率的钢筋混凝土梁的弯矩—曲率关系曲线，其中，$\rho_L < \rho_2 < \rho_b$。从图中可以看出，少筋梁的承载能力和变形能力都很差，超筋梁虽有较高的承载能力但其变形能力很差，二者均不是良好的结构构件；适筋梁既具有较高的承载能力又具有很好的变形能力，是良好的结构构件。在 ρ_{min} 和 ρ_b 之间，随着配筋率的提高，承载能力相应提高，变形能力却在下降。

4.3　正截面受弯承载力计算原理

4.3.1　基本假定

混凝土受弯构件正截面受弯承载力计算以适筋梁破坏阶段的Ⅲa受力状态为依据（图 4-7f）。钢筋混凝土构件截面应变和应力分布复杂，为便于工程应用，受弯构件正截面承载力按以下基本假定进行计算。

1. 截面应变分布符合平截面假定，即正截面应变按线性规律分布。

截面在受弯变形后虽有转动但仍然保持平面，如图 4-11。试验研究表明，在纵向受拉钢筋屈服前，截面的平均应变基本符合平截面假定。受拉钢筋屈服后，钢筋与混凝土之间有较大的相对滑移，严格来说，在破坏截面的局部范围内，钢筋应变已偏离了受压区混凝土应变分布的直线关系。但试验还表明，由于构件的破坏总是发生在一定长度区段以内，实测破坏区段的混凝土及钢筋的平均应变仍基本上符合平截面假定。因此，采用平截面假定作为计算手段是可行的，计算值与试验值符合较好。分析表明，由此假定引起的误差不大，完全符合工程计算精度的要求。

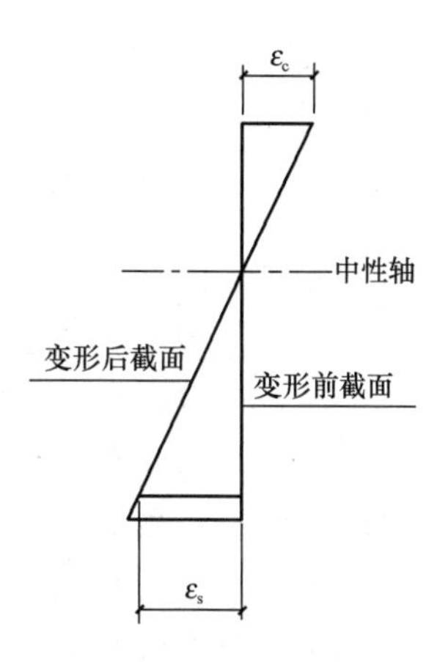

图 4-11　截面应变分布

此外，引入平截面假定可以将各种类型构件的正截面承载力计算贯穿起来，提高了计算方法的逻辑性和条理性，使计算公式具有明确的物理概念。引用平截面假定也为混凝土构件正截面全过程非线性分析提供了必不可少的截面变形条件。目前，国际上一些主要国家的相关规范均采用了平截面假定。

应当指出，对于以剪切变形为主的构件，例如跨度与梁高比值小于 2 的深梁，其截面应变分布是非线性的，平截面假定对此类构件将不再适用。

2. 截面受拉区的拉力全部由钢筋承担，不考虑混凝土的抗拉作用。

在裂缝截面处，大部分受拉区混凝土已退出工作，只有靠近中性轴附近一小部分混凝土承担着拉应力。由于混凝土的抗拉强度很小，且这部分混凝土拉力的内力臂也不大，因此对截面受弯承载力的影响很小。在实际计算时，一般可不考虑混凝土的抗拉作用，其误差一般在 1%～2%之内。

3. 混凝土受压的应力—应变关系曲线由抛物线上升段和水平段两部分组成，如图 4-12 所示，其表达式为

当 $\varepsilon_c \leqslant \varepsilon_0$ 时（上升段）

$$\sigma_c = f_c\left[1-\left(1-\frac{\varepsilon_c}{\varepsilon_0}\right)^n\right] \tag{4-2}$$

当 $\varepsilon_0 < \varepsilon_c \leqslant \varepsilon_{cu}$ 时（水平段）

$$\sigma_c = f_c \tag{4-3}$$

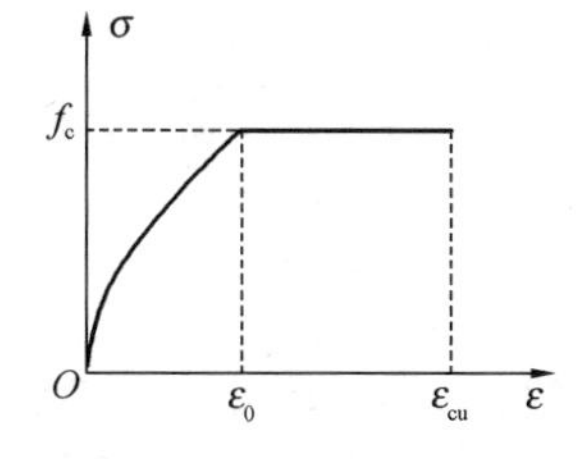

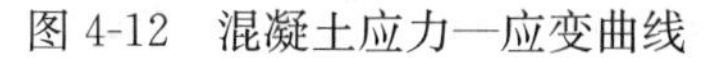

图 4-12　混凝土应力—应变曲线

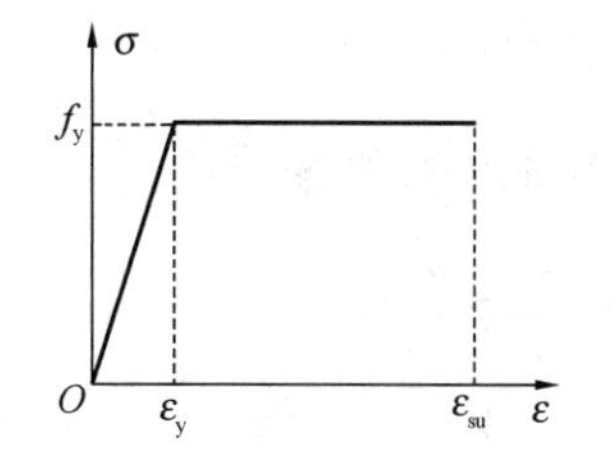

图 4-13　钢筋应力—应变曲线

其中
$$n = 2 - \frac{1}{60}(f_{cu,k} - 50) \quad (4\text{-}4)$$

$$\varepsilon_0 = 0.002 + 0.5(f_{cu,k} - 50) \times 10^{-5} \quad (4\text{-}5)$$

$$\varepsilon_{cu} = 0.0033 - (f_{cu,k} - 50) \times 10^{-5} \quad (4\text{-}6)$$

式中 σ_c ——混凝土压应变为 ε_c 时的混凝土压应力；

f_c ——混凝土轴心抗压强度设计值，按附表 1-2 采用；

ε_0 ——混凝土压应力达到 f_c 时的混凝土压应变，当计算的 ε_0 值小于 0.002 时，取为 0.002；

ε_{cu} ——正截面的混凝土极限压应变，当处于非均匀受压且按式（4-6）计算的 ε_{cu} 值大于 0.0033 时，取为 0.0033；当处于轴心受压时，取为 ε_0；

$f_{cu,k}$ ——混凝土立方体抗压强度标准值，按附表 1-1 采用；

n ——系数，当计算的 n 值大于 2.0 时，取为 2.0。

实际上，混凝土的应力—应变关系与混凝土的级配、强度、轴向压力的偏心程度及钢筋的配置等因素有关，准确地描述是十分复杂的。随着混凝土强度的提高，其应力—应变曲线的上升段将逐渐趋向线性变化，且对应于峰值应力的应变稍有提高；下降段趋向于变陡，极限压应变有所减小，如图 2-14 所示。式（4-2）的曲线方程随着混凝土强度等级的不同而变化，峰值应变 ε_0 和极限压应变 ε_{cu} 的取值也与混凝土强度等级有关。根据国内试验结果，式（4-4）～式（4-6）给出了混凝土各有关参数 n、ε_0 和 ε_{cu} 的计算方法，据此可得到各混凝土强度等级时 n、ε_0 和 ε_{cu} 的计算结果，如表 4-1 所示。

混凝土应力—应变曲线参数 **表 4-1**

混凝土强度等级	≤C50	C60	C70	C80
n	2	1.83	1.67	1.50
ε_0	0.002	0.00205	0.0021	0.00215
ε_{cu}	0.0033	0.0032	0.0031	0.0030

此外，受弯构件正截面受压区的应变是不均匀的，应变速率也不同。所以，按式(4-4)～式（4-6）确定的受压区混凝土应力必然存在一定的误差，但能满足工程设计所要求的精度。

4. 钢筋受拉应力—应变关系曲线采用理想弹性和理想塑性的双直线，如图 4-13 所示，受拉钢筋的极限拉应变 ε_{su}取 0.01，表达式如下。

$$\sigma = E_s\varepsilon \quad (\varepsilon \leqslant \varepsilon_y) \quad (4\text{-}7)$$

$$\sigma = f_y \quad (\varepsilon > \varepsilon_y) \quad (4\text{-}8)$$

式中 f_y ——钢筋的抗拉或抗压强度设计值，按附表 1-6 采用；

σ ——对应于钢筋应变为 ε 时的钢筋应力值，正值代表拉应力，负值代表压应力；

ε_y ——钢筋的屈服应变，即 $\varepsilon_y = \dfrac{f_y}{E_s}$；

E_s ——钢筋的弹性模量。

4.3.2 正截面受弯分析

以单筋矩形截面为例，根据上述基本假定，可得出在承载能力极限状态（Ⅲ$_a$ 状态）时截面的应变和应力分布（图 4-14）。此时，截面受压区边缘混凝土应变达到了极限压应变 ε_{cu} 。假定此时截面的受压区高度为 x_n，则受压区任一高度 y 处混凝土纤维的压应变 ε_c

和受拉钢筋的应变 ε_s 可分别按式（4-9）和式（4-10）计算。

$$\varepsilon_c = \varepsilon_{cu}\frac{y}{x_n} \tag{4-9}$$

$$\varepsilon_s = \varepsilon_{cu}\frac{h_0 - x_n}{x_n} \tag{4-10}$$

式中 y——受压区任一高度纤维距截面中性轴的距离；

x_n——混凝土受压区高度。

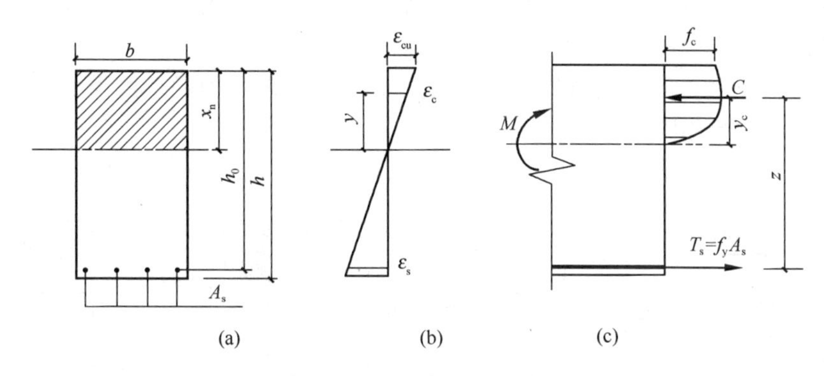

图 4-14 矩形截面受弯分析

（a）单筋矩形截面；（b）截面应变分布；（c）截面应力分布

图 4-14（c）所示为截面应力分布图形，压应力的合力 C 及其作用点到中性轴的距离 y_c 可用积分的形式分别表示为

$$C = \int_0^{x_n}\sigma_c(y)\cdot b\mathrm{d}y \tag{4-11}$$

$$y_c = \frac{\int_0^{x_n}\sigma_c(y)\cdot b\cdot y\mathrm{d}y}{C} \tag{4-12}$$

当梁的配筋率处于适筋范围时，受拉钢筋应力可达到屈服强度，则钢筋的拉力及其到中性轴的距离 y_s 可按式（4-13）和式（4-14）计算。

$$T_s = f_y A_s \tag{4-13}$$

$$y_s = h_0 - x_n \tag{4-14}$$

根据截面的平衡条件，可写出以下两个平衡方程。

$$\Sigma X = 0,\ \int_0^{x_n}\sigma_c(y)\cdot b\mathrm{d}y = f_y A_s \tag{4-15}$$

$$\Sigma M = 0,\ M_u = C\cdot y_c + f_y A_s(h_0 - x_n) \tag{4-16}$$

式（4-15）为轴力平衡条件；式（4-16）为弯矩平衡条件，是对中性轴取力矩平衡得到的。也可以对混凝土受压区合力点或对受拉钢筋截面重心分别取力矩得到，即

$$\Sigma M = 0,\ M_u = f_y A_s\cdot z \tag{4-17}$$

$$\Sigma M = 0,\ M_u = \int_0^{x_n}\sigma_c(y)\cdot b\cdot(h_0 - x_n + y)\mathrm{d}y \tag{4-18}$$

式中 z——受压区混凝土合力与受拉钢筋拉力之间的距离，称为内力臂。

利用上述公式并借助计算机可以进行正截面受弯承载力计算，但每次截面分析时积分运算稍显复杂，需寻求更加简便的计算方法。

4.3.3 受压区等效矩形应力图形

正截面受弯承载力计算时，由于受压区混凝土压应力呈曲线分布，导致截面分析的积分运算复杂。为简化计算，可将复杂的混凝土压应力分布用一个假想的某种简单几何图形来代替。目前采用最多的是将受压区混凝土的曲线应力图形用一个等效矩形应力图形来替换，如图 4-15 所示。图形等效的两个原则是：

（1）混凝土压应力合力 C 的大小相等，即等效矩形应力图形的面积应等于曲线应力图形的面积。

（2）压应力合力 C 的作用点位置 y_c 不变，即等效矩形应力图形的形心位置应与曲线应力图形的形心位置相同。

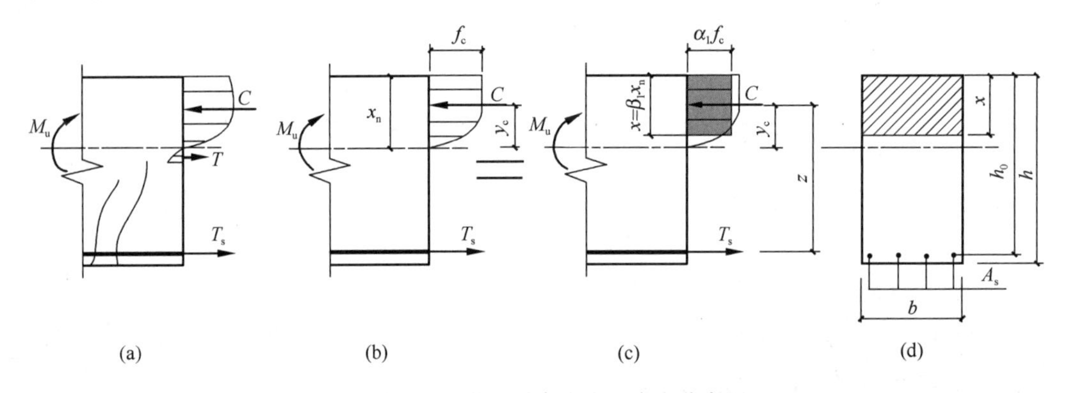

图 4-15 矩形截面受弯应力和应变分布图

（a）实际受力图；（b）截面应力简图；（c）截面等效应力图；（d）截面几何参数

为了推导等效矩形应力图形与曲线应力图形之间的关系，取等效矩形应力图形的高度为 $x=\beta_1 x_n$，等效应力为 $\alpha_1 f_c$，如图 4-15（c）所示。若假定曲线应力图形的总面积及其形心分别为 A 和 x_g，则两个图形的等效条件可表示为

$$A=\alpha_1 f_c \beta_1 x_n \tag{4-19}$$

$$x_g=\frac{x}{2}=\frac{1}{2}\beta_1 x_n \tag{4-20}$$

式中 α_1、β_1 ——等效矩形应力图的图形系数，其大小仅与混凝土受压应力—应变曲线有关；α_1 表示等效矩形应力图形中的最大应力与混凝土轴心抗压强度 f_c 的比值；β_1 表示等效矩形应力图形高度 x（即等效受压区高度，简称受压区高度）与曲线应力图形高度 x_n 的比值，即 $\beta_1=x/x_n$。

式（4-19）和式（4-20）中的 A 和 x_g，可根据式（4-2）和式（4-3）的应力—应变关系及图 4-14 的截面应变和应力分布图形，用积分的方法确定。由表 4-1 可知，对 C50 及以下的低、中强度混凝土，其受压应力—应变曲线的参数分别取：$n=2$，$\varepsilon_0=0.002$，$\varepsilon_{cu}=0.0033$，可求得 $\alpha_1=0.969$，$\beta_1=0.824$；对于强度等级为 C80 的高强混凝土，其受压应力—应变曲线的参数分别取：$n=1.5$，$\varepsilon_0=2.15\times10^{-3}$，$\varepsilon_{cu}=3.0\times10^{-3}$，可求得 $\alpha_1=0.935$，$\beta_1=0.762$。

为简化计算，《混凝土结构设计规范》GB 50010—2010（2015 年版）将上述分析结果

取整，即当混凝土强度等级不超过 C50 时，α_1 取为 1，β_1 取为 0.8；混凝土强度等级为 C80 时，α_1 取为 0.94，β_1 取为 0.74，其间按线性内插法确定，如表 4-2 所示。由表可知，当混凝土强度等级大于 C50 时，α_1 和 β_1 值随混凝土强度等级的提高而减小。

混凝土受压区等效矩形应力图形系数　　　　**表 4-2**

混凝土强度等级 / 系数	≤C50	C55	C60	C65	C70	C75	C80
α_1	1.00	0.99	0.98	0.97	0.96	0.95	0.94
β_1	0.80	0.79	0.78	0.77	0.76	0.75	0.74

采用等效矩形应力图形后，即可很方便地写出受弯构件正截面受弯承载力的基本计算公式。

4.3.4　界限相对受压区高度与最小配筋率

1. 界限相对受压区高度

当纵向受拉钢筋应力达到其屈服强度的同时，受压区边缘混凝土应变恰好达到其极限压应变 ε_{cu}，这时受弯构件达到正截面承载能力极限状态而破坏，这种破坏通常称为“界限破坏”或“平衡破坏”。该状态是适筋梁和超筋梁的界限状态，此时的配筋率为适筋梁配筋率的上限，称为最大配筋率或界限配筋率。

根据平截面假定，可得出梁发生正截面破坏时不同受压区高度的应变分布（图 4-16）。对于确定的混凝土强度等级，ε_{cu}、β_1 均为常数，因此，破坏时的受压区高度越大，则钢筋的拉应变越小。

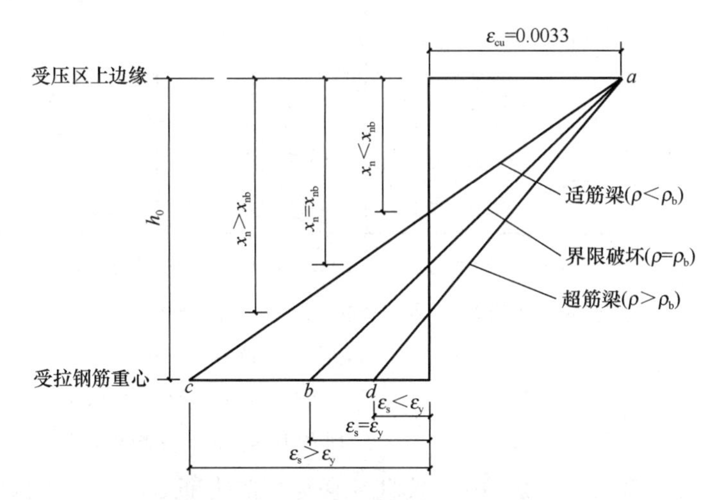

图 4-16　界限破坏、适筋梁和超筋梁的正截面平均应变分布图

将由等效矩形应力图形计算得出的受压区高度 x 与截面有效高度 h_0 的比值定义为相对受压区高度 ξ，即

$$\xi = x/h_0 \tag{4-21}$$

根据相对受压区高度 ξ 和参数 β_1 的定义，可写出 ξ 与中性轴高度 x_n 之间的关系，即

$$\xi=\frac{x}{h_0}=\frac{\beta_1 x_n}{h_0} \tag{4-22}$$

界限破坏时，由平截面假定及受压区的实际压应力分布图形得出的中性轴高度称为界限中性轴高度 x_{nb}；由等效矩形应力图形计算得出的高度称为界限受压区高度 x_b。由图 4-16 中的几何关系可得

$$\frac{x_{nb}}{h_0}=\frac{\varepsilon_{cu}}{\varepsilon_{cu}+\varepsilon_y} \tag{4-23}$$

则相对界限受压区高度 ξ_b 为 x_b 与截面有效高度 h_0 之比，即

$$\xi_b=\frac{x_b}{h_0}=\frac{\beta_1 x_{nb}}{h_0}=\frac{\beta_1\varepsilon_{cu}}{\varepsilon_{cu}+\varepsilon_y}=\frac{\beta_1}{1+\frac{\varepsilon_y}{\varepsilon_{cu}}} \tag{4-24}$$

对于有屈服点的普通钢筋，取 $\varepsilon_y=f_y/E_s$，可得相对界限受压区高度，即

$$\xi_b=\frac{\beta_1}{1+\frac{f_y}{\varepsilon_{cu}E_s}} \tag{4-25}$$

式中　f_y——纵向受拉钢筋抗拉强度设计值；

　　　E_s——钢筋弹性模量。

为便于应用，对采用不同强度等级混凝土和有屈服点钢筋的受弯构件，由式（4-25）可计算求得其对应的相对界限受压区高度 ξ_b 值，如表 4-3 所示，可供设计时直接查用。

采用不同强度等级混凝土和有屈服点钢筋的受弯构件的 ξ_b 值　　　表 4-3

钢筋级别 \ 混凝土强度等级	≤C50	C55	C60	C65	C70	C75	C80
HPB300	0.576	0.566	0.556	0.547	0.537	0.528	0.518
HRB400、HRBF400、RRB400	0.518	0.508	0.499	0.490	0.481	0.472	0.463
HRB500、HRBF500	0.482	0.473	0.464	0.455	0.447	0.438	0.429

根据相对受压区高度 ξ 的大小可进行受弯构件正截面破坏类型的判别。若 $\xi>\xi_b$，则为超筋破坏；若 $\xi<\xi_b$，则为适筋破坏；若 $\xi=\xi_b$，则为界限破坏。

2. 最小配筋率

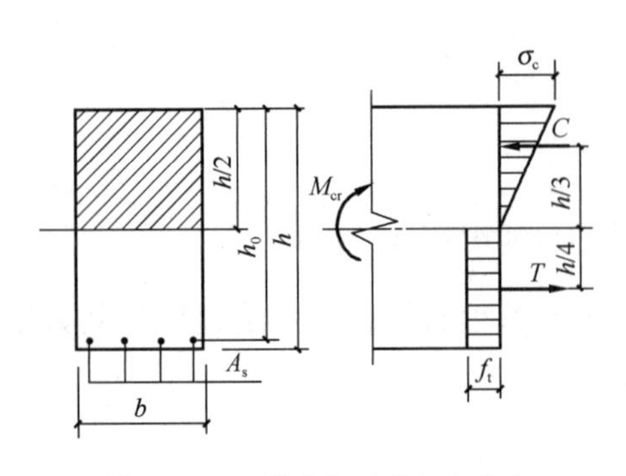

图 4-17　开裂时截面的应力分布

最小配筋率 ρ_{min} 理论上是少筋梁和适筋梁的界限。如果仅从承载力方面考虑，最小配筋率 ρ_{min} 可按Ⅲa阶段计算的钢筋混凝土受弯构件正截面承载力 M_u 与同样条件下素混凝土梁按Ⅰa阶段计算的开裂弯矩 M_{cr} 相等的原则来确定。矩形截面素混凝土梁的开裂弯矩可按图 4-17 所示截面应力的分布情况计算，受拉区混凝土的应力分布可简化为矩形，在将裂未裂状态，截面中性轴的高度 x_n 可

近似取 $h/2$，得

$$M_{cr}=f_t b\frac{h}{2}\left(\frac{h}{4}+\frac{h}{3}\right)=\frac{7}{24}f_t bh^2 \tag{4-26}$$

因为少筋破坏一裂即坏的特点，开裂后混凝土受拉区完全退出工作，而钢筋也进入屈服，取 $x_n=0.5h$，近似取 $h\approx 1.05h_0$，极限弯矩 M_u 可表示为

$$M_u=f_yA_s\left(h_0-\frac{x_n}{3}\right)\approx f_yA_s\cdot 0.825h_0 \tag{4-27}$$

令 $M_{cr}=M_u$，可求得最小配筋率

$$\rho_{min}=\frac{A_s}{bh}=0.37\frac{f_t}{f_y} \tag{4-28}$$

这里需要说明的是，纵向受拉钢筋最小配筋率是通过全截面都参与工作从而推导得到，因此最小配筋率的表达式与式（4-1）有所不同。

由于混凝土抗拉强度的离散性，混凝土收缩和温度应力等不利影响，最小配筋率 ρ_{min} 的确定实际上是一个涉及因素较多的复杂问题。我国《混凝土结构设计规范》GB 50010—2010（2015 年版）在考虑了上述各种因素并参考了以往的传统经验后，规定构件一侧受拉钢筋的最小配筋率取 0.2%和 $0.45f_t/f_y$ 中的较大值，即

$$\rho_{min}=\max\left\{0.45\frac{f_t}{f_y},\ 0.2\%\right\} \tag{4-29}$$

对除悬臂板、柱支承板之外的板类受弯构件，当受拉钢筋采用强度级别为 500N/mm^2 的钢筋时，其最小配筋率应允许采用 0.15%和 $0.45f_t/f_y$ 中的较大值；对卧置于地基上的混凝土板，板中受拉钢筋的最小配筋率可适当降低，但不应小于 0.15%。

4.4 单筋矩形截面受弯构件正截面受弯承载力计算

4.4.1 基本公式及适用条件

1. 基本公式

对于单筋矩形截面受弯构件，其极限状态时正截面承载力计算简图如图 4-18 所示。根据截面的静力平衡条件，可得基本公式如下。

$$\Sigma X=0,\quad \alpha_1 f_c bx=f_yA_s \tag{4-30a}$$

$$\Sigma M=0,\quad M\leqslant M_u=\alpha_1 f_c bx\left(h_0-\frac{x}{2}\right)=f_yA_s\left(h_0-\frac{x}{2}\right) \tag{4-30b}$$

或

$$\alpha_1 f_c b\xi h_0=f_yA_s \tag{4-31a}$$

$$M\leqslant M_u=\alpha_1 f_c b\xi h_0^2(1-0.5\xi)=f_yA_sh_0(1-0.5\xi) \tag{4-31b}$$

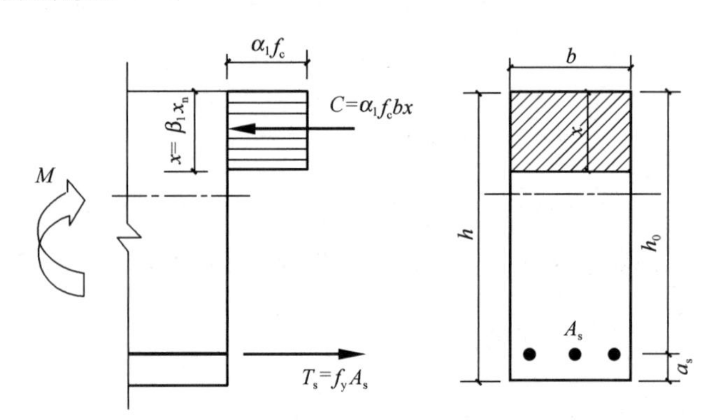

图 4-18　单筋矩形截面受弯构件正截面受弯承载力计算简图

式中　M——截面弯矩效应设计值；

M_u——正截面受弯承载力设计值；

f_c——混凝土轴心抗压强度设计值；

f_y——钢筋的抗拉强度设计值；

b——截面宽度，对现浇板，通常取 1m 宽板带进行计算，即 $b=1000$mm；

α_1——混凝土受压区等效矩形应力图形系数，可按表 4-2 查用；

A_s——受拉区纵向钢筋的截面面积；

x——混凝土受压区等效矩形高度；

h_0——截面有效高度，即受拉钢筋合力点至截面受压区边缘之间的距离，按式（4-32）计算。

$$h_0 = h - a_s \tag{4-32}$$

式中　h——截面高度；

a_s——受拉钢筋合力形心至截面受拉边缘的距离，在截面设计时，由于钢筋直径未知，需预先估计，根据最外层钢筋的混凝土保护层最小厚度规定（附表 5-4），考虑箍筋直径以及纵向受拉钢筋直径，根据不同的环境类别取值有所不同：当梁的受拉钢筋为一排时，取 $a_s=40\sim50$mm；当梁的受拉钢筋为两排时，取 $a_s=65\sim75$mm；板，取 $a_s=20\sim25$mm。

2. 适用条件

为防止超筋破坏，应满足

$$\xi \leqslant \xi_b \tag{4-33}$$

为防止少筋破坏，应满足

$$A_s \geqslant A_{s,\min} = \rho_{\min} bh \tag{4-34}$$

3. 界限配筋率和单筋梁的最大受弯承载力

由式（4-31a）可得

$$\xi = \frac{f_y A_s}{\alpha_1 f_c b h_0} = \frac{A_s}{b h_0}\frac{f_y}{\alpha_1 f_c} = \rho \frac{f_y}{\alpha_1 f_c} \tag{4-35}$$

由式（4-35）可知，ξ 不仅反映了配筋率，而且还反映了材料强度的比值，故其又称为含钢量特征值，是一个比配筋率 ρ 更具一般性的参数。与界限受压区高度 ξ_b 相对应的配筋率即为界限配筋率 ρ_b，根据式（4-35），可以方便地写出 ρ_b 的计算公式为

$$\rho_b = \frac{A_{s,max}}{bh_0} = \xi_b \frac{\alpha_1 f_c}{f_y} \tag{4-36}$$

相应于最大配筋率时，由式（4-31b）可得单筋矩形截面适筋梁的最大正截面受弯承载力，即

$$M_{u,max} = \alpha_1 f_c b x_b \left(h_0 - \frac{x_b}{2}\right) = \alpha_1 f_c b h_0^2 \xi_b (1 - 0.5\xi_b) \tag{4-37}$$

由式（4-36）和式（4- 37）可以看出，对于材料强度等级给定的截面，相对界限受压区高度 ξ_b、界限配筋率 ρ_b 和最大正截面受弯承载力 $M_{u,max}$ 之间存在着明确的换算关系，只要确定了 ξ_b，就相当于确定了 ρ_b 和 $M_{u,max}$。因此，ξ_b、ρ_b 和 $M_{u,max}$ 这三者实质是相同的，只是从不同的方面作为适筋梁的上限指标。

4.4.2 单筋矩形截面设计计算应用

在工程设计计算中，受弯构件正截面受弯承载力计算有两类情况，即截面复核和截面设计。

1. 截面复核

截面复核时，已知材料强度设计值、截面尺寸和钢筋截面面积及外荷载产生的截面基本组合弯矩设计值 M，要求验算该截面的受弯承载力 M_u 是否满足 $M \leqslant M_u$。如不满足，应进行设计修改（新建工程）或加固处理（既有工程）。

利用基本公式进行截面复核时，已知截面尺寸（b、h、h_0），配筋（A_s）和材料强度（f_c、f_t、f_y），在两个基本方程（式 4-30 或式 4-31）中，只有两个未知数 M_u 和 x，故可以得到唯一解。

截面复核一般步骤为：

（1）根据已知条件确定各参数，包括材料强度设计值 f_c、f_y、f_t 及系数 α_1、ξ_b、ρ_{min} 等。

（2）验算是否满足最小配筋率的规定，如果 $A_s < A_{s,min} = \rho_{min} bh$，说明纵向受拉钢筋配置太少，此时该截面只能承担开裂弯矩，即 $M_u = M_{cr}$。

（3）计算截面有效高度 $h_0 = h - a_s$。

（4）利用式（4-31a）计算相对受压区高度 ξ。

（5）若 $\xi \leqslant \xi_b$，利用式（4-31b）计算截面所能负担的极限弯矩 M_u。

（6）若 $\xi > \xi_b$，按照 $\xi = \xi_b$ 利用式（4-37）计算截面所能承担的极限弯矩 $M_{u,max}$。

（7）比较弯矩设计值 M 和极限弯矩值 M_u，判别其安全性。

【例 4-1】 单筋矩形截面承载力验算

北京南站站房为双曲穹顶，外形为椭圆结构，远观似飞碟（图 4-19）。北京南站建筑面积 32 万 m^2，有 24 条股道、13 座站台，另外还包括地铁 4 号线、14 号线、市郊铁路和公交、出租等市政交通设施。该站于 2008 年 8 月正式投入使用。

站房主体结构地上共 2 层，局部设有夹层；地下共 3 层，其中地下一层局部设有车库

图 4-19 北京南站鸟瞰图

夹层，地下二层和地下三层分别为北京地铁 4 号线和 14 号线的站台层。站房主体结构采用混合结构框架形式，典型柱网尺寸均为 13.5m×20.6m。钢管混凝土柱与钢筋混凝土梁采用型钢牛腿连接，型钢牛腿内置于混凝土梁内，楼板采用钢筋混凝土板。

本例题选取地下一层车库夹层，局部柱网 6.75m×6.3m(8.0m)（位置如图 4-20，局部放大图如图 4-21），以钢筋混凝土主梁 KL-1 为对象，进行正截面受弯承载力验算。

待验算截面主梁 KL-1 的跨中截面，截面形式为矩形，尺寸为 300mm×700mm，混凝土和钢筋分别采用了 C30 和 HRB400 强度等级，混凝土边缘至最外层纵筋表面的距离为 30mm，外荷载在该截面产生的作用效应（最大弯矩设计值）$M_{max}=400\text{kN}\cdot\text{m}$，试分析图 4-22 中的 4 种配筋截面是否能够满足承载力安全需求？

（1）2 Φ 16（$A_s=402\text{mm}^2$）

（2）4 Φ 20（$A_s=1256\text{mm}^2$）

（3）5 Φ 25（$A_s=2454\text{mm}^2$）

（4）10 Φ 25（$A_s=4909\text{mm}^2$）

【解】

现行国家标准《建筑结构可靠性设计统一标准》GB 50068—2018 第 3.2.1 条规定（同本教材表 3-1），根据结构破坏可能产生的后果的严重性，本建筑结构安全等级属于一级。又根据第 8.2.8 条规定（同本教材 3.5.2 节），结构重要性系数 $\gamma_0=1.1$。

根据附表 1-2 和附表 1-6，$f_c=14.3\text{N/mm}^2$，$f_t=1.43\text{N/mm}^2$，$f_y=360\text{N/mm}^2$。

$$\rho_{min}=\max\left(0.20\%,\ 0.45\frac{f_t}{f_y}\right)=\max\left(0.20\%,\ 0.45\times\frac{1.43}{360}\right)$$
$$=\max(0.20\%,\ 0.179\%)=0.20\%$$

根据表 4-3 确定相对界限受压区高度 $\xi_b=0.518$。

（1）当纵筋为 2 Φ 16（$A_s=402\text{mm}^2$）

纵筋合力点至混凝土表面距离 $a_s=30+\frac{16}{2}=38\text{mm}$。

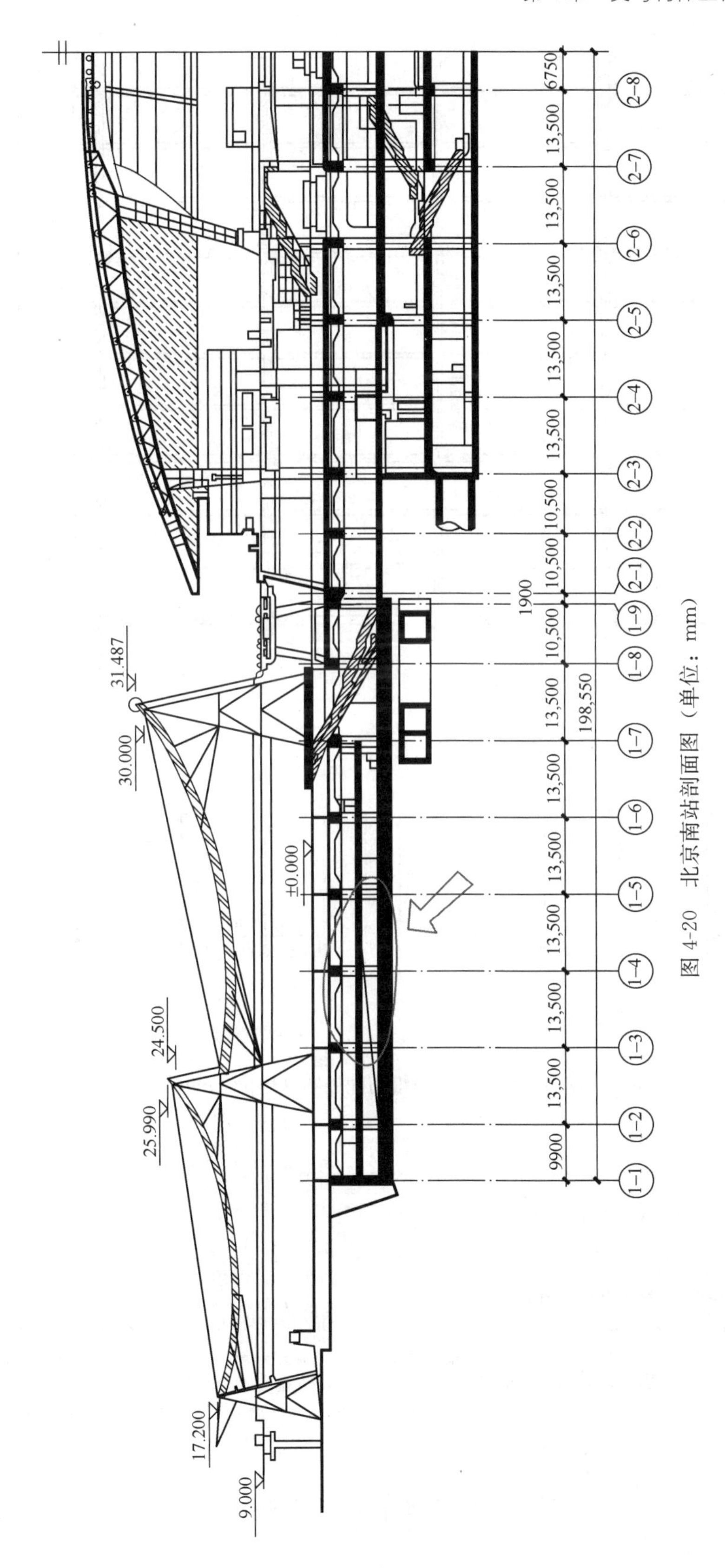

图 4-20　北京南站剖面图（单位：mm）

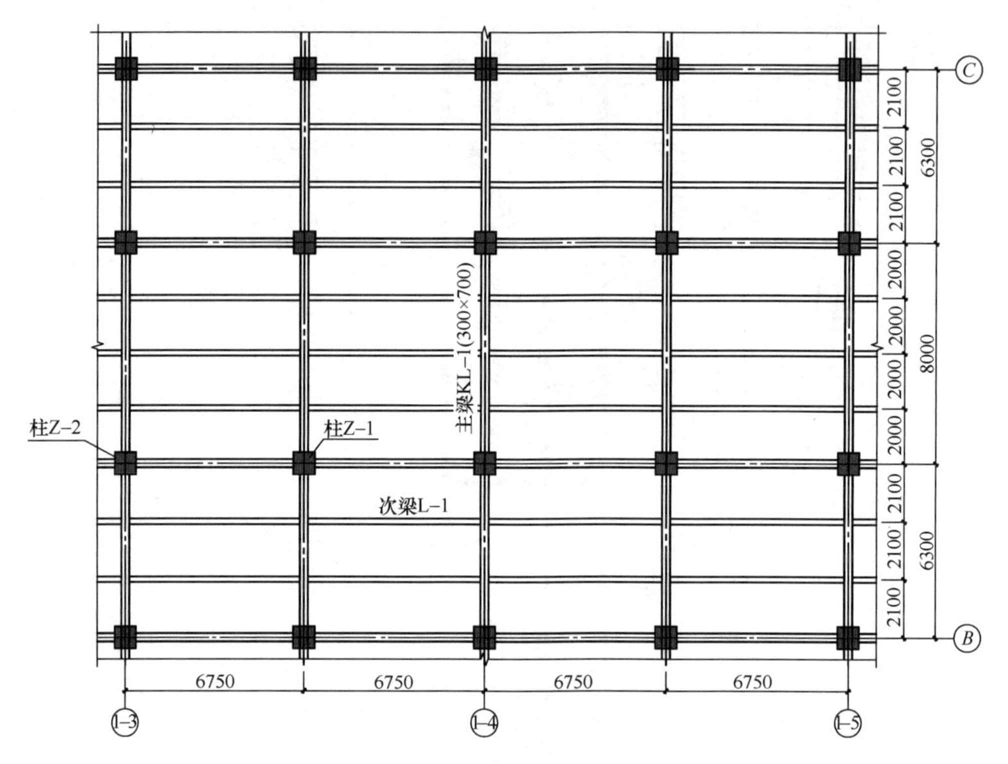

图 4-21　局部放大图（单位：mm）

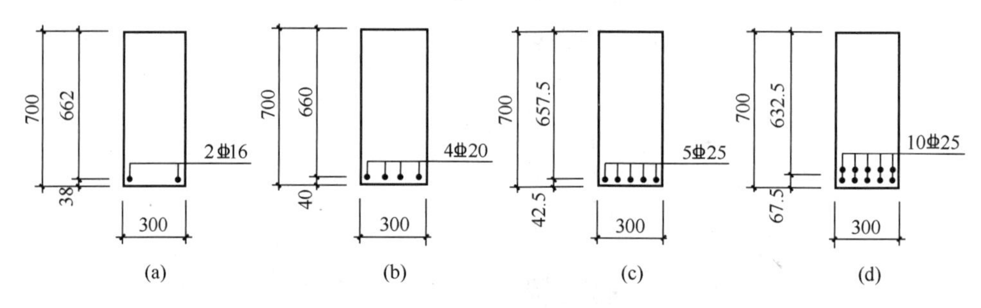

图 4-22　截面底部纵向受力钢筋配筋图（单位：mm）

（a）截面 1；（b）截面 2；（c）截面 3；（d）截面 4

计算截面有效高度 $h_0 = h - a_s = 700 - 38 = 662\text{mm}$。

截面纵筋配筋面积 $A_s = 402\text{mm}^2$。

验算最小配筋率 $A_s = 402\text{mm}^2 < A_{s,\min} = \rho_{\min} bh = 0.20\% \times 300 \times 700 = 420\text{mm}^2$，不满足最小配筋率要求，为少筋截面。

此时，根据式（4-26）得

$$
\begin{aligned}
M_u &= \frac{1}{\gamma_0} M_{cr} = \frac{1}{\gamma_0} \frac{7}{24} f_t bh^2 \\
&= \frac{1}{1.1} \times \frac{7}{24} \times 1.43 \times 300 \times 700^2 \times 10^{-6} \\
&= 55.7\text{kN} \cdot \text{m} < M_{\max} = 400\text{kN} \cdot \text{m}
\end{aligned}
$$

不满足承载力安全需求。

(2) 当纵筋为 4 ⌽ 20（$A_s=1256mm^2$）

$$a_s=30+\frac{20}{2}=40mm$$

$$h_0=h-a_s=700-40=660mm$$

$$A_s=1256mm^2$$

验算最小配筋率 $A_s=1256mm^2>A_{s,min}=420mm^2$，满足基本公式适用条件（式 4-34）最小配筋率要求，不少筋。

根据式（4-31a）计算相对受压区高度

$\xi=\frac{f_yA_s}{\alpha_1 f_c bh_0}=\frac{360\times1256}{1.0\times14.3\times300\times660}=0.160\leqslant\xi_b=0.518$，满足基本公式适用条件（式 4-33），不超筋。

根据式（4-31b）计算弯矩设计值

$$M=\frac{\alpha_1 f_c bh_0^2\xi(1-0.5\xi)}{\gamma_0}$$

$$=\frac{0.160\times(1-0.5\times0.160)\times1.0\times14.3\times300\times660\times660\times10^{-6}}{1.1}$$

$$=250.1kN\cdot m<M_{max}=400kN\cdot m$$

不满足承载力安全需求。

(3) 当纵筋为 5 ⌽ 25（$A_s=2454mm^2$），复核过程同上

$$a_s=30+\frac{25}{2}=42.5mm$$

$$h_0=h-a_s=700-42.5=657.5mm$$

$A_s=2454mm^2>A_{s,min}=420mm^2$，满足基本公式适用条件（式 4-34）最小配筋率要求，不少筋。

根据式（4-31a）计算相对受压区高度

$\xi=f_y\frac{A_s}{\alpha_1 f_c bh_0}=\frac{360\times2454}{1.0\times14.3\times300\times657.5}=0.313<\xi_b=0.518$，满足基本公式适用条件（式 4-33），不超筋。

根据式（4-31b）计算弯矩设计值

$$M=\frac{\alpha_1 f_c bh_0^2\xi(1-0.5\xi)}{\gamma_0}$$

$$=\frac{0.313\times(1-0.5\times0.313)\times1.0\times14.3\times300\times657.5\times657.5\times10^{-6}}{1.1}$$

$$=445.1kN\cdot m>M_{max}=400kN\cdot m$$

满足承载力安全需求。

(4) 当纵筋为 10 ⌽ 25（$A_s=4909mm^2$）

$$a_s=30+25+\frac{25}{2}=67.5mm$$

$$h_0=h-a_s=700-67.5=632.5\text{mm}$$

验算最小配筋率

$A_s=4909\text{mm}^2>A_{s,min}=420\text{mm}^2$，满足基本公式适用条件（式 4-34）最小配筋率要求，不少筋。

根据式（4-31a）计算相对受压区高度

$\xi=\dfrac{f_yA_s}{\alpha_1 f_c bh_0}=\dfrac{360\times4909}{1.0\times14.3\times300\times632.5}=0.651>\xi_b=0.518$，不满足基本公式适用条件（式 4-33），此时为超筋截面，应根据式（4-37）计算弯矩设计值。

$$M=\frac{\alpha_1 f_c bh_0^2\xi_b(1-0.5\xi_b)}{\gamma_0}$$

$$=\frac{0.518\times(1-0.5\times0.518)\times1.0\times14.3\times300\times632.5\times632.5\times10^{-6}}{1.1}$$

$$=598.9\text{kN}\cdot\text{m}>M_{max}=400\text{kN}\cdot\text{m}$$

满足承载力需求。

将例 4-1 的计算结果列入表 4-4 进行对比分析可以看出，钢筋与混凝土共同工作，各自充分发挥强度，可以大大改善混凝土的性能。随着纵向受力钢筋用量的增加，正截面的抗弯承载力也在随之提高。截面 3 和 4 均满足承载力要求，但截面 4 比截面 3 配筋量增加 1 倍，承载力却仅增加 35%。同时应该强调，截面 1 为少筋截面，截面 4 为超筋截面，在设计上都是应避免的。

截面底部纵向受力钢筋配筋与截面性能的关系对比 **表 4-4**

截面	纵筋配置	纵筋面积（mm^2）	配筋面积比值	截面状态	抗弯承载力（kN·m）	抗弯承载力比值
1	2⌀16	402	1.00	少筋	55.7	1.00
2	4⌀20	1256	（1）的 3.12 倍	适筋	250.1	（1）的 4.49 倍
3	5⌀25	2454	（2）的 1.95 倍	适筋	445.1	（2）的 1.78 倍
4	10⌀25	4909	（3）的 2.00 倍	超筋	598.9	（3）的 1.35 倍

2. 截面设计

截面设计一般是只知道截面所承受的弯矩 M，求配筋 A_s。此时，未知数有材料强度 f_c、f_y，截面尺寸 b、h，受压区高度 x 和钢筋截面面积 A_s，共 6 个，根据式（4-30）或式（4-31）无法得到唯一解。因此应根据受力性能、材料供应、施工条件、使用要求等因素，先选择材料（f_c、f_y），然后根据跨度拟定梁的截面尺寸 b、h 或板厚 h，这时，在基本方程中，仅剩两个未知数 x 及 A_s，即可求得。

1）材料选用

对普通钢筋混凝土构件，由于适筋梁、板的正截面受弯承载力主要取决于受拉钢筋的合力 f_yA_s，因此钢筋混凝土受弯构件的混凝土强度等级不宜较高，也不宜过低，太低会造成混凝土过早开裂。工程上混凝土一般采用 C30～C40。另一方面，钢筋混凝土受弯构件是带裂缝工作的，由于裂缝宽度和挠度变形的限制，高强钢筋的强度也不能得到充分利用，所以钢筋常用 HRB400、HRBF400、HRB500 和 HRBF500。

2）截面尺寸确定

截面应具有一定刚度，满足正常使用阶段的验算要求（挠度变形和裂缝宽度）。根据工程经验，常按高跨比 h/l 来估算截面高度。工程上一般采用：

简支梁高：$h=(1/16\sim1/10)l$，梁宽：$b=(1/3\sim1/2)h$；

简支板厚：$h=(1/35\sim1/30)l$。

受弯构件的截面设计可能有多种设计结果。材料强度、构件截面尺寸所选的值不同，则计算结果不同，所得配筋率也不同，但都能承受所给定的弯矩设计值。设计结果的合理选取，需要不断总结，长期积累经验。

3）截面设计一般步骤

（1）确定各参数，包括材料强度设计值 f_y、f_c、f_t 及系数 α_1、ξ_b、ρ_{min} 等。

（2）计算截面有效高度 $h_0=h-a_s$。

（3）由式（4-31b）可得到相对受压区高度 ξ。

（4）如果 $\xi>\xi_b$，则不满足适筋梁条件，须加大截面尺寸或提高混凝土强度等级重新计算。

（5）如果 $\xi\leqslant\xi_b$，将 ξ 值代入基本公式（式 4-31a），计算所需的钢筋截面面积 A_s。

（6）按 A_s 值选用钢筋直径及根数或间距。

（7）验算是否满足最小配筋条件 $A_s\geqslant A_{s,min}=\rho_{min}bh$，若不满足说明不满足适筋梁条件，须减小截面尺寸重新计算，或按照最小配筋率配筋。

（8）将所选钢筋布置在梁或板截面内，最后画出施工图。

以上步骤可能需要反复几次方可得到理想的结果。

【例 4-2】 单筋矩形截面设计

本例题选取北京南站地下一层车库夹层的次梁 L-1（位置如图 4-20，局部放大图如图 4-21）为对象进行截面设计。假定按单筋矩形截面设计。

已知该次梁为矩形截面钢筋混凝土梁，跨度 6.75m，间距 2.1m。通过前期分析计算得到在不同的作用组合下该梁所受到的最大弯矩设计值分别有以下三种情况，试选用合适的材料，分别设计在这三种内力作用下的梁截面。

（1）$M_{max}=40\text{kN}\cdot\text{m}$

（2）$M_{max}=180\text{kN}\cdot\text{m}$

（3）$M_{max}=370\text{kN}\cdot\text{m}$

【解】

同例 4-1，结构重要性系数 $\gamma_0=1.1$。

根据规范规定的材料范围和当地施工条件，混凝土和钢筋分别采用 C40 和 HRB400 强度等级，根据附表 1-2 和附表 1-6，$f_c=19.1\text{N/mm}^2$，$f_t=1.71\text{N/mm}^2$，$f_y=360\text{N/mm}^2$。

由于次梁跨度 6.75m，初选矩形截面高度 $h=\frac{l}{12}=\frac{6750}{12}=562.5\text{mm}$，依据模数近似取 550mm；矩形截面宽度 $b=\frac{h}{3}=\frac{550}{3}=183.3\text{mm}$，依据模数近似取 200mm。

初定矩形截面尺寸为 200mm×550mm。根据附表 5-2，环境类别一类，查附表 5-4 取

梁保护层厚度 $c=20\text{mm}$。

假定配置箍筋直径 d_1 为 10mm，配置单排纵筋直径 d_2 为 20mm，纵筋边缘至混凝土表面距离为 $c+d_1=30\text{mm}$。

受拉纵筋合力点至近边距离

$$a_s = 20 + 10 + \frac{20}{2} = 40\text{mm}$$

计算截面有效高度

$$h_0 = h - a_s = 550 - 40 = 510\text{mm}$$

$$\rho_{\min} = \max\left(0.20\%, 0.45\frac{f_t}{f_y}\right) = \max\left(0.20\%, 0.45 \times \frac{1.71}{360}\right)$$
$$= \max(0.20\%, 0.214\%) = 0.214\%$$

根据表 4-3 确定相对界限受压区高度

$$\xi_b = 0.518$$

（1）当 $M_{\max}=40\text{kN}\cdot\text{m}$

根据式（4-30b）$M_u = \alpha_1 f_c bx\left(h_0 - \frac{x}{2}\right)$，有

$$40 \times 10^6 \times 1.1 = 1.0 \times 19.1 \times 200x\left(510 - \frac{x}{2}\right)$$

解得

$$x = 23.11\text{mm}$$

计算相对受压区高度

$\xi = \frac{x}{h_0} = 0.0453 \leqslant \xi_b = 0.518$，满足要求，不超筋。

根据式（4-35）计算纵向受拉筋面积

$$A_s = \frac{\alpha_1 f_c bx}{f_y} = \frac{1.0 \times 19.1 \times 200 \times 23.11}{360} = 245\text{mm}^2$$

根据式（4-34）验算最小配筋率

$A_s = 245\text{mm}^2 > A_{s,\min} = \rho_{\min} bh = 0.214\% \times 200 \times 550 = 235.4\text{mm}^2$，满足最小配筋率要求。

查附表 4-1 选取 2Φ14（$A_s=308\text{mm}^2$）。

画出配筋图（图 4-23a）。

（2）当 $M_{\max}=180\text{kN}\cdot\text{m}$

根据式（4-30b）$M_u = \alpha_1 f_c bx\left(h_0 - \frac{x}{2}\right)$，有

$$180 \times 10^6 \times 1.1 = 1.0 \times 19.1 \times 200x\left(510 - \frac{x}{2}\right)$$

解得

$$x = 114.48\text{mm}$$

计算相对受压区高度

$\xi = \frac{x}{h_0} = 0.224 \leqslant \xi_b = 0.518$，满足要求，不超筋。

根据式（4-35）计算纵向受拉筋面积

$$A_s = \frac{\alpha_1 f_c bx}{f_y} = \frac{1.0 \times 19.1 \times 200 \times 114.48}{360} = 1215\text{mm}^2$$

根据式（4-34）验算最小配筋率

$A_s = 1215\text{mm}^2 > A_{s,\min} = 235.4\text{mm}^2$，满足最小配筋率要求。

查附表 4-1 选取 4 Φ 20（$A_s = 1256\text{mm}^2$）。

画出配筋图（图 4-23b）。

（3）当 $M_{\max}=370\text{kN}\cdot\text{m}$

① 根据式（4-30b）$M_u = \alpha_1 f_c bx\left(h_0 - \frac{x}{2}\right)$，有

$$370 \times 10^6 \times 1.1 = 1.0 \times 19.1 \times 200x\left(510 - \frac{x}{2}\right)$$

解得

$$x = 293.2\text{mm}$$

计算相对受压区高度

$\xi = \frac{x}{h_0} = \frac{293.2}{510} = 0.575 > \xi_b = 0.518$，不满足要求，截面超筋。

② 这里以增大截面尺寸为例继续设计，假定截面尺寸增大为 200mm×600mm。

计算截面有效高度

$$h_0 = h - a_s = 600 - 40 = 560\text{mm}$$

h_0 重新带入式（4-30b）解得 $x = 243\text{mm}$。

计算相对受压区高度

$\xi = \frac{x}{h_0} = \frac{243}{560} = 0.434 < \xi_b = 0.518$，满足要求，不超筋。

根据式（4-35）计算纵向受拉筋面积

$$A_s = \frac{\alpha_1 f_c bx}{f_y} = \frac{1.0 \times 19.1 \times 200 \times 243}{360} = 2579\text{mm}^2$$

根据式（4-34）验算最小配筋率

$A_s = 2579\text{mm}^2 > A_{s,\min} = \rho_{\min} bh = 0.214\% \times 200 \times 600 = 256.8\text{mm}^2$，满足最小配筋率要求。

查附表 4-1 选取 6 Φ 25（$A_s = 2945\text{mm}^2$）。

值得注意的是，根据钢筋布置的构造要求，发现 6 根直径 25mm 的钢筋在宽度为 200mm 的梁中放置一排时不满足间距 25mm 的要求，必须两排布置。

假定配置箍筋直径 d_1 为 10mm，再根据配置双排纵筋直径 d_2 为 25mm，两排钢筋间距 d_3 为 25mm。所以，受拉纵筋合力点至近边距离

$$a_s = c + d_1 + d_2 + \frac{d_3}{2} = 20 + 10 + 25 + \frac{25}{2} = 67.5\text{mm}$$

a_s 与假定的 40mm 有较大差距，应按照双排配筋重新进行设计计算。

③ 梁双排配筋设计时，简化考虑假定 $a_s = 70\text{mm}$。

计算截面有效高度

$$h_0 = h - a_s = 600 - 70 = 530\text{mm}$$

h_0 重新带入式（4-30b）解得 $x = 269.6\text{mm}$。

计算相对受压区高度

$\xi = \dfrac{x}{h_0} = \dfrac{269.6}{530} = 0.509 < \xi_b = 0.518$，满足要求，不超筋。

根据式（4-35）计算纵向受拉筋面积

$$A_s = \frac{\alpha_1 f_c b x}{f_y} = \frac{1.0 \times 19.1 \times 200 \times 269.6}{360} = 2861\text{mm}^2$$

根据式（4-34）验算最小配筋率

$A_s = 2861\text{mm}^2 > A_{s,\min} = 256.8\text{mm}^2$，满足最小配筋率要求。

查附表 4-1 选取 6 Φ 25（$A_s = 2945\text{mm}^2$）。

画出配筋图（图 4-23c）。

虽然上述结果满足基本方程和两个适用条件，但是观察到相对受压区高度 ξ 比较大，基本接近界限值 ξ_b，配筋率也较大，构件变形性能较差。在实际工程设计中，如果没有截面尺寸的限制，应进一步增大截面尺寸以获得更加合理的设计结果。

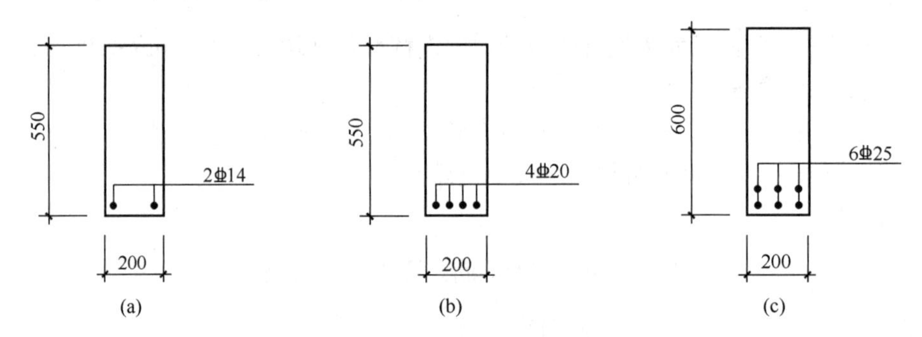

图 4-23　截面底部纵向受力钢筋配筋图（单位：mm）

【例 4-3】板的单筋截面设计

如图 4-24 所示为位于某一民用建筑地下室顶板处的一块混凝土简支板，宽度 10m，跨度 8m。假定板上的等效均布荷载标准值为：永久作用（不包括板自重）$g=3.0\text{kN/m}^2$，可变作用（包括车辆、人群等）$q=9.5\text{kN/m}^2$。

试按照作用基本组合的弯矩效应设计值求板的配筋（场地位于东北寒冷地区）。

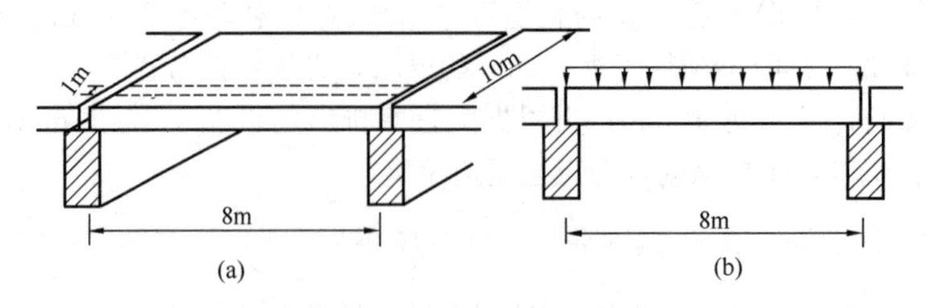

图 4-24　简支板受力示意图

（a）1m 板带的选取；（b）1m 板带计算简图

【解】

(1) 参数确定

根据现行国家标准《建筑结构可靠性设计统一标准》GB 50068—2018 第 8.2.8 条规定（同本教材 3.5.2 节），结构重要性系数 $\gamma_0 = 1.0$，结构设计工作年限的荷载调整系数 $\gamma_2 = 1.0$。

根据规范规定的材料范围和当地施工条件，混凝土和钢筋分别采用 C40 和 HRB400 强度等级，由附表 1-2 和附表 1-6 查得，$f_c = 19.1\text{N/mm}^2$，$f_t = 1.71\text{N/mm}^2$，$f_y = 360\text{N/mm}^2$。

根据板跨度 8m，初选板的厚度 $h=l/30=8000/30=267\text{mm}$，同时，参考模数及防水要求板厚取 300mm。板的自重为 $25\times0.3=7.5\text{kN/m}^2$。

根据表 3-7，永久作用分项系数取 1.3，可变作用分项系数取 1.5。

根据式（3-36）可以求得基本组合的弯矩效应设计值，即每米板宽上的跨中最大弯矩设计值

$$M=\frac{1}{8}(\gamma_g g_k+\gamma_q\gamma_{L1}q_k)l^2$$

$$=\frac{1}{8}\times[1.3\times(7.5+3.0)+1.5\times1.0\times9.5]\times8.0^2$$

$$=223.2\text{kN}\cdot\text{m}$$

根据附表 5-2，环境类别二 a 类，查附表 5-4 取板保护层厚度 $c=20\text{mm}$。

假定板配置受力钢筋直径 d_1 为 20mm。

受拉纵筋合力点至近边距离

$$a_s = 20 + 20/2 = 30\text{mm}$$

计算截面有效高度

$$h_0 = h - a_s = 300 - 30 = 270\text{mm}$$

$$\rho_{\min} = \max\left(0.20\%,\ 0.45\frac{f_t}{f_y}\right) = \max\left(0.20\%,\ 0.45\times\frac{1.71}{360}\right)$$

$$= \max(0.20\%,\ 0.214\%) = 0.214\%$$

根据表 4-3 确定相对界限受压区高度

$$\xi_b = 0.518$$

(2) 设计计算

根据式（4-30b）$\gamma_0 MM_u = \alpha_1 f_c bx\left(h_0-\frac{x}{2}\right)$，有

$$1.0\times223.2\times10^6 = 1.0\times19.1\times1000x\left(270-\frac{x}{2}\right)$$

解得

$$x = 47.5\text{mm}$$

计算相对受压区高度

$\xi=\dfrac{x}{h_0}=\dfrac{47.5}{270}=0.176<\xi_b=0.518$，满足要求，不超筋。

根据式（4-35）计算纵向受拉筋面积

$$A_s=\frac{\alpha_1 f_c bx}{f_y}=\frac{1.0\times19.1\times1000\times47.5}{360}=2520\text{mm}^2$$

根据式（4-34）验算最小配筋率

$A_s=2520\text{mm}^2>A_{s,\min}=\rho_{\min}bh=0.214\%\times1000\times300=642\text{mm}^2$，满足最小配筋率要求。

查附表 4-2 选取Φ 14/16@70（A_s=2536mm^2），根据构造要求布置Φ 12@250 的分布钢筋。根据以上结果，配筋图如图 4-25。

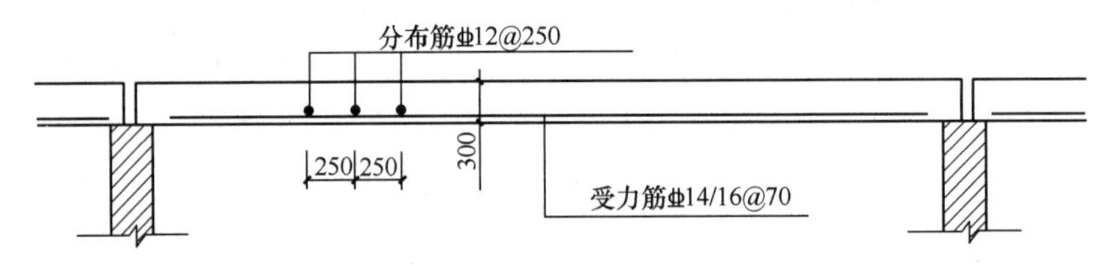

图 4-25　简支板配筋图（单位：mm）

值得注意的是，设计时如果得到的配筋结果 A_s 与前期设定的钢筋直径差异较大，应重新计算受拉纵筋合力点至近边距离 a_s，直到满意为止。这里仅考虑了承载力的满足条件，结构设计还应该注意构件变形条件等，这些将在后面的第 9 章中讲述。

4.5　双筋矩形截面受弯构件正截面受弯承载力计算

实际工程中，当截面所承受的弯矩很大时，按单筋矩形截面计算所得的 ξ 大于 ξ_b，而梁截面尺寸受到限制、混凝土强度等级又不能提高时，可在混凝土受压区配置受压钢筋，以提高承载能力。另外若截面在不同荷载组合下，同一个梁截面分别承受正、负弯矩，则也应采用双筋截面。

既在受拉区配置受拉钢筋，又在受压区配置受压钢筋的截面称为双筋截面，本节仅讨论矩形的双筋受弯构件正截面承载力计算。

此外，由于受压钢筋可以提高截面的延性，因此，在抗震结构中要求框架梁必须配置一定比例的受压钢筋。

4.5.1　基本公式及适用条件

与单筋矩形截面受弯构件类似，双筋矩形截面受弯构件受压区混凝土的曲线应力分布图形在保持合力大小相等，合力作用点不变的前提下也可以等效成矩形应力分布图形。等效变换后，α_1、β_1 的计算方法和单筋矩形截面完全相同。设受拉钢筋和受压钢筋在截面破坏前均能屈服，可得双筋矩形截面的等效矩形应力分布图形，如图 4-26（a）。建立基本计算公式为

$$\alpha_1 f_c bx+f'_y A'_s=f_y A_s \tag{4-38}$$

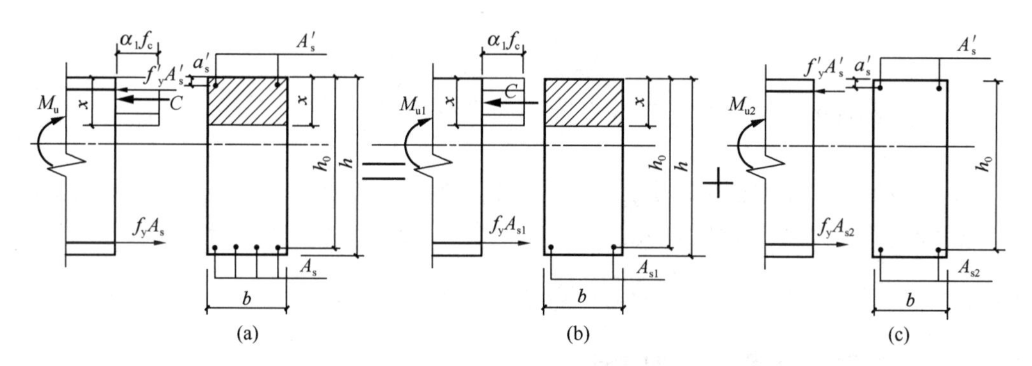

图 4-26　双筋矩形截面等效成矩形应力分布图形

（a）双筋等效矩形应力分布图；（b）单筋等效矩形应力分布图；（c）纯钢筋部分

$$M \leqslant M_{\mathrm{u}} = \alpha_1 f_{\mathrm{c}} bx\left(h_0 - \frac{x}{2}\right) + f'_{\mathrm{y}} A'_{\mathrm{s}}(h_0 - a'_{\mathrm{s}}) \tag{4-39}$$

若联立式（4-38）和式（4-39），只有两个方程，需要解三个未知数 x、A_{s}、A'_{s}。这时可以将双筋矩形截面的等效矩形应力分布图形分解成两部分：单筋部分和纯钢筋部分，如图 4-26（b）和图 4-26（c）。单筋部分的计算在 4.4 节已经介绍，可计算出一部分受拉钢筋 A_{s1}。纯钢筋部分与混凝土无关，可计算出另一部分受拉钢筋 A_{s2} 和受压钢筋 A'_{s}。纯钢筋部分的截面破坏形态不受 A_{s2} 配筋量的影响，理论上这部分配筋可以很大，如构成钢骨混凝土构件等。

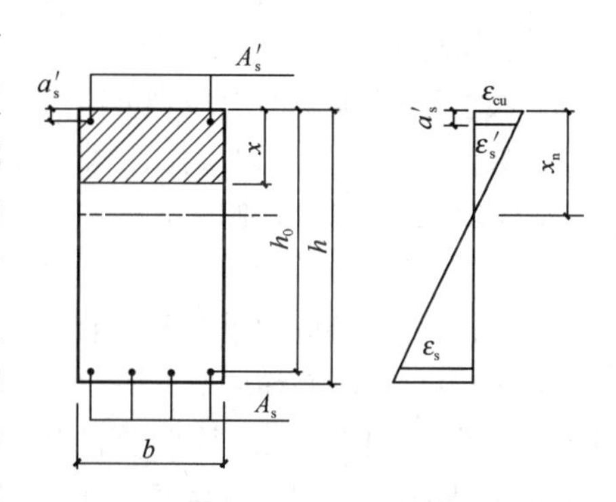

图 4-27　截面应变分布

根据图 4-26（b）和图 4-26（c），式（4-38）和式（4-39）可以分解成

$$\begin{cases} \alpha_1 f_{\mathrm{c}} bx + f'_{\mathrm{y}} A'_{\mathrm{s}} = f_{\mathrm{y}} A_{\mathrm{s1}} + f_{\mathrm{y}} A_{\mathrm{s2}} \\ M_{\mathrm{u}} = M_{\mathrm{u1}} + M_{\mathrm{u2}} \\ M_{\mathrm{u1}} = \alpha_1 f_{\mathrm{c}} bx\left(h_0 - \dfrac{x}{2}\right) = f_{\mathrm{y}} A_{\mathrm{s1}}\left(h_0 - \dfrac{x}{2}\right) \\ M_{\mathrm{u2}} = f'_{\mathrm{y}} A'_{\mathrm{s}}(h_0 - a'_{\mathrm{s}}) \end{cases} \tag{4-40}$$

双筋截面一般不会出现少筋破坏情况，故可不必验算最小配筋率。为防止超筋破坏，应满足式（4-41）。

$$\xi \leqslant \xi_{\mathrm{b}} \tag{4-41}$$

或
$$\rho = \frac{A_{\mathrm{s1}}}{bh_0} \leqslant \rho_{\mathrm{b}} = \xi_{\mathrm{b}} \frac{\alpha_1 f_{\mathrm{c}}}{f_{\mathrm{y}}}$$

或
$$M_{\mathrm{u1}} \leqslant M_{\mathrm{u,max}} = \alpha_1 f_{\mathrm{c}} bh_0^2 \xi_{\mathrm{b}}(1 - 0.5\xi_{\mathrm{b}})$$

为使受压钢筋的强度能充分发挥，其应变不应小于 0.002。由平截面假定可得（图 4-27）

$$\varepsilon'_s = \varepsilon_{cu}\left(1-\frac{a'_s}{x_n}\right) \geqslant 0.002 \tag{4-42}$$

将 $\varepsilon_{cu}=0.0033$，$x=0.8x_n$ 代入式（4-42）中，近似得

$$x \geqslant 2a'_s \tag{4-43}$$

当 $x<2a'_s$ 时，说明破坏时受压钢筋达不到屈服，在这种情况下求弯矩时可对受压钢筋作用点取矩，同时假定受压区高度 $x=2a'_s$，则可得到 M_u 偏于保守的估计。

$$M_u = f_y A_s (h_0 - a'_s) \tag{4-44}$$

4.5.2 双筋矩形截面设计计算应用

1. 截面复核

这类问题一般是已知截面尺寸（b、h、h_0）、配筋（A_s、A'_s）和材料强度（f_c、f_t、f_y、f'_y），验算截面所能承担的弯矩 M_u。可按下列步骤进行分析计算。

1）由式（4-38）求出 x

2）讨论 x，求截面承载力 M_u

（1）若 $2a'_s \leqslant x \leqslant \xi_b h_0$，用式（4-39）求 M_u。

（2）若 $x>\xi_b h_0$，则取 $x=\xi_b h_0$，用式（4-39）求 M_u。

（3）若 $x<2a'_s$，取 $x=2a'_s$，用式（4-44）求 M_u。

h_0 的计算方法同单筋矩形截面。

【例 4-4】 双筋截面验算

工程背景同例 4-1。待验算的主梁 KL-1（图 4-21）为矩形截面，尺寸为 300mm×700mm，混凝土和钢筋分别采用了 C30 和 HRB400 强度等级，纵筋边缘至混凝土表面距离为 30mm，外荷载在该截面产生的作用效应（最大弯矩设计值）M_{max}=450kN·m，请问图 4-28 的两种配筋情况时截面能否满足承载力安全需求？

（1）上筋 2⌀25（A_s=982mm^2），下筋 5⌀25（A_s=2454mm^2）

（2）上筋 2⌀25（A_s=982mm^2），下筋 8⌀25（A_s=3927mm^2）

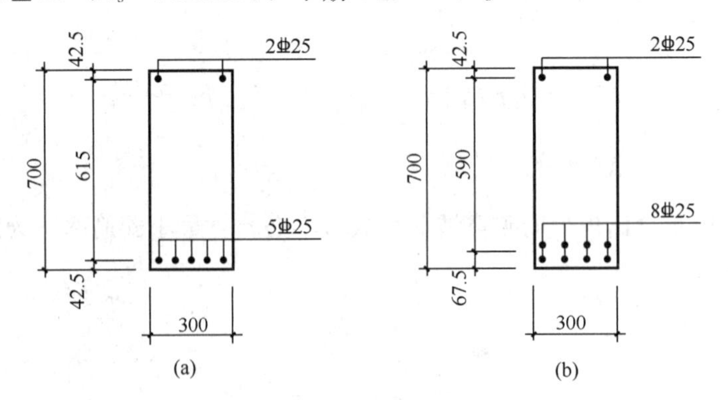

图 4-28 纵向受力钢筋配筋详图（单位：mm）

（a）配筋情况 1；（b）配筋情况 2

【解】

同例 4-1，本建筑结构安全等级属于一级，结构重要性系数 $\gamma_0=1.1$。

根据附表1-2和附表1-6，$f_c = 14.3\text{N/mm}^2$，$f_t = 1.43\text{N/mm}^2$，$f_y = 360\text{N/mm}^2$。

根据表4-3确定相对界限受压区高度

$$\xi_b = 0.518$$

（1）上筋2⌀25（A_s=982mm²），下筋5⌀25（A_s=2454mm²）

纵筋合力点至混凝土表面距离为

$$a_s = a'_s = 30 + \frac{25}{2} = 42.5\text{mm}$$

计算截面有效高度

$$h_0 = h - a_s = 700 - 42.5 = 657.5\text{mm}$$

根据式（4-38）计算混凝土受压区高度

$x = \dfrac{f_y A_s - f'_y A'_s}{\alpha_1 f_c b} = \dfrac{360 \times 2454 - 360 \times 982}{1.0 \times 14.3 \times 300} = 124\text{mm} \leqslant \xi_b h_0 = 0.518 \times 657.5 =$ 340.585mm，满足要求，不超筋。

$x = 124\text{mm} > 2a'_s = 2 \times 42.5 = 85\text{mm}$，满足要求，受压钢筋屈服。

根据（4-39）计算弯矩设计值

$$M = \frac{\left(h_0 - \dfrac{x}{2}\right)\alpha_1 f_c b x + f_y A'_s (h_0 - a'_s)}{\gamma_0}$$

$$= \frac{\left(657.5 - \dfrac{124}{2}\right) \times 1.0 \times 14.3 \times 300 \times 124 + 360 \times 982 \times (657.5 - 43)}{1.1} \times 10^{-6}$$

$$= 485.5\text{kN} \cdot \text{m} > M_{max} = 450\text{kN} \cdot \text{m}$$

满足承载力安全需求。

（2）上筋2⌀25（A_s=982mm²），下筋8⌀25（A_s=3927mm²）

下部纵筋合力点至混凝土表面距离为

$$a_s = 30 + 25 + \frac{25}{2} = 67.5\text{mm}$$

上部纵筋合力点至混凝土表面距离为

$$a'_s = 30 + \frac{25}{2} = 42.5\text{mm}$$

计算截面有效高度

$$h_0 = h - a_s = 700 - 67.5 = 632.5\text{mm}$$

根据式（4-38）计算混凝土受压区高度

$x = \dfrac{f_y A_s - f'_y A'_s}{\alpha_1 f_c b} = \dfrac{360 \times 3927 - 360 \times 982}{1.0 \times 14.3 \times 300} = 247\text{mm} \leqslant \xi_b h_0 = 0.518 \times 632.5 =$ 327.635mm，满足要求，不超筋。

$x = 247\text{mm} > 2a'_s = 2 \times 42.5 = 85\text{mm}$，满足要求，受压钢筋屈服。

根据（4-39）计算弯矩设计值

$$M=\frac{\left(h_0-\frac{x}{2}\right)\alpha_1 f_c bx+f_y A'_s(h_0-a'_s)}{\gamma_0}$$

$$=\frac{\left(632.5-\frac{247}{2}\right)\times 1.0\times 14.3\times 300\times 247+360\times 982\times(632.5-43)}{1.1}\times 10^{-6}$$

$$=679.8\text{kN}\cdot\text{m}>M_{max}=450\text{kN}\cdot\text{m}$$

满足承载力安全需求。

将例 4-4 和例 4-1 的计算结果列入表 4-5。通过对比 A、B 两种情况可以看出，配置受压纵向受力钢筋可以增加截面抗弯承载力，同时还可以降低受压区高度，从而使得构件变形能力增加。通过对比 C、D 两种情况，同样的钢筋用量，配置受压纵向受力钢筋使原来的超筋状态变为适筋状态，截面抗弯承载力也有所提高。

纵向受力钢筋配筋与受力性能的关系对比　　表 4-5

序号	对应例题	上部纵筋/下部纵筋	纵筋面积（mm²）	截面状态	抗弯承载力（kN·m）	抗弯承载力比值
A	例题 4-1（3）	0/5Φ25	2454	适筋	445.1	1.00
B	例题 4-4（1）	2Φ25/5Φ25	A 的 1.4 倍	适筋且变形能力更好	485.5	比 A 提高 9.1%
C	例题 4-1（4）	0/10Φ25	4909	超筋	598.9	1.00
D	例题 4-4（2）	2Φ25/8Φ25	同 C	适筋	679.8	比 C 提高 13.5%

2. 截面设计

截面设计的主要任务是求得截面中的钢筋 A_s 和 A'_s，所以与设计步骤类似。在截面设计前，先要确定截面尺寸和材料强度，并求出外荷载在截面上产生的弯矩大小。截面尺寸和材料强度的确定办法在 4.1 节中已有介绍。双筋受弯构件的设计有下列两种情况。

情况一：已知截面尺寸（b、h）、材料强度（f_c、f_y、f'_y）及截面所承受的弯矩 M，求受拉钢筋 A_s 和受压钢筋 A'_s。设计步骤如下。

（1）判断是否采用双筋截面

按照单筋矩形截面适筋梁最大承载力计算公式（式 4-37），求出 $M_{u,max}$。

若 $M\leqslant M_{u,max}$，按单筋截面设计；若 $M>M_{u,max}$，转入下一步。

（2）计算钢筋面积 A_s 和 A'_s

式（4-38）和式（4-39）有三个未知数：x、A_s、A'_s，只有两个基本方程，需要补充一个条件。以钢材用量最优作为控制目标，经分析，混凝土受压区高度 $x=\xi_b h_0$ 时，可满足总用钢量（$A_s+A'_s$）最小的目标需求。将 $x=\xi_b h_0$ 代入式（4-39）得

$$A'_s=\frac{M-\alpha_1 f_c bh_0^2\xi_b(1-0.5\xi_b)}{f'_y(h_0-a'_s)}\tag{4-45}$$

将式（4-45）计算所得的 A'_s 代入式（4-38），得

$$A_s=\frac{\alpha_1 f_c b\xi_b h_0+A'_s f'_y}{f_y}\tag{4-46}$$

由于已假设 $x=\xi_b h_0$，故所有的适用条件自动满足。为了使构件具有更好的变形能力，

工程中也经常采用假设 $x = 0.8\xi_b h_0$ 来计算钢筋面积 A_s 和 A'_s。

情况二：已知截面尺寸（b、h）、材料强度（f_c、f_y、f'_y）、受压钢筋 A'_s 及截面所承受的弯矩 M，求受拉钢筋 A_s。设计步骤如下。

（1）联立求解式（4-38）和式（4-39），得到 x 和 A_s（同样也可利用式 4-40 求解）。

（2）若 $2a'_s \leqslant x \leqslant \xi_b h_0$，则 $A_s = A_{s1} + A_{s2}$。

（3）若 $x < 2a'_s$，则表明受压钢筋 A'_s 在破坏时不能达到屈服强度，此时可近似地取 $x = 2a'_s$，可由式（4-44）求出 A_s。

（4）若 $x > \xi_b h_0$，则表明给定的受压钢筋 A'_s 不足，仍会出现超筋截面，此时按 A'_s 未知的情况一进行计算。

以上步骤可能需要反复几次才能得到理想的结果。

还要说明一点，当 $x = \xi_b h_0$ 时，已是适筋和超筋的界限状态，此时截面的变形能力较差，影响混凝土构件的延性。所以在实际工程设计中宜取 $\xi = 0.8\xi_b$。

【例 4-5】 双筋截面设计

同例 4-2 中次梁 L-1（图 4-21），当截面所受到的作用效应（最大弯矩设计值）M_{max} = 400kN·m 时，选用合适的材料，要求不改变初定矩形截面尺寸 200mm×550mm，设计配置该钢筋混凝土梁截面的纵向受力钢筋。

【解】

（1）确定各参数

同例 4-2，结构重要性系数 $\gamma_0 = 1.1$。

$f_c = 19.1\text{N/mm}^2$，$f_t = 1.71\text{N/mm}^2$，$f_y = 360\text{N/mm}^2$

矩形截面尺寸为 200mm×550mm。保护层厚度 c=20mm。

纵筋合力点至近边距离

$a_s = c + d_1 + d_2 + \frac{d_3}{2} = 20 + 10 + 25 + \frac{25}{2} = 67.5\text{mm}$，取 70mm。

$$a'_s = 20 + 10 + \frac{20}{2} = 40\text{mm}$$

计算截面高度 $h_0 = h - a_s = 550 - 70 = 480\text{mm}$

纵筋最小配筋率

$$\rho_{min} = \max(0.20\%,\ 0.45\frac{f_t}{f_y}) = \max(0.20\%,\ 0.45 \times \frac{1.71}{360})$$
$$= \max(0.20\%,\ 0.214\%) = 0.214\%$$

界限相对受压区高度 $\xi_b = 0.518$

（2）方案讨论

例 4-2 的第（3）种情况中提到，当 M_{max} 超过 370kN·m 时，计算相对受压区高度 $\xi > \xi_b = 0.518$ 不满足要求，截面超筋。在例 4-2 中，以增大截面尺寸作为措施进行进一步设计。这里，我们按照双筋梁进行设计。在双筋梁中，受压钢筋和对应的部分受拉钢筋形成钢筋骨架分担了一部分弯矩（图 4-26），从效果上相当于减小了单筋梁部分的作用效应 M，从而使之从超筋状态变为适筋状态。

（3）双筋截面设计计算

取 $\xi = 0.8\xi_b = 0.414$

$x = \xi h_0 = 0.414 \times 480 = 198.7\text{mm} \leqslant \xi_b \times h_0 = 0.518 \times 480 = 248.6\text{mm}$，满足要求，不超筋。

$2a'_s = 2 \times 40 = 80\text{mm} \leqslant x = 198.7\text{mm}$，满足要求，受压钢筋屈服。

根据式（4-39）计算纵向受压钢筋面积

$$A'_s = \frac{\gamma_0 M - \alpha_1 f_c b h_0^2 \xi(1-0.5\xi)}{f'_y(h_0 - a'_s)}$$

$$= \frac{1.1 \times 400 \times 10^6 - 1.0 \times 19.1 \times 200 \times 480 \times 480 \times 0.414 \times (1 - 0.5 \times 0.414)}{360 \times (480 - 40)}$$

$$= 954\text{mm}^2$$

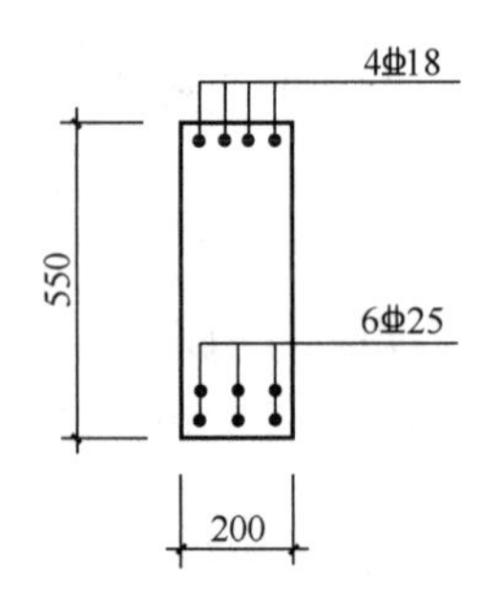

图 4-29　截面纵向受力钢筋配筋图（单位：mm）

根据式（4-38），得

$$A_s = \frac{\alpha_1 f_c b \xi h_0 + A'_s f'_y}{f_y}$$

$$= \frac{1.0 \times 19.1 \times 200 \times 0.414 \times 480 + 954 \times 360}{360}$$

$$= 3063\text{mm}^2$$

查附表 4-1，上部选取 4 Φ 18（$A'_s = 1017\text{mm}^2$），下部选取 6 Φ 25（$A_s = 2945\text{mm}^2$，比计算值小 3.9%<0.5%，在工程允许范围内），配筋图如图 4-29。

4.6　T 形截面受弯构件正截面受弯承载力计算

4.6.1　T 形截面梁

在受弯构件正截面承载力计算中有一基本假定是受拉区混凝土不承担拉力，拉力全部由受拉钢筋承担。如图 4-30（a）所示宽度为 b'_f 高度为 h 的矩形截面，配有 4 根受拉钢筋。假如在满足构造要求的前提下，把原有 4 根受拉钢筋全部放置于宽度为 b 的梁肋部，再把两边阴影所示部分混凝土挖去，这样原来的矩形截面就变成了 T 形截面（图 4-30b)。同时，我们也可以发现原来矩形截面的受弯承载力与后面的 T 形截面的受弯承载力基本相同或完全相同（当中性轴在受压翼缘内）。因此采用 T 形截面可以减小混凝土材料用量，减轻结构自重。

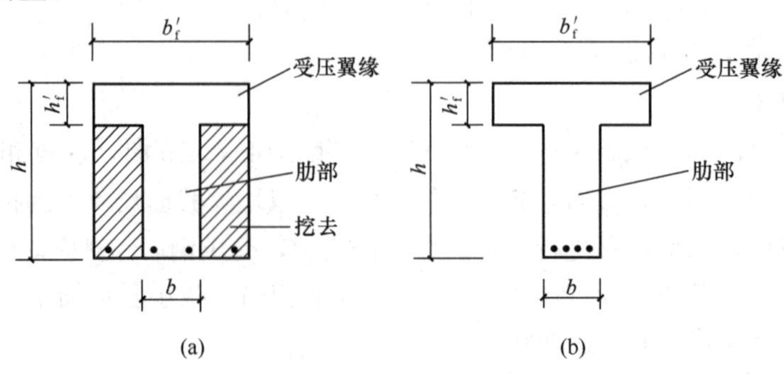

图 4-30　T 形截面的形成

T形截面梁在工程中的应用是十分广泛的，如T形截面吊车梁、箱形截面桥梁、大型屋面板（槽形）、空心板等，如图4-31所示。

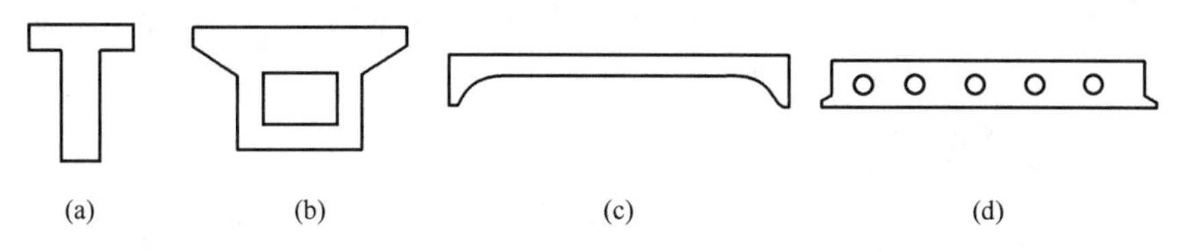

图4-31 T形截面梁（板）
（a）T形；（b）箱形；（c）槽形；（d）空心板

在现浇整体式肋梁楼盖中，梁和板是在一起整浇的，也形成T形截面梁，如图4-32所示。它在跨中截面往往承受正弯矩，翼缘受压可按T形截面计算，而支座截面往往承受负弯矩，翼缘位于受拉区，此时不考虑混凝土承担拉力，因此对支座截面应按肋宽为b的矩形截面计算，形状类似于倒T形梁。

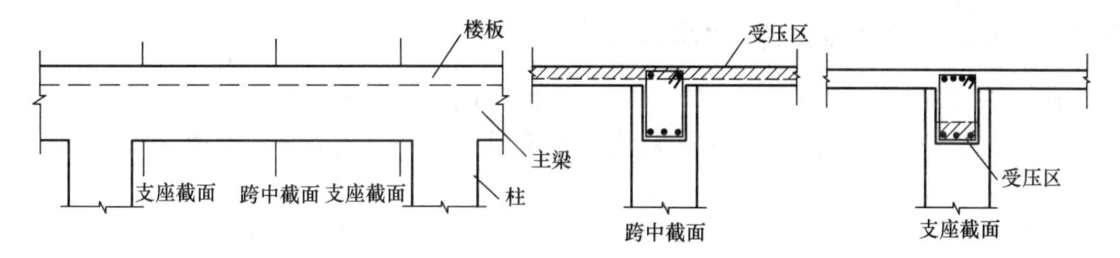

图4-32 现浇整体式肋梁楼盖中不同位置的截面

由试验研究与理论分析可知，T形截面承受荷载作用后，翼缘上的纵向压应力是不均匀分布的，离梁肋越远压应力就越小，如图4-33（a）所示，可见翼缘参与受压的有效宽度是有限的，故在工程设计中把翼缘限制在一定范围内，这个范围的宽度就称为翼缘的计算宽度b'_f，并假定在b'_f范围内压应力是均匀分布的，并满足等效矩形应力的假定，如图4-33（b）所示。因此，对于现浇板肋梁结构中的T形截面肋形梁的翼缘宽度b'_f的取值应符合表4-6的规定；而对预制T形截面梁（即独立梁），在设计时应使其实际翼缘宽度不超过b'_f。

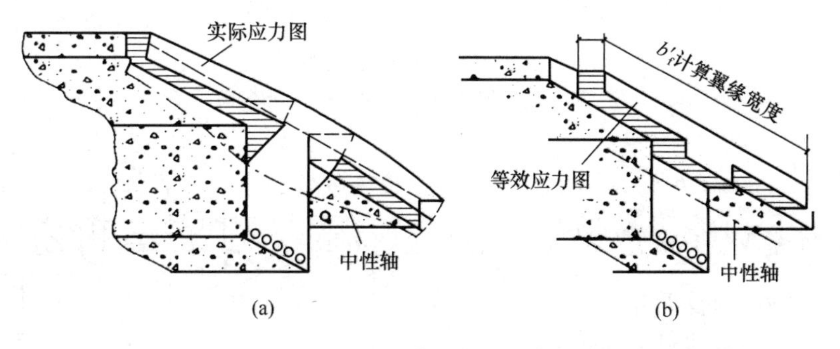

图4-33 T形截面应力分布图
（a）实际应力分布；（b）等效应力分布

受弯构件受压区有效翼缘计算宽度 b'_f　　表 4-6

情况			T形、工字形截面		倒L形截面
			肋形梁（板）	独立梁	肋形梁（板）
1	按计算跨度 l_0 考虑		$l_0/3$	$l_0/3$	$l_0/6$
2	按梁（肋）净距 s_n 考虑		$b+s_n$	—	$b+s_n/2$
3	按翼缘高度 h'_f 考虑	$h'_f/h_0 \geqslant 0.1$	—	$b+12h'_f$	—
		$0.1>h'_f/h_0 \geqslant 0.05$	$b+12h'_f$	$b+6h'_f$	$b+5h'_f$
		$h'_f/h_0<0.05$	$b+12h'_f$	b	$b+5h'_f$

注：1. 表中 b 为梁的腹板厚度。
2. 肋形梁在梁跨内设有间距小于纵肋间距的横肋时，可不考虑表中情况 3 的规定。
3. 加腋的 T 形、工字形和倒 L 形截面，当受压区加腋高度 h_h 不小于 h'_f 且加腋的长度 b_h 不大于 $3h_h$ 时，其翼计算宽度可按表中情况 3 的规定分别增加 $2b_h$（T 形、工字形截面）和 b_h（倒 L 形截面）。
4. 独立梁受压区的翼缘板经验算在荷载作用下沿纵肋方向可能产生裂缝时，其计算宽度应取腹板宽度 b。

4.6.2　两类 T 形截面及基本计算公式

在本章 4.2 节和 4.3 节所介绍的内容均适用于 T 形截面受弯构件。

按照混凝土受压区等效矩形应力高度 x 的不同，将 T 形截面分为两种类型：当受压区高度 x 位于翼缘内时（图 4-34a）为第一类 T 形截面；当受压区高度 x 进入腹板时(图 4-34b)为第二类 T 形截面。当受压区高度 x 正好占据整个翼缘时称为界限状态，如图 4-35。以此界限状态可以判断第一类和第二类 T 形截面。由图 4-35 可知，当满足下列条件之一时，可按第一类 T 形截面计算，否则按第二类 T 形截面计算。

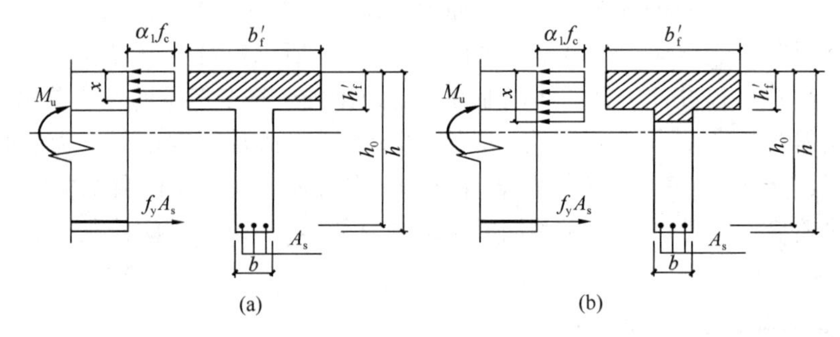

图 4-34　T 形截面类型

(a) 第一类 T 形截面；(b) 第二类 T 形截面

$$\alpha_1 f_c b'_f h'_f \geqslant f_y A_s \tag{4-47}$$

$$M \leqslant M'_u = \alpha_1 f_c b'_f h'_f \left(h_0 - \frac{h'_f}{2}\right) \tag{4-48}$$

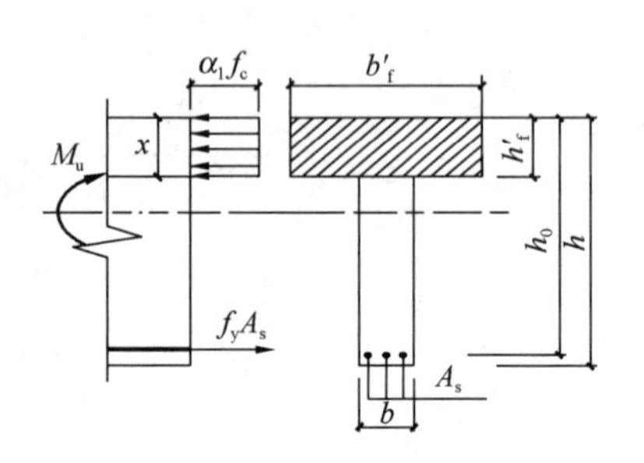

图 4-35　T 形截面界限状态

式中　M——截面所受弯矩；

b'_f——受压翼缘计算宽度；

h'_f——受压翼缘高度。

1. 第一类 T 形截面

由图 4-34 (a)，第一类 T 形截面承载力计算公

式为

$$\begin{cases} \alpha_1 f_c b'_f x = f_y A_s \\ M'_f = \alpha_1 f_c b'_f x\left(h_0 - \dfrac{x}{2}\right) = f_y A_s\left(h_0 - \dfrac{x}{2}\right) \end{cases} \tag{4-49}$$

第一类 T 形截面的计算类似于 $b'_f \times h$ 的单筋矩形截面。

由于第一类 T 形截面的受压区位于翼缘内，x 较小，一般不会出现超筋破坏，即 $x \leqslant \xi_b h_0$ 的条件一般能自动满足。

为了保证不出现少筋破坏，应满足：$A_s \geqslant A_{s,\min} = \rho_{\min} bh$。这里要注意，因为 T 形截面的开裂弯矩与截面尺寸为 $b \times h$ 的矩形截面的开裂弯矩几乎相同。因此在验算最小配筋率时，截面宽度取 b，而非 b'_f。

2. 第二类 T 形截面

由图 4-34（b），第二类 T 形承载力计算公式为

$$\begin{cases} \alpha_1 f_c bx + \alpha_1 f_c (b'_f - b)h'_f = f_y A_s \\ M_u = \alpha_1 f_c bx\left(h_0 - \dfrac{x}{2}\right) + \alpha_1 f_c (b'_f - b)h'_f\left(h_0 - \dfrac{h'_f}{2}\right) \end{cases} \tag{4-50}$$

第二类 T 形截面受弯构件正截面的计算可以分解为两部分（图 4-36 ）：一部分是腹板受压区和相对应的受拉钢筋 A_{s1}，与之相应的承载力是 M_{u1}；另一部分是受压翼缘混凝土和相对应的受拉钢筋 A_{s2}，与之相应的承载力是 M_{u2}。

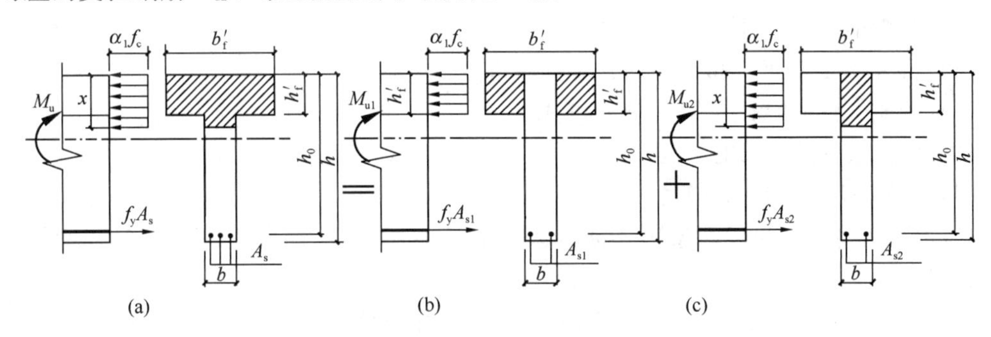

图 4-36　第二类 T 形截面计算简图

（a）第二类 T 形截面；（b）与 M_{u1} 对应的计算截面；（c）与 M_{u2} 对应的计算截面

由图 4-36（b）得

$$\begin{cases} \alpha_1 f_c (b'_f - b)h'_f = f_y A_{s1} \\ M_{u1} = \alpha_1 f_c (b'_f - b)h'_f\left(h_0 - \dfrac{h'_f}{2}\right) \end{cases} \tag{4-51}$$

由图 4-36（c）得

$$\begin{cases} \alpha_1 f_c bx = f_y A_{s2} \\ M_{u2} = M - M_{u1} = \alpha_1 f_c bx\left(h_0 - \dfrac{x}{2}\right) \end{cases} \tag{4-52}$$

最后两部分所得结果相加得

$$A_s = A_{s1} + A_{s2} \tag{4-53}$$

第二类 T 形截面的受压区已进入腹板，x 较大，一般不会出现少筋破坏，即 $\rho=\dfrac{A_s}{bh}\geqslant\rho_{min}$ 的条件一般能自动满足。

为了保证不出现超筋破坏，应满足

$$\xi\leqslant\xi_b$$

或

$$\rho=\frac{A_{s1}}{bh_0}\leqslant\rho_b=\xi_b\frac{\alpha_1 f_c}{f_y}$$

或

$$M_{u1}\leqslant M_{u,max}=\alpha_1 f_c bh_0^2\xi_b(1-0.5\xi_b)$$

式中　M_{u1} ——腹板受压区混凝土及其相应的受拉钢筋所承受的弯矩。

第二类 T 形截面的设计计算方法与双筋矩形截面类似。

4.6.3　T 形截面设计计算应用

1. 截面复核

已知截面尺寸（b、h、h_0、b'_f、h'_f）、配筋 A_s 和材料强度（f_c、f_t、f_y），验算截面所能承担的弯矩 M_u。可按下列步骤进行分析计算。

二维码4-7
T形截面的验算

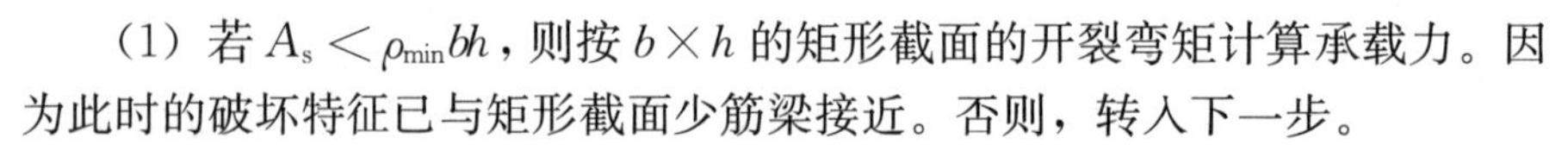

（1）若 $A_s<\rho_{min}bh$，则按 $b\times h$ 的矩形截面的开裂弯矩计算承载力。因为此时的破坏特征已与矩形截面少筋梁接近。否则，转入下一步。

（2）判断截面类型：若 $\alpha_1 f_c b'_f h'_f\geqslant f_y A_s$，为第一类 T 形截面；若 $\alpha_1 f_c b'_f h'_f<f_y A_s$，为第二类 T 形截面。

（3）若为第一类 T 形截面，按式（4-49）计算。

（4）若为第二类 T 形截面，转入下面步骤。

（5）按式（4-51）求出 M_{u1}、A_{s1} 和 A_{s2}。

（6）按式（4-52）求出 x 和 M_{u2}。

（7）计算 $M_u=M_{u1}+M_{u2}$。

（8）若 $\xi>\xi_b$，因为截面超筋，受弯承载力 M_u 仅按 $x=\xi_b h_0$ 带入式（4-50）中的第二式计算得到。

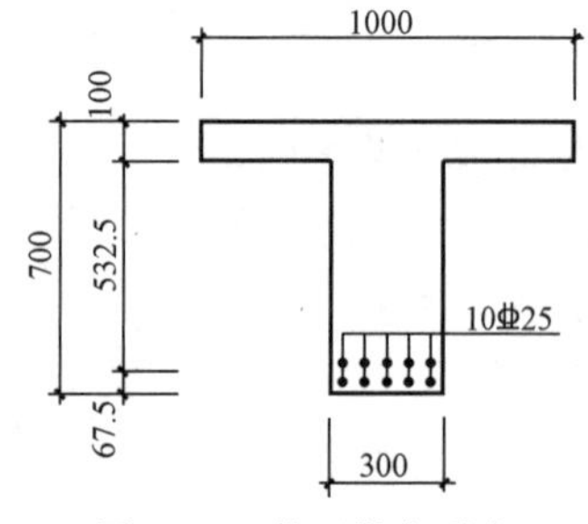

图 4-37　截面纵向受力钢筋配筋图（单位：mm）

【例 4-6】 T 形截面验算

同例 4-1 条件。考虑楼板处于受压区，楼板厚度 100mm，按 T 形截面对主梁 KL-1 正截面承载力进行验算。截面尺寸如图 4-37（结合实际情况，b'_f 不按表 4-6 取值，直接取 $b'_f=1000$mm），混凝土和钢筋分别采用了 C30 和 HRB400 强度等级，纵筋边缘至混凝土表面距离为 30mm，外荷载在该截面产生的作用效应（最大弯矩设计值）$M_{max}=450$kN·m，验算下部配置 10⌀25（$A_s=4909\text{mm}^2$）时截面是否能够满足承载力安全需求？

【解】

（1）参数确定

同例 4-1，结构重要性系数 $\gamma_0=1.1$。

$$f_c=14.3\text{N/mm}^2,\ f_t=1.43\text{N/mm}^2,\ f_y=360\text{N/mm}^2$$

$$\rho_{\min}=\max\left(0.20\%, 0.45\frac{f_t}{f_y}\right)=\max\left(0.20\%, 0.45\times\frac{1.43}{360}\right)$$

$$=\max(0.20\%, 0.179\%)=0.20\%$$

相对界限受压区高度 $\xi_b=0.518$。

下部纵筋合力点至混凝土表面距离 $a_s=30+25+\frac{25}{2}=67.5\text{mm}$。

计算截面有效高度

$$h_0=h-a_s=700-67.5=632.5\text{mm}$$

（2）截面验算

根据式（4-47）判断截面类型

$$f_yA_s=360\times4909=1,767,240\text{N}$$

$$>\alpha_1f_cb'_fh'_f=1.0\times14.3\times1000\times100=1,430,000\text{N}$$

故，属于第二类 T 形截面。

根据式（4-50）计算相对受压区高度

$$\xi=\frac{[f_yA_s-\alpha_1f_c(b'_f-b)h'_f]}{\alpha_1f_cbh_0}$$

$$=\frac{[360\times4909-1.0\times14.3\times(1000-300)\times100]}{1.0\times14.3\times300\times632.5}$$

$$=0.282\leqslant\xi_b=0.518$$

满足要求，不超筋。

根据式（4-50）计算弯矩设计值

$$M=\frac{\xi(1-0.5\times\xi)\alpha_1f_cbh_0^2+\alpha_1f_c(b'_f-b)h'_f\left(h_0-\frac{h'_f}{2}\right)}{\gamma_0}$$

$$=\frac{0.282\times(1-0.5\times0.282)\times1.0\times14.3\times300\times632.5\times632.5+1.0\times14.3\times(1000-300)\times100\times\left(632.5-\frac{100}{2}\right)}{1.1}\times10^{-6}$$

$$=908.019\text{kN}\cdot\text{m}>M_{\max}=450\text{kN}\cdot\text{m}$$

满足承载力安全需求。

2. 截面设计

已知截面尺寸（b、h、h_0、b'_f、h'_f）、材料强度（f_c、f_t、f_y）及截面所承担的弯矩 M_u，求所需钢筋的面积 A_s。同单筋矩形截面和双筋矩形截面一样，计算步骤如下。

二维码4-8
T形截面的设计

（1）判断截面类型：按式（4-48）计算，若 $M\leqslant M'_u$，为第一类 T 形截面；若 $M>M'_u$，为第二类 T 形截面。

（2）若为第一类 T 形截面，按式（4-49）计算。求出 A_s 后，若 $A_s<\rho_{\min}bh$，说明截面尺寸太大，需重新确定截面后再回到第一步进行计算，或者按 $A_s=\rho_{\min}bh$ 进行设计。

（3）若为第二类 T 形截面，转入下面步骤。

（4）按式（4-51）求出 M_{u1} 和 A_{s1}。

（5）按式（4-52）求出 x 和 A_{s2}。

（6）若 $\xi \leqslant \xi_b$，则 $A_s = A_{s1} + A_{s2}$。

（7）若 $\xi > \xi_b$，说明截面尺寸过小，要重新加大截面后回到第一步再进行计算分析。

以上步骤可能需要反复几次才能得到理想的结果。

【例 4-7】T 形截面设计

同例 4-2 条件。考虑楼板处于受压区，楼板厚度 100mm，通过前期分析计算得到跨中最大弯矩设计值为 M_{max} =400kN・m。试按 T 形截面进行次梁 L-1 截面配筋设计。

【解】

（1）几何参数确定

同例 4-2，初选截面高度 h =550mm，宽度 b =200mm。

假定配置两排钢筋，下部纵筋合力点至混凝土表面距离 $a_s = 70$mm。

计算截面有效高度 $h_0 = h - a_s = 550 - 70 = 480$mm。

根据图 4-21 和表 4-6，计算受弯构件受压区有效翼缘计算宽度 b'_f。

按计算跨度 l_0 考虑，$b'_{f1} = l_0/3 = 6750/3 = 2250$mm；

按梁（肋）净距 s_n 考虑，$b'_{f2} = b + s_n = 200 + (2100 - 200) = 2100$mm；

按翼缘高度 h'_f 考虑，由于 $h'_f/h_0 \geqslant 0.1$，b'_{f3} 不按此条件计算；

综上，取 $b'_f = 2100$mm。

（2）计算参数确定

同例 4-2，结构重要性系数 $\gamma_0 = 1.1$。

$$f_c = 19.1\text{N/mm}^2,\ f_t = 1.71\text{N/mm}^2,\ f_y = 360\text{N/mm}^2$$

$$\rho_{min} = \max\left(0.20\%,\ 0.45\frac{f_t}{f_y}\right) = \max\left(0.20\%,\ 0.45 \times \frac{1.71}{360}\right)$$

$$= \max(0.20\%,\ 0.214\%) = 0.214\%$$

相对界限受压区高度 $\xi_b = 0.518$。

（3）截面设计

根据式（4-48）判断截面类型

$$\alpha_1 f_c b'_f h'_f\left(h_0 - \frac{h'_f}{2}\right) = 1.0 \times 19.1 \times 2100 \times 100 \times \left(480 - \frac{100}{2}\right) \times 10^{-6} = 1724.7\text{kN} \cdot \text{m}$$

$$> \gamma_0 M = 1.1 \times 400 = 440\text{kN} \cdot \text{m}$$

属于第一类 T 形截面，可按 $b'_f \times h$ 的单筋矩形截面进行计算。

根据式（4-49）$M_u = \alpha_1 f_c b'_f x\left(h_0 - \frac{x}{2}\right)$，有

$$400 \times 10^6 \times 1.1 = 1.0 \times 19.1 \times 2100x\left(480 - \frac{x}{2}\right)$$

解得

$$x = 23.4\text{mm}$$

计算相对受压区高度

$\xi = \dfrac{x}{h_0} = \dfrac{23.4}{480} = 0.049 < \xi_b = 0.518$，满足要求，不超筋。

根据式（4-49）计算纵向受拉钢筋面积

$$A_s = \frac{\alpha_1 f_c b'_f x}{f_y} = \frac{1.0 \times 19.1 \times 2100 \times 23.4}{360} = 2607\text{mm}^2$$

根据式（4-34）验算最小配筋率

$A_s > A_{s,min} = \rho_{min} bh = 0.214\% \times 200 \times 550 = 235.4\text{mm}^2$，满足最小配筋率要求。

查附表 4-1 选取 6 Φ 25（$A_s = 2945\text{mm}^2$）。截面配筋设计如图 4-38。

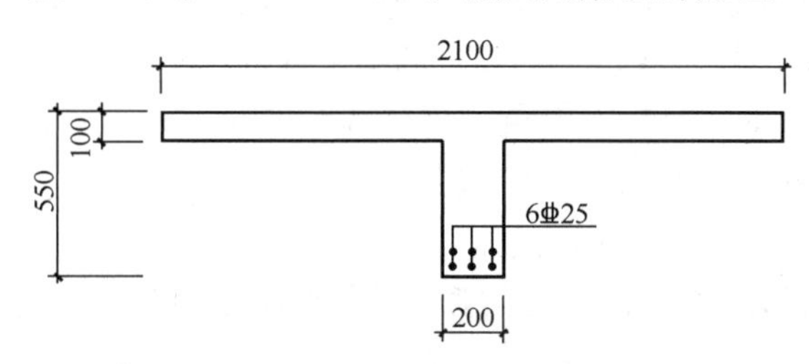

图 4-38　截面纵向受力钢筋配筋详图（单位：mm）

名词和术语

二维码4-9
思维导图

受弯构件　Flexural members

梁　Beam

板　Slab

正截面　Normal cross section

受弯承载力　Flexural capacity

纵向受拉钢筋　Longitudinal tensile reinforcement

配筋率　Reinforcement ratio

超筋梁　Over reinforced beam

少筋梁　Under reinforced beam

界限破坏　Balanced failure

构造要求　Detailing requirements

等效矩形应力图　Equivalent rectangular stress block

单筋矩形截面　Singly reinforced rectangular section

双筋矩形截面　Doubly reinforced rectangular section

T 形截面　T-section

翼缘宽度　Flange width

二维码4-10
文献拓展

二维码4-11
思考题1

习　　题

4-1　某钢筋混凝土框架结构，环境类别二 b 类。主梁支承在两根距离为 7.2m 的柱子上，已知荷载在该截面产生的作用效应（最大弯矩设计值）为 M_{max}，请按下列三种情况对该梁进行正截面设计（按单筋矩形截面考虑）。

二维码4-12
思考题2

（1）安全等级三级，$M_{max}=40kN\cdot m$

（2）安全等级二级，$M_{max}=270kN\cdot m$

（3）安全等级一级，$M_{max}=600kN\cdot m$

4-2　某钢筋混凝土简支单向板承受均布荷载，板跨度 6m，宽度 3m，已知板中全部荷载基本组合的弯矩效应设计值（最大弯矩设计值）为每米宽度 $M_{max}=60kN\cdot m$，结构安全等级一级，环境类别一类。试对该板进行正截面设计（按单筋考虑，假定板的宽度方向效应均匀）。

4-3　同习题 4-1 的情况（3），$M_{max}=600kN\cdot m$ 时，不改变截面尺寸，试按双筋截面对次梁进行正截面设计，并与习题 4-1（3）的结果进行比较。

4-4　本习题源于某钢筋混凝土建筑结构的检测鉴定实践项目。请根据检测报告（节选），验算指定截面的承载力是否满足要求。

【项目概况】

某铁路局信号机械室为两层现浇混凝土框架结构，首层层高 3.9m，二层层高为 3.6m，竣工于 2001 年。由于使用功能发生改变，该结构承受的作用会相应变化，故进行了结构检测，以评估功能改变后结构的安全性是否满足，建筑现状如图 4-39 所示，材料及尺寸检测结果如表 4-7～表 4-11 所示。请根据以下现场检测资料，对二层 2 号轴线 AC 段的钢筋混凝土梁进行截面校核。

(a)

(b)

图 4-39　习题 4-4 题图

（a）建筑外观；（b）建筑内部梁现状

【材料及尺寸检测结果】

混凝土强度检测结果　　**表 4-7**

构件位置	立方体抗压强度平均值（MPa）	标准差（MPa）	构件强度推定区间（MPa）	龄期修正后构件强度推定区间（MPa）
二层 2/AC 梁	41.5	1.87	[37.6，39.0]	[34.6，35.9]

注：进行构件承载力验算时混凝土可按 C35 考虑。

混凝土几何尺寸复核结果　　**表 4-8**

构件（二层 2/AC 梁）	实测尺寸（mm）	设计尺寸（mm）	是否满足要求（+10mm，−5mm）
梁截面	253×653	250×650	满足

续表

构件（二层 2/AC 梁）	实测尺寸（mm）	设计尺寸（mm）	是否满足要求（+10mm，−5mm）
楼板厚度	102	100	满足
梁间轴线距离	3010	3000	满足
梁跨度	6000	6000	满足

混凝土保护层厚度检测　　**表 4-9**

构件位置编号	纵向钢筋保护层厚度（mm）							
	实测							平均
二层 2/AC 梁	27	33	28	28	29	27	28	29
推定区间	[25.7，26.3]							
设计值	25							

注：进行截面验算时，纵筋表面距混凝土外边缘距离可按 29mm 考虑。

对梁、柱钢筋配置数量及箍筋间距进行检测，检测结果如表 4-10 和表 4-11 所示。

混凝土梁主筋数量及箍筋间距检测结果　　**表 4-10**

构件位置编号	检测面	主筋/底筋数量		非加密区箍筋间距（mm）		加密区箍筋间距（mm）	
		实测	设计	实测平均值	设计	实测平均值	设计
二层 2/AC 梁	底面	6	6	197	200	96	100
二层 2/AC 梁	顶面	4	4	—	—	—	—

钢筋检测结果　　**表 4-11**

构件位置	纵筋直径（mm）	箍筋直径（mm）	强度平均值（MPa）	标准差（MPa）	强度推定区间（MPa）
二层 2/AC 梁	20	10	330	15.87	[305.2，355.8]

注：进行构件承载力验算时钢筋屈服强度标准值可按 300MPa 考虑。

根据上述检测结果，试验算该建筑二层 2/AC 梁的支座截面在功能改变后承载力能否满足下列两种效应组合。

（1）弯矩设计值 $M_{max}=280kN\cdot m$（下部受拉）

（2）弯矩设计值 $M_{max}=-158kN\cdot m$（上部受拉）

【提示】

截面形式可能有 T 形，倒 T 形（矩形）等。

第 5 章　受弯构件斜截面承载力

常见的工程构件，如梁、柱及桥墩等，其截面上除了受轴压、弯矩以外，一般还受到剪力的作用。在弯矩和剪力或弯矩、剪力、轴力共同作用的区段内常因斜裂缝的出现而导致构件发生破坏，这种破坏往往比较突然，因此梁、柱及桥墩等构件除应保证正截面承载力外，还须保证构件的斜截面承载力。

本章主要介绍混凝土受弯构件受剪时的应力状态、裂缝发展、破坏形态、承载力计算及配筋构造等内容。

5.1　斜裂缝的形成

二维码5-1
混凝土梁受
剪破坏过程

受弯构件除了承受正截面的弯矩作用外，一般情况下有剪力存在。对于如图 5-1 所示的简支梁，除在承受弯矩的区段（*CD* 段）产生垂直裂缝外，在剪力显著的区段（*AC*、*DB* 段）会产生斜裂缝。受弯构件正截面和斜截面承载能力验算是保证受弯构件承载能力的两个主要内容，斜裂缝产生机理可由梁 *AC* 段或 *DB* 段截面上的应力分析来获得。

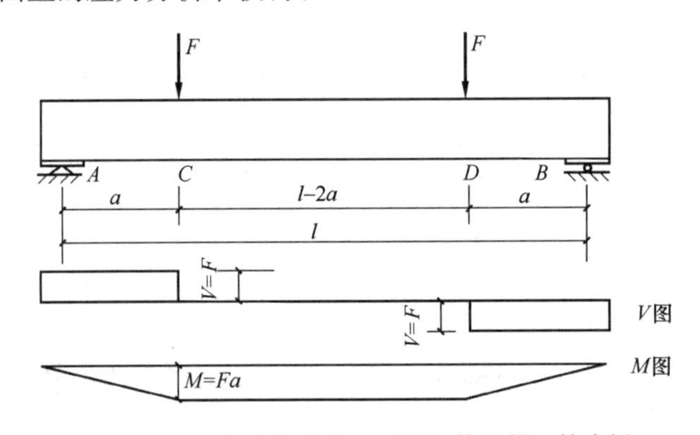

图 5-1　对称集中荷载作用下的钢筋混凝土简支梁

根据材料力学的应力分析结果，当荷载不大、混凝土尚未开裂之前，梁基本处于弹性工作状态。

从图 5-2 的Ⅰ-Ⅰ截面取出三个微元体 1、2、3，这三个微元体分别位于中性轴、受压区和受拉区。根据截面上的应力分布可得到微元体的应力状态（图 5-3），其对应的主拉应力 σ_{tp} 和主压应力 σ_{cp} 的作用方向与梁纵轴的夹角 α 分别为 $\alpha=45°$、$\alpha>45°$、$\alpha<45°$。梁上每一点的主拉应力、主压应力及作用方向均不相同，将主应力沿其作用方向连接起来就是主应力迹线，图 5-2 给出的实线为主拉应力迹线，虚线为主压应力迹线。

由于混凝土的抗拉强度很低，当主拉应力 σ_{tp} 超过混凝土的抗拉强度时，就会在垂直

主拉应力 σ_{tp} 方向产生裂缝，该裂缝开展方向不再垂直于梁轴线，而是与梁轴线呈斜向夹角，故称为斜裂缝。

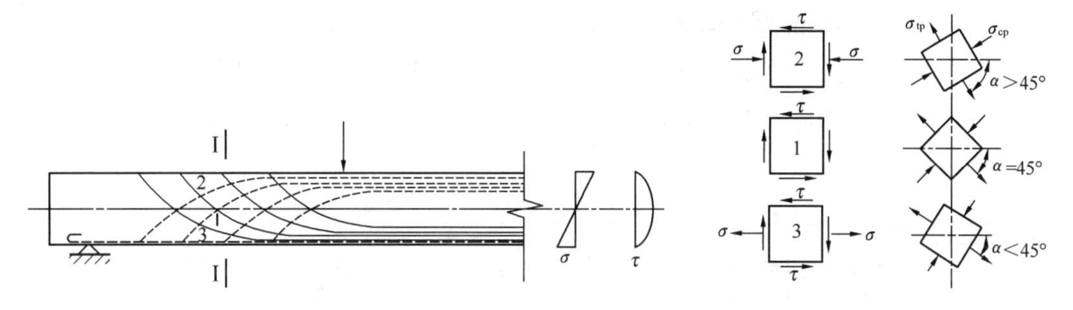

图 5-2　微元体选取及梁内主应力轨迹线　　　　图 5-3　微元体应力状态

梁的斜裂缝有弯剪型斜裂缝和腹剪型斜裂缝两种。当弯矩相对较大时，剪弯区先在梁底部出现裂缝，然后裂缝向集中荷载作用点斜向延伸发展，形成下宽上细的弯剪型斜裂缝（图 5-4a），多见于一般的钢筋混凝土梁。腹剪型斜裂缝则出现在梁腹较薄的构件中，例如 T 形和工字形薄腹梁。由于梁腹部剪应力形成的主拉应力过大致使中性轴附近率先出现 45°的斜裂缝，随着荷载的增加，斜裂缝向梁顶和梁底延伸。腹剪型斜裂缝的特点是中部宽，两头细，呈梭形（图 5-4b）。

二维码5-2
混凝土梁不同部位应力状态

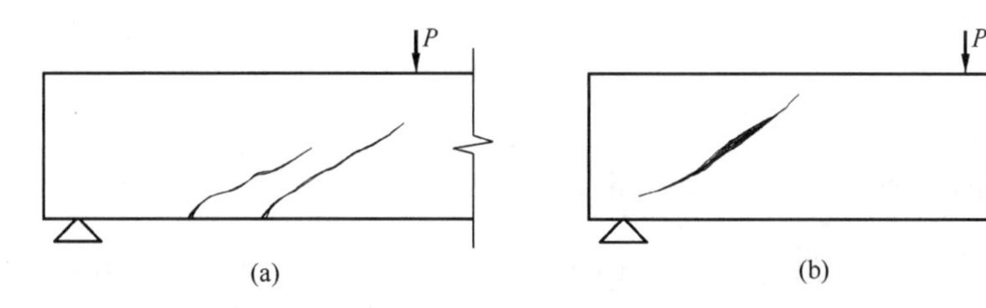

图 5-4　梁的斜裂缝
（a）弯剪型斜裂缝；（b）腹剪型斜裂缝

5.2　无腹筋梁斜截面受剪破坏形态

在受弯梁构件中，一般由纵向钢筋和箍筋或弯起钢筋构成钢筋骨架，其中，箍筋和弯起钢筋统称为腹筋。在实际工程中，梁一般均配置箍筋，根据需要有时还会配置弯起钢筋。为研究梁内混凝土部分斜截面的抗剪机理和影响因素，先以无腹筋梁作为研究对象，在此基础上，再对有腹筋梁的受力及破坏进一步分析和研究。

5.2.1　斜截面开裂后梁中的应力状态

剪力及弯矩作用下，无腹筋梁出现斜裂缝后，梁截面上的应力状态发生了很大变化。对于图 5-5（a）所示的带裂缝的无腹筋简支梁，取主斜裂缝 $A'B$ 左侧部分为隔离体，作用在该隔离体上的内力和外力如图 5-5（b）所示。其中和剪力相关的力平衡表达式为

$$V_A = V_c + V_a + V_d \tag{5-1}$$

式中 V_A——荷载在 A 点对应斜截面上产生的剪力；

V_c——未开裂混凝土所承担的剪力；

V_a——斜裂缝两侧混凝土发生相对错动产生的骨料咬合力的竖向分力；

V_d——纵向钢筋的销栓力。

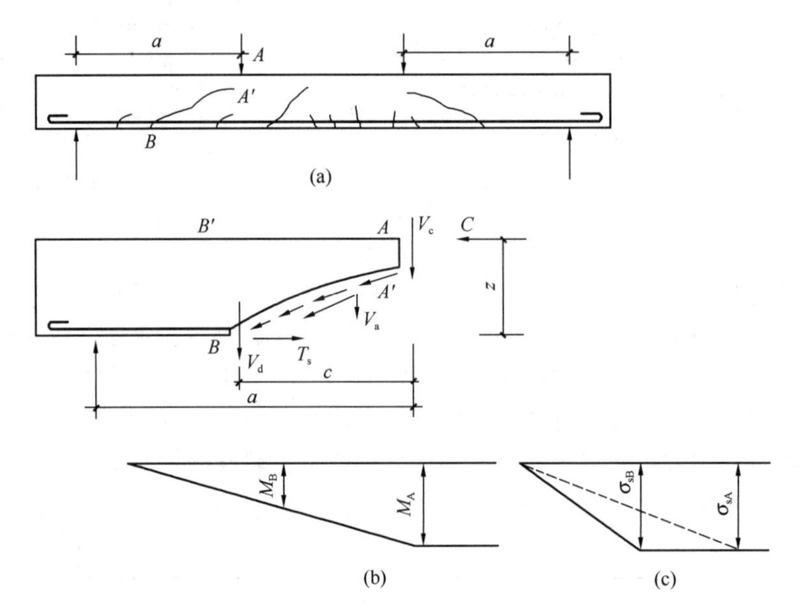

图 5-5 斜裂缝形成后的受力状态

(a) 集中荷载下带斜裂缝简支梁；(b) 梁斜截面剪力分析；(c) 斜裂缝形成后纵筋应力

随着斜裂缝的开展，合成剪力的上述三个力分量的绝对大小和所占相对比例均发生变化。其中骨料咬合力的竖向分力 V_a 逐渐减弱以至消失；在销栓力 V_d 作用下，阻止纵向钢筋发生竖向位移的只有下面很薄的混凝土保护层，所以销栓力作用也很不稳定；而裂缝的向上开展使得 V_c 所提供的截面不断减小，从而导致单位面积上的剪应力急剧增大。由于抗剪试验很难在数值上对三者进行准确测量，故抗剪极限承载能力的确定主要以试验的综合结果为基础，并考虑主要影响因素后确定其抗剪承载力计算公式。

根据试验结果和截面平衡关系，无腹筋梁斜裂缝出现前后，梁截面的应力状态发生显著变化：在斜裂缝出现前，剪力由全截面承受；斜裂缝出现后，未开裂部分的混凝土剪应力明显增大。

有腹筋梁斜裂缝出现前，外部弯矩由全截面的混凝土和钢筋来承受；斜裂缝出现后，未开裂混凝土既承受剪力还要承受压力，形成剪压区，受力状态复杂。在斜裂缝出现前，截面 BB' 处纵筋的拉应力由该截面处的弯矩 M_B 决定；在斜裂缝形成后，原来的梁受力状态变为桁架受力状态，截面 BB' 处的纵筋拉应力则由截面 AA' 处的弯矩 M_A 决定。由于 $M_A > M_B$，所以纵筋的拉应力急剧增大（图 5-5c）。纵向钢筋拉应力的增大导致钢筋与混凝土间黏结应力增大，则有可能出现沿纵向钢筋的黏结裂缝或撕裂裂缝，如图 5-6 所示。

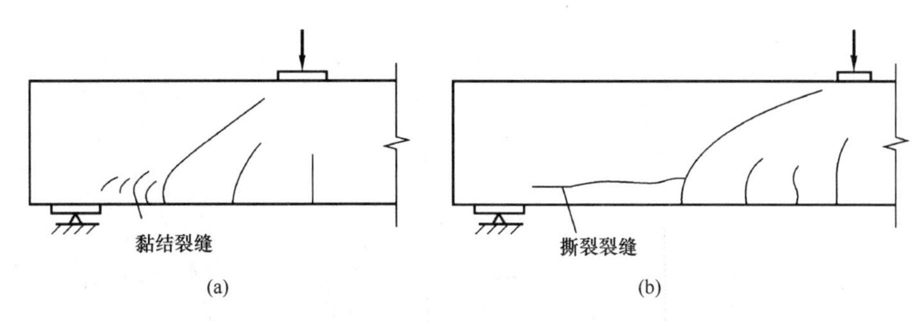

图 5-6　黏结裂缝和撕裂裂缝

(a) 黏结裂缝；(b) 撕裂裂缝

5.2.2　剪跨比及无腹筋梁斜截面受剪破坏形态

1. 剪跨比

根据试验结果，在影响无腹筋梁斜截面承载能力的诸多因素中，剪跨比是一个主要因素。剪跨比用 λ 表示，当梁内主要为集中荷载作用时，其剪跨比可由式 (5-2) 表达。

$$\lambda=\frac{a}{h_0} \tag{5-2}$$

式中　a ——集中荷载作用点至邻近支座的距离，称为剪跨，如图 5-5 (a) 所示；

h_0 ——截面的有效高度。

此剪跨比仅为集中荷载作用下的情况，称为计算剪跨比。对于其他荷载形式作用时，用广义剪跨比的概念，即截面的弯矩值与截面的剪力值和有效高度乘积之比。

$$\lambda=\frac{M}{Vh_0} \tag{5-3}$$

式中　M、V ——分别为计算截面的弯矩和剪力。

2. 受剪破坏形态

斜截面破坏形态主要有斜拉、剪压及斜压三种破坏形态。

(1) 斜拉破坏。如图 5-7 (a) 所示，当剪跨比或跨高比较大时 ($\lambda>3$ 或 $l_0/h>9$)，试件加载后，首先在跨中纯弯段的下部出现受拉裂缝，垂直往上延伸。当梁端弯剪段形成 45°斜裂缝后，很快往两个方向延伸：裂缝向上发展，倾斜角渐减，到达梁的顶部将梁切断；裂缝向下发展，倾斜角渐增，到达受拉钢筋和梁底处，裂缝已是竖直方向，并带动受拉纵筋沿钢筋上皮把混凝土保护层撕裂。该类破坏斜截面上的拉应力 σ 占主导地位，使截面形成很大的主拉应力 σ_{tp}，远远超过混凝土的抗拉强度而导致破坏。这种破坏与正截面少筋梁破坏类似，破坏荷载与开裂荷载很接近，破坏时变形不明显，呈现显著的脆性特征。

(2) 剪压破坏。当剪跨比或跨高比为 $1\leqslant\lambda\leqslant3$ 或 $3\leqslant l_0/h\leqslant9$ 时，将会发生剪压破坏，如图 5-7 (b) 所示，其破坏特征是：弯剪斜裂缝出现后，荷载仍可有较大增长。当荷载增大时，弯剪型斜裂缝中将出现一条长而宽的主要斜裂缝，称为临界斜裂缝；当荷载继续增大，临界斜裂缝上端剩余截面逐渐缩小，剪压区混凝土被压碎而破坏，这种破坏仍为脆性破坏。

二维码5-3
无腹筋梁剪压破坏视频

(3) 斜压破坏。当剪跨比或跨高比较小时 ($\lambda<1$ 或 $l_0/h<3$)，发生斜

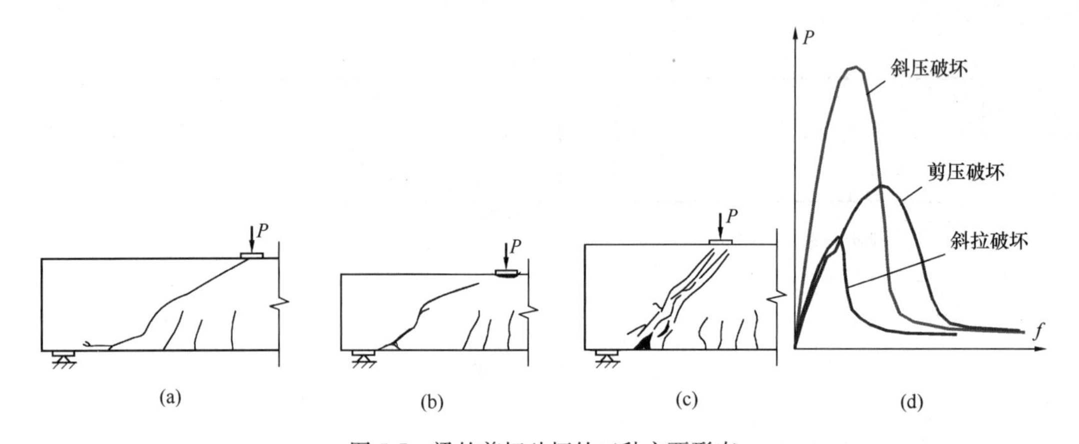

图 5-7　梁的剪切破坏的三种主要形态

(a) 斜拉破坏；(b) 剪压破坏；(c) 斜压破坏；(d) 斜截面破坏的 $P—f$ 曲线

压破坏。如图 5-7 (c) 所示，首先在荷载作用点与支座间梁的腹部出现若干条平行的斜裂缝，即腹剪型斜裂缝，随着荷载的增加，梁腹部被这些斜裂缝分割为若干斜向“短柱”，最后因为短柱混凝土被压碎而破坏，这种破坏也属于脆性破坏，但承载力较高。

如图 5-7 (d) 所示，受弯构件的斜截面破坏均表现出明显的脆性特征，其中以斜拉破坏最为显著，斜压破坏承载力最高。

3. 简支梁斜截面受剪机理

在无腹筋梁中，临界斜裂缝出现后，梁被斜裂缝分割为叠合拱式结构 (图 5-8)。内侧拱通过纵筋的销栓作用和混凝土骨料的咬合作用把力传给相邻外侧拱，再传给主拱Ⅰ，最终传给支座。由于纵筋的销栓作用和混凝土骨料的咬合作用比较小，所以由内侧拱 (Ⅱ、Ⅲ) 所传递的力有限，主要依靠主拱Ⅰ传递主压应力。因此，无腹筋梁的传力体系可比拟为一拉杆拱结构，斜裂缝顶部的残余截面为拱顶，纵筋为下部水平拉杆，主拱Ⅰ为拱身。当拱顶混凝土强度不足时，将发生斜拉破坏或剪压破坏；当拱身的抗压强度不足时，将发生斜压破坏。

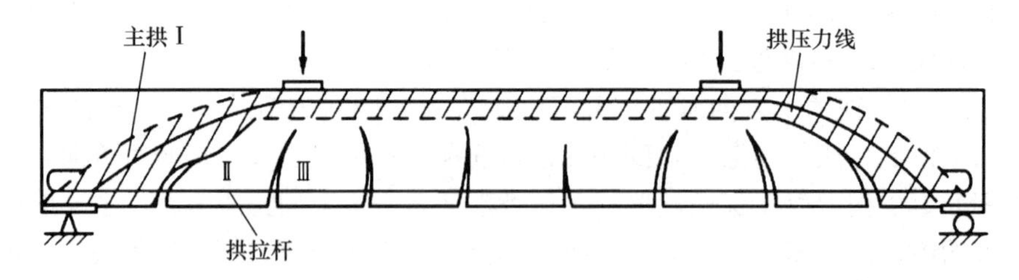

图 5-8　无腹筋梁的叠合拱式结构

5.3　无腹筋梁斜截面受剪承载力影响因素及其计算公式

5.3.1　影响无腹筋梁受剪承载力的因素

试验研究结果表明，影响受弯构件斜截面受剪承载力的因素很多，对于无腹筋梁，主

要有下列四个方面。

1. 剪跨比 λ

剪跨比反映了斜截面上正应力与剪应力的相对大小关系，即决定了单元体主应力的大小和方向，可见，剪跨比不仅影响斜截面的破坏形态，还影响梁的受剪承载力。集中荷载作用下无腹筋梁试验表明：相同条件下的梁，随着剪跨比 λ 的加大，破坏形态按斜压、剪压和斜拉的顺序逐步演变，受剪承载力逐步降低，当 $\lambda > 3$ 后强度值趋于稳定，剪跨比的影响不明显。因此剪跨比是影响集中荷载作用下无腹筋梁受剪承载力的主要因素。

均布荷载作用下的受弯梁，随跨高比 l/h 的增大，梁的受剪承载力也降低，当剪跨比 $\lambda > 6$ 以后，对梁的受剪承载力影响将趋于稳定。

2. 混凝土强度

试验表明梁的斜截面受剪承载力随混凝土强度的提高而提高，且两者大致呈线性关系，如图 5-9 所示。剪跨比较大时，梁的抗剪强度随混凝土强度提高而增加的速率低于小剪跨比的情况，这是因为剪跨比大时，抗剪强度取决于混凝土的抗拉强度；而剪跨比小时，梁的抗剪强度取决于混凝土的抗压强度。

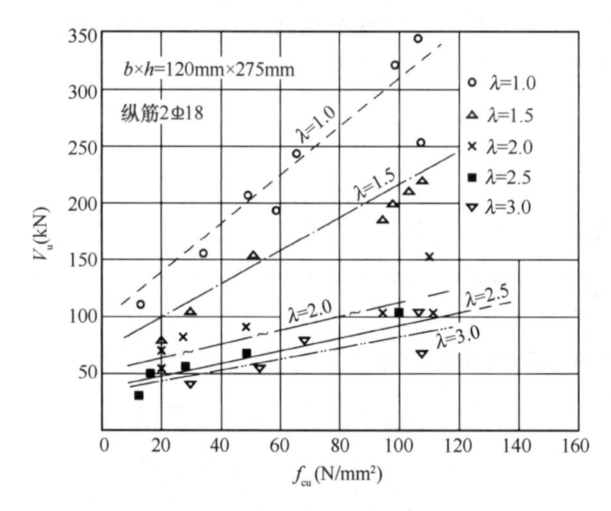

图 5-9　受剪承载力与混凝土强度的关系

3. 纵向钢筋

试验表明，纵筋的配筋率越高，纵筋的销栓作用越明显，可延缓弯曲裂缝和斜裂缝向受压区发展，大幅提高骨料的咬合作用，并增大剪压区高度，使混凝土的抗剪能力提高。因此，配筋率 ρ 大时，梁的斜截面受剪承载力有所提高，如图 5-10 所示。

4. 其他因素

影响斜截面受剪承载力的其他因素还有骨料粒径和形状及梁的截面尺寸和形状。对于大尺寸的构件，破坏时的平均剪应力比尺寸小的构件要低。当梁的截面形状为 T 形时，其翼缘大小对受剪承载力有影响。适当增加翼缘宽度，可提高受剪承载力，但翼缘过大时，增大作用趋于平缓。另外，当荷载不是作用在梁顶部，而是作用在梁侧靠近梁底范围时，会影响拉杆拱式机构的形成，抗剪承载力也会降低。

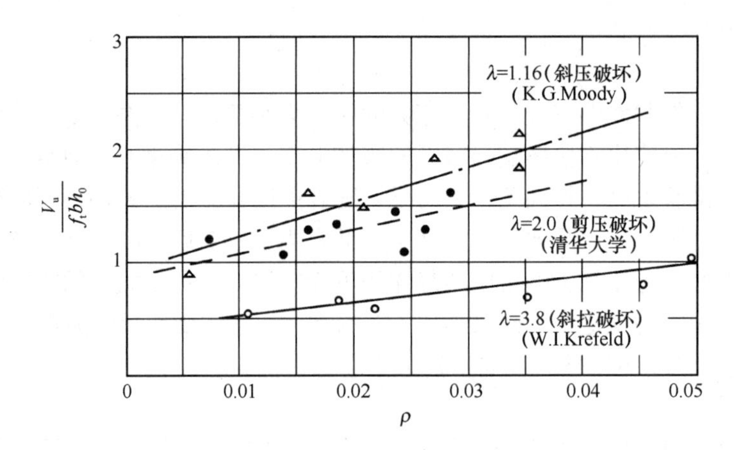

图 5-10　受剪承载力与配筋率的关系

5.3.2　无腹筋梁受剪承载力的计算公式

根据试验结果可知（图 5-11a），在均布荷载作用下，对无腹筋梁以及不配置箍筋和弯起钢筋的一般板类受弯构件，其斜截面受剪承载力应按式（5-4）计算。

$$V \leqslant V_c = 0.7\beta_h f_t b h_0 \tag{5-4}$$

其中

$$\beta_h = \left(\frac{800}{h_0}\right)^{\frac{1}{4}} \tag{5-5}$$

式中　V——构件斜截面上的最大剪力设计值；

β_h——截面高度影响系数，当 $h_0 < 800\text{mm}$ 时，取 $h_0 = 800\text{mm}$；当 $h_0 > 2000\text{mm}$，取 $h_0 = 2000\text{mm}$；

f_t——混凝土轴心抗拉强度设计值。

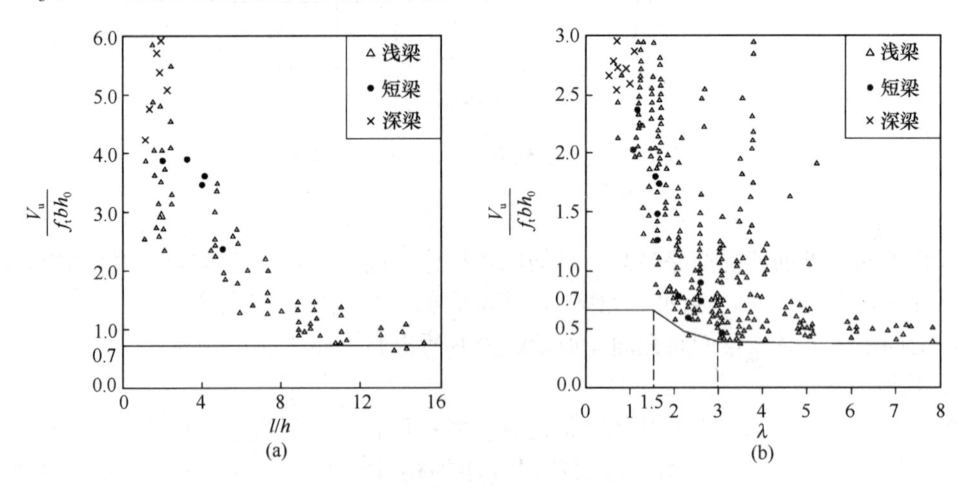

图 5-11　无腹筋梁受剪承载力计算公式与试验结果的比较

(a) 均布荷载作用下；(b) 集中荷载作用下

根据试验结果可知（图 5-11b），对于集中荷载作用下的无腹筋梁，破坏时的极限荷载较均布荷载作用时要低，在考虑剪跨比的显著影响后，对于集中荷载在支座截面上所产

生的剪力值占总剪力值的75%以上的情况，规定按式（5-6）计算。

$$V \leqslant V_c = \frac{1.75}{\lambda+1}\beta_h f_t b h_0 \tag{5-6}$$

式中　λ——计算截面的剪跨比，当$\lambda < 1.5$时，取$\lambda = 1.5$；当$\lambda > 3$时，取$\lambda = 3$。

观察无腹筋梁的斜截面破坏过程发现，斜裂缝一旦出现，发展迅速，梁破坏历程短，无明显征兆，属脆性破坏，故无腹筋梁一般不用在实际工程中。

5.4　有腹筋梁受剪性能

在配有箍筋或弯起钢筋的梁中，斜裂缝出现之前，腹筋的作用不明显，对斜裂缝出现的影响不大，梁的加载特征和无腹筋梁相似。但在斜裂缝出现以后，混凝土逐步退出工作，而与斜裂缝相交的腹筋应力显著增大，承担了大部分剪力，并能改善梁的抗剪切能力。如图5-12所示，混凝土梁受剪承载力主要由四部分构成：未开裂混凝土所承担的剪力、纵向钢筋的销栓力、斜裂缝两侧骨料咬合力的竖向分力、腹筋所承担的剪力。腹筋的作用具体表现如下。

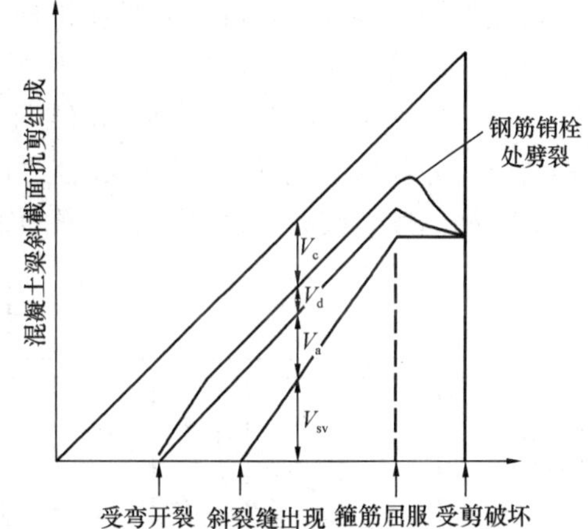

图5-12　混凝土梁斜截面抗剪承载力组成及发展过程

V_c——未开裂混凝土所承担的剪力；V_d——纵向钢筋的销栓力；V_a——斜裂缝两侧骨料咬合力的竖向分力；V_{sv}——腹筋所承担的剪力

（1）腹筋可以承担部分剪力。

（2）腹筋能限制斜裂缝向梁顶的延伸和开展，增大剪压区的面积，提高剪压区混凝土的抗剪能力。

（3）腹筋可以延缓斜裂缝的开展宽度，从而有效提高斜裂缝交界面上的骨料咬合作用和摩阻作用。

（4）腹筋还可以延缓沿纵筋劈裂裂缝的开展，防止混凝土保护层的突然撕裂，提高纵筋的销栓作用。

5.4.1　有腹筋梁的受剪破坏形态、受剪机理及影响因素

1. 有腹筋梁斜截面受剪破坏形态

有腹筋梁的斜截面破坏也可分为斜拉破坏、斜压破坏和剪压破坏三种形态，但其破坏的形成和无腹筋梁的斜截面破坏不完全相同。由于腹筋的存在，虽然不能防止或延缓斜裂缝的出现，但却能限制斜裂缝的展开和延伸。而且，腹筋的数量对梁斜截面的破坏形态和受剪承载力有很大影响。

（1）斜拉破坏：当剪跨比$\lambda > 3$时，斜裂缝一旦出现，原来由混凝土承受的拉力转由箍筋承受，如果箍筋配置数量过少，则箍筋很快会达到屈服强度，不能抑制斜裂缝的发展，变形迅速增加，从而产生斜拉破坏，属于脆性破坏。

二维码5-4
有腹筋梁斜拉破坏视频

（2）斜压破坏：如果梁内箍筋配置数量过多，即使剪跨比较大，箍筋应力一直处于较低水平，而混凝土开裂后，斜裂缝间的混凝土会因主压应力过大而发生压坏，箍筋强度得不到充分利用。此时梁的受剪承载力取决于构件的截面尺寸和混凝土强度，也属于脆性破坏。

二维码5-5 有腹筋梁斜压破坏视频

（3）剪压破坏：如果箍筋配置的数量适当，且$1<\lambda\leqslant 3$时，在斜裂缝出现以后，箍筋应力会明显增长。在其屈服前，箍筋可有效限制斜裂缝的展开和延伸，荷载还可有较大增长。当箍筋屈服后，由于箍筋应力基本不变而应变迅速增加，斜裂缝迅速展开和延伸，最后斜裂缝上端剪压区的混凝土在剪压复合应力的作用下达到极限强度，发生剪压破坏。

二维码5-6 有腹筋梁剪压破坏视频

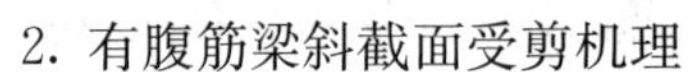

2. 有腹筋梁斜截面受剪机理

与无腹筋梁叠合拱式机构的受剪机理不同，在有腹筋梁中，临界斜裂缝形成后，腹筋依靠“悬吊”作用把内拱（Ⅱ、Ⅲ）的内力直接传递给主拱Ⅰ，再传给支座（图 5-13）；腹筋限制了斜裂缝的开展，从而加大了斜裂缝顶部的混凝土剩余面，并提高了混凝土骨料的咬合力；腹筋还阻止了纵筋的竖向位移，从而消除了混凝土沿纵筋的撕裂破坏，也增强了纵筋的销栓作用。

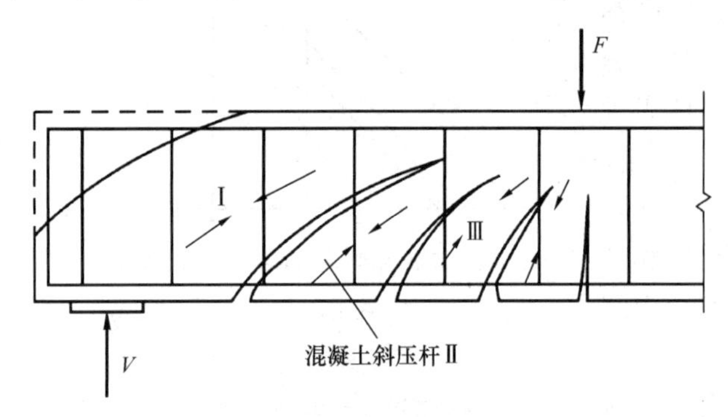

图 5-13　有腹筋梁的拱体受力机制

由此可见，腹筋的存在使梁的受剪性能发生了根本变化，因而有腹筋梁的传力体系有别于无腹筋梁，可比拟为拱形桁架。混凝土基本拱体Ⅰ是拱形桁架的上弦压杆，斜裂缝之间的混凝土（Ⅱ、Ⅲ）为受压腹杆，纵筋为下弦受拉弦杆，箍筋为受拉腹杆。当配有弯起钢筋时弯起钢筋可以看作拱形桁架的受拉斜腹杆。当梁腹筋配置较少时将发生斜拉破坏，当腹筋配置适当时将发生剪压破坏；当受拉腹杆强度过高时可能发生斜压破坏。

3. 有腹筋梁斜截面受剪承载力影响因素

配有腹筋的混凝土梁，其斜截面受剪承载力影响因素除剪跨比λ、混凝土强度及纵向钢筋外，箍筋的配置数量也对梁的受剪承载力有较大影响。试验研究表明，当箍筋配置在合理范围内时，有腹筋梁的斜截面受剪承载力随箍筋配置量的增大和箍筋强度的提高而有较大幅度的提高。

用配箍率ρ_{sv}表示配箍量的多少，反映梁在箍筋间距范围内混凝土水平投影截面拥有的箍筋截面面积，如图 5-14 所示，用式（5-7）表示。

$$\rho_{sv}=\frac{nA_{svl}}{bs} \tag{5-7}$$

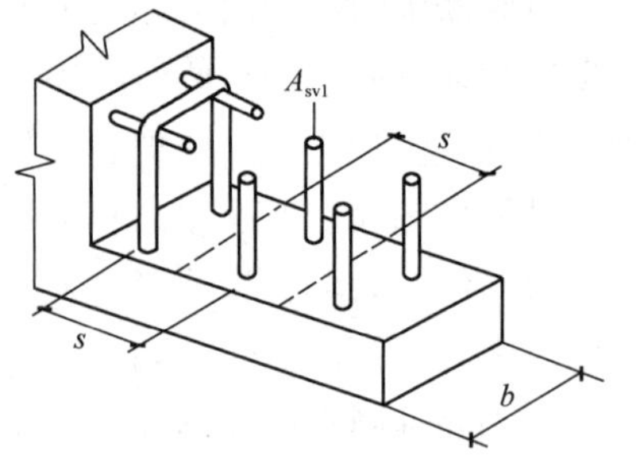

图 5-14　配箍率计算图

式中　ρ_{sv}——配箍率；

n——同一截面内箍筋的肢数；

A_{sv1}——单肢箍筋的截面面积；

b——梁截面宽度；

s——沿梁轴线方向箍筋的间距。

5.4.2　有腹筋梁斜截面承载力的计算公式和适用范围

钢筋混凝土梁沿斜截面的破坏形态均属于脆性破坏，一般应予以避免，故其斜截面承载力计算公式的确定比正截面受弯破坏稍有保守。由于斜拉破坏脆性性质明显，承载力低，而斜压破坏又不能充分发挥箍筋强度，造成浪费，故这两种破坏形态在设计时均不允许出现。而对于剪压破坏，虽属脆性但有一定的延性特征，可通过计算来防止破坏。本节所介绍的计算公式均由剪压破坏形态下的试验数据统计得出。

对于仅配箍筋的简支梁（图 5-15），在出现斜裂缝 BA'后，取裂缝 BA'到支座间的隔离体为研究对象。假定斜截面的受剪承载力由两部分组成，即

$$V_{cs}=V_c+V_{sv} \tag{5-8}$$

式中　V_{cs}——构件斜截面上混凝土和箍筋受剪承载力设计值；

V_c——混凝土的受剪承载力；

V_{sv}——箍筋的受剪承载力。

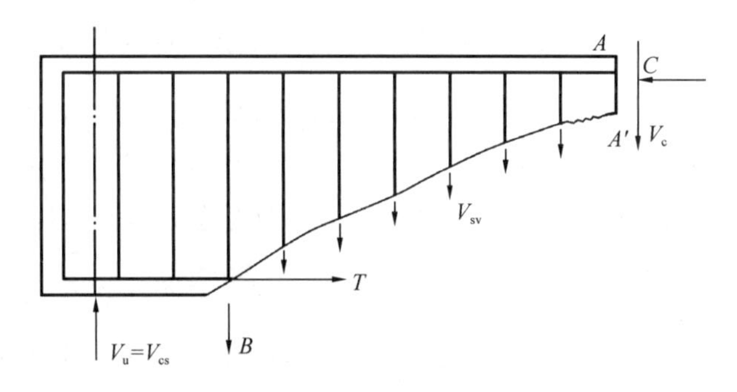

图 5-15　仅配箍筋梁的斜截面承载力计算图

式（5-8）忽略了纵向钢筋对受剪承载力的影响，且 V_c 未考虑增加腹筋对混凝土抗剪能力的影响，而仍采用无腹筋梁的试验结果，并将箍筋使混凝土抗剪承载力的提高部分包含在 V_{sv} 中。

1. 有腹筋梁的斜截面受剪承载力计算公式

（1）对矩形、T 形和工字形截面的一般受弯构件，假设其发生剪压破坏时，与斜裂缝相交的腹筋达到屈服，同时混凝土在剪压复合力作用下达到极限强度。则根据试验结果（图 5-16），其斜截面的受剪承载力应由式（5-9）得到。

$$V\leqslant V_{cs}=0.7f_tbh_0+\frac{f_{yv}A_{sv}}{s}h_0 \tag{5-9}$$

式中　f_t——混凝土轴心抗拉强度设计值；

f_{yv}——箍筋的抗拉强度设计值；

b——梁截面宽度（T 形、工字形梁为腹板宽度）；

h_0——梁的截面有效高度；

A_{sv}——箍筋间距范围内，箍筋的截面面积，$A_{sv}=nA_{sv1}$。

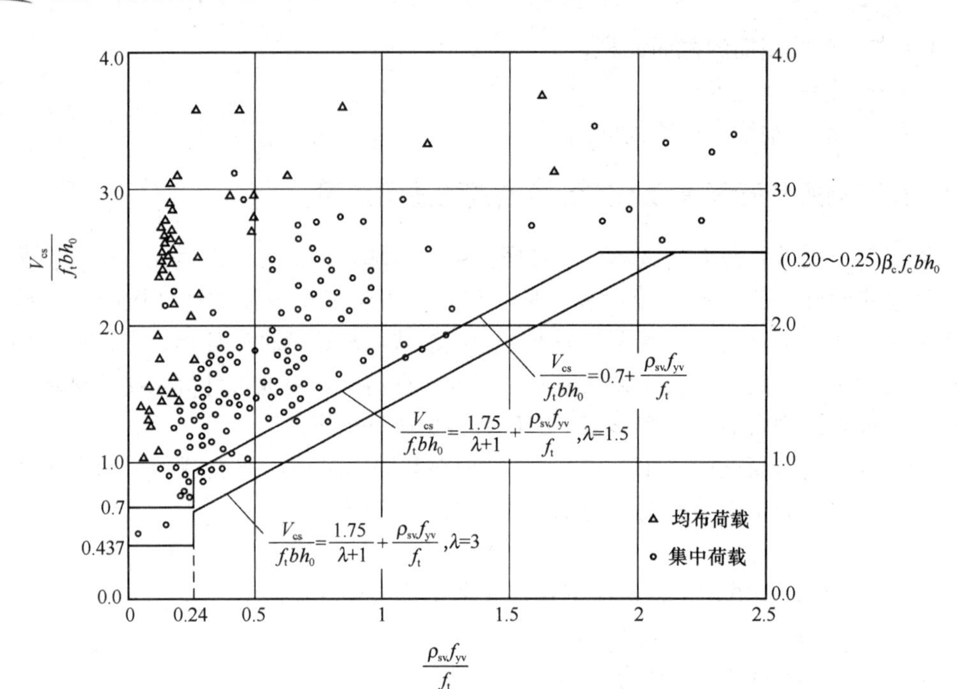

图 5-16　配箍筋梁受剪承载力计算公式与试验结果的比较

（2）对于集中荷载作用下的独立梁（若作用有多种荷载，则集中荷载在支座截面或节点边缘所产生的剪力值占总剪力值的 75%以上时，亦按集中荷载作用考虑；独立梁为不与楼板整浇的预制梁，也可以是现浇但无板的梁），应考虑剪跨比 λ 对受剪承载力的影响。

$$V \leqslant V_{cs}=\frac{1.75}{\lambda+1} f_t bh_0+\frac{f_{yv} A_{sv}}{s} h_0 \tag{5-10}$$

式中　λ——计算截面的剪跨比，$\lambda=a/h_0$，a 为集中荷载作用点至支座截面的距离；当 $\lambda<1.5$ 时，取 $\lambda=1.5$；当 $\lambda>3$ 时，取 $\lambda=3$。

2. 有腹筋梁的斜截面受剪承载力计算公式的适用条件

（1）截面尺寸限制条件。从式（5-9）和式（5-10）可以看出，当截面尺寸一定时，提高其配箍率可以有效地提高斜截面受剪承载力。但根据试验结果，当箍筋的数量超过一定值后，梁的受剪承载力几乎不再增加，箍筋的应力达不到屈服强度而剪压区混凝土发生斜压破坏，此时梁的受剪承载力取决于混凝土的抗压强度 f_c 和梁的截面尺寸。为了防止这种情况发生，规定了梁的最小截面尺寸限值。

对于一般梁，即当 $h_w/b\leqslant 4$ 时，应满足式（5-11）。

$$V \leqslant 0.25\beta_c f_c bh_0 \tag{5-11}$$

对于薄腹梁，即当 $h_w/b\geqslant 6$ 时，应满足式（5-12）。

$$V \leqslant 0.2\beta_c f_c bh_0 \tag{5-12}$$

而当 $4<h_w/b<6$ 时，应满足式（5-13）。

$$V \leqslant 0.025\left(14-\frac{h_w}{b}\right)\beta_c f_c bh_0 \tag{5-13}$$

式中　f_c——混凝土轴心抗压强度设计值；

β_c——混凝土强度影响系数，当混凝土强度等级不超过C50时，取$\beta_c=1.0$；当混凝土强度等级为C80时，取$\beta_c=0.8$；其间按线性内插法取用。

V——计算截面上的最大剪力设计值；

b——矩形截面宽度，T形或工字形截面的腹板宽度；

h_w——截面的腹板高度，按如图5-17所示选取，矩形截面$h_w=h_0$，T形截面$h_w=h_0-h'_f$，工字形截面$h_w=h-h'_f-h_f$（h_f为截面下部翼缘的高度）。

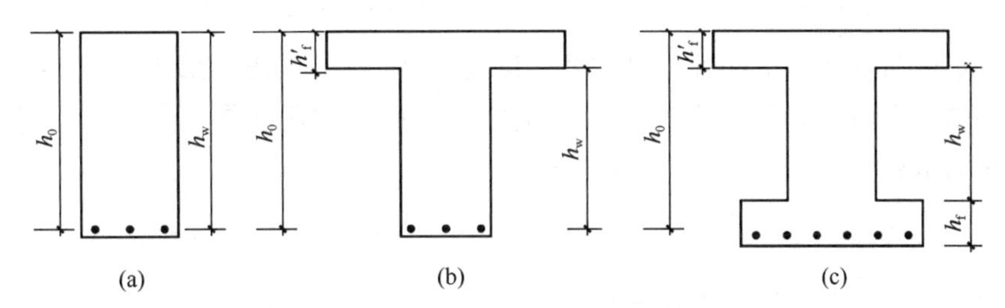

图5-17　梁的腹板高度h_w取值

(a) 矩形截面；(b) T形截面；(c) 工字形截面

(2) 最小配箍率及箍筋构造要求。对于脆性特征明显的斜拉破坏，在工程设计中是不允许出现的，可通过规定箍筋的最小配箍率和箍筋的构造措施来防止产生此类破坏。箍筋最小直径和最大间距等构造要求参见第5.7.2节的内容。

箍筋最小配箍率按式（5-14）取用。

$$\rho_{sv,min}=0.24\frac{f_t}{f_{yv}} \tag{5-14}$$

式中　$\rho_{sv,min}$——箍筋的最小配箍率。

当$V\leqslant 0.7f_tbh_0$或$V\leqslant\frac{1.75}{\lambda+1}f_tbh_0$时，剪力设计值尚不足以引起梁斜截面混凝土开裂，此时箍筋的配筋率可不遵循$\rho_{sv}\geqslant\rho_{sv,min}$，按表5-3中$V\leqslant 0.7f_tbh_0$对应的构造要求进行配置。

5.4.3　弯起钢筋

当梁所承受的剪力较大时，可配置箍筋和弯起钢筋来共同承担剪力。如图5-18所示，弯起钢筋所承担的剪力值等于弯起钢筋的拉力在平行于梁竖向剪力方向的分力值。按式（5-15）来确定弯起钢筋的抗剪承载力。

$$V_{sb}=0.8f_yA_{sb}\sin\alpha_s \tag{5-15}$$

式中　V_{sb}——与斜裂缝相交的弯起钢筋的受剪承载力设计值；

f_y——弯起钢筋的抗拉强度设计值，考虑到弯起钢筋与裂缝斜交时，已靠近受压区，可能达不到屈服强度，故其考虑0.8的折减；

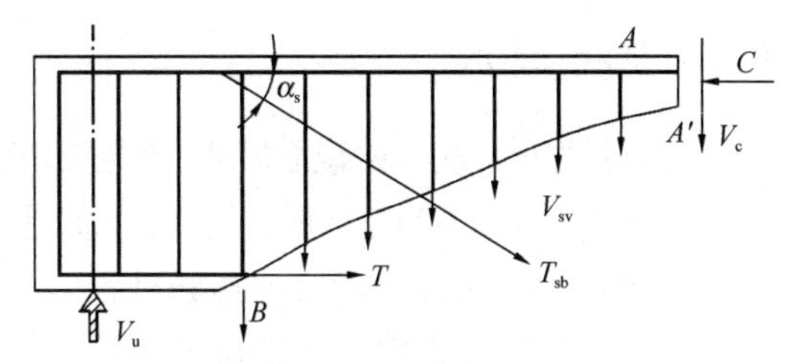

图5-18　配置箍筋和弯起钢筋的梁斜截面受剪承载力计算模型

A_{sb} ——同一弯起平面内弯起钢筋的截面面积；

α_s ——弯起钢筋与构件纵向轴线的夹角，一般为 45°，当梁截面超过 800mm 时，通常为 60°。

（1）对矩形、T 形和工字形截面的一般受弯构件同时配置箍筋和弯起钢筋时的承载力计算按式（5-16）进行。

$$V \leqslant V_{cs} + V_{sb} = 0.7 f_t b h_0 + \frac{f_{yv} A_{sv}}{s} h_0 + 0.8 f_y A_{sb} \sin\alpha_s \tag{5-16}$$

（2）对集中荷载作用下的独立梁（若作用有多种荷载，则集中荷载在支座截面或节点边缘所产生的剪力值占总剪力值的 75%以上时，亦按集中荷载作用考虑）同时配置箍筋和弯起钢筋的承载力计算按式（5-17）进行。

$$V \leqslant V_{cs} + V_{sb} = \frac{1.75}{\lambda + 1} f_t b h_0 + \frac{f_{yv} A_{sv}}{s} h_0 + 0.8 f_y A_{sb} \sin\alpha_s \tag{5-17}$$

公式的符号含义及适用条件均同前。

5.4.4 斜截面受剪承载力的计算位置

有腹筋梁斜截面受剪破坏一般是发生在剪力设计值较大或受剪承载力较薄弱处，因此，在进行斜截面承载力设计时，以下四种情况均需要进行受剪验算。

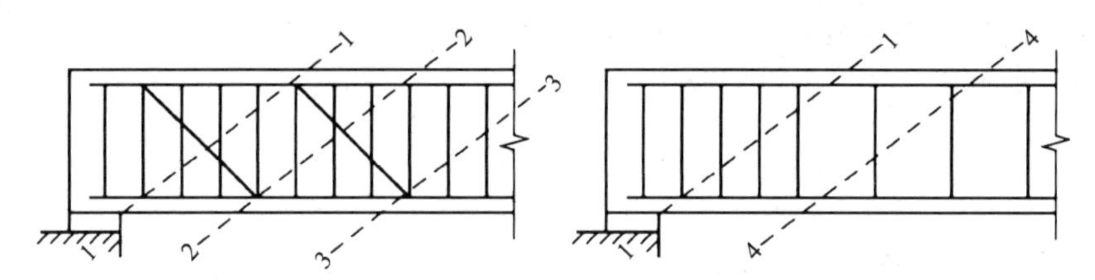

图 5-19 受剪承载力计算的控制截面

（1）支座边缘处截面（图 5-19 中的 1-1 截面）。

（2）受拉区弯起钢筋弯起点处截面（图 5-19 中的 2-2 截面和 3-3 截面）。

（3）箍筋截面面积或间距改变处截面（图 5-19 中的 4-4 截面）。

（4）腹板宽度改变处截面。

5.5 受弯构件斜截面承载力计算公式的应用

5.5.1 截面复核

已知材料强度、构件的截面尺寸、配箍数量以及弯起钢筋的截面面积，求解斜截面所能承受的剪力设计值这一类问题，属于构件斜截面承载力的复核问题。这类问题的计算步骤如下。

（1）根据已知条件检验已配箍筋是否满足最小箍筋直径和最大箍筋间距的构造要求，如果不满足，则只考虑混凝土的抗剪承载力 V_c。

（2）计算截面配箍率，对比式（5-14）验算是否满足最小配箍率的要求，如不满足，则只考虑混凝土的抗剪承载力 V_c。

（3）当前面两个条件都满足时，则可把已知条件代入式（5-9）或式（5-10）或式（5-16）或式（5-17）复核斜截面承载力。

（4）利用式（5-11）或式（5-12）或式（5-13）验算截面尺寸是否满足要求，如不满足，则按式（5-11）或式（5-12）或式（5-13）确定斜截面抗剪承载力。

【例 5-1】

已知一钢筋混凝土矩形截面简支梁安全等级为二级，处于一类环境，两端置于 240mm 厚的砖墙上，梁的净跨为 4.0m，矩形截面尺寸为 $b \times h = 200\text{mm} \times 400\text{mm}$，混凝土强度等级为 C30，箍筋和弯起筋采用 HRB400 级钢筋，在支座边缘截面配有双肢箍筋⏀8@150，并配有弯起钢筋 2⏀14，弯起角 $\alpha_s = 45°$。求该梁可承受的均布荷载设计值 p（包括自重）。

【解】

（1）确定计算参数

查附表 1-2、附表 1-6、附表 4-1 及附表 4-2 可知

$f_c = 14.3\text{N/mm}^2$，$f_t = 1.43\text{N/mm}^2$，$f_{yv} = 360\text{N/mm}^2$，$f_y = 360\text{N/mm}^2$，$A_{sv1} = 50.3\text{mm}^2$，$A_{sb} = 308\text{ mm}^2$

查附表 5-4，$c = 20\text{mm}$，$a_s = 20 + 8 + 14/2 = 35\text{mm}$，则 $h_0 = h - a_s = 365\text{mm}$ 。

（2）验算配箍率

由式（5-7）、式（5-14）可知

$$\rho_{sv} = \frac{A_{sv}}{bs} = \frac{2 \times 50.3}{200 \times 150} = 0.335\%$$

$$\rho_{sv,min} = 0.24\frac{f_t}{f_{yv}} = 0.24 \times \frac{1.43}{360} = 0.095\% < \rho_{sv}，满足要求。$$

（3）计算斜截面承载力设计值 V_u

由于箍筋直径和间距都满足构造要求，故可直接用式（5-16），可得

$$\begin{aligned}V_u &= V_{cs} + V_{sb} = 0.7f_t bh_0 + f_{yv}\frac{A_{sv}}{s}h_0 + 0.8f_y A_{sb}\sin\alpha \\ &= \left(0.7 \times 1.43 \times 200 \times 365 + 360 \times \frac{50.3 \times 2}{150} \times 365 + 0.8 \times 360 \times 308 \times 0.707\right) \times 10^{-3} \\ &= 223.91\text{kN}\end{aligned}$$

（4）计算均布荷载设计值 p

因为是简支梁，故根据力学公式可得

$$p = \frac{2V_u}{l_n} = \frac{2 \times 223.91}{4.0} = 111.96\text{kN/m}$$

（5）按弯起点计算均布荷载

首先计算弯起点处的斜截面受剪承载力

$$\begin{aligned}V_{u2} &= V_{cs} = 0.7f_t bh_0 + f_{yv}\frac{A_{sv}}{s}h_0 \\ &= \left(0.7 \times 1.43 \times 200 \times 365 + 360 \times \frac{50.3 \times 2}{150} \times 365\right) \times 10^{-3} = 161.20\text{kN}\end{aligned}$$

设弯终点距离支座边缘 100mm，则弯起点之间的距离为

$$l_{n2} = 4.0 - 2 \times (0.1 + 0.365 - 0.035) = 3.14\text{m}$$

则弯起点处所能承受的均布荷载设计值 p 为

$$p_2=\frac{2V_{u2}}{l_{n2}}=\frac{2\times161.20}{4.0-2\times(0.1+0.365-0.035)}=102.67\text{kN/m}$$

取较小值作为该梁所能承担的均布荷载，故该梁可以承受的均布荷载设计值为 102.67kN/m。

（6）验算截面限制条件

$\frac{h_w}{b}=\frac{365}{200}=1.83<4$，属一般梁，利用式（5-11）可得 $0.25\beta_c f_c bh_0=0.25\times1.0\times14.3\times200\times365\times10^{-3}=261.0\text{kN}>V_u=161.2\text{kN}$，满足要求。

5.5.2 截面设计

对于钢筋混凝土梁，在进行正截面设计时，已经确定了截面尺寸和材料强度，当已知截面上的剪力设计值大小，需要按计算和构造要求配置截面上的箍筋和弯起钢筋时，此类问题属于构件斜截面承载力的设计问题。一般的计算步骤如下。

（1）根据控制截面的剪力设计值验算已有截面尺寸是否满足避免斜压破坏的条件，即满足式（5-11）～式（5-13）的规定；若不满足，则应该调整截面尺寸或考虑提高混凝土的强度等级。

（2）利用式（5-9）或式（5-10）或式（5-16）或式（5-17）计算所需的箍筋 $\frac{A_{sv}}{s}$ 或弯起钢筋 A_{sb}。

（3）选用合适的箍筋直径和间距或弯起钢筋数量和位置，并满足构造要求。

（4）利用式（5-14）验算箍筋的配箍率是否满足最小配箍率要求，若不满足，则应该调整截面尺寸或直接按照最小配箍率配置箍筋。

【例 5-2】

本例题选取北京南站火车站（工程详见例 4-1）地下一层车库夹层的钢筋混凝土梁 KL-1 为对象，已知该梁为矩形截面，截面尺寸为 300mm×700mm，混凝土和纵筋分别采用了 C30 和 HRB400 强度等级，纵筋边缘至混凝土表面距离为 30mm，外荷载在该截面产生的作用效应（最大剪力设计值）$M_{max}=450\text{kN}\cdot\text{m}$，剪力 $V_{max}=400\text{kN}$，已知纵筋为 5⏀25（$A_s=2454\text{mm}^2$），计算所需要的箍筋（采用 HRB400 强度等级）面积。

【解】

（1）确定计算参数

查附录 1 中的附表 1-2 和附表 1-6 可得 $f_c=14.3\text{ N/mm}^2$，$f_t=1.43\text{ N/mm}^2$，$f_{yv}=360\text{N/mm}^2$，$f_y=360\text{ N/mm}^2$。

纵筋边缘至混凝土表面距离为 30mm，假设纵筋设置一排，$2c+5d+4s=2\times30+5\times25+4\times25=285\text{mm}<300\text{mm}$，满足要求。

近似取 $a_s=40\text{mm}$，则 $h_0=h-a_s=700-40=660\text{mm}$，故 $h_w=h_0=660\text{mm}$。

结构重要性系数 $\gamma_0=1.1$。

（2）验算截面尺寸

因为 $h_w/b=660/300=2.2<4$，属于一般梁。

$0.25\beta_c f_c bh_0 = 0.25 \times 1.0 \times 14.3 \times 300 \times 660 \times 10^{-3} = 707.85\text{kN} > 440\text{kN}$，故截面尺寸满足要求。

（3）求箍筋数量并验算最小配箍率

因为

$$V_c = 0.7 f_t bh_0 = 0.7 \times 1.43 \times 300 \times 660 \times 10^{-3} = 198.20\text{kN} < 440\text{kN}$$

所以由式（5-9），可得

$$\frac{A_{sv}}{s} = \frac{\gamma_0 V - V_c}{f_{yv} h_0} = \frac{1.1 \times 400{,}000 - 198{,}200}{360 \times 660} = 1.018\text{mm}^2/\text{mm}$$

选用双肢箍⏀ 10（$A_{sv1} = 78.5\ \text{mm}^2, n = 2$）代入上式，可得

$$s \leqslant 154.2\text{mm}$$

取 $s = 150\text{mm}$，可得

$$\rho_{sv} = \frac{A_{sv}}{bs} = \frac{78.5 \times 2}{300 \times 150} = 0.349\% > \rho_{sv,\min} = 0.24 \frac{f_t}{f_{yv}} = 0.24 \times \frac{1.43}{360} = 0.095\%$$

满足要求，钢筋配置如图 5-20 所示。

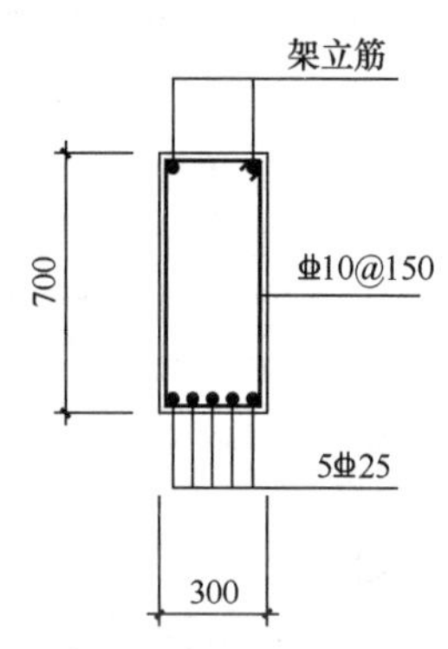

图 5-20　例 5-2 钢筋配图（单位：mm）

【例 5-3】

已知条件同例 5-2，但已在梁内配置双肢箍筋⏀ 10@200，试计算需要几根弯起钢筋（从已配的纵向受力钢筋中选择，弯起角度 $\alpha_s = 45°$）。

【解】

（1）确定计算参数

计算参数的确定同例 5-2，5 ⏀ 25，一排布置。

（2）截面尺寸验算

同例 5-2，满足要求。

（3）求弯起钢筋截面面积 A_{sb}

由式（5-9）可得

$$V_{cs} = 0.7 f_t bh_0 + \frac{f_{yv} A_{sv}}{s} h_0 = \left(0.7 \times 1.43 \times 300 \times 660 + \frac{360 \times 2 \times 78.5}{200} \times 660\right) \times 10^{-3}$$
$$= 384.71\text{kN} < 440\text{kN}$$

故，要配弯起钢筋。

由式（5-16）可得

$$A_{sb} \geqslant \frac{\gamma_0 V - V_{cs}}{0.8 f_y \sin\alpha_s} = \frac{1.1 \times 400{,}000 - 384{,}710}{0.8 \times 360 \times \sin 45°} = 271.50\ \text{mm}^2$$

选择下排纵筋的中间一根⏀ 25 纵筋弯起，$A_{sb} = 490.9\ \text{mm}^2$，满足要求。钢筋配置如图 5-21 所示。

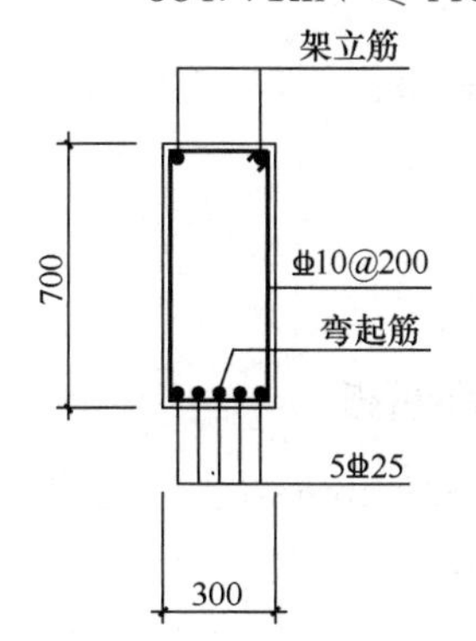

图 5-21　例 5-3 钢筋配图（单位：mm）

【例 5-4】

如图 5-22 所示预制钢筋混凝土简支独立梁，环境类别二 a 类，截面尺寸 $b \times h = 250\text{mm} \times 600\text{mm}$，混凝土强度等级采用 C30，纵筋采用 HRB400 钢筋 6 ⏀ 22，箍筋采用 HRB400 钢筋，

荷载设计如图 5-22 所示，P=180kN，q = 10.0kN/m（含自重）。试计算抗剪腹筋。

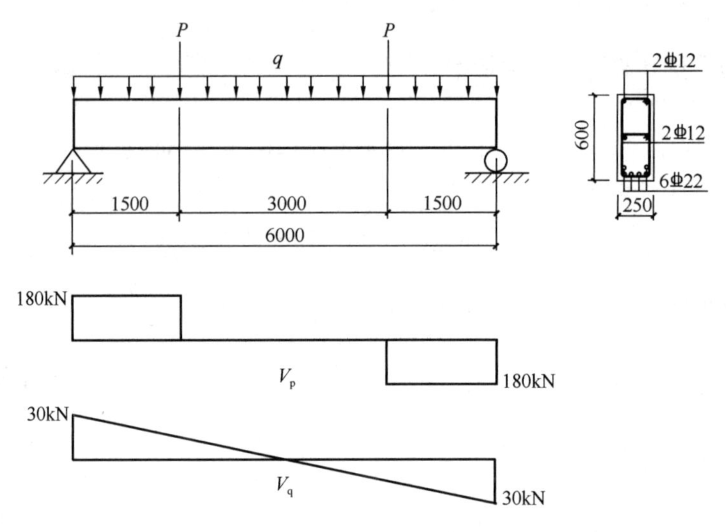

图 5-22　例 5-4 计算简图（单位：mm）

【解】

（1）确定计算参数

查附表 1-2 和附表 1-6 可知 $f_c = 14.3\text{N/mm}^2$，$f_t = 1.43\text{N/mm}^2$，$f_{yv} = 360\text{N/mm}^2$，$f_y = 360\text{N/mm}^2$，查附表 5-4 可知 $c = 25\text{mm}$，a_s 可取 65mm。

则 $h_0 = h - a_s = 535\text{mm}$，$h_w = h_0 = 535\text{mm}$，$\beta_c = 1.0$。

（2）验算截面尺寸

$h_w/b = 535/250 = 2.14 < 4.0$，属一般梁。则由式（5-11）可得

$0.25\beta_c f_c bh_0 = 0.25 \times 1.0 \times 14.3 \times 250 \times 535 \times 10^{-3} = 478.16\text{kN} > V = 180 + 30 = 210\text{kN}$，满足要求。

（3）判别是否需要计算腹筋

集中荷载在支座截面产生的剪力与总剪力之比为 $\dfrac{180}{210} = 85.7\% > 75\%$，要考虑 λ 的影响。$\lambda = \dfrac{a}{h_0} = \dfrac{1500}{535} = 2.80 < 3$，由式（5-6）可得

$$\frac{1.75}{\lambda + 1.0}\beta_h f_t bh_0 = \frac{1.75}{2.80 + 1.0} \times 1.0 \times 1.43 \times 250 \times 535 \times 10^{-3} = 88.08\text{kN} \leqslant 210\text{kN}$$

需按计算配置腹筋。

（4）计算腹筋

方案一：仅配箍筋

选择双肢箍筋Φ 8（$A_{sv} = 2 \times 50.3 = 100.6\text{mm}^2$）。由式（5-10）可得

$$s \leqslant \frac{f_{yv}A_{sv}h_0}{V - \dfrac{1.75}{\lambda + 1.0}f_t bh_0} = \frac{360 \times 2 \times 50.3 \times 535}{210{,}000 - 88{,}080} = 158.92\text{mm}$$

实取 $s = 150\text{mm}$。验算配箍率

$$\rho_{sv} = \frac{A_{sv}}{bs} = \frac{2 \times 50.3}{250 \times 150} = 0.268\% > \rho_{sv,\min} = 0.24\frac{f_t}{y_{yv}} = 0.24 \times \frac{1.43}{360} = 0.095\%$$

满足要求，且所选箍筋直径和间距均符合构造规定。

方案二：既配箍筋又配弯起钢筋

根据设计经验和构造规定，本例题选用Φ 8@250 的箍筋，弯起钢筋利用梁底HRB400级纵筋弯起，弯起角 $\alpha=45°$，则由式（5-17）可得

$$A_{sb}\geqslant\frac{V-\frac{1.75}{\lambda+1.0}f_tbh_0-f_{yv}\frac{A_{sv}}{s}h_0}{0.8f_y\sin\alpha}=\frac{210,000-88,080-360\times\frac{2\times50.3}{250}\times535}{0.8\times360\times0.707}$$

$$=218.14\text{mm}^2$$

弯起 1Φ 22，$A_{sb}=380.1\text{ mm}^2>218.14\text{ mm}^2$，满足要求。

（5）验算弯起钢筋弯起点处斜截面的抗剪承载力

取弯起钢筋（1Φ 22，第二排，钢筋中心距受压侧混凝土边缘509mm）的弯终点到支座边缘的距离 $s_1=250\text{mm}$，由 $\alpha=45°$，求出弯起钢筋的弯起点到支座边缘的距离为 $250+509-45=714\text{mm}$，故弯起点的剪力设计值 $V=210-10\times0.714=202.86\text{kN}>V_{cs}=88.08+77.50=165.58\text{kN}$，不满足要求。

说明虽然钢筋弯起点和支座之间满足了抗剪承载能力，但没有弯起钢筋的部分仅由箍筋承担，不能满足抗剪承载力，所以仅弯起一排钢筋不够，需要弯起第二排钢筋。第二排弯起钢筋的弯起点与前排弯起钢筋的结束点水平间距为50mm。

根据第一排钢筋弯起点的剪力设计值202.86kN，依照上述方法再次进行计算，直到满足承载能力要求为止。设计人可对上述两方案进行比较后选择施工方便、经济效果较佳的配筋方案。

（6）画出梁的各个截面配筋图

5.6 保证钢筋混凝土受弯构件斜截面抗弯承载力的措施

当纵筋为了抗剪需要而弯起后，由于截面上受弯纵筋的减少则出现了抗弯承载力问题；在梁的跨中区段截面的顶部钢筋也可以截断来满足经济方面的考量，但截断后是否还能满足受弯承载力问题，则需要进一步验算；另外，斜裂缝的开展也会使裂缝开展处的纵筋应力增大。这些问题则促使我们进一步讨论保证钢筋混凝土受弯构件斜截面抗弯承载力的措施。

5.6.1 抵抗弯矩图及绘制方法

1. 抵抗弯矩图

抵抗弯矩图是梁每个截面实际配置的纵向受力钢筋所确定的各正截面抗弯承载力沿梁轴线分布的图形。它反映了沿梁长正截面上材料的抗力。在抵抗弯矩图上，竖向坐标表示的是正截面受弯承载力设计值 M_u，也称为抵抗弯矩。

对于一单筋矩形截面梁，若已知其纵向受力钢筋面积为 A_s，则可通过式（5-18）计算正截面受弯承载力。

$$M_u=f_yA_s\left(h_0-\frac{f_yA_s}{2\alpha_1f_cb}\right)\tag{5-18}$$

对于图5-23所示的均布荷载作用下的钢筋混凝土简支梁，按跨中最大弯矩计算所需

纵筋 2 Φ 25+1 Φ 22。由于纵筋全部锚入支座，故该梁任一截面处的 M_u 值均相等，则其抵抗弯矩图可以用式（5-18）计算为一矩形，即梁上每一个截面都有相等的抵抗弯矩。梁所受外荷载引起的弯矩为 M，当 $M_u > M$ 时，该梁的任一正截面都是安全的；但同时，由于梁靠近支座的弯矩较小，为节约钢材，可以根据荷载弯矩图的变化将一部分纵向受拉钢筋在正截面受弯不需要的地方截断，或弯起作为受剪钢筋。

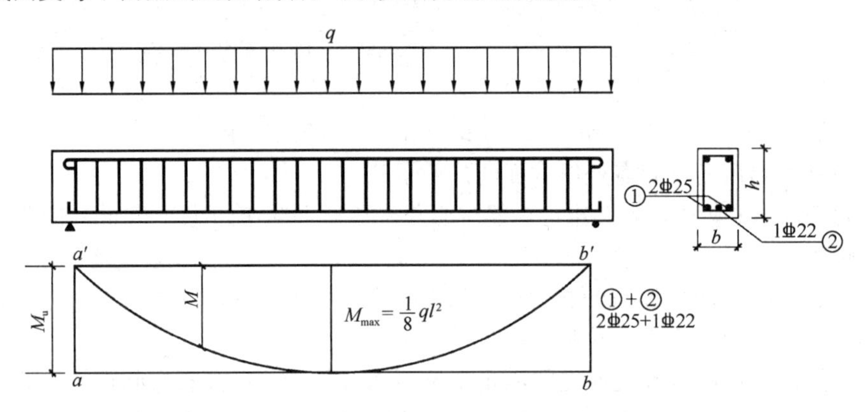

图 5-23　纵筋伸入支座时的抵抗弯矩图

如图 5-24 所示的弯起纵筋的简支梁，假设梁截面高度的中心线为中性轴，将梁正截面每根纵筋的抵抗弯矩按式（5-18）计算后画出（图中各虚线），如果其中一根纵筋在 C 或 E 截面处弯起，由于在弯起过程中，弯起钢筋对受压区合力点的力臂是逐渐减小的，因而其抗弯承载力也逐渐减小；当弯起钢筋穿过梁的中性轴 D 或 F 处基本进入受压区后，其正截面抗弯作用完全消失。从 C、E 两点作垂直投影线与 M_u 图的轮廓线相交于 c、e，再从 D、F 点作垂直投影线与不考虑弯起筋的 M_u 图相交于 d、f，则连线 $adcefb$ 为弯起钢筋弯起后的抵抗弯矩图。

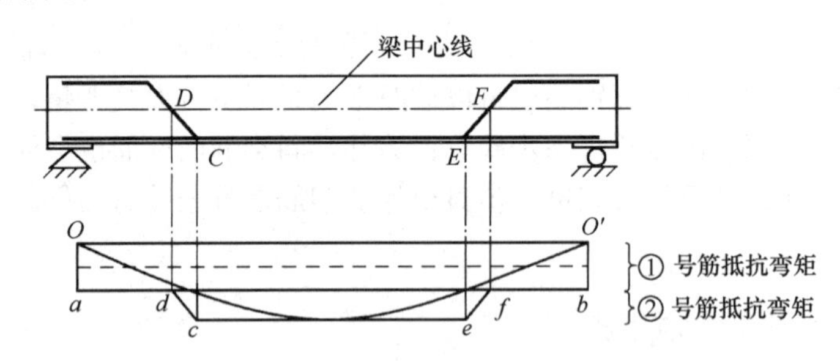

图 5-24　部分纵筋弯起时的抵抗弯矩图

2. 抵抗弯矩图的作用

（1）反映材料利用的程度。材料抵抗弯矩图越接近荷载弯矩效应图，表示材料利用程度越高。

（2）确定纵向钢筋的弯起数量和位置。纵向钢筋弯起的目的，一是用于斜截面抗剪，二是抵抗支座负弯矩。只有当材料抵抗弯矩图包住荷载弯矩图时，才能确定弯起钢筋的数量和位置。

（3）确定纵向钢筋的截断位置。根据抵抗弯矩图上的理论断点，考虑锚固长度后，即可确定纵筋的截断位置。

5.6.2 保证斜截面受弯承载力的构造措施

1. 纵向钢筋弯起时保证斜截面受弯承载力的构造措施

纵筋弯起时，按抵抗弯矩图进行弯起可保证构件正截面受弯承载力的要求，但是构件斜截面受弯承载力却有可能不满足。如图5-25所示带弯起钢筋的简支梁，支座截面有斜裂缝开展形成并通过弯起钢筋。该梁斜裂缝左侧的隔离体，不考虑箍筋作用时，斜截面受弯承载力可用下式计算。

$$M_{b,u} = f_y(A_s - A_{sb})Z + f_yA_{sb}Z_b = f_yA_sZ + f_yA_{sb}(Z_b - Z)$$

式中　$M_{b,u}$——斜截面受弯承载力；

Z——未弯起纵筋距混凝土受压区合力点的距离；

Z_b——弯起钢筋距混凝土受压区合力点的距离。

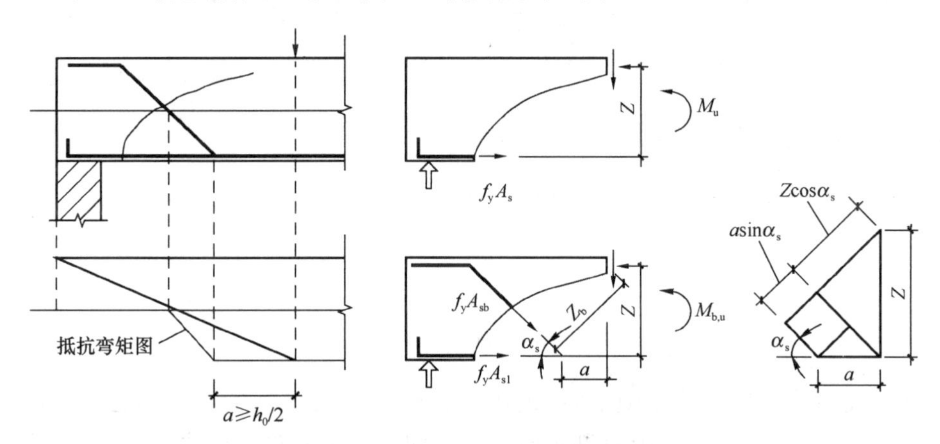

图5-25　纵向受拉钢筋弯起点位置

当纵筋没有向上弯起时，在支座边缘处正截面的受弯承载力为

$$M_u = f_yA_sZ \tag{5-19}$$

要保证斜截面的受弯承载力不低于正截面的承载力就要求 $M_{b,u} \geqslant M_u$，即

$$Z_b \geqslant Z \tag{5-20}$$

由几何关系可知

$$Z_b = Z\cos\alpha_s + a\sin\alpha_s \tag{5-21}$$

式中　a——钢筋弯起点至充分利用点处的水平距离；

α_s——弯起钢筋的弯起角度。

一般情况下 α_s 为 $45° \sim 60°$，$Z = (0.77 \sim 0.91)h_0$。由式（5-20）或式（5-21）可知，$a \geqslant Z(1 - \cos\alpha_s)/\sin\alpha_s$，故有 $a \geqslant (0.372 \sim 0.525)h_0$。为了方便，$a$ 统一取值为

$$a \geqslant 0.5h_0 \tag{5-22}$$

即在确定弯起钢筋的弯起点时，必须选在离开它的充分利用点至少 $0.5h_0$ 距离以外，这样就能保证不需要验算斜截面受弯承载力。

2. 纵向钢筋截断时保证斜截面受弯承载力的构造措施

出于经济的考虑，纵向受拉钢筋也可按抵抗弯矩图在不需要的位置处进行分批次截

断，如图 5-26 所示。截断时，必须从其“充分利用截面”处延伸一定的长度 l_{d1}，依靠 l_{d1} 与混凝土的黏结锚固作用保证钢筋在“充分利用截面”处发挥其作用。此延伸长度 l_{d1} 与一般的锚固长度 l_a 有关，但梁受拉区混凝土和钢筋的黏结强度要弱于钢筋与混凝土在支座或节点内的黏结强度，故要求 $l_{d1}>l_a$。出于同样的原因，在不需要某根纵筋，弯矩可全由其他钢筋承担的理论点处，纵筋也不应立即截断，而应延伸一定的距离 l_{d2}。对于出现斜裂缝的梁（如当 $V_{支座}>0.7f_tbh_0$ 时），由于斜裂缝的存在，导致理论上弯矩值较小的截面因受力状态的改变而使纵筋的拉力变大，所以从“充分利用截面”处需更长的锚固长度，以使纵筋有效工作。

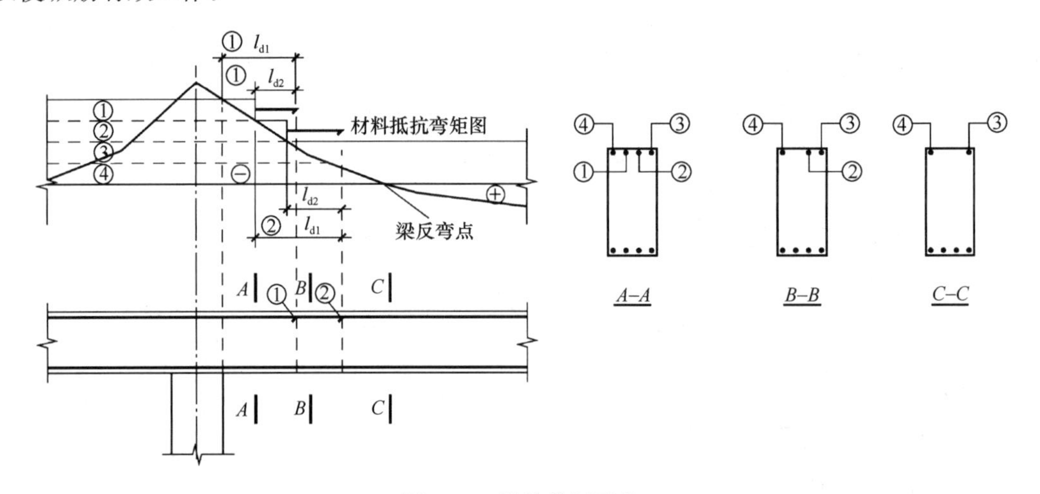

图 5-26　纵筋截断要求

对于梁底部承受正弯矩的纵向受拉钢筋，由于弯矩变化较平缓，在考虑锚固要求后一般距离支座已不远，故不考虑其截断，而是使其伸入支座。对于连续梁和框架梁等构件，由于在其支座处承受负弯矩的纵向受拉钢筋的弯矩变化显著，为了节约钢筋和施工方便，可在不需要处将部分钢筋截断，纵筋的截断位置需满足表 5-1 的构造要求。

连续梁、框架梁支座截面负弯矩钢筋的延伸长度　　表 5-1

截面条件	充分利用点伸出 l_{d1}	理论断点伸出 l_{d2}
$V\leqslant 0.7f_tbh_0$	$1.2l_a$	$20d$
$V>0.7f_tbh_0$	$1.2l_a+h_0$	$20d$ 且 $\geqslant h_0$
$V>0.7f_tbh_0$ 且截断点仍位于负弯矩受拉区内	$1.2l_a+1.7h_0$	$20d$ 且 $\geqslant 1.3h_0$

注：l_a 为受拉钢筋的锚固长度，详见第 2 章 2.3.4 节。

5.7　梁、板内钢筋的其他构造要求

5.7.1　纵向钢筋的弯起、锚固、搭接、截断的构造要求

1. 纵筋的弯起

(1) 梁中弯起钢筋的弯起角度一般取 45°，但当梁截面高度大于 800mm，则宜采用

60°。梁纵筋中的角筋不应弯起或弯下。

（2）在弯起钢筋的弯终点处，应留有平行于梁轴线方向的锚固长度，其锚固长度在受拉区不应小于 20 d，在受压区不应小于 10 d，d 为弯起钢筋的直径，如为光圆钢筋，则应在末端设置弯钩，如图 5-27 所示。

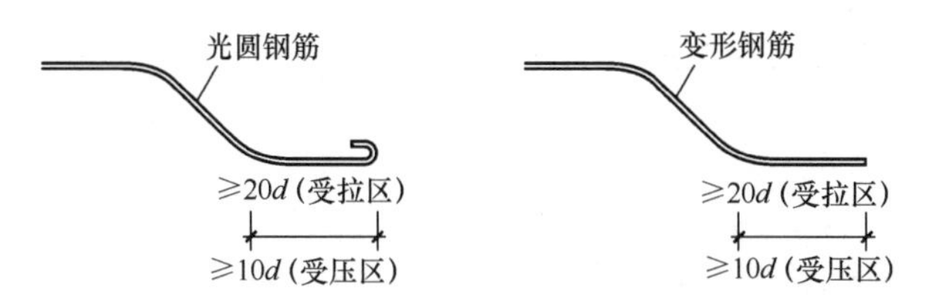

图 5-27　弯起钢筋的锚固示意图

（3）弯起钢筋的形式。弯起钢筋一般都是利用纵向钢筋在按正截面受弯和斜截面受弯计算已不需要时才弯起来的，但当剪力仅靠箍筋难以满足时，弯起钢筋也可单独设置，此时应将其布置成鸭筋形式，而不能采用浮筋，否则会由于浮筋滑动而使斜裂缝开展过大；当有集中荷载作用在梁截面高度的下部时，应设置附加横向钢筋来承担局部集中荷载，附加横向钢筋可采用箍筋和吊筋，如图 5-28 所示。

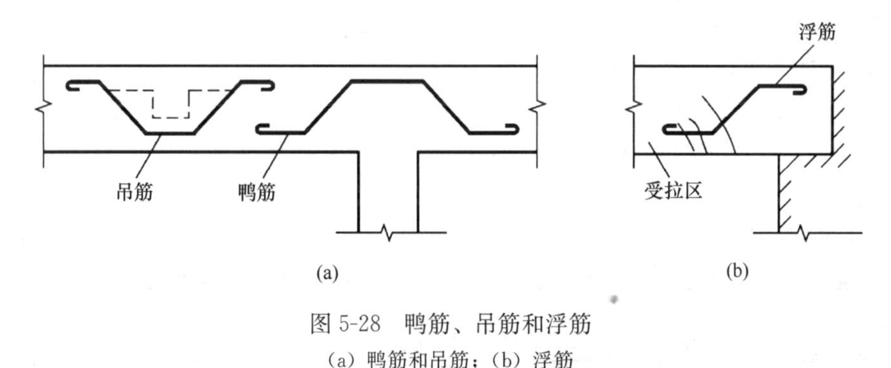

图 5-28　鸭筋、吊筋和浮筋

（a）鸭筋和吊筋；（b）浮筋

（4）弯起钢筋的间距。邻近支座的弯起钢筋，其弯终点距离支座边缘的水平距离不应大于箍筋的最大间距 s_{max}。而且相邻弯起钢筋弯起点与弯终点间的距离不得大于表 5-3 中 $V>0.7f_tbh_0$ 时的箍筋最大间距，如图 5-29 所示。否则，弯起钢筋间距过大，将出现不与弯起钢筋相交的斜裂缝，使弯起钢筋发挥不了应有的功能。

2. 纵筋的锚固

纵向钢筋伸入支座后，应有充分的锚固（图 5-30），以避免钢筋产生过大的滑动，甚至从混凝土中拔出造成锚固破坏。

1）简支支座处的锚固长度 l_{as}。对于简支支座，由于下部混凝土有支座的反力约束，故可适当降低锚固要求，当 $V\leqslant 0.7f_tbh_0$ 时，$l_{as}\geqslant 5d$；当 $V>0.7f_tbh_0$ 时，带肋钢筋 $l_{as}\geqslant 12d$，光圆钢筋 $l_{as}\geqslant 15d$。其中，d 为纵筋直径。

对于板，一般剪力较小，通常能满足 $V<0.7f_tbh_0$ 的条件，所以板的简支支座和连续板下部纵向受力钢筋伸入支座的锚固长度 l_{as} 不应小于 $5d$。当板内温度、收缩应力较大时，伸入支座的锚固长度宜适当增加。

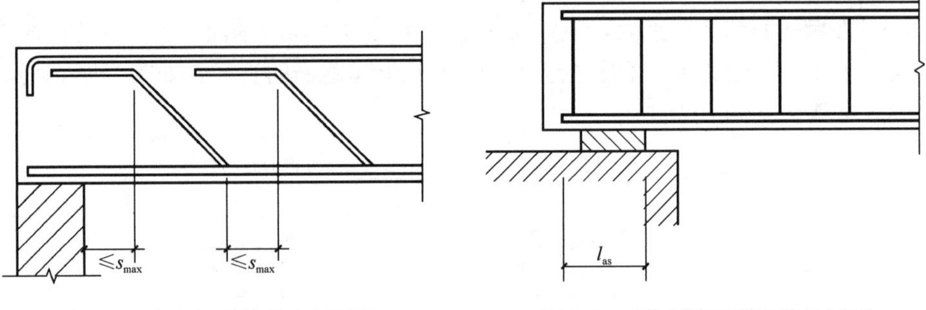

图 5-29　弯起钢筋的最大间距图　　　图 5-30　简支梁下部纵筋的锚固

2）中间支座的钢筋锚固要求：框架梁或连续梁板在中间支座处，一般上部纵向钢筋受拉，应贯穿中间支座节点或中间支座范围；下部钢筋受压，其伸入支座的锚固长度分下面三种情况考虑。

（1）当计算中不利用钢筋的抗拉强度时，不论支座边缘剪力设计值的大小，其下部纵向钢筋伸入支座的锚固长度 l_{as} 应满足简支支座 $V > 0.7f_tbh_0$ 时的规定。

（2）当计算中充分利用钢筋的抗拉强度时，下部纵向钢筋应锚固于支座节点内。若柱截面尺寸足够，可采用直线锚固方式（图 5-31a）；若柱截面尺寸不够或两侧梁不等宽时，可将下部纵筋向上弯折（图 5-31b）。

（3）当计算中充分利用钢筋的受压强度时，下部纵向钢筋伸入支座的直线锚固长度不应小于 $0.7l_a$，也可以伸过节点或支座范围，并在梁中弯矩较小处设置搭接接头（图 5-31c）。

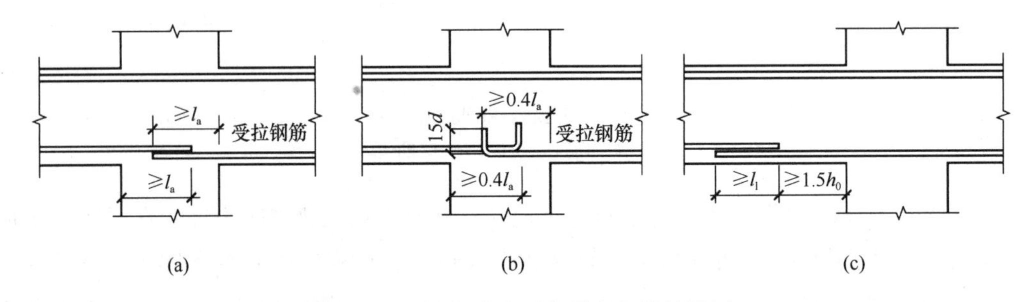

图 5-31　梁中间支座下部纵向钢筋的锚固

（a）下部纵筋在节点中直线锚固；（b）下部纵筋在节点中弯折锚固；

（c）下部纵筋在节点或支座范围外的搭接

3. 纵筋的搭接

梁中钢筋长度不够时，可采用互相搭接、焊接或机械连接的方法，宜优先采用机械连接、焊接；当采用搭接时，其搭接长度 l_l 规定如下。

（1）受拉钢筋：受拉钢筋的搭接长度应根据位于同一连接范围内的搭接钢筋面积百分率，按下式计算，且不得小于 300mm。

$$l_l = \zeta_l l_a \tag{5-23}$$

式中　l_a ——纵向受拉钢筋锚固长度；

ζ_l ——受拉钢筋搭接长度修正系数，按表 5-2 取用。

受拉钢筋搭接长度修正系数 ζ_l　　　　**表 5-2**

同一连接区段内搭接钢筋面积百分率（%）	≤25	50	100
搭接长度修正系数 ζ_l	1.2	1.4	1.6

当受拉钢筋直径大于 28mm 时，不宜采用搭接接头。

钢筋绑扎搭接接头连接区段的长度为 1.3 倍搭接长度，凡搭接接头中点位于该连接区段长度内的搭接接头均属于同一连接区段。同一连接区段内纵向钢筋搭接接头面积百分率，是指在同一连接范围内，有搭接接头的受力钢筋与全部受拉钢筋面积之比，如图 5-32所示。

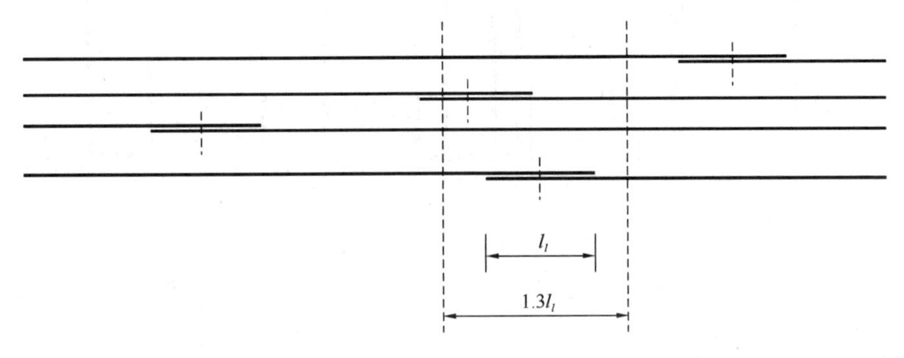

图 5-32　同一连接区段内纵向受拉钢筋绑扎搭接接头

注：图中所示同一连接区段内的搭接接头钢筋为两根，当钢筋直径相同时，钢筋搭接接头面积百分率为 50%。

位于同一连接区段内的受拉钢筋搭接接头面积百分率：对梁类、板类及墙类构件，不宜大于 25%；对柱类构件，不宜大于 50%。当工程中确有必要增大受拉钢筋搭接接头面积百分率时，对梁类构件，不应大于 50%；对板类、墙类及柱类构件，可根据实际情况放宽。

（2）受压钢筋：受压搭接长度取纵向受拉钢筋搭接长度的 0.7 倍，且在任何情况下不应小于 200mm。

4. 纵筋的截断

简支梁的下部纵向受拉钢筋通常不在跨中截断。

悬臂梁的下部钢筋应有不少于两根上部钢筋伸至悬臂梁外端，并向下弯折不少于 12d，其余钢筋不应在梁的上部截断，而应向下弯折并在梁的下部锚固。

外伸梁或连续梁的中间支座附近，为节约钢筋，可以将纵向受拉钢筋截断，其截断位置必须满足延伸长度的构造要求。

5.7.2　箍筋的构造要求

箍筋宜采用 HRB400、HRBF400、HPB300、HRB500 和 HRBF500 级钢筋。

1. 箍筋的形式和肢数

梁内箍筋除承受剪力以外，还起到固定纵筋位置、与纵筋形成骨架的作用，并和纵筋共同作用形成对混凝土的约束，增强受压混凝土的延性等。

箍筋有单肢箍、双肢箍和四肢箍等形式，如图 5-33（a）～（c）所示。一般当梁宽小于或等于 400mm 时，可采用双肢箍筋；当梁宽大于 400mm 且一层内的纵向受压钢筋多于 3 根时，或者当梁宽小于或等于 400mm 但一层内的纵向受压钢筋多于 4 根时，应设置四肢箍筋（或复合箍筋）；当梁宽小于 100mm 时，可采用单肢箍筋。

箍筋的形式有封闭式和开口式两种，如图 5-33（d）和（e）所示。一般梁多采用封闭式箍筋，尤其是当梁中配有按计算需要的纵向受压钢筋时；而对于现浇 T 形梁，当其不承受扭矩和动荷载时，在跨中截面上部受压区的区段内，可采用开口式。

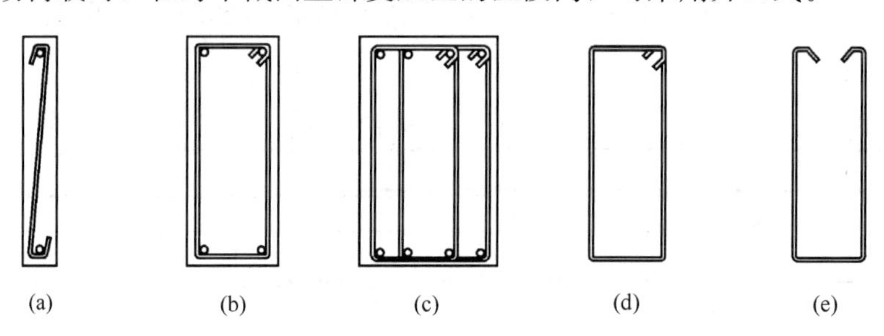

图 5-33　箍筋的形式及肢数

（a）单肢箍；（b）双肢箍；（c）四肢箍；（d）封闭箍；（e）开口箍

2. 箍筋的直径和间距

箍筋应具有一定的刚性，且便于制作安装，因此其直径不应过小，也不应过大。当梁截面高度小于或等于 800mm 时，箍筋直径不宜小于 6mm，当梁截面高度大于 800mm 时，箍筋直径不宜小于 8mm，当梁中配有计算需要的纵向受压钢筋时，箍筋直径尚不应小于 $d/4$（d 为受压钢筋的最大直径）。

箍筋的间距除满足计算要求外，为使斜裂缝形成截面上有箍筋通过并控制斜裂缝的宽度，还应符合表 5-3 的规定。当梁中配有按计算需要的纵向受压钢筋时，箍筋的间距尚不应大于 $15d$（d 为纵向受压钢筋的最小直径），同时不应大于 400mm；当一层内的纵向受压钢筋多于 5 根且直径大于 18mm 时，箍筋间距不应大于 $10d$。同时，框架梁箍筋的设置应满足抗震性能的相关要求。

3. 箍筋的布置

对于按计算不需要箍筋抗剪的梁，当截面高度大于 300mm 时，仍应沿梁全长设置箍筋；截面高度在 150～300mm 时，可仅在构件端部各 1/4 跨度范围内设置箍筋，但当在构件中部 1/2 跨度范围内有集中荷载作用时，则应沿梁全长设置箍筋；截面高度小于 150mm 时，可不设置箍筋。

梁中箍筋的最大间距（mm）　　**表 5-3**

梁高 h	$V > 0.7f_tbh_0$	$V \leqslant 0.7f_tbh_0$
$150 < h \leqslant 300$	150	200
$300 < h \leqslant 500$	200	300
$500 < h \leqslant 800$	250	350
$h > 800$	300	400

5.7.3　架立钢筋

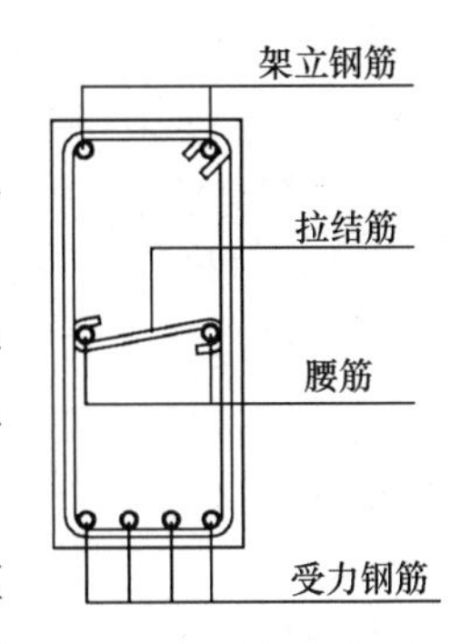

图 5-34　架立钢筋、腰筋及拉结筋

梁内架立钢筋主要用来固定箍筋，从而与纵筋、箍筋形成骨架，并且能抵抗温度和混凝土收缩变形引起的应力。

梁内架立钢筋的直径主要与梁的跨度有关，当梁的跨度小于 4m 时，不宜小于 8mm；当梁的跨度为 4～6m 时，不宜小于 10mm；当梁的跨度大于 6m 时，不宜小于 12mm。

另外，当梁的腹板高度（或板下梁高）$h_w \geqslant 450$mm 时，应在梁的两个侧面沿高度配置腰筋，两侧腰筋之间用直径不小于 6mm 的钢筋按间距不大于 600mm 进行拉结，如图 5-34 所示。

5.8　连续梁受剪性能及其承载力计算

框架梁或连续梁在剪跨段内作用有正负两个方向的弯矩（图 5-35a），故其斜截面受力状态、斜裂缝的分布及破坏特点都与简支梁有明显不同。

图 5-35（b）所示的连续梁，取其广义剪跨比 $\lambda_g = \dfrac{M^+}{Vh_0}$ 来分析其对斜截面抗剪承载力的影响，其试验结果如图 5-36 所示。从试验结果可知，当以广义剪跨比 λ_g 代入式（5-10）和式（5-17）计算，所得的斜截面抗剪承载力比试验值的下包线略高。由于广义剪跨比 λ_g 和计算剪跨比 $\lambda = a/h_0$ 之间存在以下关系。

$$\lambda_g = \frac{M^+}{Vh_0} \xrightarrow{V=\frac{|M^+|+|M^-|}{a}} \lambda_g = \frac{M^+ a}{[|M^+|+|M^-|]h_0}$$

$$\lambda_g = \frac{M^+}{|M^+|+|M^-|}\lambda \Rightarrow \lambda_g < \lambda$$

故若用计算剪跨比代替广义剪跨比代入上述公式计算，则按式（5-10）和式（5-17）计算出的承载力数值会减小，在图 5-36 中表示时仍落在试验结果下包线的下方，表明若

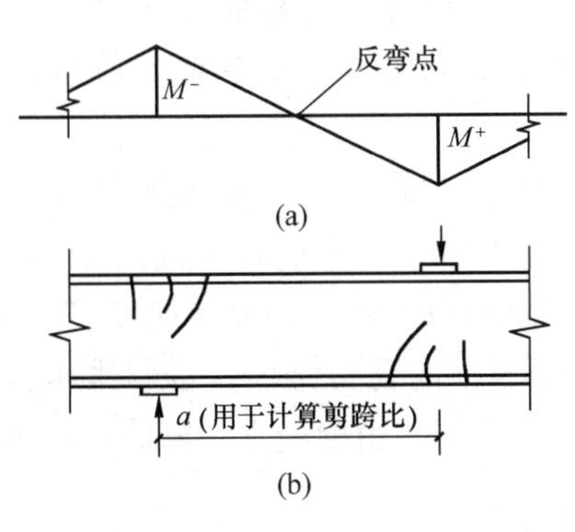

图 5-35　集中荷载下连续梁的裂缝图
（a）内力图；（b）斜向开裂

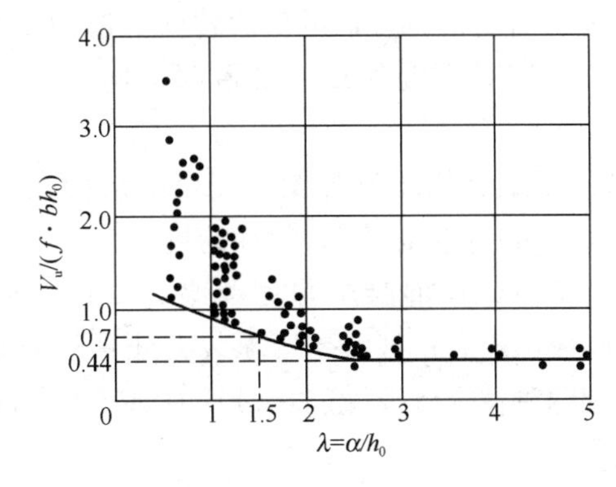

图 5-36　集中荷载下连续梁斜截面受剪试验结果

按计算剪跨比进行斜截面承载力计算将是偏安全的，所以，对于集中荷载作用下的连续梁，其受剪承载力仍取计算剪跨比代入式（5-10）和式(5-17)进行计算。

二维码5-7
多跨连梁受剪例题

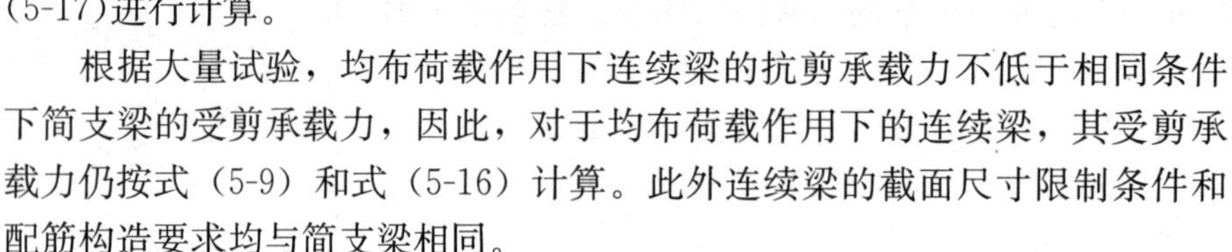

根据大量试验，均布荷载作用下连续梁的抗剪承载力不低于相同条件下简支梁的受剪承载力，因此，对于均布荷载作用下的连续梁，其受剪承载力仍按式（5-9）和式（5-16）计算。此外连续梁的截面尺寸限制条件和配筋构造要求均与简支梁相同。

名词和术语

二维码5-8
思维导图

剪跨比 λ　Shear span ratio
斜截面　Oblique section
受剪承载力　Shear capacity
腹剪斜裂缝　Web-shear diagonal cracks
弯剪斜裂缝　Flexure-shear diagonal cracks
斜压破坏　Diagonal compression failure
剪压破坏　Shear-compression failure
斜拉破坏　Diagonal tension failure
箍筋　Stirrup

二维码5-9
思考题

习　题

习题5-1和5-2同第4章例4-1项目背景。

5-1　对于二层的次梁L-1，梁的净跨度为6.45m，梁截面尺寸为200mm×550mm，采用C30混凝土，当梁上作用的永久荷载标准值为10kN/m（未包含自重），可变荷载标准值为5kN/m时，已计算得到梁下部纵向钢筋为4 Φ 16，HRB400级钢筋，请设计该梁的箍筋。

5-2　对于二层的次梁L-1，梁的跨度为6.45m，若荷载发生改变，永久荷载标准值为25kN/m（未包含自重），可变荷载标准值为10kN/m，已设计出梁截面尺寸为200mm×550mm，采用C30混凝土，梁下部纵向钢筋为4 Φ 16，HRB400级钢筋，请设计该梁的箍筋。

5-3　某矩形截面简支梁，安全等级为二级，处于一类环境，承受均布荷载设计值 $q=140\text{kN/m}$（包括自重）。梁净跨度 $l_n=5.8\text{m}$，计算跨度 $l_0=6.0\text{m}$，截面尺寸 $b\times h=250\text{mm}\times550\text{mm}$，混凝土强度等级为C30，纵向钢筋采用HRB400级钢筋，箍筋采用HRB400级钢筋。正截面受弯承载力计算已配6 Φ 22的纵向受拉钢筋，按两排布置。分别按下列两种情况计算配筋：（1）由混凝土和箍筋抗剪；（2）由混凝土、箍筋和弯起钢筋共同抗剪。

5-4　承受均布荷载设计值 q 作用下的矩形截面简支梁，安全等级二级，处于一类环境，截面尺寸 $b\times h=200\text{mm}\times550\text{mm}$，$a_s=40\text{mm}$，混凝土为C30级，箍筋采用HRB400级钢筋。梁净跨度 $l_n=5.0\text{m}$。梁中已配有双肢 Φ 8@200箍筋，试求该梁在正常使用期间

按斜截面承载力要求所能承担的荷载设计值 q。

5-5　矩形截面简支梁，安全等级二级，处于一类环境，净跨 $l_n = 5.5$m，截面尺寸 $b \times h = 250$mm $\times$ 550mm，承受的荷载设计值 $q = 118$kN/m（包括自重），混凝土强度等级为 C30，配有 4 Φ 22、HRB400 级的纵向受拉钢筋，箍筋采用 HRB400 级钢筋，试按下列两种方式配置腹筋：（1）只配置箍筋；（2）如配置Φ 8@150，计算弯起钢筋的数量。

第 6 章　受压构件的截面承载力

受压构件是以承受压力为主的受力构件，如桥梁中的桥墩，桁架中的受压腹杆和弦杆，房屋建筑结构中的柱、剪力墙，基础中的桩等。受压构件通常在结构中起着重要的作用，其破坏与否将直接影响整个结构是否破坏或倒塌，如桥梁的桥墩和框架结构的底层柱起着支撑上部结构的作用，若在地震作用下破坏会直接导致结构的整体倒塌。受压构件的内力主要有轴压力、弯矩和剪力。按照纵向压力作用位置的不同可以分为轴心受压构件和偏心受压构件，如图 6-1 所示。

二维码6-1
主要受压构件

本章主要介绍钢筋混凝土轴心受压及单向偏心受压构件的应力状态、破坏形态、承载力计算及配筋构造等内容。

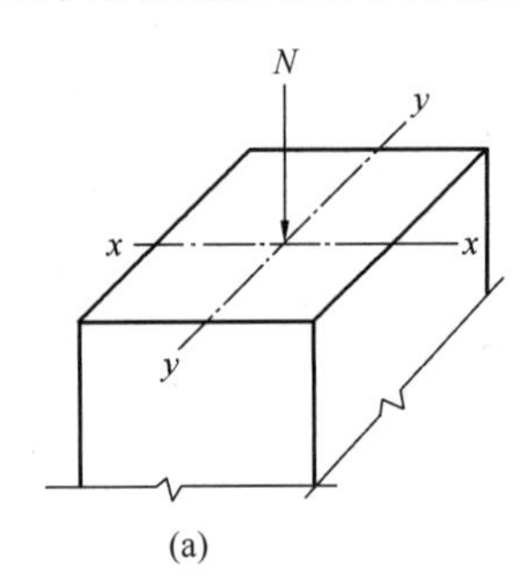

(a)

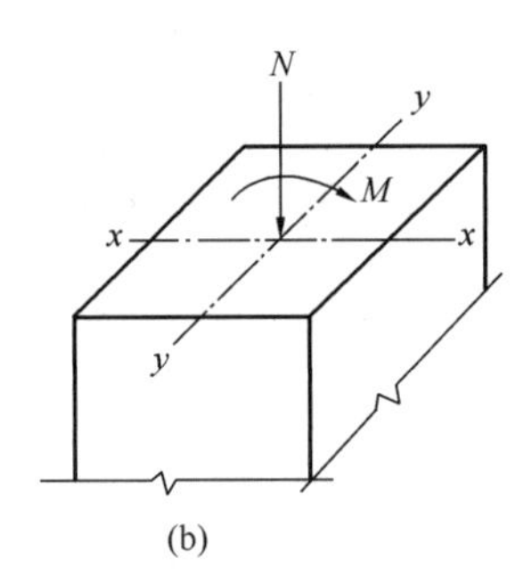

(b)

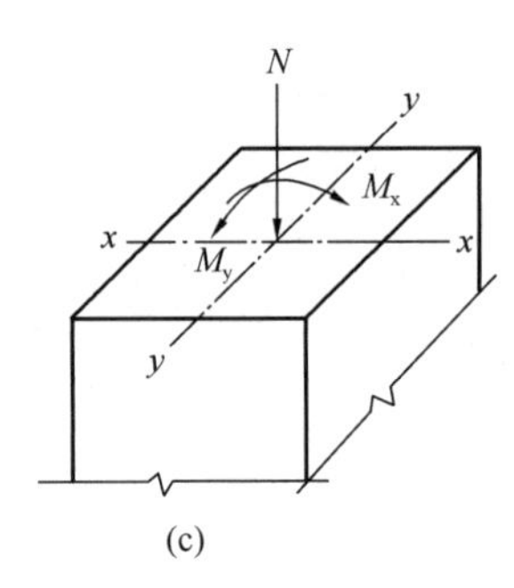

(c)

图 6-1　轴心受压与偏心受压

（a）轴心受压；（b）单向偏心受压；（c）双向偏心受压

6.1　受压构件的一般构造要求

6.1.1　截面形状及尺寸

钢筋混凝土受压构件的截面形式应考虑受力合理和模板制作方便，一般采用方形和矩形，亦可做成圆形、正多边形或环形截面。为了节省混凝土及减轻结构自重，装配式受压构件也常采用工字形截面或格构式截面形式；拱结构的肋常做成 T 形截面；采用离心法制造的柱、桩、电杆以及烟囱、水塔支筒等常采用环形截面。

钢筋混凝土受压构件的截面尺寸一般不宜小于 250mm×250mm，以避免构件长细比过大。同时，截面的长边 h 和短边 b 的比值常选用 $h/b=1.5\sim3.0$。工字形截面柱的翼缘厚度不宜小于 120mm，因为翼缘太薄，会使构件过早出现裂缝，同时靠近柱底处的混凝土容易在车间生产过程中碰坏而降低柱的承载力和工作年限。腹板厚度不宜小于 100mm，否则浇筑混凝土较困难。为了施工制作方便，柱的截面尺寸宜符合模数，800mm 以内时宜取 50mm 为模数，800mm 以上时可取 100mm 为模数。

6.1.2 纵向钢筋

受压构件纵向受力钢筋直径 d 不宜小于 12mm。全部纵向受力钢筋的配筋率不宜大于 5%；全部纵向钢筋最小配筋率，对强度等级为 300MPa 的钢筋为 0.6%，对强度等级为 400MPa 的钢筋为 0.55%，对强度等级为 500MPa 的钢筋为 0.5%，同时一侧钢筋的配筋率不应小于 0.2%，详见附表 5-6。柱中纵向受力钢筋的净间距不应小于 50mm，且不宜大于 300mm。偏心受压柱的截面高度不小于 600mm 时，在柱的侧面应设置直径不小于 10mm 的纵向构造钢筋，并相应设置复合箍筋或拉筋。圆柱中纵向钢筋不宜少于 8 根，不应少于 6 根，且宜沿周边均匀布置。

6.1.3 箍筋

为了防止纵向钢筋受压时压屈，同时保证纵向钢筋的正确位置，并与纵向钢筋组成整体骨架，柱中箍筋应做成封闭式；对圆柱中的箍筋，搭接长度不应小于钢筋的锚固长度 l_a，末端应做成 135°弯钩，弯钩末端平直段长度不应小于箍筋直径的 5 倍。

箍筋直径不应小于纵筋最大直径的 1/4，且不应小于 6mm。箍筋间距不应大于 400mm 及构件截面的短边尺寸，且不应大于纵筋最小直径的 15 倍。

当柱中全部纵向受力钢筋的配筋率大于 3%时，箍筋直径不应小于 8mm，间距不应大于纵筋最小直径的 10 倍，且不应大于 200mm。箍筋末端应做成 135°弯钩，且弯钩末端平直长度不应小于箍筋直径的 10 倍。

当柱截面短边尺寸大于 400mm 且各边纵向钢筋多于 3 根，或当柱截面短边尺寸不大于 400mm 但各边纵向钢筋多于 4 根时，应设置复合箍筋，如图 6-2 所示。对于截面形状复杂的柱，不可采用内折角的箍筋，以免产生向外的拉力，致使折角处混凝土保护层崩脱。

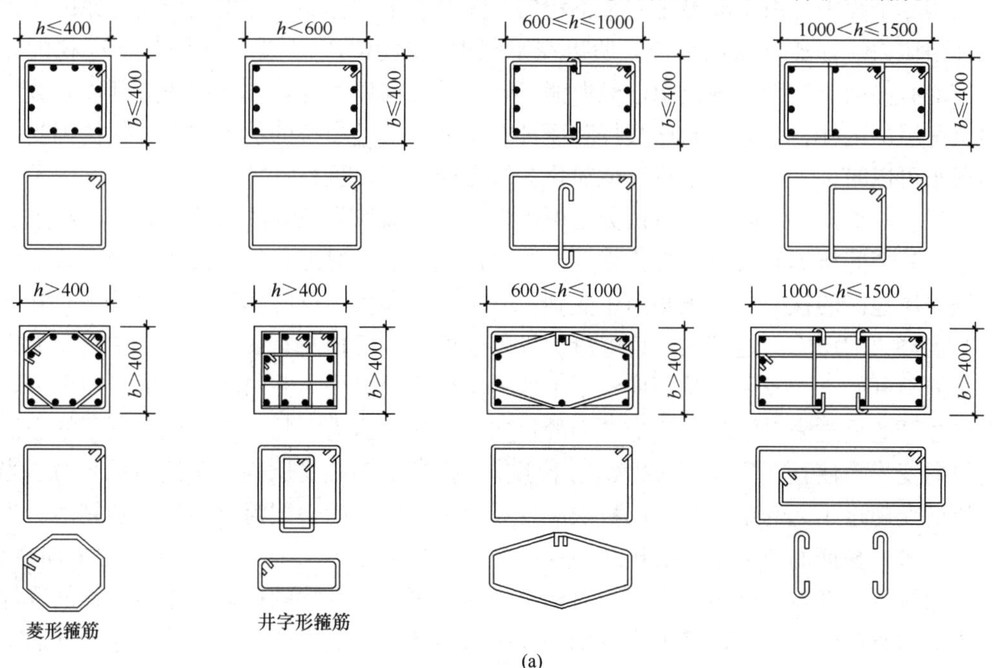

图 6-2 柱箍筋的形式（单位：mm）（一）
(a) 矩形截面的箍筋形式

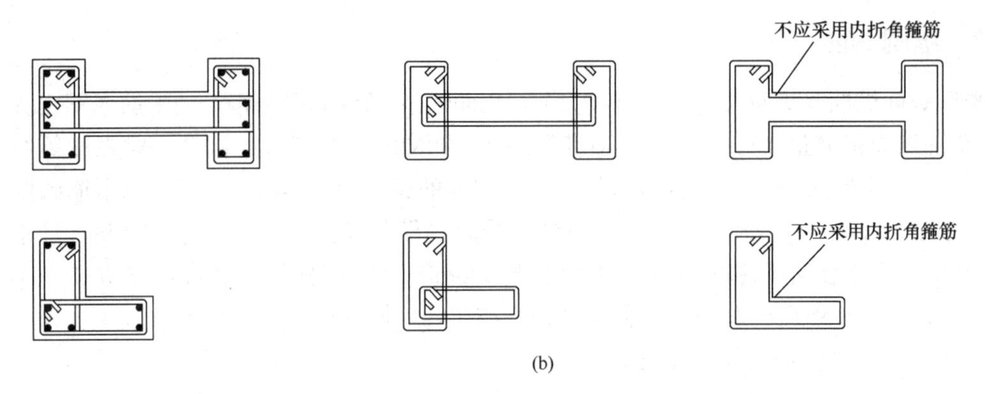

图 6-2　柱箍筋的形式（单位：mm）（二）
（b）带内折角截面的箍筋形式

6.1.4　材料强度

受压构件承载力受混凝土强度等级影响较大，为了充分利用混凝土承压，节约钢材，减小构件的截面尺寸，受压构件宜采用较高强度等级的混凝土。一般设计中常用的混凝土强度等级为 C30～C50 或更高。

纵向钢筋应采用 HRB400、HRB500、HRBF400、HRBF500 钢筋。箍筋宜采用 HRB400、HRBF400、HPB300、HRB500、HRBF500 钢筋。

6.2　轴心受压构件正截面承载力

在实际工程中，由于混凝土质量不均匀、配筋的不对称制作和安装误差等原因，很难做到轴向压力恰好通过截面形心，所以在工程中，理想的轴心受压构件是不存在的。因此，目前有些国家的设计规范中已经取消了轴心受压构件的计算；我国考虑到以恒载为主的多层房屋的内柱、屋架的斜压腹杆和压杆、小型人行过街桥的柱等构件，往往因受到的弯矩很小可以略去不计，故仍可近似简化为轴心受压构件进行计算。

混凝土的纵向受压破坏可以认为是由于横向变形而发生拉坏的现象。如果能约束其横向变形，就能间接提高其纵向抗压强度。试验研究表明，对配置螺旋式或焊接环式箍筋的柱，箍筋所包围的核心混凝土相当于受到了一个套箍作用，这种作用在压力较小时并不明显，当混凝土的压应力达到无约束混凝土极限强度的 0.7 倍左右后，混凝土中沿受力方向的微裂缝就开始迅速发展，从而使混凝土的横向变形明显增大并对箍筋形成径向压力，这时箍筋才开始反过来对混凝土施加被动的径向均匀约束压力，从而有效地限制了核心混凝土的横向变形，使其在三向压应力作用下工作，提高了轴心受压构件正截面承载力。当构件的压应变超过了无约束混凝土的极限应变后，箍筋以外的表层混凝土将逐步剥落。当外力逐渐加大，箍筋的应力达到抗拉屈服强度时，就不再能有效地约束混凝土的横向变形，混凝土的抗压强度就不能再提高，这时构件破坏。可见，在柱的横向采用螺旋箍筋或焊接环筋也能像直接配置纵向钢筋那样起到提高承载力和变形能力的作用，故把这种配筋方式称为“间接配筋”。对于间距足够小的普通箍筋柱，也有约束混凝土的效果，但只把该部

分约束效果作为承载力储备，并没有考虑到计算当中，因此设计计算中按照构件箍筋配置方式的不同划分为：①配有纵向钢筋和普通箍筋的轴心受压构件；②配有纵向钢筋和螺旋箍筋（或者焊接环式箍筋）的轴心受压构件，如图 6-3 所示。

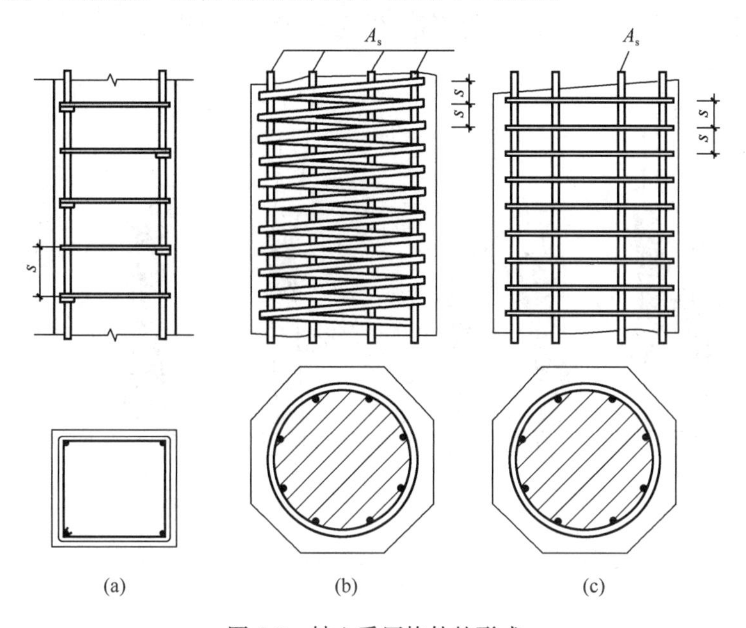

图 6-3　轴心受压构件的形式

（a）普通箍筋；（b）螺旋式箍筋；（c）焊接环式箍筋

6.2.1　配有普通箍筋的受压构件承载力计算

根据受压构件的长细比（受压构件的计算长度 l_0 与截面回转半径 i 之比）的不同，轴心受压构件可分为短柱和长柱。短柱指 $l_0/b \leqslant 8$（b 为矩形截面较小边长）或 $l_0/d \leqslant 7$（d 为圆形截面直径）或 $l_0/i \leqslant 28$（i 为其他截面的最小回转半径）的柱，反之为长柱。长柱和短柱的破坏特点和承载能力有明显不同。

1. 轴心受压短柱受力分析和破坏形态

钢筋混凝土短柱在轴向压力作用下，由于钢筋和混凝土之间存在着黏结力，因此，从开始加载到破坏，纵向钢筋与混凝土共同受压，两者共同变形。压应变沿构件长度基本上是均匀分布的。当轴压力较小时，混凝土处于弹性工作状态，钢筋和混凝土应力按照二者弹性模量比值线性增长；随着轴压力的增大，混凝土塑性变形发展、变形模量降低，钢筋应力增长速度加快，混凝土应力增长逐渐变慢；当达到极限荷载时，在构件最薄弱区段的混凝土内将出现由微裂缝发展而成的肉眼可见的纵向裂缝，随着压应变的继续增长，这些裂缝将相互贯通，在外层混凝土剥落之后，核心部分的混凝土将在纵向裂缝之间被完全压碎。在这个过程中，混凝土的侧向膨胀将向外推挤钢筋，从而使纵向受压钢筋在箍筋之间呈灯笼状向外受压屈服，如图 6-4（a）所示。

素混凝土棱柱体试件峰值应变一般为 0.0015～0.002，而钢筋混凝土短柱达到最大承载力时的压应变一般在 0.0025～0.0035 之间，甚至更大，这是因为配置纵向钢筋后改善了混凝土的变形性能。轴心受压构件承载力计算时，对于普通混凝土构件，取压应变为

0.002作为控制条件，认为当压应变达到0.002时混凝土强度达到了f_c，如果取钢筋的弹性模量为2×10^5N/mm²，则此时钢筋应力为$\sigma_s=E_s\sigma_s=2\times10^5\times0.002=400$N/mm²，这表明热轧钢筋HPB300、HRB400及RRB400都可达到强度设计值。对于HRB500和HRBF500级钢筋，轴心受压构件计算时取f'_y为400N/mm²。

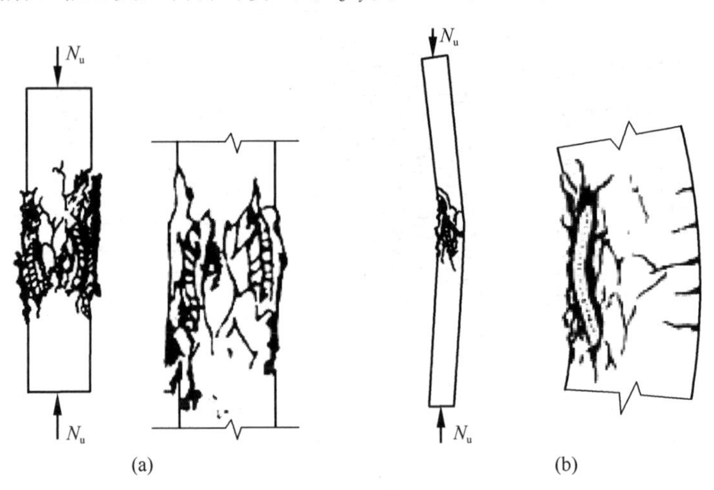

图6-4　轴心受压柱的破坏
(a) 短柱；(b) 长柱

轴心受压短柱的承载力计算公式可写成

$$N_u=f_cA+f'_yA'_s \tag{6-1}$$

式中　f_c——混凝土轴心抗压强度设计值，按附表1-2取用；
A——构件截面面积；
f'_y——纵向钢筋的抗压强度设计值，按附表1-6取用；
A'_s——全部纵向钢筋的截面面积。

2. 轴心受压长柱受力特点

对长细比l_0/b较大（细长）的柱，微小的初始偏心作用将使构件产生侧向弯曲，如图6-4（b）所示，这会使柱的承载力降低。试验结果表明，当长细比较大时，侧向挠度最初是以与轴向压力呈正比例的方式缓慢增长的；但当压力达到破坏压力的60%～70%时，挠度增长速度加快；破坏时，受压一侧往往产生较长的纵向裂缝，钢筋在箍筋之间向外压屈，构件中部的混凝土被压碎，而另一侧混凝土则被拉裂，在构件中部产生若干条以一定间距分布的水平裂缝。

当轴心受压构件的长细比更大，例如当$l_0/b>35$时（指矩形截面，其中b为产生侧向挠度方向的截面边长），就可能发生失稳破坏。试验表明，长柱承载力低于其他条件相同的短柱承载力，因此采用构件的稳定系数φ来表示长柱承载力降低的程度，即$\varphi=\dfrac{N_u^l}{N_u^s}$。构件的稳定系数$\varphi$主要和构件的长细比$l_0/b$有关，随着$l_0/b$的增大而减小，而混凝土强度等级及配筋率对其影响较小。

3. 轴心受压构件正截面承载力计算公式

$$N_u = 0.9\varphi(f_c A + f'_y A'_s) \tag{6-2}$$

式中　φ——钢筋混凝土构件的稳定系数，按附表 5-7 取值；

f_c——混凝土轴心抗压强度设计值；

f'_y——普通钢筋抗压强度设计值；

A——构件截面面积；

A'_s——全部纵向钢筋的截面面积，当纵向钢筋配筋率大于 3%时，式中 A 应改为 A_n，其中 $A_n = A - A'_s$。

0.9——系数，为了保持与偏心受压构件正截面承载力计算具有相近的可靠度而引入。

【例 6-1】

工程背景同例 4-1，本例题选取地下一层车库夹层的钢筋混凝土柱 Z-1 为对象，如图 4-21 所示。该柱主要承受竖向荷载作用，经内力分析，可按轴心受压构件计算，在永久荷载作用下轴向力标准值为 1300kN，在可变荷载作用下轴向力标准值为 1900kN，截面选用矩形截面，从基础顶面到地下一层楼盖顶面的高度 H=4.2m，试设计该柱。

【解】

现行国家标准《建筑结构可靠性设计统一标准》GB 50068—2018 第 3.2.1 条规定（同本教材表 3-1），根据结构破坏可能产生的后果的严重性，本建筑结构安全等级属于一级；又根据第 8.2.8 条规定（同本教材 3.5.2），结构重要性系数 $\gamma_0 = 1.1$。

根据《混凝土结构设计规范》GB 50010—2010（2015 年版）中第 9.3.1 条规定，柱中最大配筋率为 5%，第 8.5.1 条（同本教材附表 5-6）中规定受压构件最小配筋率为 0.5%～0.6%，且单侧最小配筋率为 0.2%。

（1）求轴向力的设计值

根据表 3-7，永久荷载分项系数为 1.3，可变荷载分项系数为 1.5，因此轴向力设计值为

$$N = 1.1 \times (1.3 \times 1300 + 1.5 \times 1900) = 4994\text{kN}$$

（2）材料强度

根据规范规定的材料范围和当地施工条件，混凝土和钢筋分别采用 C40 和 HRB400 强度等级，根据附表 1-2 和附表 1-6，$f_c = 19.1\text{N/mm}^2$，$f_t = 1.71\text{N/mm}^2$，$f_y = f'_y = 360\text{N/mm}^2$。

（3）确定截面形式和尺寸

由于是轴心受压构件，因此采用方形截面形式，考虑到建筑要求，取该柱的截面尺寸为 $b = h = 450$mm。

（4）求稳定性系数

查附表 5-9，取计算长度 $l_0 = 1.0H = 1.0 \times 4200 = 4200$mm（现浇楼盖底层柱），则

$$\frac{l_0}{b} = \frac{4200}{450} = 9.3$$

查附表 5-7，内插得 $\varphi = 0.99$。

（5）计算纵向钢筋截面面积 A'_s

由式（6-2）

$$A'_s = \frac{1}{f'_y}\left(\frac{N}{0.9\varphi} - f_c A\right) = \frac{1}{360}\left(\frac{4994 \times 10^3}{0.9 \times 0.99} - 19.1 \times 450 \times 450\right) = 4826\text{mm}^2$$

（6）选筋

选用 12 Φ 25，$A'_s = 5890\text{mm}^2$，则纵筋配筋率为

$$\rho' = \frac{A'_s}{bh} = \frac{5890}{450 \times 450} = 0.029 = 2.9\%$$

$0.55\% \leqslant \rho' \leqslant 5\%$，且截面单侧配筋率也大于 0.2%，故满足要求。截面配筋图如图 6-5。

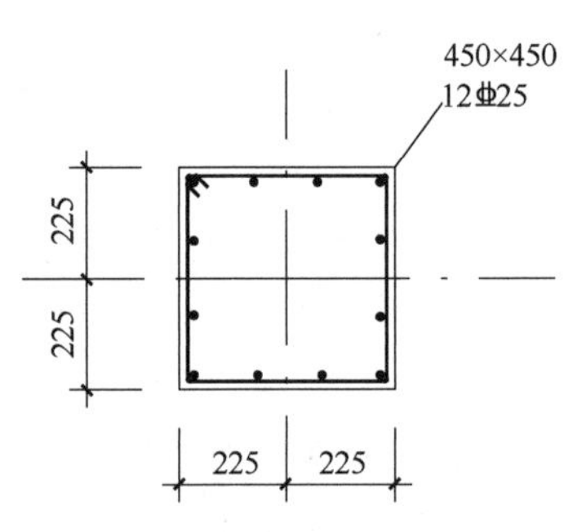

图 6-5　截面配筋图（单位：mm）

6.2.2　配有螺旋箍筋和焊接环筋的受压构件承载力计算

当柱承受很大轴心压力，并且柱截面尺寸由于建筑上及使用上的要求受到限制，若设计成普通箍筋柱，即使提高了混凝土强度等级和增加了纵筋配筋量也不足以承受该轴心压力时，可考虑采用螺旋箍筋或焊接环筋以提高承载力。这种柱的截面形状一般为圆形或多边形，图 6-3（b）和（c）所示为螺旋箍筋柱和焊接环筋柱的构造形式。

螺旋箍筋或焊接环筋所包围的核心截面混凝土因处于三向受压状态，故其轴心抗压强度高于单轴的轴心抗压强度，可利用圆柱体混凝土周围加液压所得近似关系式进行计算。

$$f = f_c + 4\sigma_r \tag{6-3}$$

式中　f——受约束后的混凝土轴心抗压强度；

σ_r——当间接钢筋的应力达到屈服强度时，柱的核心混凝土受到的径向压应力值。

在间接钢筋间距 s 范围内，利用 σ_r 的合力与钢筋的拉力平衡，如图 6-6 所示，可得

$$\sigma_r = \frac{2f_y A_{ss1}}{d_{cor} s} = \frac{2f_y}{4\dfrac{\pi d_{cor}^2}{4}} \cdot \frac{\pi d_{cor} A_{ss1}}{s} = \frac{f_y A_{ss0}}{2A_{cor}} \tag{6-4}$$

$$A_{ss0} = \frac{\pi d_{cor} A_{ss1}}{s} \tag{6-5}$$

式中　A_{ss1}——单根间接钢筋的截面面积；

f_y——间接钢筋的抗拉强度设计值；

s——沿构件轴线方向间接钢筋的间距；

d_{cor}——构件的核心直径，按间接钢筋内表面确定；

A_{ss0}——间接钢筋的换算截面面积，相当于将横向钢筋等效为纵筋；

A_{cor}——构件的核心截面面积。

根据力的平衡条件，得

$$N_u = (f_c + 4\sigma_r)A_{cor} + f'_y A'_s \tag{6-6}$$

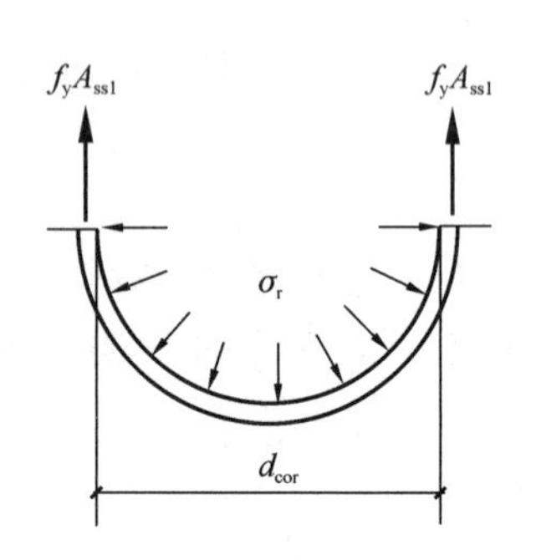

图 6-6　螺旋箍筋的受力图示

将式（6-4）和式（6-5）代入式（6-6）可得

$$N_u = f_c A_{cor} + 2f_y A_{ss0} + f'_y A'_s \tag{6-7}$$

考虑到混凝土强度等级大于C50时，间接钢筋对混凝土约束作用将会降低，采用折减系数α来考虑约束作用的降低；当混凝土强度等级为C80时，取$\alpha=0.85$；当混凝土强度等级不超过C50时，取$\alpha=1.0$；其间按线性内插法取用。同时考虑可靠度的调整系数0.9后，我国《混凝土结构设计规范》GB 50010—2010（2015年版）规定螺旋式或焊接环式间接钢筋柱的承载力计算公式为

$$N_u = 0.9(f_c A_{cor} + 2\alpha f_y A_{ss0} + f'_y A'_s) \tag{6-8}$$

当利用式（6-8）计算配有纵筋和螺旋式（或焊接环式）箍筋柱的承载力时，应满足一定的适用条件。

（1）承载力条件

为了保证在使用荷载作用下，箍筋外层混凝土不致过早剥落，我国规范规定配螺旋式（或焊接环式）箍筋的轴心受压承载力设计值（按式6-8计算）不应大于按普通箍筋的轴心受压承载力设计值（按式6-2计算）的1.5倍。

（2）长细比条件

长细比$l_0/d>12$的柱不应考虑间接钢筋的约束作用。因长细比较大的构件，可能由于初始偏心引起的侧向弯曲和附加弯矩的影响使构件的承载力降低，螺旋式（或焊接环式）箍筋不能发挥其作用。

（3）面积条件

间接钢筋的换算面积A_{ss0}不得小于全部纵筋面积A'_s的25%。当间接钢筋的换算截面面积A_{ss0}小于纵向钢筋全部截面面积的25%时，可以认为间接钢筋配置得太少，不能起到套箍的约束作用。

（4）间距条件

钢筋间距不应大于80mm及$0.2d_{cor}$，且不小于40mm。

【例6-2】

如果例6-1用圆形截面柱，其他条件不变，试设计该柱，并与例6-1进行比较。

【解】

（1）材料强度

同例6-1，C40混凝土，$f_c=19.1\text{N/mm}^2$；HRB400级钢筋，$f_y=f'_y=360\text{N/mm}^2$。

（2）确定尺寸

由于采用圆形截面柱，参考例6-1正方形柱的边长，预选取该柱的直径为$d=400\text{mm}$。

（3）求稳定系数

柱计算长度$l_0=1.0H=1.0\times4200=4200\text{mm}$，$l_0/d=10.5$，查附表5-7得$\varphi=0.95$。

（4）按普通箍筋柱求纵筋A'_s

混凝土截面积$A=\pi d^2/4=\pi\times400^2/4=1.257\times10^5\text{ mm}^2$，由式（6-2）

$$A'_s=\frac{1}{f'_y}\left(\frac{N}{0.9\varphi}-f_c A\right)=\frac{1}{360}\left(\frac{4994\times10^3}{0.9\times0.95}-19.1\times1.257\times10^5\right)$$
$$=9556\text{mm}^2$$

(5) 求配筋率

$$\rho' = A'_s/A = 9556/(1.257\times10^5) = 7.6\% > 5\%$$

配筋率太高，若柱截面及混凝土强度等级不能再提高，并因 $l_0/d<12$，可采用螺旋箍筋柱。下面再按螺旋箍筋柱来计算。

(6) 求螺旋箍筋的间距 s

按最大配筋率 $\rho'=0.05$，计算 $A'_s=\rho' A=6285\text{mm}^2$；选用 12 Φ 25，实配 $A'_s=5890\text{mm}^2$，实配纵筋配筋率小于最大配筋率，符合要求。

一类环境时，柱保护层最小厚度为 20mm。初选螺旋箍筋直径为 12mm，则有 $A_{ss1}=113.1\text{mm}^2$。

$$d_{cor} = 400 - 2\times20 - 2\times12 = 336\text{mm}$$

$$A_{cor} = \frac{\pi d_{cor}^2}{4} = \frac{\pi\times336^2}{4} = 88,668\text{mm}^2$$

由式 (6-8)

$$A_{ss0} = \frac{N/0.9-(f_cA_{cor}+f'_yA'_s)}{2\alpha f_y} = \frac{4994\times10^3/0.9-(19.1\times88,668+360\times5890)}{2\times1.0\times360}$$

$$= 2410\text{mm}^2 > 0.25A'_s = 1473\text{mm}^2$$

满足要求。

$$s = \frac{\pi d_{cor}A_{ss1}}{A_{ss0}} = \frac{\pi\times336\times113.1}{2410} = 50\text{mm}$$

取 $s=50\text{mm}$，符合 $40\leqslant s\leqslant80$ 及 $s\leqslant0.2d_{cor}=67.2\text{mm}$ 的规定。

(7) 复核承载力，验算保护层是否过早脱落

按普通箍筋柱计算其承载力 N_0，由式 (6-2)

$$N_0 = 0.9\varphi(f_cA+f'_yA'_s)$$

$$= 0.9\times0.95\times(19.1\times1.257\times10^5+360\times5890)\times10^{-3}$$

$$= 3866\text{kN}$$

$N_u = 4994\text{kN} < 1.5N_0 = 1.5\times3866 = 5799\text{kN}$，满足要求。截面配筋图见图 6-7。

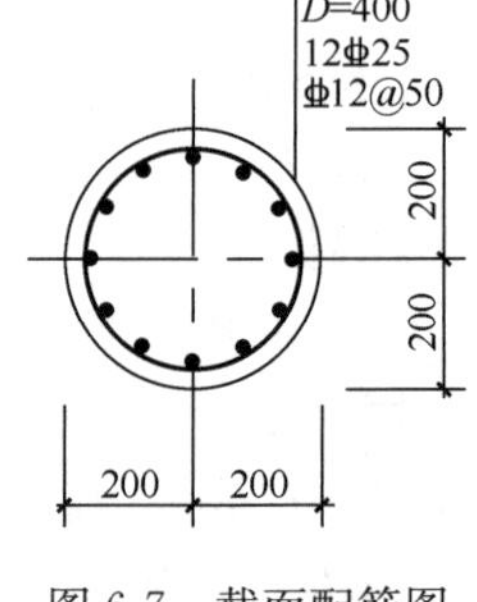

图 6-7 截面配筋图 (单位：mm)

与例 6-1 进行比较，发现纵向配筋相同的情况下，由于螺旋箍筋约束了混凝土，从而提高了混凝土的强度，进而提高了承载力，因此采用螺旋箍筋柱截面尺寸可以更小。

6.3 偏心受压构件正截面破坏形态

同时承受弯矩和轴压力的构件称为偏心受压构件。大量试验表明：偏心受压构件截面应变分布符合平截面假定，其最终破坏是由混凝土压碎而造成的，影响因素主要与偏心距的大小和所配钢筋数量有关。通常，钢筋混凝土偏心受压构件破坏分为两种情况：大偏心

受压破坏与小偏心受压破坏。

6.3.1　大偏心受压破坏

当偏心距较大且受拉钢筋配置合适时，发生的破坏属大偏心受压破坏。这种破坏特点是：受拉区的钢筋能达到屈服，受压区的混凝土也能达到极限压应变。

大偏心受压破坏的钢筋混凝土柱，当荷载增加到一定值，首先会在受拉区产生横向裂缝，裂缝截面处的混凝土将退出工作。随着荷载的继续增加，受拉区钢筋的应力及应变增速加快，裂缝随之不断地增多和延伸，受压区高度逐渐减小；临近破坏荷载时，横向水平裂缝急剧开展，并形成一条主要破坏裂缝，受拉钢筋首先达到屈服强度；随着受拉钢筋屈服后的塑性伸长，中性轴迅速向受压区边缘移动，受压区面积不断缩小，受压区应变快速增加；最后受压区边缘混凝土达到极限压应变而被压碎，从而导致构件破坏，大偏心受压破坏截面应力及破坏形态如图 6-8 所示。此时，受压区的钢筋一般也都能达到其屈服强度。

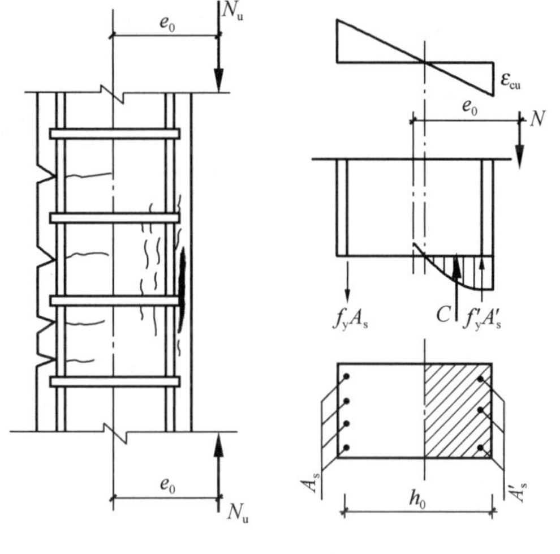

图 6-8　大偏心受压破坏

这种破坏特征与受弯构件双筋适筋截面类似，有明显的预兆，为延性破坏。由于破坏始于受拉钢筋的屈服，然后受压区混凝土被压碎，所以大偏心受压破坏的实质是受拉破坏。

6.3.2　小偏心受压破坏

当构件截面的相对偏心距 e_0/h_0 较小，或相对偏心距虽然较大，但配置的受拉侧钢筋 A_s 较多时，截面受压混凝土和钢筋的应力较大，而远离纵向力一端的钢筋应力较小。破坏时，受压区混凝土的压应变达到极限压应变，混凝土被压碎，受压钢筋达到屈服强度，而远端钢筋无论是受拉还是受压，一般均达不到屈服，这种破坏具有脆性性质，称为受压破坏。以下三种破坏情况都属于此种破坏形态。

(1) 当相对偏心距 e_0/h_0 很小时，构件全截面受压，如图 6-9 (a) 所示。靠近轴向力一侧的压应力较大，随着荷载的逐渐增大，这一侧混凝土首先被压碎（发生纵向裂缝），构件破坏，该侧受压钢筋达到抗压屈服强度；而远离轴向力一侧的混凝土未被压碎，钢筋虽受压，但未达到抗压屈服强度。

(2) 当相对偏心距 e_0/h_0 较小时，截面大部分受压，小部分受拉，如图 6-9 (b) 所示。由于中性轴靠近受拉一侧，截面受拉边缘的拉应变很小，受拉区混凝土可能开裂，也可能不开裂。破坏时，靠近轴向力一侧的混凝土被压碎，受压钢筋达到抗压屈服强度，而受拉钢筋不论数量多少，都未达到抗拉屈服强度。

(3) 当相对偏心距 e_0/h_0 较大，但受拉钢筋配置太多时，同样是部分截面受压，部分截面受拉。随着荷载的增大，破坏也是发生在受压一侧，混凝土被压碎，受压钢筋应力达

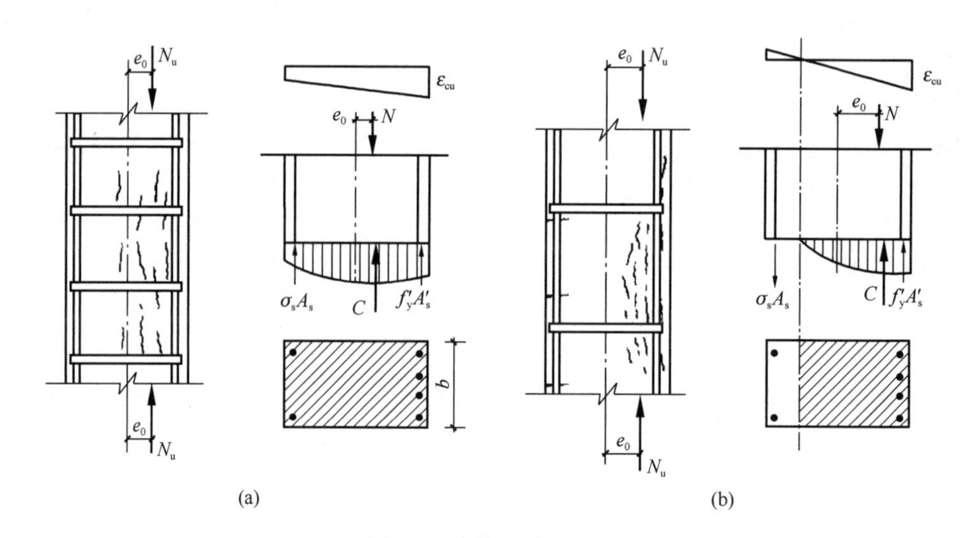

图 6-9　小偏心受压破坏

(a) 全截面受压的应力和应变；(b) 部分截面受压的应力和应变

到抗压屈服强度，构件破坏。而受拉钢筋应力由于配置过多未能达到抗拉屈服强度，这种破坏形态类似于受弯构件的超筋破坏。

此外，当相对偏心距 e_0/h_0 很小，且距轴压力 N 较远一侧的钢筋 A_s 配置得过少时，还可能出现远离纵向偏心压力一侧边缘混凝土的应变首先达到极限压应变，混凝土被压碎，最终构件破坏的现象，也称为反向受压破坏。

上述第（1）种和第（2）种情况都是由于偏心距小引起的破坏形态，所以小偏心受压破坏的实质是受压破坏；第（3）种情况属于设计不合理导致，工程上应避免采用。

6.3.3　界限破坏

从大、小偏心受压破坏特征可以看出，两者之间根本区别在于破坏时受拉钢筋能否达到屈服，因此，两种偏心受压破坏形态的界限条件是，当受拉区的受拉钢筋达到屈服时，受压区边缘混凝土的压应变刚好达到极限压应变值 ε_{cu}，此时其相对受压区高度称为界限受压区高度 ξ_b。

由于大偏心受压与受弯构件的适筋破坏形态类同，因此也可用相对受压区高度比值的大小来进行判别。

（1）当 $\xi < \xi_b$ 时，截面属于大偏心受压。

（2）当 $\xi > \xi_b$ 时，截面属于小偏心受压。

（3）当 $\xi = \xi_b$ 时，截面处于界限破坏。

6.4　偏心距和挠曲二阶效应

6.4.1　偏心距

实际工程中存在着荷载作用位置的不定性、混凝土质量的不均匀性及施工的偏差等，这些因素都可能产生附加偏心距。因此，偏心受压构件的正截面承载力计算中，应在计算偏心距 e_0 的基础上考虑轴向压力在偏心方向的附加偏心距 e_a 的影响，其值应不小于 20mm 和偏心方向截面最大尺寸的 1/30 两者中的较大值。即

$$e_0 = \frac{M}{N} \tag{6-9}$$

$$e_a = \frac{h}{30} \geqslant 20\text{mm} \tag{6-10}$$

正截面计算时所取的初始偏心距 e_i 由 e_0 和 e_a 两者相加而成。

$$e_i = e_0 + e_a \tag{6-11}$$

式中　e_0 ——计算偏心距（由截面上作用的设计弯矩 M 和轴力 N 计算所得的轴向力对截面重心的偏心距）；

e_a ——附加偏心距；

e_i ——初始偏心距。

附加偏心距的取值也考虑了对偏心受压构件正截面计算结果的修正作用，以补偿基本假定和实际情况不完全相符带来的计算误差。

6.4.2　挠曲二阶效应

1. 基本概念

钢筋混凝土受压构件在承受偏心轴力后，将产生纵向弯曲变形，即侧向挠度。对于长细比较小的短柱，侧向挠度小，计算时一般可忽略其影响。而对于长细比较大的长柱，由于侧向挠度的影响，各个截面所受的弯矩不再是 Ne_i，而是 $N(e_i+f)$，其中 f 为构件任意点的水平侧向挠度。f 随着荷载的增大而不断加大，因而弯矩的增长也就越来越明显，如图 6-10 所示（图中材料的强度为试验实测值），这种情况在设计中必须考虑。在偏心受压构件计算中，将 Ne_i 称为初始弯矩或一阶弯矩（不考虑纵向弯曲效应构

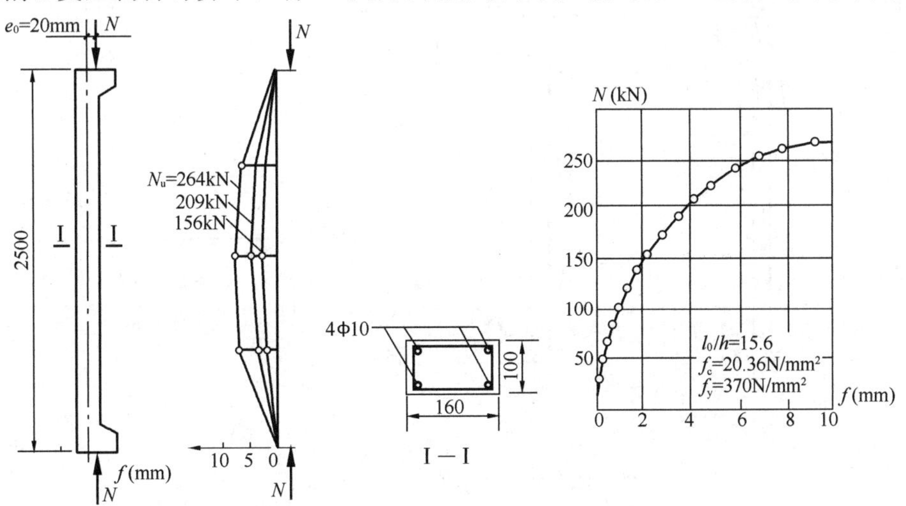

图 6-10　钢筋混凝土长柱 N—f 关系（单位：mm）

件截面中的弯矩），而将 Nf 称为附加弯矩或二阶弯矩。偏心受压构件中的轴压力在挠曲变形后的构件中产生附加弯矩和附加变形的过程属于几何非线性问题，这种现象称为挠曲二阶效应。

试验表明，在纵向弯曲的影响下，偏心受压长柱的破坏特征有两种类型。当柱的长细比在一定范围内，如 l_0/h（或 l_0/d）$=8\sim30$ 时，属于中长柱，这类柱虽然在承受偏心受压荷载后，由于纵向弯曲的影响，荷载的实际偏心距增大，使柱的承载力比同样截面的短柱小，但其破坏特征仍与短柱破坏特征相同，属于材料破坏的类型；当柱的长细比很大，如 l_0/h（或 l_0/d）>30 时，属于细长柱，构件的破坏不是由于构件的材料破坏引起的，而是由于构件纵向弯曲失去平衡引起的，这种破坏称为失稳破坏，如图 6-11 所示，同样截面尺寸的柱，长细比不同导致承载力不同。

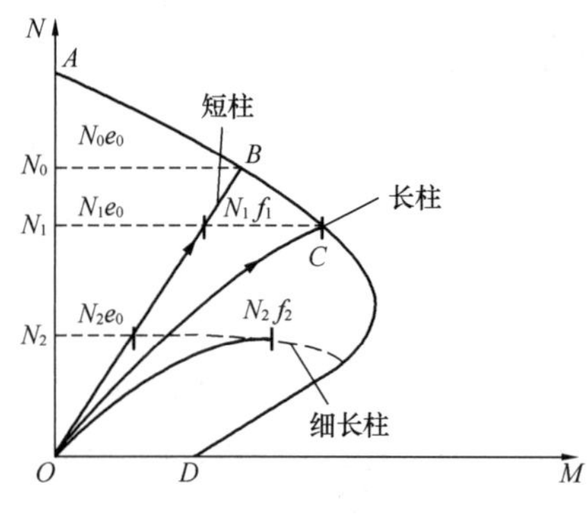

图 6-11　柱的长细比的影响

实际工程中最常遇到的是短柱与中长柱，由于其最终破坏是材料破坏，因此在计算中需考虑由于构件的侧向挠度而引起的二阶效应的影响。我国混凝土结构设计规范通过弯矩增大系数和偏心距调节系数考虑二阶效应的影响。

2. 弯矩增大系数

该系数考虑了偏心距引起的侧向挠度的影响。如图 6-12 所示，考虑侧向挠度 f 后，柱中截面实际承担的弯矩可表示为

$$M=N(e_i+f)=N\frac{e_i+f}{e_i}e_i=N\eta_{ns}e_i \tag{6-12}$$

式中　η_{ns}——弯矩增大系数，$\eta_{ns}=\dfrac{e_i+f}{e_i}=1+\dfrac{f}{e_i}$。

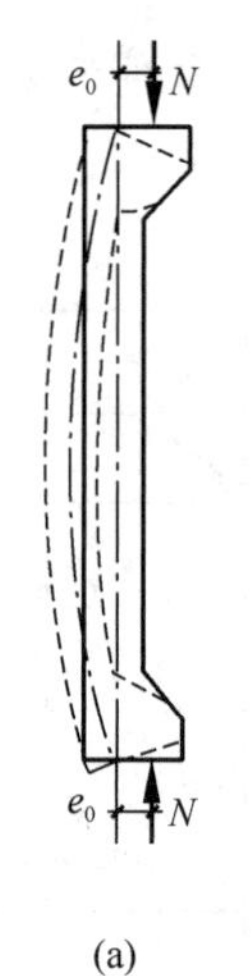

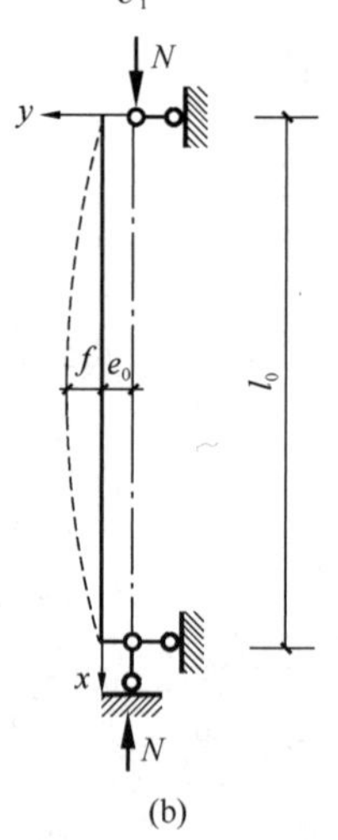

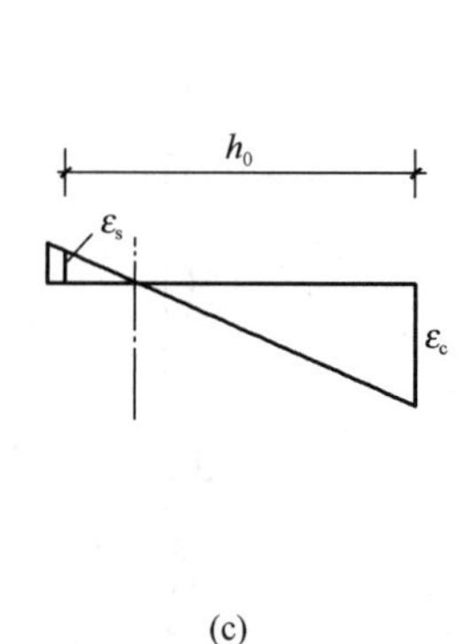

图 6-12　柱端弯矩增大系数计算图示

（a）两端铰支柱；（b）计算简图；（c）截面应变

如图6-12（a）和（b）所示的两端铰支柱，在柱端作用有集中偏心荷载 N 时，其挠度曲线形状基本符合正弦曲线，因此可把这种偏心压杆的挠度曲线公式写成：$y=f\sin\frac{\pi x}{l_0}$，柱截面的曲率为 $\varphi\approx|y''|=f\frac{\pi^2}{l_0^2}\sin\frac{\pi x}{l_0}$，在柱中部控制截面处（$x=\frac{l_0}{2}$），$\varphi=f\frac{\pi^2}{l_0^2}\approx10\frac{f}{l_0^2}$，即

$$f=\varphi\frac{l_0^2}{10} \tag{6-13}$$

式中 f——柱中部截面的侧向挠度；

l_0——柱的计算长度。

将 f 的表达式带入 η_{ns} 表达式中，有

$$\eta_{ns}=1+\frac{\varphi l_0^2}{10e_i} \tag{6-14}$$

由平截面假定（图6-12c）可知

$$\varphi=\frac{\varepsilon_c+\varepsilon_s}{h_0}$$

界限破坏时，$\varepsilon_c=\varepsilon_{cu}$，$\varepsilon_s=\frac{f_y}{E_s}$，则界限破坏时的曲率为

$$\varphi_b=\frac{\varepsilon_{cu}+\frac{f_y}{E_s}}{h_0} \tag{6-15}$$

试验表明，在大偏心受压破坏时，实测曲率 φ 与 φ_b 相差不大；在小偏心受压破坏时，曲率 φ 随偏心距的减小而降低，因此需对 φ_b 进行修正，令

$$\varphi=\varphi_b\zeta_c=\frac{\varepsilon_{cu}+f_y/E_s}{h_0}\zeta_c \tag{6-16}$$

式中 ζ_c——偏心受压构件截面曲率 φ 的修正系数。

参考国外规范和试验分析结果，取 $\zeta_c=\frac{N_b}{N}$，此处 N_b 为界限破坏受压承载力设计值，为实用起见，近似取 $N_b=0.5f_cA$，则

$$\zeta_c=\frac{0.5f_cA}{N}\leqslant1 \tag{6-17}$$

当 $N<N_b$ 截面发生破坏时，为大偏心受压破坏，取 $\zeta_c=1$；当 $N>N_b$ 截面发生破坏时，为小偏心受压破坏，取 $\zeta_c<1$。

考虑到荷载长期作用的影响，可将 ε_{cu} 乘以系数1.25，取 $h/h_0=1.1$，钢筋强度采用400MPa和500MPa的平均值 $f_y=450\text{MPa}$，代入式（6-14）可得到弯矩增大系数 η_{ns} 的计算公式。

$$\eta_{ns} = 1 + \frac{1}{1300(M_2/N + e_a)/h_0}\left(\frac{l_0}{h}\right)^2 \zeta_c \tag{6-18}$$

式中 ζ_c——截面曲率修正系数，见式（6-17）；

M_2——偏心受压构件两端截面按结构分析确定的弯矩设计值中绝对值较大的弯矩设计值；

N——与弯矩设计值 M_2 相应的轴向压力设计值。

3. 偏心距调节系数

上述弯矩增大系数的计算是基于两端作用有同方向偏心且偏心距大小相等的竖向力时，在柱中部引起的弯矩增大效应（图 6-13a）。对于弯矩作用平面内截面对称的偏心受压构件，当柱两端轴向力的偏心方向相反（图 6-13d），或即使同方向偏心（M_1/M_2 非负），但二者大小悬殊，即比值 M_1/M_2 小于 0.9 时（图 6-13b、c），柱中段受附加弯矩影响后的最大弯矩将可能不发生在柱的中间部位。此时，按两端弯矩中绝对值较大的弯矩 M_2 来计算弯矩增大系数，往往会引起二阶弯矩的过度考虑，使配筋设计产生浪费。在这种情况下，采用偏心距调节系数 C_m 来对二阶弯矩的过大考虑进行修正。我国混凝土结构设计规范规定偏心距调节系数采用式（6-19）进行计算。

$$C_m = 0.7 + 0.3\frac{M_1}{M_2} \geqslant 0.7 \tag{6-19}$$

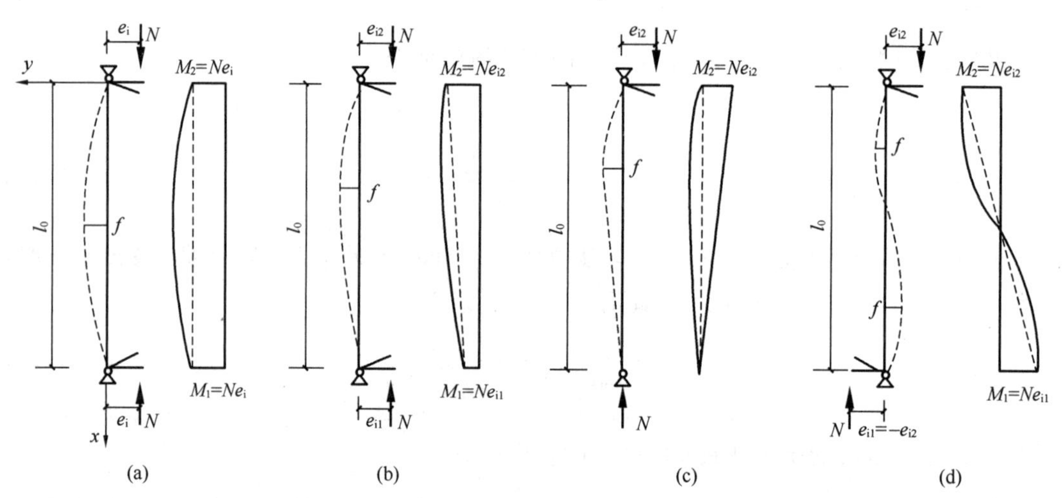

图 6-13 柱上、下端偏心距不同对侧向挠曲变形的影响

(a) $M_1/M_2=1$；(b) $M_1/M_2<1$；(c) $M_1/M_2=0$；(d) $M_1/M_2=-1$

4. 控制截面的设计弯矩

除排架结构柱以外的偏心受压构件，在其偏心方向上考虑杆件自身挠曲影响（附加弯矩或二阶弯矩）的控制截面弯矩设计值可按式（6-20）计算。

$$M = C_m \eta_{ns} M_2 \tag{6-20}$$

其中，当 $C_m\eta_{ns}$ 小于 1.0 时，取 $C_m\eta_{ns}$ 为 1.0；对剪力墙及核心筒墙肢类构件，可取 $C_m\eta_{ns}$ 等于 1.0。

5. 适用条件

当长细比较小时，偏心受压构件的纵向弯曲变形很小，附加弯矩的影响可忽略。因此我国混凝土设计规范规定：弯矩作用平面内截面对称的偏心受压构件，当同一主轴方向的杆端弯矩比 M_1/M_2 不大于 0.9 且设计轴压比不大于 0.9 时，若构件的长细比满足式（6-21）的要求，可不考虑该方向构件自身挠曲产生的附加弯矩影响。

$$\frac{l_0}{i} \leqslant 34 - 12\left(\frac{M_1}{M_2}\right) \tag{6-21}$$

式中　M_1、M_2——偏心受压构件两端截面按结构分析确定的对同一主轴的弯矩设计值，绝对值较大端为 M_2，绝对值较小端为 M_1，当构件按单曲率弯曲时，M_1/M_2 为正，如图 6-14（a）所示；否则为负，如图 6-14（b）所示；

l_0——柱的计算长度，可近似取偏心受压构件相应主轴方向上下支撑点之间的距离；

i——偏心方向的截面回转半径。

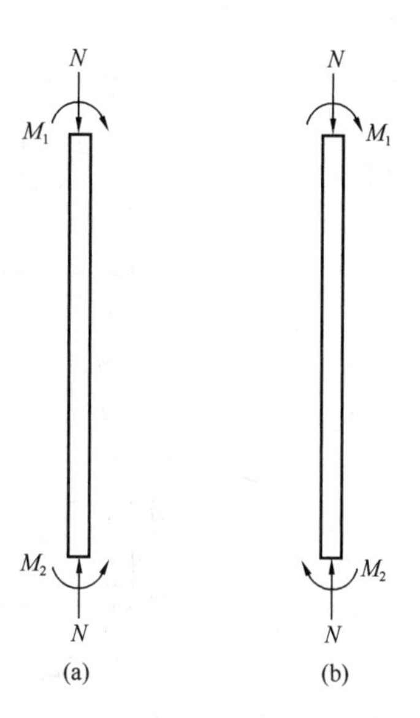

图 6-14　偏心受压构件的弯曲方向

（a）单曲率弯曲；（b）双曲率弯曲

6.5　矩形截面偏心受压构件承载力计算基本公式

6.5.1　矩形截面大偏心受压构件承载力计算公式

1. 计算公式

试验分析表明，大偏心受压构件与适筋梁类似，破坏时截面平均应变和裂缝截面处的应力分布如图 6-8 所示，即其受拉及受压纵向钢筋均能达到屈服强度，受压区混凝土应力为抛物线形分布。图 6-15（a）为截面的实际应力分布图，图 6-15（b）为混凝土部分采用等效矩形应力图形后的简化应力图，其中：受压区高度 $x=\beta_1 x_n$，当 $f_{cu,k} \leqslant 50\text{N/mm}^2$ 时，β_1 取 0.8；当 $f_{cu,k}=80\text{N/mm}^2$ 时，β_1 取 0.74；其间按线性内插法取用。应力取混凝土抗压强度设计值 f_c 乘以系数 α_1，当 $f_{cu,k} \leqslant 50\text{N/mm}^2$ 时，α_1 取为 1.0；当 $f_{cu,k}=80\text{N/mm}^2$，α_1 取为 0.94；其间按线性内插法取用。

由截面上的力和力矩平衡可得

$$N_u = \alpha_1 f_c bx + f'_y A'_s - f_y A_s \tag{6-22}$$

$$N_u e = \alpha_1 f_c bx\left(h_0 - \frac{x}{2}\right) + f'_y A'_s (h_0 - a'_s) \tag{6-23}$$

其中

$$e = e_i + \frac{h}{2} - a_s \tag{6-24}$$

式中　e——轴向压力作用点至纵向受拉钢筋合力点之间的距离。

2. 适用条件

为了保证构件在破坏时受拉钢筋应力能达到抗拉强度设计值 f_y，必须满足适用条件

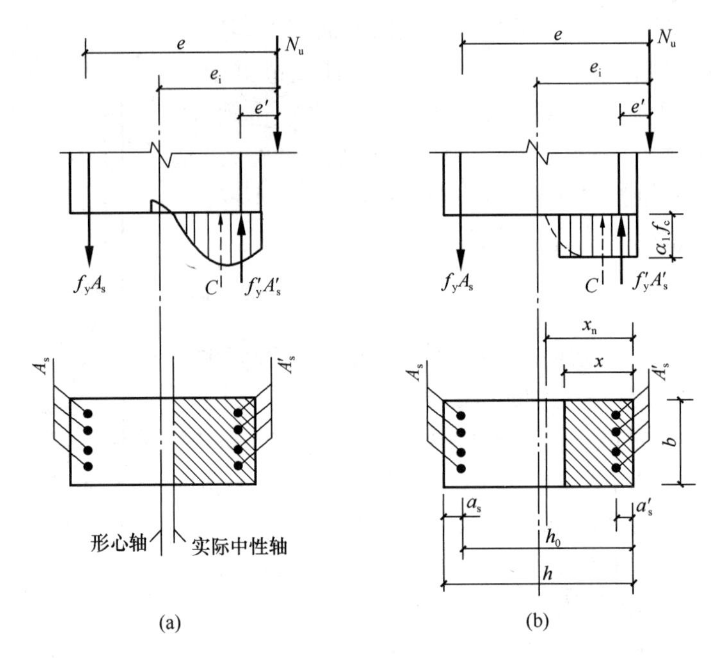

图 6-15 大偏心受压极限状态应力图

(a) 实际应力图；(b) 等效矩形应力图

$$\xi \leqslant \xi_b \tag{6-25}$$

为了保证构件在破坏时受压钢筋应力能达到抗压强度设计值 f'_y，必须满足适用条件

$$x \geqslant 2a'_s \tag{6-26}$$

当 $x < 2a'_s$ 时，受压钢筋应力可能达不到 f'_y，与双筋受弯构件类似，可取 $x = 2a'_s$。其应力图形可参考图 6-15（b），近似认为受压区混凝土所承担压力的作用位置与受压钢筋承担压力位置重合，根据平衡条件可写出

$$N_u e' = f_y A_s (h_0 - a'_s) \tag{6-27}$$

则有

$$A_s = \frac{N_u e'}{f_y (h_0 - a'_s)} \tag{6-28}$$

其中

$$e' = e_i - \frac{h}{2} + a'_s \tag{6-29}$$

式中 e'——轴向压力作用点至纵向受压钢筋合力点之间的距离。

6.5.2 矩形截面小偏心受压构件承载力计算公式

1. 计算公式

小偏心受压构件的远端钢筋在承载力极限状态下可能受拉（图 6-16a）、也可能受压（图 6-16b）所示。远端钢筋受拉时达不到屈服强度，而受压时可能屈服，也可能不屈服。实际设计时仍采用等效矩形应力图，如图 6-16（c）和（d）所示。

如图 6-16（c）所示，由截面上的力和力矩平衡可得

$$N_u = \alpha_1 f_c bx + f'_y A'_s - \sigma_s A_s \tag{6-30}$$

$$N_u e = \alpha_1 f_c bx \left(h_0 - \frac{x}{2}\right) + f'_y A'_s (h_0 - a'_s) \tag{6-31a}$$

或

$$N_u e' = \alpha_1 f_c bx \left(\frac{x}{2} - a'_s\right) - \sigma_s A_s (h_0 - a'_s) \tag{6-31b}$$

式中　e——见式（6-24）；

e'——式（6-29）中 e' 的相反数，即 $e' = \frac{h}{2} - e_i - a'_s$。

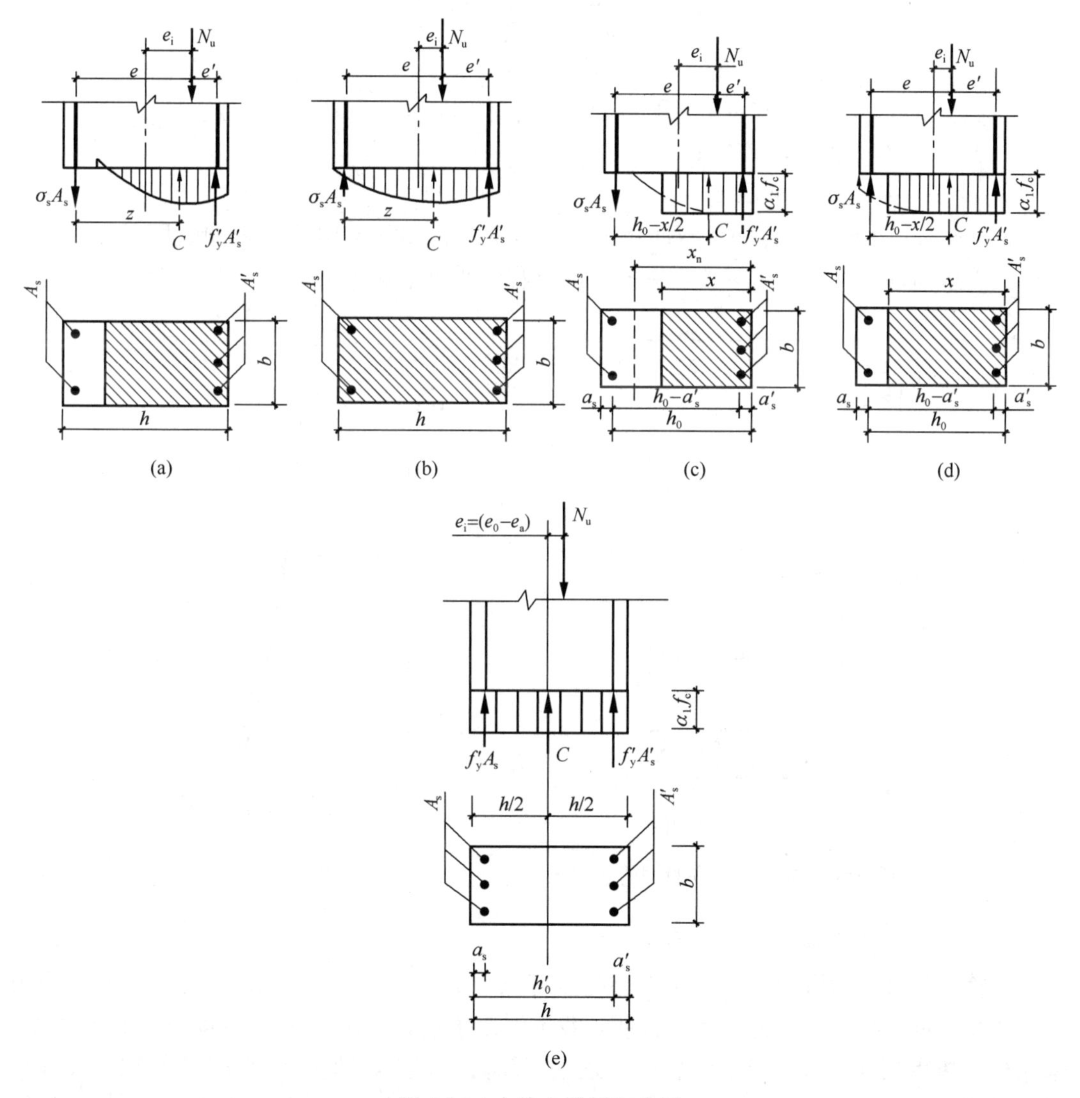

图 6-16　小偏心受压应力图

（a）远端钢筋受拉实际应力图；（b）远端钢筋受压实际应力图；（c）远端钢筋受拉等效矩形应力图；（d）远端钢筋受压等效矩形应力图；（e）反向受压破坏

在小偏心受压构件中，远离纵向偏心力一侧的纵向钢筋 A_s 的应力不论受拉还是受压，在大部分情况下均不会达到屈服强度，而只能达到 σ_s，确定 σ_s 有以下两种方法。

(1) 用平截面假定确定钢筋应力 σ_s

根据平截面假定，由图 6-17 可得

$$\frac{\varepsilon_s}{h_0 - x_n} = \frac{\varepsilon_{cu}}{x_n} \tag{6-32}$$

根据等效矩形应力图原则，可得

$$x = \beta_1 x_n \tag{6-33}$$

将式（6-33）代入式（6-32）可得

$$\sigma_s = E_s \varepsilon_{cu}\left(\frac{\beta_1 h_0}{x} - 1\right) = E_s \varepsilon_{cu}\left(\frac{\beta_1}{\xi} - 1\right) \tag{6-34}$$

式中 E_s——钢筋的弹性模量；

ε_{cu}——非均匀受压时的混凝土极限压应变，取 0.0033；

h_0——截面的有效高度；

ξ——相对受压区高度。

式（6-34）表明 σ_s 与 ξ 间呈双曲线型的函数关系，如图 6-18 中的双曲线所示。则应用小偏心受压构件计算公式时需要解 ξ 的三次方程，手算求解不方便。

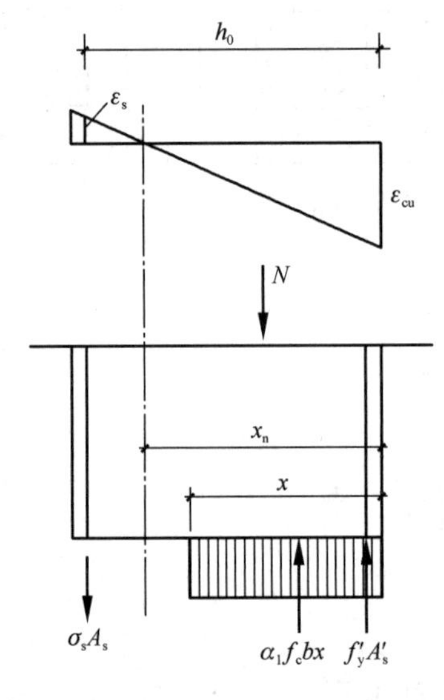

图 6-17 远离纵向偏心力一侧的钢筋应力 σ_s

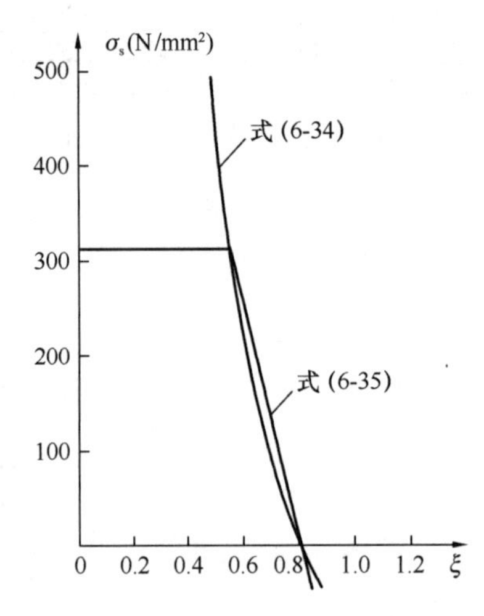

图 6-18 σ_s—ξ 关系曲线

(2) 用经验公式确定钢筋应力 σ_s

计算分析及试验资料表明，小偏心受压情况下实测的受拉边或受压较小边的钢筋应力 σ_s 与 ξ 间接近直线关系。为了计算方便，我国混凝土设计规范将 σ_s 与 ξ 间看作线性关系。采用两个边界条件：(1) 当 $\xi = \xi_b$ 时，远端钢筋受拉屈服，即 $\sigma_s = f_y$；(2) 当 $\xi = \beta_1$ 时，实际受压区高度 $x_n = x/\beta_1 = \xi h_0/\beta_1 = h_0$，说明中性轴与远端钢筋位置重合，此时远端钢筋的应力为零，即 $\sigma_s = 0$。由此可得出 σ_s—ξ 的线性关系，即

$$\sigma_s = \frac{f_y}{\xi_b - \beta_1}\left(\frac{x}{h_0} - \beta_1\right) = \frac{f_y}{\xi_b - \beta_1}(\xi - \beta_1) \tag{6-35}$$

式（6-35）表明 σ_s 与 ξ 间呈线性关系，如图 6-18 中的直线所示，和式（6-34）的曲线关系对比，误差在工程允许范围内，且在应用小偏心受压构件承载力计算公式时不需要解

ξ的三次方程，手算更方便。注意，按式（6-34）和式（6-35）计算的钢筋应力应符合下列条件。

$$-f'_y \leqslant \sigma_s \leqslant f_y \tag{6-36}$$

在纵向偏心压力的偏心距很小且纵向偏心压力又比较大（$N > f_c bh$）的全截面受压情况下，如果接近纵向偏心压力一侧的纵向钢筋A'_s配置较多，而远离偏心压力一侧的钢筋A_s配置相对较少时，可能出现特殊情况，此时A_s应力有可能达到受压屈服强度，远离纵向偏心压力一侧的混凝土有可能先被压坏，称为反向受压破坏。因此为使A_s配置不致过小，应按图6-16（e）所示对A'_s合力点取力矩平衡求得A_s。

取$x = h$，$\sigma_s = -f'_y$，可得

$$N_u e' \leqslant \alpha_1 f_c bh(h'_0 - 0.5h) + f'_y A_s(h'_0 - a_s) \tag{6-37}$$

式中　h'_0——纵向钢筋A'_s合力点离偏心压力较远一侧边缘的距离，即$h'_0 = h - a'_s$。

初始偏心距按不利情况取为$e_i = e_0 - e_a$，此时e'按式（6-38）计算。

$$e' = 0.5h - a'_s - (e_0 - e_a) \tag{6-38}$$

将式（6-37）和式（6-38）整理得

$$A_s \geqslant \frac{N_u[0.5h - a'_s - (e_0 - e_a)] - \alpha_1 f_c bh(h'_0 - 0.5h)}{f'_y(h'_0 - a_s)} \tag{6-39}$$

为避免反向破坏，需验算A_s满足式（6-39）的要求。

2. 适用条件

小偏心受压应满足$\xi > \xi_b$、$-f'_y \leqslant \sigma_s \leqslant f_y$及$x \leqslant h$的条件。当纵向受力钢筋$A_s$的应力$\sigma_s$达到受压屈服强度$-f'_y$且$f'_y = f_y$时，根据式（6-35）可计算出此状态相对受压区高度$\xi = 2\beta_1 - \xi_b$。

6.6　不对称配筋矩形截面偏心受压构件承载力计算

偏心受压构件的工程应用有两种类型，一类是对已有构件进行承载力的校核验算，另一类是基于构件承载力的截面设计。这两类问题都要先进行大偏心受压和小偏心受压的类型判断。

6.6.1　大、小偏心受压的初步判断

对于不对称配筋截面（即$A_s \neq A'_s$），由于A'_s及A_s为未知，无法计算出相对受压区高度ξ，因此也就不能利用ξ与ξ_b的相对大小来判别偏心受压截面的破坏模式。在已知轴向力设计值N和弯矩设计值M的情况下，相对偏心距e_i/h_0可以求得。当处于界限破坏时，截面应力分布情况如图6-19所示，此时混凝土的相对受压区高度为ξ_b，受拉钢筋达到受拉屈服，受压钢筋达到受压屈服，则可根据平衡条件得到

$$N_b = \alpha_1 f_c b \xi_b h_0 + f'_y A'_s - f_y A_s \tag{6-40}$$

$$N_b e_{ib} = \alpha_1 f_c b \xi_b h_0 \left(\frac{h}{2} - \frac{\xi_b h_0}{2}\right) + f'_y A'_s \left(\frac{h}{2} - a'_s\right) + f_y A_s \left(\frac{h}{2} - a_s\right) \tag{6-41}$$

取 $A_s=\rho bh_0$ 和 $A_s'=\rho' bh_0$，并假定 $a_s=a_s'=\chi h_0$ 代入式（6-41）可得

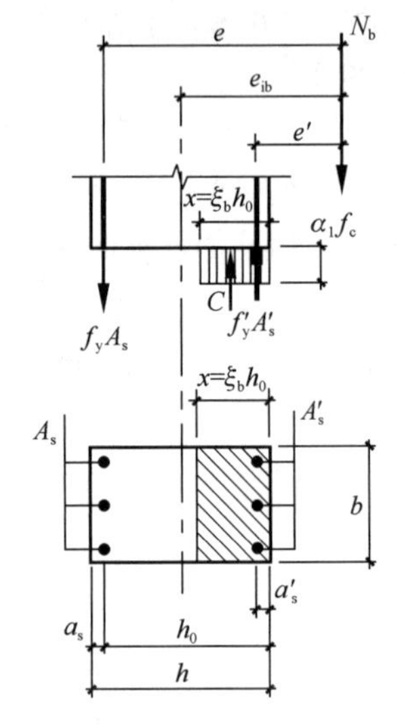

图 6-19 界限破坏的应力图

$$\frac{e_{ib}}{h_0}=\frac{0.5\left[\xi_b(1+\chi-\xi_b)+(1-\chi)\left(\rho'\frac{f_y'}{\alpha_1 f_c}+\rho\frac{f_y}{\alpha_1 f_c}\right)\right]}{\xi_b+\rho'\frac{f_y'}{\alpha_1 f_c}-\rho\frac{f_y}{\alpha_1 f_c}} \tag{6-42}$$

式中 e_{ib}——界限偏心距。

式（6-42）表明，对于普通钢筋混凝土，$\frac{e_{ib}}{h_0}$ 随 ρ'、ρ 和 χ 的减小而减小，随混凝土轴心抗压强度设计值 f_c 的增大而减小。因此，为求得 $\frac{e_{ib}}{h_0}$ 的最小值，应根据工程中常用的材料性质及可能遇到的情况，取 $\chi=0.05$，ρ 和 ρ' 取最小配筋率 0.2%。将 $\frac{e_{ib}}{h_0}$ 随材料参数变化的计算结果列于表 6-1。

最小相对界限偏心距 $e_{ib,min}/h_0$ **表 6-1**

钢筋＼混凝土	C25	C30	C35	C40	C45	C50	C60	C70	C80
HRB400	0.377	0.358	0.345	0.335	0.329	0.323	0.325	0.329	0.335
HRB500	0.428	0.404	0.387	0.374	0.365	0.358	0.358	0.360	0.364

注：HRB500 级钢筋的受压强度设计值取 $f_y'=435$MPa。

由表 6-1 可见，对于不同的材料强度选取方案，$e_{ib,min}/h_0$ 值一般均大于 0.3。对于常用的柱截面，其计算配筋大多高于最小配筋率，则其发生界限破坏时对应的相对偏心距将大于最小相对界限偏心距。也就是说，当轴向力的初始偏心距 $e\leqslant 0.3h_0$ 时，截面仅能设计为小偏心受压；而当 $e>0.3h_0$ 时，截面可先按大偏心受压构件进行初算，再根据后续计算得到的 ξ 与 ξ_b 的大小关系，最终确定截面属于哪种破坏模式。

6.6.2 截面复核

在截面尺寸 b 及 h、配筋量 A_s 及 A_s'、材料强度等级和构件计算长度等已知的情况下，截面承载力复核分为：①给定轴力设计值 N，求弯矩作用平面的弯矩设计值或偏心距；②给定弯矩作用平面的弯矩设计值 M，求轴力设计值 N。

1. 给定轴力设计值 N，求弯矩作用平面的一阶极限弯矩 M_2

根据已知条件，未知数只有 x 和 M 两个。首先按式（6-40）求出界限轴力 N_b。

若给定的设计轴力 $N\leqslant N_b$，则为大偏心受压，可按式（6-22）计算截面的受压高度 x。如果 $2a_s'\leqslant x\leqslant \xi_b h_0$，利用式（6-23）、式（6-24）和式（6-11），求出 e、e_0 及 $M=Ne_0$；如果 $x<2a_s'$，可通过式（6-27）、式（6-29）和式（6-11），求出 e'、e_0 及 $M=Ne_0$。然后利用式（6-20）变换得

$$\frac{M}{C_m M_2} = 1 + \frac{1}{1300(M_2/N + e_a)/h_0}\left(\frac{l_0}{h}\right)^2 \zeta_c \tag{6-43}$$

求解得到 M_2 即为一阶极限弯矩。

若给定的设计轴力 $N > N_b$，则为小偏心受压，可按式（6-30）和式（6-35）计算截面的受压高度 x（或 ξ）。

（1）若 $\xi_b \leqslant \xi \leqslant 2\beta_1 - \xi_b$，且 $\xi < h/h_0$，可通过式（6-31a）、式（6-24）及式（6-11），求 e、e_0 及 $M = Ne_0$，再用式（6-43）求解 M_2。

（2）若 $\xi_b < \xi \leqslant 2\beta_1 - \xi_b$，且 $\xi \geqslant h/h_0$，此时 $\xi = h/h_0$，可通过式（6-31a）、式（6-24）及式（6-11）求 e、e_0 及 $M = Ne_0$，再用式（6-43）求解 M_2。

（3）若 $\xi > 2\beta_1 - \xi_b$，取 $\sigma_s = -f_y$，代入式（6-30）重新计算 ξ，若 $\xi \geqslant h/h_0$，取 $\xi = h/h_0$，然后通过式（6-31a）、式（6-24）及式（6-11）求 e、e_0 及 $M = Ne_0$，再用式（6-43）求解 M_2。

2. 给定弯矩作用平面内柱两端的一阶弯矩设计值 M_1 和 M_2，求极限轴力 N_u

先由大偏心受压的基本公式（式 6-22 和式 6-23），联立求得 x（或 ξ）；也可根据图 6-15（b）对 N_u 作用点取矩来求解 x（或 ξ），然后可能出现两种情况。

（1）如果 $\xi \leqslant \xi_b$，则为大偏心受压构件，将 ξ 代入到大偏心受压构件基本计算公式（式 6-22）即可求出极限轴力 N_u。

（2）如果 $\xi > \xi_b$，则为小偏心受压构件，此时需由小偏心受压基本公式，即式（6-30）、式（6-31）和式（6-35）重新联立求解 x（或 ξ）；也可根据图 6-16（c）对 N_u 作用点取矩来求解 x（或 ξ），再由式（6-30）求出极限轴力 N_u。

对于小偏心受压构件需要按式（6-37）验算是否由反向破坏来决定极限承载力，同时还应按轴心受压构件验算垂直于弯矩作用平面的受压承载力。

【例 6-3】

已知一偏心受压柱 $b \times h = 400\text{mm} \times 500\text{mm}$，柱计算高度 $l_0 = 5.5\text{m}$，作用在柱上的轴压力设计值 $N = 800\text{kN}$，按弹性分析得到的柱端作用效应组合后的弯矩设计值相等，已配钢筋 A_s' 为 2 ⌀ 16（A_s'=402mm^2），A_s 为 2 ⌀ 20（A_s=628mm^2），钢筋采用 HRB400，混凝土采用 C30，环境类别为一类。试求截面在 h 方向能承担的一阶弯矩 M_u。

【解】

（1）确定材料强度及物理、几何参数

C30 混凝土，f_c=14.3N/mm^2；HRB400 级钢筋，$f_y = f_y' = 360\text{N/mm}^2$。

$b = 400\text{mm}$，$h = 500\text{mm}$，一类环境时，柱保护层最小厚度 20mm，考虑箍筋直径为 10mm，纵向受力钢筋直径为 20mm，预估 $a_s = a_s' = 40\text{mm}$，$h_0 = 500 - 40 = 460\text{mm}$。

HRB400 级钢筋，C30 混凝土，$\beta_1 = 0.8$，$\xi_b = 0.518$。

（2）由式（6-22）判别大、小偏心受压

$$x = \frac{N - f_y'A_s' + f_y A_s}{\alpha_1 f_c b} = \frac{800 \times 10^3 - 360 \times 402 + 360 \times 628}{1 \times 14.3 \times 400} = 154\text{mm}$$

且 $2a_s' = 80\text{mm} \leqslant x \leqslant \xi_b h_0 = 0.518 \times 460 = 238\text{mm}$，属于大偏心受压。

（3）由式（6-23）、式（6-24）和式（6-11）求 e_0

$$e=\frac{\alpha_1 f_c bx(h_0-0.5x)+f'_y A'_s(h_0-a'_s)}{N}$$
$$=\frac{1\times 14.3\times 400\times 154\times(460-0.5\times 154)+360\times 402\times(460-40)}{800,000}$$
$$=498\text{mm}$$

$h=500\text{mm}<600\text{mm}$，取 $e_a=20\text{mm}$。

$e_i=e+a_s-\dfrac{h}{2}=498+40-250=288\text{mm}$

$e_0=e_i-e_a=268\text{mm}$

（4）由式（6-43）求 M_u

$M=Ne_0=800\times 0.268=214.4\text{kN}\cdot\text{m}$

$\zeta_c=\dfrac{0.5f_cA}{N}=1.79>1$，取 1。

$C_m=0.7+0.3\dfrac{M_1}{M_2}=1$

$\dfrac{M}{C_mM_u}=\eta_{ns}=1+\dfrac{1}{1300(M_u/N+e_a)/h_0}\left(\dfrac{l_0}{h}\right)^2\zeta_c$

整理得 $M_u^2-164.15M_u-3430.40=0$，解得 $M_u=183\text{kN}\cdot\text{m}$。

【例 6-4】

已知一偏心受压柱 $b\times h=400\text{mm}\times 450\text{mm}$，柱计算高度 $l_0=4.5\text{m}$，已配钢筋 A'_s 为 2Φ20（$A'_s=628\text{mm}^2$），A_s 为 2Φ16（$A_s=402\text{mm}^2$）。钢筋采用 HRB400，混凝土采用 C30，环境类别为一类。设轴力在截面长边方向产生的偏心距 $e_0=100\text{mm}$，不考虑附加弯矩的影响。试求柱能承担的设计轴压力 N_u。

【解】

（1）确定材料强度及物理、几何参数

C30 混凝土，$f_c=14.3\text{N/mm}^2$；HRB400 级钢筋，$f_y=f'_y=360\text{N/mm}^2$。

$b=400\text{mm}$，$h=450\text{mm}$，一类环境时，柱保护层最小厚度 20mm，考虑箍筋直径为 10mm，纵向受力钢筋直径为 20mm，预估 $a_s=a'_s=40\text{mm}$，$h_0=450-40=410\text{mm}$。

HRB400 级钢筋，C30 混凝土，$\beta_1=0.8$，$\xi_b=0.518$。

（2）判别大、小偏心受压

$h=450\text{mm}<600\text{mm}$，取 $e_a=20\text{mm}$。

$e_i=e_0+e_a=100+20=120\text{mm}<0.3h_0=123\text{mm}$，属于小偏心受压。

（3）求 N_u

对 N 的作用点建立力矩平衡方程可得

$$\sigma_sA_se+f'_yA'_se'=\alpha_1 f_cbx\left(\frac{x}{2}+e_i-\frac{h}{2}\right)$$

应力公式 $\sigma_s=\dfrac{\xi-\beta_1}{\xi_b-\beta_1}f_y=\dfrac{\dfrac{x}{410}-0.8}{0.518-0.8}\times 360=1021.28-3.11x$

$$e=e_i+\frac{h}{2}-a_s=305\text{mm},\ e'=\frac{h}{2}-e_i-a'_s=65\text{mm}$$

两方程联立得 $x^2-76.67x-48,921.10=0$，解得 $x=262.8\text{mm}$。

且 $\xi=x/h_0=0.641>\xi_b=0.518$。

$$N_u=\frac{\alpha_1 f_c bx(h_0-0.5x)+f'_y A'_s(h_0-a'_s)}{e}=1647\text{kN}$$

（4）反向偏压验算

由于是小偏心受压，还要验算反向破坏。

$$e'=0.5h-a'_s-(e_0-e_a)=225-40-(100-20)=105\text{mm}$$

由式（6-37）得

$$N\leqslant\frac{\alpha_1 f_c bh(h'_0-0.5h)+f'_y A_s(h'_0-a_s)}{e'}$$

$$=\frac{1.0\times14.3\times400\times450\times(410-225)+360\times402\times(410-40)}{105}\times10^{-3}$$

$$=5045\text{kN}>1647\text{kN}$$

所以不会发生反向破坏。

（5）按轴心受压构件验算垂直于弯矩作用平面的受压承载力

$$\frac{l_0}{b}=\frac{4500}{400}=11.25$$

查附表5-7内插得 $\varphi=0.96$。

由式（6-2）

$$N=0.9\varphi(f_c A+f'_y A'_s)$$

$$=0.9\times0.96\times[14.3\times400\times450+360\times(402+628)]\times10^{-3}$$

$$=2544\text{kN}>1647\text{kN}$$

因此该柱能承受的轴心压力设计值为1647kN。

6.6.3　截面设计

根据结构受力分析，已知柱端弯矩设计值 M_1、M_2 及相应的轴向力设计值 N 和构件计算长度 l_0，试设计该柱。由6.4.2节第5部分的适用条件确定是否需要考虑附加弯矩的影响。若需考虑附加弯矩的影响，则由式（6-20）确定柱控制截面弯矩设计值 M，然后计算偏心距 $e_0=M/N$、附加偏心距 e_a 和初始偏心距 $e_i=e_0+e_a$。一般情况下根据工程经验以及当地材料供应情况，预先确定截面尺寸 $b\times h$ 和混凝土强度等级，钢筋种类及强度 f_y、f'_y，最终只有钢筋截面面积 A_s 及 A'_s 需要确定。

1. 大偏心受压构件的截面设计

当 $e_i>0.3h_0$ 时，一般可先按大偏心受压情况计算纵向钢筋的 A_s 和 A'_s。实际设计时会出现下述两种情况。

二维码6-2
非对称配筋大偏心
受压构件截面
设计框图

1) A_s 和 A'_s 均未知

此时仅有式（6-22）和式（6-23）两个方程，而未知数有三个，即 A_s、A'_s 和 x，不能求得唯一解，需补充一个条件才能求解。为了使总用钢量 $(A_s+A'_s)$ 最少，应充分利用受压区混凝土承受压力，即应使受压区高度尽可能大，因此取 $x=x_b=\xi_b h_0$ 代入式（6-23）可得

$$A'_s=\frac{Ne-\alpha_1 f_c bh_0^2\xi_b(1-0.5\xi_b)}{f'_y(h_0-a'_s)} \tag{6-44}$$

（1）若求得的 $A'_s \geqslant \rho_{min}bh$，将 A'_s 代入式（6-22）求得

$$A_s=\frac{\alpha_1 f_c bh_0\xi_b+f'_yA'_s-N}{f_y} \tag{6-45}$$

当按式（6-45）计算的 $A_s \geqslant \rho_{min}bh$ 时，按计算的 A_s 配筋；当计算的 $A_s < \rho_{min}bh$ 或为负值时，应取 $A_s=\rho_{min}bh$ 进行配筋。

（2）若求得的 $A'_s < \rho_{min}bh$ 或为负值，取 $A'_s=0.002bh$，按 A'_s 为已知情况计算 A_s。

2）A'_s 已知，求 A_s

此时有两个方程，两个未知数，即 x 和 A_s。由式（6-23）求得 x 后可能有以下三种情况。

（1）若 $2a'_s \leqslant x \leqslant \xi_b h_0$，继续由式（6-22）求 A_s。

（2）当 $x < 2a'_s$ 时，可取 $x=2a'_s$，按式（6-28）计算 A_s。A_s 应满足最小配筋率的要求，否则取 $A_s=\rho_{min}bh$。

（3）若 $x > \xi_b h_0$，则应按照 A'_s 为未知的情况重新计算 A'_s 和 A_s；若 A'_s 不允许改变时，则按小偏心受压情况进行设计。

2. 小偏心受压构件的截面设计

当 $e_i < 0.3h_0$ 时，按小偏心受压情况计算纵向钢筋的 A_s 和 A'_s。小偏心受压破坏时，远离偏心压力一侧的纵向受力钢筋 A_s 可能受拉，也可能受压，无论受拉还是受压，钢筋应力均没有达到屈服强度，因此，可取 A_s 等于最小配筋量，即 $A_s=\rho_{min}bh$，这样得出的 $(A_s+A'_s)$ 比较经济。当 A_s 确定以后，小偏心受压基本公式中只有两个独立的未知数，即 A'_s、x（或 ξ），故可求得唯一解。

二维码6-3
非对称配筋小偏心受压构件截面设计框图

将确定的 A_s 及式（6-35）代入式（6-31b），可首先求得 x（或 ξ）。

（1）若 $\xi \leqslant \xi_b$，按大偏心受压情况计算，但这种情况一般不会出现。

（2）若 $\xi_b < \xi \leqslant 2\beta_1-\xi_b$，且 $\xi < h/h_0$，说明 $-f'_y \leqslant \sigma_s \leqslant f_y$，将 ξ 代入式（6-31a）得

$$A'_s=\frac{Ne-\xi(1-0.5\xi)\alpha_1 f_c bh_0^2}{f'_y(h_0-a'_s)} \tag{6-46}$$

（3）若 $\xi_b < \xi \leqslant 2\beta_1-\xi_b$，且 $\xi \geqslant h/h_0$，此时 $\xi=h/h_0$，将 ξ 代入式（6-46）求解 A'_s。

（4）若 $\xi > 2\beta_1-\xi_b$，令 $\sigma_s=-f_y$，由式（6-31b）重新计算 x（或 ξ）；若 $\xi \geqslant h/h_0$，取 $\xi=h/h_0$，再由式（6-46）求得 A'_s，且使 $A'_s \geqslant 0.002bh$，否则取 $A'_s=0.002bh$。

注意，当纵向偏心压力 $N > f_c bh$ 时，按式（6-39）计算，以避免出现反向受压破坏。另外，还要对弯矩作用平面外的承载力进行验算。最后 A_s 应取按上述所有情况计算值的较大者。

【例 6-5】

工程背景同例 4-1，本例题选取地下一层车库夹层的钢筋混凝土柱 Z-2 为设计对象，如图 4-21 所示。经内力分析，该柱承受轴压力设计值 $N=1600\text{kN}$，按弹性分析得到的柱端组合弯矩设计值分别为 $M_1=650\text{kN}\cdot\text{m}$，$M_2=680\text{kN}\cdot\text{m}$，从基础顶面到地下一层楼盖顶面的高度 $H=4.2\text{m}$，环境类别为一类。试设计该柱。

【解】

同例 6-1，结构重要性系数 $\gamma_0 = 1.1$。

（1）确定材料和截面尺寸

常用受压构件的混凝土强度等级为 C30～C50，根据当地材料供应情况和工程经验，本例题混凝土选用 C40，纵向钢筋选用 HRB400 级，根据附表 1-2 和附表 1-6，$f_c = 19.1\text{N/mm}^2$，$f_y = f'_y = 360\text{N/mm}^2$，截面尺寸选用 $b \times h = 500\text{mm} \times 600\text{mm}$ 的矩形柱。由于环境类别为一类，查附表 5-4，保护层厚度为 20mm，考虑箍筋直径为 10mm，因此预估 $a_s = a'_s = 40\text{mm}$，$h_0 = 600 - 40 = 560\text{mm}$；查附表 5-9，取计算长度 $l_0 = 1.0H = 1.0 \times 4200 = 4200\text{mm}$（现浇楼盖底层柱）。

HRB400 级钢筋，C40 混凝土，$\beta_1 = 0.8$，$\xi_b = 0.518$。

（2）求柱设计弯矩 M

根据 6.4.2 节，需要判断是否考虑附加弯矩的影响。

由于 $M_1/M_2 = 0.96 > 0.9$，$\mu_N = \dfrac{\gamma_0 N}{f_c A} = \dfrac{1.1 \times 1600 \times 10^3}{19.1 \times 500 \times 600} = 0.307 < 0.9$。

$i = \sqrt{\dfrac{I}{A}} = \dfrac{h}{2\sqrt{3}} = 173.2\text{mm}$，但 $l_0/i = 24.2 > 34 - 12(M_1/M_2) = 22.5$，因此，需要考虑附加弯矩影响。

$\zeta_c = \dfrac{0.5 f_c A}{N} = 1.79 > 1$，取 1。

$$C_m = 0.7 + 0.3\frac{M_1}{M_2} = 0.99$$

$h = 600\text{mm}$，取 $e_a = 20\text{mm}$，根据式（6-18）

$$\eta_{ns} = 1 + \frac{1}{1300(M_2/N + e_a)/h_0}\left(\frac{l_0}{h}\right)^2 \zeta_c = 1.047$$

$$C_m \eta_{ns} = 0.99 \times 1.047 = 1.037$$

根据式（6-20），柱设计弯矩

$$M = C_m \eta_{ns} M_2 = 705.16\text{kN} \cdot \text{m}$$

（3）求 e_i，判别大、小偏心受压

根据式（6-9）$e_0 = \dfrac{M}{N} = \dfrac{705.16 \times 10^3}{1600} = 440.7\text{mm}$。

根据式（6-11）$e_i = e_0 + e_a = 440.7 + 20 = 460.7\text{mm}$。

由于 $e_i = 460.7\text{mm} > 0.3h_0 = 168\text{mm}$，可先按大偏心受压计算。

（4）求 A_s 及 A'_s

根据式（6-24）$e = e_i + \dfrac{h}{2} - a_s = 460.7 + 300 - 40 = 720.7\text{mm}$。

根据式（6-44）

$$A'_s = \frac{\gamma_0 Ne - \alpha_1 f_c b h_0^2 \xi_b (1 - 0.5\xi_b)}{f'_y (h_0 - a'_s)}$$

$$= \frac{1.1 \times 1600 \times 10^3 \times 720.7 - 1.0 \times 19.1 \times 500 \times 560^2 \times 0.518 \times (1 - 0.5 \times 0.518)}{360 \times (560 - 40)}$$

$$= 635\text{mm}^2 > 0.002bh = 0.002 \times 500 \times 600 = 600\text{mm}^2$$

根据式（6-45）

$$A_s=\frac{\alpha_1 f_c b h_0 \xi_b+f_y' A_s'-\gamma_0 N}{f_y}$$

$$=\frac{1.0\times 19.1\times 500\times 560\times 0.518+360\times 635-1.1\times 1600\times 10^3}{360}$$

$$=3441\text{mm}^2$$

（5）选筋，并验算配筋率

受压钢筋选 2 ⌀ 22（$A_s'=760\text{mm}^2$），受拉钢筋选 4 ⌀ 28＋2 ⌀ 25（$A_s=3445\text{mm}^2$），则 $A_s+A_s'=4205\text{mm}^2$，全部纵向钢筋的配筋率：$\rho=\frac{4205}{500\times 600}=1.4\%>0.55\%$，单侧配筋率$\frac{760}{500\times 600}=0.25\%>0.2\%$，满足要求。

（6）验证是否属于大偏心受压

根据式（6-22）$\gamma_0 N=\alpha_1 f_c bx+f_y' A_s'-f_y A_s$，可得到

$$x=\frac{\gamma_0 N-f_y' A_s'+f_y A_s}{\alpha_1 f_c b}$$

$$=\frac{1.1\times 1600\times 10^3-360\times 760+360\times 3445}{1.0\times 19.1\times 500}$$

$$=285.5\text{mm}<\xi_b h_0=0.518\times 560=290.1\text{mm}$$

属于大偏心受压，开始的假定是正确的。

截面配筋图如图 6-20 所示。

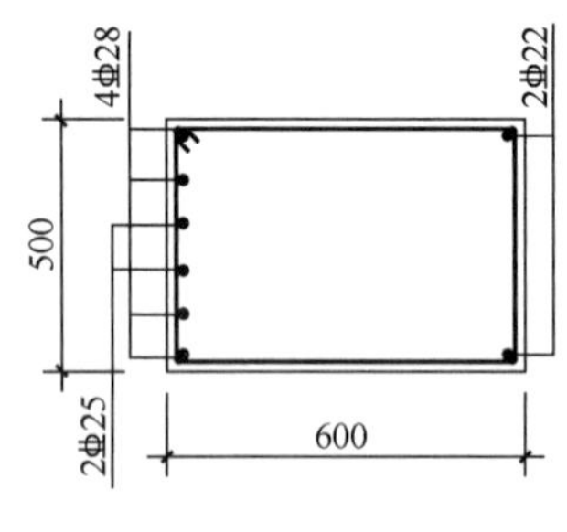

图 6-20　截面配筋图
（单位：mm）

【例 6-6】

工程背景同例 4-1，本例题选取地下一层车库夹层的钢筋混凝土柱 Z-3 为设计对象，如图 4-21 所示。经内力分析，该柱承受轴压力设计值 $N=4200\text{kN}$，按弹性分析得到的柱端组合弯矩设计值分别为 $M_1=300\text{kN}\cdot\text{m}$，$M_2=320\text{kN}\cdot\text{m}$，从基础顶面到地下一层楼盖顶面的高度 $H=4.2\text{m}$，环境类别为一类。试设计该柱。

【解】

同例 6-1，结构重要性系数 $\gamma_0=1.1$。

（1）确定材料和截面尺寸

材料选用及截面尺寸同例 6-5。

（2）求柱设计弯矩 M

根据 6.4.2 节，需要判断是否考虑附加弯矩的影响。

由于 $M_1/M_2=0.94>0.9$，因此，需要考虑附加弯矩影响。

$$\zeta_c=\frac{0.5 f_c A}{\gamma_0 N}=0.62$$

$$C_m=0.7+0.3\frac{M_1}{M_2}=0.98$$

$h=600\text{mm}$，取 $e_a=20\text{mm}$，根据式（6-18）

$$\eta_{ns}=1+\frac{1}{1300(M_2/N+e_a)/h_0}\left(\frac{l_0}{h}\right)^2\zeta_c=1.136$$

根据式（6-20），柱设计弯矩

$$M=C_m\eta_{ns}M_2=356.2\text{kN}\cdot\text{m}$$

（3）求 e_i，判别大、小偏心受压

根据式（6-9）$e_0=\frac{M}{N}=\frac{356.2\times10^3}{4200}=84.8\text{mm}$

根据式（6-11）$e_i=e_0+e_a=104.8\text{mm}<0.3h_0=168\text{mm}$

故属于小偏心受压。

（4）求 A_s 及 A'_s

$$e'=\frac{h}{2}-e_i-a'_s=300-104.8-40=155.2\text{mm}$$

取 $A_s=0.002bh=0.002\times500\times600=600\text{mm}^2$，选 3Φ16（$A_s=603\text{mm}^2$）。

根据式（6-35）

$$\sigma_s=\frac{\xi-\beta_1}{\xi_b-\beta_1}f_y=\frac{\frac{x}{560}-0.8}{0.518-0.8}\times360=1021.28-2.28x$$

代入式（6-31b）$\gamma_0Ne'=\alpha_1f_cbx\left(\frac{x}{2}-a'_s\right)-\sigma_sA_s(h_0-a'_s)$

整理得 $x^2+69.72x-217,226.5=0$，解得 $x=432.5\text{mm}$。

$\xi_bh_0=0.518\times560=290.1\text{mm}<x=432.5\text{mm}<(2\beta_1-\xi_b)h_0=605.9\text{mm}$

根据式（6-24）$e=e_i+\frac{h}{2}-a_s=104.8+300-40=364.8\text{mm}$。

根据式（6-46）

$$A'_s=\frac{\gamma_0Ne-\alpha_1f_cbx(h_0-0.5x)}{f'_y(h_0-a'_s)}$$

$$=\frac{1.1\times4,200,000\times364.8-1\times19.1\times500\times432.5\times(560-0.5\times432.5)}{360\times(560-40)}$$

$$=1418.6\text{mm}^2>A'_s=\rho'_{min}bh=0.002\times500\times600=600\text{mm}^2$$

（5）选筋，并验算配筋率

受压钢筋选 3Φ25（A'_s=1473mm²）。

因采用 HRB400 级钢筋，全部纵筋的最小配筋率为 0.55%，$A_s+A'_s=2076\text{mm}^2\geqslant0.0055bh=0.0055\times500\times600=1650\text{mm}^2$，受拉钢筋已配 3Φ16（$A_s$=603mm²）。

（6）按轴心受压验算垂直于弯矩作用平面的承载力

由 $\frac{l_0}{b}=\frac{4200}{500}=8.4$，查附表 5-7 内插得 $\varphi=0.99$。

$$0.9\varphi[f_cA+f'_y(A_s+A'_s)]=0.9\times0.99\times[19.1\times500\times600+360\times(603+1473)]\times10^{-3}=5771\text{kN}>\gamma_0N=4620\text{kN}$$

满足要求，截面配筋图如图 6-21 所示。

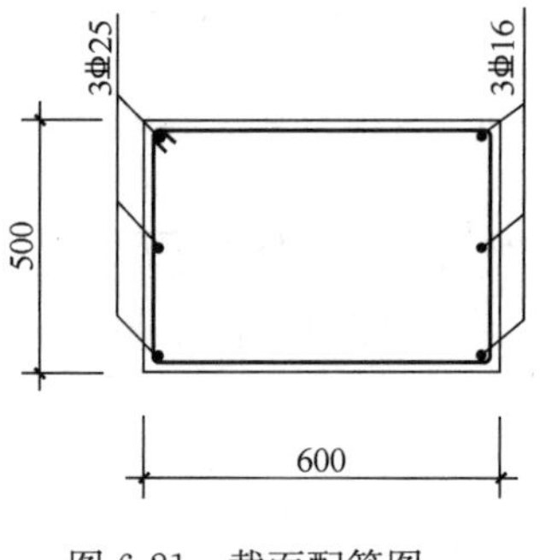

图 6-21　截面配筋图
（单位：mm）

6.7 对称配筋矩形截面偏心受压构件承载力计算

不论大、小偏心受压构件，两侧的钢筋截面面积 A_s 及 A'_s 均由计算公式求得，其数量一般不相等，这种配筋方式称为不对称配筋。不对称配筋比较经济，但施工不够方便。

实际工程中，偏心受压构件在各种不同荷载（风荷载、地震作用、竖向荷载）组合作用下，在同一截面内常承受变号弯矩，如果弯矩相差不多或者虽然相差较大，但按照对称配筋设计和非对称配筋设计的钢筋总量相差不多时，宜采用对称配筋；同时，为了在施工过程中不产生差错，以及在预制构件吊装时保证安装的准确，一般都采用对称配筋。所谓对称配筋，是指 $A_s = A'_s$、$f_y = f'_y$、$a_s = a'_s$。由于对称配筋是非对称配筋的特殊情形，因此，基本计算公式仍可应用，只是相当于增加了 $f_yA_s = f'_yA'_s$ 这个已知条件。

6.7.1 大、小偏心受压构件的判断

由于附加了对称配筋的条件，因此在式（6-22）中最后两项可以抵消，ξ 值可直接求得

$$\xi = \frac{x}{h_0} = \frac{N}{\alpha_1 f_c b h_0} \tag{6-47}$$

因此，在判别大、小偏心受压时，直接根据式（6-47）计算的相对受压区高度 ξ 的大小来进行判别。

（1）当 $\xi \leqslant \xi_b$ 时，为大偏心受压。

（2）当 $\xi > \xi_b$ 时，为小偏心受压。

按式（6-47）计算结果判别大、小偏心受压构件时应注意：按式（6-47）计算的 ξ 值对于小偏心受压构件来说仅为判断依据，不能作为小偏心受压构件的实际相对受压区高度。

6.7.2 截面复核

对称配筋偏心受压构件的截面承载力复核，可按不对称配筋偏心受压构件的方法和步骤进行计算，只是此时应取 $A_s = A'_s$。

6.7.3 截面设计

1. 大偏心受压构件的截面设计

大偏心受压时，先用式（6-47）计算 ξ，如果 $x = \xi h_0 \geqslant 2a'_s$，则将 x 代入式（6-23）可得

$$A_s = A'_s = \frac{Ne - \alpha_1 f_c b h_0^2 \xi(1 - 0.5\xi)}{f'_y(h_0 - a'_s)} \tag{6-48}$$

式中 $e = e_i + \frac{h}{2} - a_s$。

如果计算所得的 $x = \xi h_0 < 2a'_s$，则应取 $x = 2a'_s$，根据式（6-28）计算，即

$$A_s = A'_s = \frac{Ne'}{f_y(h_0 - a'_s)} \tag{6-49}$$

式中 $e' = e_i - \frac{h}{2} + a'_s$。

所选的钢筋面积均应满足最小配筋率要求。

2. 小偏心受压构件的截面设计

小偏心受压时，由于$-f'_y \leqslant \sigma_s \leqslant f_y$，将$\sigma_s$按式（6-35）代入式（6-30）和式（6-31a）中联立求解，可以得到

$$N = \alpha_1 f_c b h_0 \xi + f'_y A'_s - f_y \frac{\xi - \beta_1}{\xi_b - \beta_1} A_s \tag{6-50}$$

$$Ne = \alpha_1 f_c b h_0^2 \xi (1 - 0.5\xi) + f'_y A'_s (h_0 - a'_s) \tag{6-51}$$

这是一个关于ξ的三次方程，计算较为复杂。分析表明，在小偏心受压构件中，若混凝土的强度等级不大于C50，可采用近似公式计算ξ。

$$\xi = \frac{N - \xi_b \alpha_1 f_c b h_0}{\dfrac{Ne - 0.43\alpha_1 f_c b h_0^2}{(\beta_1 - \xi_b)(h_0 - a'_s)} + \alpha_1 f_c b h_0} + \xi_b \tag{6-52}$$

将ξ代入式（6-51）可求得

$$A_s = A'_s = \frac{Ne - \alpha_1 f_c b h_0^2 \xi (1 - 0.5\xi)}{f'_y (h_0 - a'_s)} \tag{6-53}$$

若求得$A_s + A'_s$超过最大配筋量，说明截面尺寸过小，宜加大柱截面尺寸。

若求得$A'_s + A_s$小于最小配筋量，表明截面尺寸较大，这时，按受压钢筋最小配筋率配置钢筋，并确保$A_s + A'_s$不小于全部纵筋的最小配筋量；或者直接减小截面尺寸，重新进行设计。

【例 6-7】

同例 6-5，但采用对称配筋，试进行截面设计，并与例 6-5 进行比较。

【解】

步骤（1）和（2）同例 6-5，但判断大小偏压采用相对受压区高度ξ来进行。

$\xi = \dfrac{\gamma_0 N}{\alpha_1 f_c b h_0} = \dfrac{1.1 \times 1600 \times 10^3}{1 \times 19.1 \times 500 \times 560} = 0.329 < \xi_b = 0.518$，属于大偏心受压。

且$x = \xi h_0 = 0.329 \times 560 = 184.2\text{mm} > 2a'_s = 80\text{mm}$。

根据式（6-48）

$$A_s = A'_s = \frac{\gamma_0 Ne - \alpha_1 f_c b h_0^2 \xi (1 - 0.5\xi)}{f'_y (h_0 - a'_s)}$$

$$= \frac{1.1 \times 1600 \times 10^3 \times 720.7 - 1.0 \times 19.1 \times 500 \times 560^2 \times 0.329 \times (1 - 0.5 \times 0.329)}{360 \times (560 - 40)}$$

$$= 2378\text{mm}^2 > 0.002bh = 0.002 \times 500 \times 600$$

$$= 600\text{mm}^2$$

每边选 5 Φ 25（$A_s = A'_s = 2454\text{mm}^2$），则全部纵向钢筋的配筋率为

$$\rho = \frac{2454 \times 2}{500 \times 600} = 1.64\% > 0.55\%$$

每边配筋率为 0.82%>0.2%，满足要求，截面配筋如图 6-22 所示。

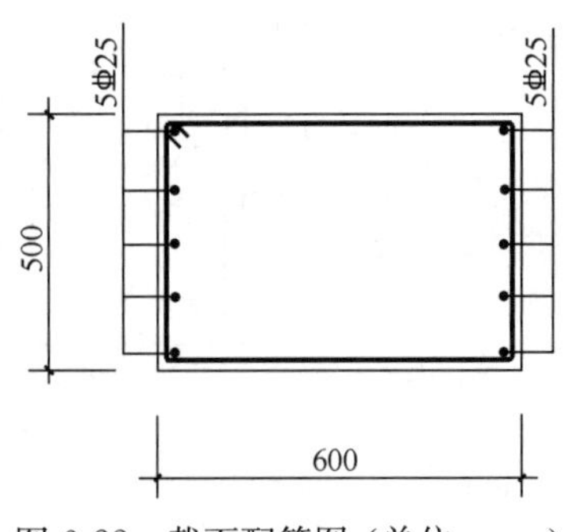

图 6-22 截面配筋图（单位：mm）

对称配筋总的计算配筋面积为 4756mm^2，非对称配筋总的计算配筋面积为 4076mm^2，对称配筋的用钢量稍有增加。

6.8 对称配筋工字形截面偏心受压构件正截面承载力计算

当柱截面尺寸较大时，为了节省混凝土，降低结构自重，往往将柱的截面做成工字形，这种截面柱一般都采用对称配筋。工字形截面柱的翼缘厚度一般不小于100mm，腹板厚度一般不小于80mm。工字形截面偏心受压构件的受力性能、破坏形态及计算原理与矩形截面偏心受压构件基本相同，仅由于截面形状不同而使基本公式稍有差别。

6.8.1 大偏心受压构件计算公式

由于轴向压力和弯矩的组成情况不同，中性轴可能在受压翼缘内，即 $x \leqslant h'_f$；也可能在腹板内，即 $x > h'_f$。

1. 中性轴位于受压翼缘

当 $x \leqslant h'_f$ 且 $x \geqslant 2a'_s$ 时，其受力情况和宽度为 b'_f、高度为 h 的矩形截面构件相同，即将式（6-22）和式（6-23）中的矩形截面宽度 b，替换为受压区翼缘宽度 b'_f，如图 6-23（a）所示。其基本计算公式为

$$N_u = \alpha_1 f_c b'_f x + f'_y A'_s - f_y A_s \tag{6-54}$$

$$N_u e = \alpha_1 f_c b'_f x (h_0 - 0.5x) + f'_y A'_s (h_0 - a'_s) \tag{6-55}$$

2. 中性轴位于腹板

当 $x > h'_f$ 时，此时混凝土的受压区为T形，如图 6-23（b）所示，则应考虑受压区翼

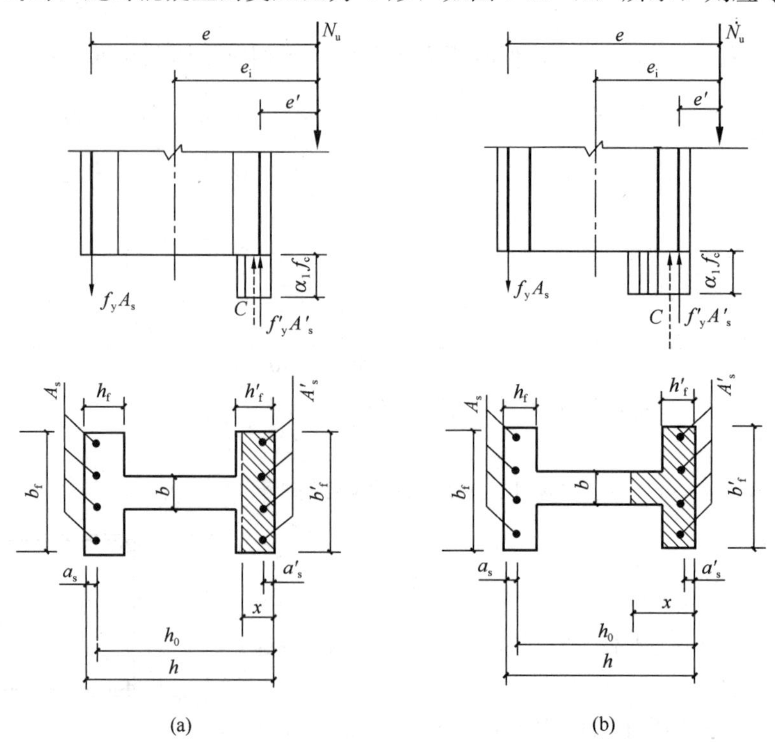

图 6-23　工字形截面大偏心受压应力图

(a) $x \leqslant h'_f$；(b) $x > h'_f$

缘与腹板的共同受力作用，其基本计算公式为

$$N_u = \alpha_1 f_c[bx + (b'_f - b)h'_f] + f'_y A'_s - f_y A_s \tag{6-56}$$

$$N_u e = \alpha_1 f_c[bx(h_0 - 0.5x) + (b'_f - b)h'_f(h_0 - 0.5h'_f)] + f'_y A'_s(h_0 - a'_s) \tag{6-57}$$

基本公式的适用条件为 $x \leqslant \xi_b h_0$。

工字形截面偏心受压构件的受压钢筋 A'_s 及受拉钢筋 A_s 的最小配筋率，也应按构件的全截面面积 A 计算，即 $A = bh + (b'_f - b)h'_f + (b_f - b)h_f$。

6.8.2 小偏心受压构件计算公式

在小偏心受压构件中，由于偏心距大小不同以及截面配筋数量的多少不同，中性轴可能在腹板上，即 $h'_f \leqslant x \leqslant h - h_f$；也可能位于远离轴向力一侧的翼缘上，即 $h - h_f \leqslant x \leqslant h$，如图 6-24 所示。

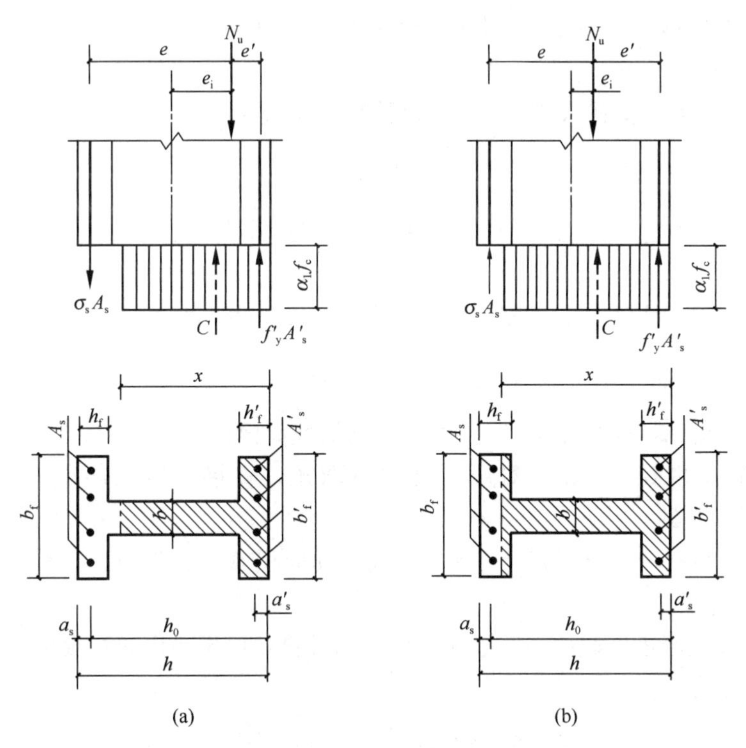

图 6-24 工字形截面小偏心受压应力图

(a) $h'_f \leqslant x \leqslant h - h_f$；(b) $h - h_f \leqslant x \leqslant h$

1. 中性轴位于腹板

此时 $h'_f \leqslant x \leqslant h - h_f$，其基本计算公式为

$$N_u = \alpha_1 f_c[bx + (b'_f - b)h'_f] + f'_y A'_s - \sigma_s A_s \tag{6-58}$$

$$N_u e = \alpha_1 f_c\left[bx\left(h_0 - \frac{x}{2}\right) + (b'_f - b)h'_f\left(h_0 - \frac{h'_f}{2}\right)\right] + f'_y A'_s(h_0 - a'_s) \tag{6-59}$$

2. 中性轴位于远离轴向力一侧的翼缘

此时 $h - h_f \leqslant x \leqslant h$，其基本计算公式为

$$N_u = \alpha_1 f_c[bx + (b_f' - b)h_f' + (b_f - b)(h_f - h + x)] + f_y' A_s' - \sigma_s A_s \tag{6-60}$$

$$N_u e = \alpha_1 f_c\left[bx\left(h_0 - \frac{x}{2}\right) + (b_f' - b)h_f'\left(h_0 - \frac{h_f'}{2}\right) + (b_f - b)(h_f - h + x)\left(\frac{h_f + h - 2a_s - x}{2}\right)\right] + f_y' A_s'(h_0 - a_s') \tag{6-61}$$

6.8.3 截面复核

工字形截面对称配筋偏心受压构件正截面承载力的复核方法与矩形截面对称配筋偏心受压构件相似，这里不再赘述。

6.8.4 截面设计

工字形截面受压构件一般为对称截面（$b_f' = b_f$、$h_f' = h_f$），对称配筋（$A_s = A_s'$、$a_s = a_s'$），设计时首先确定材料强度等级，根据柱所承担的设计轴力和弯矩，最后求所需的配筋。

1. 判别类型

由于 $f_y A_s = f_y' A_s'$，代入式（6-56）可计算出 x 或 ξ，即

$$x = \frac{N - \alpha_1 f_c (b_f' - b)h_f'}{\alpha_1 f_c b} \tag{6-62}$$

若 $\xi \leqslant \xi_b$，可确定为大偏心受压；若 $\xi > \xi_b$，则为小偏心受压。

2. 大偏心受压

若由式（6-62）计算的 $x < h_f'$，则需用式（6-54）重新计算 x（或 ξ），即

$$x = \frac{N}{\alpha_1 f_c b_f'} \tag{6-63}$$

若 $2a_s' \leqslant x < h_f'$，利用式（6-55）可求得钢筋截面面积 A_s'，并使 $A_s = A_s'$；

若 $x < 2a_s'$，取 $x = 2a_s'$，对压力合力点取矩，直接求得钢筋截面面积 A_s，并使 $A_s' = A_s$；

若 $x > h_f'$，则代入式（6-57）可求得钢筋截面面积 A_s'，并使 $A_s = A_s'$。

3. 小偏心受压

类似于对称配筋矩形截面小偏心受压构件的计算，可推导出通过腹板的相对受压区高度 ξ 的简化计算公式。

$$\xi = \frac{N - \alpha_1 f_c[\xi_b b h_0 + (b_f' - b)h_f']}{\dfrac{Ne - \alpha_1 f_c[0.43bh_0^2 + (b_f' - b)h_f'(h_0 - 0.5h_f')]}{(\beta_1 - \xi_b)(h_0 - a_s')} + \alpha_1 f_c b h_0} + \xi_b \tag{6-64}$$

进而用式（6-59）或式（6-61）求得钢筋截面面积 A_s'，并使 $A_s = A_s'$。

工字形截面小偏心受压构件除进行弯矩作用平面内的计算外，在垂直于弯矩作用平面也应按轴心受压构件进行验算，此时应按 l_0/i 查出 φ 值，其中 i 为截面垂直于弯矩作用平面方向的回转半径。另外，对于小偏心受压情况还应验算反向破坏。

6.9 N_u—M_u 相关曲线及其应用

对于给定截面、配筋及材料强度的偏心受压构件，达到承载能力极限状态时，截面承

受的内力设计值 N_u、M_u 并非独立，而是相关的，轴力和弯矩对于构件的作用效应存在着叠加和制约的关系。对于大偏心受压构件，其破坏始于受拉侧钢筋的受拉屈服，则施加轴压力可延缓其屈服，即轴压力对大偏压构件起有利作用；而对于小偏心受压构件，其破坏始于受压侧混凝土，则轴向压力对其承载力起不利作用。N_u—M_u 相关曲线可通过短柱试验并结合数值分析获得，也可近似通过 6.5 节的计算公式得到，本节仅以对称配筋矩形截面为例讲述 N_u-M_u 相关曲线。

6.9.1　N_u—M_u 相关曲线

1. 大偏心受压构件的 N_u—M_u 相关曲线

对于对称配筋矩形截面的偏压构件，因 $A_s=A'_s$、$f_y=f'_y$，由式（6-47）可得

$$x=\frac{N_u}{\alpha_1 f_c b} \tag{6-65}$$

将 $e=e_i+h/2-a_s$ 及式（6-65）代入式（6-23），整理得

$$N_u\left(e_i+\frac{h}{2}-a_s\right)=\alpha_1 f_c b h_0^2\frac{N_u}{\alpha_1 f_c b h_0}\left(1-\frac{N_u}{2\alpha_1 f_c b h_0}\right)+f'_y A'_s(h_0-a'_s)$$

将上式无量纲化

$$\frac{N_u e_i}{\alpha_1 f_c b h_0^2}+\frac{N_u}{\alpha_1 f_c b h_0}\frac{0.5h-a_s}{h_0}=\frac{N_u}{\alpha_1 f_c b h_0}\left(1-\frac{N_u}{2\alpha_1 f_c b h_0}\right)+\frac{A'_s}{b h_0}\left(\frac{h_0-a'_s}{h_0}\right)\frac{f'_y}{\alpha_1 f_c}$$

整理得

$$\frac{N_u e_i}{\alpha_1 f_c b h_0^2}=-0.5\left(\frac{N_u}{\alpha_1 f_c b h_0}\right)^2+0.5\frac{h}{h_0}\frac{N_u}{\alpha_1 f_c b h_0}+\rho'\left(1-\frac{a'_s}{h_0}\right)\frac{f'_y}{\alpha_1 f_c}$$

令 $\overline{M}_u=\dfrac{M_u}{\alpha_1 f_c b h_0^2}=\dfrac{N_u e_i}{\alpha_1 f_c b h_0^2}$，$\overline{N}_u=\dfrac{N_u}{\alpha_1 f_c b h_0}$，代入上式，得

$$\overline{M}_u=-0.5\overline{N}_u^2+0.5\frac{h}{h_0}\overline{N}_u+\rho'\left(1-\frac{a'_s}{h_0}\right)\frac{f'_y}{\alpha_1 f_c} \tag{6-66}$$

以 $\overline{M}_u=\dfrac{N_u e_i}{\alpha_1 f_c b h_0^2}$ 为横坐标，$\overline{N}_u=\dfrac{N_u}{\alpha_1 f_c b h_0}$ 为纵坐标，对不同的混凝土等级、钢筋级别及 $\dfrac{a'_s}{h_0}$，可以绘制出对称配筋大偏心受压构件的 N_u—M_u 相关曲线，即图 6-25 中 BC、EF

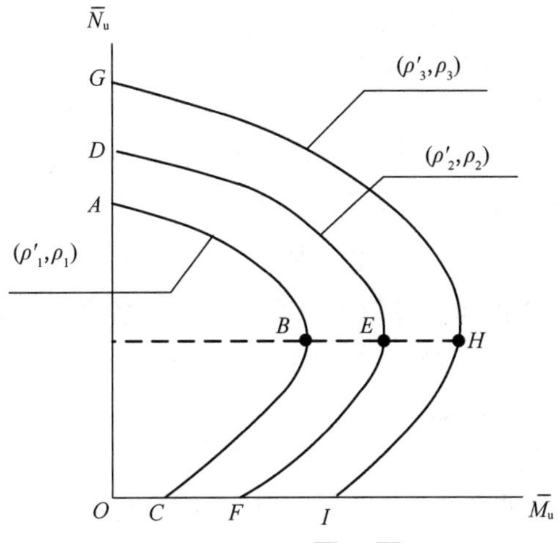

图 6-25　矩形截面柱的 $\overline{N}_u$—$\overline{M}_u$ 关系曲线

和 HI 三段曲线。

2. 小偏心受压构件的 $N_u—M_u$ 相关曲线

对称配筋矩形截面小偏心受压构件，$x>\xi_b h_0$。将 $A_s=A'_s$，$x=\xi h_0$，$e=e_i+h/2-a_s$ 代入式（6-31a），得

$$N_u\left(e_i+\frac{h}{2}-a_s\right)=\alpha_1 f_c b h_0^2\xi(1-0.5\xi)+f'_y A'_s(h_0-a'_s)$$

$$\frac{N_u e_i}{\alpha_1 f_c b h_0^2}=-0.5\frac{h_0-a'_s}{h_0}\frac{N_u}{\alpha_1 f_c b h_0}+\xi(1-0.5\xi)+\frac{A'_s}{bh_0}\left(\frac{h_0-a'_s}{h_0}\right)\frac{f'_y}{\alpha_1 f_c}$$

$$\overline{M}_u=-0.5\frac{h_0-a'_s}{h_0}\overline{N}_u+\xi(1-0.5\xi)+\rho'\left(1-\frac{a'_s}{h_0}\right)\frac{f'_y}{\alpha_1 f_c} \tag{6-67}$$

式（6-67）中的 ξ 可由式（6-35）$\sigma_s=\frac{\xi-\beta_1}{\xi_b-\beta_1}f_y$ 代入式（6-30）确定，经整理并无量纲化后得

$$\overline{N}_u=\xi+\rho'\frac{f'_y}{\alpha_1 f_c}\frac{\xi_b-\xi}{\xi_b-\beta_1}$$

二维码6-4
拓展菱形曲线

解得

$$\xi=\frac{\overline{N}_u+\rho'\frac{f'_y}{\alpha_1 f_c}\frac{\xi_b}{\beta_1-\xi_b}}{1+\rho'\frac{f'_y}{\alpha_1 f_c}\frac{1}{\beta_1-\xi_b}} \tag{6-68}$$

图 6-25 中，线段 BH 以上的部分即是对称配筋小偏心受压构件的 $N_u—M_u$ 相关曲线。

6.9.2 $N_u—M_u$ 相关曲线的特点及其应用

整个曲线分为大偏心受压破坏和小偏心受压破坏两个曲线段，其特点是：

（1）相关曲线上的任一点代表截面处于正截面承载力极限状态时的一种内力组合。如一组内力（N，M）在曲线内侧，说明截面未达到极限状态，是安全的；如（N，M）在曲线外侧，则表明截面承载力不足。

（2）$M_u=0$ 时，N_u 最大；$N_u=0$ 时，M_u 不是最大；界限破坏时，M_u 最大。

（3）小偏心受压时，N_u 随 M_u 的增大而减小；大偏心受压时，N_u 随 M_u 的增大而增大。

（4）对称配筋时，如果截面形状和尺寸相同，混凝土强度等级和钢筋级别也相同，但配筋数量不同，则在界限破坏时，它们的 N_u 是相同的（因为 $N_u=\alpha_1 f_c b\xi_b h_0$），因此各条 $N_u—M_u$曲线的界限破坏点在同一水平处，如图 6-25 中 BH 线。

（5）如截面形状和尺寸相同，混凝土强度等级和钢筋级别也相同，$N_u—M_u$ 相关曲线随配筋率的增加而向外侧增大；否则向内侧减小。如图 6-25 中的三条曲线，由内到外配筋率逐渐增加（$\rho_1<\rho_2<\rho_3$）。

在进行结构设计时，受压构件的某一个控制截面，往往会有多种弯矩和轴向压力组合作用，应用 $N_u—M_u$ 的相关曲线，可以对这些内力组合进行预先筛选，确定出最不利的内力组合。

6.10　双向偏心受压构件承载力计算

6.10.1　双向偏心受压构件受力特点

在实际工程中也有一部分偏心受压构件，例如框架结构的角柱，其中的轴向压力同时沿截面的两个主轴方向有偏心作用，应按双向偏心受压构件来进行设计。双向偏心受压构件是轴力 N 在截面的两个主轴方向都有偏心距，或构件同时承受轴心压力及两个方向的弯矩作用。

根据试验结果表明，双向偏心受压构件正截面的破坏形态与单向偏心受压构件正截面的破坏形态相似，也可分为大偏心受压（受拉破坏）和小偏心受压（受压破坏）。因此，单向偏心受压构件正截面承载力计算时所采用的基本假定也可应用于双向偏心受压构件的承载力计算。但双向偏心受压构件正截面承载力计算时，其中性轴一般不与截面主轴相垂直，而是倾斜的，与主轴有一个夹角。如图 6-26 截面的混凝土受压区形状较为复杂，可能是三角形、梯形或多边形，同时，钢筋的应力也不均匀，有的应力可达到其屈服强度，有的应力则较小，距中性轴愈近，其应力愈小。双向偏心受压柱的承载力可由其 N_u—M_u 相关曲面表示。由图 6-27 的双向偏心受压柱的 N_u—M_u 承载力相关试验曲线，通过改变中性轴的倾角，可以得到一系列与截面主轴倾角不同的相关曲线族。

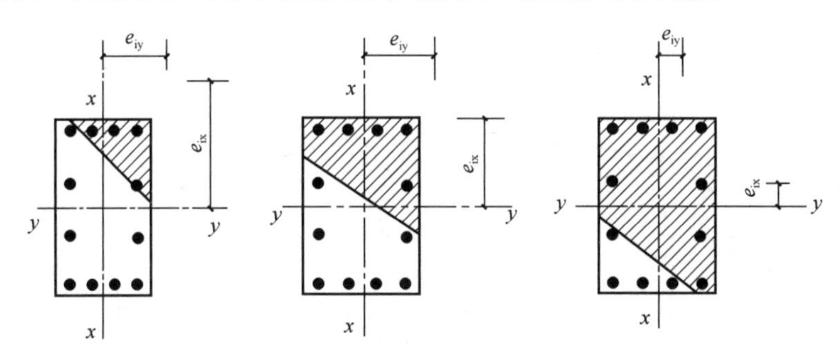

图 6-26　双向偏心受压截面应力图

在设计时，可假定截面应变符合平截面假定。受压区边缘的极限应变值 $\varepsilon_{cu}=0.0033$，受压区应力分布图仍近似简化成等效矩形应力图。

双向偏心受压精确计算的过程是繁琐的，必须借助于计算机才能求解。

目前各国规范都采用近似的简化方法来计算双向偏心受压构件的正截面承载力，既能达到一般设计要求的精度，又便于手算。

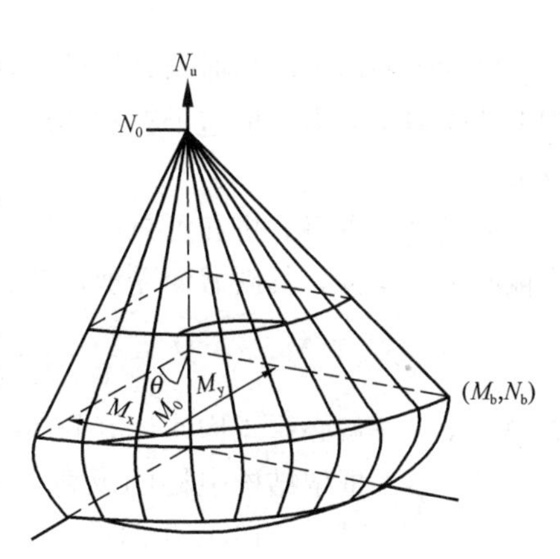

图 6-27　双向偏心受压 N_u—M_u关系曲线

6.10.2　近似计算方法（倪克勤公式）

现采用的近似简化方法是应用弹性阶段应力叠

加的方法推导求得的。设计时，先拟定构件的截面尺寸和钢筋布置方案，并假定材料处于弹性阶段。根据材料力学原理，倪克勤推导出双向偏心受压构件正截面承载力计算公式。

$$N \leqslant \frac{1}{\frac{1}{N_{ux}}+\frac{1}{N_{uy}}-\frac{1}{N_{u0}}} \tag{6-69}$$

式中 N_{u0}——构件的截面轴心受压承载力设计值，按式（6-2）计算，但不考虑稳定系数 φ 及系数 0.9；

N_{ux}——轴向压力作用于 x 轴并考虑相应的计算偏心距 e_{ix} 后，按全部纵向钢筋计算的构件偏心受压承载力设计值；

N_{uy}——轴向压力作用于 y 轴并考虑相应的计算偏心距 e_{iy} 后，按全部纵向钢筋计算的构件偏心受压承载力设计值。

6.11 受压构件斜截面受剪承载力计算

对于轴心受力和偏心受力构件，轴向力的存在对构件的斜截面抗剪承载力有显著的影响。试验研究表明，偏心受压构件的受剪承载力受到轴压比 $N/(f_cbh)$ 的影响，当轴压比约为 0.4～0.5 时，受剪承载力达到最大值；若轴压比更大，则受剪承载力会随着轴压比的增大而降低，如图 6-28 所示。对不同剪跨比的构件，轴向压力对受剪承载力的影响规律基本相同。

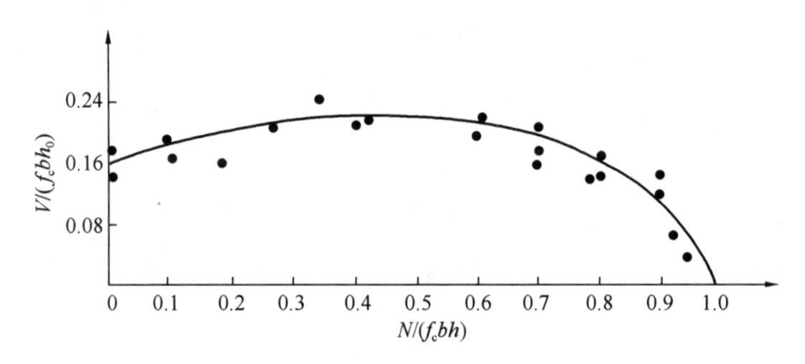

图 6-28 轴向压力对受剪承载力的影响

因为轴向压力能阻滞斜裂缝的出现和开展，增加了混凝土剪压区高度，因此可以提高构件的受剪承载力。但这个有利作用是有限的，故应对轴向压力的受剪承载力提高范围予以限制。

通过试验资料分析和可靠度计算，对承受轴压力和剪力作用的矩形、T 形和工字形截面偏心受压构件，其斜截面受剪承载力应按式（6-70）计算。

$$V = \frac{1.75}{\lambda+1.0} f_t b h_0 + f_{yv} \frac{A_{sv}}{s} h_0 + 0.07N \tag{6-70}$$

式中 λ——偏心受压构件计算截面的剪跨比，对各类结构的框架柱，取 $\lambda = M/Vh_0$，当框架结构中柱的反弯点在层高范围内时，可取 $\lambda = H_n/2h_0$（H_n 为柱的净高），当 $\lambda < 1$ 时，取 $\lambda = 1$，当 $\lambda > 3$ 时，取 $\lambda = 3$，此处，M 为计算截面上与剪力设计值 V 相应的弯矩设计值；对其他偏心受压构件，当承受均布荷

载时，取 $\lambda=1.5$，当承受集中荷载时（包括作用有多种荷载且集中荷载对支座截面或节点边缘所产生的剪力值占总剪力的75%以上的情况），取 $\lambda=a/h_0$，当 $\lambda<1.5$ 时，取 $\lambda=1.5$，当 $\lambda>3$ 时，取 $\lambda=3$，此处，a 为集中荷载至支座或节点边缘的距离；

N ——与剪力设计值 V 相应的轴向压力设计值，当 $N>0.3f_cA$ 时，取 $N=0.3f_cA$（A 为构件的截面面积）。

若符合式（6-71）的要求时，可不进行受压构件斜截面受剪承载力计算，而仅需根据构造要求配置箍筋。

$$V\leqslant\frac{1.75}{\lambda+1.0}f_tbh_0+0.07N \tag{6-71}$$

6.12 型钢混凝土柱和钢管混凝土柱简介

6.12.1 型钢混凝土柱简介

1. 型钢混凝土柱概述

高层建筑为了减小混凝土柱的截面尺寸，常将型钢置于混凝土柱中以增强柱的承载能力，称之为型钢混凝土柱，又称钢骨混凝土柱，苏联称之为劲性钢筋混凝土结构柱。在型钢混凝土柱中，除了主要配置轧制或焊接的型钢外，还配有少量的纵向钢筋与箍筋。

按配置的型钢形式，型钢混凝土柱分为实腹式和空腹式两类。实腹式型钢混凝土柱的截面形式如图6-29所示；空腹式型钢混凝土柱中的型钢不贯通柱截面的宽度和高度，例如在柱截面的四角设置角钢，角钢间用钢缀条或钢缀板连结而成钢骨架。

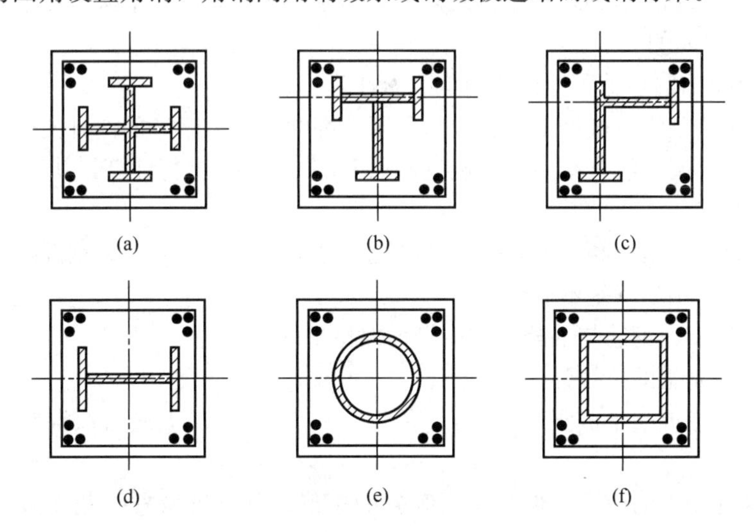

图6-29 型钢混凝土柱的截面形式

(a) 十字形；(b) 丁字形；(c) L形；(d) H形；(e) 圆钢管；(f) 方钢管

震害表明，实腹式型钢混凝土柱有较好的抗震性能，而空腹式型钢混凝土柱的抗震性能较差，故工程中大多采用实腹式型钢混凝土柱。

由于含钢率较高，因此型钢混凝土柱与同等截面的钢筋混凝土柱相比，承载能力大大提高。另外，混凝土中配置型钢以后，混凝土与型钢相互约束，混凝土包裹型钢使其受到约束，从而使型钢基本不发生局部屈曲；同时，型钢又对柱中核心混凝土起着约束作用。又因为整体的型钢构件比钢筋混凝土中分散的钢筋刚度大得多，所以型钢混凝土柱的承载力和刚度明显提高。

实腹式型钢混凝土柱，不仅承载力高，刚度大，而且有良好的延性及韧性。因此，它更加适用于要求抗震和要求承受较大荷载的柱。

2. 型钢混凝土柱承载力的计算

1）轴心受压柱承载力计算公式

在型钢混凝土柱轴心受压试验中，无论是短柱还是长柱，由于混凝土对型钢的约束，均未发现型钢有局部屈曲现象，因此，在设计中可不考虑型钢的局部屈曲。其轴心受压柱的正截面承载力可按式（6-72）计算。

$$N_u = 0.9\varphi(f_c A_c + f'_y A'_s + f'_a A'_a) \tag{6-72}$$

式中 N_u——轴心受压承载力设计值；

φ——型钢混凝土柱稳定系数；

f_c——混凝土轴心抗压强度设计值；

A_c——混凝土的净面积；

A'_a——型钢的有效截面面积，应扣除因孔洞削弱的部分；

A'_s——纵向钢筋的截面面积；

f'_y——纵向钢筋的抗压强度设计值；

f'_a——型钢的抗压强度设计值；

0.9——系数，为考虑与偏心受压型钢柱的正截面承载力计算具有相近的可靠度而引入的。

2）型钢混凝土偏心受压柱正截面承载力计算

对于配置充满型实腹式型钢（受拉和受压区都配置了型钢）的混凝土柱，其正截面偏心受压柱的计算，按《组合结构设计规范》JGJ 138—2016 进行计算，其计算方法如下。

（1）基本假定

根据试验分析型钢混凝土偏心受压柱的受力性能及破坏特点，型钢混凝土柱正截面偏心承载力计算，采用如下基本假定。

① 截面中型钢、钢筋与混凝土的应变均保持平面；

② 不考虑混凝土的抗拉强度；

③ 受压区边缘混凝土极限压应变 ε_{cu} 取 0.003，相应的最大应力取混凝土轴心抗压强度设计值 f_c；

④ 受压区混凝土的应力图形简化为等效的矩形，其高度取按平截面假定中确定的中性轴高度乘以系数 0.8；

⑤ 型钢腹板的拉、压应力图形均为梯形，设计计算时，简化为等效的矩形应力图形；

⑥ 钢筋的应力等于其应变与弹性模量的乘积，但不应大于其强度设计值，受拉钢筋和型钢受拉翼缘的极限拉应变取 $\varepsilon_{su}=0.01$。

（2）承载力计算公式

型钢混凝土柱正截面受压承载力计算简图如图 6-30 所示。

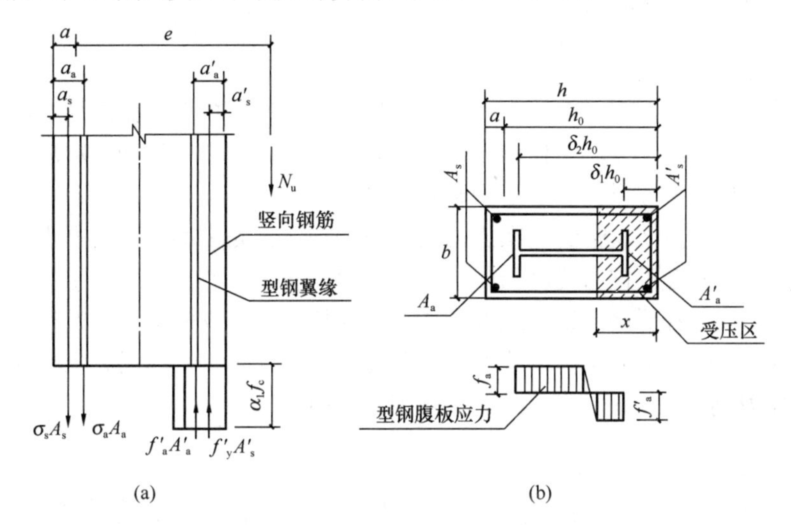

图 6-30　偏心受压柱的截面应力图形

(a) 全截面应力；(b) 型钢腹板应力

$$N_u = \alpha_1 f_c bx + f'_y A'_s + f'_a A'_{af} - \sigma_s A_s - \sigma_a A_{af} + N_{aw} \tag{6-73}$$

$$N_u e = \alpha_1 f_c bx\left(h_0 - \frac{x}{2}\right) + f'_y A'_s (h_0 - a'_s) + f'_a A'_{af}(h_0 - a'_a) + M_{aw} \tag{6-74}$$

式中　N_u——轴向压力设计值；

e——轴向力作用点至受拉钢筋和型钢受拉翼缘的合力点之间的距离；

f'_y、f'_a——分别为受压钢筋、型钢的抗压强度设计值；

A'_s、A'_{af}——分别为竖向受压钢筋、型钢受压翼缘的截面面积；

A_s、A_{af}——分别为竖向受拉钢筋、型钢受拉翼缘的截面面积；

b、x——分别为柱截面宽度和柱截面受压区高度；

a'_s、a'_a——分别为受压纵筋合力点、型钢受压翼缘合力点到截面受压边缘的距离；

a_s、a_a——分别为受拉纵筋合力点、型钢受拉翼缘合力点到截面受拉边缘的距离；

a——受拉纵筋和型钢受拉翼缘合力点到截面受拉边缘的距离；

δ_1、δ_2——分别为型钢受压腹板和受拉腹板距截面受压边缘的距离与 h_0 的比值。

N_{aw}、M_{aw} 按《组合结构设计规范》JGJ 138—2016 计算。

受拉边或受压较小边的钢筋应力 σ_s 和型钢翼缘应力 σ_a 可按下列条件计算。

当 $x \leqslant \xi_b h_0$ 时，为大偏心受压构件，取 $\sigma_s = f_y$、$\sigma_a = f_a$；

当 $x > \xi_b h_0$ 时，为小偏心受压构件，取

$$\sigma_s = \frac{f_y}{\xi_b - 0.8}\left(\frac{x}{h_0} - 0.8\right) \tag{6-75}$$

$$\sigma_a = \frac{f_a}{\xi_b - 0.8}\left(\frac{x}{h_0} - 0.8\right) \tag{6-76}$$

式中　ξ_b——柱混凝土截面的相对界限受压区高度，即

$$\xi_b = \frac{0.8}{1 + \frac{f_y + f_a}{2 \times 0.003 E_s}} \tag{6-77}$$

6.12.2 钢管混凝土柱简介

1. 钢管混凝土柱概述

钢管混凝土柱是指在钢管中填充混凝土而形成的构件。按钢管截面形式的不同，分为方钢管混凝土柱、圆钢管混凝土柱和多边形钢管混凝土柱。常用的钢管混凝土组合柱为圆钢管混凝土柱，其次为方形截面、矩形截面钢管混凝土柱，如图 6-31 所示。有时还在钢管内设置纵向钢筋和箍筋。钢管混凝土的基本原理是：首先借助内填混凝土增强钢管壁的稳定性；其次借助钢管对核心混凝土的约束（套箍）作用，使核心混凝土处于三向受压状态，从而使混凝土具有更高的抗压强度和压缩变形能力，不仅使混凝土的塑性和韧性性能大为改善，而且可以避免或延缓钢管发生局部屈曲。因此，与钢筋混凝土柱相比，钢管混凝土具有承载力高、重量轻、塑性好、耐疲劳、耐冲击、省工、省料、施工速度快等优点。

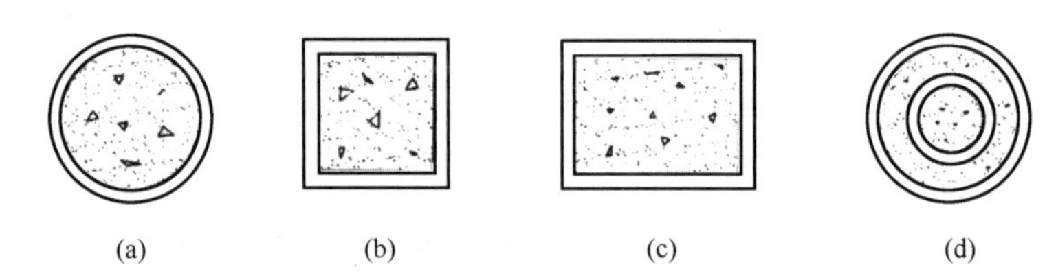

图 6-31　钢管混凝土柱的截面形状

（a）圆钢管；（b）方钢管；（c）矩形钢管；（d）双重钢管

对于钢管混凝土柱，最能发挥其特长的是轴心受压，因此，钢管混凝土柱最适合于轴心受压或小偏心受压构件。当轴向压力偏心较大时或采用单肢钢管混凝土柱不够经济合理时，宜采用双肢或多肢钢管混凝土组合柱结构，如图 6-32 所示。

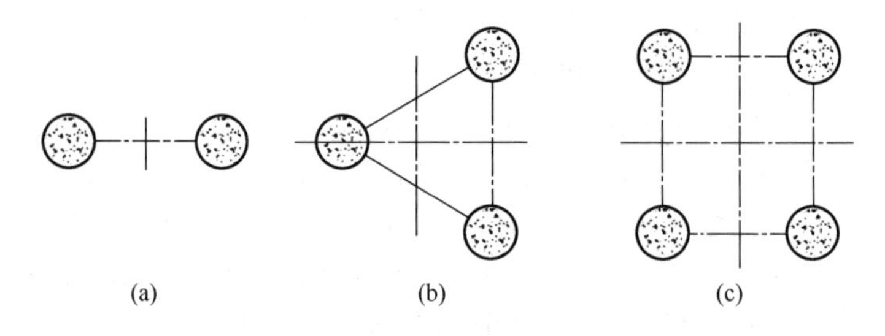

图 6-32　截面形式

（a）等截面双肢柱；（b）等截面三肢柱；（c）等截面四肢柱

2. 钢管混凝土受压柱承载力计算公式

根据《钢管混凝土结构技术规范》GB 50936—2014，钢管混凝土受压柱的承载力按以下情况进行计算。

1）钢管混凝土轴心受压柱承载力计算公式

$$N_u = \varphi N_0 \tag{6-78}$$

式中　φ——轴心受压稳定系数，按式（6-79）计算；

N_0——钢管混凝土短柱的轴心受压强度承载力设计值，按式（6-80）计算。

$$\varphi=\frac{1}{2\bar{\lambda}_{sc}^{2}}\left[\bar{\lambda}_{sc}^{2}+(1+0.25\bar{\lambda}_{sc})-\sqrt{(\bar{\lambda}_{sc}^{2}+(1+0.25\bar{\lambda}_{sc}))^{2}-4\bar{\lambda}_{sc}^{2}}\right] \tag{6-79}$$

式中　$\bar{\lambda}_{sc}$——构件的正则化长细比，$\bar{\lambda}_{sc}=\frac{\lambda_{sc}}{\pi}\sqrt{\frac{f_{sc}}{E_{sc}}}\approx 0.01\lambda_{sc}(0.001f_{y}+0.781)$；

λ_{sc}——构件的长细比。

$$N_{0}=A_{sc}f_{sc} \tag{6-80}$$

式中　A_{sc}——实心或空心钢管混凝土构件的截面面积，等于钢管和管内混凝土面积之和；

f_{sc}——实心或空心钢管混凝土抗压强度设计值，$f_{sc}=(1.212+B\theta+C\theta^{2})f_{c}$，$\theta=\alpha_{sc}\frac{f}{f_{c}}$，$\alpha_{sc}=\frac{A_{s}}{A_{c}}$；

A_{s}、A_{c}——钢管和管内混凝土的面积；

α_{sc}——钢管混凝土构件的含钢率；

θ——钢管混凝土构件的套箍系数；

f——钢材的抗压强度设计值；

f_{c}——混凝土抗压强度设计值；

B、C——截面形状对套箍效应的影响系数，按《钢管混凝土结构技术规范》GB 50936—2014 的表 5.1.2 取值。

2）当有轴心压力和弯矩共同作用在钢管混凝土柱上时

（1）当 $\frac{N}{N_{u}}\geqslant 0.255$ 时

$$\frac{N}{N_{u}}+\frac{\beta_{m}M}{1.5M_{u}(1-0.4N/N'_{E})}\leqslant 1 \tag{6-81}$$

（2）当 $\frac{N}{N_{u}}<0.255$ 时

$$-\frac{N}{2.17N_{u}}+\frac{\beta_{m}M}{M_{u}(1-0.4N/N'_{E})}\leqslant 1 \tag{6-82}$$

式中　N、M——作用在构件的轴心压力和弯矩；

β_{m}——等效弯矩系数，应按照现行国家规范《钢结构设计标准》GB 50017—2017 执行；

N_{u}——钢管混凝土构件的轴压稳定承载力设计值，按式（6-78）计算；

M_{u}——钢管混凝土构件的受弯承载力设计值，按《钢管混凝土结构技术规范》GB 50936—2014 的 5.1.6 条计算。

二维码6-5
复材约束混凝土柱

名词和术语

轴心受压　Axial compression

偏心受压　Eccentric compression

二维码6-6
思维导图

普通箍筋轴心受压构件　Axially-compressed tied member
螺旋箍筋轴心受压构件　Axially-compressed spiral member
长细比　Slenderness ratio
计算长度　Effective length
稳定系数　Stability index
间接钢筋的换算截面面积　Area of transformed section of indirect reinforcement
偏心距 e_0　Eccentricity
附加偏心距 e_a　Appendant eccentricity
初始偏心距 e_i　Initial eccentricity
大偏心受压　Compression with large eccentricity
小偏心受压　Compression with small eccentricity
界限破坏　Balanced failure
挠曲二阶效应　Second-order effect due to displacement
弯矩增大系数　Moment magnification factor
偏心距调节系数　Increase coefficient of bias distance
反向受压破坏　Reverse compression failure
N_u—M_u 相关曲线　Interaction curve/diagram of N_u and M_u

习　　题

二维码6-7
思考题

6-1　某地下车库，柱距 8.4m，剖面图如图 6-33 所示，地上覆土 1.5m，从基础顶面到地下车库楼盖顶面的高度 $H=4.7$m，经计算分析得到，E 轴柱承受永久荷载作用的轴心压力标准值 1250kN，承受可变荷载作用的轴心压力标准值 1750kN，二 a 类环境，试设计该柱（用普通箍筋柱和螺旋箍筋柱分别设计，并进行比较）。

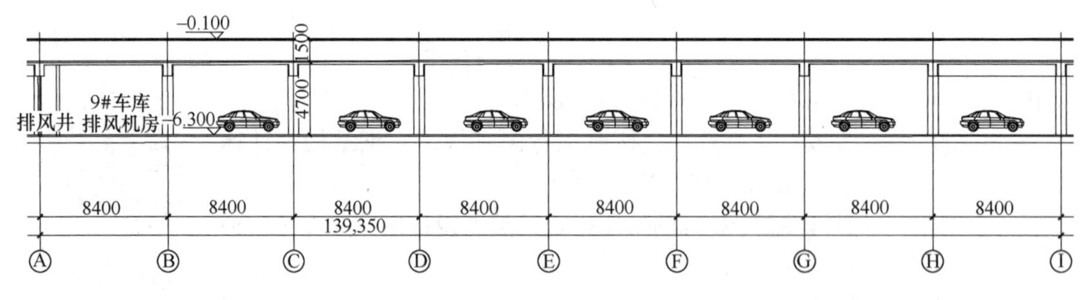

图 6-33　习题 6-1～习题 6-3 图（单位：mm）

6-2　条件同习题 6-1，经计算分析得到，A 轴柱承受永久荷载作用的轴心压力标准值 850kN，承受可变荷载作用的轴心压力标准值 1250kN；柱上端受到永久荷载作用的弯矩标准值 450kN·m，受到可变荷载作用的弯矩标准值 650kN·m；柱下端受到永久荷载作用的弯矩标准值 400kN·m，受到可变荷载作用的弯矩标准值 600kN·m。试设计该柱（用对称和非对称的情况分别设计，并进行比较）。

6-3　条件同习题 6-1，经计算分析得到，D 轴柱承受永久荷载作用的轴心压力标准值 2150kN，承受可变荷载作用的轴心压力标准值 2650kN；柱上端受到永久荷载作用的弯矩标准值 100kN·m，受到可变荷载作用的弯矩标准值 160kN·m；柱下端受到永久荷载作用的弯矩标准值 120kN·m，受到可变荷载作用的弯矩标准值 170kN·m。试设计该柱（用对称和非对称的情况分别设计，并进行比较）。

第 7 章　受拉构件的截面承载力

受轴向拉力或同时受轴向拉力与弯矩作用的构件，称为受拉构件。与受压构件相似，钢筋混凝土受拉构件根据纵向拉力的作用位置，分为轴心受拉构件和偏心受拉构件。当构件受到经过截面形心的纵向拉力作用时，该构件为轴心受拉构件。钢筋混凝土结构中，真正的轴心受拉构件很少见，但一些主要受轴向拉力作用的构件，如系杆拱中的系杆、桁架中的拉杆、有内压力的环形截面管壁、圆形贮液池的池壁等，通常可按轴心受拉构件进行设计。

二维码7-1
主要受拉构件

当纵向拉力偏离构件截面形心作用，或构件截面上同时受轴向拉力和弯矩作用时，则为偏心受拉构件，如受地震作用的框架边柱、矩形水池的池壁、厂房双肢柱的受拉肢杆、带有节间荷载的桁架和拱的受拉弦杆等，均属于偏心受拉构件。

7.1　轴心受拉构件正截面承载力计算

轴心受拉构件的受力过程从加载到破坏可以分为三个受力阶段：第Ⅰ阶段为从加载到混凝土受拉开裂前，第Ⅱ阶段为混凝土开裂至钢筋即将屈服，第Ⅲ阶段为受拉钢筋开始屈服到构件破坏。混凝土开裂前，混凝土和钢筋共同承受拉力，根据平截面假定，截面上混凝土和钢筋的应变相等，混凝土和纵向钢筋的应力分别为

$$\sigma_c = E'_c\varepsilon_c = \nu E_c\varepsilon_c \tag{7-1}$$

$$\sigma_s = E_s\varepsilon_s \tag{7-2}$$

此时，截面受力平衡条件为

$$N = \sigma_c A_c + \sigma_s A_s \tag{7-3}$$

式中　N——轴心受拉构件所受轴向拉力；

σ_c、σ_s——构件截面混凝土和纵向钢筋的拉应力；

A_c、A_s——混凝土和全部纵向钢筋的截面面积；

ε_c、ε_s——混凝土和纵向钢筋的拉应变，两者相等；

E_c、E'_c、ν——混凝土的弹性模量、割线模量及弹性系数；

E_s——纵向钢筋的弹性模量。

混凝土开裂后，开裂截面混凝土退出工作，全部拉力由纵向钢筋承担。当钢筋应力达到屈服强度时，构件达到极限承载力，故轴心受拉构件正截面承载力的计算公式为

$$N \leqslant N_u = f_y A_s \tag{7-4}$$

式中　N——轴向拉力设计值；

f_y——钢筋抗拉强度设计值；

A_s——全部纵向钢筋的截面面积。

此外，A_s 均应满足轴心受拉构件受拉钢筋最小配筋率的要求。

轴心受拉构件的纵向受力钢筋不得采用绑扎搭接接头。

【例 7-1】

如图 7-1 所示的 15m 跨度钢筋混凝土梯形屋架，下弦按轴心受拉构件设计，处于一类环境，经计算其所受的纵向轴心拉力由永久荷载产生的标准值为 160kN，可变荷载产生的标准值为 200kN，试设计该下弦杆。

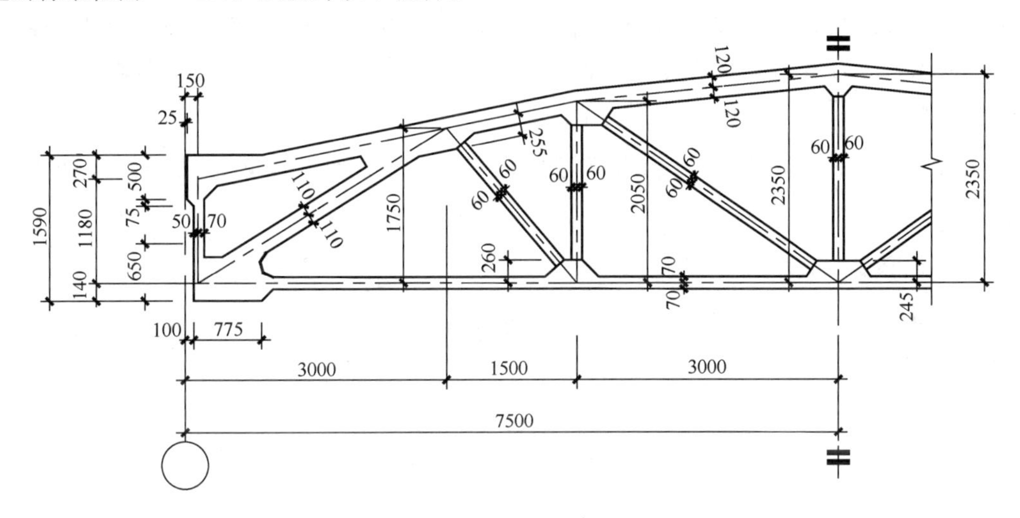

图 7-1　15m 跨屋架（单位：mm）

【解】

根据第 3 章表 3-7，取永久荷载分项系数为 1.3，可变荷载分项系数为 1.5。

轴心拉力设计值为 $1.3\times160+1.5\times200=508\text{kN}$。

根据当地材料供应情况和工程经验，选择截面尺寸为 $b\times h=200\text{mm}\times140\text{mm}$ 的矩形截面，混凝土强度等级 C35，$f_t=1.57\text{N/mm}^2$；HRB400 级钢筋，$f_y=360\text{N/mm}^2$。

由式（7-4）得

$$A_s=N/f_y=508\times10^3/360=1411\text{mm}^2$$

故一侧受拉钢筋面积为 706mm^2，以一侧受拉钢筋为对象，得

$$\rho_{\min}=\max\{0.45f_t/f_y,0.002\}=0.002$$

$$A_{s,\min}=\rho_{\min}bh=0.002\times200\times140=56\text{mm}^2<706\text{mm}^2$$

选配 6 ⌀ 18，$A_s=1527\text{mm}^2$，此时一侧受拉钢筋面积为 764mm^2，满足最小配筋率要求。截面配筋图如图 7-2 所示。

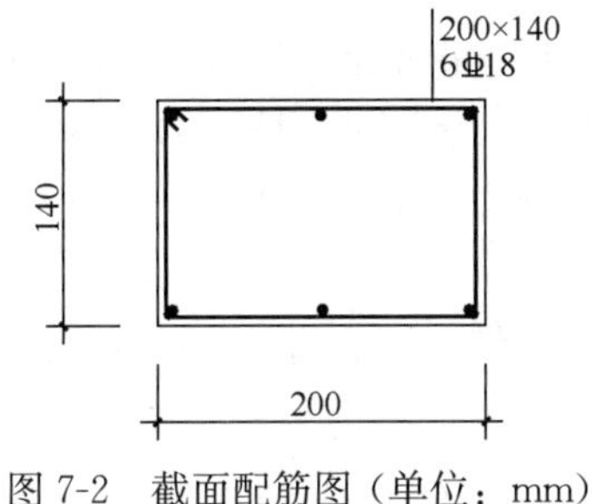

图 7-2　截面配筋图（单位：mm）

7.2 偏心受拉构件正截面承载力计算

7.2.1 偏心受拉构件的破坏形态

对于矩形截面，定义离纵向拉力 N 较近一侧的纵筋（简称近端钢筋，以下同）截面面积为 A_s；远离纵向拉力 N 一侧的纵筋（简称远端钢筋，以下同）截面面积为 A'_s。

根据纵向拉力 N 在截面上作用位置的不同，偏心受拉构件有两种破坏形态。

1. 大偏心受拉破坏

纵向拉力 N 作用在钢筋 A_s 合力点与钢筋 A'_s 合力点之外，即 $e_0 \geqslant \frac{h}{2} - a_s$，如图 7-3（a）所示。

2. 小偏心受拉破坏

纵向拉力 N 作用在钢筋 A_s 合力点与钢筋 A'_s 合力点之间，即 $e_0 < \frac{h}{2} - a_s$，如图 7-3（b）所示。

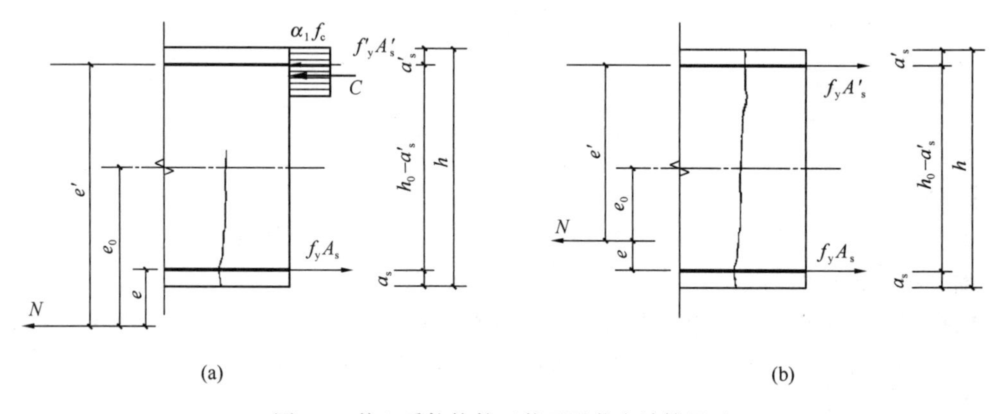

图 7-3 偏心受拉构件正截面承载力计算图示

（a）大偏心受拉；（b）小偏心受拉

7.2.2 大偏心受拉构件承载力计算

如图 7-3（a）所示，大偏心受拉构件纵向拉力 N 的偏心距 e_0 较大，即 $e_0 \geqslant \frac{h}{2} - a_s$，受纵向拉力作用时，截面上同时存在受拉区和受压区，近端钢筋 A_s 受拉，远端钢筋 A'_s 受压。其破坏形态与大偏心受压破坏情况类似。受拉区混凝土开裂后，裂缝不会贯通整个截面；随荷载继续增加，近端钢筋 A_s 先出现受拉屈服，待受压区混凝土边缘纤维达到极限压应变时，认为构件达到极限承载力而破坏，此时，远端钢筋 A'_s 受压可能屈服，也可能不屈服。

由图 7-3（a）截面静力平衡条件，可得非对称配筋的大偏心受拉构件承载力计算基本公式为

$$N \leqslant N_u = f_y A_s - f'_y A'_s - \alpha_1 f_c bx \tag{7-5}$$

$$Ne \leqslant \alpha_1 f_c bx\left(h_0 - \frac{x}{2}\right) + f'_y A'_s (h_0 - a'_s) \tag{7-6}$$

式中 e——纵向拉力 N 至受拉钢筋 A_s 合力点的距离，$e = e_0 - \dfrac{h}{2} + a_s$。

式（7-5）和式（7-6）的适用条件为：$2a'_s \leqslant x \leqslant \xi_b h_0$。

可见，大偏心受拉与大偏心受压破坏的计算公式是相似的，所不同的是 N 为拉力。因此，其计算方法也与大偏心受压破坏相似，可参照执行。

截面设计时，若 A_s 与 A'_s 均未知，需补充条件来求解。为使总钢筋用量（$A_s + A'_s$）最小，可取 $\xi = \xi_b$ 为补充条件，然后由式（7-5）和式（7-6）即可求解。若按式（7-6）求得的 A'_s 过小（小于最小配筋率）或为负值，需按最小配筋率要求配置 A'_s，然后按 A'_s 为已知情况求解 x 和 A_s。注意，x 仍需满足适用条件。

当 $x < 2a'_s$ 时，可偏于保守地取 $x = 2a'_s$，此时受压钢筋不屈服，对受压钢筋形心取矩有

$$Ne' \leqslant f_y A_s (h_0 - a'_s) \tag{7-7}$$

即

$$A_s = \frac{Ne'}{f_y(h_0 - a'_s)} \tag{7-8}$$

式中 $e' = e_0 + \dfrac{h}{2} - a'_s$。

对称配筋时，受压钢筋 A'_s 达不到屈服，按式（7-8）计算配筋 A_s后，$A'_s = A_s$ 即可。

受拉钢筋 A_s 应满足受拉钢筋最小配筋率的要求，受压钢筋 A'_s 的最小配筋率应按受压构件一侧纵向钢筋考虑，详见附表 5-6。

【例 7-2】

某置于地面的矩形水池，混凝土池壁板厚为 250mm，在水池某标高处承受纵向拉力设计值 $N = 250\text{kN}$，承受弯矩设计值 $M = 100\text{kN}\cdot\text{m}$，如图 7-4 所示，环境类别为二 a 类，试设计水池壁板配筋，并画出其配筋图。

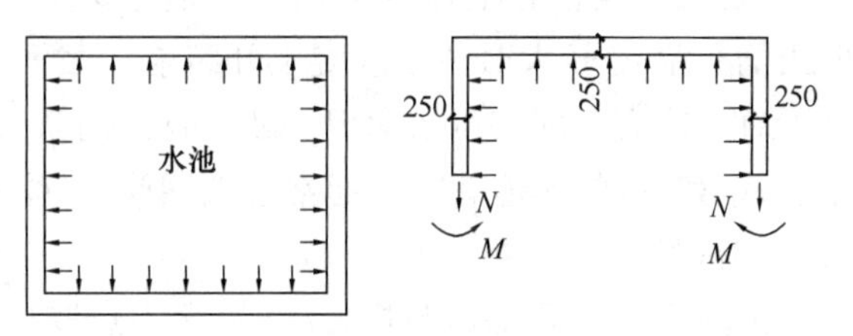

图 7-4 矩形水池池壁受到弯矩和拉力的作用（单位：mm）

【解】

（1）确定材料强度及物理、几何参数

选用混凝土强度等级 C30，HRB400 级钢筋，查附表 5-4，二 a 类环境板构件保护层厚度为 20mm，综合考虑取 $a_s = a'_s = 30\text{mm}$。

C30 混凝土，$f_c = 14.3\text{N/mm}^2$，$f_t = 1.43\text{N/mm}^2$。

HRB400 级钢筋，$f_y = f'_y = 360\text{N/mm}^2$；$\alpha_1 = 1.0$；$\xi_b = 0.518$。

选取板宽度为 1m，$b = 1000\text{mm}$，$h_0 = 250 - 30 = 220\text{mm}$。

（2）大小偏心受拉判别

$e_0 = \dfrac{M}{N} = \dfrac{100 \times 10^6}{250 \times 10^3} = 400\text{mm} > \dfrac{h}{2} - a_s = 125 - 30 = 95\text{mm}$，为大偏心受拉构件。

（3）计算钢筋

$$e = e_0 - \frac{h}{2} + a_s = 400 - 125 + 30 = 305\text{mm}$$

$$A'_s = \frac{Ne - \alpha_1 f_c b h_0^2 \xi_b (1 - 0.5\xi_b)}{f'_y (h_0 - a'_s)}$$

$$= \frac{250 \times 10^3 \times 305 - 1.0 \times 14.3 \times 1000 \times 220^2 \times 0.518 \times (1 - 0.5 \times 0.518)}{360 \times (220 - 30)} < 0$$

按最小配筋率配置受压钢筋，有

$$A'_s = \rho'_{\min} bh = 0.002 \times 1000 \times 250 = 500\text{mm}^2$$

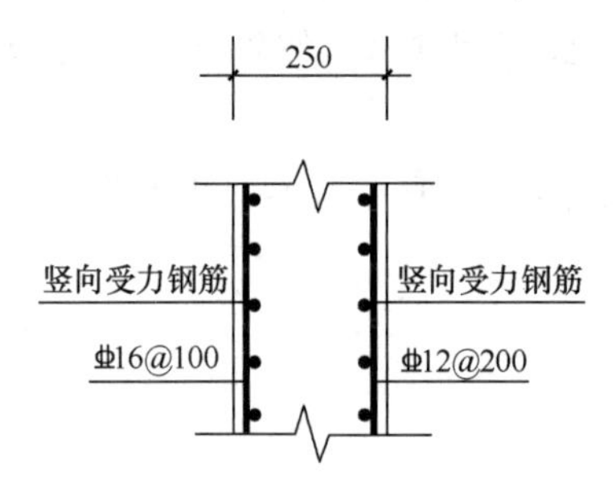

图 7-5　截面配筋图（单位：mm）

选配⌀ 12@200，$A'_s = 565\text{mm}^2$，满足要求。

再按 A'_s 已知情况计算。由式（7-6）解一元二次方程得 $x = 12.3\text{mm} < 2a'_s = 60\text{mm}$，则有

$$e' = e_0 + \frac{h}{2} - a'_s = 400 + 125 - 30 = 495\text{mm}$$

$$A_s = \frac{Ne'}{f_y (h_0 - a'_s)} = \frac{250 \times 10^3 \times 495}{360 \times (220 - 30)} = 1809\text{mm}^2$$

$$\rho_{\min} = \max\{0.45 f_t / f_y, 0.002\} = 0.002$$

$$A_{s,\min} = \rho_{\min} bh = 0.002 \times 1000 \times 250 = 500\text{mm}^2$$

选配⌀ 16@100，$A_s = 2011\text{mm}^2$，满足最小配筋率要求。池壁截面配筋如图 7-5 所示。

7.2.3　小偏心受拉构件承载力计算

小偏心受拉构件纵向拉力 N 的偏心距 e_0 较小，即 $e_0 < \frac{h}{2} - a_s$，纵向拉力的位置在 A_s 与 A'_s 之间。当偏心距 $e_0 = 0$ 时，为轴心受拉构件；当偏心距 e_0 很小时，全截面将受拉；但当偏心距 e_0 较大时，在混凝土开裂前，截面上存在着受压区，混凝土开裂后，裂缝全部贯通，拉力全部由钢筋承担。破坏时，钢筋 A_s 和 A'_s 的应力与纵向拉力作用点的位置及钢筋 A_s 和 A'_s 的比值有关，通常近端钢筋 A_s 受拉屈服，远端钢筋 A'_s 受拉，可能屈服，也可能不屈服。

由图 7-3（b），分别对 A_s 与 A'_s 合力点取矩的平衡条件，得

$$A_s = \frac{Ne'}{f_y (h_0 - a'_s)} \tag{7-9}$$

$$A'_s = \frac{Ne}{f_y (h_0 - a'_s)} \tag{7-10}$$

式中　e、e'——分别为 N 至 A_s 与 A'_s 合力点的距离，按式（7-11）和式（7-12）计算。

$$e = \frac{h}{2} - a_s - e_0 \tag{7-11}$$

$$e' = \frac{h}{2} - a'_s + e_0 \tag{7-12}$$

将 e' 和 e 分别代入式（7-9）和式（7-10），取 $M = Ne_0$，且取 $a_s = a'_s = a$，则可得

$$A_s = \frac{N}{2f_y} + \frac{M}{f_y(h_0 - a)} \tag{7-13}$$

$$A'_s = \frac{N}{2f_y} - \frac{M}{f_y(h_0 - a)} \tag{7-14}$$

由式（7-13）和式（7-14）可见，右边第一项表示抵抗纵向拉力 N 所需的钢筋截面面积，第二项反映了弯矩 M 对配筋的影响。显然，M 的存在使 A_s 增大，使 A'_s 减小。因此，在设计中如果需考虑不同的内力组合（N,M）时，应按（N_{max},M_{max}）的内力组合计算 A_s，而按（N_{max},M_{min}）的内力组合计算 A'_s。

对称配筋时，远端钢筋 A'_s 达不到屈服，按式（7-9）计算出 A_s 后，再令 $A'_s = A_s$。

此外，A_s 和 A'_s 均应满足受拉钢筋最小配筋率的要求，详见附表 5-6。

小偏心受拉构件的纵向受力钢筋不得采用绑扎搭接接头。

7.3　偏心受拉构件斜截面承载力计算

偏心受拉构件在承受弯矩和拉力的同时一般也存在着剪力。当剪力较大时不能忽视斜截面承载力的计算。

试验表明，拉力 N 的存在有时会使斜裂缝贯穿全截面，使斜截面的剪压区变小，降低其抗剪承载力，通过对试验资料的分析，偏心受拉构件的斜截面受剪承载力可按式（7-15）计算。

二维码7-2
文献拓展

$$V = \frac{1.75}{\lambda + 1.0} f_t b h_0 + f_{yv} \frac{A_{sv}}{s} h_0 - 0.2N \tag{7-15}$$

式中　λ——偏心受拉构件计算截面的剪跨比，与偏心受压斜截面受剪承载力计算中的规定相同；

N——与剪力设计值 V 相应的轴向拉力设计值；

f_t——混凝土轴心抗拉强度设计值；

f_{yv}——箍筋的抗拉强度设计值；

b——梁截面宽度（T 形、工字形梁为腹板宽度）；

h_0——梁的截面有效高度；

A_{sv}——箍筋间距范围内，箍筋的截面面积，$A_{sv} = nA_{sv1}$；

s——沿梁轴线方向箍筋的间距。

式（7-15）右侧的计算值小于 $f_{yv}\frac{A_{sv}}{s}h_0$ 时，应取等于 $f_{yv}\frac{A_{sv}}{s}h_0$，且 $f_{yv}\frac{A_{sv}}{s}h_0$ 值不得小于 $0.36f_t b h_0$。

与偏心受压构件相同，受剪截面尺寸尚应符合规范的有关要求。

名词和术语

二维码7-3
思维导图

轴心受拉　Axial tension
偏心受拉　Eccentric tension

习　　题

二维码7-4
思考题

7-1　已知某钢筋混凝土屋架下弦，经计算其所受的纵向轴心拉力由永久荷载产生的标准值为 180kN，可变荷载产生的标准值为 300kN，试设计该下弦杆。

7-2　某矩形水池，混凝土池壁板厚为 300mm，经内力分析，求得跨中每米板宽上承受纵向拉力设计值 $N=240\text{kN}$，弯矩设计值 $M=120\text{kN}\cdot\text{m}$，环境类别为二 a 类，试设计水池壁板配筋。

第 8 章　受扭构件的截面承载力

扭转是结构构件基本受力状态之一（另外四种分别是拉、压、弯、剪），构件截面受有扭矩，或者截面所受的剪力合力不通过构件截面的弯曲中心，截面就要受扭。本章重点介绍混凝土矩形截面受扭构件的破坏形态，受纯扭及弯剪扭时的截面承载力计算、钢筋配置方式及构造要求。

8.1　概述

二维码8-1
引入工程中的
扭转问题

工程结构中，结构或构件处于受扭的情况很多，但处于纯扭矩作用的情况很少，大多数都是处于弯矩、剪力、扭矩共同作用下的复合受扭情况，比如桥梁、吊车梁、框架边梁、雨篷梁等，如图 8-1 所示。

静定的受扭构件，由荷载产生的扭矩是由构件的静力平衡条件确定的，与受扭构件的扭转刚度无关，此时称为平衡扭转。如图 8-1（b）所示的吊车梁，在竖向轮压和吊车横向刹车力的共同作用下，对吊车梁截面产生扭矩 T 的情形即为平衡扭转问题；对于超静定结构体系，构件上产生的扭矩除了静力平衡条件以外，还必须由相邻构件的变形协调条件才能确定，此时称为协调扭转。如图 8-1（c）所示的框架楼面梁体系，框架边梁和楼面

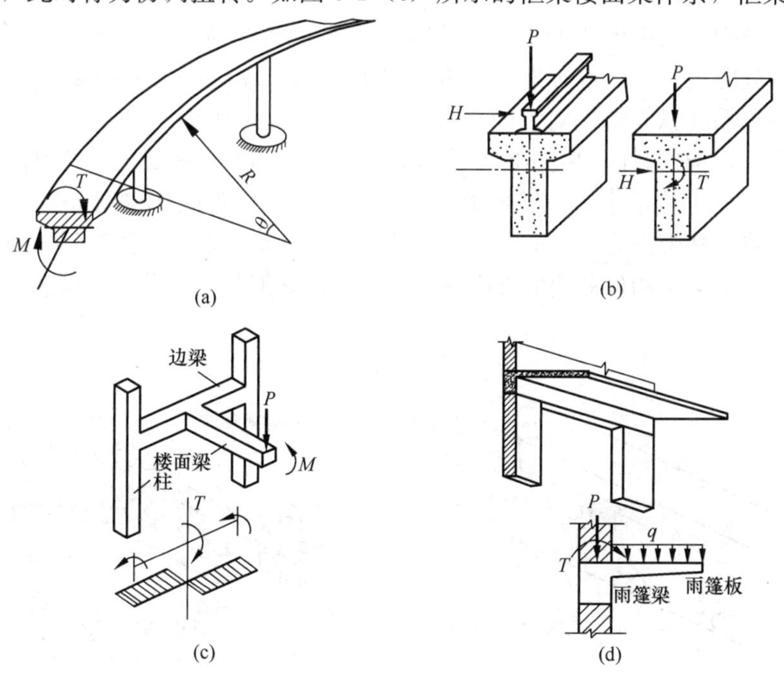

图 8-1　受扭构件实例

（a）受扭桥梁；（b）吊车梁；（c）框架楼面梁体系；（d）雨篷梁

梁的刚度比对框架边梁的扭转影响显著，当框架梁刚度较大时，对楼面梁的约束就大，则楼面梁的支座弯矩就大，此支座弯矩作用在框架梁上使其承受的扭矩也就越大，该扭矩由楼面梁支承点处的转角与该处框架边梁扭转角的变形协调条件所决定，即为协调扭转。

8.2 纯扭构件的破坏形态与钢筋配置影响

8.2.1 破坏形态

对于承受扭矩 T 作用的矩形截面构件，在加载初始阶段，截面的剪应力分布基本符合弹性分析，最大剪应力发生在截面长边的中部，最大主拉应力亦发生在同一位置，为 $\sigma_1 = \tau_{\max}$，与纵轴呈 45°角，如图 8-2 所示。由于素混凝土构件的受扭承载力很低且表现出明显的脆性破坏特点，故通常在构件内配置一定数量的抗扭钢筋以改善其受力性能。由图 8-2的受扭构件应力分布可知，最有效的配筋方式是沿垂直于斜裂缝方向配置螺旋形钢筋，当混凝土开裂后，主拉应力直接由钢筋承受。但这种配筋方式施工复杂，且当受有反向扭矩时会完全失去作用。另外，试验表明，受扭构件中仅配置纵向钢筋很难提高其受扭承载力。这是因为没有横向钢筋约束的纵向钢筋只能通过销栓作用抗扭，如果沿钢筋的纵向产生劈裂破坏，则销栓作用特别弱且不可靠。因此，工程中通常采用横向箍筋和对称布置的纵筋组成的空间骨架来共同承担扭矩。

随着扭矩的增大，当截面长边中部混凝土的主拉应力达到其抗拉强度后，开裂形成 45°方向的斜裂缝，而与裂缝相交的箍筋和纵筋的拉应力突然增大，构件扭转角迅速增加，在扭矩—扭转角曲线上出现转折；扭矩继续增大，截面短边也出现 45°方向的斜裂缝，斜裂缝在构件表面形成螺旋状的平行裂缝组，并逐渐加宽；随着裂缝的开展、深入，表层混凝土退出工作，箍筋和纵筋承担更大的扭矩，钢筋应力增长加快，构件扭转角也迅速增大，构件截面的抗扭刚度降低较多。当与斜裂缝相交的一些箍筋和纵筋达到屈服强度后，扭矩不再增大，扭转变形充分发展，直至构件破坏（图 8-3）。钢筋混凝土纯扭构件的最终破坏形态为：三面螺旋形受拉裂缝和一面（截面长边）斜压破坏面。试验研究表明，钢筋混凝土构件截面的极限扭矩比相应的素混凝土构件增大很多，但开裂扭矩增大不多。

二维码8-2
纯扭构件破坏过程

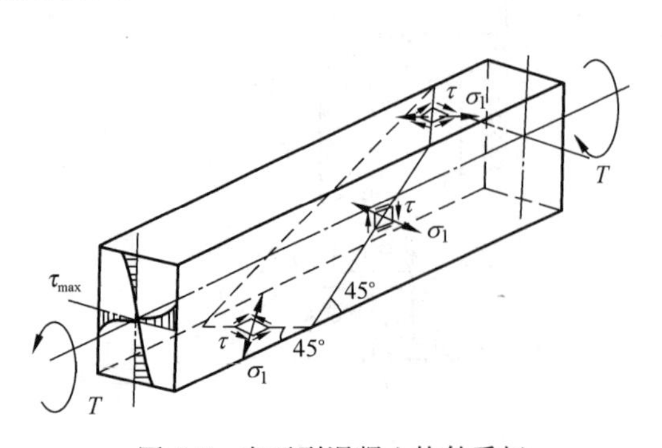

图 8-2 未开裂混凝土构件受扭

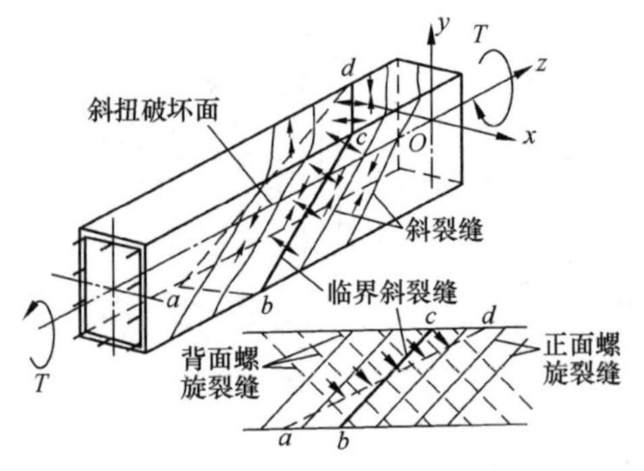

图 8-3 开裂混凝土构件的受力状态

8.2.2 纵筋和箍筋配置的影响

受扭构件的破坏形式与受扭纵筋和受扭箍筋配筋率的大小有关，大致可分为适筋破坏、部分超筋破坏、完全超筋破坏和少筋破坏四种。

对于正常配筋条件下的钢筋混凝土构件，在扭矩作用下，纵筋和箍筋先到达屈服强度，然后混凝土被压碎而破坏。这种破坏称为适筋破坏，与受弯构件适筋梁类似，属延性破坏。此类受扭构件称为适筋受扭构件。

若纵筋和箍筋不匹配，两者配筋比率相差较大，例如纵筋的配筋率比箍筋的配筋率小很多，破坏时仅纵筋屈服，而箍筋不屈服；反之，则箍筋屈服，纵筋不屈服，此种破坏称为部分超筋受扭构件破坏。部分超筋受扭构件破坏时，亦具有一定的延性，但较适筋受扭构件破坏时的延性小。

当纵筋和箍筋配筋率都过高，致使纵筋和箍筋都没有达到屈服强度，而混凝土先行压坏，这种破坏和受弯构件超筋梁类似，称为超筋破坏，属脆性破坏，称为完全超筋受扭构件。

若纵筋和箍筋配置均过少，一旦裂缝出现，构件会立即发生破坏。此时，纵筋和箍筋不仅达到屈服强度而且可能进入强化阶段，此类破坏称为少筋受扭构件破坏。其破坏形态类似于受弯构件中的少筋梁，称为少筋受扭构件。这种破坏以及上述超筋受扭构件的破坏，均属脆性破坏，在设计中应予以避免。

8.3 纯扭构件的承载力

纯扭构件当裂缝出现前，构件内纵筋和箍筋的应力都很小，因此当扭矩不足以使构件开裂时，按构造要求配置受扭钢筋即可。当扭矩较大致使构件形成裂缝后，此时需按计算配置受扭纵筋及箍筋，以满足构件的承载力要求。扭转截面承载力计算中，构件开裂扭矩的大小决定了受扭构件的钢筋配置是否仅按构造或尚需计算确定。

8.3.1 开裂扭矩

根据试验结果，由于钢筋混凝土纯扭构件在裂缝出现前的钢筋应力很小，钢筋的存在对开裂扭矩的影响也不大，构件截面开裂扭矩的确定可以忽略钢筋的作用。

对于图 8-2 所示的矩形截面受扭构件，扭矩使截面上产生扭剪应力 τ，由于扭剪应力作用，在与构件轴线呈 45°和 135°角的方向相应地产生主拉应力 σ_{tp} 和主压应力 σ_{cp}，并有 $|\sigma_{tp}| = |\sigma_{cp}| = |\tau|$。

对于均质弹性材料，在弹性阶段，构件截面上的剪应力分布如图 8-4（a）所示。最大扭剪应力 τ_{max} 及最大主应力均发生在长边中点。当最大主拉应力值达到材料抗拉强度值时，将首先在截面长边中点处垂直于主拉应力方向开裂，此时对应的扭矩称为开裂扭矩，用 T_{cr} 表示。由弹性理论可知

$$T_{cr} = \alpha b^2 h f_t \tag{8-1}$$

式中　b——矩形截面的宽度，在受扭构件中，应取矩形截面的短边尺寸；

h——矩形截面的高度，在受扭构件中，应取矩形截面的长边尺寸；

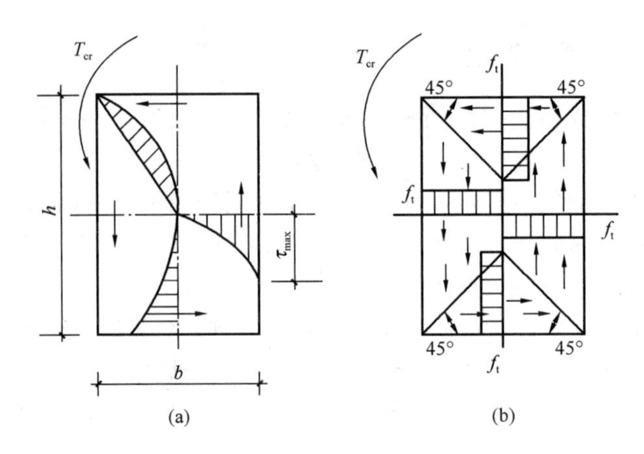

图 8-4　扭剪应力分布

(a) 弹性理论；(b) 塑性理论

α——与 h/b 有关的系数，当比值 $h/b = 1 \sim 10$ 时，$\alpha = 0.208 \sim 0.313$。

对于理想弹塑性材料，截面上某点的应力达到抗拉强度时并未立即破坏，该点能保持极限应力不变而继续变形，整个截面仍能继续承受荷载，截面上各点的应力也逐渐全部达到材料的抗拉强度，直到截面边缘的拉应变达到材料的极限拉应变，截面才会开裂。此时，截面承受的扭矩称为理想弹塑性材料的开裂扭矩 T_{cr}（图 8-4b）。

根据塑性理论，可以得出

$$T_{cr} = \tau_{max} \cdot b^2(3h - b)/6 = f_t \cdot b^2(3h - b)/6 \tag{8-2}$$

由于混凝土既非完全弹性材料，又非理想塑性材料，而是介于两者之间的弹塑性材料。试验表明，当按式（8-1）计算开裂扭矩时，计算值较试验值低；而按式（8-2）计算时，计算值较试验值高。为实用方便起见，根据试验结果，将理想塑性材料开裂扭矩计算的结果，乘以 0.7 的降低系数，作为混凝土材料开裂扭矩的计算公式。

二维码8-3
堆砂法计算复杂截面抗扭塑性抵抗矩

$$T_{cr} = 0.7W_t f_t \tag{8-3}$$

式中　W_t——受扭构件的截面受扭塑性抵抗矩，对于矩形截面，$W_t = b^2(3h - b)/6$。

8.3.2　纯扭构件的承载力计算

试验表明，受扭的素混凝土构件，一旦出现斜裂缝即完全破坏。若配置适量的受扭纵筋和受扭箍筋，则不但其承载力有较显著的提高，且构件破坏时会具有较好的延性。

通过对钢筋混凝土矩形截面纯扭构件的试验研究和统计分析，在满足可靠度要求的前提下，提出如下半经验半理论的纯扭构件承载力计算公式。

1. $h_w/b \leqslant 6$ 的矩形截面

采用的计算公式为

$$T_u = 0.35 f_t W_t + 1.2\sqrt{\zeta}\frac{f_{yv}A_{st1}A_{cor}}{s} \tag{8-4}$$

$$\zeta = \frac{f_y A_{st,l} \cdot s}{f_{yv}A_{st1} \cdot u_{cor}} \tag{8-5}$$

式中　ζ——受扭纵向钢筋与箍筋的配筋强度比；

$A_{st,l}$——受扭计算中取对称布置的全部纵向钢筋截面面积；

A_{st1}——受扭计算中沿截面周边所配置箍筋的单肢截面面积；

f_{yv}、f_y——受扭箍筋和受扭纵筋的抗拉强度设计值；

A_{cor}——截面核心部分的面积，$A_{cor}=b_{cor}h_{cor}$，此处 b_{cor}、h_{cor} 分别为箍筋内表面范围内的截面核心部分的短边和长边的尺寸；

u_{cor}——截面核心部分的周长，$u_{cor}=2(b_{cor}+h_{cor})$；

s——受扭箍筋间距。

式（8-4）由两项组成：第一项为开裂混凝土承担的扭矩，第二项为钢筋承担的扭矩，是建立在适筋破坏基础上的。

系数 ζ 为受扭纵向钢筋与箍筋的配筋强度比，主要是考虑纵筋与箍筋不同配筋和不同强度比对受扭承载力的影响，以避免某一种钢筋配置过多而形成部分超筋破坏。试验表明，若 ζ 在 0.5～2.0 内变化，构件破坏时，其受扭纵筋和箍筋应力均可达到屈服强度。为稳妥起见，取 ζ 的限制条件为 $0.6\leqslant\zeta\leqslant1.7$，当 $\zeta>1.7$ 时，按 $\zeta=1.7$ 计算。

对于在轴向压力和扭矩共同作用下的矩形截面钢筋混凝土构件，其受扭承载力应按式（8-6）计算。

$$T_u=0.35f_tW_t+1.2\sqrt{\zeta}\frac{f_{yv}A_{st1}A_{cor}}{s}+0.07\frac{N}{A}W_t \tag{8-6}$$

式中　N——与扭矩设计值 T 对应的轴向压力设计值，当 $N>0.3f_cA$ 时，取 $N=0.3f_cA$；

A——构件截面面积。

2. $h_w/t_w\leqslant6$ 的箱形截面

试验和理论研究表明，一定壁厚箱形截面的受扭承载力与相同尺寸的实心截面构件是相同的。对于箱形截面纯扭构件，采用式（8-7）计算。

$$T_u=0.35\alpha_hf_tW_t+1.2\sqrt{\zeta}\cdot f_{yv}\frac{A_{st1}A_{cor}}{s} \tag{8-7}$$

式中　α_h——箱形截面壁厚影响系数，$\alpha_h=2.5t_w/b_h$，当 $\alpha_h>1.0$ 时，取 $\alpha_h=1.0$；

t_w——箱形截面壁厚，其值不应小于 $b_h/7$；

b_h——箱形截面的宽度。

ζ 值应按式（8-5）计算，且应符合 $0.6\leqslant\zeta\leqslant1.7$ 的要求。

箱形截面受扭塑性抵抗矩为

$$W_t=\frac{b_h^2}{6}(3h_h-b_h)-\frac{(b_h-2t_w)^2}{6}[3h_w-(b_h-2t_w)] \tag{8-8}$$

式中　b_h、h_h——箱形截面的宽度和高度；

h_w——箱形截面的腹板净高；

t_w——箱形截面壁厚。

3. T 形和工字形截面

对于 T 形和工字形截面，可将其截面划分为几个矩形截面进行配筋计算，矩形截面划分的原则是首先满足腹板截面的完整性，然后再划分受压翼缘和受拉翼缘的面积，如图 8-5所示。划分的各矩形截面所承担的扭矩值，按各矩形截面的受扭塑性抵抗矩与截面总的受扭塑性抵抗矩的比值进行分配的原则确定，并分别按式（8-4）计算受扭钢筋，每个矩形截面的扭矩设计值可按下列规定计算。

腹板 $$T_w = \frac{W_{tw}}{W_t} \cdot T \quad (8\text{-}9)$$

受压翼缘 $$T'_f = \frac{W'_{tf}}{W_t} \cdot T \quad (8\text{-}10)$$

受拉翼缘 $$T_f = \frac{W_{tf}}{W_t} \cdot T \quad (8\text{-}11)$$

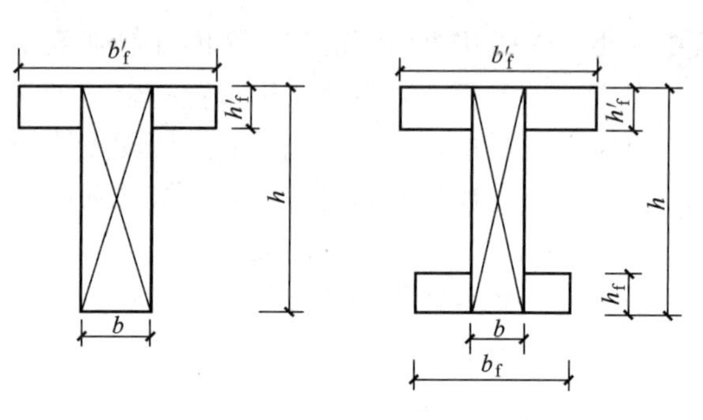

图 8-5 T 形和工字形截面的矩形划分方法

式中 T——整个截面所承受的扭矩设计值；

T_w——腹板截面所承受的扭矩设计值；

T'_f、T_f——分别为受压翼缘、受拉翼缘截面所承受的扭矩设计值；

W_{tw}、W'_{tf}、W_{tf}——分别为腹板、受压翼缘、受拉翼缘的截面受扭塑性抵抗矩。

T 形和工字形截面的腹板、受压和受拉翼缘部分的矩形截面受扭塑性抵抗矩 W_{tw}、W'_{tf}和 W_{tf}，可分别按式（8-12）、式（8-13）和式（8-14）计算。

$$W_{tw} = \frac{b^2}{6}(3h - b) \quad (8\text{-}12)$$

$$W'_{tf} = \frac{h'^2_f}{2}(b'_f - b) \quad (8\text{-}13)$$

$$W_{tf} = \frac{h^2_f}{2}(b_f - b) \quad (8\text{-}14)$$

截面总的受扭塑性抵抗矩为

$$W_t = W_{tw} + W'_{tf} + W_{tf} \quad (8\text{-}15)$$

计算截面受扭塑性抵抗矩时取用的翼缘宽度尚应符合 $b'_f \leqslant b + 6h'_f$ 及 $b_f \leqslant b + 6h_f$ 的规定。

8.4 弯剪扭构件的承载力

工程中大多数构件处于弯矩、剪力和扭矩的共同作用，其受扭承载力的大小与受弯和受剪承载力是相互影响的。即构件的受扭承载力随同时作用的弯矩、剪力大小的变化而发生变化；同样，构件的受弯和受剪承载力也随同时作用的扭矩大小变化而发生变化。对于复杂受力构件，其各类承载力之间存在显著的相关性，必须加以考虑。

8.4.1 破坏形态

处于弯矩、剪力和扭矩共同作用下的钢筋混凝土构件，其破坏特征及其承载力与构件截面所受到的作用效应及构件的截面尺寸、配筋及材料强度等因素有关。试验表明，弯剪扭构件可分为弯型破坏、扭型破坏、剪扭型破坏等破坏类型。

1. 弯型破坏

如图 8-6（a）所示，在配筋适当的条件下，若弯矩相比扭矩较大时，裂缝首先在弯曲

受拉面出现，然后发展到两侧面。三个面上的螺旋形裂缝形成一个扭曲破坏面，而第四面即弯曲受压面无裂缝。构件破坏时与螺旋形裂缝相交的纵筋及箍筋均受拉并达到屈服强度，构件顶部受压，形成弯型破坏。

2. 扭型破坏

若扭矩相对于弯矩和剪力都较大，而构件顶部纵筋少于底部纵筋时，可能形成如图 8-6（b）受压区在构件底部的扭型破坏。这种现象出现的原因是，虽然由于弯矩作用使顶部纵筋受压，但由于弯矩较小，从而其压应力亦较小。又由于顶部纵筋少于底部纵筋，故扭矩产生的拉应力就有可能抵消弯矩产生的压应力并使顶部纵筋先期达到屈服强度，最后促使构件底部受压而破坏。

3. 剪扭型破坏

若剪力和扭矩起控制作用，则裂缝首先在侧面出现（在这个侧面上，剪力和扭矩产生的主应力方向是相同的），如图 8-6（c），然后向底面和顶面扩展，在这三个面上的螺旋形裂缝构成扭曲破坏面，破坏时与螺旋形裂缝相交的纵筋和箍筋受拉并达到屈服强度，而受压区靠近另一个侧面（在这个侧面上，剪力和扭矩产生的主应力方向是相反的），形成剪扭型破坏。

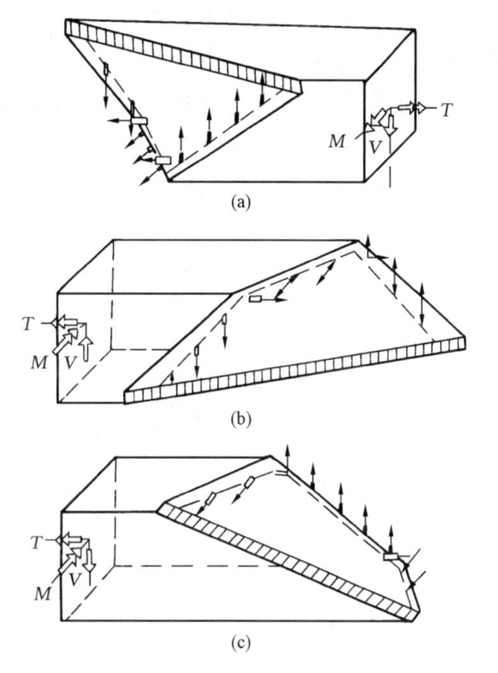

图 8-6　弯剪扭构件的破坏类型

（a）弯型破坏；（b）扭型破坏；（c）剪扭型破坏

对于弯剪扭共同作用下的构件，除了前述的三种破坏形态外，若剪力作用十分显著而扭矩较小时，还会发生与剪压破坏十分相近的剪切破坏形态。

8.4.2　弯剪扭构件的承载力计算

构件在扭矩作用下处于三维应力状态，平截面假定已不适用，对于非线性混凝土材料和开裂后的钢筋混凝土构件，在弯剪扭共同作用时，准确的理论计算难度更大。为便于工程设计使用，我国的混凝土结构设计规范以变角度空间桁架模型为基础，结合大量试验结果，给出了弯扭及剪扭件构件扭曲截面的实用配筋计算方法。

1. 剪力和扭矩共同作用下构件承载力计算

试验结果表明，构件同时受到剪力和扭矩作用时，剪力的存在会降低构件的抗扭承载力；同样，由于扭矩的存在，也会引起构件抗剪承载力的降低，表现出剪力和扭矩的相关性。为简单起见，对截面中的箍筋可按受扭承载力和受剪承载力分别计算其用量，然后进行叠加。我国的混凝土结构设计规范采用折减系数 β_t 来考虑剪扭共同作用的影响。

图 8-7（a）给出了无腹筋构件在不同扭矩与剪力比值下的承载力试验结果。图中无量纲坐标系的纵坐标为 V_c/V_{c0}，横坐标为 T_c/T_{c0}，这里的 V_{c0} 和 T_{c0} 分别为无腹筋构件在单纯受剪力或扭矩作用时的抗剪和抗扭承载力；V_c 和 T_c 则为同时受剪力和扭矩作用时的抗剪和抗扭承载力。从图中可见，无腹筋构件的抗剪和抗扭承载力相关关系大致按 1/4 圆弧

规律变化，即随着同时作用的扭矩增大，构件的抗剪承载力逐渐降低，当扭矩达到构件的抗纯扭承载力时，其抗剪承载力下降为零；反之亦然。

对于有腹筋的剪扭构件，其混凝土部分所提供的抗扭承载力 T_c 和抗剪承载力 V_c 之间，可认为也存在如图 8-7（b）所示的 1/4 圆弧相关关系。这时，坐标系中的 V_c 和 T_c 可分别取为抗剪承载力公式中的混凝土作用项和纯扭构件抗扭承载力公式中的混凝土作用项，即

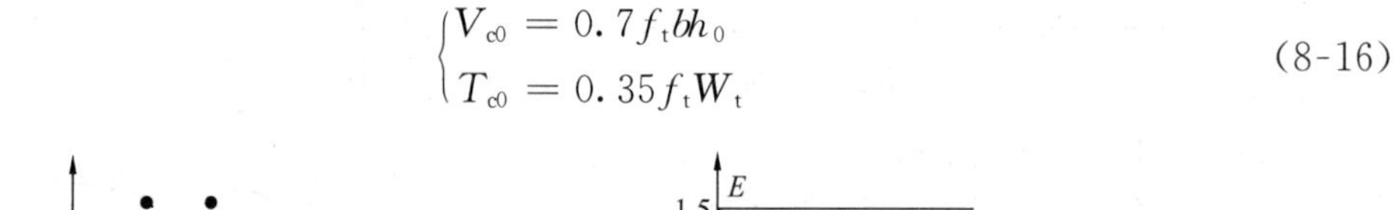

$$\begin{cases} V_{c0} = 0.7 f_t b h_0 \\ T_{c0} = 0.35 f_t W_t \end{cases} \tag{8-16}$$

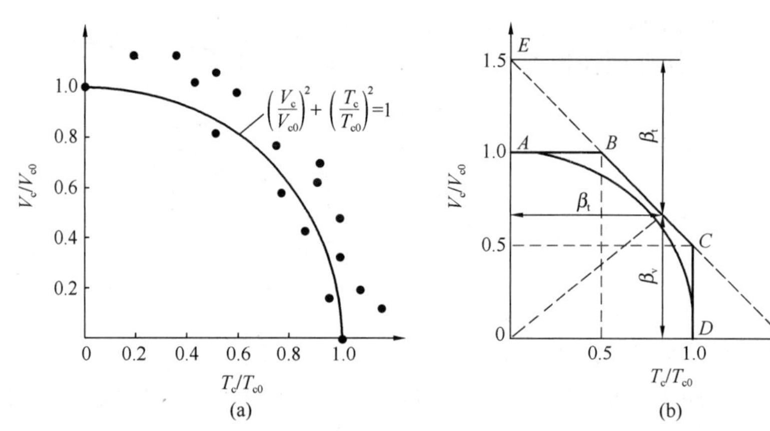

图 8-7 混凝土剪扭承载力的相关关系

（a）剪扭复合受力的相关关系；（b）三折线的剪扭相关关系

为了简化计算，规范建议用图 8-7（b）中的三段折线关系近似代替 1/4 圆弧关系。

1）当 $T_c/T_{c0} \leqslant 0.5$ 时，取 $V_c/V_{c0}=1.0$；当 $T_c \leqslant 0.5T_{c0}=0.175 f_t W_t$ 时，取 $V_c=V_{c0}=0.7 f_t b h_0$。即此时可忽略扭矩的影响，仅按受弯构件的斜截面受剪承载力公式进行计算。

2）当 $V_c/V_{c0} \leqslant 0.5$ 时，取 $T_c/T_{c0}=1.0$；当 $V_c \leqslant 0.5V_{c0}=0.35 f_t b h_0$ 或 $V \leqslant 0.875 f_t b h_0/(\lambda+1)$ 时，取 $T_c=T_{c0}=0.35 f_t W_t$。即此时可忽略剪力的影响，仅按纯扭构件的受扭承载力公式进行计算。

3）当 $0.5 \leqslant T_c/T_{c0} \leqslant 1.0$ 或 $0.5 \leqslant V_c/V_{c0} \leqslant 1.0$ 时，要考虑剪扭相关性，但以线性相关代替圆弧相关。

根据图 8-7（b），无量纲参数 β_t、β_v 分别代表剪扭相关作用时，抗扭承载力降低系数和抗剪承载力降低系数，即 $\beta_t=T_c/T_{c0}$，$\beta_v=V_c/V_{c0}$，且有

$$\beta_t = 1.5 - \beta_v = \frac{1.5}{1+\frac{V_c}{V_{c0}}/\frac{T_c}{T_{c0}}} \tag{8-17}$$

将式（8-16）代入式（8-17），并用实际作用的剪力设计值与扭矩设计值之比 V/T 代替公式中的 V_c/T_c，则有

$$\beta_t = \frac{1.5}{1+0.5\frac{V}{T}\cdot\frac{W_t}{b h_0}} \tag{8-18}$$

对于集中荷载作用下独立的钢筋混凝土剪扭构件（包括作用有多种荷载，且集中荷载对支座截面或节点边缘所产生的剪力值占总剪力值的 75%以上的情况），β_t应按式（8-19）计算。

$$\beta_t = \frac{1.5}{1 + 0.2(\lambda + 1)\dfrac{V}{T} \cdot \dfrac{W_t}{bh_0}} \tag{8-19}$$

考虑相关作用的截面受剪和受扭承载力按以下公式进行计算。

（1）一般的矩形截面构件

剪扭构件的受剪承载力为

$$V_u = 0.7(1.5 - \beta_t) f_t bh_0 + f_{yv} \frac{A_{sv}}{s} h_0 \tag{8-20}$$

剪扭构件的受扭承载力为

$$T_u = 0.35\beta_t f_t W_t + 1.2\sqrt{\zeta} f_{yv} \frac{A_{st1}}{s} A_{cor} \tag{8-21}$$

集中荷载作用下的独立剪扭构件，式（8-20）应改为

$$V_u = \frac{1.75}{\lambda + 1}(1.5 - \beta_t) f_t bh_0 + f_{yv} \frac{A_{sv}}{s} h_0 \tag{8-22}$$

按式（8-18）及式（8-19）计算得出的剪扭构件抗扭承载力降低系数 β_t 值，若小于 0.5，则不考虑扭矩对混凝土受剪承载力的影响，式（8-20）中的 β_t 取 0.5；若 β_t 大于 1.0，则不考虑剪力对混凝土受扭承载力的影响，式（8-21）中的 β_t取 1.0。式（8-19）中的 λ 为计算截面的剪跨比，按第 5 章所述采用。

（2）箱形截面的钢筋混凝土一般为剪扭构件

此类剪扭构件的受剪承载力表达式形式上同式（8-20），但式中的 β_t 按式（8-23）计算。

$$\beta_t = \frac{1.5}{1 + 0.5\dfrac{V}{T} \cdot \dfrac{\alpha_h W_t}{bh_0}} \tag{8-23}$$

剪扭构件的受扭承载力为

$$T_u = 0.35\alpha_h \beta_t f_t W_t + 1.2\sqrt{\zeta} f_{yv} \frac{A_{st1}}{s} A_{cor} \tag{8-24}$$

此处，对 α_h 值和 ζ 值应按箱形截面钢筋混凝土纯扭构件的受扭承载力计算规定要求取值。

对于集中荷载作用下独立的箱形截面剪扭构件（包括作用有多种荷载，且集中荷载对支座截面或节点边缘所产生的剪力值占总剪力值的 75%以上的情况），其受剪承载力的表达式形式上同式（8-22），但式中的 β_t按式（8-25）计算。

$$\beta_t = \frac{1.5}{1 + 0.2(\lambda + 1)\dfrac{V}{T} \cdot \dfrac{\alpha_h W_t}{bh_0}} \tag{8-25}$$

（3）T 形和工字形截面剪扭构件的受剪扭承载力

① 剪扭构件的受剪承载力，按式（8-18）与式（8-20）或按式（8-19）与式（8-21）进行计算；但计算时应将 T 及 W_t 分别以 T_w 及 W_{tw} 代替，即假设剪力全部由腹板承担。

② 剪扭构件的受扭承载力，可按纯扭构件的计算方法，将截面划分为几个矩形截面

进行计算。腹板可按式（8-21）进行计算，但计算时应将 T 及 W_t 分别以 T_w 及 W_{tw} 代替；受压翼缘及受拉翼缘可按矩形截面纯扭构件的规定进行计算，但计算时应将 T 及 W_t 分别以 T'_f 及 W'_{tf} 和 T_f 及 W_{tf} 代替。

2. 弯矩、剪力和扭矩共同作用下构件承载力计算

矩形、箱形截面和 T 形、工字形钢筋混凝土弯剪扭构件配筋计算的一般原则是：纵向钢筋应按受弯构件的正截面受弯承载力和剪扭构件的受扭承载力分别计算所需的钢筋截面面积，并在相应的位置进行配置，箍筋应按剪扭构件的受剪承载力和受扭承载力分别计算所需的箍筋截面面积，并在相应的位置进行配置，如图 8-8 和图 8-9 所示。

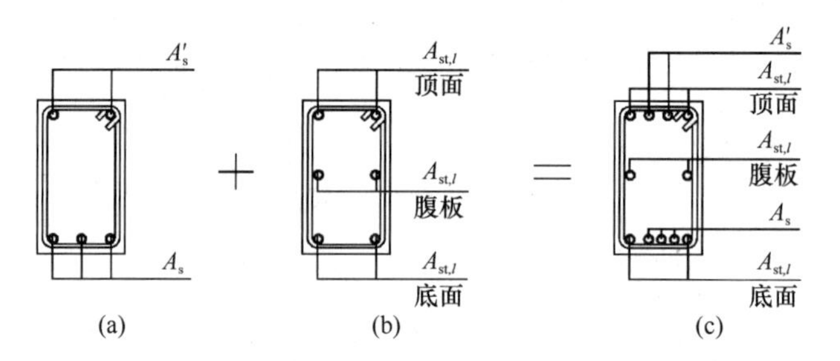

图 8-8 弯、扭纵筋的叠加

（a）受弯纵筋；（b）受扭纵筋；（c）纵筋叠加

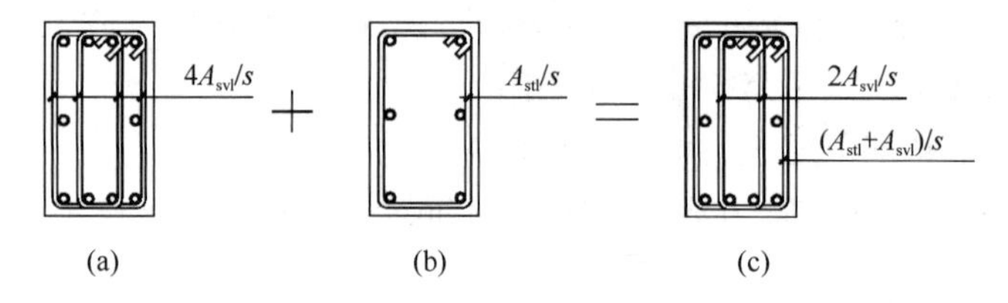

图 8-9 剪、扭箍筋的叠加

（a）受弯箍筋；（b）受扭箍筋；（c）箍筋叠加

对于弯矩、剪力和扭矩共同作用但剪力或扭矩较小的矩形、箱形截面和 T 形、工字形钢筋混凝土弯剪扭构件，当符合下列条件时，可按下列规定进行承载力计算。

（1）当 $V \leqslant 0.35 f_t b h_0$ 或对于集中荷载下的独立构件 $V \leqslant 0.875 f_t b h_0/(\lambda+1)$ 时，可忽略剪力的作用，仅按受弯构件的正截面受弯承载力和纯扭构件截面受扭承载力分别进行计算。

（2）当 $T \leqslant 0.175 f_t W_t$ 或对于箱形截面构件 $T \leqslant 0.175 \alpha_h f_t W_t$ 时，可忽略扭矩的作用，仅按受弯构件的正截面受弯承载力和斜截面受剪承载力分别进行计算。

3. 轴力、弯矩、剪力和扭矩共同作用下构件承载力计算

在轴向压力、弯矩、剪力和扭矩共同作用下，钢筋混凝土矩形截面框架柱受扭承载力应按下列公式计算。

（1）受剪承载力

$$V_u = (1.5-\beta_t)\left(\frac{1.75}{\lambda+1} f_t b h_0 + 0.07N\right) + f_{yv}\frac{A_{sv}}{s}h_0 \tag{8-26}$$

（2）受扭承载力

$$T_u = \beta_t\left(0.35 f_t W_t + 0.07\frac{N}{A}W_t\right) + 1.2\sqrt{\zeta} f_{yv}\frac{A_{st1}}{s}A_{cor} \tag{8-27}$$

此处，β_t 近似按式（8-19）计算，剪跨比 λ 按第 5 章中的相关规定取用。

当 $T \leqslant \left(0.175 f_t + 0.035 \dfrac{N}{A}\right) W_t$ 时，可仅按偏心受压构件的正截面承载力和框架柱斜截面受剪承载力分别进行计算。

8.5　构造要求

8.5.1　计算公式的适用条件

与受弯构件和受剪构件类似，为了保证纯扭或弯剪扭构件破坏时有一定的延性，不致出现少筋或超筋的脆性破坏，各受扭承载力计算公式同样有上限和下限条件。

1. 上限条件

当纵筋、箍筋配置较多，或截面尺寸太小或混凝土强度等级过低时，钢筋的作用不能充分发挥。这类构件在受扭纵筋和箍筋屈服前，往往发生混凝土压碎的超筋破坏。此时破坏扭矩值主要取决于混凝土强度等级及构件的截面尺寸。为了避免发生超筋破坏，对于在弯矩、剪力和扭矩共同作用下，且 $h_w/b \leqslant 6$ 的矩形截面、T 形、工字形和 $h_w/t_w \leqslant 6$ 的箱形截面混凝土构件，其截面尺寸应符合下列要求。

（1）当 h_w/b(或 h_w/t_w) $\leqslant 4$ 时

$$\frac{V}{bh_0} + \frac{T}{0.8W_t} \leqslant 0.25\beta_c f_c \tag{8-28}$$

（2）当 h_w/b(或 h_w/t_w) $= 6$ 时

$$\frac{V}{bh_0} + \frac{T}{0.8W_t} \leqslant 0.2\beta_c f_c \tag{8-29}$$

（3）当 $4 < h_w/b$(或 h_w/t_w) < 6 时

按线性内插法确定。

式中　V、T——剪力设计值、扭矩设计值；

b——矩形截面的宽度，T 形截面或工字形截面的腹板宽度，箱形截面取两侧壁总厚度 $b = 2t_w$；

h_0——截面的有效高度；

h_w——截面的腹板高度，对矩形截面取 h_0，对 T 形截面取有效高度减去翼缘高度，对工字形截面和箱形截面取腹板净高；

t_w——箱形截面壁厚，其值不应小于 $b_h/7$，此处 b_h 为箱形截面的宽度。

当 h_w/b(或 h_w/t_w) > 6 时，受扭构件的截面尺寸要求及扭曲截面承载力计算应符合相关规定。

当 $V = 0$ 时，式（8-28）和式（8-29）即为纯扭构件的截面尺寸限制条件；当 $T = 0$ 时，则为纯剪构件的截面限制条件。计算时如不满足上述条件，一般应加大构件的截面尺寸，也可提高混凝土的强度等级。

2. 下限条件

在弯矩、剪力和扭矩共同作用下，当构件符合下列要求，即

$$\frac{V}{bh_0}+\frac{T}{W_t}\leqslant 0.7f_t \tag{8-30}$$

或

$$\frac{V}{bh_0}+\frac{T}{W_t}\leqslant 0.7f_t+0.07\frac{N}{bh_0} \tag{8-31}$$

可不进行构件截面受剪扭承载力计算，但为防止构件开裂后产生突然的脆性破坏，需按构造要求来配置钢筋。

当式（8-31）中的轴向压力设计值 $N>0.3f_cA$ 时，取 $N=0.3f_cA$，A 为构件的截面面积。

弯剪扭构件中，受扭的最小纵筋和箍筋配筋量，原则上是根据钢筋混凝土构件所能承受的扭矩 T 不低于相同截面素混凝土构件的开裂扭矩 T_{cr} 来确定的。

受扭纵筋最小配筋率 $$\rho_{st1}=\frac{A_{st,l}}{bh}\geqslant\rho_{st1,min}=0.6\sqrt{\frac{T}{Vb}}\cdot\frac{f_t}{f_y} \tag{8-32}$$

受扭箍筋最小配箍率 $$\rho_{sv}=\frac{2A_{sv1}}{bs}\geqslant\rho_{sv,min}=0.28\frac{f_t}{f_{yv}} \tag{8-33}$$

式(8-32)中，当 $T/(Vb)>2.0$ 时，取 $T/(Vb)=2.0$；对于箱形截面构件，式中的 b 应以 b_h 代替。

8.5.2 配筋构造

1. 纵筋的构造要求

对于弯剪扭构件，受扭纵向受力钢筋的间距不应大于 200mm 和梁的截面宽度；在截面四角必须设置受扭纵向受力钢筋，其余纵向钢筋沿截面周边均匀对称布置。当支座边作用有较大扭矩时，受扭纵向钢筋应按受拉钢筋固定在支座内。当受扭纵筋按计算确定时，纵筋的接头及锚固均应按受拉钢筋的构造要求处理。

在弯剪扭构件中，弯曲受拉边纵向受拉钢筋的最小配筋量，不应小于按弯曲受拉钢筋最小配筋率计算出的钢筋截面面积与按受扭纵向受力钢筋最小配筋率计算并分配到弯曲受拉边的钢筋截面面积之和。

2. 箍筋的构造要求

箍筋的间距及直径应符合第 5 章中的关于受剪箍筋的相关要求。箍筋应做成封闭式，且应沿截面周边布置；当采用复合箍筋时，位于截面内部的箍筋不应计入受扭所需的箍筋面积；受扭所需箍筋的末端应做成 135°弯钩，弯钩端头平直段长度不应小于 $10d$（d 为箍筋直径）。

【例 8-1】

已知一均布荷载作用下钢筋混凝土 T 形截面弯剪扭构件，截面尺寸 $b_f'=400$mm，$h_f'=80$mm，$b\times h=200\text{mm}\times500\text{mm}$，如图 8-10 所示。构件所承受的弯矩设计值 $M=80\text{kN}\cdot\text{m}$，剪力设计值 $V=100$kN，扭矩设计值 $T=15\text{kN}\cdot\text{m}$。采用混凝土 C30（$f_c=14.3\text{N/mm}^2$、$f_t=1.43\text{N/mm}^2$），纵向受力钢筋采用 HRB400 级钢筋（$f_y=360\text{N/mm}^2$），箍筋采用 HRB400 级（$f_{yv}=360\text{N/mm}^2$），环境类别为二 a 类，试计算其配筋。

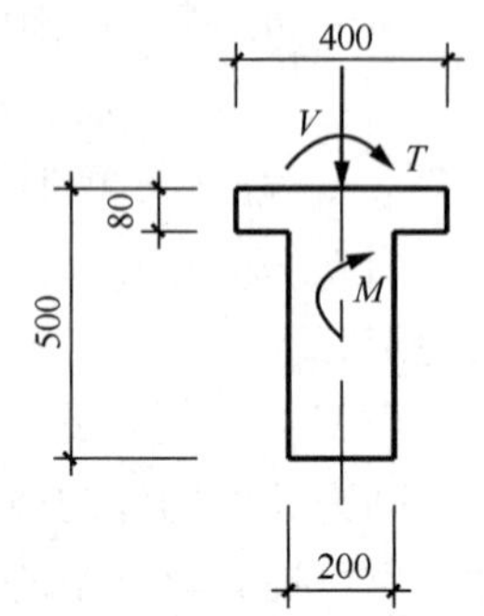

图 8-10 T 形截面受弯剪扭构件（单位：mm）

【解】

1）验算截面尺寸

假定 $a_s = 45\text{mm}$，则

$$h_0 = 500 - 45 = 455\text{mm}$$

$$W_{tw} = \frac{200^2}{6} \times (3 \times 500 - 200) = 8.67 \times 10^6\ \text{mm}^3$$

$$W'_{tf} = \frac{80^2}{2} \times (400 - 200) = 6.4 \times 10^5\ \text{mm}^3$$

$$W_t = W_{tw} + W'_{tf} = 9.31 \times 10^6\ \text{mm}^3$$

$$T = 15\text{kN} \cdot \text{m} > 0.175 f_t W_t = 0.175 \times 1.43 \times 9.31 \times 10^6 \times 10^{-6} = 2.33\text{kN} \cdot \text{m}$$

$$V = 100\text{kN} > 0.35 f_t b h_0 = 0.35 \times 1.43 \times 200 \times 455 \times 10^{-3} = 45.55\text{kN}$$

故剪力和扭矩不能忽略，构件按弯剪扭构件配筋。

$$\frac{h_w}{b} = \frac{455 - 80}{200} = 1.875 < 4$$

$$\frac{V}{bh_0} + \frac{T}{0.8W_t} = \frac{100,000}{200 \times 455} + \frac{15,000,000}{0.8 \times 9.31 \times 10^6} = 3.11\text{N/mm}^2 \leqslant 0.25\beta_c f_c$$

$$= 0.25 \times 14.3 = 3.575\text{N/mm}^2$$

故截面尺寸符合要求。又因为

$$\frac{V}{bh_0} + \frac{T}{W_t} = \frac{100,000}{200 \times 455} + \frac{15,000,000}{9.31 \times 10^6} = 2.71\text{N/mm}^2 > 0.7 f_t = 0.7 \times 1.43 = 1.001\text{N/mm}^2$$

故需按计算配置受扭钢筋。

2）扭矩分配

腹板承受扭矩　$T_w = \dfrac{W_{tw}}{W_t} T = \dfrac{8.67}{9.31} \times 15.0 = 13.97\text{kN} \cdot \text{m}$

受压翼缘承受扭矩 $T'_f = \dfrac{W'_{tf}}{W_t} T = \dfrac{0.64}{9.31} \times 15.0 = 1.03\text{kN} \cdot \text{m}$

3）抗弯纵向钢筋计算

$\alpha_1 f_c b'_f h'_f (h_0 - h'_f/2) = 1.0 \times 14.3 \times 400 \times 80 \times (455 - 40) \times 10^{-6} = 189.90\text{kN} \cdot \text{m} >$ 80kN·m，故属于第一类 T 形截面。

$$\xi - \frac{1}{2}\xi^2 = \frac{M}{\alpha_1 f_c b'_f h_0^2} = \frac{80,000,000}{1.0 \times 14.3 \times 400 \times 455^2} = 0.068$$

可求得 $\xi = 0.070 < \xi_b = 0.518$，$\gamma_s = 1 - \dfrac{1}{2}\xi = 0.965$。

$$A_s = \frac{M}{\gamma_s f_y h_0} = \frac{80,000,000}{0.965 \times 360 \times 455} = 506.11\text{mm}^2$$

$$\rho = \frac{506.11}{200 \times 500} = 0.51\% > 0.2\% \text{ 及 } 0.45\frac{f_t}{f_y} = 0.45 \times \frac{1.43}{360} = 0.179\%$$

4）腹板抗剪及抗扭钢筋计算

$$A_{cor} = 130 \times 430 = 55,900\text{mm}^2$$

$$u_{cor} = 2 \times (130 + 430) = 1120\text{mm}$$

$$\beta_t = \frac{1.5}{1 + 0.5\dfrac{V}{T_w} \cdot \dfrac{W_{tw}}{bh_0}} = \frac{1.5}{1 + 0.5 \times \dfrac{100}{13,970} \times \dfrac{8,670,000}{200 \times 455}} = 1.119 > 1.0$$

取 $\beta_t = 1.0$。

(1) 抗剪箍筋

$$\frac{A_{sv}}{s} = \frac{V_u - 0.7 \times (1.5 - \beta_t) f_t b h_0}{f_{yv} h_0} = \frac{100,000 - 0.7 \times (1.5 - 1) \times 1.43 \times 200 \times 455}{360 \times 455}$$

$= 0.332\ mm^2/mm$

(2) 抗扭箍筋

取 $\zeta = 1.2$。

$$\frac{A_{st1}}{s} = \frac{T_w - 0.35\beta_t f_t W_{tw}}{1.2\sqrt{\zeta} f_{yv} A_{cor}} = \frac{13.97 \times 10^6 - 0.35 \times 1 \times 1.43 \times 8.67 \times 10^6}{1.2 \times \sqrt{1.2} \times 360 \times 55,900}$$

$= 0.364 mm^2/mm$

故得到腹板单肢箍筋单位间距所需总面积为

$$\frac{A_{st1}}{s} + \frac{A_{sv}}{2s} = 0.364 + \frac{0.332}{2} = 0.530 mm^2/mm$$

取箍筋为Φ 10(A=78.5mm²),则得箍筋间距为

$s \leqslant \frac{78.5}{0.530} = 148.1 mm$,取用 s=150mm,并适当增大抗扭纵筋。

(3) 抗扭纵筋

$$A_{st,l} = \frac{\zeta f_{yv} A_{st1} \cdot u_{cor}}{f_y \cdot s} = \frac{1.2 \times 360 \times 0.364 \times 1120}{360} = 489.2 mm^2$$

(4) 梁底所需受弯和受扭纵筋截面面积

$$A_s + A_{st,l} \frac{b_{cor} + 2(h_{cor}/4)}{u_{cor}} = 506.11 + 489.2 \times \frac{130 + 0.5 \times 430}{1120} = 656.8 mm^2$$

选用 3 根直径 18mm 的 HRB400 钢筋,A_s=763mm²。

(5) 梁侧边所需受扭纵筋面积

$$A_s = A_{st,l} \frac{0.5 h_{cor}}{u_{cor}} = 489.2 \times \frac{0.5 \times 430}{1120} = 93.9 mm^2$$

选用 1 根直径 14mm 的 HRB400 钢筋,A_s=153.9mm²。

(6) 梁顶面所需受扭纵筋为

$$A_s = A_{st,l} \frac{b_{cor} + 2(h_{cor}/4)}{u_{cor}} = 489.2 \times \frac{130 + 0.5 \times 430}{1120} = 150.69 mm^2$$

考虑构造要求,顶部选用 2 根直径 12mm 的 HRB400 钢筋,A_s=226mm²。

5) 受压翼缘抗扭钢筋计算

按纯扭构件计算

$$A_{cor} = (80 - 2 \times 30) \times (400 - 200 - 2 \times 30) = 20 \times 140 = 2800 mm^2$$

$$u_{cor} = 2 \times (20 + 140) = 320 mm$$

(1) 抗扭箍筋

取 $\zeta = 1.2$,于是

$$\frac{A_{st1}}{s} = \frac{T'_f - 0.35\beta_t f_t W'_{tf}}{1.2\sqrt{\zeta} f_{yv} A_{cor}} = \frac{1.03 \times 10^6 - 0.35 \times 1 \times 1.43 \times 6.4 \times 10^5}{1.2 \times \sqrt{1.2} \times 360 \times 2800} = 0.536 mm^2/mm$$

取箍筋为Φ 10(A=78.5mm²),则得箍筋间距为

$s \leqslant \frac{78.5}{0.536} = 146.5\text{mm}$，取与腹板箍筋相同间距，$s = 150\text{mm}$。

（2）抗扭纵筋

$$A_{st,l} = \frac{\zeta f_{yv} A_{st1} \cdot u_{cor}}{f_y \cdot s} = \frac{1.2 \times 360 \times 0.536 \times 320}{360} = 205.82\text{mm}^2$$

受压翼缘纵筋选用 4 根直径 8mm 的 HRB400 钢筋，$A_s = 201\text{mm}^2$。

6）最小配筋率的验算

（1）腹板最小配箍率

$$\rho_{sv} = \frac{nA_{st1}}{bs} = \frac{2 \times 78.5}{200 \times 150} = 0.523\% \geqslant \rho_{sv,min} = 0.28 \cdot \frac{f_t}{f_{yv}}$$

$$= 0.28 \times 1.43/360 = 0.112\%$$

满足要求。

（2）腹板弯曲受拉边纵筋配筋率的验算

由计算第一步受弯构件最小配筋率为 $\rho_{s,min} = 0.2\%$

$$\frac{T_w}{Vb} = \frac{13.97 \times 10^6}{100 \times 10^3 \times 200} = 0.699 < 2$$

受扭构件最小配筋率为

$$\rho_{st,l,min} = 0.6\sqrt{\frac{T}{Vb}} \cdot \frac{f_t}{f_y} = 0.6 \times \sqrt{0.699} \times 1.43/360 = 0.199\%$$

则截面弯曲受拉边的纵向受力钢筋最小配筋量为

$$\rho_{s,min} bh_0 + \rho_{st,l,min} bh \frac{b_{cor}}{u_{cor}} = 0.2\% \times 200 \times 500 + 0.199\% \times 200 \times 500 \times 130/1120$$

$$= 223.10\text{mm}^2 < 763\text{mm}^2\text{（实配钢筋面积）}$$

（3）翼缘按纯扭构件验算

实有配箍率

$$\rho_{sv} = \frac{nA_{st1}}{bs} = \frac{2 \times 78.5}{80 \times 150} = 1.31\% \geqslant \rho_{sv,min}$$

$$= 0.112\%\text{（满足要求）}$$

由于翼缘不考虑受剪，故取 $\frac{T}{Vb} = 2$。

$$\rho_{st,l,min} = 0.6\sqrt{\frac{T}{Vb}} \cdot \frac{f_t}{f_y}$$

$$= 0.6 \times \sqrt{2} \times 1.43/360$$

$$= 0.337\%$$

实际配筋率

$\rho = \frac{A_{st,l}}{h'_f(b'_f - b)} = \frac{201}{80 \times 200} = 1.26\%$，均满足要求。

画出配筋图，如图 8-11。

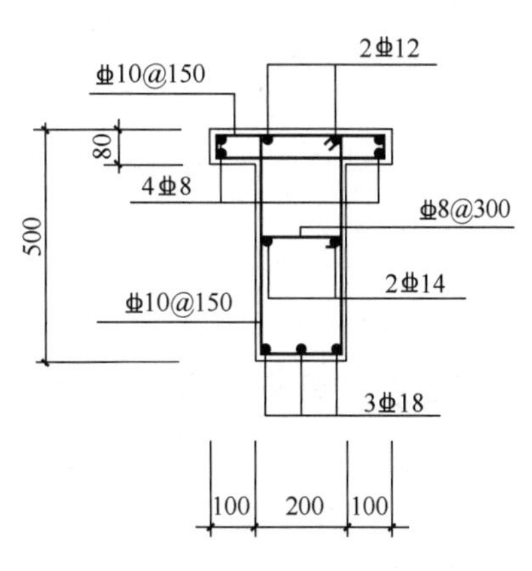

图 8-11　截面配筋图（单位：mm）

名词和术语

平衡扭转　Equilibrium torsion

协调扭转　Compatibility torsion

抗扭塑性抵抗矩　Torsional plastic moment

二维码8-4
思维导图

二维码8-5
思考题

习　　题

8-1　某火车站房的钢筋混凝土雨篷梁可视为钢筋混凝土纯扭构件，截面尺寸 200mm×400mm，混凝土为 C30，纵筋采用 HRB400，箍筋采用 HRB400，作用其上的扭矩设计值 T =9.5kN·m，试配置抗扭箍筋和纵筋。

8-2　某公寓矩形截面梁 $b \times h$ =200mm×500mm，采用 C30 混凝土，纵筋采用 6Φ12 的 HRB400 级钢筋，箍筋采用Φ8@150 的 HRB400 级钢筋，试求其能承担的设计扭矩 T。

8-3　某办公楼承受均布荷载的矩形截面构件，截面尺寸 $b \times h$=250mm×500mm，作用于构件截面上的弯矩、剪力和扭矩设计值分别为 M=114kN·m、V=150kN、T=15kN·m。混凝土强度等级为 C40，纵向钢筋采用 HRB400 级，箍筋采用 HPB400 级。结构的安全等级为二级，环境类别为一类。试计算所需的纵向钢筋和箍筋。

第 9 章　正常使用极限状态验算及耐久性设计

为保证结构安全可靠，结构设计时必须使结构满足各项预定功能的要求，即安全性、适用性和耐久性的要求。本书第 4～8 章讨论了各类钢筋混凝土构件承载力的计算和设计方法，主要解决钢筋混凝土构件的安全性问题，本章介绍钢筋混凝土结构的适用性（裂缝宽度及变形）和耐久性的具体要求和有关设计方法。

9.1　概述

二维码9-1
超出正常使用
极限状态案例

结构的适用性是指不需要对结构进行维修和加固的情况下继续正常使用的性能，在设计中称为正常使用极限状态。对某些混凝土结构或构件，根据使用条件和环境类别，需要进行正常使用状态下的裂缝宽度和变形验算。例如：混凝土构件裂缝宽度过大会影响结构物的外观，引起使用者的不安，还可能使钢筋锈蚀，影响结构的耐久性；楼盖梁、板变形过大会影响精密仪器的正常使用和非结构构件（如粉刷、吊顶和隔墙）的破坏；楼盖的刚度过低导致的振动也会引起人的不舒适；吊车梁的挠度过大造成吊车正常运行困难。影响结构适用性和耐久性的因素很多，许多问题仍然是目前混凝土结构领域的研究热点。

当结构构件不满足正常使用极限状态时，其对生命财产的危害性比不满足承载能力极限状态的危害性要小，所以，对其正常使用极限状态的可靠度要求就相应低一些，目标可靠指标值也可减小。一般的设计过程是在承载能力极限状态设计满足后再验算裂缝宽度及变形是否满足，并在验算时采用荷载标准值和荷载准永久值。由于构件的变形及裂缝宽度都随时间而增大，因此，验算裂缝宽度和变形时，应考虑荷载长期作用的影响。

公路混凝土结构和铁路混凝土结构的裂缝宽度和变形的验算详见第 10 章和第 11 章，预应力混凝土结构的相关内容详见第 12 章。

9.2　裂缝验算

混凝土抗压强度较高，而抗拉强度较低，所以，在荷载作用下，普通混凝土受弯构件大多带裂缝工作，对此，国内外研究者采用了各种不同的方法来获得计算公式。这些计算公式大体可分为两类：一类是数理统计公式，即通过大量实测资料回归分析出不同参数对裂缝宽度的影响，然后用数理统计方法建立起由一些主要参数组成的经验公式；另一类是半理论半经验公式，即根据裂缝出现和开展的机理，在若干假定的基础上建立理论公式，然后根据试验资料确定公式中的参数，从而得到裂缝宽度的计算公式。

9.2.1 裂缝的成因及其控制目的和要求

1. 裂缝的分类与成因

混凝土是由水泥、砂、石骨料等组成的材料，在其硬化过程中，就已经存在气穴、微孔和微观裂缝。构件受力以后，微孔和微观裂缝逐渐连通、扩展，形成宏观裂缝。从结构设计的角度来讲，混凝土的裂缝主要是指对混凝土强度及结构适用性和耐久性等结构功能有不利影响的宏观裂缝。混凝土结构中的裂缝有多种类型，其产生原因和特点不同，对结构的影响也不同，但并不是所有的裂缝都会危及结构的适用性和耐久性。

按裂缝产生的原因分类，混凝土结构的裂缝可分为以下六类。

（1）直接作用（荷载）引起的裂缝

由于直接作用的效应，混凝土构件会产生相应的裂缝，其形状与分布有所不同。通常裂缝的发展方向与主拉应力方向正交。

（2）温度变化引起的裂缝

混凝土具有热胀冷缩性质，当外部环境或结构内部温度发生变化时，混凝土将发生变形，若变形受到约束，则将在结构内产生应力，当应力超过混凝土抗拉强度时，即产生温度裂缝。如在大体积混凝土凝结和硬化过程中，水泥和水产生化学反应，释放出大量的热量，称为水化热，导致混凝土内部温度升高（可达 70℃以上），当内部与外部的温度相差很大，以致所形成的温度应力超过混凝土的抗拉强度时，就会形成裂缝。

（3）混凝土收缩引起的裂缝

混凝土收缩主要有塑性收缩和干缩两种。混凝土塑性收缩主要发生在混凝土浇筑后约 4～5h，混凝土失水收缩，其塑性塌落受到模板和顶部钢筋的抑制，便形成沿钢筋方向的裂缝；混凝土在硬化过程中，由于干缩而引起体积变化，当这种体积变化受到约束时，可能产生收缩裂缝。

（4）钢筋锈蚀引起的裂缝

处于不利环境（如氯离子含量高的海滨和海洋环境、湿度大温度高的大气环境等）中的混凝土结构，当混凝土保护层较薄，或密实性较差时，钢筋极易锈蚀。由于锈蚀产物氢氧化铁的体积比原来增长约 2～4 倍，从而对周围混凝土产生膨胀应力，导致保护层混凝土开裂，裂缝通常沿纵向钢筋的方向，并有锈迹渗透到混凝土表面。

（5）冻融循环作用等引起的裂缝

当气温低于 0℃时，吸水饱和的混凝土出现冰冻，游离的水变成冰，体积膨胀约 9%，因而混凝土产生膨胀应力，且混凝土强度还将降低，从而导致混凝土出现裂缝。

（6）碱骨料反应引起的裂缝

混凝土组成材料中的碱与骨料中的活性氧化硅等发生化学反应，生成吸水性很强的胶凝物质。当反应产物累积到一定程度，且有充足水分时，就会在混凝土中产生较大的膨胀，其体积可增大到 3 倍，致使混凝土开裂，且裂缝中会伴有白色浸出物。

由以上可以看出，混凝土结构出现裂缝有多种可能的原因，可概括为直接作用（荷载）引起的裂缝和间接作用引起的裂缝两大类。大量的工程实践表明，在正常设计、正常施工和正常使用的条件下，荷载的直接作用往往不是形成过大裂缝的主要原因，很多裂缝一般是几种原因组合作用的结果，其中温度变化和混凝土收缩作用以及基础不均匀沉降是

主要原因。

2. 裂缝控制目的

要求钢筋混凝土构件不出现裂缝既不现实，也没有必要。但要根据裂缝对结构功能的影响进行适当控制。裂缝控制的目的主要有以下三点。

(1) 使用功能的要求。对有些不允许发生渗漏的贮液（气）罐、压力管道或核设施，出现裂缝会直接影响其使用功能。

(2) 建筑外观的要求。裂缝的存在会影响建筑的观瞻，特别是裂缝宽度过大还会引起使用者的心理不安。调查表明，控制裂缝宽度在 0.3mm 以下，对外观没有影响，一般也不会引起人们的特别注意。

(3) 耐久性的要求。这是裂缝控制的最主要的目的。当混凝土的裂缝过宽时，就失去混凝土对钢筋的保护作用，气体和水分以及有害化学介质会侵入裂缝，引起钢筋发生锈蚀。特别是近年来，由于高强钢筋和高性能混凝土的广泛应用，构件中钢筋的应力相应提高、应变增大，裂缝也随之加宽，裂缝控制越来越成为需要特别考虑的问题。

3. 裂缝控制的要求

对于由荷载作用产生的裂缝，需通过计算确定裂缝开展宽度；而对于非荷载因素产生的裂缝，主要是通过构造措施来控制。研究表明，只要裂缝的宽度被限制在一定范围内，就不会对结构的工作性能造成影响。

对于钢筋混凝土构件裂缝宽度的验算表达式为

$$w_{\max} \leqslant w_{\lim} \tag{9-1}$$

式中　$w_{\max}$ ——荷载作用产生的最大裂缝宽度；

$w_{\lim}$ ——最大裂缝宽度限值。

钢筋混凝土构件的裂缝控制和最大裂缝宽度限值如附表 5-3 所示。

9.2.2　裂缝的出现和分布规律

以受弯构件为例，裂缝出现和分布过程如下。

1. 裂缝出现前

受拉区钢筋与混凝土共同受力，沿构件长度方向，各截面的受拉钢筋应力及受拉区混凝土拉应力、拉应变大体上保持均等。

2. 裂缝出现

由于混凝土的不均匀性，各截面混凝土的实际抗拉强度存在差异，随着荷载的增加，在某一最薄弱的截面上将出现第一条裂缝（图 9-1 的 a 截面），有时也可能在几个截面上同时出现一批裂缝。裂缝截面上的混凝土不再承受拉力，而转由钢筋来承担，钢筋应力将突然增大，应变也会突增，加上原来受拉伸长的混凝土应力释放后又瞬间产生回缩，因此，裂缝一出现就会有一定的宽度。

3. 裂缝发展

由于混凝土向裂缝两侧回缩会受到钢筋黏结的约束，所以混凝土将随着远离裂缝截面而重新建立起拉应力。当荷载再增加时，某截面处混凝土拉应力增大到该处混凝土实际抗拉强度，将会出现第二条裂缝，如图 9-1 所示的 c 截面。假设在 a 截面与 c 截面之间的距离为 l，如果 $l \geqslant 2l_{\mathrm{cr,min}}$（$l_{\mathrm{cr,min}}$ 为最小裂缝间距），则在 a 截面与 c 截面之间可能形成新的裂缝；如果 $l<2l_{cr,min}$，由于黏结应力传递长度不够，则在 a 截面与 c 截面之间将不会出现新的裂缝。这意味着裂缝间距将介于 $l_{cr,min}$ 与 $2l_{cr,min}$ 之间，其均值 l_{cr} 约为 $1.5l_{cr,min}$。

在裂缝陆续出现后，沿构件长度方向，钢筋与混凝土的应力随着裂缝的位置而变化。同时，中性轴也随着裂缝的位置呈波浪形起伏，如图 9-2 所示。对于正常配筋率或配筋率较高的梁来说，约在荷载超过设计使用荷载 50%以上时，裂缝间距已基本趋于稳定；此后再增加荷载，构件也不产生新的裂缝，而只是使原来的裂缝继续扩展与延伸，荷载越大，裂缝越宽。随着荷载的逐步增加，裂缝间的混凝土逐渐脱离受拉工作，钢筋应力逐渐趋于均匀。

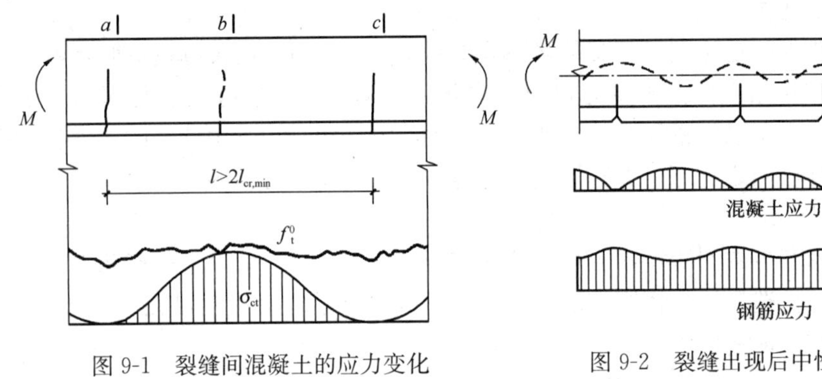

图 9-1　裂缝间混凝土的应力变化

图 9-2　裂缝出现后中性轴、钢筋及混凝土应力分布

混凝土裂缝的出现是由于截面弯矩或轴拉力产生的拉应力超过混凝土极限拉应变所致，而裂缝的开展是由于混凝土的回缩，钢筋不断伸长，导致混凝土和钢筋之间变形不协调，也就是钢筋和混凝土之间产生相对滑移的结果。对于受弯构件，裂缝开展宽度是受拉钢筋重心对应的构件侧表面上混凝土的裂缝宽度。

9.2.3　平均裂缝间距

以受弯构件为例。如图 9-3 所示，当薄弱截面 a 受拉区出现裂缝后，开裂处混凝土的拉应力降为零，在另一截面 b 的受拉区即将出现但尚未出现裂缝。此时，截面 b 处受拉区混凝土外缘应力达到其抗拉强度 f_t。在截面 a 处，受拉区拉力几乎全部由钢筋承担；在截面 b 处，受拉区的拉力由钢筋和未开裂的混凝土共同承担。按图 9-3(a) 内力平衡条件，有

$$\sigma_{s1}A_s=\sigma_{s2}A_s+f_tA_{te} \tag{9-2}$$

式中　f_tA_{te}——b 截面受拉区未开裂混凝土承担的拉力。

取 l 段内钢筋为隔离体，钢筋两端的不平衡力由黏结力平衡。黏结力为钢筋表面积上黏结应力的总和，考虑到黏结应力的不均匀分布，在此取平均黏结应力 τ_m。则由平衡条件可得

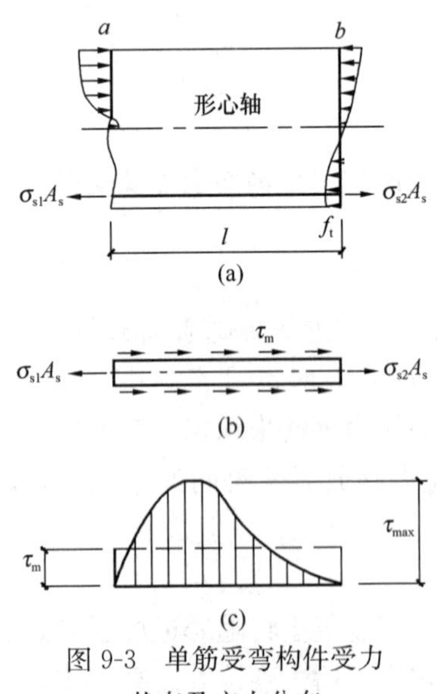

图 9-3　单筋受弯构件受力状态及应力分布

(a) 隔离体；(b) 钢筋受力平衡；(c) 裂缝间的黏结应力分布

$$\sigma_{s1}A_s = \sigma_{s2}A_s + \tau_m \mu l \tag{9-3}$$

将式（9-3）代入式（9-2）可得

$$l = \frac{f_t A_{te}}{\tau_m \mu} \tag{9-4}$$

式中　A_{te}——有效受拉混凝土截面面积，可按下列规定取用：对轴心受拉构件，$A_{te} = bh$；对受弯、偏心受压和偏心受拉构件，$A_{te} = 0.5bh + (b_f - b)h_f$，如图 9-4 所示；

τ_m——l 范围内纵向受拉钢筋与混凝土的平均黏结应力；

μ——纵向受拉钢筋截面总周长，当钢筋直径相同时，$\mu = n\pi d$，n 和 d 为钢筋的根数和直径。

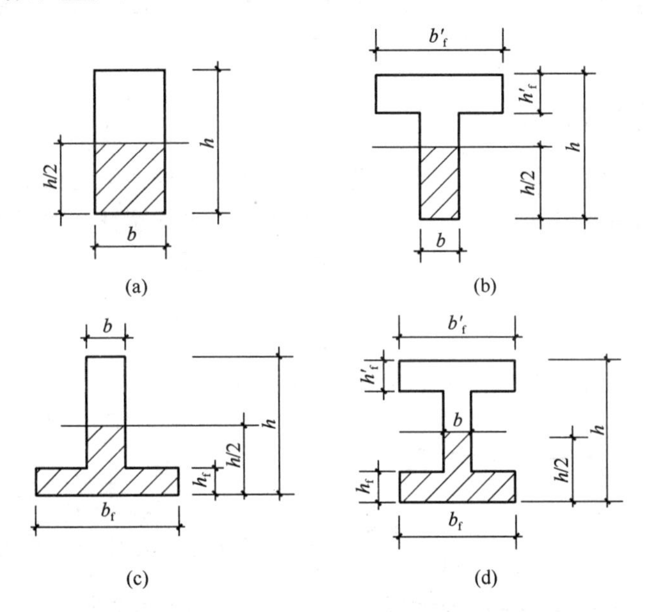

图 9-4　有效受拉混凝土截面面积 A_{te}

由于 $A_s = \frac{\pi d^2}{4}$ 及截面有效配筋率 $\rho_{te} = \frac{A_s}{A_{te}}$，则平均裂缝间距可表示为

$$l_{cr} = 1.5l = \frac{1.5}{4}\frac{f_t}{\tau_m}\frac{d}{\rho_{te}} = k_2\frac{d}{\rho_{te}} \tag{9-5}$$

式（9-5）中，k_2 为一经验系数。另外，试验表明，混凝土保护层厚度 c 对裂缝间距有一定的影响，保护层厚度大时，l_{cr} 也大。同时考虑到截面有效配筋率和钢筋直径的影响，且不同种类钢筋与混凝土黏结特性不同，用等效直径 d_{eq} 来表示纵向受拉钢筋的直径，于是构件的平均裂缝间距一般表达式为

$$l_{cr} = \beta\left(k_1 c + k_2\frac{d_{eq}}{\rho_{te}}\right) \tag{9-6}$$

式（9-6）中，k_1 也是经验系数。根据试验结果并参照使用经验，$k_1 = 1.9$，$k_2 = 0.08$，对于受弯、偏心受压和轴拉构件，系数 β 会不同，所以式（9-6）也可以写为

$$l_{cr} = \beta\left(1.9c + 0.08\frac{d_{eq}}{\rho_{te}}\right) \tag{9-7}$$

$$d_{eq}=\frac{\sum n_i d_i^2}{\sum n_i \upsilon_i d_i} \tag{9-8}$$

式中　β——系数，对轴心受拉构件，取 $\beta=1.1$；对其他受力构件，取 $\beta=1.0$；

c——最外层纵向受力钢筋外边缘至受拉区底边的距离（mm），当 $c<20$mm 时，取 $c=20$mm；当 $c>65$mm 时，取 $c=65$mm；

ρ_{te}——按有效受拉混凝土截面面积计算的纵向受拉钢筋配筋率，$\rho_{te}=A_s/A_{te}$，当 $\rho_{te}<0.01$ 时，取 $\rho_{te}=0.01$；

d_i——第 i 种纵向受拉钢筋的直径（mm）；

n_i——第 i 种纵向受拉钢筋的根数；

υ_i——第 i 种纵向受拉钢筋的相对黏结特性系数，对带肋钢筋，取 1.0；对光圆钢筋，取 0.7。

9.2.4　平均裂缝宽度计算公式

裂缝的开展是由混凝土的回缩和钢筋伸长所造成的，即在裂缝出现后受拉钢筋与相同曲率半径处的受拉混凝土的伸长差异所造成的。因此，平均裂缝宽度即为在裂缝间的一段范围内钢筋平均伸长和混凝土平均伸长之差（图 9-5），即

$$w_m=\varepsilon_{sm}l_{cr}-\varepsilon_{cm}l_{cr}=\left(1-\frac{\varepsilon_{cm}}{\varepsilon_{sm}}\right)\varepsilon_{sm}l_{cr} \tag{9-9}$$

式中　ε_{sm}、ε_{cm}——分别为裂缝间钢筋及混凝土的平均拉应变。

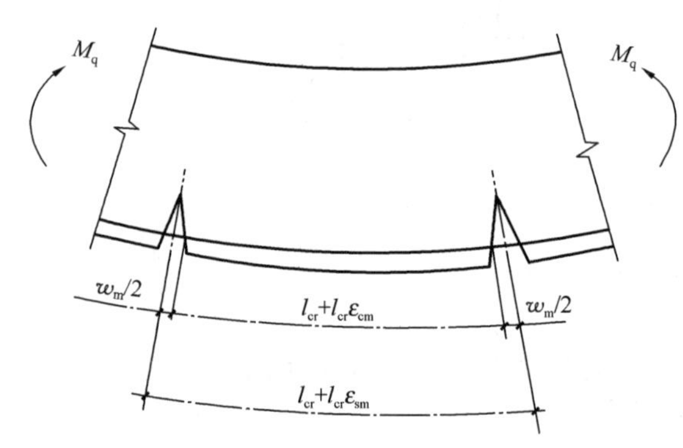

图 9-5　平均裂缝宽度计算图

取式（9-9）中等号右边括号项为 $\alpha_c=1-\frac{\varepsilon_{cm}}{\varepsilon_{sm}}$ 来反映裂缝间混凝土伸长对裂缝宽度的影响，并引入裂缝间钢筋应变不均匀系数 $\psi=\frac{\varepsilon_{sm}}{\varepsilon_s}$，则式（9-9）可改写为

$$w_m=\alpha_c\psi\frac{\sigma_s}{E_s}l_{cr} \tag{9-10}$$

对于结构中的普通钢筋混凝土构件，裂缝宽度按荷载准永久组合计算。其中的 α_c，对于普通钢筋混凝土受弯和偏心受压构件取 0.77，其他构件为 0.85。

正常使用状态下，钢筋应力 σ_s 的计算需遵循以下假定。

① 截面应变保持平面。

② 对于偏心受力或受弯构件，受压区混凝土的法向应力图为三角形。

③ 不考虑受拉区混凝土的抗拉强度。

④ 采用换算截面。

1. 裂缝截面处的钢筋应力

按荷载准永久组合计算的纵向受拉钢筋应力 σ_{sq} 可由下列公式计算。

（1）轴心受拉构件

对于轴心受拉构件，裂缝截面的全部拉力均由钢筋承担，故钢筋应力

$$\sigma_{sq}=\frac{N_q}{A_s} \tag{9-11}$$

式中　N_q——按荷载准永久组合计算的轴向拉力设计值；

A_s——纵向受拉钢筋截面面积，对于轴心受拉构件，取全部纵向钢筋截面面积。

（2）受弯构件

对于受弯构件，假定内力臂 z 一般可近似地取 $z=0.87h_0$，故有

$$\sigma_{sq}=\frac{M_q}{0.87h_0A_s} \tag{9-12}$$

式中　M_q——按荷载准永久组合计算的弯矩设计值；

A_s——纵向受拉钢筋截面面积，对于受弯构件，应取受拉区纵向钢筋截面面积。

（3）矩形截面偏心受拉构件

对小偏心受拉构件，直接对拉应力较小一侧的钢筋重心取力矩平衡；对大偏心受拉构件，如图 9-6 所示，近似取受压区混凝土压应力合力与受压钢筋合力作用点重合，并对受压钢筋重心取力矩平衡，可得

$$\sigma_{sq}=\frac{N_qe'}{A_s(h_0-a'_s)} \tag{9-13}$$

式中　N_q——按荷载准永久组合计算的轴向拉力值；

e'——轴向拉力作用点至纵向受压钢筋或受拉较小边钢筋合力点的距离；

A_s——纵向受拉钢筋截面面积，对于偏心受拉构件，取受拉应力较大边的纵向钢筋截面面积。

图中 y_c 为截面重心至远离拉力一侧混凝土边缘的距离。

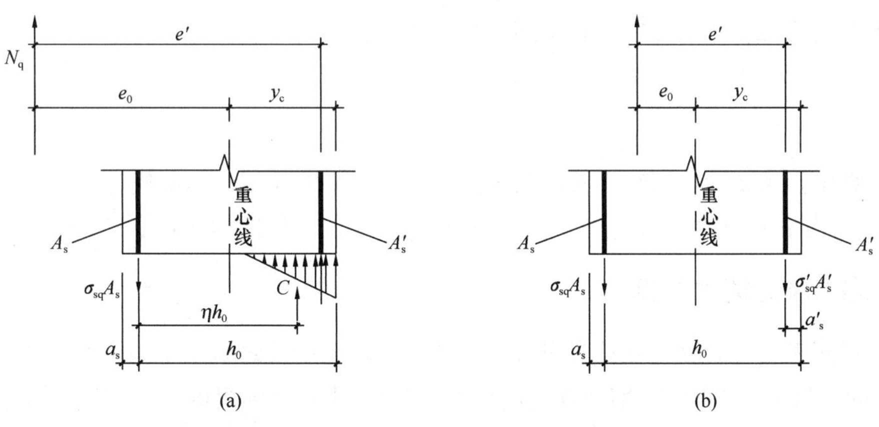

图 9-6　大小偏心受拉构件的截面应力图形

（a）大偏心受拉构件；（b）小偏心受拉构件

（4）偏心受压构件

偏心受压构件的截面受力状态如图 9-7 所示。《混凝土结构设计规范》GB 50010—2010（2015 年版）给出考虑截面形状的内力臂近似计算公式，即式（9-14）。

$$\sigma_{sq}=\frac{N_q}{A_s}\left(\frac{e}{z}-1\right) \tag{9-14}$$

其中

$$z=\left[0.87-0.12(1-\gamma_{\mathrm{f}}')\left(\frac{h_0}{e}\right)^2\right]h_0 \tag{9-15}$$

$$e=\eta_{\mathrm{s}}e_0+y_{\mathrm{s}} \tag{9-16}$$

$$\eta_{\mathrm{s}}=1+\frac{1}{4000e_0/h_0}\left(\frac{l_0}{h}\right)^2 \tag{9-17}$$

$$\gamma_{\mathrm{f}}'=\frac{(b_{\mathrm{f}}'-b)h_{\mathrm{f}}'}{bh_0} \tag{9-18}$$

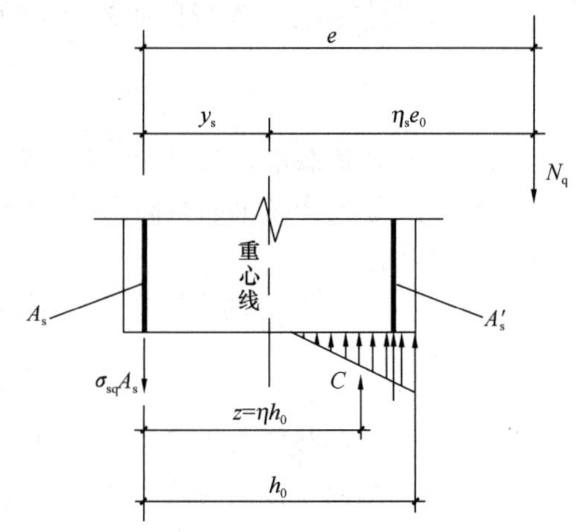

图 9-7 偏心受压构件截面应力图形

式中 N_{q}——按荷载准永久组合计算的轴向力值；

e——轴向压力作用点至纵向受拉钢筋合力点的距离；

z——纵向受拉钢筋合力点至受压区合力点的距离不大于 $0.87h_0$；

η_{s}——使用阶段的轴向压力偏心距增大系数，当 $l_0/h\leqslant14$ 时，可取 $\eta_{\mathrm{s}}=1.0$；

y_{s}——截面重心至纵向受拉钢筋合力点的距离；

γ_{f}'——受压翼缘面积与腹板有效面积的比值；

b_{f}'、h_{f}'——受压区翼缘的宽度、高度，在式（9-18）中，当 $h_{\mathrm{f}}'>0.2h_0$ 时，取 $h_{\mathrm{f}}'=0.2h_0$。

2. 裂缝间钢筋应变不均匀系数

系数 ψ 是钢筋平均应变与裂缝截面处钢筋应变的比值，即 $\psi=\varepsilon_{\mathrm{sm}}/\varepsilon_{\mathrm{s}}$，反映了裂缝间受拉混凝土参与受拉工作的程度。其半理论半经验公式为

$$\psi=1.1-0.65\frac{f_{\mathrm{tk}}}{\rho_{\mathrm{te}}\sigma_{\mathrm{s}}} \tag{9-19}$$

在计算中，当 ψ 计算值较小时，会过高估计混凝土的作用，因此规定：当 $\psi<0.2$ 时，取 $\psi=0.2$；当 $\psi>1.0$ 时，取 $\psi=1.0$；对直接承受重复荷载的构件，取 $\psi=1.0$。

9.2.5 最大裂缝宽度验算

实际观测表明，裂缝宽度具有很大的离散性。取实测裂缝宽度 w_{t} 与计算的平均裂缝宽度 w_{m} 的比值为 τ_{s}（称为短期裂缝宽度扩大系数），根据试验梁的大量裂缝量测结果统计可知，τ_{s} 的概率分布基本为正态分布。得到超越概率为 5%的最大裂缝宽度计算式。

$$w_{\max}=w_{\mathrm{m}}(1+1.645\delta) \tag{9-20}$$

式中 δ——裂缝宽度变异系数。

对于受弯构件，由试验统计得 $\delta=0.4$，故取短期裂缝宽度扩大系数 $\tau_{\mathrm{s}}=1.66$；对于轴心受拉和偏心受拉构件，试验结果统计，按超越概率 5%得最大裂缝宽度的扩大系数为 $\tau_{\mathrm{s}}=1.9$。

9.2.6　长期荷载影响

在荷载长期作用下，由于钢筋与混凝土的黏结滑移徐变、拉应力的松弛以及混凝土的收缩影响，会导致裂缝间混凝土不断退出受拉工作，钢筋平均应变增大，裂缝宽度随时间推移逐渐增大。此外，荷载的变动，环境温度的变化，都会使钢筋与混凝土之间的黏结作用受到削弱，也将导致裂缝宽度的不断增大。根据观测结果，长期荷载下，裂缝的扩大系数为 $\tau_l=1.5$。

考虑荷载长期影响在内的最大裂缝宽度公式为

$$w_{\max}=\tau_s\tau_l w_m=\alpha_c\tau_s\tau_l\psi\frac{\sigma_{sq}}{E_s}l_{cr} \tag{9-21}$$

对于矩形、T 形、倒 T 形及工字形截面的钢筋混凝土受拉、受弯和偏心受压构件，最大裂缝宽度 $w_{\max}$ 需按荷载效应的准永久组合并考虑长期作用影响来进行计算，如式（9-22）。

$$w_{\max}=\alpha_{cr}\psi\frac{\sigma_{sq}}{E_s}\left(1.9c+0.08\frac{d_{eq}}{\rho_{te}}\right) \tag{9-22}$$

式中　α_{cr}——构件受力特征系数，为前述各系数 α_c、τ_s、τ_l 及 β 的乘积，对轴心受拉构件取 2.7，对偏心受拉构件取 2.4，对受弯构件和偏心受压构件取 1.9。

根据试验可知，当偏心受压构件 $e_0/h_0\leqslant0.55$ 时，正常使用阶段裂缝宽度较小，均能满足要求，故可不进行验算。对于直接承受重复荷载作用的吊车梁，卸载后裂缝可部分闭合，同时，由于吊车满载的概率很小，吊车最大荷载作用时间很短暂，可将计算所得的最大裂缝宽度乘以系数 0.85。

如果 $w_{\max}$ 超过允许值，则应采取相应措施，例如：适当减小钢筋直径，使钢筋在混凝土中均匀分布；采用与混凝土黏结较好的带肋钢筋；适当增加配筋量（不够经济合理），以降低使用阶段的钢筋应力；增加表层钢筋网片。这些方法都能一定程度减小正常使用条件下的裂缝宽度，但对限制裂缝宽度而言，最根本的方法是采用预应力混凝土构件。

二维码9-2
文献拓展

【例 9-1】

如图 7-1 所示的 15m 跨度钢筋混凝土梯形屋架，下弦按轴心受拉构件设计，处于一类环境，截面尺寸为 $b\times h=200\text{mm}\times140\text{mm}$，纵向配置 HRB400 级钢筋 6⏀18（$A_s=1527\text{mm}^2$），采用 C35 混凝土。屋面可变荷载准永久值系数为 0.4，按荷载准永久组合计算的轴向拉力 $N_q=240\text{kN}$，试验算其裂缝宽度是否满足控制要求。

【解】

查表得 C35 混凝土的 $f_{tk}=2.20\text{N/mm}^2$；HRB400 级钢筋的 $E_s=2.0\times10^5\text{N/mm}^2$；一类环境保护层最小厚度 $c=20\text{mm}$，考虑箍筋直径后，纵筋保护层厚度 $c=30\text{mm}$，而且有

$$w_{lim}=0.3\text{mm}$$

$$d_{eq}=18\text{mm}$$

$$\rho_{te}=\frac{A_s}{A_{te}}=\frac{A_s}{b\times h}=\frac{1527}{200\times140}=0.0545>0.01$$

$$\sigma_{sq}=\frac{N_q}{A_s}=\frac{240,000}{1527}=157.2\text{N/mm}^2$$

$$\psi=1.1-0.65\frac{f_{tk}}{\rho_{te}\sigma_{sq}}=1.1-0.65\times\frac{2.20}{0.0545\times157.2}=0.933>0.2\text{ 且 }\psi<1.0。$$

又因轴心受拉构件 $\alpha_{cr}=2.7$，则

$$\begin{aligned}w_{max}&=\alpha_{cr}\psi\frac{\sigma_{sq}}{E_s}\left(1.9c+0.08\frac{d_{eq}}{\rho_{te}}\right)\\&=2.7\times0.933\times\frac{157.2}{2.0\times10^5}\left(1.9\times30+0.08\times\frac{18}{0.0545}\right)\\&=0.165\text{mm}<w_{lim}=0.30\text{mm}\end{aligned}$$

因此，裂缝宽度满足控制要求。

【例 9-2】

对于例 4-2 中第（2）种工况，若基本组合设计值 $M_{max}=180\text{kN}\cdot\text{m}$ 对应的准永久组合设计值 $M_q=120\text{kN}\cdot\text{m}$，处于室内一类环境。试验算其裂缝宽度是否满足控制要求。

【解】

根据例 4-2 的设计结果，截面尺寸为 200mm×550mm；C40 混凝土的 $f_{tk}=2.39\text{N/mm}^2$；HRB400 级钢筋 $E_s=2.0\times10^5\text{N/mm}^2$；有

$$w_{lim}=0.3\text{mm}$$

$$d_{eq}=20\text{mm}$$

$$a_s=c_s+d/2=30+20/2=40\text{mm}$$

$$h_0=h-a_s=550-40=510\text{mm}$$

$$\rho_{te}=\frac{A_s}{A_{te}}=\frac{A_s}{0.5bh}=\frac{1256}{0.5\times200\times550}=0.0228>0.01$$

$$\sigma_{sq}=\frac{M_q}{0.87h_0A_s}=\frac{120\times10^6}{0.87\times510\times1256}=215.3\text{N/mm}^2$$

$$\psi=1.1-0.65\frac{f_{tk}}{\rho_{te}\sigma_{sq}}=1.1-0.65\times\frac{2.39}{0.0228\times215.3}=0.784>0.2\text{ 且 }\psi<1.0。$$

受弯构件 $\alpha_{cr}=1.9$，则

$$\begin{aligned}w_{max}&=\alpha_{cr}\psi\frac{\sigma_{sq}}{E_s}\left(1.9c+0.08\frac{d_{eq}}{\rho_{te}}\right)\\&=1.9\times0.784\times\frac{215.3}{2.0\times10^5}\left(1.9\times30+0.08\times\frac{20}{0.0228}\right)\\&=0.204\text{mm}<w_{lim}=0.30\text{mm}\end{aligned}$$

因此，满足裂缝宽度控制要求。

9.3 受弯构件的挠度验算

9.3.1 变形控制的要求

对于适用性和耐久性，结构构件满足正常使用要求的限值大多凭长期使用经验确定，

混凝土结构设计规范规定了各种情况下变形的限值。

对于受弯构件，挠度变形的验算表达式为

$$f \leqslant f_{\lim} \tag{9-23}$$

式中　f——荷载作用产生的挠度变形；

$f_{\lim}$——挠度变形限值。

《混凝土结构设计规范》GB 50010—2010（2015年版）对受弯构件挠度的限值规定如附录5中的附表5-1。

9.3.2　截面抗弯刚度的主要特点

由材料力学可知，均质弹性体梁满足下列条件：

（1）物理条件——应力与应变满足虎克定律。

（2）几何条件——平截面假定。

（3）平衡条件——梁正截面轴向合力为零，截面内力偶与外弯矩效应相等。

材料力学中根据上述条件已给出线弹性体梁跨中最大挠度的一般公式为

$$f = C\frac{M}{EI}l^2 = C\phi l^2 \tag{9-24}$$

$$\phi = \frac{M}{EI} \rightarrow EI = \frac{M}{\phi} \rightarrow M = EI\phi \tag{9-25}$$

式（9-24）中，C是与荷载形式、支承条件有关的挠度系数。以上述三个条件为基础，当截面及材料给定后，EI为常数，即挠度f与M为直线关系（图9-8中虚线）。

加载到破坏实测的混凝土适筋梁M—f关系曲线如图9-8中的实线所示，钢筋混凝土受弯构件的刚度不是一个常数，裂缝的出现与扩展对其有显著影响。

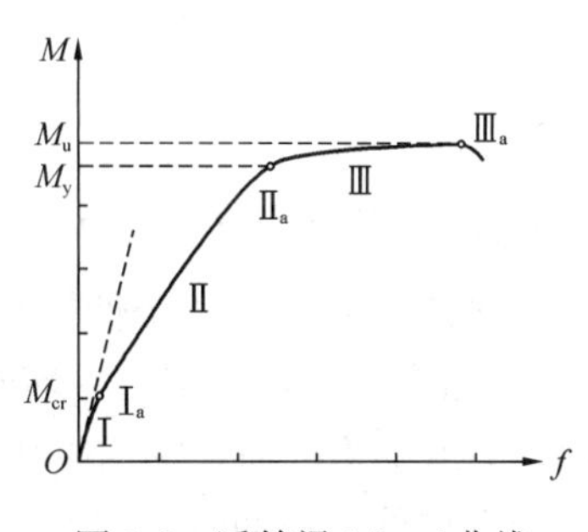

图9-8　适筋梁M—f曲线

二维码9-3
卡车过桥对比试验

对普通钢筋混凝土受弯构件来讲，在使用荷载作用下，绝大多数处于第Ⅱ阶段，因此，正常使用阶段的变形验算，主要是指第Ⅱ阶段的变形验算。另外，试验还表明，截面刚度随时间的增长而减小。所以，在普通钢筋混凝土受弯构件的变形验算中，除考虑荷载效应准永久组合以外，还应考虑荷载长期作用的影响。受弯构件的截面刚度记为B，受弯构件在荷载效应准永久组合下的刚度（短期刚度）记为B_s。

9.3.3　短期刚度计算公式

1. 使用阶段受弯构件的应变分布特征

钢筋混凝土受弯构件变形计算是以适筋梁第Ⅱ阶段应力状态为计算依据，取梁的纯弯曲段来研究其应力和应变特点。由试验可知，在第Ⅱ阶段，从裂缝出现到裂缝稳定，沿构件的长度方向应变分布如图9-9所示，具有以下特点。

（1）钢筋应变沿梁长分布不均匀，裂缝截面处应变较大，裂缝之间应变较小。其不均

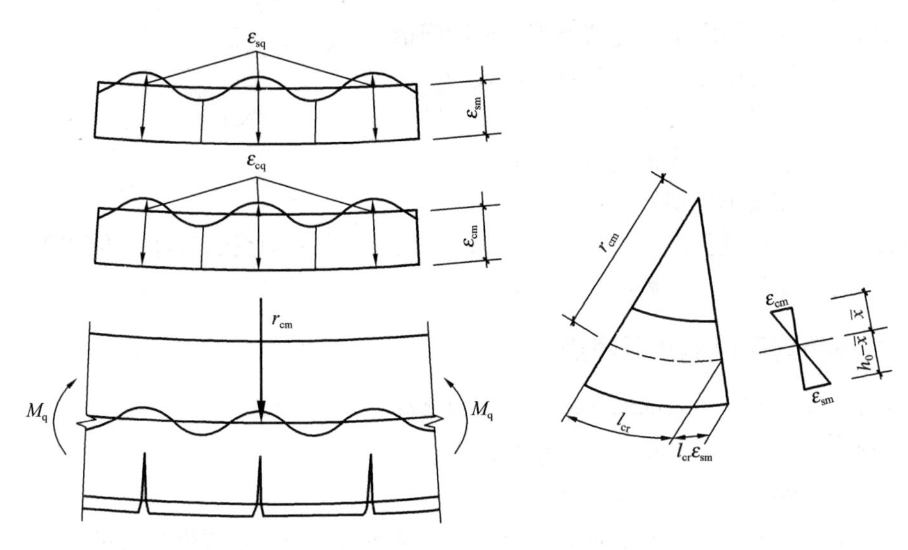

图 9-9　钢筋混凝土梁纯弯段的应变分布

匀程度可以用受拉钢筋应变不均匀系数 $\psi=\varepsilon_{sm}/\varepsilon_{sq}$ 来反映，ε_{sm} 为裂缝间钢筋的平均应变；ε_{sq} 为裂缝截面处的钢筋应变。所以有

$$\varepsilon_{sm}=\psi\varepsilon_{sq} \tag{9-26}$$

（2）压区混凝土的应变沿梁长分布也是不均匀的，裂缝截面处应变较大，裂缝之间应变较小。则可得

$$\varepsilon_{cm}=\psi_c\varepsilon_{cq} \tag{9-27}$$

（3）由于裂缝的影响，截面中性轴的高度 x_n 也呈波浪形变化，开裂截面处 x_n 小而裂缝之间 x_n 较大。其平均值 $\bar{x}$ 称为平均中性轴高度，相应的中性轴为平均中性轴，相应截面称为平均截面，相应曲率为平均曲率，平均曲率半径记为 r_{cm}。试验表明，平均应变 ε_{sm}、ε_{cm} 符合平截面假定，即沿平均截面，平均应变呈直线分布。

2. 钢筋混凝土受弯构件的短期刚度 B_s

在梁的纯弯段内，其平均应变 ε_{sm}、ε_{cm} 符合平截面假定。仍可采用材料力学中均质弹性体曲率相似的公式。即

$$\phi=\frac{1}{r_{cm}}=\frac{\varepsilon_{sm}+\varepsilon_{cm}}{h_0}=\frac{M_q}{B_s} \tag{9-28}$$

式中　r_{cm}——平均曲率半径，利用弯矩曲率关系，可求得受弯构件的短期刚度 B_s。

$$B_s=\frac{M_q}{\phi}=\frac{M_q}{\dfrac{\varepsilon_{sm}+\varepsilon_{cm}}{h_0}} \tag{9-29}$$

钢筋平均应变与裂缝截面钢筋应力的关系为

$$\varepsilon_{sm}=\psi\varepsilon_{sq}=\psi\frac{\sigma_{sq}}{E_s} \tag{9-30}$$

另外，由于受压区混凝土的平均应变 ε_{cm} 与裂缝截面的应变 ε_c 相差很小，再考虑到混凝土的塑性变形而采用的变形（割线）模量 E'_c（$E'_c=\nu E_c$，ν 为弹性系数，即割线模量与原点切线模量的比值），则

$$\varepsilon_{cm}=\psi_c\varepsilon_{cq}=\psi_c\frac{\sigma_{cq}}{E_c'}=\psi_c\frac{\sigma_{cq}}{\nu E_c} \tag{9-31}$$

裂缝截面的实际应力分布如图9-10所示，计算时可把混凝土受压应力图取作等效矩形应力图形，并取平均应力为$\omega\sigma_{cq}$，其中ω为压应力图形系数。

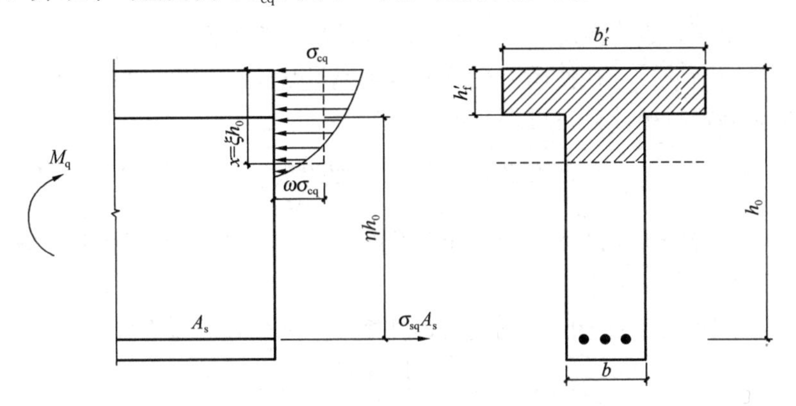

图9-10　裂缝截面应力分布计算图形

设裂缝截面受压区高度为ξh_0，截面的内力臂为ηh_0。对受压区合力作用点取矩，可得

$$\sigma_{sq}=\frac{M_q}{A_s\eta h_0} \tag{9-32}$$

受压区面积为$(b_f'-b)h_f'+bx=(\gamma_f'+\xi)bh_0$，将三角形分布的压应力图形换算成平均压应力$\omega\sigma_{cq}$，再对受拉钢筋的重心处取矩，可得

$$\sigma_{cq}=\frac{M_q}{\omega(\gamma_f'+\xi)\eta bh_0^2} \tag{9-33}$$

式中　ω——压应力图形系数；

η——裂缝截面处内力臂长度系数，可取0.87；

ξ——裂缝截面处受压区高度系数；

γ_f'——受压翼缘的加强系数，$\gamma_f'=(b_f'-b)h_f'/(bh_0)$。

综合上述各关系即可得到

$$\phi=\frac{\varepsilon_{sm}+\varepsilon_{cm}}{h_0}=\frac{\psi\frac{\sigma_{sq}}{E_s}+\psi_c\frac{\sigma_{cq}}{\nu E_c}}{h_0}=\frac{\psi\frac{M_q}{A_s\eta h_0E_s}+\psi_c\frac{M_q}{\omega(\gamma_f'+\xi)\eta bh_0^2\nu E_c}}{h_0}$$

$$=M_q\left(\frac{\psi}{A_s\eta h_0^2E_s}+\frac{\psi_c}{\omega(\gamma_f'+\xi)\eta bh_0^3\nu E_c}\right) \tag{9-34}$$

式（9-34）即为M_q与曲率ϕ的关系式。设$\zeta=\omega\nu(\gamma_f'+\xi)\eta/\psi_c$，并称为混凝土受压边缘平均应变综合系数。经整理，可得短期刚度的表达式

$$B_s=\frac{M_q}{\phi}=\frac{1}{\frac{\psi}{A_s\eta h_0^2E_s}+\frac{\psi_c}{\omega(\gamma_f'+\xi)\eta bh_0^3\nu E_c}}=\frac{E_sA_sh_0^2}{\frac{\psi}{\eta}+\frac{\alpha_E\rho}{\zeta}} \tag{9-35}$$

式中 $\alpha_E = \dfrac{E_s}{E_c}$；

$\rho = \dfrac{A_s}{bh_0}$。

试验表明，受压区边缘混凝土平均应变综合系数ζ随荷载增大而减小，在裂缝出现后降低很快，而后逐渐减缓，在使用荷载范围内则基本稳定。因此，ζ的取值可不考虑荷载的影响。根据试验资料统计分析可得

$$\frac{\alpha_E \rho}{\zeta} = 0.2 + \frac{6\alpha_E \rho}{1 + 3.5\gamma'_f} \tag{9-36}$$

式中 γ'_f——受压翼缘加强系数，对于矩形截面，$\gamma'_f = 0$；对于T形截面，当$h'_f > 0.2h_0$时取$h'_f = 0.2h_0$。

将式（9-36）代入式（9-35），则受弯构件短期刚度公式可写为

$$B_s = \frac{E_s A_s h_0^2}{1.15\psi + 0.2 + \dfrac{6\alpha_E \rho}{1 + 3.5\gamma'_f}} \tag{9-37}$$

式中 ψ——参照式（9-19）进行计算。

9.3.4 长期刚度计算公式

在荷载长期作用下，受弯构件受压区混凝土将发生徐变，受拉区裂缝间混凝土仍处于受拉状态，裂缝附近混凝土的应力松弛以及它与钢筋间的滑移使受拉混凝土不断退出工作，因此钢筋应变随时间而增大。此外，纵向钢筋周围混凝土的收缩受到钢筋的抑制，当受压纵向钢筋用量较少时，受压区混凝土可较自由地收缩变形，使梁产生弯曲，导致梁的挠度增长。这也是配置受压钢筋可以提高梁的变形能力的原因。

荷载长期作用下挠度增长的主要原因是混凝土的徐变和收缩，因此，凡是影响混凝土徐变和收缩的因素，如受压钢筋的配筋率、加载龄期、温度、湿度及养护条件等，都对长期挠度有影响。

试验表明，在加载初期，梁的挠度增长较快，随后，在荷载长期作用下，其增长趋势逐渐减缓，后期挠度虽继续增长，但增值很小。在实际应用中，对于一般尺寸的构件，可取1000天或3年挠度作为最终值；对于大尺寸构件，挠度增长在10年后仍未停止。

根据试验分析结果，受压钢筋对荷载短期作用下挠度影响较小，但对荷载长期作用下受压区混凝土徐变以至梁的挠度增长起着抑制作用。抑制程度与受压钢筋和受拉钢筋的相对数量有关，并且对早龄期的梁，受压钢筋对减小梁的挠度作用大些。

《混凝土结构设计规范》GB 50010—2010（2015年版）通过试验确定钢筋混凝土受弯构件的挠度增大系数θ，来计算荷载长期影响的刚度。当$\rho' = 0$时，$\theta = 2.0$；当$\rho' = \rho$时，$\theta = 1.6$；当ρ'为中间数值时，θ按线性内插法取用。此处$\rho' = A'_s/(bh_0)$，$\rho = A_s/(bh_0)$。

上述θ值适用于一般情况下的矩形、T形和工字形截面梁。由于θ值与温湿度有关，对于干燥地区，收缩影响大，因此建议θ值应酌情增加15%～20%；对翼缘位于受拉区的倒T形截面，θ应增加20%。

规范给出普通钢筋混凝土构件按荷载准永久组合并考虑长期作用影响的矩形、T形、

倒 T 形和工字形截面受弯构件的刚度计算公式，如式（9-38）。

$$B=\frac{B_s}{\theta} \tag{9-38}$$

式中　B——按荷载效应的准永久组合，并考虑荷载长期作用影响的刚度；

B_s——荷载效应的准永久组合作用下受弯构件的短期刚度；

θ——考虑荷载长期作用对挠度增大的影响系数。

9.3.5　最小刚度原则

式（9-37）及式（9-38）都是指纯弯区段内的平均截面弯曲刚度。但就一般受弯构件而言，在其跨度范围内各截面的弯矩一般是不相等的，故各截面弯曲刚度也不相同。实际应用中为了简化计算，常采用同一符号弯矩区段内最大弯矩 M_{max} 处的截面刚度 B_{min} 作为该区段的刚度 B 以计算构件的挠度，这就是受弯构件挠度计算中的“最小刚度原则”。

对于简支梁，根据“最小刚度原则”，可按梁全跨范围内弯矩最大处的截面弯曲刚度，亦即最小的截面弯曲刚度，如图 9-11(b) 中虚线所示，用结构力学方法中不考虑剪切变形影响的等截面梁公式来计算挠度；对于等截面连续梁，存在正、负弯矩，可假定各同号弯矩区段内的刚度相等，并分别取正、负弯矩区段处截面的最小刚度按变刚度连续梁计算挠度（图 9-12）。当计算跨度内的支座截面弯曲刚度不大于跨中截面弯曲刚度的 2 倍或不小于跨中截面弯曲刚度的 1/2 时，该跨也可按等刚度构件进行计算，且其构件刚度可取跨中最大弯矩截面的弯曲刚度。

采用“最小刚度原则”，表面上看会使挠度计算值偏大，但由于计算中不考虑剪切变形及其裂缝对挠度的贡献，两者相比较，误差大致可以互相抵消。国内外试验梁验算的统计结果表明，计算值与试验值符合较好，因此，采用“最小刚度原则”可以满足工程要求。用 B_{min} 代替均质弹性材料梁截面弯曲刚度 EI 后，梁的挠度计算十分简便。

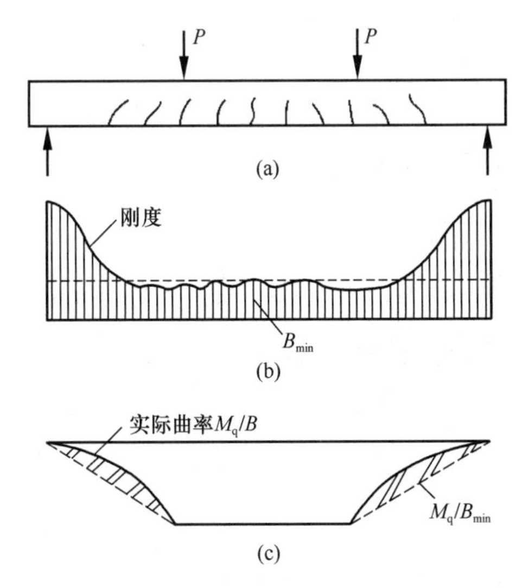

图 9-11　简支梁沿梁长的刚度和曲率分布

（a）受弯梁裂缝分布图；（b）沿梁长的截面刚度分布及最小刚度取值；（c）沿梁长的实际曲率分布图

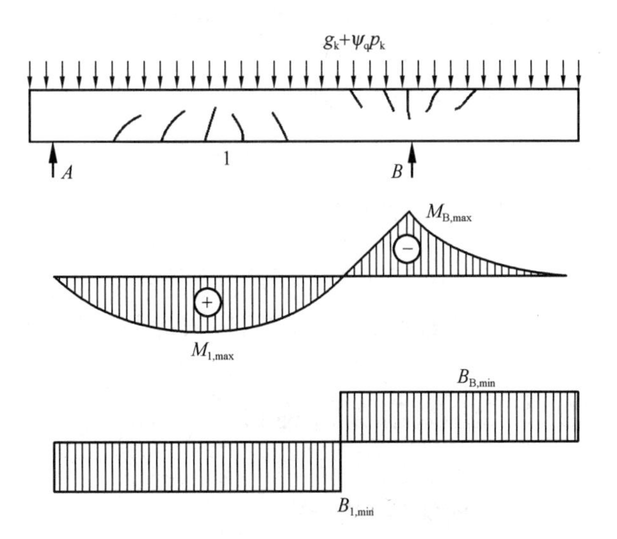

图 9-12　梁存在正负弯矩时抗弯刚度分布图

【例 9-3】

对于例 4-2 中第（2）种工况，若基本组合设计值 $M_{max}=180\text{kN}\cdot\text{m}$ 对应的准永久组合设计值 $M_q=120\text{kN}\cdot\text{m}$，荷载类型为均布荷载。梁截面尺寸，$b\times h=200\text{mm}\times 550\text{mm}$，计算跨度 $l_0=6.75\text{m}$，采用 C40 混凝土，配有 4Φ20（$A_s=1256\text{mm}^2$）HRB400 级纵向受力钢筋，纵筋保护层厚度 30mm。如果该构件的挠度限值为 $l_0/250$，试验算该梁的跨中最大挠度是否满足要求。

【解】

（1）计算有关参数

查表得 C40 混凝土 $f_{tk}=2.39\text{N/mm}^2$，$E_c=3.25\times10^4\text{N/mm}^2$；HRB400 级钢筋 $E_s=2.0\times10^5\text{N/mm}^2$，且有

$$a_s=c_s+d/2=30+20/2=40\text{mm}$$

$$\rho_{te}=\frac{A_s}{A_{te}}=\frac{A_s}{0.5bh}=\frac{1256}{0.5\times200\times550}=0.0228>0.01$$

$$\sigma_{sq}=\frac{M_q}{0.87h_0A_s}=\frac{120\times10^6}{0.87\times510\times1256}=215.3\text{N/mm}^2$$

$$\psi=1.1-0.65\frac{f_{tk}}{\rho_{te}\sigma_{sq}}=1.1-0.65\times\frac{2.39}{0.0228\times215.3}=0.784>0.2\text{ 且 }\psi<1.0$$

$$\alpha_E=\frac{E_s}{E_c}=\frac{2.0\times10^5}{3.25\times10^4}=6.154$$

$$\rho=\frac{A_s}{bh_0}=\frac{1256}{200\times510}=0.0123$$

（2）计算短期刚度 B_s

$$B_s=\frac{E_sA_sh_0^2}{1.15\psi+0.2+6\alpha_E\rho}=\frac{2.0\times10^5\times1256\times510^2}{1.15\times0.784+0.2+6\times6.154\times0.0123}$$
$$=4.20\times10^{13}\text{N}\cdot\text{mm}^2$$

（3）计算长期刚度 B

$\rho'=0,\theta=2.0$ 则

$$B=\frac{B_s}{\theta}=\frac{4.20\times10^{13}}{2}=2.10\times10^{13}\text{N}\cdot\text{mm}^2$$

（4）挠度计算

$$f_{max}=\frac{5}{48}\cdot\frac{M_ql_0^2}{B}=\frac{5}{48}\times\frac{120\times10^6\times6.75^2\times10^6}{2.10\times10^{13}}=27.121\text{mm}\approx\frac{l_0}{250}=27.0\text{mm}$$

在梁上部增加架立筋后，θ 值将小于 2，梁跨中挠度可满足设计要求。

9.4 结构耐久性设计

9.4.1 耐久性的概念

结构耐久性是指结构及其构件在预计的设计工作年限内，在正常维护和使用条件下，在指定的工作环境中，结构不需要进行大修即可满足正常使用和安全功能的能力。在传统的观念中，混凝土是一种很耐久的材料，混凝土结构似乎不存在耐久性问题，但试验和工

程实践表明，由于混凝土结构本身的组成成分及承载力特点，其抗力有初期较快增长和中期稳定阶段，在外界环境和各种因素作用下，也存在逐渐削弱和衰减的时期，经历一定年代后，甚至不能满足设计应有的功能而“失效”。我国混凝土结构量大面广，若因耐久性不足而失效，或为了继续正常使用而进行相当规模的维修、加固或改造，必将要付出高昂的代价。混凝土耐久性问题已引起学术界、工程界及政府职能部门的高度重视。随着现代科学技术的发展，对混凝土耐久性的研究已取得了丰硕的成果，如国家标准《混凝土结构耐久性设计标准》GB/T 50476—2019 的实施。但是，由于混凝土材料和耐久性影响因素的复杂性以及它们之间的相互交叉作用，使得混凝土耐久性破坏至今仍困扰着人们。因此，认识、了解、检测、控制并最终消除混凝土耐久性破坏，一直是混凝土科学工作者的一项重任。

混凝土结构设计时，为保证结构的安全性和适用性，除进行承载力计算和裂缝宽度、变形验算外，还必须进行结构的耐久性设计。由于混凝土结构耐久性设计的影响因素众多，对有些影响因素及规律的研究尚欠深入，难以达到进行定量设计的程度，所以我国规范采用宏观控制的方法，即根据设计工作年限和环境类别对混凝土结构提出相应的耐久性方面的要求。按国家标准《工程结构可靠性设计统一标准》GB 50153—2008 的有关规定，铁路桥涵的设计工作年限为 100 年；公路桥涵结构根据其规模和重要性，设计工作年限分别采用 30 年、50 年和 100 年；建筑物根据其使用要求和重要性，设计工作年限分别采用 5 年、25 年、50 年和 100 年。

9.4.2　影响混凝土结构耐久性能的主要因素

混凝土长期处在各种环境介质中，往往会受到不同程度的损害，甚至完全破坏。影响混凝土结构耐久性能的因素可分为内部因素和外部因素。内部因素指混凝土结构自身的缺陷。例如，表层混凝土的孔隙结构不合理，孔径较大，连续孔隙较多，为外界环境中水、氧气以及侵蚀物质向混凝土中的扩散、迁移、渗透提供了通道；而混凝土保护层偏薄、钢筋间距太小，则缩短了这些通道的距离，加速钢筋锈蚀；当混凝土配制时使用海水、海砂或掺加含氯盐的外加剂时，将导致氯离子含量过高而引起钢筋锈蚀。又如，混凝土集料中的某些活性矿物与混凝土中的碱发生碱骨料反应，导致混凝土胀裂。混凝土结构的自身缺陷主要是设计不合理、材料不合格、施工质量低劣、使用维护不当引起的。外部因素则主要有：二氧化碳、酸雨等使混凝土中性化，引起其中的钢筋发生脱钝锈蚀；工业建筑环境中酸、碱、盐侵蚀物质将导致混凝土腐蚀破坏、钢筋锈蚀；海洋环境中氯盐侵蚀将引起钢筋锈蚀。

混凝土结构的耐久性问题往往是内部不完善与外部不利因素综合作用的结果。实际工程中的耐久性破坏也往往非单一因素所致，而是多个因素交织在一起。例如，海水环境下混凝土结构的破坏可能由冻融循环、盐类结晶破坏（盐冻破坏）、钢筋锈蚀等多个因素引起；路面撒除冰盐引起的混凝土结构的破坏既有盐冻破坏，又有氯离子引起的钢筋锈蚀破坏。

1. 混凝土的碳化

混凝土的碳化是指大气中的二氧化碳(CO_2)与混凝土中碱性物质氢氧化钙［$Ca(OH)_2$］发生反应，使混凝土的 pH 下降。其他酸性物质如二氧化硫（SO_2）、硫化氢（H_2S）等也能与混凝土中碱性物质发生类似反应，使混凝土的 pH 下降。由于大气中二氧化碳普遍存在，因此碳化是最普遍的混凝土中性化过程。

混凝土碳化是一个复杂的物理化学过程。水泥熟料充分水化后，生成氢氧化钙 $Ca(OH)_2$ 和水化硅酸钙 $3CaO \cdot 2SiO_2 \cdot 3H_2O$，混凝土孔隙水溶液为氢氧化钙饱和溶液，其 pH 约为 12～13，呈强碱性；孔隙水与环境湿度之间通过温湿度平衡形成稳定的孔隙水膜；环境中的 CO_2 气体通过混凝土孔隙气相向混凝土内部扩散并在孔隙水中溶解，同时，固态 $Ca(OH)_2$ 在孔隙水中溶解并向其浓度低的区域（已碳化区域）扩散；溶解在孔隙水中的 CO_2 与 $Ca(OH)_2$ 发生化学反应生成 $CaCO_3$，同时，水化硅酸钙 $3CaO \cdot 2SiO_2 \cdot 3H_2O$ 也在固液界面上发生碳化反应，反应方程如下。

$$Ca(OH)_2 + CO_2 \longrightarrow CaCO_3 + H_2O$$

$$(3CaO \cdot 2SiO_2 \cdot 3H_2O) + 3CO_2 \longrightarrow 3CaCO_3 + 2SiO_2 + 3H_2O$$

混凝土碳化对混凝土本身并无破坏作用，其生成的 $CaCO_3$ 和其他固态物质堵塞在混凝土孔隙中，使混凝土的孔隙率下降，减弱了后续 CO_2 的扩散，并使混凝土的密实度与强度有所提高，但脆性变大。碳化的主要危害是使混凝土中的保护膜受到破坏，引起钢筋锈蚀。混凝土的碳化是影响混凝土耐久性的重要因素之一。

影响混凝土碳化的因素有：属于材料本身的因素，如水胶比、水泥品种与用量、骨料品种与粒径、外掺剂、养护方法与龄期、混凝土强度等；属于环境条件的因素，如 CO_2 浓度、相对湿度、环境温度等；混凝土表面的覆盖层、混凝土的应力状态、施工质量等因素。

(1) 水胶比。水胶比是决定混凝土孔隙结构与孔隙率的主要因素，其中游离水的多少还关系着孔隙饱和度（孔隙水体积与孔隙总体积之比）的大小，因此，水胶比是决定 CO_2 有效扩散系数及混凝土碳化速度的主要因素之一。水胶比增加，则混凝土的孔隙率加大，CO_2 有效扩散系数扩大，混凝土的碳化速度也加大。

(2) 水泥品种与用量。水泥品种决定着各种矿物成分在水泥中的含量，水泥用量决定着单位体积混凝土中水泥熟料的多少。两者是决定水泥水化后单位体积混凝土中可碳化物质含量的主要材料因素，因而也是影响混凝土碳化速度的主要因素之一。水泥用量越大，则单位体积混凝土中可碳化物质的含量越多，消耗的 CO_2 也越多，从而使碳化越慢。在水泥用量相同时，掺混合材的水泥水化后单位体积混凝土中可碳化物质含量减少，且一般活性混合材由于二次水化反应还要消耗一部分可碳化物质 $Ca(OH)_2$，使可碳化物质含量更少，故碳化加快。因此，相同水泥用量的硅酸盐水泥混凝土的碳化速度最小，普通硅酸盐水泥混凝土次之，粉煤灰水泥、火山硅质硅酸盐水泥和矿渣硅酸盐水泥混凝土最大。同一品种的掺混合材水泥，碳化速度随混合材掺量的增加而加大。

(3) 骨料品种与粒径。骨料粒径的大小对骨料—水泥浆黏结有重要影响，粗骨料与水泥浆黏结较差，CO_2 易从骨料—水泥浆界面扩散；另外，很多轻骨料中的火山灰在加热养护过程中会与 $Ca(OH)_2$ 结合，某些硅质骨料发生碱骨料反应时也消耗 $Ca(OH)_2$，这些因素都会使碳化加快。

(4) 外掺剂。混凝土中掺加减水剂，能直接减少用水量使孔隙率降低，而引气剂使混凝土中形成很多封闭的气泡，切断毛细管的通路，两者均可以使 CO_2 有效扩散系数显著减小，从而大大降低混凝土的碳化速度。

(5) 养护方法与龄期。养护方法与龄期的不同导致水泥水化程度不同，水泥熟料在一

定的条件下生成的可碳化物质含量不等，因此也影响混凝土碳化速度。若混凝土早期养护不良，会使水泥水化不充分，从而加快碳化速度。

（6）混凝土强度。混凝土强度能反映其孔隙率、密实度的大小，因此混凝土强度能宏观地反映其抗碳化性能。总体而言，混凝土强度越高，碳化速度越小。

（7）CO_2 浓度。环境中 CO_2 浓度越大，混凝土内外 CO_2 浓度梯度就越大，CO_2 越易扩散进入孔隙，化学反应速度也加快。因此，CO_2 浓度是决定碳化速度的主要环境因素之一。一般农村室外大气中 CO_2 浓度为0.03%，城市为0.04%，而室内可达0.1%。

（8）相对湿度。环境相对湿度通过温湿平衡决定着孔隙水饱和度，一方面影响着 CO_2 的扩散速度，另一方面，由于混凝土碳化的化学反应均需在溶液中或固液界面上进行，相对湿度也是决定碳化反应快慢的主要环境因素之一。若环境相对湿度过高，混凝土接近饱水状态，则 CO_2 的扩散速度缓慢，碳化发展很慢；若相对湿度过低，混凝土处于干燥状态，虽然 CO_2 的扩散速度很快，但缺少碳化化学反应所需的液相环境，碳化难以发展；70%～80%左右的中等湿度时，碳化速度最快。

（9）环境温度。温度的升高可促进碳化反应速度的提高，更主要是加快了 CO_2 的扩散速度，温度的交替变化也有利于 CO_2 的扩散。

（10）混凝土表面覆盖层。混凝土表面覆盖层对碳化起延缓作用，如混凝土表面覆盖层不含可碳化物质（如沥青、涂料、瓷砖等），则能封堵混凝土表面部分开口孔隙，阻止 CO_2 扩散，从而延缓碳化速度。

（11）应力状态。实际工程中的混凝土碳化均处于结构的应力状态下，当压应力较小时，由于混凝土受压密实，影响 CO_2 的扩散，对碳化起延缓作用；压应力过大时，由于微裂缝的开展加剧，碳化速度加快。当拉应力较小时（小于 $0.3f_t$），应力作用不明显；当拉应力较大时，随着裂缝的产生与发展，碳化速度显著增大。

2. 钢筋的锈蚀

混凝土孔隙中存在碱度很高的 $Ca(OH)_2$ 饱和溶液，其pH在12.5左右，由于混凝土中还含有少量NaOH、KOH等，实际pH可达13。在这样的高碱性环境中，钢筋表面被氧化，形成一层厚仅 $(2\sim6)\times10^{-9}$m 的水化氧化膜 $m\mathrm{Fe_2O_3}\cdot n\mathrm{H_2O}$。这层膜很致密，牢固地吸附在钢筋表面，使钢筋处于钝化状态，即使在有水分和氧气的条件下钢筋也不会发生锈蚀，故称“钝化膜”。在无杂散电流的环境中，有两个因素可以导致钢筋钝化膜破坏：混凝土中性化（主要形式是碳化）使钢筋位置的pH降低，或足够浓度的游离 Cl^- 扩散到钢筋表面。

碳化（或 H_2SO_4 等引起的其他中性化）使孔隙溶液中的 $Ca(OH)_2$ 含量逐渐减少，pH逐渐下降。当pH下降到11.5左右时，钝化膜不再稳定，当pH降至9～10时，钝化膜的作用完全被破坏，钢筋处于脱钝状态，锈蚀就有条件发生了。由于部分碳化区的存在，钢筋经历了从钝化状态经逐步脱钝转化为完全脱钝状态的过程。

当钢筋表面的混凝土孔隙溶液中的游离 Cl^- 浓度超过一定值时，即使在碱度较高，pH大于11.5时，Cl^- 也能破坏钝化膜，从而使钢筋发生锈蚀，因为 Cl^- 的半径小，活性大，容易吸附在位错区、晶界区等氧化膜有缺陷的地方。Cl^- 有很强的穿透氧化膜的能力，在氧化物内层（铁与氧化物界面）形成易溶的 $FeCl_2$，使氧化膜局部溶解，形成坑蚀现象。如果 Cl^- 在钢筋表面分布比较均匀，这种坑蚀现象便会广泛地发生，点蚀坑扩大、合并，发生大面积腐蚀。

影响钢筋锈蚀的因素很多，主要有以下六个方面。

(1) pH。研究证明，钢筋锈蚀与 pH 有密切关系。当 pH＞11 时，钢筋锈蚀速度很小；当 pH＜4 时，锈蚀速度迅速增大。

(2) 含氧量。钢筋锈蚀反应必须有氧参加，因此溶液中的含氧量对钢筋锈蚀有很大的影响。

(3) 氯离子含量。碳化是使钢筋脱钝的重要原因，但还不是唯一的原因。因为混凝土中氯离子的存在（如掺盐的混凝土、使用海砂的混凝土、环境大气中氯离子渗入混凝土等），即使钢筋外围混凝土仍处于高碱性，但由于氯离子被吸附在钢筋氧化膜表面，使氧化膜中的氧离子被氯离子代替，生成金属氯化物，也会使钝化膜遭到破坏。同样，在氧和水的作用下，钢筋表面开始电化学腐蚀。因此，氯离子的存在对钢筋锈蚀有很大的影响。常见的如海洋环境及近海建筑、化工厂污染、盐渍土及含氯地下水的侵入、冬季使用除雪剂（盐的渗入等），都可能引起氯离子污染而导致钢筋锈蚀。

(4) 混凝土的密实性。钢筋在混凝土中受到保护，主要有两个方面，一个是混凝土的高碱性使钢筋表面形成钝化膜，另一个方面是对外界腐蚀介质、氧、水分等渗入有阻止作用。显然，即使混凝土已碳化，但无氧、氯等入侵，锈蚀也不会发生。所以，混凝土越密实，则保护钢筋不锈蚀的作用也越大，而混凝土的密实性主要取决于水灰比、混凝土强度、级配、施工质量和养护条件等。

(5) 混凝土裂缝。混凝土构件上裂缝存在，将增大混凝土的渗透性，增加腐蚀介质、水分和氧的渗入，从而加剧腐蚀的发展。长期暴露试验发现，钢筋锈蚀首先在横向裂缝处，其锈蚀速度取决于阴极处氧的可用度，即氧在混凝土保护层中向钢筋表面阴极处扩散的速度，而这种扩散速度主要取决于混凝土的密实度，与裂缝关系不大，故横向裂缝的作用仅仅使裂缝处钢筋局部脱钝，使得腐蚀过程得以开始，但它对锈蚀速度不起控制作用。研究表明，当裂缝宽度小于 0.4mm 时，对钢筋锈蚀影响很小。而纵向裂缝引起的锈蚀不是局部的，相对来说有一定长度，它更容易使水分、氧、腐蚀介质等渗入，则会加速钢筋锈蚀，对钢筋锈蚀的危害较大。

(6) 其他影响因素。粉煤灰等掺合料会降低混凝土的碱性，故对钢筋锈蚀有不利影响；但掺加粉煤灰后，可提高混凝土的密实性，改善混凝土的孔隙结构，阻止外界氧、水分等侵入，这对防止钢筋锈蚀又是有利的；综合起来，掺加粉煤灰不会降低结构的耐久性。环境条件对锈蚀影响很大，如温度、湿度及干湿交替作用、海浪飞溅、海盐渗透、冻融循环作用对混凝土中钢筋的锈蚀有明显作用，尤其当混凝土质量较差、密实性不好、有缺陷时，这些因素的影响就会更明显。

防止钢筋锈蚀的措施有很多，主要有降低水灰比，增加水泥用量，加强混凝土的密实性；保证有足够的混凝土保护层厚度；采用涂面层，防止 CO_2、O_2 和 Cl^- 的渗入；采用钢筋阻锈剂；使用防腐蚀钢筋，如环氧涂层钢筋、镀锌钢筋、不锈钢钢筋等；对钢筋采用阴极防护法等。

3. 混凝土的冻融破坏

混凝土水化结硬后，内部有很多毛细孔。在浇筑混凝土时，为了得到必要的和易性，往往会比水泥水化所需要的水多些。多余的水分滞留在混凝土的毛细孔中，遇到低温时水

分因结冰产生体积膨胀，引起混凝土内部结构破坏。反复冻融多次，就会使混凝土的损伤积累达到一定程度而引起结构破坏。

冻融破坏在水利水电、港口码头、道路桥梁等工程中较为常见。防止混凝土冻融循环的主要措施是降低水胶比，减少混凝土中多余的水分；冬期施工时应加强养护，防止早期受冻，并掺入防冻剂等。

4. 混凝土的碱骨料反应

混凝土骨料中的某些活性矿物与混凝土微孔中碱性溶液产生化学反应称为碱骨料反应。碱骨料反应产生的碱-硅酸盐凝胶，吸水后会产生膨胀，体积可增大 3～4 倍，从而使混凝土开裂、剥落、强度降低，甚至导致破坏。

引起碱骨料反应有三个条件：一是混凝土的凝胶中有碱性物质，其主要来自于水泥；二是骨料中有活性骨料，如蛋白石、黑硅石、燧石、玻璃质火山石等含 SiO_2 的骨料；三是有水分，这是发生碱骨料反应的充分条件，在干燥环境下很难发生碱骨料反应。因此，防止碱骨料反应的主要措施是采用低碱水泥，或掺入粉煤灰降低碱性，也可对含活性成分的骨料加以控制。

5. 侵蚀性介质的腐蚀

在石油、化学、轻工、冶金及港湾工程中，化学介质对混凝土的腐蚀很普遍。有些化学介质侵入会造成混凝土中的一些成分被溶解、流失，从而引起裂缝、孔隙，甚至松软破碎；有些化学介质侵入会与混凝土中的一些成分发生化学反应，生成的物质体积膨胀，引起混凝土破坏。常见的侵蚀性介质主要有以下三种。

（1）硫酸盐腐蚀

硫酸盐溶液与水泥石中的氢氧化钙及水化铝酸钙发生化学反应，生成石膏和硫铝酸钙，产生体积膨胀，使混凝土破坏。硫酸盐除在一些化工企业中存在外，海水及一些土壤中也存在。

（2）酸腐蚀

混凝土是碱性材料，遇到酸性物质会产生化学反应，使混凝土产生裂缝、脱落，并导致破坏。酸不仅仅存在于化工企业中，在地下水，特别是沼泽地区或泥炭地区也广泛存在碳酸及溶有 CO_2 的水。

（3）海水腐蚀

在海港、近海结构中的混凝土构筑物，经常受到海水的侵蚀，海水中的氯离子和硫酸镁对混凝土有较强的腐蚀作用。在海岸飞溅区，受到干湿的物理作用，极易造成钢筋锈蚀。

9.4.3　混凝土结构耐久性设计的统一原则

混凝土结构耐久性设计涉及面广，影响因素多，一般来说应包括以下六个方面。

1. 确定结构所处的环境类别

混凝土结构的耐久性与结构所处的环境有密切关系，同一结构在强腐蚀环境中要比在一般大气环境中的工作年限短，对混凝土结构使用环境进行分类，可以在设计时针对不同的环境类别，采取相应的措施，满足达到设计工作年限的要求。

2. 提出材料的耐久性质量要求

合理设计混凝土的配合比，严格控制骨料中的含盐量、含碱量，保证混凝土必要的强度，提高混凝土的密实性和抗渗性是保证混凝土耐久性的重要措施。

3. 确定构件中钢筋的保护层厚度

混凝土保护层对减少混凝土的碳化，防止钢筋锈蚀，提高混凝土结构的耐久性有重要作用，各国规范都有关于混凝土最小保护层厚度的规定。

4. 裂缝控制等级的规定

裂缝的出现加快了混凝土的碳化，也是使钢筋开始锈蚀的主要条件。为了保证混凝土结构的耐久性，必须对裂缝进行控制。

5. 提出满足耐久性要求相应的技术措施

对处在不利环境条件下的结构，以及在较差环境中设计工作年限为100年的混凝土结构，应采取专门的有效防护措施。如对预应力混凝土的零部件采取各种防护措施、提出混凝土抗渗等级要求、混凝土的防冻标准及对钢筋采取的各类防腐蚀措施等。

6. 提出结构使用阶段的维护与检测要求

保证混凝土结构的耐久性，还需要在使用阶段对结构进行正常的检查维护，不得随意改变建筑物所处的环境类别，这些检查维护的措施包括：

（1）结构应按设计规定的环境类别使用，并定期进行检查维护。

（2）设计中的可更换混凝土构件应定期按规定更换。

（3）构件表面的防护层应按规定进行维护或更换。

（4）结构出现可见的耐久性缺陷时，应及时进行检测处理。

对临时性（设计工作年限为5年）的混凝土结构，可不考虑混凝土的耐久性要求。

9.4.4 公路桥涵混凝土结构的耐久性设计

混凝土结构的耐久性设计按正常使用极限状态控制。应根据其设计工作年限、环境类别及其作用等级进行，耐久性设计包含下列内容。

（1）确定结构和构件的设计工作年限；

（2）确定结构和构件所处的环境类别及其作用等级；

（3）提出原材料、混凝土和水泥基灌浆材料的性能和耐久性控制指标；

（4）有利于减轻环境作用的结构形式、布置和构造措施；

（5）对于严重腐蚀环境下的混凝土结构，除了对混凝土本身提出相关的耐久性要求外，还应进一步采取必要的防腐蚀附加措施。

《公路钢筋混凝土及预应力混凝土桥涵设计规范》JTG 3362—2018对公路桥涵混凝土结构及构件的耐久性设计提出了基本要求，行业推荐性标准《公路工程混凝土结构耐久性设计规范》JTG/T 3310—2019对常见环境下的公路桥涵混凝土耐久性设计制定了详细技术规定，包括设计工作年限、环境作用等级、基于混凝土结构耐久性的混凝土材料要求、桥梁混凝土结构耐久性构造措施以及防腐蚀附加措施等。

公路桥梁结构及构件的工作年限（表3-2）可以通过维修而延长。按修理（修复）的规模、费用及其对结构正常使用的影响，可将修理分为大修和小修。当修理（修复）需在一定期限内停止结构的正常使用，或需大面积置换结构构件中的受损材料（例如混凝土），加固或更换结构的主要构件时称为大修。

混凝土结构耐久性设计与结构所处环境类别有直接关系。国内外规范中的环境分类方法大多根据结构工作环境情况、劣化机理、形态以及各行业传统经验制定。公路桥涵混凝土结构常见的环境类别可归纳为七大类（附表 6-1）。

环境对桥涵混凝土结构的作用程度采用环境作用等级（根据环境作用对混凝土及结构破坏或腐蚀程度的不同而划分的若干等级）来表达，《公路工程混凝土结构耐久性设计规范》JTG/T 3310—2019 划分的环境作用等级如表 9-1 所示。

公路工程环境作用等级划分　　表 9-1

环境类别	条件					
	A	B	C	D	E	F
一般环境（Ⅰ）	Ⅰ-A	Ⅰ-B	Ⅰ-C	—	—	—
冻融环境（Ⅱ）	—	—	Ⅱ-C	Ⅱ-D	Ⅱ-E	—
近海或海洋氯化物环境（Ⅲ）	—	—	Ⅲ-C	Ⅲ-D	Ⅲ-E	Ⅲ-F
除冰盐等其他氯化物环境（Ⅳ）	—	—	Ⅳ-C	Ⅳ-D	Ⅳ-E	—
盐结晶环境（Ⅴ）	—	—	—	Ⅴ-D	Ⅴ-E	Ⅴ-F
化学腐蚀环境（Ⅵ）	—	—	Ⅵ-C	Ⅵ-D	Ⅵ-E	Ⅵ-F
磨蚀环境（Ⅶ）	—	—	Ⅶ-C	Ⅶ-D	Ⅶ-E	Ⅶ-F

各类环境桥梁结构混凝土强度等级最低要求应符合附表 6-2 的规定。

钢筋的混凝土最小保护层厚度要满足规范的要求，如附表 6-6 所示。有抗渗要求的混凝土结构，混凝土的抗渗等级要符合有关标准的要求。严寒和寒冷地区的潮湿环境中，混凝土应满足抗冻要求，混凝土抗冻等级符合有关标准的要求。

混凝土耐久性设计与混凝土材料、结构构造和裂缝控制措施、施工要求和必要的防腐蚀附加措施等内容有关，并且混凝土结构的耐久性在很大程度上取决于结构施工过程中的质量控制与质量保证以及结构使用过程中的正确维修与例行检测，单独采取某一种措施可能效果不好，需要根据混凝土结构物的工作环境、工作年限采取综合防治措施，结构才能取得较好的耐久性。

9.4.5　铁路混凝土结构的耐久性设计

1. 铁路混凝土结构耐久性设计原则

（1）采用合理的结构构造，便于施工、检查和维护，减少环境因素对结构的不利影响；

（2）选用优质的混凝土原材料、合理的混凝土配合比以及适当的混凝土耐久性指标；

（3）对主要混凝土施工过程的质量控制提出要求；

（4）对于严重腐蚀环境条件下的混凝土结构，除了对混凝土本身提出严格的耐久性要求外，还应提出可靠的附加防腐蚀措施，并对结构在设计工作年限内的检测做出规划，明确跟踪检测内容。

2. 铁路混凝土结构耐久性设计内容

铁路混凝土结构耐久性设计应包括以下内容：

（1）结构及主要可更换部件的设计工作年限；

（2）结构所处的环境类别及其作用等级；

（3）结构耐久性要求的混凝土原材料品质、配合比参数限值以及耐久性指标要求；

（4）结构耐久性要求的构造措施（包括钢筋的混凝土保护层厚度）；

（5）与结构耐久性有关的主要施工控制要求；

（6）严重腐蚀环境条件下采取的附加防腐蚀措施；

（7）与结构耐久性有关的跟踪检测要求；

（8）与结构耐久性有关的养护维修要求。

3. 使用环境条件分类

铁路混凝土结构所处环境类别分为碳化环境、氯盐环境、化学侵蚀环境、盐类结晶破坏环境、冻融破坏环境和磨蚀环境。不同类别环境的作用等级可按表 9-2～表 9-7 所列环境条件特征进行划分。

碳化环境的作用等级 **表 9-2**

环境作用等级	环境条件
T1	室内年平均相对湿度小于 60%
	长期在水下（不包括海水）或土中
T2	室内年平均相对湿度大于或等于 60%
	室外环境
T3	处于水位变动区
	处于干湿交替区

注：当钢筋混凝土薄型结构的一侧干燥而另一侧湿润或饱水时，其干燥一侧混凝土的碳化作用等级应按 T3 级考虑。

氯盐环境的作用等级 **表 9-3**

环境作用等级	环境条件
L1	长期在海水、盐湖水的水下或土中
	离平均水位 15m 以上的海上大气区
	离涨潮岸线 100～300m 的陆上近海区
	水中氯离子浓度大于或等于 100mg/L 且小于或等于 500mg/L，并有干湿交替
	土中氯离子浓度大于或等于 150mg/kg 且小于或等于 750mg/kg，并有干湿交替
L2	平均水位 15m 以内（含 15m）的海上大气区
	离涨潮岸线 100m 以内（含 100m）的陆上近海区
	海水潮汐区或浪溅区（非炎热地区）
	水中氯离子浓度大于 500mg/L 且小于或等于 5000mg/L，并有干湿交替
	土中氯离子浓度大于 750mg/kg 且小于或等于 7500mg/kg，并有干湿交替
L3	海水潮汐区或浪溅区（炎热地区，即年平均气温高于 20℃ 的地区）
	盐渍土地区露出地表的毛细吸附区
	水中氯离子浓度大于 5000mg/L，并有干湿交替
	土中氯离子浓度大于 7500mg/kg，并有干湿交替

化学侵蚀环境的作用等级　　表 9-4

化学侵蚀类型		环境作用等级			
		H1	H2	H3	H4
硫酸盐侵蚀	环境水中 SO_4^{2-} 含量（mg/L）	≥200 ≤1000	>1000 ≤4000	>4000 ≤10,000	>10,000 ≤20,000
	强透水性环境土中 SO_4^{2-} 含量（mg/kg）	≥300 ≤1500	>1500 ≤6000	>6000 ≤15,000	>15,000 ≤30,000
	弱透水性环境土中 SO_4^{2-} 含量（mg/kg）	≥1500 ≤6000	>6000 ≤15,000	>15,000	—
酸性水侵蚀	环境水中 pH	≤6.5 ≥5.5	<5.5 ≥4.5	<4.5 ≥4.0	—
二氧化碳侵蚀	环境水中侵蚀性 CO_2 含量（mg/L）	≥15 ≤40	>40 ≤100	>100	—
镁盐侵蚀	环境水中 Mg^{2+} 含量（mg/L）	≥300 ≤1000	>1000 ≤3000	>3000	—

注：1. 强透水性土是指碎石土和砂土，弱透水性土是指粉土和黏性土。

2. 当混凝土结构处于高硫酸盐含量（水中含量大于 20,000mg/L、土中含量大于 30,000mg/kg）的环境时，其耐久性技术措施应进行专门研究和论证。

3. 当环境中存在酸雨时，按酸性水侵蚀考虑，但相应作用等级可降一级。

盐类结晶破坏环境的作用等级　　表 9-5

环境条件	环境作用等级			
	Y1	Y2	Y3	Y4
水中 SO_4^{2-} 含量（mg/L）	≥200，≤500	>500，≤2000	>2000，≤5000	>5000，≤10,000
土中 SO_4^{2-} 含量（mg/kg）	≥300，≤750	>750，≤3000	>3000，≤7500	>7500，≤15,000

注：1. 对于盐渍土地区的混凝土结构，埋入土中的混凝土按遭受化学侵蚀环境作用考虑；当大气环境多风干燥时，露出地表的毛细吸附区内的混凝土按遭受盐类结晶破坏环境作用考虑。

2. 对于一面接触环境水（或土）而另一面临空且处于大气干燥或多风环境中的薄壁混凝土结构（如隧道衬砌），接触含盐环境水（或土）的混凝土按遭受化学侵蚀环境作用考虑，临空面的混凝土按遭受盐类结晶破坏环境作用考虑。

3. 当混凝土结构处于高硫酸盐含量（水中含量大于 10,000mg/L、土中含量大于 15,000mg/kg）的环境时，其耐久性技术措施应进行专门研究和论证。

冻融破坏环境的作用等级　　表 9-6

环境作用等级	环境条件特征
D1	微冻条件，且混凝土频繁接触水
D2	微冻条件，且混凝土处于水位变动区
	严寒和寒冷条件，且混凝土频繁接触水
	微冻条件，且混凝土频繁接触含氯盐水体

续表

环境作用等级	环境条件特征
D3	严寒和寒冷条件，且混凝土处于水位变动区
	微冻条件，且混凝土处于水含氯盐水体的水位变动区
	严寒和寒冷条件，且混凝土频繁接触氯盐水体
D4	严寒和寒冷条件，且混凝土处于含氯盐水体的水位变动区

注：严寒条件、寒冷条件和微冻条件下年最冷月的平均气温 t 分别为：$t \leqslant -8℃$、$-8℃ < t < -3℃$ 和 $-3℃ \leqslant t \leqslant 2.5℃$。

磨蚀环境的作用等级 **表 9-7**

环境作用等级	环境条件特征
M1	风力等级大于或等于 7 级，且年累计刮风时间大于 90d 的风沙地区
M2	风力等级大于或等于 9 级，且年累计刮风时间大于 90d 的风沙地区
	有强烈流冰撞击的河道（冰层水位线下 0.5m～冰层水位线上 1.0m）
	汛期含砂量为 200～1000kg/m^3 的河道
M3	风力等级大于或等于 11 级，且年累计刮风时间大于 90d 的风沙地区
	汛期含砂量大于 1000kg/m^3 的河道
	西北戈壁荒漠区洪水期间夹杂大量粗颗粒砂石的河道

环境作用等级为 L3、H4、Y4、D4、M3 级的环境为严重腐蚀环境。

4. 保护层厚度

钢筋的混凝土保护层厚度除遵守现行铁路工程有关专业标准的规定外，还应符合以下规定：离混凝土表面最近的普通钢筋（主筋、箍筋和分布筋）的混凝土保护层厚度 c（钢筋外缘至混凝土表面的距离）应不小于附表 7-8 规定的最小厚度 $c_{\min}$ 与混凝土保护层厚度施工允许偏差负值之和。

9.4.6 房屋建筑混凝土结构耐久性设计

我国《混凝土结构设计规范》GB 50010—2010（2015 年版）规定，混凝土结构的耐久性应根据环境类别和设计工作年限进行设计。环境类别的划分如附表 5-2 所示。规范对处于一、二、三类环境，设计工作年限为 50 年的结构混凝土材料耐久性的基本要求，如最大水胶比、最低强度等级、最大氯离子含量和最大碱含量等，均做出了明确规定，如表 9-8所示。

对在一类环境中设计工作年限为 100 年的混凝土结构，钢筋混凝土结构的最低强度等级为 C30，预应力混凝土结构的最低强度等级为 C40；混凝土中的最大氯离子含量为 0.06%；宜使用非碱活性骨料，当使用碱活性骨料时，混凝土中的最大碱含量为 3.0kg/m^3。

对于构件中钢筋的保护层厚度，规范规定：构件中受力钢筋的保护层厚度不应小于钢筋的直径；对设计工作年限为 50 年的混凝土结构，最外层钢筋（包括箍筋和构造钢筋）的保护层厚度应符合附表 5-4 的规定；对设计工作年限为 100 年的混凝土结构，最外侧钢筋的保护层厚度不应小于表中数值的 1.4 倍。当有充分依据并采用有效措施时，可适当减

小混凝土保护层的厚度，这些措施包括：构件表面有可靠的防护层；采用工厂化生产预制构件，并能保证预制构件混凝土的质量；在混凝土中掺加阻锈剂或采用阴极保护处理等防锈措施；另外，当对地下室墙体采取可靠的建筑防水做法或防护措施时，与土壤接触侧钢筋的保护层厚度可适当减少，但不应小于 25mm。

结构混凝土材料的耐久性基本要求　　**表 9-8**

环境类别	最大水胶比	最低强度等级	最大氯离子含量（%）	最大碱含量（kg/m^3）
一	0.60	C20	0.30	不限制
二 a	0.55	C25	0.20	3.0
二 b	0.50（0.55）	C30（C25）	0.15	
三 a	0.45（0.50）	C35（C30）	0.15	
三 b	0.40	C40	0.10	

注：1. 氯离子含量系指其占胶凝材料总量的百分比。
2. 预应力构件混凝土中的最大氯离子含量为 0.06%；其最低混凝土强度等级宜按表中的规定提高两个等级。
3. 素混凝土构件的水胶比及最低强度等级的要求可适当放松。
4. 有可靠工程经验时，二类环境中的最低混凝土强度等级可降低一个等级。
5. 处于严寒和寒冷地区二 b、三 a 类环境中的混凝土应使用引气剂，并可采用括号中的有关参数。
6. 当使用非碱活性骨料时，对混凝土中的碱含量可不做限制。

为减缓混凝土碳化及钢筋锈蚀，规范根据结构构件所处的环境类别、钢筋种类对锈蚀的敏感性以及荷载的作用时间，将裂缝控制分为 3 个等级。

（1）一级裂缝控制等级构件。按荷载标准组合计算时，构件受拉边缘混凝土不应产生拉应力。

（2）二级裂缝控制等级构件。按荷载标准组合计算时，构件受拉边缘混凝土应力不应大于混凝土抗拉强度标准值。

（3）三级裂缝控制等级构件。普通钢筋混凝土构件按准永久组合并考虑长期作用影响的裂缝宽度及预应力混凝土构件按标准组合并考虑长期作用影响的裂缝宽度应满足规定的限值；环境类别为二 a 类的预应力混凝土构件，按准永久组合效应产生的受拉边缘应力不应大于混凝土抗拉强度标准值。

一级和二级裂缝控制只有采用预应力混凝土才能实现，普通钢筋混凝土和部分预应力混凝土构件为三类裂缝控制。对于荷载引起的裂缝，规范规定的最大裂缝宽度限值如附录 5 中的附表 5-3 所示。

对处在不利的环境条件下的结构，以及在二类和三类环境中设计工作年限为 100 年的混凝土结构，应采取专门的有效防护措施。

规范主要对处于一、二、三类环境中的混凝土结构的耐久性要求做了明确规定；对处于四、五类环境中的混凝土结构，其耐久性要求应符合《混凝土结构耐久性设计标准》GB/T 50476—2019 的有关规定。

名词和术语

钢筋的混凝土保护层　Concrete cover to reinforcement

环境作用　Environmental action
环境作用等级　Environmental action grade
劣化　Degradation
结构耐久性　Structural durability
耐久性极限状态　Durability limit states
一般环境　Atmospheric environment
冻融环境　Freeze-thaw environment
氯化物环境　Chloride environment
化学腐蚀环境　Chemical environment
氯离子扩散系数　Chloride diffusion coefficient
抗冻耐久性指数　Concrete freeze-thaw resistance factor
水胶比　Water to binder ratio
电化学保护　Electrochemical protection

二维码9-4
思维导图

习　题

二维码9-5
思考题

9-1　第4章习题4-2，若其效应的准永久组合设计值为其基本组合设计值的0.5倍。试按承载能力极限状态设计的截面计算该单向板的最大裂缝宽度。

9-2　第4章习题4-2，若该楼板承受的荷载形式为均布荷载，效应的准永久组合设计值为其基本组合设计值的0.5倍，试按承载能力极限状态设计的截面验算板的跨中最大挠度是否满足规范允许挠度的要求。

第 10 章　公路混凝土结构设计原理

公路桥梁中的梁、墩、桩基、墩顶盖梁，涵洞以及隧道衬砌等，经常采用钢筋混凝土结构，其中，桥梁及涵洞混凝土结构的数量最多。本章以现行的《公路钢筋混凝土及预应力混凝土桥涵设计规范》JTG 3362—2018 为依据（以下简称《公路桥规》），介绍以极限状态法为设计方法的公路混凝土结构基本原理。

二维码10-1
港珠澳大桥

10.1　受弯构件正截面承载力计算

本节主要介绍受弯构件正截面承载力计算的基本原则和方法。正截面受力全过程、破坏形态和承载力计算基本假定与第 4 章所述相同。

10.1.1　单筋矩形截面受弯构件

1. 基本公式及适用条件

按照钢筋混凝土结构设计计算基本原则，在受弯构件计算截面上的最不利荷载基本组合效应计算值 $\gamma_0 M_d$ 不应超过截面的承载能力（抗力）M_u。由此得到单筋矩形截面受弯构件承载力计算简图，如图 10-1。

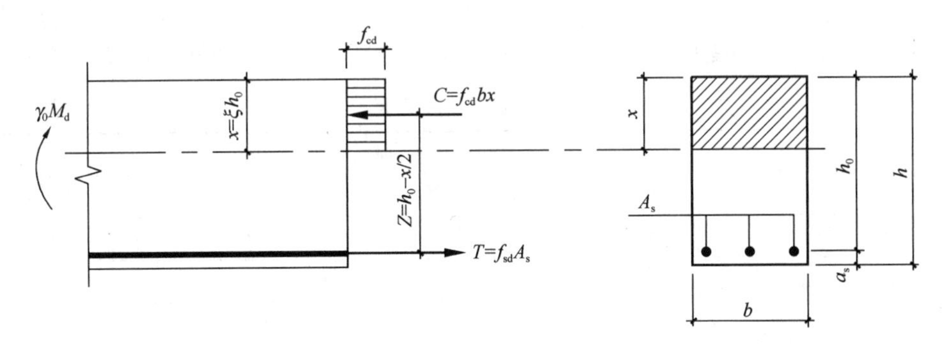

图 10-1　单筋矩形截面正截面承载力计算图式

由截面上水平方向内力之和为零的平衡条件，即 $T+C=0$，可得

$$f_{cd}bx = f_{sd}A_s \tag{10-1}$$

由截面上对受拉钢筋合力 T 作用点的力矩之和等于零的平衡条件，可得

$$\gamma_0 M_d \leqslant M_u = f_{cd}bx\left(h_0 - \frac{x}{2}\right) \tag{10-2}$$

由对受压区混凝土合力 C 作用点取力矩之和为零的平衡条件，可得

$$\gamma_0 M_d \leqslant M_u = f_{sd}A_s\left(h_0 - \frac{x}{2}\right) \tag{10-3}$$

式中　M_d——计算截面上的弯矩组合设计值；

γ_0——结构的重要性系数（表 10-1）；

M_u——计算截面的抗弯承载力；

f_{cd}——混凝土轴心抗压强度设计值（附表 2-1）；

f_{sd}——纵向受拉钢筋抗拉强度设计值（附表 2-4）；

A_s——纵向受拉钢筋的截面面积；

x——按等效矩形应力图计算的受压区高度；

b——截面宽度；

h_0——截面有效高度。

公路桥涵结构设计安全等级　　**表 10-1**

安全等级	破坏后果	适用桥涵对象	结构重要性系数 γ_0
一级	很严重	各等级公路上的特大桥、大桥、中桥，重要或繁忙公路上的小桥	1.1
二级	严重	三、四级公路上的小桥，重要或繁忙公路上的涵洞	1.0
三级	不严重	三、四级公路上的涵洞	0.9

注：本表桥涵的分类依《公路桥涵设计通用规范》JTG D60—2015 的规定，以单孔跨径确定。

式（10-1）、式（10-2）和式（10-3）仅适用于适筋梁，而不适用于超筋梁和少筋梁。因为超筋梁破坏时，钢筋的实际拉应力 σ_s 未达到抗拉强度设计值，故不能按 f_{sd} 来考虑。因此，公式的适用条件为：

（1）为防止出现超筋梁情况，计算受压区高度 x 应满足

$$x \leqslant \xi_b h_0 \tag{10-4}$$

式中　ξ_b——相对界限受压区高度，可根据混凝土强度等级和钢筋种类由表 10-2 查得。

相对界限受压区高度　　**表 10-2**

钢筋种类	混凝土强度等级			
	C50 及以下	C55、C60	C65、C70	C75、C80
HPB300	0.58	0.56	0.54	—
HRB400、HRBF400、RRB400	0.53	0.51	0.49	—
HRB500	0.49	0.47	0.46	—
钢绞线、钢丝	0.40	0.38	0.36	0.35
预应力螺纹钢筋	0.40	0.38	0.36	—

注：截面受拉区内配置不同种类钢筋的受弯构件，其 ξ_b 值应选用相应于各种钢筋的较小者。

由式（10-1）可以得到计算受压区高度 x 为

$$x = \frac{f_{sd}A_s}{f_{cd}b} \tag{10-5}$$

则相对受压区高度 ξ 为

$$\xi = \frac{x}{h_0} = \frac{f_{sd}}{f_{cd}}\frac{A_s}{bh_0} = \rho\frac{f_{sd}}{f_{cd}} \tag{10-6}$$

由式（10-6）可见，ξ 不仅反映了配筋率 ρ，而且反映了材料的强度比值的影响，故 ξ 又被称为配筋特征值，它是一个比 ρ 更具有一般性的参数。

当 $\xi = \xi_b$ 时，可得到适筋梁的最大配筋率 ρ_{max} 为

$$\rho_{max} = \xi_b \frac{f_{cd}}{f_{sd}} \tag{10-7}$$

显然，适筋梁的配筋率 ρ 应满足

$$\rho \leqslant \rho_{max} \tag{10-8}$$

式（10-8）和式（10-4）具有相同意义，目的都是防止受拉区钢筋过多而形成超筋梁，若满足其中一式，另一式必然满足。在实际计算中，多采用式（10-4）。

（2）为防止出现少筋梁的情况，计算的配筋率 ρ 应当满足

$$\rho \geqslant \rho_{min} \tag{10-9}$$

式中　ρ_{min}——纵向受力钢筋最小配筋率，其取值如表 10-3 所示。

钢筋混凝土构件中纵向受力钢筋的最小配筋率（%）　　表 10-3

受力类型		最小配筋百分率
受压构件	全部纵向钢筋	0.5 或 0.6（混凝土强度等级为 C50 及以上）
	一侧纵向钢筋	0.2
受弯构件、偏心受拉构件及轴心受拉构件的一侧受拉钢筋		0.2 和 $45f_{td}/f_{sd}$ 中较大值
受扭构件		$0.08f_{cd}/f_{sd}$（纯扭时），$0.08(2\beta_t-1)f_{cd}/f_{sd}$（剪扭时）

注：1. 受压构件全部纵向钢筋最小配筋百分率，当混凝土强度等级为 C50 及以上时不应小于 0.6。
2. 关于不同受力类型情况的配筋率计算方法详见《公路桥规》。

2. 截面复核

截面复核是指已知截面尺寸、混凝土强度等级和钢筋在截面上的布置，要求计算截面的承载力 M_u 或复核控制截面承受某个弯矩计算值 M 是否安全。截面复核方法及计算步骤如下。

已知截面尺寸 b、h，混凝土和钢筋材料级别，钢筋面积 A_s 及 a_s，求截面承载力 M_u。

（1）检查钢筋布置是否符合规范要求。

（2）计算配筋率 ρ，且应满足 $\rho \geqslant \rho_{min}$。

（3）由式（10-1）计算受压区高度 x。

（4）若 $x > \xi_b h_0$，则为超筋截面，其承载能力为

$$M_u = f_{cd} b h_0^2 \xi_b (1 - 0.5\xi_b) \tag{10-10}$$

当由式（10-10）求得的 $M_u < M$ 时，可采取提高混凝土等级、修改截面尺寸，或改为双筋截面等措施。

（5）当 $x \leqslant \xi_b h_0$ 时，由式（10-2）或式（10-3）可计算得到 M_u。

3. 截面设计

截面设计是指根据截面上的弯矩组合设计值，选定材料、确定截面尺寸和配筋的计算。处于各类环境类别中构件的混凝土强度等级的最低要求，如附表 6-2 所示。

二维码10-2
环境分类及环境作用等级

在桥梁工程中，最常见的截面设计工作是已知受弯构件控制截面上作用的弯矩计算值（$M=\gamma_0 M_d$）、材料和截面尺寸，要求确定钢筋数量（面积）、选择钢筋规格并进行截面上钢筋的布置。

截面设计应满足承载力 M_u 大于或等于弯矩计算值 M，即确定钢筋数量后的截面承载力至少要等于弯矩计算值 M，所以在利用基本公式进行截面设计时，一般取 $M_u=M$ 来计算。截面设计方法及计算步骤如下。

已知弯矩计算值 M，根据实际工程情况确定混凝土和钢筋的材料级别，根据构件跨度确定截面尺寸 $b\times h$，最后求钢筋面积 A_s。

（1）假设钢筋截面重心到截面受拉边缘距离 a_s。在Ⅰ类环境条件下，对于绑扎钢筋骨架的梁，可设 $a_s\approx 40$mm（布置一层钢筋时）或 65mm（布置两层钢筋时）；对于板，一般可根据板厚假设 a_s 为 30mm 或 35mm。这样可得到有效高度 h_0（最小保护层厚度的选取如附表 6-6 所示 ）。

（2）由式（10-2）解一元二次方程求得受压区高度 x，并满足 $x\leqslant\xi_b h_0$。

（3）由式（10-1）可直接求得所需的钢筋面积。

（4）选择钢筋直径并进行截面上布置后，得到实际配筋面积 A_s、a_s 及 h_0。实际配筋率 ρ 应满足 $\rho\geqslant\rho_{\min}$。

应该进一步说明的是，在使用基本公式求解截面设计中某些问题时，例如已知弯矩计算值 M 和材料，要求确定截面尺寸和所需钢筋数量时，未知数将会多于基本公式的数目，这时可以由构造规定或工程经验来提供假设值，如配筋率 ρ，可选取 $\rho=0.6\%\sim1.5\%$（矩形梁）或取 $\rho=0.3\%\sim0.8\%$（板），则问题可解。

10.1.2 双筋矩形截面受弯构件

1. 双筋截面适用情况

由式（10-10）可知，单筋矩形截面适筋梁的最大承载能力为 $M_u=f_{cd}bh_0^2\xi_b(1-0.5\xi_b)$。因此，当截面承受的弯矩组合设计值 M_d 较大，在梁截面尺寸受到使用条件限制，且混凝土强度又不宜提高的情况下，出现了 $\xi>\xi_b$ 时，则应改用双筋截面。即在截面受压区配置钢筋来协助混凝土承担压力并将 ξ 减小到 $\xi\leqslant\xi_b$，破坏时受拉区钢筋应力可达到屈服强度，而受压区混凝土不致过早压碎。

此外，当梁截面承受异号弯矩时，则必须采用双筋截面。例如，公路连续梁中间支点截面，在恒载和活载共同作用下，其弯矩最不利组合值，正弯矩和负弯矩都有可能出现，此时就需要按照双筋截面设计。

2. 基本计算公式及适用条件

双筋矩形截面受弯构件正截面抗弯承载力计算图式如图 10-2。

由水平方向内力之和为零的平衡条件，即 $T+C+T'=0$，可得

$$f_{cd}bx+f'_{sd}A'_s=f_{sd}A_s \tag{10-11}$$

由对受拉钢筋合力 T 作用点的力矩之和等于零的平衡条件，可得

$$\gamma_0 M_d\leqslant M_u=f_{cd}bx\left(h_0-\frac{x}{2}\right)+f'_{sd}A'_s(h_0-a'_s) \tag{10-12}$$

由对受压钢筋合力 T' 作用点的力矩之和等于零的平衡条件，可得

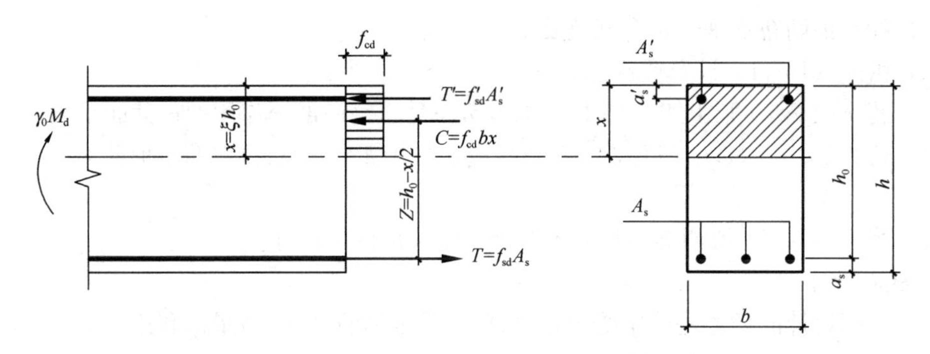

图 10-2　双筋矩形截面的正截面承载力计算图式

$$\gamma_0 M_d \leqslant M_u = -f_{cd}bx\left(\frac{x}{2}-a'_s\right)+f'_{sd}A'_s(h_0-a'_s) \tag{10-13}$$

式中　f'_{sd}——受压区钢筋的抗压强度设计值（附表 2-4）；

A'_s——受压区钢筋的截面面积；

a'_s——受压区钢筋合力点至截面受压边缘的距离；

其他符号与单筋矩形截面相同。

基本计算公式的适用条件为：

（1）为了防止出现超筋梁情况，计算受压区高度 x 应满足

$$x \leqslant \xi_b h_0 \tag{10-14}$$

（2）为了保证受压钢筋 A'_s 达到抗压强度设计值 f'_{sd}，计算受压区高度 x 应满足

$$x \geqslant 2a'_s \tag{10-15}$$

在实际设计中，若求得 $x < 2a'_s$，则表明受压钢筋 A'_s 可能达不到其抗压强度设计值。对于受压钢筋保护层混凝土厚度不大的情况，这时可取 $x=2a'_s$，即假设混凝土应力合力作用点与受压区钢筋 A'_s 合力作用点相重合（图 10-3），对受压钢筋合力作用点取矩，可得到正截面抗弯承载力的近似表达式为

$$M_u = f_{sd}A_s(h_0-a'_s) \tag{10-16}$$

双筋截面的配筋率 ρ 一般均能大于 ρ_{min}，所以往往不必检算是否满足 ρ_{min}。

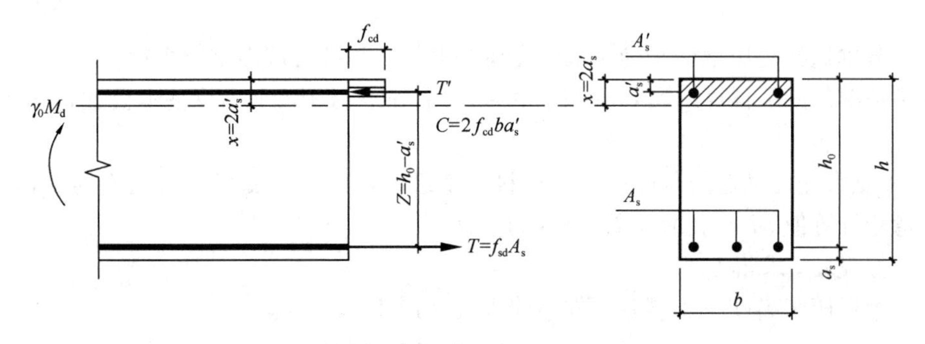

图 10-3　$x < 2a'_s$ 时 M_u 的计算图式

3．截面复核

已知截面尺寸，材料强度等级，钢筋面积 A_s 和 A'_s 以及截面钢筋布置情况，求截面承载力 M_u。

（1）检查钢筋布置是否符合规范要求。

（2）由式（10-11）计算受压区高度 x。

（3）若 $x < 2a'_s$，则由式（10-16）求得考虑受压钢筋部分作用的正截面承载力 M_u。

（4）若 $2a'_s \leqslant x \leqslant \xi_b h_0$，以式（10-12）或式（10-13）可求得双筋矩形截面抗弯承载力 M_u。

（5）当 $x > \xi_b h_0$，说明截面尺寸不合理，需增加截面尺寸。

4. 截面设计

双筋截面设计的任务是确定受拉钢筋 A_s 和受压钢筋 A'_s 的数量。利用基本公式进行截面设计时，仍取 $M = \gamma_0 M_d = M_u$ 来计算。一般有下列两种计算情况。

1）根据事先已确定的截面尺寸、材料强度等级、弯矩计算值 $M = \gamma_0 M_d$，求受拉钢筋面积 A_s 和受压钢筋面积 A'_s。

（1）假设 a_s 和 a'_s，求得 $h_0 = h - a_s$。

（2）验算是否需要采用双筋截面。当满足式（10-17）时，需采用双筋截面。

$$M > M_u = f_{cd} b h_0^2 \xi_b (1 - 0.5\xi_b) \tag{10-17}$$

（3）利用基本公式求解 A'_s，有 A'_s、A_s 及 x 三个未知数，故尚需增加一个条件才能求解。在实际计算中，应使截面的总钢筋截面积（$A_s + A'_s$）为最小。

由式（10-11）和式（10-12）可得 $A_s + A'_s$，即

$$A_s + A'_s = \frac{f_{cd} b h_0}{f_{sd}} \xi + \frac{M - f_{cd} b h_0^2 \xi (1 - 0.5\xi)}{(h_0 - a'_s) f'_{sd}} \left(1 + \frac{f'_{sd}}{f_{sd}}\right)$$

将上式对 ξ 求导数，并令 $\mathrm{d}(A_s + A'_s)/\mathrm{d}\xi = 0$，可得

$$\xi = \frac{f_{sd} + f'_{sd} \dfrac{a'_s}{h_0}}{f_{sd} + f'_{sd}}$$

当 $f_{sd} = f'_{sd}$，$\dfrac{a'_s}{h_0} = (0.05 \sim 0.15)$ 时，可得 $\xi = (0.525 \sim 0.575)$。为简化，对于普通钢筋，可取 $\xi = \xi_b$，再利用式（10-12）求得受压区普通钢筋所需面积 A'_s。

（4）求 A_s。将 $x = \xi_b h_0$ 及受压钢筋 A'_s 计算值代入式（10-11），求得所需受拉钢筋面积 A_s。

（5）分别选择受压钢筋和受拉钢筋直径及根数，并进行截面钢筋布置。

这种情况的配筋计算，实际是利用 $\xi = \xi_b$ 来确定 A_s 与 A'_s，故基本公式适用条件已满足。

2）根据事先已确定的截面尺寸，材料强度级别，并已知受压区普通钢筋面积 A'_s 及布置，弯矩计算值 $M = \gamma_0 M_d$，求受拉钢筋面积 A_s。

（1）假设 a_s，求得 $h_0 = h - a_s$。

（2）求受压区高度 x。将各已知值代入式（10-12），可得

$$x = h_0 - \sqrt{h_0^2 - \frac{2[M - f'_{sd} A'_s (h_0 - a'_s)]}{f_{cd} b}} \tag{10-18}$$

（3）当 $x < \xi_b h_0$ 且 $x < 2a'_s$ 时，可由式（10-16）求得所需受拉钢筋面积为 $A_s = \dfrac{M}{f_{sd}(h_0 - a'_s)}$。

(4) 当 $x \leqslant \xi_b h_0$ 且 $x \geqslant 2a'_s$ 时，则将各已知值及受压钢筋面积 A'_s 代入式 (10-11)，可求得 A_s 值。

(5) 选择受拉钢筋的直径和根数，布置截面钢筋。

(6) 当 $x > \xi_b h_0$，说明截面尺寸不合理，需增大截面尺寸。

10.2　受弯构件斜截面承载力计算

受弯构件在荷载作用下，除由弯矩作用产生法向应力外，同时还伴随着剪力作用产生剪应力。法向应力和剪应力结合，又产生斜向主拉应力和主压应力。本节简要介绍公路桥梁受弯构件斜截面承载力计算公式，对于斜截面的受力特点和破坏形态，以及影响受弯构件抗剪承载力的主要因素同第 5 章相关内容。

10.2.1　受弯构件的斜截面抗剪承载力

1. 斜截面抗剪承载力计算的基本公式及适用条件

配有箍筋和弯起钢筋的混凝土梁，当发生剪压破坏时，其抗剪承载力 V_u 是由剪压区混凝土承担的剪力 V_c、箍筋所能承担的剪力 V_{sv} 和弯起钢筋所能承担的剪力 V_{sb} 所组成(图 10-4)，即

$$V_u = V_c + V_{sv} + V_{sb} \qquad (10\text{-}19)$$

在有腹筋梁中，箍筋的存在抑制了斜裂缝的开展使剪压区面积增大，导致了剪压区混凝土抗剪能力提高，其提高程度与箍筋的抗拉强度和配箍率有关。因而，式 (10-19) 中的 V_c 与 V_{sv} 是紧密相关的，但两者目前尚无法分别予以精确定量，而只能用 V_{cs} 来表达混凝土和箍筋的综合抗剪承载力，即

$$V_u = V_{cs} + V_{sb} \qquad (10\text{-}20)$$

图 10-4　斜截面抗剪承载力计算图式

《公路桥规》根据国内外的有关试验资料，对配有腹筋的钢筋混凝土梁斜截面抗剪承载力的计算采用下述半经验半理论的公式，即

$$\gamma_0 V_d \leqslant V_u = \alpha_1 \alpha_2 \alpha_3 (0.45 \times 10^{-3}) b h_0 \sqrt{(2 + 0.6P)\sqrt{f_{cu,k}}\rho_{sv} f_{sv}} + (0.75 \times 10^{-3}) f_{sd} \sum A_{sb} \sin\theta_s \qquad (10\text{-}21)$$

式中　V_d——剪力设计值 (kN)，按斜截面剪压区对应正截面处取值；

γ_0——桥梁结构的重要性系数 (表 10-1)；

α_1——异号弯矩影响系数，计算简支梁和连续梁近边支点梁段的抗剪承载力时，$\alpha_1 = 1.0$；计算连续梁和悬臂梁近中间支点梁段的抗剪承载力时，$\alpha_1 = 0.9$；

二维码10-3 抗剪承载力计算公式对比

α_2——预应力提高系数，对钢筋混凝土受弯构件，$\alpha_2 = 1$；

α_3——受压翼缘的影响系数，对矩形截面，$\alpha_3 = 1.0$；对 T 形和工字形截面，$\alpha_3 = 1.1$；

P——斜截面内纵向受拉钢筋的配筋率，$P=100\rho$，$\rho=A_s/bh_0$，当 $P>2.5$ 时，取 $P=2.5$；

$f_{cu,k}$——混凝土立方体抗压强度标准值（MPa）；

ρ_{sv}——箍筋配筋率，$\rho_{sv}=\dfrac{A_{sv}}{bs_v}$，$A_{sv}$ 是斜截面内配置在沿梁长度方向一个箍筋间距 s_v 范围内的箍筋各肢总截面面积；s_v 是沿梁长度方向箍筋间距；

f_{sv}——箍筋抗拉强度设计值（MPa）；

f_{sd}——弯起钢筋的抗拉强度设计值（MPa）；

A_{sb}——斜截面内在同一个弯起钢筋平面内的弯起钢筋总截面面积（mm^2）；

θ_s——弯起钢筋的切线与构件水平纵向轴线的夹角。

这里需指出以下几点：

1）式（10-21）所表达的斜截面抗剪承载力中，第一项为混凝土和箍筋提供的综合抗剪承载力，第二项为弯起钢筋提供的抗剪承载力。当不设弯起钢筋时，梁的斜截面抗剪力 V_u 等于 V_{cs}。

2）斜截面抗剪承载力计算公式的上、下限值。

（1）一般是用限制截面最小尺寸的办法，防止梁发生斜压破坏。矩形、T 形和工字形截面受弯构件，其截面尺寸应符合下列要求（计算公式上限值）。

$$\gamma_0 V_d \leqslant (0.51\times10^{-3})\sqrt{f_{cu,k}}bh_0 \tag{10-22}$$

式中 V_d——验算截面处由作用（或荷载）产生的剪力组合设计值（kN）；

$f_{cu,k}$——混凝土立方体抗压强度标准值（MPa）；

b——相应于剪力组合设计值处矩形截面的宽度（mm），或 T 形和工字形截面腹板宽度（mm）；

h_0——相应于剪力组合设计值处截面的有效高度（mm）。

若式（10-22）不满足，则应加大截面尺寸或提高混凝土强度等级。

（2）对于矩形、T 形和工字形截面受弯构件，如符合式（10-23）要求，则不需进行斜截面抗剪承载力计算，仅需按构造要求配置箍筋（计算公式下限值），式（10-23）中 b、h_0 的计量单位为"mm"。

$$\gamma_0 V_d \leqslant (0.5\times10^{-3})\alpha_2 f_{td}bh_0 \tag{10-23}$$

式中 f_{td}——混凝土抗拉强度设计值（MPa）（附表 2-1）；

其他符号的物理意义及相应取用单位与式（10-22）相同。

对于板，可采用式（10-24）来计算。

$$\gamma_0 V_d \leqslant 1.25\times(0.5\times10^{-3})\alpha_2 f_{td}bh_0 \tag{10-24}$$

2. 等高度简支梁腹筋的初步设计

等高度简支梁腹筋的初步设计，可以按照式（10-21）、式（10-22）和式（10-23）进行，即根据梁斜截面抗剪承载力要求配置箍筋，初步确定弯起钢筋的数量及弯起位置。

已知条件：梁的计算跨度 L、截面尺寸、混凝土强度等级、纵向受拉钢筋及箍筋抗拉设计强度等级、纵向受拉钢筋的布置、梁的计算剪力包络图（图 10-5）。

1）根据已知条件及支座中心处的最大剪力设计值 $V_0=\gamma_0 V_{d,0}$，$V_{d,0}$ 为支座中心处最

大剪力组合设计值，按照式（10-22），对截面尺寸作进一步检查，若不满足，必须修改截面尺寸或提高混凝土强度等级，以满足式（10-22）的要求。

2）由式（10-23）求得按构造要求配置箍筋的剪力 V，由计算剪力包络图可得到按构造配置箍筋的区段长度 l_1（图 10-5）。

3）在支点和按构造配置箍筋区段之间的计算剪力包络图中的计算剪力应该由混凝土、箍筋和弯起钢筋共同承担，但各自承担多大比例，涉及计算剪力包络图面积的合理分配问题。《公路桥规》规定：取距支座中心 $h/2$（梁高一半）处截面的数值——记作 V'，其中混凝土和箍筋共同承担不少于 60%，弯起钢筋（按 45°弯起）承担不超过 40%。

4）箍筋设计

取混凝土和箍筋共同的抗剪能力 $V_{cs}=0.6V'$，在式（10-21）中不考虑弯起钢筋的部分，则可得

$$0.6V'=\alpha_1\alpha_3(0.45\times10^{-3})bh_0\sqrt{(2+0.6P)\sqrt{f_{cu,k}}\rho_{sv}f_{sv}}$$

解得斜截面内箍筋配筋率为

$$\rho_{sv}=\frac{1.78\times10^6}{(2+0.6P)\sqrt{f_{cu,k}}f_{sv}}\left(\frac{V'}{\alpha_1\alpha_3bh_0}\right)^2>(\rho_{sv})_{min} \tag{10-25}$$

当选择了箍筋直径（单肢面积为 a_{sv}）及箍筋肢数 n 后，得到箍筋截面积 $A_{sv}=na_{sv}$，则箍筋计算间距为

$$s_v=\frac{\alpha_1^2\alpha_3^2(0.56\times10^{-6})(2+0.6P)\sqrt{f_{cu,k}}A_{sv}f_{sv}bh_0^2}{(V')^2} \tag{10-26}$$

取整并满足构造要求后，即可确定箍筋间距。

5）弯起钢筋的数量及初步的弯起位置

弯起钢筋是由纵向受拉钢筋弯起而成，常对称于梁跨中线成对弯起，以承担图 10-5 中计算剪力包络图中分配的计算剪力。

考虑到梁支座处的支承反力较大以及纵向受拉钢筋的锚固要求，为确保安全，在钢筋混凝土梁的支点处，应至少有两根并且不少于总数 1/5 的下层受拉主钢筋通过。就是说，这部分纵向受拉钢筋不能在梁间弯起，而其余的纵向受拉钢筋可以在满足规范要求的条件下弯起。

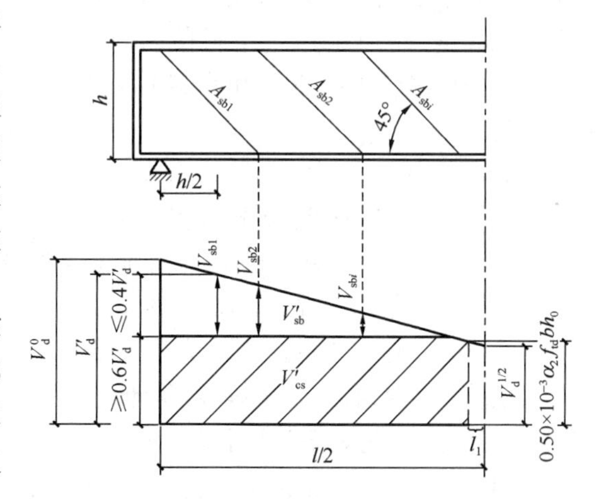

图 10-5　腹筋初步设计计算图

根据梁斜截面抗剪要求，所需的第 i 排弯起钢筋的截面面积，要根据图 10-5 所分配的，由第 i 排弯起钢筋承担的计算剪力值 V_{sbi} 来决定。由式（10-21），且仅考虑弯起钢筋，则可得到

$$V_{sbi}=(0.75\times10^{-3})f_{sd}A_{sbi}\sin\theta_s$$

$$A_{sbi}=\frac{1333.33V_{sbi}}{f_{sd}\sin\theta_s} \tag{10-27}$$

式中的符号意义及单位同式（10-21）。

关于式（10-27）中计算剪力 V_{sbi} 的取值方法：

（1）计算第一排（从支座向跨中计算）弯起钢筋（即图 10-5 中所示 A_{sb1} ）时，取用距支座中心 $h/2$ 处由弯起钢筋承担的那部分剪力值 $0.4V'$。

（2）计算以后每一排弯起钢筋时，取用前一排弯起钢筋弯起点处由弯起钢筋承担的那部分剪力值。

另外，对弯起钢筋的弯角及弯筋之间的位置关系有以下要求。

（1）钢筋混凝土梁的弯起钢筋一般与梁纵轴呈 45°角。弯起钢筋以圆弧弯折，圆弧半径（以钢筋轴线为准）不宜小于 20 倍钢筋直径。

（2）简支梁第一排（对支座而言）弯起钢筋的末端弯折点应位于支座中心截面处（图 10-5），以后各排弯起钢筋的末端弯折点应落在或超过前一排弯起钢筋弯起点截面。

根据上述要求，可以初步确定弯起钢筋的位置及要承担的计算剪力值 V_{sbi}，从而由式（10-27）计算得到所需的每排弯起钢筋的数量。

10.2.2　受弯构件的斜截面抗弯承载力

图 10-6 为斜截面抗弯承载力的计算图式，对斜截面顶端受压区压力合力作用点取力矩平衡，可得斜截面抗弯承载力计算的基本公式，即

$$\gamma_0 M_d \leqslant M_u = f_{sd}A_sZ_s + \sum f_{sd}A_{sb}Z_{sb} + \sum f_{sv}A_{sv}Z_{sv} \tag{10-28}$$

式中　M_d ——斜截面受压顶端正截面的最大弯矩组合设计值；

A_s、A_{sv}、A_{sb} ——分别为与斜截面相交的纵向受拉钢筋、箍筋与弯起钢筋的截面面积；

Z_s、Z_{sv}、Z_{sb} ——分别为钢筋 A_s、A_{sv} 和 A_{sb} 的合力点对混凝土受压区中心点 O 的力臂。

式（10-28）中的 Z_s、Z_{sv} 和 Z_{sb} 值与混凝土受压区中心点位置 O 有关。斜截面顶端受压区高度 x，可由作用于斜截面内所有的力对构件纵轴的投影之和为零的平衡条件得到

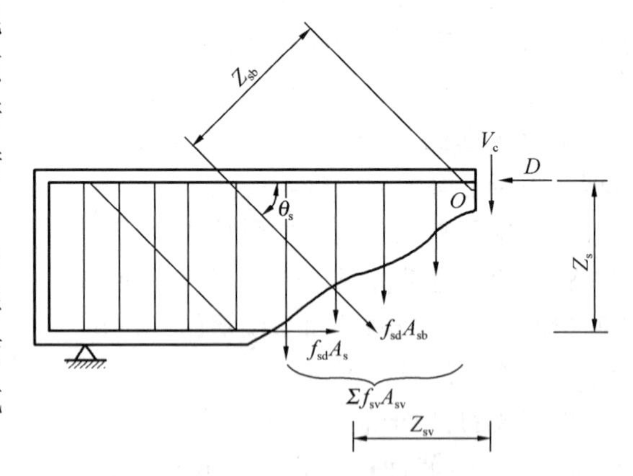

图 10-6　斜截面抗弯承载力计算图式

$$A_c f_{cd} = f_{sd}A_s + f_{sd}A_{sb}\cos\theta_s \tag{10-29}$$

式中　A_c ——受压区混凝土面积，矩形截面为 $A_c = bx$；T 形截面为 $A_c = bx + (b'_f - b)h_f$ 或 $A_c = b'_f x$；

f_{cd} ——混凝土抗压强度设计值，如附表 2-1 所示；

A_s ——与斜截面相交的纵向受拉钢筋面积；

A_{sb} ——与斜截面相交的同一弯起平面内弯起钢筋总面积；

θ_s ——与斜截面相交的弯起钢筋切线与梁水平纵轴的交角；

f_{sd} ——纵向钢筋或弯起钢筋的抗拉强度设计值，如附表 2-4 所示。

进行斜截面抗弯承载力计算，应在验算截面处，自下而上沿斜向来计算几个不同角度

的斜截面，按式（10-30）确定最不利的斜截面位置。

$$\gamma_0 V_d = \sum f_{sd} A_{sb} \sin\theta_s + \sum f_{sv} A_{sv} \tag{10-30}$$

式中　V_d——斜截面受压端正截面内相应于最大弯矩组合设计值时的剪力组合设计值；

其余符号意义同式（10-29）。

式（10-30）是按照荷载效应与构件斜截面抗弯承载力之差为最小的原则推导出来的，其物理意义是满足此要求的斜截面，其抗弯能力最小。

最不利斜截面位置确定后，才可按式（10-28）来计算斜截面的抗弯承载力。

10.2.3　全梁承载能力复核与构造要求

在弯起钢筋设计中，按照抵抗弯矩图外包弯矩包络图原则，并且使弯起位置符合构造要求，故梁间任一正截面和斜截面的抗弯承载力已经满足要求，不必再进行复核。但是，本章 10.2.1 中介绍的腹筋设计，仅是根据近支座斜截面上的荷载效应（即计算剪力包络图）进行的，并不能得出梁间其他斜截面抗剪承载力一定大于或等于相应的剪力计算值 $V=\gamma_0 V_d$，因此，应该对已配置腹筋的梁进行斜截面抗剪承载力复核。

对已基本设计好腹筋的钢筋混凝土简支梁的斜截面抗剪承载力复核，采用式（10-21）、式（10-22）和式（10-23）进行。

在使用式（10-21）进行斜截面抗剪承载力复核时，应注意以下问题。

1. 斜截面抗剪承载力复核位置的选择

《公路桥规》规定，在进行钢筋混凝土简支梁斜截面抗剪承载力复核时，其复核位置应按照下列规定选取。

（1）距支座中心 $h/2$（梁高一半）处的截面（图 10-7 中截面 1-1）。

（2）受拉区弯起钢筋弯起处的截面（图 10-7 中截面 2-2、3-3），以及锚于受拉区的纵向钢筋开始不受力处的截面（图 10-7 中截面 4-4）。

（3）箍筋数量或间距有改变处的截面（图 10-7 中截面 5-5）。

（4）梁的腹板宽度改变处的截面。

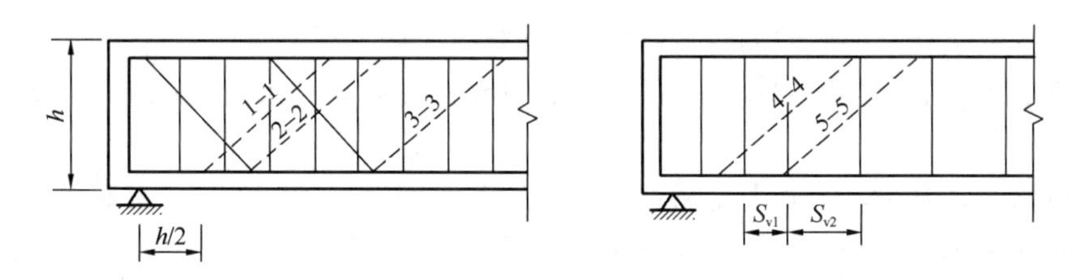

图 10-7　斜截面抗剪承载力的复核截面位置示意图

2. 斜截面顶端位置的确定

按照式（10-21）进行斜截面抗剪承载力复核时，式中的 V_d、b 和 h_0 均指斜截面顶端位置处的数值。但图 10-7 仅指出了斜截面底端的位置，而此时通过底端的斜截面的方向角 β'（图 10-8 中 b' 点）是未知的，它受到斜截面投影长度 c（图 10-4）的控制。同时，式（10-21）中计入斜截面抗剪承载力计算的箍筋和弯起钢筋的数量，显然也受到斜截面投影长度 c 的控制。

斜截面投影长度 c 是自纵向钢筋与斜裂缝底端相交点至斜裂缝顶端距离的水平投影长度，其大小与有效高度 h_0 和剪跨比 $\frac{M}{Vh_0}$ 有关。根据国内外的试验资料，《公路桥规》建议斜截面投影长度 c 的计算式为

$$c = 0.6mh_0 = 0.6\frac{M_d}{V_d} \tag{10-31}$$

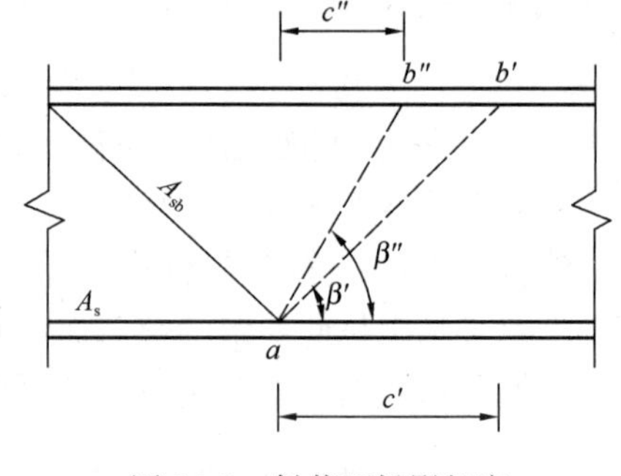

图 10-8　斜截面投影长度

式中　m——广义剪跨比，按斜截面剪压区对应正截面的 M_d 和 V_d 计算，$m = \frac{M_d}{V_d h_0}$，当 $m > 3.0$ 时，取 $m = 3.0$；

V_d——通过斜截面顶端正截面的剪力组合设计值；

M_d——相应于上述最大剪力组合设计值的弯矩组合设计值。

由此可见，只能通过试算方法，当算得的某一水平投影长度 c' 值正好或接近斜截面底端 a 点时（图 10-8），才能进一步确定验算斜截面的顶端位置。

采用试算方法确定斜截面的顶端位置的工作比较麻烦，也可采用下述简化计算方法。

（1）按照图 10-7 来选择斜截面底端位置。

（2）以底端位置向跨中方向取距离为 h_0 的截面，认为验算斜截面顶端就在此正截面上。

（3）由验算斜截面顶端的位置坐标，可以从内力包络图推得该截面上的最大剪力组合设计值 $V_{d,x}$ 及相应的弯矩组合设计值 $M_{d,x}$，进而求得剪跨比 $m = \frac{M_{d,x}}{V_{d,x} h_0}$ 及斜截面投影长度 $c = 0.6mh_0$。

由斜截面投影长度 c，可确定与斜截面相交的纵向受拉钢筋配筋百分率 ρ、弯起钢筋数量 A_{sb} 和箍筋配筋率 ρ_{sv}。

取验算斜截面顶端正截面的有效高度 h_0 及宽度 b。

（4）将上述各值及与斜裂缝相交的箍筋和弯起钢筋数量代入式（10-21），即可进行斜截面抗剪承载力复核。

上述简化计算方法，实际上是通过已知的斜截面底端位置（即按《公路桥规》所规定检算斜截面的位置），近似确定斜截面顶端位置，从而减少斜截面投影长度 c 的试算工作量。

10.3　轴心受压构件正截面承载力计算

轴心受压构件按其配筋形式不同，可分为两种形式：一种为配有纵向钢筋及普通箍筋的构件，称为普通箍筋柱（直接配筋），另一种为配有纵向钢筋和密集的螺旋箍筋或焊接环形箍筋的构件，称为螺旋箍筋柱（间接配筋）。在一般情况下，承受同一荷载时，螺旋箍筋柱所需截面尺寸较小，但施工较复杂，用钢量较多，一般只在承受荷载较大，且截面

尺寸又受到限制时才采用。

10.3.1　配有纵向钢筋和普通箍筋的轴心受压构件

1. 正截面承载力计算基本公式

如图 10-9，配有纵向受力钢筋和普通箍筋的轴心受压构件承载力计算式为

$$\gamma_0 N_d \leqslant N_u = 0.9\varphi(f_{cd}A + f'_{sd}A'_s) \tag{10-32}$$

式中　N_d——轴向力组合设计值；

φ——轴心受压构件稳定系数（附表 6-4）。

A——构件毛截面面积；

A'_s——全部纵向钢筋截面面积；

f_{cd}——混凝土轴心抗压强度设计值；

f'_{sd}——纵向普通钢筋抗压强度设计值。

当纵向钢筋配筋率 $\rho' = \dfrac{A'_s}{A} > 3\%$ 时，式（10-32）中 A 应改用混凝土截面净面积 $A_n = A - A'_s$。

普通箍筋柱的正截面承载力计算分为截面复核和截面设计两种情况。

2. 截面复核

已知截面尺寸、计算长度 l_0、全部纵向钢筋的截面面积 A'_s、混凝土轴心抗压强度和钢筋抗压强度设计值、轴向力组合设计值 N_d，求截面承载力 N_u。

首先应检查纵向钢筋及箍筋布置构造是否符合要求，由已知截面尺寸和计算长度 l_0，计算长细比，并由附表 6-4 查得相应的稳定系数 φ，由式（10-32）计算轴心压杆正截面承载力 N_u，且应满足 $N_u > \gamma_0 N_d$ 。

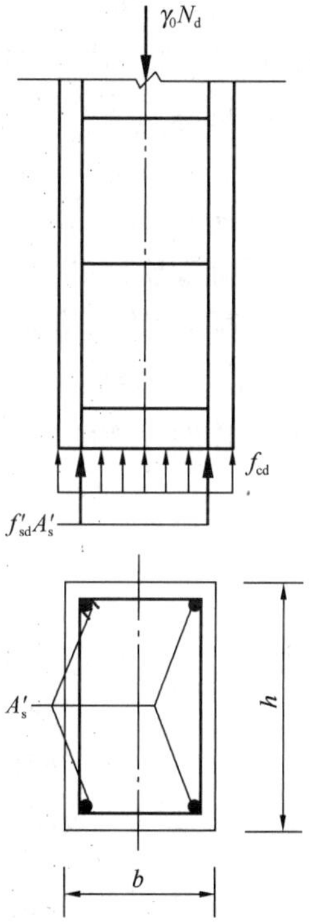

图 10-9　普通箍筋柱承载力计算图式

3. 截面设计

已知轴向压力组合设计值 N_d，根据实际工程已确定出截面尺寸、计算长度 l_0、混凝土轴心抗压强度和钢筋抗压强度设计值等，求纵向钢筋所需面积 A'_s。

首先计算长细比，在式（10-32）中，令 $N_u = \gamma_0 N_d$，γ_0 为结构重要性系数，则可得到

$$A'_s = \frac{1}{f'_{sd}}\left(\frac{\gamma_0 N_d}{0.9\varphi} - f_{cd}A\right) \tag{10-33}$$

由 A'_s 计算值及构造要求选择并布置钢筋。

10.3.2　配有纵向钢筋和螺旋箍筋的轴心受压构件

螺旋箍筋柱的正截面破坏时，核心混凝土压碎，纵向钢筋已经屈服；而在破坏之前，柱的混凝土保护层早已剥落。

根据图 10-10 所示螺旋箍筋柱截面承载力计算图式，由平衡条件可得到

$$N_u = f_{cc}A_{cor} + f'_sA'_s \tag{10-34}$$

式中　f_{cc} ——处于三向压应力作用下核心混凝土的抗压强度；

A_{cor} ——核心混凝土面积；

f'_s ——纵向钢筋抗压强度；

A'_s ——纵向钢筋面积。

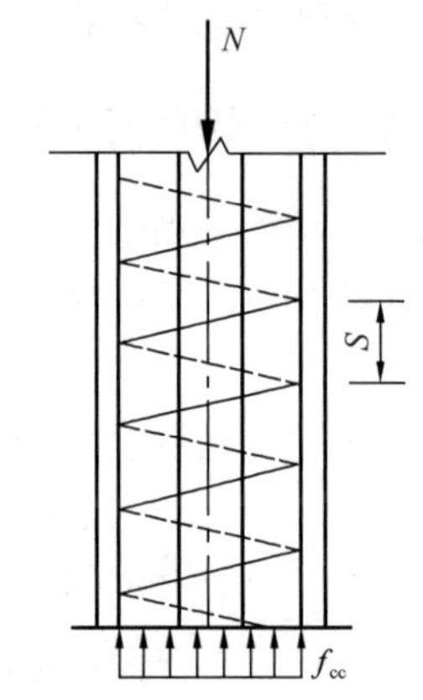

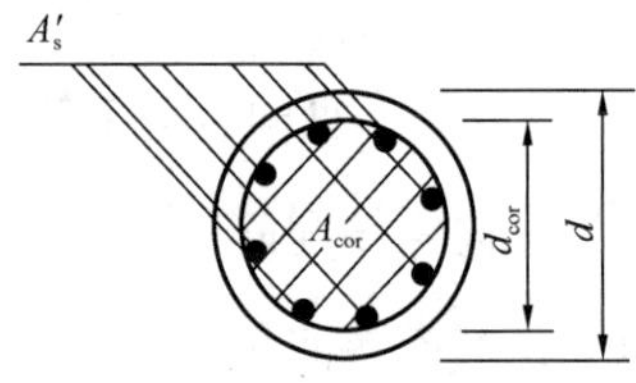

图 10-10　螺旋箍筋柱承载力计算图式

螺旋箍筋对其核心混凝土的约束作用使混凝土抗压强度提高，根据圆柱体三向受压试验结果，约束混凝土的轴心抗压强度可用式（10-35）近似表达。

$$f_{cc} = f_c + k'\sigma_2 \tag{10-35}$$

式中　σ_2 ——作用于核心混凝土的径向压应力值。

螺旋箍筋柱破坏，螺旋箍筋达到了屈服强度，它对核心混凝土提供了最后的环向压应力。现取螺旋箍筋间距 S 范围内，沿螺旋箍筋的直径切开成的脱离体（图 10-11），由隔离体的平衡条件可得

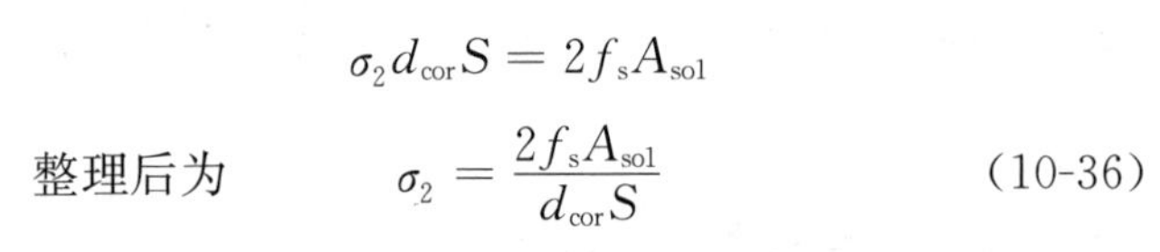

$$\sigma_2 d_{cor} S = 2f_sA_{sol}$$

整理后为

$$\sigma_2 = \frac{2f_sA_{sol}}{d_{cor}S} \tag{10-36}$$

式中　A_{sol} ——单根螺旋箍筋的截面面积；

f_s ——螺旋箍筋的抗拉强度；

S ——螺旋箍筋的间距（图 10-10）；

d_{cor} ——截面核心混凝土的直径，$d_{cor} = d - 2c$，c 为纵向钢筋至柱截面边缘的径向混凝土保护层厚度。

现将间距为 S 的螺旋箍筋，按钢筋体积相等的原则换算成纵向钢筋的面积，称为螺旋箍筋柱的间接钢筋换算截面面积 A_{so}，即

$$\pi d_{cor}A_{sol} = A_{so}S \qquad A_{so} = \frac{\pi d_{cor}A_{sol}}{S} \tag{10-37}$$

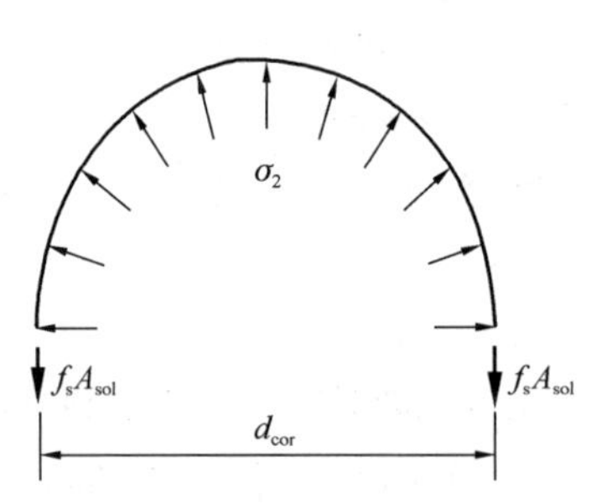

图 10-11　螺旋箍筋的受力状态

将式（10-37）代入式（10-36），则可得到

$$\sigma_2 = \frac{2f_sA_{sol}}{d_{cor}S} = \frac{2f_s}{d_{cor}S}\cdot\frac{A_{so}S}{\pi d_{cor}} = \frac{2f_sA_{so}}{\pi(d_{cor})^2}$$

$$= \frac{f_sA_{so}}{2\frac{\pi(d_{cor})^2}{4}} = \frac{f_sA_{so}}{2A_{cor}}$$

将 $\sigma_2 = \frac{f_sA_{so}}{2A_{cor}}$ 代入式（10-35），可得到

$$f_{cc} = f_c + \frac{k'f_sA_{so}}{2A_{cor}} \tag{10-38}$$

将式（10-38）代入式（10-34），整理并考虑实际间接钢筋作用影响，即得到螺旋箍

筋柱正截面承载力的计算式并应满足

$$\gamma_0 N_d \leqslant N_u = 0.9(f_{cd}A_{cor} + kf_{sd}A_{so} + f'_{sd}A'_s) \tag{10-39}$$

式中　k——间接钢筋影响系数，$k = k'/2$，混凝土强度等级 C50 及以下时，取 $k = 2.0$；C50～C80 时，取 $k = 1.70 \sim 2.0$，中间值线性插入取用。

对于式（10-39）的使用，《公路桥规》有如下规定条件。

1）为了保证在使用荷载作用下，螺旋箍筋混凝土保护层不致过早剥落，按式(10-39)计算的螺旋箍筋柱的承载力计算值不应比按式（10-32）计算的普通箍筋柱承载力大 50%，即满足

$$0.9(f_{cd}A_{cor} + kf_{sd}A_{so} + f'_{sd}A'_s) \leqslant 1.35\varphi(f_{cd}A + f'_{sd}A'_s) \tag{10-40}$$

2）当遇到下列任意一种情况时，不考虑螺旋箍筋的作用，而按式（10-32）计算构件的承载力。

（1）当构件长细比 $\lambda = \frac{l_0}{i} \geqslant 48$（$i$ 为截面最小回转半径；l_0 为计算长度，其取值如附表 6-3 所示）时。由于长细比较大的影响，螺旋箍筋不能发挥其作用。

（2）当按式（10-39）计算承载力小于按式（10-32）计算的承载力时，因为式(10-39)中只考虑了混凝土核心面积，当柱截面外围混凝土较厚时，核心面积相对较小，会出现这种情况，这时就应按式（10-32）进行柱的承载力计算。

（3）当 $A_{so} < 0.25A'_s$ 时，螺旋钢筋配置得太少，不能起显著作用。

10.4　偏心受压构件正截面承载力计算

公路桥涵的偏心受压构件也分为大偏心受压和小偏心受压两种受力形式，其受力特点和破坏形态同第 6 章相关内容。本节主要介绍公路混凝土桥涵偏心受压构件正截面承载力计算的基本原理和方法。

10.4.1　偏心距增大系数

试验表明，长细比较大的钢筋混凝土柱，在偏心荷载作用下，构件在弯矩作用平面内将发生纵向弯曲，从而导致初始偏心距的增加，使柱的承载力降低。

初始偏心距为 e_0 的压力 N 引起的截面实际弯矩应为

$$M = N(e_0 + u) = N\frac{e_0 + u}{e_0}e_0$$

令

$$\eta = \frac{e_0 + u}{e_0} = 1 + \frac{u}{e_0} \tag{10-41}$$

则

$$M = N \times \eta e_0$$

η 称为偏心受压构件考虑纵向挠曲影响（二阶效应）的轴向力偏心距增大系数。η 越大表明二阶弯矩的影响越大，则截面所承担的一阶弯矩 Ne_0 在总弯矩中所占比例就相对越小。当偏心受压构件为短柱时，$\eta = 1$ 。

《公路桥规》根据偏心压杆的极限曲率理论分析，规定偏心距增大系数 η 计算表达式为

$$\eta = 1 + \frac{1}{1300(e_0/h_0)}\left(\frac{l_0}{h}\right)^2 \zeta_1\zeta_2 \tag{10-42a}$$

$$\zeta_1 = 0.2 + 2.7\frac{e_0}{h_0} \leqslant 1.0 \tag{10-42b}$$

$$\zeta_2 = 1.15 - 0.01\frac{l_0}{h} \leqslant 1.0 \tag{10-42c}$$

式中 l_0——构件的计算长度，如附表 6-3 所示；

e_0——轴向力对截面重心轴的偏心距，不小于 20mm 和偏压方向截面最大尺寸的 1/30 两者之间的较大值；

h_0——截面的有效高度，对圆形截面取 $h_0 = r + r_s$，r 为圆形截面半径；r_s 为等效钢环的壁厚中心至截面圆心距离；

h——截面的高度，对圆形截面取 $h = d_1$，d_1 为圆形截面直径；

ζ_1——荷载偏心率对截面曲率的影响系数；

ζ_2——构件长细比对截面曲率的影响系数。

《公路桥规》规定，计算偏心受压构件正截面承载力时，对长细比 $l_0/i > 17.5$（i 为构件截面回转半径）的构件或长细比 $l_0/h > 5$（矩形截面）、长细比 $l_0/d_1 > 4.4$（圆形截面）的构件，应考虑构件在弯矩作用平面内的变形（变位）对轴向力偏心距的影响。此时，将轴向力对截面重心轴的偏心距 e_0 乘以偏心距增大系数 η 后得到 e。

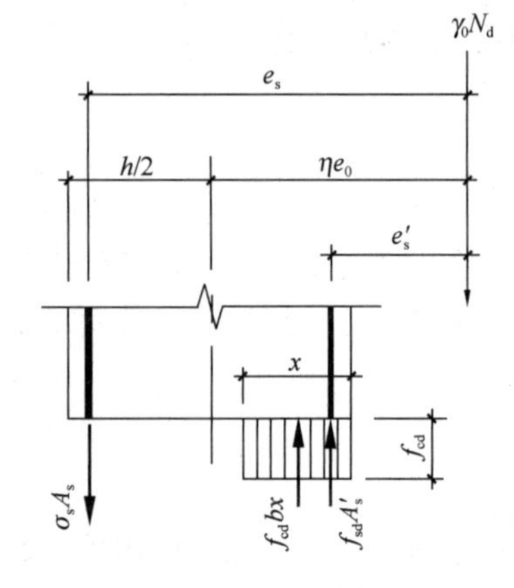

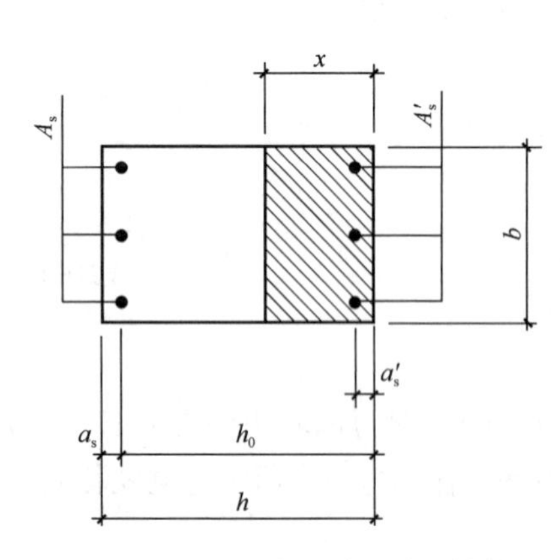

图 10-12 矩形截面偏心受压构件正截面承载力计算图式

10.4.2 矩形截面偏心受压构件正截面承载力计算

1. 正截面承载力计算基本方程

图 10-12 是矩形截面偏心受压构件正截面承载力计算图式。承载力计算基本公式可由下列平衡条件求得。

取沿构件纵轴方向的内外力之和为零，可得到

$$\gamma_0 N_d \leqslant N_u = f_{cd}bx + f'_{sd}A'_s - \sigma_s A_s \tag{10-43}$$

由截面上所有力对钢筋 A_s 合力点的力矩之和等于零，可得到

$$\gamma_0 N_d e_s \leqslant M_u = f_{cd}bx\left(h_0 - \frac{x}{2}\right) + f'_{sd}A'_s(h_0 - a'_s) \tag{10-44}$$

由截面上所有力对钢筋 A'_s 合力点的力矩之和等于零，可得到

$$\gamma_0 N_d e'_s \leqslant M_u = -f_{cd}bx\left(\frac{x}{2} - a'_s\right) + \sigma_s A_s(h_0 - a'_s) \tag{10-45}$$

由截面上所有力对 N_u 作用点力矩之和为零，可得到

$$f_{cd}bx\left(e_s-h_0+\frac{x}{2}\right)=\sigma_s A_s e_s-f'_{sd}A'_s e'_s \tag{10-46}$$

式中　x——混凝土受压区高度；

e_s、e'_s——分别为偏心压力 N_d 作用点至钢筋 A_s 合力作用点和钢筋 A'_s 合力作用点的距离；

$$e_s=\eta e_0+h/2-a_s \tag{10-47}$$

$$e'_s=\eta e_0-h/2+a'_s \tag{10-48}$$

e_0——轴向力对截面重心轴的偏心距，$e_0=M_d/N_d$；

η——偏心距增大系数，按式（10-42）计算。

关于式（10-43）～ 式（10-46）的使用要求及有关说明如下。

（1）钢筋 A_s 的应力 σ_s 取值

当 $\xi=x/h_0\leqslant\xi_b$ 时，构件属于大偏心受压构件，取 $\sigma_s=f_{sd}$；

当 $\xi=x/h_0>\xi_b$ 时，构件属于小偏心受压构件，σ_s 应按式（10-49）计算，但应满足 $-f'_{sd}\leqslant\sigma_{si}\leqslant f_{sd}$。

$$\sigma_{si}=\varepsilon_{cu}E_s\left(\frac{\beta h_{0i}}{x}-1\right) \tag{10-49}$$

式中　σ_{si}——第 i 层普通钢筋的应力，按公式计算正值表示拉应力；

E_s——受拉钢筋的弹性模量（附表 2-5）；

h_{0i}——第 i 层普通钢筋截面重心至受压边边缘的距离；

x——截面受压区高度。

ε_{cu} 和 β 值可按表 10-4 取用，界限受压区高度 ξ_b 值如表 10-2 所示。

混凝土极限压应变 ε_{cu} 与系数 β 值　　**表 10-4**

混凝土强度等级	C50 及以下	C55	C60	C65	C70	C75	C80
ε_{cu}	0.0033	0.00325	0.0032	0.00315	0.0031	0.00305	0.003
β	0.8	0.79	0.78	0.77	0.76	0.75	0.74

（2）为了保证构件破坏时大偏心受压构件截面上的受压钢筋能达到抗压强度设计值 f'_{sd}，必须满足

$$x\geqslant 2a'_s \tag{10-50}$$

当 $x<2a'_s$ 时，受压钢筋 A'_s 的应力可能达不到 f'_{sd}，与双筋截面受弯构件类似，这时近似取 $x=2a'_s$。受压区混凝土所承担的压力作用位置与受压钢筋承担的压力 $f'_{sd}A'_s$ 作用位置重合。由截面受力平衡条件（对受压钢筋 A'_s 合力点的力矩之和为零）可写出

$$\gamma_0 N_d e'_s\leqslant N_u e'_s=f_{sd}A_s(h_0-a'_s) \tag{10-51}$$

（3）当偏心压力作用的偏心距很小，即小偏心受压情况下，全截面受压。对于小偏心受压构件，若偏心轴向力作用于钢筋 A_s 合力点和 A'_s 合力点之间时，满足 $\eta e_0<h/2-a'_s$，尚应符合下列条件。

$$\gamma_0 N_d e'\leqslant N_u e'=f_{cd}bh\left(h'_0-\frac{h}{2}\right)+f'_{sd}A_s(h'_0-a_s) \tag{10-52}$$

式中　h'_0——纵向钢筋 A'_s 合力点离偏心压力较远一侧边缘的距离，即 $h'_0=h-a'_s$；

e' ——按 $e'=h/2-e_0-a'_s$ 计算。

2. 承载能力复核

对偏心受压构件进行承载能力复核一般有以下两种计算情况。

1）在保持偏心距不变的情况下，计算构件所能承受的轴向力设计值 N_u，若 $N_u>\gamma_0 N_d$，说明构件的承载力是足够的。

运用基本方程式（10-43）～式（10-46），只存在两个未知数 x 和 N_u，问题是可解的。对于这种情况，应首先由式（10-46），确定混凝土受压区高度。

（1）当偏心距较大时，可先按大偏心受压构件计算，取 $\sigma_s=f_{sd}$ 代入式（10-46）得

$$f_{cd}bx\left(e_s-h_0+\frac{x}{2}\right)=f_{sd}A_s e_s-f'_{sd}A'_s e'_s \tag{10-53}$$

展开整理后为一以 x 为未知数的二次方程，解二次方程求得 x 。若 $x\leqslant\xi_b h_0$，则所得 x 即为所求，

（2）当偏心距较小，或按式（10-53）求得的 $x>\xi_b h_0$ 时，则应按小偏心受压构件计算，将式（10-49）代入式（10-46）。经展开整理后为以 x 为未知数的三次方程，解三次方程求得 x 值。若 $\xi_b h_0<x\leqslant h$，则所得 x 即为所求，并代入式（10-49）计算 σ_s 值。

若按小偏心受压构件计算，由式（10-46）求得 $x>h$，即相当于混凝土全截面均匀受压的情况，计算混凝土合力及其作用点位置时，应取 $x=h$；计算钢筋应力 σ_s 时，仍以包含未知数 x 的式（10-49）代入，并由式（10-46）重新确定 x 值和计算相应的σ_s 值。

求得混凝土受压高度后，将 x 及与其相对应的σ_s 值，代入式（10-43），求得构件所能承受的轴向力设计值。

$$N_u=f_{cd}bx+f'_{sd}A'_s-\sigma_s A_s \tag{10-54}$$

式中　当 $x\leqslant\xi_b h_0$ 时，取 $\sigma_s=f_{sd}$；

当 $x>\xi_b h_0$ 时，σ_s 按式（10-49）计算；

当 $x>h$ 时，计算混凝土合力项时取 $x=h$。

若 $N_u>\gamma_0 N_d$ 说明构件的承载力是足够的。

2）在保持轴向力设计值不变的情况下，计算构件所能承受的弯矩设计值 M_u，若 $M_u>\gamma_0 M_d$，说明构件的承载力是足够的。

运用式（10-43）～式（10-46），只存在两个未知数 e'_s（或 e_s）和 x，问题是可解的。这时，可先按大偏心受压构件，令 $\sigma_s=f_{sd}$ 代入式（10-43），确定混凝土受压区高度 x。若所得 $x\leqslant\xi_b h_0$，则将所得 x 值代入式（10-44）或式（10-45），求得允许偏心距 e_{su}（或 e'_{su}），若 $e_{su}>e_s$（或 $e'_{su}>e'_s$ ）说明构件的承载力是足够的。

若按 $\sigma_s=f_{sd}$ 由式（10-43）求得的 $x>\xi_b h_0$，则应改为按小偏心受压构件计算，将 σ_s 的计算表达式（式 10-49）代入式（10-43），求得混凝土受压区高度 x。若 $\xi_b h_0<x<h$，则将其代入式（10-44）或式（10-45），计算可承受的偏心距 e_{su}（或 e'_{su}），若 $e_{su}>e_s$（或 $e'_{su}>e'_s$），说明构件的承载能力是足够的。

3. 截面设计实用计算方法

在实际设计工作中，偏心受压构件的截面尺寸，通常是根据构造要求预先确定好的。因此，截面设计的内容主要是根据已知的内力组合设计值选择钢筋。

1）非对称配筋

利用上述基本方程式进行配筋设计时，对于非对称配筋情况，存在三个未知数 A_s、A'_s 和 x。但在基本方程式（10-43）～式（10-46）中，只有两个独立方程式，因而问题的解答有无穷多个。为了求得合理的解答，必须根据不同的设计要求，预先确定其中一个未知数。

当偏心距较大时（$\eta e_0/h_0>0.3$），一般是先按大偏心受压构件计算，通常是先假设 x 值；接着充分利用混凝土抗压强度的设计原则，假设 $x=\xi_b h_0$；x 确定后，只剩下两个未知数 A_s 和 A'_s，问题是可解的。对大偏心受压构件，取 $\sigma_s=f_{sd}$，$x=\xi_b h_0$，分别代入式（10-44）和式（10-45）中，求得受压钢筋面积 A'_s 和受拉钢筋面积 A_s。

$$A'_s=\frac{\gamma_0 N_d e_s-f_{cd}bx(h_0-x/2)}{f'_{sd}(h_0-a'_s)} \tag{10-55}$$

$$A_s=\frac{\gamma_0 N_d e'_s+f_{cd}bx(x/2-a'_s)}{f_{sd}(h_0-a'_s)} \tag{10-56}$$

若按式（10-55）求得的受压钢筋配筋率小于每侧受压钢筋的最小配筋率（$\rho'_{min}=0.2\%$），则应按构造要求取 $A'_s=0.002bh$。这时，应按受压钢筋面积 A'_s 已知的情况，重新求解 x 和 A_s。对于这种情况，应首先由 $\sum M_{A_s}=0$ 的条件（式 10-44），求得混凝土受压区高度 x 。若 $x\leqslant\xi_b h_0$，属于大偏心受压构件，则取 $\sigma_s=f_{sd}$；若 $x>\xi_b h_0$，属于小偏心受压构件，应按式（10-49）计算 σ_s 值。然后，将所得 x 值和相应的 σ_s 值代入式（10-43）中，由 $\sum N=0$ 的平衡条件，或代入式（10-45），由 $\sum M_{A'_s}=0$ 的平衡条件，求得受拉边（或受压较小边）的钢筋面积 A_s 。若按此步骤求得的 A_s 值仍小于最小配筋率限值，则应按构造要求配筋，取 $A_s=0.002bh$。

当偏心距较小时（$\eta e_0/h_0\leqslant 0.3$），受拉边（或受压较小边）钢筋应力很小，对截面承载能力影响不大，通常按构造要求取 $A_s=0.002bh$。这时，应按受拉边（或受压较小边）钢筋截面积 A_s 已知的情况，求解 x 和 A'_s。对于这种情况，先按小偏心受压构件计算，将 σ_s 的计算表达式（10-49）代入式（10-45），由 $\sum M_{A'_s}=0$ 的平衡条件，求得混凝土受压高度 x 。

若所得 x 满足 $\xi_b h_0\leqslant x\leqslant h$，则将其代入式（10-49）计算 σ_s 值。然后，将所得 x 和 σ_s 值代入式（10-43）或代入式（10-44），求得受压较大边钢筋面积 A'_s 。若按上述步骤求得的 A'_s 仍小于最小配筋率限值，则应按构造要求取 $A'_s=0.002bh$。

若由式（10-45）求得的 $x>h$，即相当于全截面均匀受压的情况。这时，式（10-45）中的混凝土应力项应取 $x=h$，而钢筋应力 σ_s 仍以包含未知数 x 的式（10-49）代入，并由此式重新确定 x 值和 σ_s 值。然后，再将 σ_s 代入式（10-43），求得钢筋截面面积 A'_s。

2）对称配筋

在桥梁结构中，常由于荷载作用位置不同，在截面中产生方向相反的弯矩，当其绝对值相差不大时，可采用对称配筋方案。

运用基本方程式（10-43）～式（10-46）解决对称配筋设计问题，只存在两个未知数 $A_s=A'_s$ 和 x，问题是可解的。

当 $\gamma_0 N_d\leqslant f_{cd}b\xi_b h_0$ 时为大偏心受压构件，取 $\sigma_s=f_{sd}$，由式（10-43）求得混凝土受压区高度。

$$x=\frac{\gamma_0 N_d}{f_{cd}b} \tag{10-57}$$

若所得 $x\leqslant\xi_b h_0$，将其代入式（10-44），求得钢筋面积。

$$A'_s=A_s=\frac{\gamma_0 N_d e_s-f_{cd}bx\left(h_0-\frac{x}{2}\right)}{f'_{sd}(h_0-a'_s)} \tag{10-58}$$

当 $\gamma_0 N_d>f_{cd}b\xi_b h_0$ 时为小偏心受压构件，将 σ_s 的计算表达式（式 10-49）代入式（10-45），联立解式（10-45）和式（10-44），并令 $A_s=A'_s$，求得 x 和 $A_s=A'_s$。若 $\xi_b h_0<x<h$，则所得 $A_s=A'_s$ 即为所求。

10.5 钢筋混凝土受弯构件的裂缝和变形计算

按照规范要求，对于钢筋混凝土构件持久状况正常使用极限状态计算，采用作用频遇组合、作用准永久组合，或作用频遇组合并考虑作用长期效应的影响，对构件的抗裂、裂缝宽度和挠度进行验算，并使各项计算值不超过各相应限值。在上述各种组合中，汽车荷载不计冲击作用。

10.5.1 钢筋混凝土构件裂缝宽度计算

钢筋混凝土构件计算的最大裂缝宽度不应超过规定限值。不同使用环境下的限值不同，比如Ⅰ类和Ⅱ类环境的限值为 0.2mm，Ⅲ类和Ⅳ类环境限值为 0.15mm（附录 6-5）。

目前国内外有关裂缝宽度的计算方法很多，它们大致可以分为两大类。第一类是以黏结-滑移理论为基础的半经验半理论公式。按照这种理论，裂缝的间距取决于钢筋与混凝土间黏结应力的分布，裂缝的开展是由于钢筋与混凝土间的变形不再维持协调，出现相对滑动而产生；第二类是以统计分析方法为基础的经验公式。《公路桥规》推荐采用的裂缝宽度计算公式属于第二类经验公式。

矩形、T 形和工字形截面的钢筋混凝土构件，其最大裂缝宽度，可按式（10-59）计算。

$$W_{cr}=C_1C_2C_3\frac{\sigma_{ss}}{E_s}\left(\frac{c+d}{0.36+1.7\rho_{te}}\right) \tag{10-59}$$

式中 C_1——钢筋表面形状系数，对于光圆钢筋，$C_1=1.4$；对于带肋钢筋，$C_1=1.0$；对环氧树脂涂层带肋钢筋，$C_1=1.15$；

C_2——作用长期效应影响系数，$C_2=1+0.5\frac{M_l}{M_s}$，其中 M_l 和 M_s 分别为按作用准永久组合和作用频遇组合计算的弯矩设计值（或轴力设计值）；

C_3——与构件受力性质有关的系数，当为钢筋混凝土板式受弯构件时，$C_3=1.15$；其他受弯构件时，$C_3=1.0$；轴心受拉构件时，$C_3=1.2$；偏心受拉构件时，$C_3=1.1$；圆形截面偏心受压构件时，$C_3=0.75$；其他偏心受压构件时，$C_3=0.9$；

σ_{ss} ——由作用频遇组合引起的开裂截面纵向受拉钢筋的应力，按式（10-60）或式（10-61）计算；

c ——最外排纵向受拉钢筋的混凝土保护层厚度（mm），当大于 50mm 时，取 50mm；

d ——纵向受拉钢筋直径（mm），当用不同直径的钢筋时，改用换算直径 d_e，$d_e=\dfrac{\sum n_i d_i^2}{\sum n_i d_i}$，对钢筋混凝土构件，$n_i$ 为受拉区第 i 种钢筋的根数；d_i 为受拉区第 i 种钢筋的直径（取值方法详见《公路桥规》）；对于焊接钢筋骨架，式（10-59）中的 d 或 d_e 应乘以 1.3 的系数；

ρ_{te} ——纵向受拉钢筋的有效配筋率，结合有效受拉混凝土截面面积计算，按《公路桥规》计算。

由作用频遇组合引起的开裂截面纵向受拉钢筋的应力，根据截面形式的不同，分别按以下方法计算。

（1）矩形、T 形和工字形截面的钢筋混凝土构件

轴心受拉构件

$$\sigma_{ss}=\frac{N_s}{A_s} \tag{10-60a}$$

受弯构件

$$\sigma_{ss}=\frac{M_s}{0.87A_s h_0} \tag{10-60b}$$

偏心受拉构件

$$\sigma_{ss}=\frac{N_s e'_s}{A_s(h_0-a'_s)} \tag{10-60c}$$

偏心受压构件

$$\sigma_{ss}=\frac{N_s(e_s-z)}{A_s z} \tag{10-60d}$$

$$z=\left[0.87-0.12(1-\gamma'_f)\left(\frac{h_0}{e_s}\right)^2\right]h_0 \tag{10-60e}$$

$$e_s=\eta_s e_0+y_s \tag{10-60f}$$

$$\gamma'_f=\frac{(b'_f-b)h'_f}{bh_0} \tag{10-60g}$$

$$\eta_s=1+\frac{1}{4000e_0/h_0}\left(\frac{l_0}{h}\right)^2 \tag{10-60h}$$

式中　A_s ——受拉区纵向钢筋截面面积，轴心受拉构件取全部纵向钢筋截面面积，受弯、偏心受拉及大偏心受压构件取受拉区纵向钢筋截面面积或受拉较大一侧的钢筋截面面积；

e'_s ——轴向拉力作用点至受压区或受拉较小边纵向钢筋合力点的距离；

e_s ——轴向压力作用点至纵向受拉钢筋合力点的距离；

z ——纵向受拉钢筋合力点至截面受压区合力点的距离，且不大于 $0.87h_0$；

η_s ——轴向压力的正常使用极限状态偏心距增大系数，当 $l_0/h \leqslant 14$ 时，取 $\eta_s = 1.0$；

y_s ——截面重心至纵向受拉钢筋合力点的距离；

γ'_f ——受压翼缘截面面积与腹板有效截面面积的比值；

b'_f、h'_f ——受压区翼缘的宽度、厚度，在式（10-60g）中，当 $h'_f > 0.2h_0$ 时，取 $h'_f = 0.2h_0$；

N_s、M_s ——按作用频遇组合计算的轴向力值、弯矩值。

（2）圆形截面的钢筋混凝土构件

$$\sigma_{ss} = \frac{0.6\left(\frac{\eta_s e_0}{r} - 0.1\right)^3}{\left(0.45 + 0.26\frac{r_s}{r}\right)\left(\frac{\eta_s e_0}{r} + 0.2\right)^2}\frac{N_s}{A_s} \tag{10-61a}$$

$$\eta_s = 1 + \frac{1}{4000\frac{e_0}{2r - a_s}}\left(\frac{l_0}{2r}\right)^2 \tag{10-61b}$$

式中 A_s ——全部纵向钢筋截面面积；

N_s ——按作用频遇组合计算的轴向力值；

r_s ——纵向钢筋重心所在圆周的半径；

r ——圆形截面的半径；

e_0 ——构件初始偏心距；

a_s ——单根钢筋中心到构件边缘的距离；

η_s ——轴向压力的正常使用极限状态偏心距增大系数，当 $\frac{l_0}{2r} \leqslant 14.0$ 时，取 $\eta_s = 1.0$。

10.5.2 受弯构件的变形（挠度）验算

1. 挠度限值

受弯构件在使用阶段的挠度应考虑作用长期效应的影响，即按荷载频遇组合和给定的刚度计算的挠度值，再乘以挠度长期增长系数 η_θ。挠度长期增长系数取用规定：当采用C40以下混凝土时，$\eta_\theta = 1.60$；当采用C40～C80混凝土时，$\eta_\theta = 1.45 \sim 1.35$；中间强度等级可按直线内插取用。

《公路桥规》规定，钢筋混凝土受弯构件按上述计算的长期挠度值，由汽车荷载（不计冲击力）和人群荷载频遇组合产生的最大挠度不应超过以下规定的限值。

梁式桥主梁的最大挠度处 $l/600$；

梁式桥主梁的悬臂端 $l_1/300$。

此处，l 为受弯构件的计算跨径；l_1 为悬臂长度。

钢筋混凝土和预应力混凝土受弯构件，在正常使用极限状态下的挠度，可根据给定的构件刚度用结构力学的方法求解。

2. 受弯构件的刚度计算

钢筋混凝土受弯构件各截面的配筋不一样，承受的弯矩也不相等，弯矩小的截面可能

不出现弯曲裂缝，其刚度要较弯矩大的开裂截面大得多，因此沿梁长度的抗弯刚度是个变值。为简化起见，把变刚度构件等效为等刚度构件。

因此，受弯构件挠度计算时的抗弯刚度为

$M_s \geqslant M_{cr}$ 时

$$B=\frac{B_0}{\left(\frac{M_{cr}}{M_s}\right)^2+\left[1-\left(\frac{M_{cr}}{M_s}\right)^2\right]\frac{B_0}{B_{cr}}} \tag{10-62a}$$

$M_s < M_{cr}$ 时

$$B=B_0 \tag{10-62b}$$

$$M_{cr}=\gamma f_{tk}W_0 \tag{10-62c}$$

式中　B——开裂构件等效截面的抗弯刚度；

B_0——全截面的抗弯刚度，$B_0=0.95E_cI_0$；

B_{cr}——开裂截面的抗弯刚度，$B_{cr}=E_cI_{cr}$；

E_c——混凝土的弹性模量；

I_0——全截面换算截面惯性矩；

I_{cr}——开裂截面的换算截面惯性矩；

M_s——按作用频遇组合计算的弯矩值；

M_{cr}——开裂弯矩；

f_{tk}——混凝土轴心抗拉强度标准值；

γ——构件受拉区混凝土塑性影响系数，$\gamma=2S_0/W_0$；

S_0——全截面换算截面重心轴以上（或以下）部分面积对重心轴的面积矩；

W_0——全截面换算截面抗裂验算边缘的弹性抵抗矩。

二维码10-4
思维导图

名词和术语

公路钢筋混凝土　Highway reinforced concrete

混凝土桥涵　Concrete bridges and culverts

习　题

10-1　一小跨度钢筋混凝土人行涵洞，由侧墙和支撑在侧墙上的简支钢筋混凝土梁组成，沿涵洞跨度方向，有多根工厂预制的钢筋混凝土矩形截面梁并排放置。矩形梁的截面尺寸 $b\times h=200\text{mm}\times 450\text{mm}$。采用 C35 混凝土和 HRB400 级钢筋，截面配筋如图 10-13，弯矩计算值 $M=66\text{kN}\cdot\text{m}$，复核此截面是否安全？

二维码10-5
思考题

10-2　工程背景同习题 10-1，如采用截面尺寸为 $b\times h=200\text{mm}\times 500\text{mm}$ 的预制钢筋混凝土矩形截面梁，并采用 C35 混凝土和 HRB400 级钢筋，I类环境条件，安全等级为二级，最大弯矩组合设计值 $M_d=145\text{kN}\cdot\text{m}$，试进行截面配筋设计。

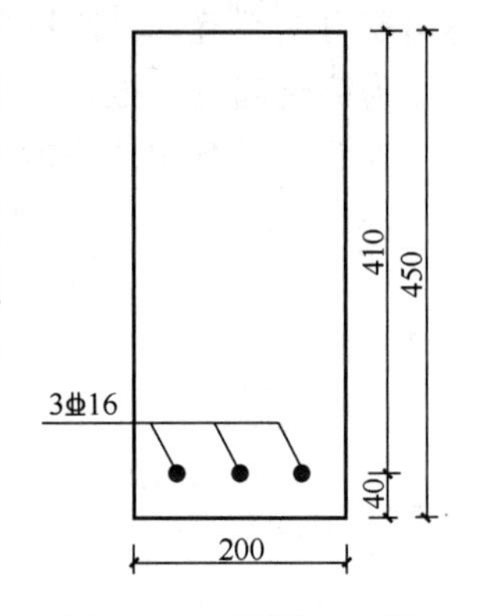

图 10-13　习题 10-1 图（单位：mm）

10-3　一小桥桥墩采用多柱式桥墩，假设墩柱均近似按配有纵向钢筋和普通箍筋的轴心受压柱设计（忽略墩柱所受到的弯矩），截面尺寸为 $b \times h = 250\text{mm} \times 250\text{mm}$，构件计算长度 $l_0 = 5\text{m}$。采用 C35 混凝土和 HRB400 级钢筋，纵向钢筋面积 $A'_s = 804\text{mm}^2$（4Φ16），Ⅰ类环境条件，安全等级为二级，轴向压力组合设计值 $N_d = 560\text{kN}$，试进行墩柱承载力校核。

第11章　铁路混凝土结构设计原理

随着中国高速铁路的快速发展，中国铁路建设技术已跨入世界先进行列。由于铁路桥涵具有经常承受大轴重、往复荷载作用，且材料处于低应力状态的特点，因此目前国内铁路桥涵设计规范仍以容许应力法为主。本章以《铁路桥涵混凝土结构设计规范》TB 10092—2017为依据（以下简称《铁路桥规》），介绍以容许应力法为设计方法的铁路混凝土结构基本原理。

二维码11-1
高速铁路桥梁

11.1　受弯构件抗弯强度计算

11.1.1　基本假定和计算应力图形

铁路钢筋混凝土受弯构件强度计算采用容许应力法，以受弯构件从加载到破坏全过程中的第Ⅱ阶段应力图形为基础。为简化应力图形，使计算方法简单实用，特提出以下三点假定。

1. 平截面假定

假定所有与梁纵轴垂直的截面，在梁受力弯曲后仍保持为平面。严格地讲，由于混凝土是不均匀的材料，裂缝在部分截面上发生，平截面假定不是对所有截面都适合的。但试验表明，在沿梁长一段范围内（一般大于两个裂缝间距）的平均变形，平截面假定基本上是符合实际情况的。由于钢筋与混凝土之间存在着黏结力，钢筋的变形量，与同一水平位置的混凝土纵向纤维的变形量，认为是相等的。

2. 弹性体假定

在第Ⅱ阶段，受压区混凝土的塑性变形还不大，可以近似地将混凝土看作弹性材料，也就是假定应力与应变呈正比。根据平截面假定，可将受压区混凝土的应力图形视为三角形。

3. 受拉区混凝土不参加工作

实际上，在第Ⅱ阶段时，受拉区混凝土仍有一小部分参加工作，但其作用很小，可以略去不计，认为全部拉力均由钢筋承受。

根据以上三项假定，得出简化后的应力图形，如图11-1所示。

11.1.2　换算截面

按容许应力法计算，可以直接应用材料力学中均质梁的公式进行。但钢筋混凝土梁并非均质弹性材料，而是由钢筋和混凝土两种弹性模量不同的材料组成的。所以，计算时需将钢筋和混凝土组成的实际截面，换算为假想的与其拉压性能相同的均质截面。这种假想的均质截面，就称为换算截面，如图11-2(b) 所示。这样的换算截面，具有与实际截面

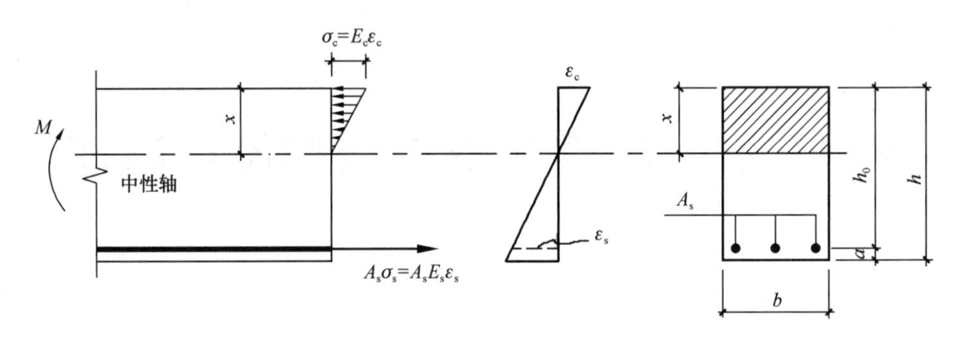

图 11-1 计算应力图形

相同的变形条件和承载能力，可以用均质梁的公式进行计算。

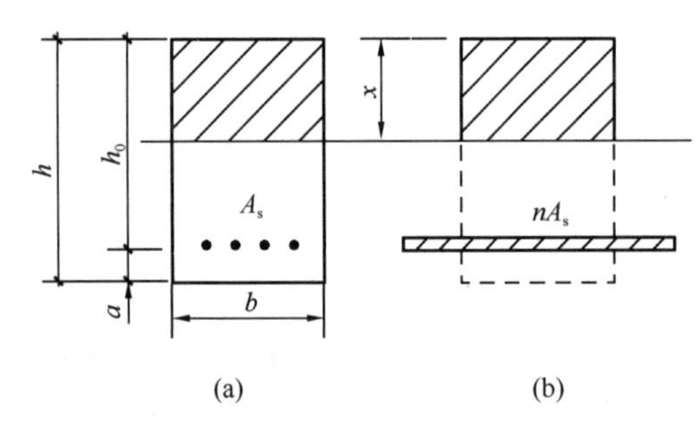

图 11-2 换算截面

(a) 原截面；(b) 换算截面

换算的方法，一般是将钢筋换算为与它功能相等的，既能受压，也能受拉的假想混凝土，其弹性模量等于混凝土的弹性模量。在横截面上，这种假想混凝土的形心与原来的主筋形心重合，其应变 ε_l 与主筋形心处的应变 ε_s 相等。

即 $\varepsilon_s=\varepsilon_l$，而 $\varepsilon_s=\dfrac{\sigma_s}{E_s}$，$\varepsilon_l=\dfrac{\sigma_l}{E_c}$。

所以 $\sigma_s=E_s\varepsilon_s=E_s\varepsilon_l=\dfrac{E_s}{E_c}\sigma_l$，令 $n=\dfrac{E_s}{E_c}$，得 $\sigma_s=n\sigma_l$ 或 $\sigma_l=\dfrac{1}{n}\sigma_s$。

式中 E_c——混凝土变形模量，如附表 3-2 所示；

E_s——钢筋弹性模量，如附表 3-4 所示；

n——钢筋的弹性模量与混凝土的变形模量之比，如附表 7-3 所示。

又因换算截面与实际截面应具有相同的承载能力，故假想的混凝土承受的总拉力应该与钢筋承受的总拉力相等，即 $\sigma_lA_l=\sigma_sA_s=n\sigma_lA_s$，可得 $A_l=nA_s$。

由此可知，在换算截面中，假想的受拉混凝土的应力为钢筋应力的 $1/n$ 倍，而该混凝土的面积，则为钢筋面积的 n 倍。如图 11-2(a) 的换算截面为图 11-2(b) 所示。

针对检算构件的不同，n 取值也有变化。如当计算桥跨结构及顶帽时，n 取值较大，是考虑了疲劳及持久荷载下混凝土的徐变，弹性模量降低的影响。

11.1.3 单筋矩形截面梁

仅在受拉区设置主筋的矩形截面梁，称为单筋矩形截面梁。

在工程实践中遇到的计算问题有两类：一类是复核问题，另一类是设计问题。所谓复核问题，就是根据已知的构件截面尺寸、钢筋布置、材料品种和荷载情况，计算混凝土和钢筋中的最大应力值，以此判断是否安全和经济；所谓设计问题，通常是根据已知的荷载情况和材料品种，按安全和经济的原则，确定构件截面尺寸及主筋的用量和布置。

1. 单筋矩形截面梁的复核

根据上述基本假定和简化的计算应力图形，引入换算截面的概念进行复核，通常有下列两种方法。

1）材料力学公式计算法

已知受弯构件的截面尺寸与钢筋布置，如图 11-3 所示。该截面在弯矩 M 的作用下，受压区混凝土最外边缘的压应力 σ_c 应满足式（11-1）。

$$\sigma_c = \frac{M}{I_0}x \leqslant [\sigma_b] \tag{11-1}$$

二维码11-2
材料容许应力取值

式中　I_0 ——换算截面对中性轴的惯性矩；

x ——截面受压区高度；

$[\sigma_b]$ ——混凝土弯曲受压时的容许应力，如附表 7-4 所示。

受拉区主筋拉应力 σ_s 应满足式（11-2）。

$$\sigma_s = n\sigma_l = n\frac{M}{I_0}(h_0 - x) \leqslant [\sigma_s] \tag{11-2}$$

式中　σ_l ——假想受拉区混凝土中的拉应力；

h_0 ——混凝土截面有效高度，即截面高度 h 减去钢筋形心至受拉区边缘距离 a，$h_0 = h - a$；

$[\sigma_s]$ ——钢筋的容许应力，如附表 7-5 所示。

如图 11-3 所示，当已知受压区混凝土最外边缘应力 σ_c 时，钢筋拉应力 σ_s 可由式（11-3）计算。

$$\sigma_s = n\frac{h_0 - x}{x}\sigma_c \tag{11-3}$$

应用上述公式核算钢筋和混凝土中的应力时，应首先求出受压区高度 x 以及换算截面对中性轴的惯性矩 I_0 。

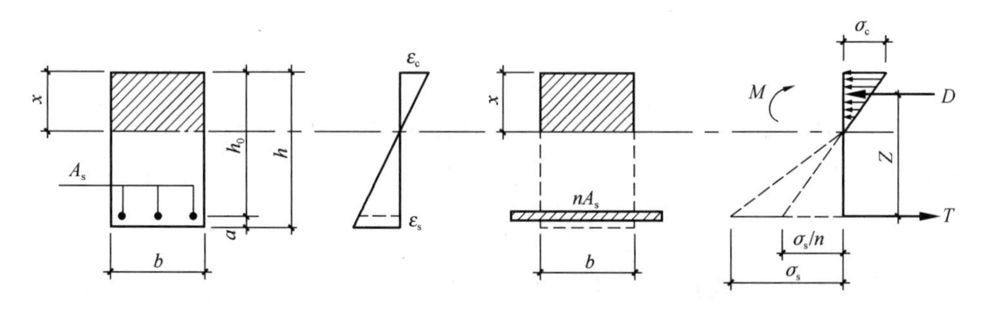

图 11-3　单筋矩形截面计算图示

在均质梁中，中性轴通过梁截面的形心。引入换算截面的概念后，钢筋混凝土截面的中性轴，亦应通过其换算截面的形心。因此，换算截面受拉区对中性轴的面积矩 S_l 必等于其受压区对中性轴的面积矩 S_a，即 $S_l = S_a$。通常用该公式定出中性轴的位置。对于图 11-3 所示单筋矩形截面梁的换算截面，则有

$$S_a = bx \cdot \frac{x}{2} = \frac{1}{2}bx^2,\ S_l = nA_s(h_0 - x)$$

$$S_a = S_l,\ \frac{1}{2}bx^2 = nA_s(h_0 - x)$$

整理得 $$bx^2 + 2nA_s x - 2A_s h_0 = 0$$

两边除以 bh_0^2 得 $$\left(\frac{x}{h_0}\right)^2 + 2n\left(\frac{A}{bh_0}\right)\left(\frac{x}{h_0}\right) - 2n\left(\frac{A_s}{bh_0}\right) = 0$$

引入符号 $\alpha = \frac{x}{h_0}$（相对受压区高度），$\mu = \frac{A_s}{bh_0}$（配筋率）

方程式变为 $$\alpha^2 + 2n\mu\alpha - 2n\mu = 0$$

其解为 $$\alpha = -n\mu \pm \sqrt{(n\mu)^2 + 2n\mu}$$

由 α 的物理意义知，α 值必须是正数，根号前只能取正号，故

$$\alpha = \sqrt{(n\mu)^2 + 2n\mu} - n\mu$$

受压区高度为 $$x = \alpha h_0 = \left[\sqrt{(n\mu)^2 + 2n\mu} - n\mu\right]h_0 \tag{11-4}$$

由式（11-4）可见，α 值完全决定于 $n\mu$，即完全决定于材料及配筋比，而与荷载弯矩无关，这与材料力学中中性轴的有关特性是一致的。

换算截面对中性轴的惯性矩为

$$I_0 = \frac{1}{3}bx^3 + nA_s\ (h_0 - x)^2 \tag{11-5}$$

2）内力偶法

上述方法与均质梁常用计算公式一致，比较容易掌握，但 I_0 的计算稍复杂。利用内力偶的概念建立计算公式更为常见。

内力偶，即受拉区钢筋的合力 T，与受压区混凝土的合力 D 组成力偶，如图 11-3 所示。在计算截面上，由荷载产生的弯矩，必和内力偶矩相平衡。所以

$$M = T \cdot Z = D \cdot Z \tag{11-6}$$

式中 $D = \frac{1}{2}bx\sigma_c$；

$T = A_s\sigma_s$；

Z——内力偶臂长，即 D 的作用点至 T 的作用点之间的距离。

由图 11-3 可知

$$Z = h_0 - \frac{x}{3} \tag{11-7}$$

由压力 D 对受拉钢筋的形心取矩，得

$$M = D \cdot Z = \frac{1}{2}bx\sigma_c\left(h_0 - \frac{x}{3}\right) \tag{11-8}$$

故得受压区混凝土边缘最大压应力的核算公式为

$$\sigma_c = \frac{2M}{bx\left(h_0 - \frac{x}{3}\right)} \leqslant [\sigma_b] \tag{11-9}$$

由拉力 T 对受压区混凝土的合力作用点取矩，得 $M = T \cdot Z = A_s\sigma_s\left(h_0 - \frac{x}{3}\right)$

故得钢筋拉应力的核算公式为

$$\sigma_s = \frac{M}{A_s\left(h_0 - \frac{x}{3}\right)} \leqslant [\sigma_s] \tag{11-10}$$

不难证明，用式（11-9）计算混凝土应力，用式（11-10）计算钢筋应力，与式（11-1）和式（11-2）的计算结果是一致的。

最后还应指出两点：

（1）当钢筋呈多层布置时，按式（11-10）求得的 σ_s 是钢筋截面形心处的应力。根据基本假定，各层钢筋中的应力与其至中性轴的距离呈正比，在最外层钢筋的应力更大。若最外一层钢筋到梁下缘的距离为 a_1，则它至中性轴的距离为 $h-x-a_1$。故最外一层钢筋应力 σ_{s1} 的核算公式为

$$\sigma_{s1} = \sigma_s \frac{(h-x-a_1)}{(h_0-x)} \leqslant [\sigma_s] \tag{11-11}$$

（2）梁截面是否安全的检算，除了用复核应力的形式外，也可以用核算截面所能承受的最大弯矩与实际荷载产生的弯矩相比较来判断。

当受压区混凝土的最大应力达到容许应力 $[\sigma_b]$ 时，截面容许承受的最大弯矩为

$$[M_c] = \frac{1}{2}bx[\sigma_b]\left(h_0 - \frac{x}{3}\right) \tag{11-12}$$

当钢筋拉应力达到容许应力 $[\sigma_s]$ 时，截面容许承受的最大弯矩为

$$[M_s] = A_s[\sigma_s]\left(h_0 - \frac{x}{3}\right) \tag{11-13}$$

梁在所考虑的截面处，能够承受的最大弯矩为 $[M_c]$、$[M_s]$ 中的最小值。

2. 单筋矩形截面梁的设计

在设计钢筋混凝土梁时，从充分利用材料强度的观点出发，希望对截面的尺寸及配筋率进行设计，从而使得梁在设计荷载作用下，钢筋和混凝土的应力同时达到容许值，这种设计称为“平衡设计”。为了降低造价、少用钢材、提高梁的刚度，在实际工程中往往适当加大截面高度，采用较低的配筋率。这样，在钢筋达到容许应力时，混凝土应力仍低于容许值，这种设计称为“低筋设计”。在个别情况下，由于梁高受到限制，选用的梁高比平衡设计所需的梁高要小，需要配置更多的钢筋才能承担设计弯矩，这种设计称为“超筋设计”。超筋设计时，当受压区混凝土达到容许应力时，钢筋应力仍低于容许值，不能充分利用钢筋的强度，结构破坏前也没有明显预兆，是应该避免的。

1）平衡设计

平衡设计的依据，是在设计荷载作用下，使混凝土及钢筋两者的应力同时达到容许值的条件，按下述三个步骤进行。

（1）计算受压区的相对高度

对于平衡设计，式（11-3）中 σ_c 及 σ_s 为 $[\sigma_b]$ 及 $[\sigma_s]$，因而有

$$[\sigma_s] = n\left(\frac{h_0 - x}{x}\right)[\sigma_b] = n\left(\frac{1-\alpha}{\alpha}\right)[\sigma_b]$$

整理后，得平衡设计时，受压区相对高度计算公式为

$$\alpha = \frac{x}{h_0} = \frac{n[\sigma_b]}{n[\sigma_b] + [\sigma_s]} \tag{11-14}$$

（2）确定混凝土截面尺寸 b 和 h

由式（11-9）有

$$M=\frac{1}{2}bh_0^2\frac{x}{h_0}[\sigma_b]\left(1-\frac{1}{3}\frac{x}{h_0}\right)=\frac{1}{2}bh_0^2\alpha[\sigma_b]\left(1-\frac{\alpha}{3}\right)$$

可得

$$bh_0^2=\frac{2M}{\alpha\left(1-\frac{\alpha}{3}\right)[\sigma_b]} \tag{11-15}$$

根据算出的 bh_0^2 决定 b 和 h_0，然后算得 $h=h_0+a$。

（3）确定受拉钢筋的截面积 A_s

由式（11-10），令 $\sigma_s=[\sigma_s]$，有

$$M=A_s[\sigma_s]\left(h_0-\frac{x}{3}\right)=A_s[\sigma_s]\left(1-\frac{\alpha}{3}\right)h_0$$

$$A_s=\frac{M}{[\sigma_s]\left(1-\frac{\alpha}{3}\right)h_0} \tag{11-16}$$

这就是平衡设计中的三个计算步骤。显然，在实际设计中，由于混凝土截面尺寸 b 及 h 是按一定的常用整数选择，而钢筋数量也是整数，所以设计结果不会恰好满足式（11-15）和式（11-16）的要求。因此，按上述步骤拟定了 b、h 及 A_s 以后，还应当核算混凝土应力 σ_c 和钢筋应力 σ_s 。

2）低筋设计

二维码11-3
低筋梁截面设计

低筋设计是已知设计弯矩 M ，拟定梁的截面尺寸 b 及 h，在使钢筋应力为容许值 $[\sigma_s]$ 的条件下，确定需要的钢筋数量。在计算过程中，利用式（11-3）、式（11-9）、式（11-10），并令式中 $\sigma_s=[\sigma_s]$。根据已知条件，联立解出受压区高度 x，混凝土应力 σ_c 和钢筋面积 A_s。为了实用上的方便，常采用试算法。

试算时，先假定内力偶臂长 $Z=h_0-\frac{x}{3}=0.9h_0$，代入式（11-10）中，算出所需钢筋面积的近似值 A_{s1}，以 A_{s1} 布置钢筋，并计算 x 和 Z 值。用算出的 Z 值重新代入式（11-10）中，计算钢筋面积 A_{s2} 。若 $A_{s2}=A_{s1}$，则试算结束；否则，以新算出的钢筋面积 A_{s2} 重新布置钢筋，重复进行计算，直至前后两次计算的钢筋面积基本相同为止。

钢筋直径和根数的选择，往往使实际采用面积与计算面积存在一定的差异。所以，最后应当按式（11-10）核算钢筋应力，按式（11-9）核算混凝土的应力。

应当指出，采用低筋设计时，应注意使其截面配筋率不小于规定的最小配筋率，如附表 7-1 所示。

【例 11-1】

二维码11-4
公路下穿铁路
立交桥例题

地道桥为一种下穿既有铁路或公路的框架结构，通常都是钢筋混凝土结构。地道桥由顶板、底板和竖墙组成，这三部分构件均承受弯矩。现以某单孔跨度 12m 地道桥的顶板为研究对象，分析其跨中弯矩时可将其简化为简支板结构（略有误差，此处为近似处理），板厚为 700mm，混凝土等级为 C50，钢筋采用 HRB400，$n=5.63$，承受满布的均布荷载（包括自

重）为 36kPa。要求计算所需的钢筋截面面积并进行配筋。

【解】

取宽为 1m 的板条进行计算，则沿着板的跨度方向均布荷载 $q=36\text{kN/m}$。

跨中截面弯矩

$$M=\frac{1}{8}\times36\times12^2=648\text{kN}\cdot\text{m}$$

a 值按 45mm 计算，$h_0=h-a=700-45=655\text{mm}$。$[\sigma_s]=210\text{MPa}$，用试算法，先假定内力偶臂 $z\approx0.9h_0=0.9\times655=589.5\text{mm}$，计算钢筋面积为

$$A_s=\frac{M}{[\sigma_s]z}=\frac{648}{210,000\times0.5895}=0.005234\text{m}^2=5234\text{mm}^2$$

选用 Φ 22 钢筋，查附表 4-1 可知单根钢筋面积 380.1mm^2，选用 14 根钢筋，钢筋的适配面积为 $A_s=380.1\times14=5321.4\text{mm}^2$。配筋图如图 11-4 所示。

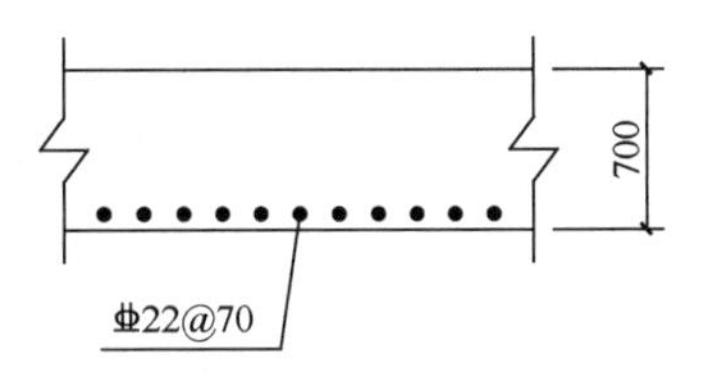

图 11-4　顶板配筋图

（单位：mm）

核算钢筋及混凝土的应力

$$\mu=\frac{53.214}{100\times65.5}=0.008124$$

$$n\mu=5.63\times0.008124=0.04574$$

$$\alpha=\sqrt{(0.04574)^2+2\times0.04574}-0.04574=0.2602$$

$$\sigma_s=\frac{M}{A_s\left(1-\frac{\alpha}{3}\right)h_0}=\frac{648}{5321.4\times10^{-6}\times\left(1-\frac{0.2602}{3}\right)\times0.655}$$

$$=203,568\text{kPa}=203.6\text{MPa}<[\sigma_s]=210\text{MPa}$$

$$\sigma_c=\frac{2M}{\alpha\left(1-\frac{\alpha}{3}\right)bh_0^2}=\frac{2\times648}{0.2602\times\left(1-\frac{0.2602}{3}\right)\times1.00\times0.655^2}$$

$$=12,712\text{kPa}=12.712\text{MPa}<[\sigma_b]=16.8\text{MPa}$$

截面容许承受的最大弯矩

$$[M_s]=A_s[\sigma_s]\left(1-\frac{\alpha}{3}\right)h_0=0.0053214\times210,000\times\left(1-\frac{0.2602}{3}\right)\times0.655$$

$$=668.5\text{kN}\cdot\text{m}$$

$$[M_c]=\frac{1}{2}\alpha\left(1-\frac{\alpha}{3}\right)[\sigma_b]bh_0^2=\frac{1}{2}\times0.2602\times\left(1-\frac{0.2602}{3}\right)\times16,800\times1.0\times0.655^2$$

$$=856.4\text{kN}\cdot\text{m}$$

故知，此截面容许的最大弯矩，由钢筋应力控制，是低筋设计。能承受的最大容许弯矩值为 668.5kN·m。

11.1.4　T 形截面梁

在钢筋混凝土受弯构件中，为了充分利用材料的性能，常采用 T 形截面，如图 11-5 所示。

1. T 形截面构造与计算的有关规定

通过试验和理论分析表明，T 形截面梁受弯后，翼缘上的纵向压应力分布是不均匀

的，距离梁肋越远，压应力越小，如图 11-6 所示。这种分布的不均匀性，与梁的跨度、翼缘板的厚度和宽度等有关。为了使计算应力值与实际相差不致过大，在计算中通常将翼缘板的有效宽度限制在一定范围内，见附录 7-2，并假定其压应力沿有效宽度方向是均匀分布的。此外，为了使翼缘板与梁肋的连接截面（竖直截面或水平截面）上的剪应力不致过大，而使混凝土被剪裂，对翼缘板与梁肋连接处的厚度，也应作一定限制。这些限制条件，在各种规范中不完全一致。

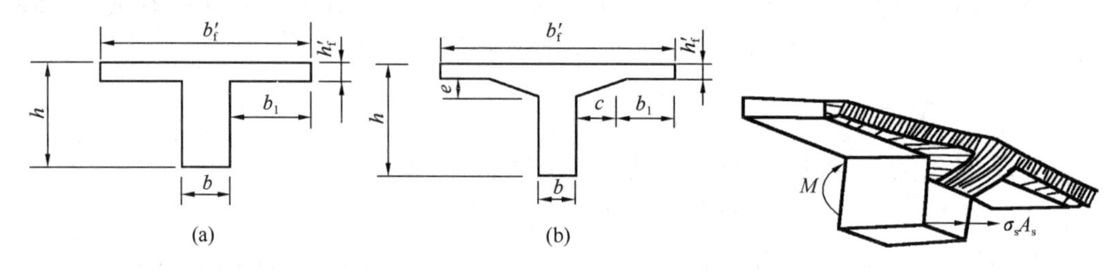

图 11-5　T 形截面

图 11-6　T 形截面应力分布示意图

2. T 形截面的复核

T 形截面的应力计算，对其换算截面可利用材料力学公式或内力偶的概念进行。随着钢筋用量的不同，中性轴或位于翼缘板内，或位于梁肋内。当中性轴位于翼缘板内时（图 11-7a），其计算与宽度为 b'_{f} 的矩形截面完全相同；当中性轴位于腹板内时（图 11-7b），仍以内力偶法计算较为方便。T 形截面梁受压翼缘参与计算的规定见附录 7-1。

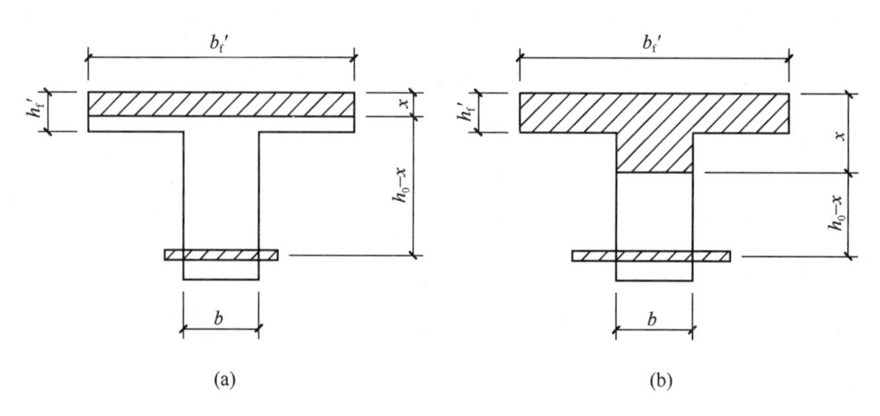

图 11-7　T 形截面受压区高度示意图

（a）中性轴位于翼缘板内；（b）中性轴位于腹板内

1）类型判别

先假定中性轴位于宽度为 b'_{f} 的翼缘板内，可由 $\mu=\dfrac{A_{\mathrm{s}}}{b'_{\mathrm{f}}h'_{\mathrm{f}}}$，采用式（11-4）计算出 x。若 $x \leqslant h'_{\mathrm{f}}$，说明假定合理，即可按单筋矩形截面梁的有关公式计算截面应力；若 $x > h'_{\mathrm{f}}$，说明中性轴在翼缘板以下，与原假定不符，应按中性轴位于腹板内重新计算。

2）中性轴位置的确定

中性轴位于腹板内时，仍依据截面中性轴通过其换算截面形心的原理，利用 $S_{\mathrm{a}}=S_{l}$ 确定中性轴的位置，即

$$\frac{1}{2}b'_f x^2 - \frac{1}{2}(b'_f - b)(x - h'_f)^2 = nA_s(h_0 - x)$$

解得
$$x = (\sqrt{A^2 + B} - A)h_0 = \alpha h_0 \tag{11-17}$$

式中　$A = \frac{nA_s + h'_f(b'_f - b)}{bh_0}$；

$B = \frac{2nA_s h_0 + h'^2_f(b'_f - b)}{bh_0^2}$。

3）内力偶臂长 Z 的计算

$$Z = h_0 - x + y$$

式中　y——压应力的合力 D 到中性轴的距离。

$$y = \frac{\frac{1}{3}b'_f x^3 - \frac{1}{3}(b'_f - b)(x - h'_f)^3}{\frac{1}{2}b'_f x^2 - \frac{1}{2}(b'_f - b)(x - h'_f)^2} \tag{11-18}$$

4）应力核算

钢筋应力
$$\sigma_s = \frac{M}{A_s Z} \leqslant [\sigma_s]$$

混凝土应力
$$\sigma_c = \frac{\sigma_s}{n}\frac{x}{h_0 - x} \leqslant [\sigma_b]$$

3. T 形截面的设计

设计 T 形截面，一般是先根据经验拟定符合规范要求的混凝土截面尺寸。然后，根据已知的设计弯矩及材料品种，计算主筋截面面积。

主筋截面面积 A_s，可先由式（11-19）估算。

$$A_s = \frac{M}{[\sigma_s]Z} \tag{11-19}$$

式中　Z——内力偶臂长，可近似地按 $Z = h_0 - \frac{h'_f}{2}$ 或 $Z = 0.90h_0$ 取用。

按式（11-19）算得钢筋用量，进行配筋布置后，复核截面应力。必要时，修改主筋数量，并重新复核，直到满足要求为止。

11.2　受弯构件抗剪强度计算

11.2.1　剪应力和主拉应力的计算

在受弯构件中，弯矩在横截面上将产生正应力，剪力在横截面和水平截面上将产生剪应力。此外，由于正应力和剪应力的结合，在斜截面上将产生主拉应力和主压应力。主拉应力会导致钢筋混凝土构件开裂，甚至使构件不能正常工作。所以，在设计钢筋混凝土构件时，一般应进行剪应力和主拉应力的计算，必要时应布置相应的钢筋。在受弯构件中，通常设置箍筋和斜筋，以承担主拉应力。

1. 剪应力的计算

1）用材料力学公式计算

钢筋混凝土梁引入换算截面的概念后，可作为均质构件，用材料力学公式计算截面剪应力 τ。

$$\tau=\frac{QS_0}{I_0 b} \tag{11-20}$$

式中　Q——横截面上的剪力；

S_0——截面计算点以上（或以下）部分的换算截面对中性轴（即形心轴）的面积矩；

I_0——换算截面对中性轴的惯性矩；

b——计算点处横截面的宽度。

由式（11-20）可知，在矩形和T形截面梁中，剪应力在横截面上的分布如图11-8所示，在受压区，剪应力按二次抛物线的规律向中性轴方向增加，至中性轴处最大。若T形截面梁的中性轴位于腹板内，则在翼缘板与腹板相接处，剪应力发生突变。在受拉区，由于假定其混凝土已开裂，不计抗拉能力，只有其中钢筋的换算截面参加工作，因而在中性轴至钢筋间任何高度处的面积矩 $nA_s(h_0-x)$ 都相等，所以，在图示 (h_0-x) 高度范围内，剪应力不变。

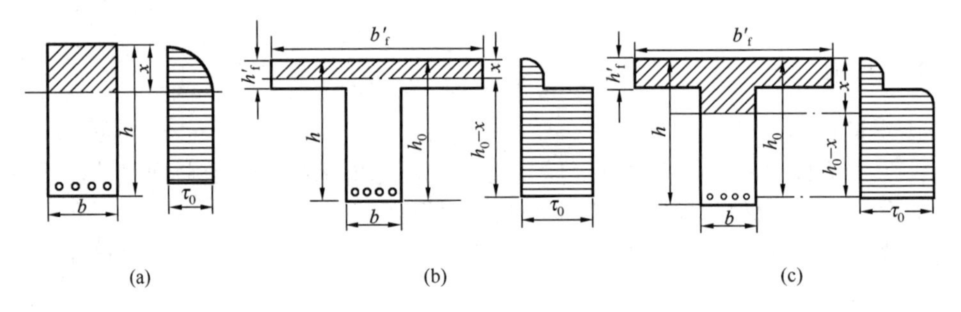

图11-8　剪应力沿截面高度变化

（a）矩形截面剪应力分布；（b）第一类T形截面剪应力分布；

（c）第二类T形截面剪应力分布

2）常用计算法

钢筋混凝土梁中的剪应力，一般只需要计算截面中性轴处或以下的最大剪应力（常以 τ_0 表示）。为了方便计算，通常采用简便的公式。

如图11-9所示，沿梁纵轴取长度为 dl 的一段隔离体进行分析。在中性轴以下，用一水平截面Ⅰ-Ⅰ将梁段 dl 截开，其上的水平剪力必然与两边钢筋的拉力差相平衡。

根据平衡条件 $\sum H=0$，得

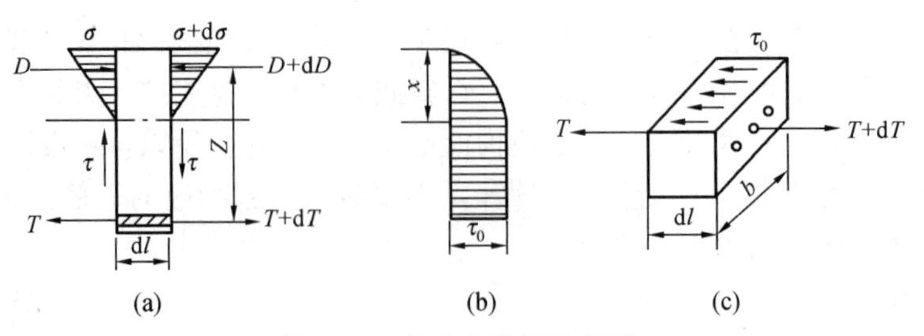

图11-9　剪应力推导示意图

$$\tau_0 b\,\mathrm{d}l = \mathrm{d}T$$

所以
$$\tau_0 = \frac{\mathrm{d}T}{b\,\mathrm{d}l}$$

而 $M = TZ$，因 $\mathrm{d}l$ 很小，可以认为在 $\mathrm{d}l$ 长度范围内的内力偶臂长 Z 值不变。所以 $M + \mathrm{d}M = (T + \mathrm{d}T)Z$，得 $\mathrm{d}M = Z \cdot \mathrm{d}T$，即 $\mathrm{d}T = \frac{\mathrm{d}M}{Z}$。将其代入上式，并根据 $\frac{\mathrm{d}M}{\mathrm{d}l} = Q$ 得

$$\tau_0 = \frac{\mathrm{d}T}{b\,\mathrm{d}l} = \frac{\mathrm{d}M}{bZ\,\mathrm{d}l} = \frac{Q}{bZ} \tag{11-21}$$

内力偶臂长 Z，通常在抗弯强度计算时已经求出。在初步计算时，也可以近似地采用下列数值。

对单筋矩形截面
$$Z \approx \frac{7}{8}h_0$$

对 T 形截面
$$Z \approx h_0 - \frac{h'_f}{2} \text{ 或 } Z \approx 0.92h_0$$

应当指出，采用式（11-20）和式（11-21）计算钢筋混凝土梁横截面中性轴处（及以下）的剪应力，其结果将是一样的，只是后者在计算时更为简便。

2. 主拉应力的计算

1）用材料力学公式计算

将钢筋混凝土梁作为均质构件进行分析，便可以利用材料力学的公式计算主拉应力、主压应力和它们的方向。若弯曲正应力以拉为正、以压为负，则计算公式为

主拉应力
$$\sigma_{tp} = \frac{\sigma}{2} + \sqrt{\left(\frac{\sigma}{2}\right)^2 + \tau^2} \tag{11-22}$$

主压应力
$$\sigma_{cp} = \frac{\sigma}{2} - \sqrt{\left(\frac{\sigma}{2}\right)^2 + \tau^2} \tag{11-23}$$

主应力与弯曲正应力方向的交角 α

$$\tan 2\alpha = -\frac{2\tau}{\sigma} \tag{11-24}$$

2）常用计算法

由式（11-22）可以看出，在截面受压区，主拉应力必然小于剪应力；在中性轴处及截面受拉区，主拉应力等于剪应力，方向与水平轴的交角为 45°。

由式（11-23）可以看出，主压应力最大值位于 $\tau = 0$ 处。在简支梁的顶缘，弯曲正应力就是最大主压应力；在中性轴（及以下）处 $\sigma = 0$，所以，其主压应力等于剪应力，方向与水平轴交角为 45°。

所以，按容许应力法计算钢筋混凝土梁时，主压应力可以不另行计算。主拉应力的最大值位于截面受拉区，其大小与剪应力相等，方向与梁的纵轴呈 45°角。则有

$$\sigma_{tp} = \tau_0 = \frac{Q}{bZ} \tag{11-25}$$

由于两者数值相等，而混凝土的抗拉强度较低，一般仅为抗剪强度的一半，所以一般对钢筋混凝土梁进行主拉应力检算后，就不需再检算剪应力了。

3. 主拉应力图和剪应力图

1）主拉应力图

按容许应力法设计钢筋混凝土梁时，为了布置箍筋和斜筋，需要绘出梁在某一段长度范围内的主拉应力分布图，即主拉应力图。图 11-10 所示为简支梁在均布荷载作用下的主拉应力图。

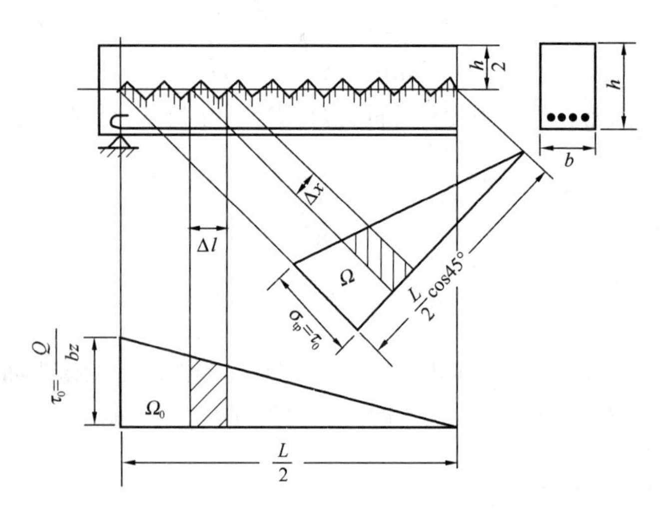

图 11-10 主拉应力图和剪应力图

主拉应力图表示最大主拉应力 σ_{tp} 沿梁长变化的情况。由于主拉应力的作用面与梁的轴线呈 45°角，所以主拉应力图的基线也与梁的轴线呈 45°角。简支梁在均布荷载作用下，跨中剪力为零，故基线长为 $\frac{L}{2}\cos 45°$ 。总的斜拉力 T_{tp} 为

$$T_{tp}=\int_0^{\frac{L}{2}}\sigma_{tp}b\,dx=\sigma_{tp}b\frac{L}{2}\cos 45°=\Omega\cdot b$$

式中 σ_{tp}——距支点 x 处截面的最大主拉应力；

b——梁的腹板厚度；

Ω——主拉应力图的面积。

2）剪应力图

为了使用方便，常以剪应力图代替主拉应力图。剪应力图表示最大剪应力沿梁长变化的情况。它的基线平行于梁轴，如图 11-10 所示。从图中可以看出，主拉应力图和剪应力图的横坐标之间的对应关系为

$$dx=dl\cdot\cos 45°\approx 0.707dl$$

而各截面最大主拉应力在数值上等于剪应力，所以主拉应力图的面积为剪应力图的面积 Ω_0 的 0.707 倍，即 $\Omega=0.707\Omega_0$ 。总的斜拉力为 $0.707\Omega_0 b$。

在实际设计中，可以只作剪应力图供设计剪力钢筋使用。

11.2.2 腹筋的设计

1. 腹筋设计的一般规定

在钢筋混凝土梁中，若主拉应力超过混凝土的抗拉极限强度 R_l，便会产生斜裂缝。为

了防止斜裂缝的进一步开展而引起梁体破坏，需要在梁内设置竖向的箍筋和与梁的纵轴方向呈 45°角（主拉应力方向）的斜筋，习惯上称它们为腹筋或剪力钢筋。

1）主拉应力容许值

根据梁内剪力钢筋设置的不同情况，混凝土的主拉应力有三种容许值，如附表 7-4 所示。

（1）$[\sigma_{tp-1}]$——有箍筋和斜筋时的主拉应力容许值。它略小于混凝土的抗拉极限强度，约为 $\frac{1}{1.1}f_{ct}$。

设计要求计算主拉应力不得大于 $[\sigma_{tp-1}]$，以防止斜裂缝开展过宽。否则，必须增大混凝土截面的尺寸（主要是腹板厚度），降低主拉应力，或提高混凝土等级，增大混凝土的抗拉强度。

（2）$[\sigma_{tp-2}]$——无箍筋和斜筋时的主拉应力容许值，约为 $\frac{1}{3}f_{ct}$。当主拉应力不超过 $[\sigma_{tp-2}]$ 时，全部主拉应力均可由混凝土承受，无需按斜拉力设置剪力钢筋。但实际设计时，为了使梁具有一定的韧性，防止斜截面突然破坏，仍然需要按构造要求配置一定数量的剪力钢筋。

当梁内最大主拉应力值在 $[\sigma_{tp-1}]$ 和 $[\sigma_{tp-2}]$ 之间时，由于混凝土在这样高的拉应力下极易出现斜裂缝，必须设置剪力钢筋以承担梁中斜拉力。

（3）$[\sigma_{tp-3}]$——梁的部分长度中全部由混凝土承担的主拉应力最大值，如图 11-11 所示，约为 $\frac{1}{6}f_{ct}$。

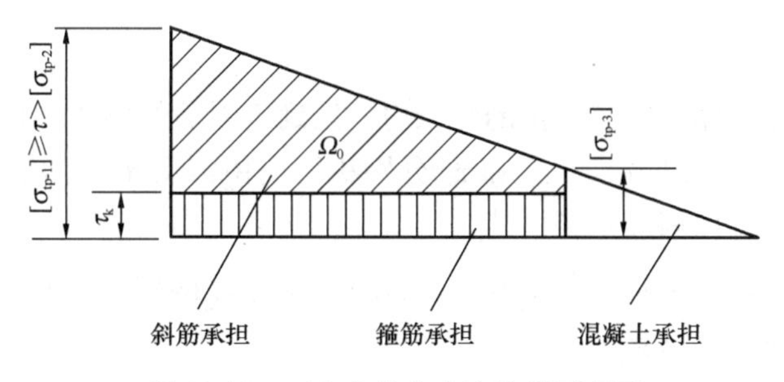

图 11-11　三个主拉应力容许值示意图

2）关于 $[\sigma_{tp-3}]$ 的规定

在钢筋混凝土梁中，主拉应力较高的区段会出现斜裂缝，而且会向主拉应力较小处延伸。如在 $\sigma_{tp} \leqslant [\sigma_{tp-2}]$ 的区段内，本来不至于产生斜裂缝，但 $\sigma_{tp} > [\sigma_{tp-2}]$ 区段内产生的斜裂缝，有可能向该区段延伸，致使混凝土开裂而丧失抗拉能力。至于斜裂缝究竟延伸至何处为止，则很难分析。规范规定以 $[\sigma_{tp-3}]$ 为界，在 $\sigma_{tp} \leqslant [\sigma_{tp-3}]$ 区段内，斜拉力全部由混凝土承担，仅按构造要求配置腹筋即可。一般情况下，钢筋混凝土梁中的主拉应力由箍筋、斜筋和部分混凝土承受。

2. 箍筋设计

通常，根据构造要求，并参考已有的同类型设计，先定出箍筋的肢数、间距和直径，然后计算所能承受的主拉应力。若选定每道箍筋为 n_k 肢，每肢的截面积为 a_k，所用钢筋

的容许应力为 $[\sigma_s]$，则每道箍筋所承担的竖直拉力为 $n_k a_k[\sigma_s]$。由前述可知，主拉应力与梁的轴线方向呈 45°角，因此，箍筋中的竖直拉力，在主拉应力方向上的分力为 $n_k a_k[\sigma_s]\cos 45°$。假定由箍筋承受的主拉应力为 σ_k，它在数值上等于 τ_k，如图 11-12 所示。箍筋间距为 S_k，在主拉应力图基线上的投影为 $S_k/\sqrt{2}$，则在每一道箍筋所辖属的范围 S_k 内，由箍筋承担的主拉应力的合力为 $b\cdot\frac{S_k}{\sqrt{2}}\cdot\sigma_k=b\cdot\frac{S_k}{\sqrt{2}}\cdot\tau_k$，式中 b 为梁肋宽度。显然，箍筋在主拉应力方向上的分力，应等于箍筋所辖范围内由箍筋承担的主拉应力的合力，即

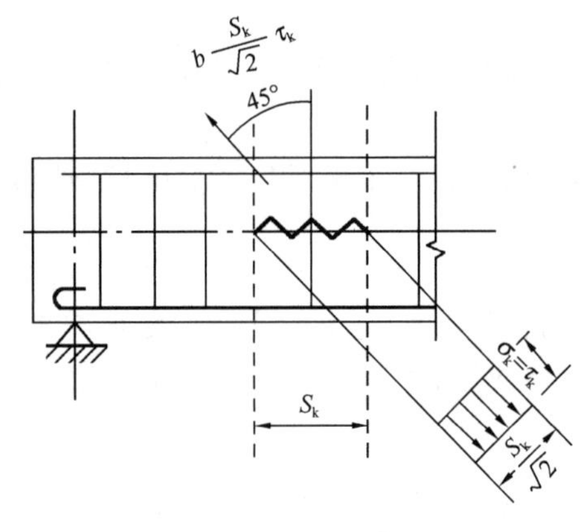

图 11-12　箍筋承担的剪应力

$$n_k a_k[\sigma_s]\cos 45° = b\frac{S_k}{\sqrt{2}}\tau_k$$

故

$$\tau_k = \frac{n_k a_k[\sigma_s]}{bS_k} \tag{11-26}$$

由式（11-26）算出由箍筋承担的主拉应力 τ_k 后，便可以在剪应力图（或主拉应力图）上绘出由箍筋承担的主拉应力部分。若沿梁长上箍筋的直径、肢数、间距均相同，则 τ_k 沿梁长方向是均匀分布，如图 11-11 所示；如果箍筋沿梁长的构造不同，则 τ_k 图呈台阶状变化。在图 11-11 的剪应力图（亦可视为主拉应力图）中，示出了由混凝土承担的部分和由箍筋承担的部分，剩余部分则由斜筋承担。

3. 斜筋设计

1）斜筋的计算

设计斜筋时，先计算由斜筋承担的斜拉力，以确定斜筋的根数，再进行斜筋布置。为此，应从剪应力图中，找出由 $[\sigma_{tp\text{-}3}]$ 和 τ_k 分别决定的由混凝土和箍筋承担的主拉应力部分，剩余部分为 Ω_0，则由斜筋承担。

剩余部分的面积 Ω_0（在剪应力图上）表示的斜拉力为 $\Omega_0 b/\sqrt{2}$。由于斜筋布置的方向与主拉应力的方向相同，所以有

$$A_w[\sigma_s]=\frac{\sqrt{2}}{2}\Omega_0 b$$

$$A_w = \frac{\sqrt{2}}{2}\,\frac{\Omega_0 b}{[\sigma_s]} \tag{11-27}$$

式中　A_w、$[\sigma_s]$——斜筋的截面积和容许应力；

Ω_0——在剪应力图上，由斜筋承担的剪应力面积；

b——梁腹板的厚度。

若斜筋直径相同，每根斜筋的截面积为 a_w，则需要斜筋的根数 n_w 为

$$n_w = \frac{\sqrt{2}}{2}\,\frac{\Omega_0 b}{a_w[\sigma_s]} \tag{11-28}$$

2）斜筋的布置

斜筋布置的原则，是使各斜筋承受的斜拉力相等，或与各斜筋截面面积呈正比，以使它们的强度能够均匀地发挥。这样，就必须相应地确定各斜筋的位置，一般以各斜筋与梁高中线的交点和起弯点表示。斜筋布置可用作图法或计算法进行。

用作图法布置斜筋时，如果每根斜筋的截面面积相等，可将剪应力图中的面积 Ω_0 分为 n_w 等份；如果每根斜筋的截面面积不等，则划分的各小块面积，应与每根斜筋截面面积呈正比。各斜筋与梁高中线交点的位置，由各小块面积的形心确定。

在计算需配斜筋的区段内，任一与梁轴垂直的截面，至少要与一根斜筋相交，即每根斜筋的水平投影必须稍有搭接，以确保在任意截面上，均有一道以上的斜筋承受斜拉力。

斜筋一般与梁轴呈 45°角，即与主拉应力方向平行；梁较高时，可用到 60°角。在板梁中，由于有效高度较低，若按 45°斜角布置斜筋，常难以满足上述任一截面至少与一根斜筋相交的要求，此时可采用 30°的斜角。小于 30°斜角的斜筋发挥作用很小，不应采用。

在钢筋混凝土梁中，一般以弯起纵筋作为斜筋。弯起的顺序，一般是先中间，后左右两边，先上层，后下层，尽量做到左右对称；要避免在同一截面附近，弯起过多的纵筋，以免纵筋应力变化过大，也便于混凝土的灌注和振捣；此外，至少还应保留梁肋两侧下角的纵筋，使其伸过支座中心一定的长度，锚固于两端。

4. 抵抗弯矩的检查

1）图解法

梁内部分纵向受拉钢筋弯起成为斜筋后，所余部分是否能满足各截面抗弯强度的要求，需要进行检查。通常采用图解法，将梁的弯矩包络图和材料抵抗弯矩图以同一比例尺、同一基线绘出，进行比较。抵抗弯矩图的纵坐标，代表该处梁截面所容许承受的最大弯矩值。所以，它应当能全部覆盖住弯矩包络图。

2）抵抗弯矩的计算

梁各截面的抵抗弯矩，按式（11-29）计算。

$$[M]=A_{sz}[\sigma_s]Z\frac{h_0-x}{h-x-a_1} \tag{11-29}$$

式中　A_{sz} ——该截面剩余主筋的截面面积；

Z ——该截面与 A_{sz} 对应的内力偶臂长；

x ——该截面与 A_{sz} 对应的受压区高度；

a_1 ——该截面最外层钢筋重心至梁底的距离。

如果截面内纵向受力钢筋的布置层数不超过 3 层，全梁长范围内 Z 值变化不大，可假定 Z 值沿梁长不变，抵抗弯矩近似地按式（11-30）计算。

$$[M]\approx A_{sz}[\sigma_s]Z=\sum n_i a_{si}[\sigma_s]Z \tag{11-30}$$

式中　Z ——内力偶臂长，可近似地按梁最大弯矩截面处的内力偶臂长取用；

a_{si} ——某种直径单根主筋的截面面积；

n_i ——某种直径主筋的根数。

11.2.3 T形截面梁翼板与梁肋连接处的剪应力计算

同时承受弯矩和剪力作用的T形截面梁，在翼板与梁肋连接的竖向截面上，存在着水平剪应力，如图11-13(a)。当翼板厚度很小时，此水平剪应力将很大。为了保证翼板能可靠地参加主梁工作，应验算该水平剪应力。

1. 受压区剪应力计算

沿梁的纵轴方向，取长度为dl的分离体，再以m-m截面切出翼板部分，则可以看出，切出的翼板受到纵向力D和$D+\mathrm{d}D$及剪应力合力的共同作用。由于翼板很薄，可以近似地假定τ'沿板厚均匀分布。根据力的平衡条件，在分离体两端的截面上，弯曲正应力的合力之差dD等于截面m-m上剪应力的合力$h'_{\mathrm{f}}\mathrm{d}l\tau'$，从而有

$$\tau' = \frac{\mathrm{d}D}{h'_{\mathrm{f}}\mathrm{d}l} = \frac{1}{h'_{\mathrm{f}}\mathrm{d}l}\mathrm{d}\int_{\mathrm{A}}\sigma \mathrm{d}A$$

$$= \frac{\mathrm{d}M}{h'_{\mathrm{f}}\mathrm{d}lI_0}\int_{\mathrm{A}}y\mathrm{d}A = \frac{QS_{\mathrm{A}}}{h'_{\mathrm{f}}I_0}$$

式中 S_{A}——截面m-m以左部分面积对中性轴的面积矩；

Q——截面的剪力；

I_0——T形梁换算截面对中性轴的惯性矩。

上式与T形梁中性轴处剪应力的计算式$\tau_0=\dfrac{QS_0}{bI_0}$形式上相似。两式相比，可改成以下形式。

$$\tau' = \tau_0 \frac{QS_{\mathrm{A}}}{h'_{\mathrm{f}}I_0}\Big/\frac{QS_0}{bI_0} = \tau_0 \cdot \frac{b}{h'_{\mathrm{f}}} \cdot \frac{S_{\mathrm{A}}}{S_0} \tag{11-31}$$

2. 受拉区剪应力计算

同理可得T形梁受拉区翼板与梁肋连接处的水平剪应力，如图11-13(b) 所示。

$$\tau = \tau_0 \cdot \frac{b}{h_{\mathrm{f}}} \cdot \frac{A_{\mathrm{sf}}}{A_{\mathrm{s}}} \tag{11-32}$$

式中 h_{f}——截面n-n处的翼板厚度；

A_{sf}——翼板悬出部分受拉钢筋截面积；

A_{s}——受拉钢筋总截面积。

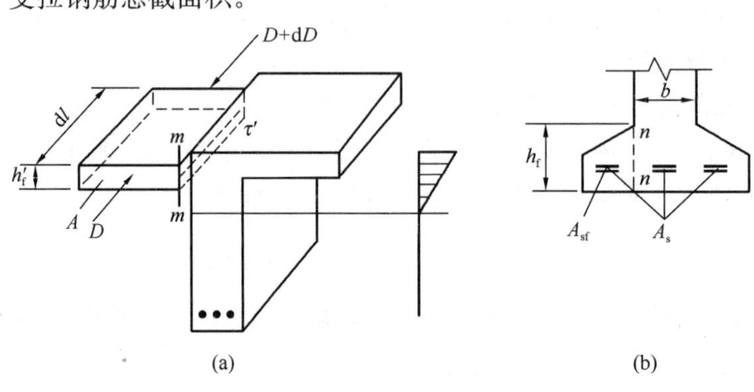

图11-13 水平剪应力

11.3　轴心受压构件计算

11.3.1　箍筋柱的计算

1. 强度计算

在荷载作用下，考虑到混凝土的塑性变形，短柱截面混凝土及受压钢筋的应力不可避免地存在应力重分布现象。所以，钢筋混凝土轴心受压构件的强度一般采用破坏阶段的截面应力状态为依据进行计算。

在破坏阶段，截面上混凝土应力达到轴心抗压极限强度 f_c，纵筋达到屈服强度。柱的破坏轴向力 N_p 为

$$N_p = A_c f_c + A'_s f'_s \tag{11-33}$$

式中　A_c——混凝土的截面面积（当纵筋的配筋率不超过 3%时，A_c 可不扣除纵筋所占的面积）；

f_c——混凝土的极限强度，如附表 3-1 所示；

A'_s——纵筋的截面面积；

f'_s——纵筋的屈服强度，即钢筋抗压强度标准值，普通钢筋如附表 3-3 所示。

为保证构件在使用阶段不进入破坏状态，应对式（11-33）取安全系数 K。若换算为容许应力的表达形式，则荷载产生的计算轴向压力 N 应满足

$$\begin{aligned} N \leqslant \frac{N_p}{K} &= \frac{A_c f_c + A'_s f'_s}{K} \\ &= [\sigma_c]A_c + [\sigma_c]\frac{f'_s}{f_c}A'_s \\ &= [\sigma_c](A_c + mA'_s) \end{aligned} \tag{11-34}$$

将式（11-34）化为应力复核的形式为

$$\sigma_c = \frac{N}{A_c + mA'_s} \leqslant [\sigma_c] \tag{11-35}$$

式中　σ_c——混凝土压应力；

N——计算轴向压力；

A_c——构件横截面的混凝土面积；

A'_s——受压纵筋截面积；

m——纵筋的抗拉强度标准值（按附表 3-3 取值）与混凝土抗压极限强度之比，按表 11-1 取值；

$[\sigma_c]$——混凝土中心受压时的容许应力，按附表 7-4 采用。

m 值　　**表 11-1**

钢筋种类	混凝土强度等级							
	C25	C30	C35	C40	C45	C50	C55	C60
HPB300	17.7	15.0	12.8	11.1	10.0	9.0	8.1	7.5
HRB400	23.5	20.0	17.0	14.8	13.3	11.9	10.8	10.0
HRB500	29.4	25.0	21.3	18.5	16.7	14.9	13.5	12.5

若计算应力 σ_c 未超过 $[\sigma_c]$，说明构件的承载能力足够。

2. 稳定性计算

当轴心受压构件的长细比超过一定数值时，应将承载能力乘以小于 1 的纵向弯曲系数 ϕ。稳定性的复核公式为

$$\sigma_c = \frac{N}{\phi(A_c + mA'_s)} \leqslant [\sigma_c] \tag{11-36}$$

构件不同长细比的纵向弯曲系数 ϕ 值，按附表 7-6 采用。

3. 截面设计

箍筋柱的设计，在已知荷载情况下，可能有两种情况：(1) 已知截面尺寸，配置纵筋及箍筋；(2) 选择截面尺寸和配筋。

用式 (11-36) 可求出柱中纵筋的面积，并按构造要求设置箍筋。

$$A'_s = \frac{1}{m}\left(\frac{N}{\phi[\sigma_c]} - A_c\right) \tag{11-37}$$

式中符号意义同前，按给定条件选用。

式 (11-36) 亦可用来计算混凝土截面积。

$$A_c = \frac{N}{\phi[\sigma_c](1 + m\mu')} \tag{11-38}$$

式中　μ' ——柱截面的配筋率，$\mu' = A'_s/A_c$ 。

设计时需进行试算。先假定 ϕ 及 μ'（ϕ 值可先取 1，μ' 值按经济配筋率选用），求出 A_c 后，选用合适的截面边长，再算出长细比，并查出 ϕ 值，然后反算 A_c 值，并修改截面尺寸。经几次试算，即可定出提供的 A_c 。最后，按式 (11-37) 计算需要的纵筋面积 A'_s，并配置纵筋。

【例 11-2】

某铁路车站中有一座连接两个站台的人行天桥，其墩柱为钢筋混凝土结构。将该墩柱设计为钢筋混凝土箍筋柱，承受计算轴向压力 N =980kN，柱截面尺寸 $b \times h$=400mm×400mm，柱长 8m，两端铰支。混凝土强度等级为 C25，钢筋为 HRB400。要求进行纵筋和箍筋设计。

【解】

(1) 计算纵向弯曲系数 ϕ

$$l_0/b = 8000/400 = 20 > 8$$

故必须按长柱计算，并考虑纵向弯曲系数 ϕ。查附表 7-6，ϕ =0.75。

(2) 查有关数值 m、$[\sigma_c]$

由表 11-1，m=23.5。

由附表 7-4，$[\sigma_c]$ =6.8MPa。

(3) 计算钢筋面积 A'_s

按式 (11-37)

$$A'_s = \frac{1}{m}\left(\frac{N}{\phi[\sigma_c]} - A_c\right) = \frac{1}{23.5}\left[\frac{980}{0.75 \times 6.8 \times 10^3} - (0.4 \times 0.4)\right]$$
$$= 0.001368\text{m}^2 = 1368\text{mm}^2$$

选用 4 Φ22，A'_s =1520mm²。

（4）验算柱的强度

由式（11-36）可知

$$\sigma_c = \frac{N}{\phi(A_c + mA'_s)} = \frac{980}{0.75(0.16 + 23.5 \times 0.00152)}$$
$$= 6676.2\text{kPa} = 6.68\text{MPa} < [\sigma_c] = 6.8\text{MPa}$$

（5）箍筋设计

箍筋直径选用Φ8，满足：

① d=8mm>6mm；

② d=8mm>0.25×22=5.5mm。

箍筋间距选用 250mm，满足：

③ s=250mm<b=400mm；

④ s=250mm<15d（主筋直径）=15×22=330mm。

因此，箍筋选用Φ8@250。

最后画出此墩柱配筋图（图 11-14）。

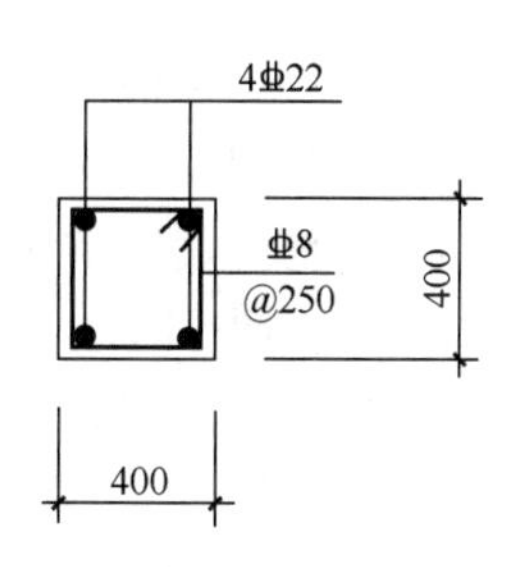

图 11-14　钢筋布置示意图（单位：mm）

11.3.2　旋筋柱的计算

1. 强度计算

旋筋柱的破坏阶段与箍筋柱的不同点是：混凝土保护层已经剥落不能再承担荷载，混凝土的有效面积为被螺旋箍筋包围的核心混凝土截面；螺旋箍筋能显著提高构件的强度，其提高幅度与箍筋的直径和间距有关。通过理论可以证明，它相当于同体积纵筋承载能力的 2 倍。

旋筋柱的强度计算原理与箍筋柱相同，只是在计算中，应考虑螺旋筋对提高柱承载能力的有利影响，并注意采用核心截面面积作为混凝土的有效面积。旋筋柱强度计算的公式可表达为

$$N \leqslant \frac{N_p}{K} = \frac{1}{K}(A_{he} f_c + A'_s f_s + 2.0 A_j f'_s)$$
$$= \frac{f_c}{K}\left(A_{he} + \frac{f_s}{f_c}A'_s + 2.0\frac{f'_s}{f_c}A_j\right)$$
$$= [\sigma_c](A_{he} + mA'_s + 2.0m'A_j)$$

即

$$\sigma_c = \frac{N}{A_{he} + mA'_s + 2.0m'A_j} \leqslant [\sigma_c] \tag{11-39}$$

式中　N——计算轴向压力；

A_{he}——核心混凝土截面面积；

m、m'——纵筋及螺旋筋的抗拉强度标准值（附表 3-3）与混凝土抗压极限强度之比，皆按表 11-1 采用；

A'_s——纵筋截面面积；

A_j——螺旋筋的换算截面面积。

$$A_j = \frac{\pi d_{he} a_j}{s} \tag{11-40}$$

式中　d_{he}——核心截面的直径；

a_j ——单根螺旋筋的截面面积；

s ——螺旋筋的螺距。

为保证在使用荷载作用下，旋筋柱的保护层不致剥落，规范规定：构件因使用螺旋筋而增加的承载能力，不应超过未使用螺旋筋时的 60%。

2. 稳定性计算

螺旋筋虽然能阻止核心部分混凝土的横向胀大，但并不能增加整个构件抵抗纵向弯曲的刚度，即对稳定性并无帮助。因此，当构件的长细比 $l_0/i>28$ 时（对任意形状截面），则不再考虑螺旋筋的影响，而按箍筋柱的公式进行计算。

3. 截面设计

旋筋柱用钢量较多，施工也较麻烦，一般只在截面尺寸受到限制，需要用螺旋箍筋（或焊接环筋）以提高柱的承载力时才考虑采用。所以，设计时多在截面尺寸已定的条件下，进行纵筋和旋筋的配置。在工程实践中，一般先假定配筋情况，进行截面强度复核。经过几次修改、计算，最后完成设计。

11.4 偏心受压构件强度计算

11.4.1 截面应力状态和两种偏心受压情况的判别

1. 截面应力状态

按容许应力法计算偏心受压构件的强度，这里只研究在设计荷载作用下，截面上的应力分布及其计算方法。

（1）在荷载作用下截面的应力分布

在使用荷载作用下，钢筋混凝土偏心受压构件的截面应变符合平截面假定，且应力呈直线分布。当轴向力的偏心较小时，全截面受压，称为小偏心受压。由于钢筋与所在处混凝土的应变相等，所以钢筋的应力可由此处混凝土应力的 n 倍（钢筋弹性模量对混凝土变形模量的比值）来确定；当轴向力的偏心较大时，在偏心的另一侧，截面存在受拉区，称为大偏心受压。此时，同受弯构件的假定一样，受拉区混凝土不参加工作。受拉钢筋及受压钢筋的应力，同样由其应变与该处混凝土的应变相等的条件确定。偏心受压构件的应力状态如图 11-15 所示。

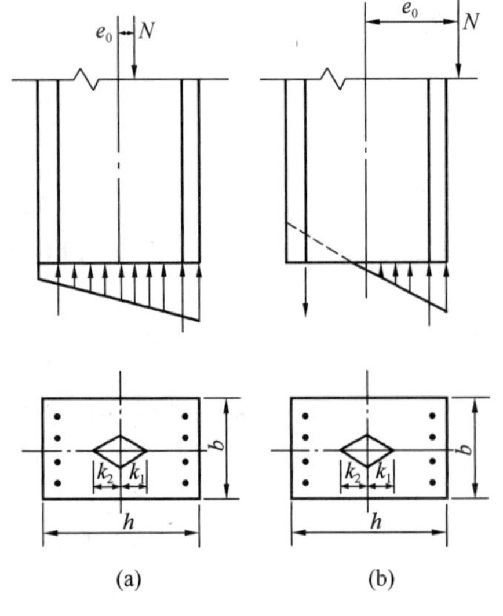

图 11-15 偏心受压构件的截面应力状态

（2）截面的应力计算

偏心受压构件的截面应力计算，亦采用换算截面的概念进行。小偏心受压构件，由于全截面受压，可直接采用材料力学应力计算公式进行；大偏心受压时，截面中性轴的位置与轴向力偏心距大小有关，且截面受拉区不参加工作，所以计算比小偏心受压复杂些。

2. 大小偏心受压的判别

可以利用材料力学中截面核心距概念，判别大小偏心受压。据此概念，轴向力偏心距小于或等于截面核心距时，全截面受压，即为小偏心受压；轴向力偏心距大于截面核心距时，中性轴位于截面内，截面存在受拉区，即为大偏心受压。

(1) 换算截面形心轴位置的确定

按照“截面各分面积对某轴的面积矩之和，等于全截面面积对同轴的面积矩”的原理，换算截面形心轴的位置，可按式 (11-41) 确定。

$$A_0 y_1 = S_c + nS_s + nS'_s$$

所以

$$y_1 = \frac{S_c + nS_s + nS'_s}{A_0} \tag{11-41}$$

$$y_2 = h - y_1 \tag{11-42}$$

式中　y_1、y_2——换算截面形心轴至截面边缘的距离，如图 11-16 所示；

S_c、S_s、S'_s——分别为混凝土面积、钢筋面积 A_s 和 A'_s 对截面 y_1 侧边缘的面积矩；

n——钢筋的弹性模量与混凝土变形模量之比；

h——截面高度。

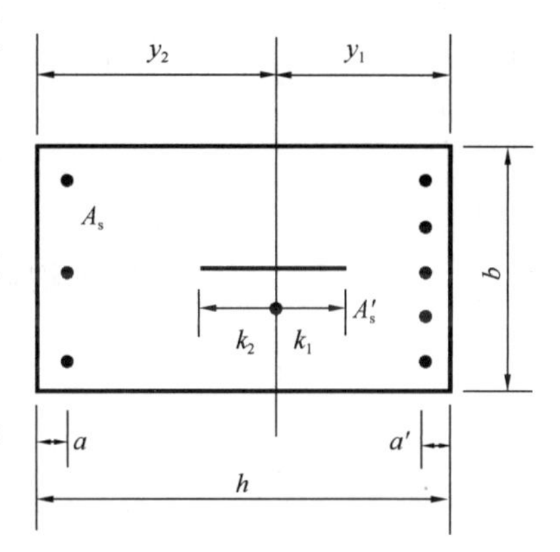

图 11-16　换算截面形心轴位置确定

式 (11-41)、式 (11-42) 对任何形状的截面都是适用的。对于不对称配筋的矩形截面

$$y_1 = \frac{\frac{1}{2}bh^2 + n[A'_s a' + A_s(h-a)]}{bh + n(A_s + A'_s)} \tag{11-43}$$

$$y_2 = h - y_1$$

当截面及配筋都对称时，截面的对称轴就是换算截面的形心轴，即

$$y_1 = y_2 = \frac{h}{2} \tag{11-44}$$

(2) 换算截面核心距的计算

根据截面核心距的定义，当轴向压力作用于截面核心距的边界时，其对面截面边缘的应力为零。若核心距以 k 表示，当轴向力偏心距 $e = k_1$ 时，由力作用的叠加原理，截面边缘应力为零的计算公式为

$$\frac{N}{A} - \frac{Nk_1}{I_0} y_2 = 0 \tag{11-45}$$

解得

$$k_1 = \frac{I_0}{A_0 y_2} \tag{11-46}$$

同理

$$k_2 = \frac{I_0}{A_0 y_1} \tag{11-47}$$

式中　A_0、I_0——换算截面面积、换算截面对其形心轴的惯性矩。

11.4.2 纵向弯曲影响偏心距增大系数的计算

1. 偏心距增大系数

对于对称配筋的矩形截面钢筋混凝土偏心受压构件，混凝土截面形心轴与换算截面的形心轴重合，在纵向力作用下，构件在弯矩作用的平面内将发生纵向弯曲，如图 11-17 所示，使荷载对柱底混凝土截面形心的偏心距由 e_0 增大为 e，由式（11-48）表示。

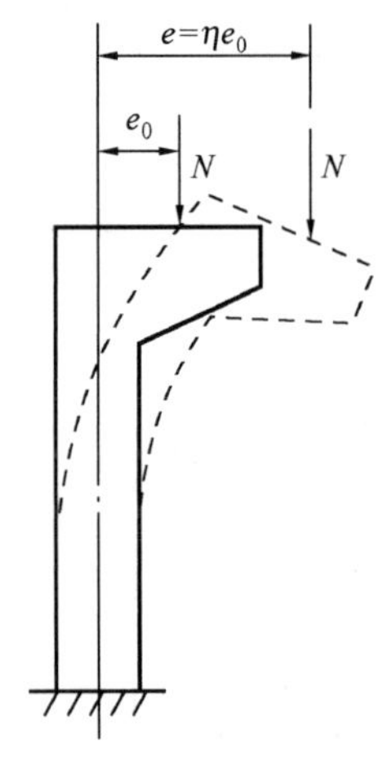

图 11-17 偏心距增大

$$e = \eta e_0 \tag{11-48}$$

式中 η——挠度对偏心距影响的增大系数。

当混凝土截面形心轴和换算截面形心轴重合时，由于偏心距增大，截面弯矩应为计算弯矩 M 乘以增大系数，即

$$\eta M = Ne \tag{11-49}$$

所以，η 又可称为弯矩增大系数。该增大系数可通过构件在压力作用下的侧向挠度确定。对柱底截面

$$\eta = \frac{e_0 + f}{e_0} = 1 + \frac{f}{e_0} \tag{11-50}$$

式中 f——偏心压力作用下柱顶的挠度。

对于均质弹性材料构件，η 可通过力学分析，由式（11-51）确定。

$$\eta = \frac{1}{1 - \dfrac{N}{N_k}} = \frac{1}{1 - \dfrac{N}{\dfrac{\pi^2 EI}{l_0^2}}} \tag{11-51}$$

式中 N、N_k——偏心压力和构件的临界压力；

l_0——构件的计算长度。

2. 刚度修正系数 a

考虑到钢筋混凝土为弹塑性材料，且具有截面受拉区开裂的特点，构件引入了刚度修正系数 a；再考虑安全系数 K，则偏心距增大系数的计算公式为

$$\eta = \frac{1}{1 - \dfrac{KN}{\alpha \dfrac{\pi^2 E_c I_c}{l_0^2}}} \tag{11-52}$$

式中 K——安全系数，取值依据规范，当荷载为主力时取 2.0，主力加附加力时取 1.6；

E_c——混凝土受压弹性模量；

I_c——混凝土全截面（不计钢筋）的惯性矩；

a——考虑偏心距影响的刚度修正系数，根据试验资料分析，可按式（11-53）确定。

$$a = \frac{0.1}{0.2 + \dfrac{e_0}{h}} + 0.16 \tag{11-53}$$

式中 e_0—— 轴向力作用点至构件截面形心的距离；

h ——弯曲平面内的截面高度。

由式（11-51）可以看出，偏心受压构件考虑到纵向弯曲引起的偏心增大后，在弯矩作用平面内，可不再进行稳定性检算，但尚应按轴心受压构件检算垂直于弯矩作用平面的稳定性。

11.4.3　小偏心受压构件的计算

1. 截面应力复核

小偏心受压构件的轴向压力作用于截面核心范围内（$e \leqslant k$），截面全部受压，混凝土和钢筋的应力可利用换算截面的概念，直接由材料力学公式求得。由图 11-18 可知，混凝土和钢筋的最大应力都发生在轴向力偏心一侧，可分别按式（11-54）和式（11-55）计算，并进行强度复核。

混凝土应力
$$\sigma_c = \frac{N}{A_0} + \frac{\eta M}{W_0} \leqslant [\sigma_b] \tag{11-54}$$

钢筋应力
$$\sigma'_s = n\left[\frac{N}{A_0} + \frac{\eta M}{I_0}(y_1 - a')\right] \leqslant [\sigma_s] \tag{11-55}$$

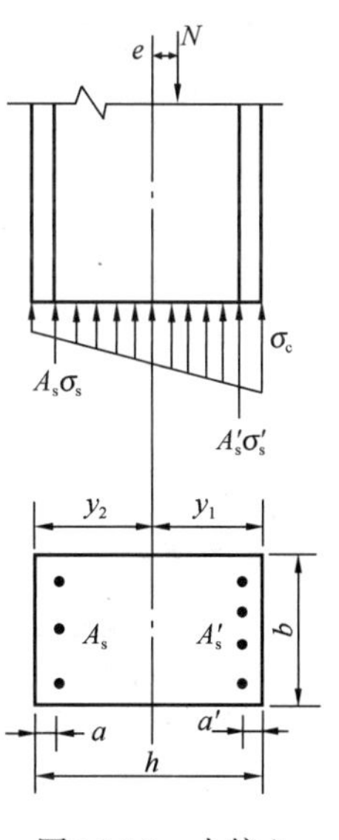

图 11-18　小偏心受压构件

式中　N ——换算截面形心处的计算轴向压力；

M ——计算弯矩；

W_0 ——换算截面对其受压边缘或受压较大边缘的截面抵抗矩；

其余符号同前。

2. 截面设计

1）试算法

偏心受压构件的截面设计，一般采用试算法进行。即先根据构造要求和同类构件设计资料，拟定混凝土截面尺寸，按最小配筋率对称布置钢筋，然后进行应力复核。必要时，再根据计算结果进行适当修改。

2）应力复核的三种结果

在应力复核时，可能有以下三种结果。

（1）计算应力比容许应力小得多。这时，如果无构造上的要求，可适当减小混凝土截面的尺寸并相应地减少钢筋用量。

（2）计算应力超出容许应力较多。这时，若正负弯矩相差很大，可以在截面压应力较大侧，适当增加钢筋面积；若正负弯矩相差不多，仍可采用对称配筋，适当增加钢筋面积。

（3）计算应力超出容许应力很多。这时应加大混凝土截面尺寸，相应地增加钢筋用量。对修改后的截面再进行应力核算，直至符合要求为止。

11.4.4　大偏心受压构件的计算

大偏心受压构件的轴向压力作用于截面核心范围以外（$e > k$），截面一部分受压，一部分受拉，中性轴位于截面内。根据受拉区混凝土不参与工作的假设，换算截面不包括受拉区混凝上的面积。

计算时，根据截面尺寸、配筋情况及轴向力偏心的大小，先确定中性轴的位置，然后计算换算截面的面积 A_0 和惯性矩 I_0。按材料力学公式，计算截面混凝土和钢筋的应力，复核构件的强度。

混凝土压应力和钢筋压应力计算公式同式（11-54）和式（11-55），钢筋拉应力为

$$\sigma_s = n\left[\frac{N}{A_0} - \frac{\eta M}{I_0}(y_2 - a)\right] \leqslant [\sigma_s]$$

式中符号意义参见式（11-54）、式（11-55）及图 11-19。

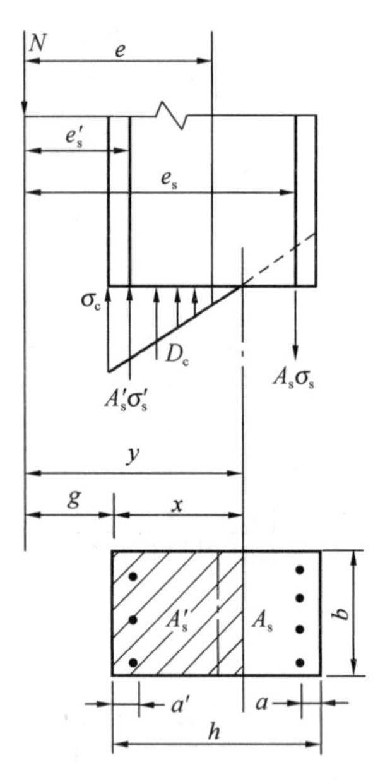

图 11-19　大偏心受压构件

1. 截面应力复核

以矩形截面为例介绍应力复核的方法。

（1）确定中性轴的位置

矩形截面的应力计算图形，如图 11-19 所示。根据平衡原理，对纵向压力 N 的作用点取矩，得

$$\sigma_s A_s e_s - \sigma_s' A_s' e_s' - \frac{1}{2}\sigma_c \cdot bx\left(g + \frac{x}{3}\right) = 0 \quad (11\text{-}56)$$

式中　σ_s、σ_s'——分别为受拉及受压钢筋的应力；

e_s、e_s'——分别为 N 至受拉及受压钢筋的距离；

g——N 至受压区截面边缘的距离；

其他符号意义同前。

由截面应力的比例关系，得

$$\sigma_s = n\sigma_c \frac{h - x - a}{x} \quad (11\text{-}57)$$

$$\sigma_s' = n\sigma_c \frac{x - a'}{x} \quad (11\text{-}58)$$

将式（11-57）和式（11-58）及 $x = y - g$（y 的意义如图 11-19所示）代入式（11-56）得

$$n\sigma_c \frac{e_s - y}{y - g} A_s e_s - n\sigma_c \frac{y - e_s'}{y - g} A_s' e_s' - \frac{1}{2}\sigma_c b(y - g)\left[g + \frac{1}{3}(y - g)\right] = 0 \quad (11\text{-}59)$$

消去 σ_c，整理后得

$$y^3 + py + q = 0 \quad (11\text{-}60)$$

$$p = \frac{6n}{b}(A_s' e_s' + A_s e_s) - 3g^2$$

$$q = -\frac{6n}{b}[A_s'(e_s')^2 + A_s e_s^2] + 2g^3$$

式（11-60）为一元三次方程式，有多种解法，其中以试算法较为方便。即根据判断假设 y 值，代入式（11-60），如不满足，再重新假设 y 值，直至满足为止。也可以采用式（11-61）计算出 y 值，作为第一次近似值。

$$y = \sqrt[3]{-q} - \frac{p}{3\sqrt[3]{-q}} \quad (11\text{-}61)$$

y 值确定后，便可得中性轴的位置。

(2) 计算截面应力

中性轴的位置确定后，便可以计算出换算截面的几何特性，利用材料力学方法，计算截面应力。但这样做比较麻烦，所以对大偏心受压构件，一般是直接利用力的平衡条件，建立截面应力的计算公式。

如图 11-19 所示，由截面应力的合力与轴向力 N 的平衡关系，有

$$\frac{1}{2}\sigma_c bx+\sigma'_s A'_s-\sigma_s A_s=N$$

将式 (11-57)、式 (11-58) 代入上式，混凝土应力要小于容许应力，即

$$\sigma_c=\frac{N}{\frac{1}{2}bx+n\left[A'_s\left(\frac{x-a'}{x}\right)-A_s\left(\frac{h-x-a}{x}\right)\right]}\leqslant[\sigma_b] \tag{11-62}$$

在对称配筋的情况下，$A'_s=A_s, a'=a$，于是有

$$\sigma_c=\frac{N}{\frac{1}{2}bx-2nA_s\left(\frac{h}{2x}-1\right)}\leqslant[\sigma_b] \tag{11-63}$$

混凝土应力算出后，钢筋应力由式 (11-57)、式 (11-58) 确定，要小于容许应力，即

$$\sigma_s=n\sigma_c\frac{h-x-a}{x}\leqslant[\sigma_s] \tag{11-64}$$

$$\sigma'_s=n\sigma_c\frac{x-a'}{x}\leqslant[\sigma_s] \tag{11-65}$$

2. 截面设计

(1) 试算法

大偏心受压构件的截面设计，也多采用试算法。先参考同类结构的设计资料，根据计算压力大小拟定截面尺寸，然后估算纵筋面积。估算时，为充分发挥混凝土的强度，令 $\sigma_c=[\sigma_b]$。同时，根据偏心大小，假定一个 σ_s 值，于是整个截面的应力状态便确定了。

依据应力比例关系，可算出截面受压区的高度。由力对截面受压钢筋的形心取矩，即可求得 A_s；对截面受拉钢筋的形心取矩，即可求得 A'_s (图 11-19)。

(2) 比选法

设计时，宜假定几个不同的 σ_s 值，分别求出相应的 A_s 及 A'_s。最后，比较选用 $A_s+A'_s$ 值最小的方案，以节约钢材。配筋设计结果若发现异常，则应考虑是否需要修改混凝土的截面尺寸。

按照常规，配筋设计后，应进行截面应力的复核。

11.5 构件的裂缝宽度和变形计算

11.5.1 裂缝宽度的计算

1. 矩形、T 形及工字形截面受弯及偏心受压构件

受弯构件截面受拉边缘处裂缝宽度的计算公式为

$$w_f = K_1 K_2 r \frac{\sigma_s}{E_s}\left(80 + \frac{8+0.4d}{\sqrt{\mu_z}}\right) \tag{11-66}$$

$$K_2 = 1 + \alpha \frac{M_1}{M} + 0.5\frac{M_2}{M} \tag{11-67}$$

$$\mu_z = \frac{(n_1\beta_1 + n_2\beta_2 + n_3\beta_3)A_{s1}}{A_{c1}} \tag{11-68}$$

式中　w_f——裂缝计算宽度（mm），其容许值如附表 7-7 所示；

K_1——钢筋表面形状影响系数，光圆钢筋取 1，带肋钢筋取 0.8；

K_2——荷载特征影响系数；

α——钢筋系数，光圆钢筋取 0.5，带肋钢筋取 0.3；

M_1——活载作用下弯矩；

M_2——恒载作用下弯矩；

M——全部计算荷载下弯矩；

r——中性轴至受拉边缘的距离与中性轴至受拉钢筋重心的距离之比，对梁和板分别取 1.1 和 1.2；

σ_s、E_s——受拉钢筋重心处钢筋的应力（MPa）和钢筋的弹性模量（MPa）；

d——受拉钢筋直径（mm），当钢筋直径不相同时，取大者；

μ_z——受拉钢筋的有效配筋率；

n_1、n_2、n_3——单根、两根一束、三根一束钢筋的根数；

β_1、β_2、β_3——考虑钢筋成束布置对黏结力影响的折减系数，对单根钢筋 $\beta_1=1.0$，两根一束 $\beta_2=0.85$，三根一束 $\beta_3=0.70$；

A_{s1}——单根钢筋的面积；

A_{c1}——与受拉钢筋相互作用的受拉混凝土面积，取为与受拉钢筋重心相重合的混凝土面积，如图 11-20 中的阴影部分所示，$A_{c1}=2ab$，a 为受拉钢筋重心到截面受拉边缘的距离；b 为梁肋的宽度，设置受拉翼缘的梁，b 取受拉翼缘宽度。

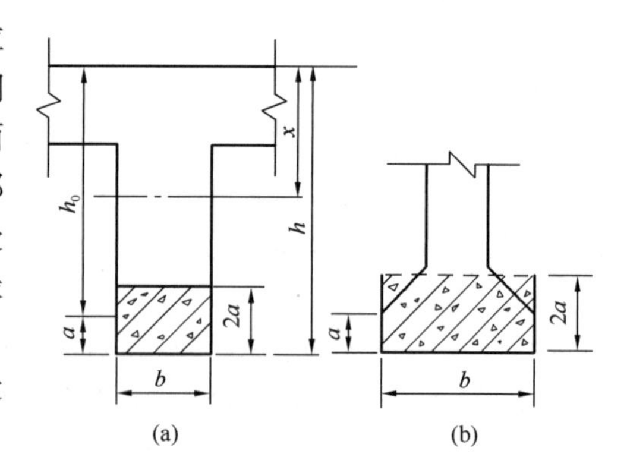

图 11-20　A_{c1} 计算示意图

2. 圆形、环形截面偏心受压构件

钢筋混凝土圆形和环形截面偏心受压构件裂缝宽度的计算，根据试验资料分析，可采用与受弯构件类似的形式。

$$w_f = K_1 K_2 K_3 r \frac{\sigma_s}{E_s}\left(100 + \frac{4+0.2d}{\sqrt{\mu_z}}\right) \tag{11-69}$$

$$r = \frac{2R - x}{R + r_s - x} \leqslant 1.2 \tag{11-70}$$

$$\mu_z = \frac{(\beta_1 n_1 + \beta_2 n_2 + \beta_3 n_3)A_{s1}}{A_z} \tag{11-71}$$

$$A_z = 4\pi r_s(R - r_s) \tag{11-72}$$

式中　K_1、K_2——意义同前；

K_3——截面形状系数，对圆形截面 $K_3 = 1.0$，环形截面 $K_3 = 1.1$；

r——中性轴至受拉边缘的距离与中性轴至最大拉应力钢筋中心距离之比，按图 11-21 计算，大于 1.2 时，取为 1.2；

A_z——与纵向钢筋相互作用的混凝土面积，如图 11-22 中的阴影面积。

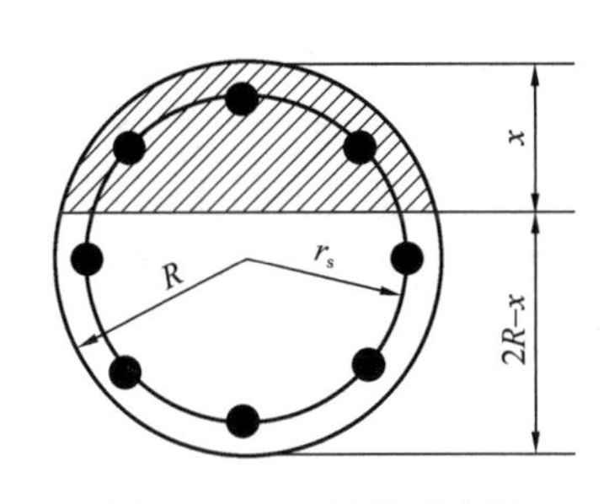

图 11-21　r 计算示意图

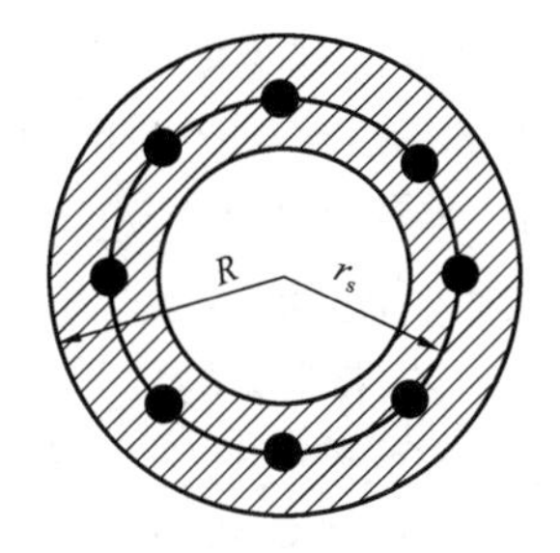

图 11-22　A_z 计算示意图

11.5.2　受弯构件挠度的计算

钢筋混凝土梁有较大的刚度，根据以往的设计经验，一般能满足使用要求。但是，在某些特殊情况下，要求尽量压低梁的高度（例如平原地区的跨线桥和河网地区所采用的低高度梁），这时挠度可能成为控制设计的一个因素。

对于铁路桥梁，在列车荷载作用下，如果梁的挠度过大，就会影响列车高速平稳的运行。因此，规范对梁体挠度规定了限值。目前，中国铁路分高速铁路、城际铁路、客货共线铁路、重载铁路四种标准，不同标准的铁路对列车运行平稳的要求不同，对挠度的要求也不同。比如，跨度 40m 以下简支梁桥，在不计列车竖向动力作用时的静活载产生的最大竖向挠度，重载铁路要求不应超过其跨度的 1/900；而对于时速 350km/h 的高速铁路，要求不应超过其跨度的 1/1600。

1. 受弯构件的刚度特征

钢筋混凝土梁的刚度是沿梁长变化的，无裂缝区段刚度大，有裂缝区段刚度小。裂缝之间与裂缝截面的刚度也不相同。此外，长时间及重复荷载的作用，会引起混凝土塑性变形，使梁的整体刚度降低。因此，梁在正常使用情况下带裂缝工作以及材料进入塑性的特点，使其挠度与按传统弹性理论计算的结果有较大差异。

2. 受弯构件挠度的计算

影响梁产生挠度的因素很多，而且情况也比较复杂，要想精确计算钢筋混凝土梁的挠度是比较困难的。因此，工程实践中对于钢筋混凝土梁的挠度计算，尤其是截面刚度的取值，通常根据试验研究分析，提出一些近似的方法。计算截面刚度时，弹性模量需要适当折减，对截面惯性矩的取值也作了相应规定。

按容许应力设计方法的思想，设计荷载作用下结构处在弹性阶段，混凝土结构变形可以采用弹性阶段结构分析的方法计算。对于超静定结构常需要采用结构分析软件，采用有限元分析方法计算荷载引起的挠度。钢筋混凝土简支梁是静定结构，可以给出跨中挠度的解析解。在均布荷载作用下，铁路简支梁的跨中挠度可按式（11-73）计算。

$$f = \frac{5}{48}\frac{Ml^2}{EI_0} \tag{11-73}$$

式中　M——均布荷载作用下梁的跨中弯矩；

E——计算弹性模量，取 $E = 0.8E_c$，E_c 为混凝土的受压弹性模量，按规范采用，考虑折减系数 0.8 的原因是，试验表明在多次重复荷载作用后，混凝土模量降低约 20%～25%；

I_0——换算截面的惯性矩，不计入受拉区的混凝土，只计入钢筋，计算中采用 $n = E_s/0.8E_c$，即受拉区的换算面积按 $nA_s = E_sA_s/0.8E_c$ 计算。

对于静定结构，换算截面惯性矩 I_0 忽略了受拉区混凝土的作用，而只计入钢筋部分，这是因为在使用阶段受拉区混凝土产生开裂。但沿梁长的受拉区混凝土并未完全开裂（尤其是靠近梁的端部），在未开裂的部分梁的刚度较大，完全不考虑受拉区混凝土是偏于安全的；对于超静定结构的变形计算，惯性矩值可近似地采用全部混凝土截面，而不计入钢筋。以上截面刚度的考虑方法简便且与实际较接近。

名词和术语

二维码11-5
思维导图

铁路钢筋混凝土　Railway reinforced concrete

容许应力法　Allowable stress design method

习　题

二维码11-6
思考题

11-1　钢筋混凝土板梁桥是我国铁路、公路与城市桥梁中广泛使用的一种梁式桥型，其主要优点是有合适的高跨比、建筑高度低且现场施工和安装方便。某计算跨度 L 为 10m 的铁路简支板梁桥，其桥跨结构采用钢筋混凝土实心板，横截面可以简化为矩形截面，截面宽度 b 和高度 h 分别为 1.4m 和 1.2m，承受均布荷载 $q=$ 72kN/m（包括自重）。梁内主筋选用 HRB400，混凝土强度等级为 C40。要求：（1）计算所需的钢筋截面积，并进行钢筋布置；（2）画出梁的剪应力图和主拉应力图，并计算出其图形面积。

11-2　某高速铁路疏散平台的立柱为钢筋混凝土中心受压箍筋柱，截面尺寸为 450mm×450mm 的正方形，柱长为 10m。柱两端的约束条件可以简化为一端刚性固定，另一端为不移动铰。混凝土强度等级为 C30，纵筋采用 4Φ22 的 HRB400 钢筋，该柱承受轴向压力 N=800kN。要求：复核该柱的强度及稳定性。

第12章　预应力混凝土构件

普通钢筋混凝土结构充分利用了钢筋和混凝土两种材料的特点，能够显著提高构件的极限承载能力。但随着人们对大跨度、重荷载结构的需求，普通钢筋混凝土构件呈现出无法克服的缺点。

由于混凝土材料的抗拉强度和极限拉应变均很低，每米仅能伸长0.10～0.15mm即告开裂。对于不同强度级别的钢筋，当混凝土受拉区开裂时，钢筋的强度只能达到20～30MPa，远低于钢筋的强度设计值。对于允许开裂的混凝土构件，为了保证结构的耐久性，需将裂缝宽度限制在0.20～0.30mm，对应的钢筋应力也只有150～250MPa。对于高强度钢筋，无法充分利用其更高强度。裂缝的存在也会导致钢筋混凝土构件截面抗弯刚度的降低，使得大跨度及重荷载下的混凝土构件挠度无法满足正常使用的要求。在交通运输领域，如高速铁路中的混凝土桥涵，对轨道等有平顺性及稳定性等更高要求时，只能通过加大截面来满足其刚度需求，会造成很大的材料浪费甚至无法建造。要使混凝土结构得到进一步的发展，必须克服混凝土构件过早开裂的缺点，人们在长期的工程实践及研究中，创造出了预应力混凝土结构，它从本质上改善了钢筋混凝土结构特性，具有技术革命的意义。

二维码12-1
本章导入

本章学习预应力混凝土的基本概念、预应力技术的分类、各项预应力损失值的意义和计算方法、预应力损失值的组合，以及以《混凝土结构设计规范》GB 50010—2010（2015年版）为依据的预应力轴心受拉构件和受弯构件的设计计算方法。

12.1　概述

12.1.1　预应力混凝土的概念

对于图12-1所示的简支梁，对其下部施加预压应力，来分析其预应力作用下的受力状态。设均质梁跨度为L，截面为$b\times h$，承受均布荷载q，跨中最大弯矩$M=qL^2/8$，跨中正截面上下边缘的应力分布为$\sigma_c=\pm 6M/(bh^2)$，其中，上表面受压，下表面受拉（图12-1a～c）。现预先在该梁两端、距离梁中心线$h/6$高度处，施加水平压力$N_p=3M/h$（图12-1b），则该力在梁全长范围内产生的正截面应力（图12-1d）为

上边缘　$$\sigma_{pcu}=\frac{N_p}{bh}-\frac{N_pe}{W}=\frac{3M}{bh^2}-\frac{3M}{h}\cdot\frac{h}{6}\cdot\frac{1}{bh^2/6}=0$$

下边缘　$$\sigma_{pcb}=\frac{N_p}{bh}+\frac{N_pe}{W}=\frac{3M}{bh^2}+\frac{3M}{h}\cdot\frac{h}{6}\cdot\frac{1}{bh^2/6}=\frac{6M}{bh^2}\text{（受压）}$$

将上述荷载q及预加水平力共同作用下的梁正截面应力进行叠加，可得到跨中截面

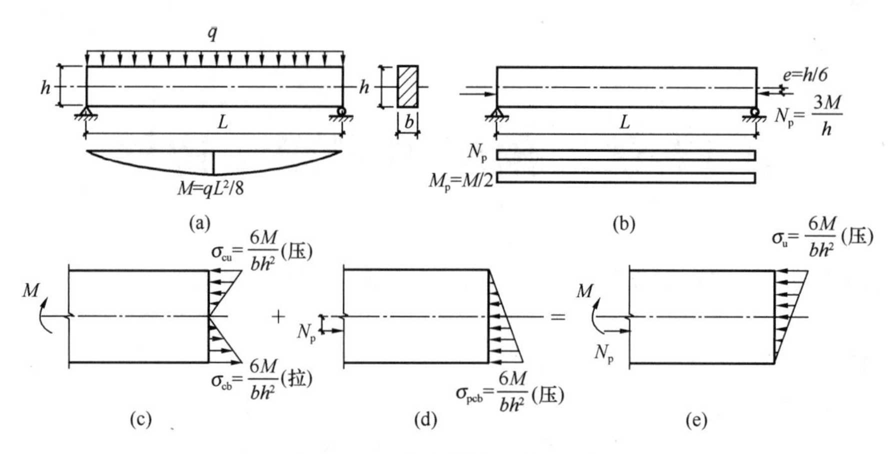

图 12-1 预应力结构基本原理图

(a) 简支梁受均布荷载 q 作用弯矩图；(b) 简支梁受两端预加压力作用下轴力及弯矩图；
(c) 荷载 q 作用下跨中截面应力分布图；(d) 荷载 N_p 作用下跨中截面应力分布图；
(e) 梁在 q 及 N_p 共同作用下跨中截面应力分布图

处，上、下缘的应力（图 12-1e）为

上边缘 $$\sigma_u=\sigma_{cu}+\sigma_{pcu}=\frac{6M}{bh^2}+0=\frac{6M}{bh^2}(受压)$$

下边缘 $$\sigma_b=\sigma_{cb}+\sigma_{pcb}=-\frac{6M}{bh^2}+\frac{6M}{bh^2}=0$$

从图 12-1 所示的简支梁施加预应力过程可以看出，所谓预应力混凝土结构，是指在结构构件受外部荷载作用前，预先对外部荷载产生拉应力的混凝土部位施加压力，造成人为的构件压应力状态，此应力在数值和分布上能全部或部分抵消外荷载所引起的拉应力，从而使结构构件在使用时所受的拉应力不大，甚至处于受压状态，这样，结构构件在外荷载作用下就不致产生裂缝，即使产生裂缝，开展宽度也不致过大。这种在构件受荷前预先对混凝土受拉区施加压应力的结构称为预应力混凝土结构。

预应力的概念和方法在日常生活和生产实践中早已有很多应用。如图 12-2（a）所示，木桶是用环向竹箍对桶壁预先施加环向压应力，当木桶中盛水后，水压引起的拉应力小于预加压应力时，木桶就不会（裂开）漏水。又如图 12-2（b）所示，当从书架上取下一叠书时，由于受到双手施加的压力，这一叠书在压力作用下，摩擦力大于书的重量，其中的某本书则不会从中滑落出来。一些长细比较大的钢结构或者钢索、柔性织物，则是在预先张紧的拉应力下，才能保持固定形状，发挥结构的作用，如木材加工中使用的钢锯、传统

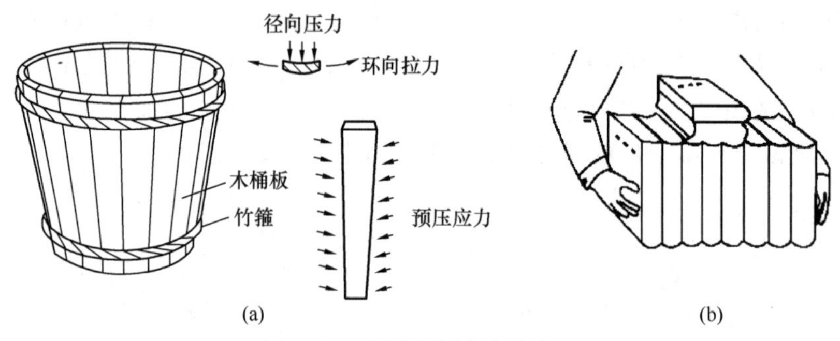

图 12-2 生活中预应力的应用

自行车用到的钢辐条、雨伞中的柔性伞面等。

在预应力混凝土概念研发之初的基本思想基础上，预应力之父林同炎先生总结出三种不同的概念或从三种不同的角度来理解和分析预应力混凝土结构的性能，这为预应力技术的概念理解、截面分析以及设计方法都提供了帮助。

（1）预应力能使混凝土在使用状态下成为弹性材料

经过预压混凝土，使原先抗拉弱、抗压强的脆性材料变为一种既能抗压又能抗拉的弹性材料，由此，混凝土被看作承受两个力系，即内部预应力和外部荷载。若预应力所产生的压应力能够将外荷载所产生的拉应力全部抵消，则在正常使用状态下混凝土没有裂缝甚至不出现拉应力。在这两个力系的作用下，混凝土构件的应力、应变及变形均可按材料力学公式计算，并可在需要时采用叠加原理。

（2）预应力使高强钢材和混凝土结合并发挥各自的潜力

这种概念是将预应力混凝土看作高强钢材和混凝土两种材料的一种协调结合。借助竹箍约束木桶的概念，混凝土的预压应力可通过预应力钢筋的张拉并反向作用在混凝土上，使混凝土内部相应部位产生预压应力。这种预先张拉的工序应在钢筋与混凝土结合之前进行，使混凝土在使用荷载作用前预压、储备抗拉能力。这种预压力的形成，当采用强度更高的钢筋来张拉时，才更有效率。因此，预应力是一种充分利用高强钢材的能力改变混凝土工作状态的有效手段。但也应明确，预应力混凝土不能超越材料本身的强度极限。

（3）预应力实现荷载平衡

这种概念是将预应力的作用视为对混凝土构件预先施加与使用荷载（外力）方向相反的荷载，用以抵消（平衡）部分或全部的使用荷载效应的一种方法。取混凝土为隔离体，通过调整预应力筋的位置、线形，可对混凝土构件造成预期的横向力。

12.1.2　预应力混凝土的分类

根据制作、设计和施工的特点，预应力混凝土可以有不同的分类。

1. 按预应力施加程度，可分为全预应力混凝土和部分预应力混凝土。

全预应力混凝土是指在使用荷载作用下，构件截面混凝土不出现拉应力，即为全截面受压的混凝土；部分预应力混凝土是在使用荷载作用下，构件截面混凝土允许出现拉应力或开裂，即只有部分截面受压。部分预应力又分为两类：一类是指在使用荷载作用下，构件预压区混凝土正截面的拉应力不超过规定的容许值；另一类是指在使用荷载作用下，构件预压区混凝土正截面的拉应力允许超过抗拉强度而开裂，但裂缝宽度不超过容许值。可见，全预应力和部分预应力混凝土都是按照构件中预加应力大小来划分的。

全预应力混凝土由于施加应力水平较高，仅用于个别严格要求不出现裂缝的工程结构；大部分的预应力混凝土构件属于部分预应力混凝土，在施工操作、经济耐久等方面有更好的适用性。

2. 按预应力筋是否与周围混凝土黏结，分为有黏结预应力、无黏结预应力与缓黏结预应力混凝土。

有黏结预应力，是指沿预应力筋全长，其周围均与混凝土黏结、握裹在一起的预应力。先张预应力结构及预留孔道穿筋压浆灌孔的后张预应力结构均属此类。

二维码12-3
预应力混凝土
技术发展

无黏结预应力是钢筋由高强钢丝组成钢丝束或用高强钢丝扭结而成的钢绞线，通过防锈、防腐润滑油脂等涂层包裹塑料套管而构成的新型预应力筋。它与施加预应力的混凝土之间没有黏结力，可以永久地相对滑动，预应力全部由两端的锚具传递。这种预应力筋的涂层材料化学稳定性高，与周围材料如混凝土、钢材和包裹材料不起化学反应；防腐和润滑性能好，摩阻力小；对外包层材料要求具有足够的韧性，抗磨性强，对周围材料无侵蚀作用。这种结构施工简便，可将无黏结预应力筋同非预应力筋一道按设计曲线铺设在模板内，待混凝土浇筑并达到强度后，张拉无黏结筋并锚固，借助两端锚具，达到对结构施加预应力的效果。由于预应力全部由锚具传递，故此种结构的锚具至少应能发挥预应力钢材实际极限强度的95%且不超过预期的变形。施工后必须用混凝土或砂浆加以保护，以保证其防腐蚀及防火要求。因而，无黏结预应力钢筋对锚具的安全可靠性、耐久性要求较高。由于无黏结预应力钢筋与混凝土纵向可相对滑移，所以预应力钢筋的抗拉能力不能充分发挥，并需配置一定的有黏结钢筋，以限制混凝土的裂缝。

缓黏结预应力钢筋是将无黏结预应力筋中的润滑油脂由缓凝黏合剂替代，使预应力钢绞线在施工阶段伸缩变形自由、不与周围缓凝黏合剂产生黏结，而在施工完成后的预定时期内，预应力筋通过固化的缓凝黏合剂与周围混凝土产生黏结作用。缓黏结预应力技术是继无黏结预应力、有黏结预应力技术之后发展起来的一项新的预应力技术。它吸收了无黏结预应力的施工特点，布置灵活，采用单孔锚具，不需要灌浆、不需要塑料套管，同时又具备有黏结预应力的力学特点，在缓凝黏合剂固化后，在力学上最终达到有黏结预应力的效果。

3. 按预应力施加工艺，可分为先张预应力混凝土与后张预应力混凝土。

先张法是制作预应力混凝土构件时，先张拉预应力钢筋、后浇筑混凝土的一种方法，最终形成有黏结预应力；而后张法是先浇筑混凝土，待混凝土达到规定强度后再张拉预应力钢筋的一种预加应力方法，后张法可用于无黏结预应力，也可用于在先浇筑的混凝土内预留孔道、张拉后再灌浆的有黏结预应力，或者先布置缓黏结预应力筋，等混凝土强度达到要求后再张拉的缓黏结预应力。

4. 按预应力筋与混凝土的相互位置关系，可分为体内预应力混凝土与体外预应力混凝土。

预应力筋布置在混凝土构件内的称为体内预应力混凝土，先张预应力结构和预设孔道穿筋的后张预应力结构等均属此类；体外预应力混凝土为预应力筋（称为体外索）布置在混凝土构件体外的预应力混凝土结构。体外预应力混凝土的预应力筋可以布置于构件截面外，也可以布置于构件截面内（如箱形梁的箱体内），仅在锚固区及转向块处与构件相连接。在公路桥的箱形桥梁中多有应用。

12.1.3 预应力混凝土的特点

与普通钢筋混凝土结构相比，预应力混凝土主要具有以下特点。

（1）构件的抗裂度和刚度提高。由于构件中预应力的作用，在使用阶段，当构件在外荷载作用下产生拉应力时，首先要抵消预压应力。推迟了混凝土裂缝的出现并限制了裂缝的发展，从而提高了混凝土构件的抗裂度和刚度，并改善了结构的耐久性，延长结构工作年限。

（2）充分利用高强度材料。由于普通钢筋混凝土构件容易开裂，较高强度的材料无法

得到充分利用。而预应力混凝土构件中，预应力筋先被预拉，外荷载作用后钢筋拉应力进一步增大，预应力筋始终处于高应力状态，即能够有效利用高强度钢筋；而且钢筋的强度高，可以减小所需要的钢筋截面面积。与此同时，应该尽可能采用高强度等级的混凝土，以便与高强度钢筋相配合，获得较经济的构件截面尺寸，并同时减轻结构自重。

(3) 提高抗剪及抗疲劳强度。预压应力的存在可以提高混凝土的抗剪性能，预应力混凝土梁中的曲线钢筋束可以有效提高抗剪承载力。预压应力的存在，也可有效降低钢筋中的疲劳应力幅值，增加疲劳寿命，尤其对于以承受动力荷载为主的桥梁结构。

(4) 预应力可作为结构构件连接的手段，促进结构新体系与施工方法的发展。

在由预应力钢筋预拉转向混凝土预压的施工过程中，存在较为复杂的工艺流程，对施工质量要求较高。同时，需要专门设备，如张拉机具、孔道压浆设备等，先张法预应力需要有张拉台座，需要配备技术较熟练的专业队伍。预应力混凝土结构的设计及应用，需要注意以下两点。

(1) 预应力上拱度的控制。预制梁时间过久再进行安装，可能因预应力作用使上拱度很大，造成结构表面的不平顺。

(2) 预应力混凝土结构的开工费用较大，对于跨度小、构件数量少的工程，成本较高，现阶段主要适用于普通钢筋混凝土构件力不能及的情形，如大跨度、重荷载及承受反复荷载的结构。

12.1.4　预应力钢筋的张拉方法

预应力混凝土中施加预应力的方法较多，如电热法，采用电力为能源，将电能转化为热能，把钢筋膨胀加热，待冷却后产生预应力；自应力混凝土法，用铝酸盐自应力水泥来配置可以自身膨胀的混凝土，这种自应力来源于混凝土的膨胀和预先施加的约束（如在混凝土管件缠绕的钢筋），一般用于生产预应力混凝土水管。但常用的方法是通过张拉设备对高强钢丝（钢筋）、钢绞线等预先张拉产生预应力，张拉预应力筋的方法主要有先张法和后张法两种。

1. 先张法

制作先张法预应力构件一般都需要台座、拉伸机、传力架和夹具等设备，其工序如图 12-3 所示。当构件尺寸不大时，可不用台座，而在钢模具上直接进行张拉。先张法预应力混凝土构件，预应力通过钢筋与混凝土之间的黏结力来传递形成。

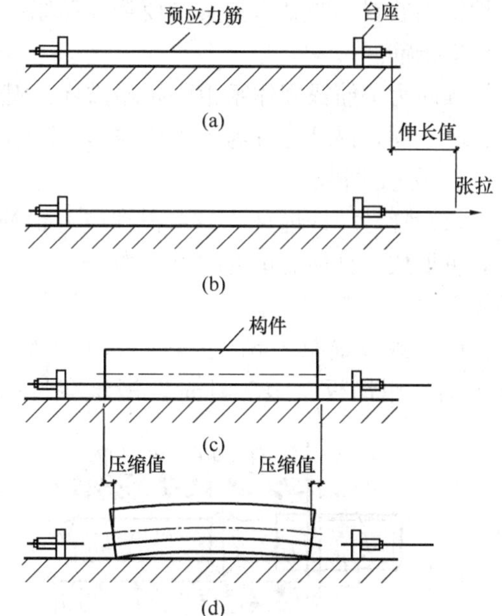

图 12-3　先张法主要工序示意图

(a) 钢筋就位；(b) 张拉钢筋；(c) 浇筑混凝土并养护；(d) 剪断钢筋使混凝土产生预压力

2. 后张法

在硬化后的混凝土构件上张拉钢筋的方法称为后张法，其工序如图 12-4 所示。张拉钢筋后，在孔道内灌浆，使预应力钢筋与混凝土形成整体，如图 12-4（d）所示；也可不灌浆，完全通过锚具来传递预压力，形成无黏结的预应力构件。后张法预应力构件，预应力主要通过钢筋端部的锚具来传递。

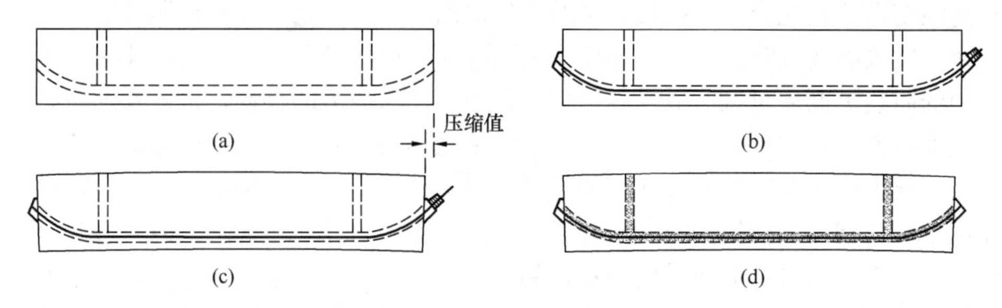

图 12-4　后张法主要工序示意图

（a）制作构件，预留孔道；（b）穿筋，安装拉伸机；（c）张拉钢筋，同时对混凝土施加压力；（d）锚固钢筋，孔道灌浆

12.1.5　锚具与夹具

锚具与夹具是在制作预应力构件时锚固预应力钢筋的工具。其中，锚具为后张法结构构件中，用于保持预应力钢筋的拉力并将其传递到结构上所用的永久性锚固装置。夹具当用于先张法构件生产时，作为保持预应力钢筋的拉力并将其固定在生产台座（或设备）上的工具性锚固装置；当用于后张法结构或构件张拉预应力钢筋时，作为在张拉千斤顶或设备上夹持预应力钢筋的工具性锚固装置。锚具与夹具主要依靠摩阻、握裹和承压锚固来夹住或锚住预应力钢筋。

二维码12-4
预应力混凝土
制作用锚具及夹具

预应力钢筋锚固体系由张拉端锚具、固定端锚具和预应力钢筋连接器组成。根据锚固形式的不同，锚具可分为支承式锚具、铸锚式锚具、握裹式锚具和夹片式锚具等。

1. 支承式锚具

（1）螺丝端杆锚具。在单根预应力钢筋的两端各焊上一段螺丝端杆，套以螺母和垫板，可形成一种最简单的锚具，如图 12-5 所示。此类锚具主要用于高强精轧螺纹粗钢筋的锚固中。

（2）镦头锚具。镦头锚具可用于张拉端，也可用于固定端。张拉端采用锚环，固定端采用锚板。施工时先将钢丝穿过固定端锚板和张拉端锚环中的圆孔，然后利

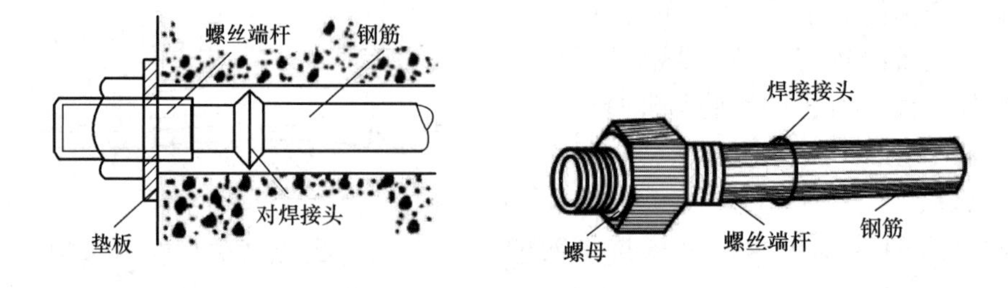

图 12-5　螺丝端杆锚具

用镦头器对钢丝两端进行镦粗，形成镦头，通过承压板或疏筋板锚固预应力钢丝，如图 12-6 所示。

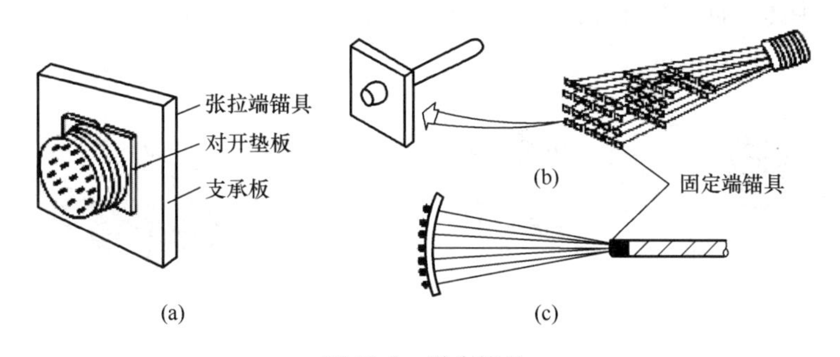

图 12-6　镦头锚具

(a) 张拉端；(b) 分散式固定端；(c) 集中式固定端

2. 铸锚式锚具

桥梁缆索的锚固，是将索体端部钢丝在锚具内散开，浇铸锌铜合金，合金浇铸时呈热熔状态，故称为热铸锚；当以环氧树脂和金属粉、粒的混合物灌铸入锚具内时，则称为冷铸锚。热铸锚的灌铸材料均为金属材料，理论上不存在寿命和老化的概念。因此，对于悬索桥主缆，鉴于其不可更换和对耐疲劳要求不高的性质，主缆一般均采用热铸锚；但对于耐疲劳要求很高的斜拉桥，一般采用冷铸锚，以充分利用其韧性特征来抵抗高应力幅的不利影响。

3. 握裹式锚具

握裹式锚具是预先埋在混凝土内，待混凝土养护到设计强度后，再进行张拉，利用握裹力将预应力传递给混凝土。握裹式锚具主要有挤压锚具和压花锚具两种。

(1) 挤压锚具。挤压锚具是用挤压机将挤压套压结在钢绞线上而形成的，它适用于构件端部设计应力大或群锚构件端部空间受到限制的情况，如图 12-7 所示。

(2) 压花锚具。压花锚具是指将钢绞线一端用压花机压成梨状后，固定在支架上，可排列成长方形或正方形。它适用于钢绞线较少、梁的断面较小的情况，如图 12-8 所示。

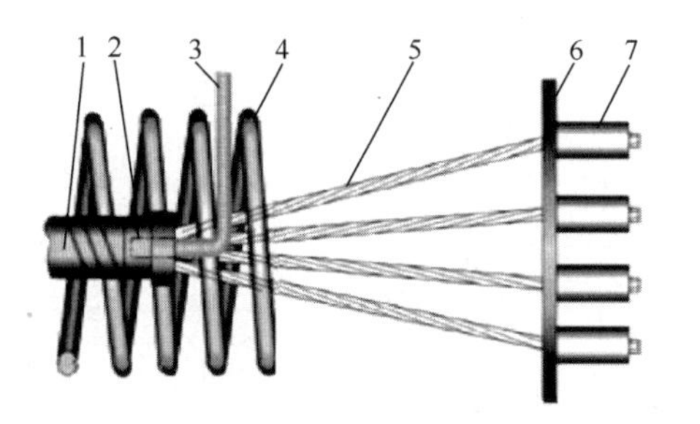

图 12-7　挤压锚具

1-波纹管；2-约束圈；3-出浆管；4-螺旋筋；5-钢绞线；6-固定锚板；7-挤压套挤压簧

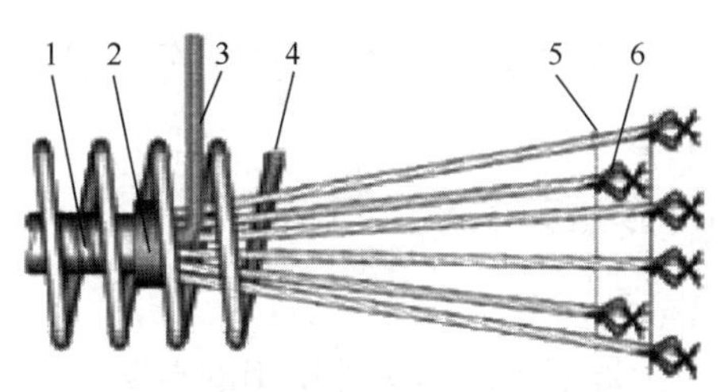

图 12-8　压花锚具

1-波纹管；2-约束圈；3-排气管；4-螺旋筋；5-支架；6-钢绞线梨形自锚头

4. 夹片式锚具

(1) 圆柱体夹片式锚具。圆柱体夹片式锚具由夹片、锚环、锚垫板和螺旋筋 4 部分组成。夹片是锚固体系的关键零件，用优质合金钢制作。圆柱体夹片式锚具有单孔（图 12-9a）和多孔（图 12-9b）两种形式。圆柱体夹片式锚具锚固性能稳定可靠，适用范围广泛，并具有良好的放张自锚性能，施工操作简便，适用于钢绞线单根和多根的锚固。

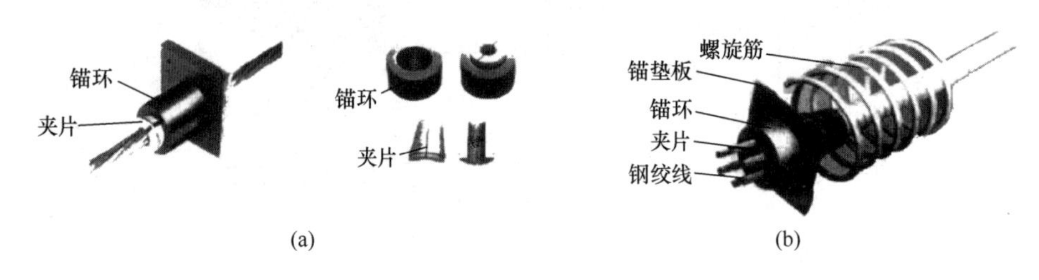

图 12-9　圆柱体夹片式锚具
（a）圆形单孔锚具；（b）圆形多孔锚具

（2）扁形锚具。扁形锚具（图 12-10）由扁锚板、工作夹片、扁锚垫板等组成。扁形锚具用于厚度较小的板式构件或腹板较薄的梁腹预应力钢筋锚固。

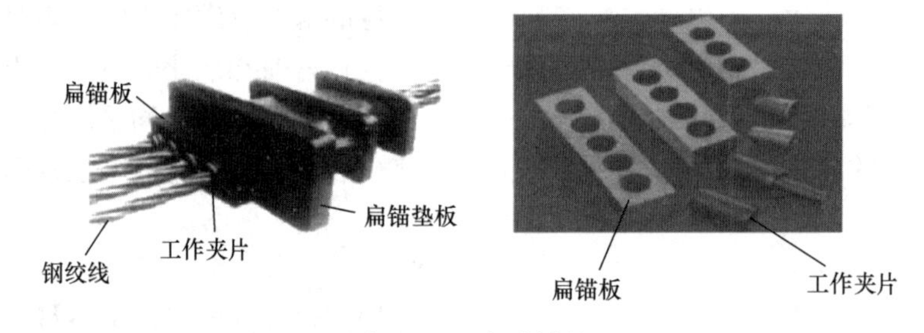

图 12-10　扁形锚具

应当注意的是，为保证施工与结构的安全，锚具必须按国家标准《预应力筋用锚具、夹具和连接器》GB/T 14370—2015 规定程序进行试验验算，验收合格后方可使用。锚具使用前，必须逐件擦洗干净，表面不得残留铁屑、泥砂、油垢及各种减摩剂，防止锚具回松和降低锚具的锚固效率。

12.2　预应力混凝土构件的一般规定

12.2.1　预应力混凝土材料

1. 混凝土

预应力混凝土结构构件所用的混凝土，需满足下列要求。

（1）强度高。与普通钢筋混凝土不同，预应力混凝土必须采用强度高的混凝土，与高强度预应力筋相匹配，保证预应力筋强度的充分发挥；能有效地减小截面尺寸、减轻自重，是预应力混凝土结构向大跨、轻型发展的基础；混凝土的高强度可提高先张法构件钢筋与混凝土之间的黏结力，对采用后张法的构件可提高锚固端的局部承压承载力。

（2）收缩、徐变小。混凝土高强度意味着高弹性模量和相对低的徐变，以减少因收缩、徐变引起的预应力损失，此为预应力筋保持高拉应力状态提供了有利条件。

（3）快硬、早强。可尽早施加预应力，加快台座、锚具、夹具的周转，以加快施工进度。

因此，《混凝土结构通用规范》GB 55008—2021 对预应力混凝土构件的混凝土强度最低等级进行了规定：预应力混凝土楼板结构的混凝土强度等级不应低于 C30，其他预应力混凝土结构构件的混凝土强度等级不应低于 C40。

2. 钢材

预应力混凝土结构构件所用的钢筋，需满足下列要求。

（1）高强度。为了保证预应力混凝土构件在正常使用阶段不发生开裂或延缓开裂，荷载作用下受拉区的混凝土必须保持较高的预压应力，因此需要预应力筋保持较高的拉应力；预应力筋被张拉后由于混凝土收缩、徐变和预应力筋松弛等影响，预应力筋中的应力会随时间而降低，因此，只有在张拉时采用很高的张拉应力，才能在扣除预应力降低量后，预应力筋仍能保持足够大的拉应力，因此预应力筋必须采用高强度钢材。

（2）良好的塑性和加工性能。为保证预应力混凝土破坏前有明显的变形预兆，预应力筋必须满足一定的拉断伸长率要求；为便于弯曲和转折布置，预应力筋必须满足一定的弯折次数要求；为保证加工质量，如采用镦头锚板时需保证钢筋头部镦粗后不影响原有力学性能，预应力筋还需具有良好的加工性能。

（3）良好的黏结性能。在有黏结预应力混凝土结构中，预应力筋必须与混凝土（先张法构件）或水泥浆（后张法构件）完好黏结，才能传递预压力并共同工作，同时可防止外界空气进入而发生钢筋锈蚀。

（4）低松弛。在高应力状态下预应力筋将发生松弛，使预拉应力随时间而降低，采用低松弛高强度钢材不仅可减少预拉应力降低量，为结构分析带来方便，亦可节约钢材。现阶段使用的预应力钢筋大多为低松弛预应力筋。

（5）良好的耐腐蚀性能。预应力筋断面面积相对较小，在高应力状态下对锈坑腐蚀、应力腐蚀及氢脆腐蚀敏感，且自开始腐蚀至失效历时很短，通常在无任何先兆情况下发生脆性破坏，因此，预应力筋需具有良好的耐腐蚀性能。在一些特殊环境下（如化工厂、海洋）工作的预应力混凝土，预应力筋应具有更高的耐腐蚀能力。

我国目前用于预应力混凝土构件中的预应力钢材主要有钢绞线、钢丝和预应力螺纹钢筋三大类。

（1）钢绞线。常用的钢绞线是由直径 5～6mm 的高强度钢丝捻制成的。用 3 根钢丝捻制的钢绞线，其结构为 1×3，公称直径有 8.6mm、10.8mm、12.9mm；用 7 根钢丝捻制的钢绞线，其结构为 1×7，公称直径有 9.5～21.6mm。在后张法预应力混凝土中采用较多。

钢绞线经最终热处理后以盘或卷供应，每盘钢绞线应由一整根组成，如无特殊要求，每盘钢绞线长度应不低于 200m。成品的钢绞线表面不得带有润滑剂、油渍等，以免降低钢绞线与混凝土之间的黏结力。钢绞线表面允许有轻微的浮锈，但不得锈蚀成目视可见的麻坑。

（2）钢丝。预应力混凝土所用钢丝包括消除应力钢丝和中等强度预应力钢丝。按外形不同，钢丝可分为光面钢丝、螺旋肋钢丝；按应力松弛性能的不同，钢丝可分为普通松弛（Ⅰ级松弛）及低松弛（Ⅱ级松弛）两种，现阶段常用低松弛预应力钢丝。钢丝的公称直径有 5mm、7mm、9mm。消除应力钢丝的极限抗拉强度标准值可达 1860N/mm^2；中等强度预应力钢丝的极限抗拉强度标准值可达到 1270N/mm^2。钢丝表面不得有裂纹、小刺、机械损伤、氧化铁皮和油污。

（3）预应力螺纹钢筋。预应力混凝土用螺纹钢筋是采用热轧、轧后余热处理或热处理等工艺生产的螺纹钢筋。其公称直径有 18mm、25mm、32mm、40mm、50mm，极限抗拉强度标准值可达 1230N/mm^2。

12.2.2 张拉控制应力

张拉控制应力是指预应力钢筋在进行张拉时所控制达到的最大应力值。其值为张拉设备（如千斤顶油压表）所指示的总张拉力除以预应力钢筋截面面积而得的应力值，以 σ_{con} 表示。

张拉控制应力的取值会直接影响预应力混凝土的使用效果。如果张拉控制应力取值过低，则预应力钢筋经过各种损失后，对混凝土产生的预压应力将过小，从而不能有效地提高预应力混凝土构件的抗裂度和刚度；如果张拉控制应力取值过高，则可能会引起以下问题。

（1）在施工阶段会使构件的某些部位受到拉力（称为预拉力）甚至开裂，对后张法构件还可能造成端部混凝土局压破坏。

（2）构件出现裂缝时的荷载值与极限荷载值很接近，从而使构件在破坏前无明显预兆，构件延性较差。

（3）为了减少预应力损失，有时需进行超张拉，如果张拉控制应力取值过高，则有可能在超张拉过程中使个别钢筋的应力超过它的实际屈服强度，使钢筋产生较大塑性变形甚至脆断。

（4）由于预应力混凝土采用的都为高强度钢筋，其塑性较差，故控制应力不能取太高。

张拉控制应力值的大小与施加预应力的方法有关，对于相同的钢种，先张法取值高于后张法。这是由于先张法和后张法建立预应力的方式不同：先张法是在浇灌混凝土之前在台座上张拉钢筋，在混凝土强度达到要求后预应力钢筋放张时，会因混凝土的弹性回缩降低预应力筋中的应力；后张法是在混凝土构件上张拉钢筋，在张拉的同时，混凝土被压缩，张拉设备千斤顶所指示的张拉控制应力已扣除混凝土弹性压缩所损失的钢筋应力。故后张法的预应力施加效率较高。

根据长期积累的设计和施工经验，《混凝土结构设计规范》GB 50010—2010（2015 年版）规定，在一般情况下，张拉控制应力宜符合表 12-1 的规定。

张拉控制应力限值 **表 12-1**

钢筋种类	最大值	最小值
消除应力钢丝、钢绞线	$0.75\ f_{ptk}$	$0.40\ f_{ptk}$
中强度预应力钢丝	$0.70\ f_{ptk}$	$0.40\ f_{ptk}$
预应力螺纹钢筋	$0.85\ f_{pyk}$	$0.50\ f_{pyk}$

注：f_{ptk}、f_{pyk} 分别为预应力钢筋的极限强度标准值和屈服强度标准值。由于预应力钢筋张拉过程是在施工阶段进行，同时张拉预应力钢筋也是对钢筋进行的一次检验，可靠性要求可适当降低，表中规定的张拉控制应力以预应力钢筋的标准强度给出。应注意，张拉控制应力考虑放张时的弹性回缩及扣除预应力损失后，应不超过预应力钢筋的抗拉强度设计值。

符合下列情况之一时，表 12-1 中的张拉控制应力最大值可提高 $0.05f_{ptk}$ 或 $0.05f_{pyk}$。

（1）要求提高构件在施工阶段的抗裂性能，而在使用阶段受压区内设置的预应力钢筋。

（2）要求部分抵消由于应力松弛、摩擦、钢筋分批张拉以及预应力钢筋与张拉台座之间的温差等因素产生的预应力损失。

12.2.3　预应力损失

预应力混凝土构件在制造、运输、安装、使用的各个过程中，由于张拉工艺和材料特性等原因，使钢筋中的张拉应力逐渐降低的现象，称为预应力损失。

引起预应力损失的因素很多，下面将以《混凝土结构设计规范》GB 50010—2010（2015 年版）的规定为例，讨论引起预应力损失的原因、损失值的计算方法和减少预应力损失的措施。

1. 张拉端锚具变形和预应力筋内缩引起的预应力损失 σ_{l1}

直线预应力钢筋张拉完锚固时，由于锚具、垫板与构件之间的所有缝隙都被挤紧，钢筋和楔块在锚具中的滑移使已拉紧的钢筋内缩了 a，造成预应力损失 σ_{l1}，其预应力损失值可按式（12-1）计算。

$$\sigma_{l1} = \frac{a}{l}E_{p} \tag{12-1}$$

式中　a——张拉端锚具变形和钢筋回缩值，按表 12-2 取用；

l——张拉端至锚固端之间距离（mm）；

E_{p}——预应力钢筋的弹性模量。

张拉端锚具变形、钢筋回缩及接缝压缩值 a（mm）　　**表 12-2**

锚具类别		a
钢丝束的钢制锥形锚具		6
支承式锚具（钢丝束镦头锚具等）	螺母缝隙	1
	每块后加垫板的缝隙	1～2
夹片式锚具	有顶压时	5
	无顶压时	6～8
水泥砂浆接缝		1
环氧树脂砂浆接缝		1

锚具损失中只需考虑张拉端，这是因为固定端的锚具在张拉钢筋的过程中已被挤紧，不会引起预应力损失。后张曲线预应力钢筋由锚具变形和预应力钢筋内缩引起的损失可参见相关规范的规定。

减少 σ_{l1} 损失的措施有：

（1）选择锚具变形小或使预应力钢筋内缩小的锚具和夹具，并尽量少用垫板。因为每增加一块垫板，a 值就增加 1mm。

（2）增加台座长度。因为 σ_{l1} 值与台座长度呈反比，若采用先张法生产构件，则当台座长度为 100m 以上时，σ_{l1} 可忽略不计。

2. 摩擦损失 σ_{l2}

在后张法预应力混凝土结构构件的张拉过程中，由于预留孔道偏差、内壁不光滑及预应力筋表面粗糙等，预应力筋在张拉时与孔道壁之间产生摩擦。当为曲线型预应力钢筋布置时，由预应力钢筋与孔道壁的摩擦作用引起的预应力损失更为可观，如图 12-11（a）。随着计算截面距张拉端距离的增大，预应力钢筋的实际预拉应力将逐渐减小。各截面实际所受的拉应力与张拉控制应力之间的这种差值，称为摩擦损失，如图 12-11（b）所示。

二维码12-5
曲线型孔道预应力损失计算机理

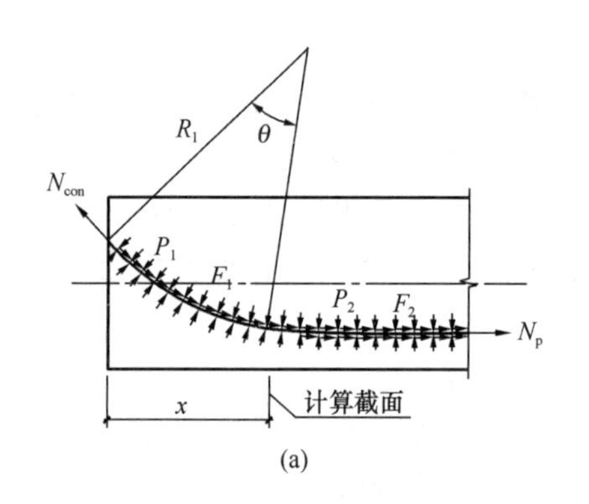

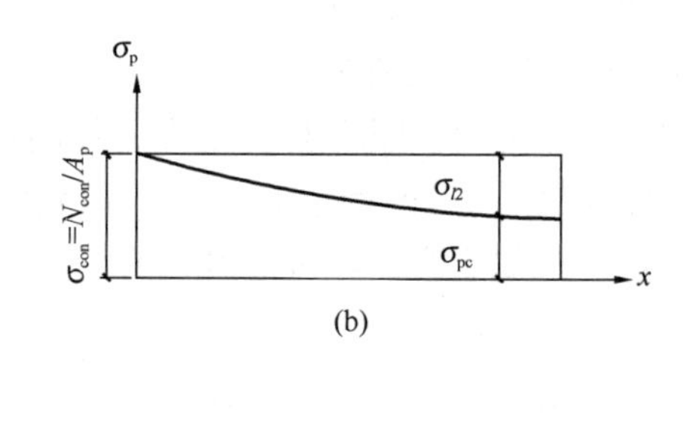

图 12-11　管道摩擦引起的预应力损失计算简图
（a）管道压力和摩擦力；（b）钢筋应力沿轴线分布

经分析，距离张拉端位置 x 处的预应力损失 σ_{l2} 可按式（12-2）进行计算。

$$\sigma_{l2}=\sigma_{con}\left(1-\frac{1}{e^{\kappa x+\mu\theta}}\right) \tag{12-2}$$

当 $\kappa x+\mu\theta\leqslant 0.3$ 时，σ_{l2} 可作近似计算

$$\sigma_{l2}=\sigma_{con}(\kappa x+\mu\theta)$$

式中　x——从张拉端至计算截面的孔道长度（m），亦可近似取该段孔道在纵轴上的投影长度；

θ——从张拉端至计算截面曲线孔道部分切线的夹角（rad）；

κ——考虑孔道每 1m 长度局部偏差的摩擦系数，可按表 12-3 采用；

μ——预应力筋与孔道壁之间的摩擦系数，可按表 12-3 采用。

钢丝束、钢绞线摩擦系数表　　**表 12-3**

预应力钢筋类型	孔道成型方式	κ	μ	
			钢绞线、钢丝束	预应力螺纹钢筋
体内预应力钢筋	预埋金属波纹管	0.0015	0.25	0.50
	预埋塑料波纹管	0.0015	0.15	—
	预埋钢管	0.0010	0.30	—
	预埋铁皮管	0.0030	0.35	0.40
	抽芯成型	0.0014	0.55	0.60
	无黏结预应力筋	0.0040	0.09	—
	缓黏结预应力筋	0.0060	0.12	
体外预应力钢筋	钢管	0.001 (0.004)	0.20～0.30 (0.08～0.10)	—
	高密度聚乙烯管	0.002 (0.004)	0.12～0.15 (0.08～0.10)	—

注：体外预应力钢绞线与管道壁之间摩擦引起的预应力损失仅考虑转向装置和锚固装置管道段，系数 κ 及 μ 宜根据实测数据确定。表中括号内数值用于无黏结钢绞线。

对于后张法构件，当预应力钢筋固定时发生回缩，其也将受到孔道壁的摩阻作用，但摩阻力的方向与正向张拉时相反，故称之为反摩阻作用。由于孔道挤压及孔壁摩擦作用，反向摩擦损失 σ_{l2} 沿预应力钢筋是变化的。

为了确定 σ_{l2} 沿预应力钢筋变化的情况，需先求出预应力钢筋回缩的影响长度 l_{f} 和张拉端的预应力损失 σ_{l1} 。当后张法构件张拉完进行锚固时，由于预应力钢筋在张拉端的回缩最大，σ_{l1} 也最大；而离张拉端越远，σ_{l1} 也越小；当离张拉端的距离超过 l_{f} 后，预应力钢筋的回缩不再发生，σ_{l1} 为零。若近似认为预应力钢筋回缩时的反摩阻作用机理与其张拉时的正向摩阻作用机理相同，则可计算出预应力钢筋回缩的影响长度 l_{f} 和张拉端的预应力损失 σ_{l1} ，然后确定 σ_{l2} 沿预应力钢筋长度的变化。

规范中规定反摩擦影响长度 l_{f}(mm) 可按式（12-3）计算。

$$l_{\mathrm{f}}=\sqrt{\frac{aE_{\mathrm{p}}}{\Delta\sigma_{\mathrm{d}}}} \tag{12-3}$$

$$\Delta\sigma_{\mathrm{d}}=\frac{\sigma_0-\sigma_l}{l}=\sigma_{\mathrm{con}}(\mu/r_{\mathrm{c}}+\kappa) \tag{12-4}$$

式中　a——张拉端锚具变形和钢筋内缩值（m），按表 12-2 取用时需转换为“m”单位；

$\Delta\sigma_{\mathrm{d}}$——单位长度由管道摩擦引起的预应力损失（MPa/mm）；

σ_0——张拉端锚下控制应力；

σ_l——预应力筋扣除沿途摩擦损失后锚固端应力；

l——张拉端至锚固端之间距离（mm）。

（1）当 $l_{\mathrm{f}}\leqslant l$ 时，预应力筋离张拉端 x 处考虑反摩擦后的预应力损失 σ_{l1} ，可按式（12-5）计算。

$$\sigma_{l1}=\Delta\sigma\frac{l_{\mathrm{f}}-x}{l_{\mathrm{f}}} \tag{12-5}$$

$$\Delta\sigma=2\Delta\sigma_{\mathrm{d}}l_{\mathrm{f}} \tag{12-6}$$

式中　$\Delta\sigma$——预应力筋考虑反向摩擦后在张拉端锚下的预应力损失值。

（2）当 $l_{\mathrm{f}}>l$ 时，预应力筋离张拉端 x' 处考虑反摩擦后的预应力损失 σ'_{l1}，可按式（12-7）计算。

$$\sigma'_{l1}=\Delta\sigma'-2x'\Delta\sigma_{\mathrm{d}} \tag{12-7}$$

式中　$\Delta\sigma'$——预应力筋考虑反向摩擦后在张拉端锚下的预应力损失值，可按以下方法求得：在图 12-12 中设 $ca'bd$ 等腰梯形面积 $A=aE_{\mathrm{p}}$，试算得到 cd，则 $\Delta\sigma'=cd$。

其他线形预应力筋的 σ_{l1} 近似计算

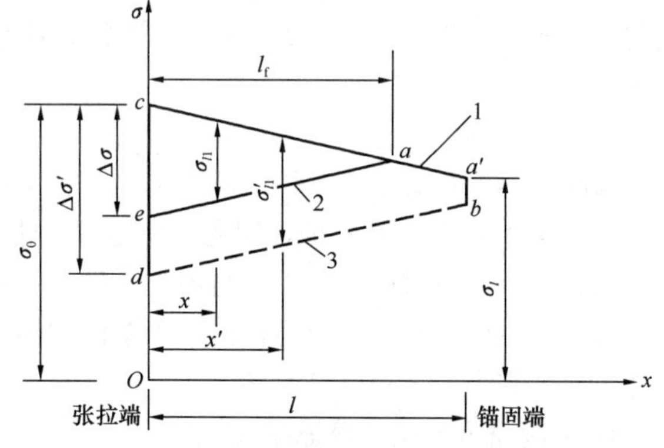

图 12-12　考虑反向摩擦后预应力损失计算

注：1. caa' 表示预应力筋扣除管道正摩擦损失后的应力分布线。

2. eaa' 表示 $l_{\mathrm{f}}\leqslant l$ 时，预应力筋扣除管道正摩擦和内缩（考虑反摩擦）损失后的应力分布线。

3. db 表示 $l_{\mathrm{f}}>l$ 时，预应力筋扣除管道正摩擦和内缩（考虑反摩擦）损失后的应力分布线。

公式也可按上述方法导出。

为了减少摩擦损失，可采用以下措施。

（1）对于较长的构件，可在两端进行张拉，如图 12-13（a）与图 12-13（b）的总摩擦损失值可以看出，两端张拉可减少一半摩擦损失。

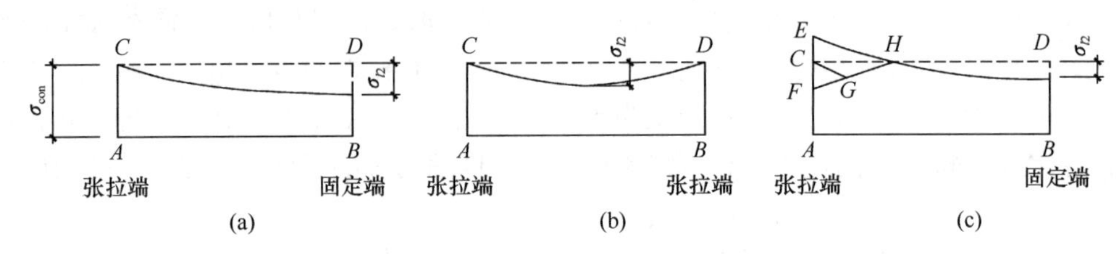

图 12-13　张拉钢筋时的摩擦损失

（a）一端张拉；（b）两端张拉；（c）超张拉

（2）采用超张拉工艺，如图 12-13（c）所示，若张拉工艺为：0→1.1 σ_{con}，持荷 2min→0.85 σ_{con}→σ_{con}。当第一次张拉至 1.1 σ_{con} 时，预应力钢筋应力沿 EHD 分布；退至 0.85 σ_{con} 后，由于钢筋与孔道的反向摩擦，预应力将沿 $DHGF$ 分布；当再张拉至 σ_{con} 时，预应力沿 $CGHD$ 分布。显然，图 12-13（c）比图 12-13（a）所建立的预应力要均匀些，预应力损失也要小一些。

（3）在接触材料表面涂水溶性润滑剂，以减小摩擦系数。

3. 温差损失 σ_{l3}

为了缩短先张法构件的生产周期，常采用蒸汽养护混凝土的办法。升温时，新浇的混凝土尚未结硬，钢筋受热自由膨胀，但两端的台座是固定不动的，距离保持不变，故钢筋将会松弛；降温时，混凝土已结硬并和钢筋结成整体，钢筋不能自由回缩，构件中钢筋的应力也就不能恢复到原来的张拉值，于是就产生了温差损失 σ_{l3}。

σ_{l3} 可近似地作以下计算：若预应力钢筋与承受拉力的设备之间的温差为 Δt（℃），钢筋的线膨胀系数为 α_s（1×10^{-5}/℃），那么由温差引起的钢筋应变为 $\alpha_s\times\Delta t$，则应力损失为

$$\sigma_{l3}=\alpha_s E_s \Delta t=1\times10^{-5}\times2\times10^{5}\times\Delta t=2\Delta t \tag{12-8}$$

为减少温差损失，可采用以下措施。

（1）采用两次升温养护，即先在常温下养护，待混凝土强度等级达到 C7～C10 时，再逐渐升温。此时可以认为钢筋与混凝土已结成整体，能一起胀缩而无应力损失；

（2）在钢模上张拉预应力构件，因钢模和构件一起加热养护，不存在温差，所以，可不考虑此项损失。

4. 预应力钢筋应力松弛损失 σ_{l4}

钢筋的应力松弛是指钢筋受力后，在长度不变的条件下，钢筋的应力随时间的增长而降低的现象。显然，预应力钢筋张拉后固定在台座或构件上时，都会引起应力松弛损失 σ_{l4}。

应力松弛与时间有关：在张拉初期发展很快，第 1min 内大约完成 50%，24h 内约完成 80%，1000h 以后增长缓慢，5000h 后仍有所发展。应力松弛损失值与钢材品种有关：冷拉热轧钢筋的应力松弛比碳素钢丝、冷拔低碳钢丝、钢绞线的应力松弛小。应力松弛损

失值还与初始应力有关：当初始应力小于 $0.7f_{ptk}$ 时，松弛与初始应力呈线性关系；当初始应力大于 $0.7f_{ptk}$ 时，松弛显著增大，在高应力下短时间的松弛可达到低应力下较长时间才能达到的数值。根据这一原理，若采用短时间内超张拉的方法，可减少松弛引起的预应力损失。常用的超张拉程序为：$0 \rightarrow 1.05\sigma_{con} \sim 1.1\sigma_{con} \rightarrow$ 持荷 2～5min$\rightarrow \sigma_{con}$ 。

预应力钢筋的应力松弛损失 σ_{l4} 按下列方法计算。

（1）普通松弛预应力钢丝和钢绞线

普通松弛预应力钢丝和钢绞线的应力松弛损失可按式（12-9）计算。

$$\sigma_{l4} = 0.4\left(\frac{\sigma_{con}}{f_{ptk}} - 0.5\right)\sigma_{con} \tag{12-9}$$

（2）低松弛预应力钢丝和钢绞线

当 $\sigma_{con} \leqslant 0.7f_{ptk}$ 时，有

$$\sigma_{l4} = 0.125\left(\frac{\sigma_{con}}{f_{ptk}} - 0.5\right)\sigma_{con} \tag{12-10}$$

当 $0.7f_{ptk} < \sigma_{con} \leqslant 0.8f_{ptk}$ 时，有

$$\sigma_{l4} = 0.2\left(\frac{\sigma_{con}}{f_{ptk}} - 0.575\right)\sigma_{con} \tag{12-11}$$

（3）中等强度预应力钢丝

中等强度预应力钢丝的应力松弛损失可按式（12-12）计算。

$$\sigma_{l4} = 0.08\sigma_{con} \tag{12-12}$$

（4）预应力螺纹钢筋

预应力螺纹钢筋的应力松弛损失可按式（12-13）计算。

$$\sigma_{l4} = 0.03\sigma_{con} \tag{12-13}$$

当 $\sigma_{con}/f_{ptk} \leqslant 0.5$ 时，预应力筋的应力松弛损失值可取为零。

5. 混凝土收缩徐变损失 σ_{l5}

在一般湿度条件下（相对湿度 60%～70%），混凝土结硬时体积收缩，而在预压力作用下，混凝土又发生徐变。收缩、徐变都会使构件的长度缩短，造成预应力损失 σ_{l5} 。

由于收缩和徐变是伴随产生的，且两者的影响因素很相似，而由收缩和徐变引起的钢筋应力变化的规律也基本相同，故可将两者合并在一起予以考虑。规范规定，由混凝土收缩及徐变引起的受拉区和受压区预应力钢筋的预应力损失 σ_{l5}、σ'_{l5} 可按式（12-14）～式（12-17）进行计算。

先张法构件

$$\sigma_{l5} = \frac{60 + 340\dfrac{\sigma_{pc}}{f'_{cu}}}{1 + 15\rho} \tag{12-14}$$

$$\sigma'_{l5} = \frac{60 + 340\dfrac{\sigma'_{pc}}{f'_{cu}}}{1 + 15\rho'} \tag{12-15}$$

后张法构件

$$\sigma_{l5} = \frac{55 + 300\dfrac{\sigma_{pc}}{f'_{cu}}}{1 + 15\rho} \tag{12-16}$$

$$\sigma'_{l5}=\frac{55+300\dfrac{\sigma'_{pc}}{f'_{cu}}}{1+15\rho'} \tag{12-17}$$

式（12-14）～式（12-17）中

σ_{pc}、σ'_{pc}——受拉区、受压区预应力钢筋合力点处的混凝土法向压应力，计算 σ_{pc}、σ'_{pc} 时，预应力损失仅考虑混凝土预压前（第一批）的损失，其非预应力钢筋中的应力 σ_{l5}、σ'_{l5} 的值应取为零，并可根据构件制作情况考虑自重的影响；

f'_{cu}——施加预应力时的混凝土立方体抗压强度；

ρ、ρ'——受拉区、受压区预应力钢筋和非预应力钢筋的配筋率，对先张法构件 $\rho=(A_p+A_s)/A_0$，$\rho'=(A'_p+A'_s)/A_0$，对后张法构件，$\rho=(A_p+A_s)/A_n$，$\rho'=(A'_p+A'_s)/A_n$；对于对称配置预应力钢筋和非预应力钢筋的构件，取 $\rho=\rho'$，此时配筋率应按其钢筋截面面积的一半进行计算；

A_p、A'_p——分别为受拉区、受压区纵向预应力钢筋的截面面积；

A_s、A'_s——分别为受拉区、受压区纵向非预应力钢筋的截面面积；

A_0——混凝土换算截面面积（包括扣除孔道、凹槽等削弱部分以外的混凝土全部截面面积以及全部纵向预应力钢筋和非预应力钢筋截面面积换算成混凝土的截面面积）；

A_n——净截面面积（换算截面面积减去全部纵向预应力钢筋截面面积换算成混凝土的截面面积）。

由式（12-14）～式（12-17）可见，后张法构件的 σ_{l5} 取值比先张法构件要低，这是因为后张法构件在施加预应力时，混凝土已完成部分收缩。

对处于干燥环境（年平均相对湿度低于40%）的结构，σ_{l5} 及 σ'_{l5} 值应增加30%。

混凝土收缩和徐变引起的预应力损失值，在曲线配筋构件中可占总损失值的30%左右，而在直线配筋构件中则占60%左右。所以，为了减少这种应力损失，应采取减少混凝土收缩和徐变的各种措施，同时应控制混凝土的预压应力，使 σ_{pc}、$\sigma'_{pc}\leqslant 0.5f'_{cu}$。由此可见，过大的预应力以及放张时过低的混凝土抗压强度均是不妥的。

6. 环形构件用螺旋式预应力钢筋作配筋时所引起的预应力损失 σ_{l6}

当环形构件采用缠绕螺旋式预应力钢筋时，混凝土在环向预应力的挤压作用下产生局部压陷，预应力钢筋环的直径减小，造成应力损失 σ_{l6}，其值与环形构件的直径呈反比。规范规定：当 $d\leqslant 3\text{m}$ 时，$\sigma_{l6}=30\text{N/mm}^2$；当 $d>3\text{m}$ 时，$\sigma_{l6}=0$。

上述六种应力损失，它们有的只发生在先张法构件中，有的只发生在后张法构件中，有的在两种构件中均有发生。在混凝土构件的预应力施加或预应力钢筋放张过程中，为了加快设备的周转，提高工作效率，通常在混凝土未达到100%设计强度时进行预应力施加，为了验算施工过程中的混凝土强度和局部抗压能力，需要得到混凝土预压前和预压后的应力水平，便于分析。同时，混凝土收缩和徐变损失的计算，也与混凝土实际获得的预压应力水平有关。规范规定：预应力构件在各阶段的预应力损失值宜按表12-4的规定进行分批组合。考虑到各项预应力的离散性，实际损失值有可能比计算值高，因此，求得的预应力总损失值 σ_l，对先张法构件不应小于 100N/m^2，对后张法构件不应小于 80N/m^2。

各阶段的预应力损失值的组合　　**表 12-4**

预应力损失值的组合	先张法结构	后张法结构	预应力损失值的组合	先张法结构	后张法结构
混凝土预压前（第一批）的损失 σ_{lI}	$\sigma_{l1}+\sigma_{l2}+\sigma_{l3}+\sigma_{l4}$	$\sigma_{l1}+\sigma_{l2}$	混凝土预压后（第二批）的损失 σ_{lII}	σ_{l5}	$\sigma_{l4}+\sigma_{l5}+\sigma_{l6}$

注：1. 先张法结构由于钢筋应力松弛引起的损失值 σ_{l4} 在第一批和第二批损失中所占的比例如需区分，可根据实际情况确定。

2. 当在先张法构件中采用折线形预应力钢筋时，由于在转向装置处存在摩擦损失，故在混凝土预压前（第一批）的损失中计算入 σ_{l2}，其值按实际情况确定。

12.2.4　预应力度、预应力强度比及相关概念

在预应力混凝土构件中，由于制作、吊装、安装等环节的需求，需要在构件中配置适量的非预应力普通钢筋；同时，该方式可适当补偿预应力技术引起的延性特征降低等不足。另一方面，混凝土施加预压应力的程度，对预应力构件的抗裂性、刚度及疲劳强度等都产生影响。因此，在设计预应力混凝土结构时，需要对预应力筋与非预应力筋的使用比例以及对混凝土施加预应力的程度做出较为合理的选择。

1. 预应力度

根据受弯构件和受拉构件的特点，预应力度可用式（12-18）定义。

$$\lambda=\frac{M_0}{M_s}\text{ 或 }\lambda=\frac{N_0}{N_s} \tag{12-18}$$

式中　M_0——消压弯矩，即在外荷载作用下使受拉边的预压应力被抵消（$\sigma_{pc}=0$）时所需施加的弯矩；

M_s——使用荷载（不包括预加力）作用下控制截面的弯矩；

N_0——消压轴力，即在外荷载作用下使受拉边的预压应力被抵消（$\sigma_{pc}=0$）时所需施加的轴力；

N_s——使用荷载（不包括预加力）作用下控制截面的轴力。

式（12-18）将预应力度和预压受拉区是否出现拉应力或开裂予以联系，当预应力度 $\lambda\geqslant1.0$ 时，为全预应力混凝土，构件不会出现拉应力；当 $\lambda=0$ 时，为普通混凝土；当 $0<\lambda<1.0$ 时，为部分预应力混凝土，可根据设计需求控制其是否开裂或裂缝宽度。对于受压构件，可采用更广泛的应力比来表征预应力施加程度。

$$\lambda=\frac{\sigma_{pc}}{\sigma_s} \tag{12-19}$$

式中　σ_{pc}——混凝土的有效预压应力；

σ_s——使用荷载（不包括预加力）作用下控制截面混凝土的拉应力。

对于一般的民用建筑，预应力度可取 0.4～0.7；对于铁路桥涵预应力混凝土梁，由于要承受较大的疲劳荷载作用，为保证梁的抗疲劳性能，预应力度不宜小于 0.7。

2. 预应力强度比

预应力混凝土构件中，一般采用预应力筋与非预应力筋混合配筋的模式，来满足制作、运输、安装及使用要求。对于允许开裂的部分预应力混凝土构件，通过预应力强度比PPR（Partial Prestress Ratio）来初步确定预应力筋与非预应力筋的相对用量，可以对设计工作有较好的指导意义。在极限状态下，由预应力筋所提供的抗力与预应力筋和非预应力筋共同提供的抗力的比值，称为预应力强度比PPR。

$$\mathrm{PPR}=\frac{R_{\mathrm{p}}}{R_{\mathrm{p}}+R_{\mathrm{s}}} \tag{12-20}$$

对于受弯构件，有

$$\mathrm{PPR}=\frac{f_{\mathrm{py}}A_{\mathrm{p}}\left(h_{\mathrm{p0}}-\frac{x}{2}\right)}{f_{\mathrm{py}}A_{\mathrm{p}}\left(h_{\mathrm{p0}}-\frac{x}{2}\right)+f_{\mathrm{y}}A_{\mathrm{s}}\left(h_{\mathrm{s0}}-\frac{x}{2}\right)} \tag{12-21}$$

式中 A_{p}、A_{s}——分别为预应力筋和非预应力筋的截面面积；

f_{py}、f_{y}——分别为预应力筋和非预应力筋的抗拉强度；

h_{p0}、h_{s0}——分别为预应力筋和非预应力筋受拉形心至混凝土受压区外边缘的距离；

x——混凝土受压区等效矩形应力图形高度。

若假定 $h_{\mathrm{p0}}=h_{\mathrm{s0}}$，则式（12-21）可改为式（12-22）。

$$\mathrm{PPR}=\frac{f_{\mathrm{py}}A_{\mathrm{p}}}{f_{\mathrm{py}}A_{\mathrm{p}}+f_{\mathrm{y}}A_{\mathrm{s}}} \tag{12-22}$$

式（12-22）亦可作为轴心受拉构件预应力强度比的物理表达。在我国现行《预应力混凝土结构设计规范》JGJ 369—2016、《预应力混凝土结构抗震设计标准》JGJ/T 140—2019及《建筑抗震设计规范》GB 50011—2010（2016年版）中都给出了预应力强度比的建议值，如抗震设防的预应力混凝土构件预应力强度比不宜大于0.75，抗震等级较高时要求更小；悬臂构件的预应力强度比不宜大于0.5等。一般预应力混凝土构件的预应力强度比在0.6～0.9之间。

12.3 预应力混凝土轴心受拉构件的应力分析

12.3.1 轴心受拉构件各阶段的应力分析

预应力轴心受拉构件从张拉钢筋开始到构件破坏，截面中混凝土和钢筋应力的变化可以分为两个阶段：施工阶段和使用阶段。两个阶段中又包括若干个受力过程，其中各过程中的预应力筋与混凝土分别处于不同的应力状态，如图12-14所示。因此，在设计预应力混凝土轴心受拉构件时，除应保证荷载作用下的承载力、抗裂度或裂缝宽度要求外，还应对各中间过程的承载力和裂缝宽度进行验算。本节将介绍轴心受拉预应力混凝土构件从张拉预应力、施加外荷载直至构件破坏各受力阶段的截面应力状态和应力分析。

1. 先张法构件

1）施工阶段

（1）张拉并锚固钢筋。混凝土浇筑前，在台座上张拉预应力筋（截面面积为 A_{p}）至

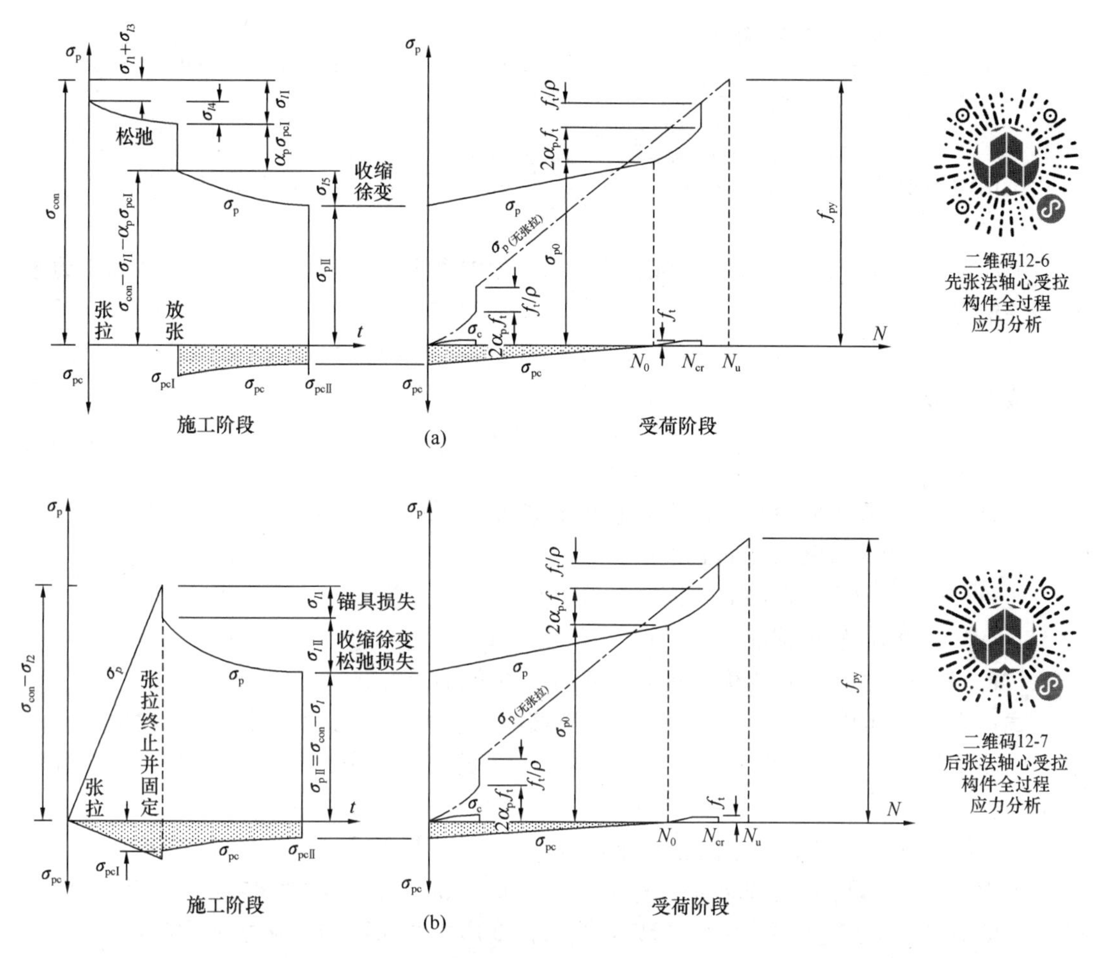

图 12-14　轴心受拉构件预应力钢筋应力 σ_p 及混凝土应力 σ_c 发展全过程（无非预应力筋）
（a）先张法构件；（b）后张法构件

张拉控制应力 σ_{con} 。当混凝土养护至一定强度且预应力筋未放张时，完成第一批预应力损失 $\sigma_{lI}=\sigma_{l1}+\sigma_{l3}+\sigma_{l4}$（假定预应力钢筋的松弛损失在第一阶段全部发生），此时钢筋的总拉力为 $(\sigma_{con}-\sigma_{lI})A_p$ ，混凝土、预应力筋和非预应力钢筋的应力分别为

混凝土　　$\sigma_{pc}=0$

预应力钢筋　　$\sigma_p=0\xrightarrow[\text{损失 }\sigma_{lI}]{\text{张拉至 }\sigma_{con}}\sigma_p=\sigma_{con}-\sigma_{lI}$（拉应力）

非预应力钢筋　　$\sigma_s=0$

（2）放张预应力钢筋。当混凝土达到 75%以上设计强度后，放松预应力钢筋，由于预应力筋与混凝土变形协调，故两者的回缩变形相等。

设放张时混凝土的应力由零应力发展为预压应力 σ_{pcI} ，令 $\alpha_p=\dfrac{E_p}{E_c}$,$\alpha_s=\dfrac{E_s}{E_c}$ 。此时，混凝土、预应力钢筋和非预应力钢筋的应力分别为

混凝土　　$\sigma_{pc}=0\rightarrow\sigma_{pc}=\sigma_{pcI}$（压应力）

预应力钢筋

$$\sigma_p=\sigma_{con}-\sigma_{lI}\xrightarrow[\Delta\sigma_p=\frac{E_p}{E_c}\Delta\sigma_{pc}=\alpha_p\sigma_{pcI}(\text{减少})]{\text{变形协调}:\Delta\varepsilon_c=\Delta\varepsilon_p,\frac{\Delta\sigma_{pc}}{E_c}=\frac{\Delta\sigma_p}{E_p},}\sigma_{pI}=\sigma_{con}-\sigma_{lI}-\alpha_p\sigma_{pcI}(\text{拉应力})$$

非预应力钢筋 $$\sigma_s=0\xrightarrow[\Delta\sigma_s=\frac{E_s}{E_c}\Delta\sigma_{pc}=\alpha_s\sigma_{pcI}(\text{减少})]{\text{变形协调}:\Delta\varepsilon_c=\Delta\varepsilon_s,\frac{\Delta\sigma_{pc}}{E_c}=\frac{\Delta\sigma_s}{E_s},}\sigma_{sI}=\alpha_s\sigma_{pcI}(\text{压应力})$$

上述各式中，σ_{con}、σ_{lI} 及 α_p、α_s 都已能求出，故混凝土的预压应力 σ_{pcI} 可由截面内力平衡条件求得，即

$$(\sigma_{con}-\sigma_{lI}-\alpha_p\sigma_{pcI})A_p=\sigma_{pcI}A_c+\alpha_s\sigma_{pcI}A_s$$

整理后得

$$\sigma_{pcI}=\frac{(\sigma_{con}-\sigma_{lI})A_p}{A_c+\alpha_pA_p+\alpha_sA_s}=\frac{N_{pI}}{A_0} \tag{12-23}$$

式中 A_c ——扣除预应力和非预应力筋截面面积后的混凝土截面面积；

A_p ——预应力钢筋截面面积；

A_s ——非预应力钢筋截面面积；

A_0 ——构件换算截面面积，$A_0=A_c+\alpha_pA_p+\alpha_sA_s$；

N_{pI} ——完成第一批损失后预应力筋的总预拉力，$N_{pI}=(\sigma_{con}-\sigma_{lI})A_p$。

式（12-23）可以理解为，将混凝土未压缩前（混凝土应力为零时）第一批损失后的预应力筋总预压力 N_{pI} 看作外力，作用在整个构件的换算截面 A_0 上，由此所产生的预压应力为 σ_{pcI}。

（3）第二批损失完成。混凝土受到预压应力一定时期之后，预应力钢筋将产生第二批预应力损失 σ_{lII}，即混凝土的收缩和徐变产生的损失 σ_{l5}。由于收缩和徐变仅使混凝土发生了长度缩短，但其应力未变化，所以，当根据变形协调求解非预应力钢筋的应力时，应单独考虑此损失。在此过程中，预应力钢筋和非预应力钢筋的应力本应该都下降 σ_{l5}，但由于混凝土的弹性变形部分在预应力筋应力降低后有回弹趋势，所以预应力钢筋和非预应力钢筋实际的应力降低小于 σ_{l5}。假定混凝土的压应力由 σ_{pcI} 降为 σ_{pcII}，此时，混凝土、预应力钢筋和非预应力钢筋的应力分别为

混凝土 $$\sigma_{pc}=\sigma_{pcII}(\text{压应力})$$

预应力钢筋

$$\sigma_{pI}=\sigma_{con}-\sigma_{lI}-\alpha_p\sigma_{pcI}\xrightarrow[\Delta\sigma_{pII}=\alpha_p(\sigma_{pcII}-\sigma_{pcI})(\text{减少})]{\text{损失}\ \sigma_{lII}=\sigma_{l5},\text{总损失}\ \sigma_l,}\sigma_{pII}=\sigma_{con}-\sigma_l-\alpha_p\sigma_{pcII}(\text{拉应力})$$

非预应力钢筋

$$\sigma_{sI}=\alpha_s\sigma_{pcI}\xrightarrow[\Delta\sigma_{sII}=\alpha_s(\sigma_{pcII}-\sigma_{pcI})(\text{受压增加})]{\text{附加压应力}\ \sigma_{l5},\text{与混凝土变形协调}}\sigma_{sII}=\alpha_s\sigma_{pcII}+\sigma_{l5}\quad(\text{压应力})$$

混凝土的预压应力 σ_{pcII} 可由截面内力平衡条件求得，即

$$(\sigma_{con}-\sigma_l-\alpha_p\sigma_{pcII})A_p=\sigma_{pcII}A_c+(\alpha_s\sigma_{pcII}+\sigma_{l5})A_s$$

整理后得

$$\sigma_{pcII}=\frac{(\sigma_{con}-\sigma_l)A_p-\sigma_{l5}A_s}{A_c+\alpha_pA_p+\alpha_sA_s}=\frac{N_{pII}-\sigma_{l5}A_s}{A_0} \tag{12-24}$$

式中 σ_{pcII} ——预应力混凝土中所建立的“有效预压应力”；

σ_l ——预应力钢筋的应力总损失；

σ_{l5} ——非预应力钢筋由于混凝土收缩、徐变引起的与预应力筋第二批应力损失相等的压应力；

$N_{p\mathrm{II}}$ ——假定完成全部损失，但未放张时预应力钢筋的总预拉力，$N_{p\mathrm{II}} = (\sigma_{con} - \sigma_l)A_p$ 。

2）使用阶段

（1）混凝土的消压状态。当由外荷载（设此时外荷载为 N_0 ）引起的截面拉应力大小恰好与混凝土的有效预压应力 $\sigma_{pc\mathrm{II}}$ 全部抵消，混凝土的压力为零。此时混凝土、预应力钢筋和非预应力钢筋的应力分别为

混凝土 $\quad \sigma_{pc} = \sigma_{pc\mathrm{II}} \xrightarrow{\text{使混凝土消压}} \sigma_{pc} = 0$

预应力钢筋 $\quad \sigma_{p\mathrm{II}} = \sigma_{con} - \sigma_l - \alpha_p\sigma_{pc\mathrm{II}} \xrightarrow[\Delta\sigma_p = \alpha_p\sigma_{pc\mathrm{II}}]{\text{变形协调}} \sigma_{p0} = \sigma_{con} - \sigma_l$（拉应力）

非预应力钢筋 $\quad \sigma_{s\mathrm{II}} = \alpha_s\sigma_{pc\mathrm{II}} + \sigma_{l5} \xrightarrow[\Delta\sigma_s = \alpha_s\sigma_{pc\mathrm{II}}]{\text{变形协调}} \sigma_{s0} = \sigma_{l5}$（压应力）

外荷载轴向拉力 N_0 可由材料的应力变化或截面上内外力平衡条件求得，即

$$N_0 = \sigma_{pc\mathrm{II}}A_c + \alpha_p\sigma_{pc\mathrm{II}}A_p + \alpha_s\sigma_{pc\mathrm{II}}A_s = \sigma_{pc\mathrm{II}}(A_c + \alpha_pA_p + \alpha_sA_s) = \sigma_{pc\mathrm{II}}A_0 \tag{12-25}$$

（2）混凝土的开裂界限状态。当 $N > N_0$ 后，混凝土开始受拉，当外荷载增加到 N_{cr} 时，混凝土的拉应力达到了混凝土抗拉强度标准值 f_{tk} ，混凝土即将开裂。此时混凝土、预应力钢筋和非预应力钢筋的应力分别为（忽略掉混凝土受拉达到峰值应力时的弹性系数 $\nu' = 0.5$ ，方便应用前述所定义的换算截面面积 A_0 ，并为后续开裂控制应力提供更安全的保证）

混凝土 $\quad \sigma_{pc} = f_{tk}$（拉应力）

预应力钢筋 $\quad \sigma_{p0} = \sigma_{con} - \sigma_l \xrightarrow[\Delta\sigma_p = \alpha_pf_{tk}]{\text{变形协调}} \sigma_{p,cr} = \sigma_{con} - \sigma_l + \alpha_pf_{tk}$（拉应力）

非预应力钢筋 $\quad \sigma_{s0} = -\sigma_{l5} \xrightarrow[\Delta\sigma_s = \alpha_sf_{tk}]{\text{变形协调}} \sigma_{s,cr} = \alpha_sf_{tk} - \sigma_{l5}$

混凝土开裂外荷载 N_{cr} 可由材料的应力变化或截面上内外力平衡条件求得，即

$$N_{cr} = N_0 + f_{tk}A_c + \alpha_pf_{tk}A_p + \alpha_sf_{tk}A_s = N_0 + f_{tk}A_0 = (\sigma_{pc\mathrm{II}} + f_{tk})A_0 \tag{12-26}$$

与普通混凝土轴心受拉构件比较可知，由于预应力混凝土轴心受拉构件开裂荷载 N_{cr} 中的 $\sigma_{pc\mathrm{II}}$ 远大于 f_{tk} ，所以预应力混凝土轴心受拉构件的开裂时间大大推迟，构件的抗裂度大大提高。

（3）构件破坏。当轴向拉力超过 N_{cr} ，混凝土开裂，裂缝截面的混凝土退出工作，截面上拉力全部由预应力钢筋与非预应力钢筋承担，当预应力筋与非预应力筋分别达到其抗拉设计强度 f_{py} 和 f_y 时，构件破坏，此时，混凝土、预应力钢筋和非预应力钢筋的应力分别为

混凝土 $\quad \sigma_{pc} = 0$

预应力钢筋 $\quad \sigma_{p,cr} = \sigma_{con} - \sigma_l + \alpha_pf_{tk} \longrightarrow \sigma_p = f_{py}$（拉应力）

非预应力钢筋 $\quad \sigma_{s,cr} = -\sigma_{l5} + \alpha_sf_{tk} \longrightarrow \sigma_s = f_y$（拉应力）

破坏外荷载 N_u 可由截面上内外力平衡条件求得，即

$$N_u = f_{py}A_p + f_yA_s \tag{12-27}$$

2. 后张法构件

1）施工阶段

（1）浇筑混凝土，养护直至钢筋张拉前，可认为截面中不产生任何应力。

（2）张拉预应力钢筋产生了摩擦损失 σ_{l2} ，此时，混凝土的应力也由零应力发展为 $\sigma_{pc\mathrm{I}初}$ 。此时，预应力钢筋和非预应力钢筋的应力分别为

混凝土 $\sigma_{pc}=0\longrightarrow\sigma_{pc}=\sigma_{pc\mathrm{I}初}$（压应力）

预应力钢筋 $\sigma_{p}=0\xrightarrow[\text{损失}\,\sigma_{l2}]{\text{张拉至}\,\sigma_{con}}\sigma_{p}=\sigma_{con}-\sigma_{l2}$（拉应力）

非预应力钢筋 $\sigma_{s}=0\xrightarrow[\Delta\sigma_{s}=\alpha_{s}\sigma_{pc\mathrm{I}初}]{\text{变形协调}}\sigma_{s}=\alpha_{s}\sigma_{pc\mathrm{I}初}$（压应力）

混凝土的预应力 $\sigma_{pc\mathrm{I}初}$ 可由截面内力平衡条件确定，即

$$(\sigma_{con}-\sigma_{l2})A_{p}=\alpha_{s}\sigma_{pc\mathrm{I}初}A_{s}+\sigma_{pc\mathrm{I}初}A_{c}$$

整理后得

$$\sigma_{pc\mathrm{I}初}=\frac{(\sigma_{con}-\sigma_{l2})A_{p}}{A_{c}+\alpha_{s}A_{s}}=\frac{(\sigma_{con}-\sigma_{l2})A_{p}}{A_{n}} \tag{12-28}$$

式中 A_c ——混凝土截面面积，应扣除非预应力钢筋截面面积及预留孔道的面积；

A_n ——净截面面积（换算截面面积减去全部纵向预应力钢筋截面面积换算成混凝土的截面积，即 $A_n=A_0-\alpha_pA_p=A_c+\alpha_sA_s$ ）。

（3）预应力筋张拉完毕，钢筋在锚具上固定过程中，锚具变形引起应力损失 σ_{l1} ，并完成第一批损失。此时，混凝土、预应力钢筋和非预应力钢筋的应力分别为

混凝土 $\sigma_{pc}=\sigma_{pc\mathrm{I}}$（压应力）

预应力钢筋 $\sigma_{p}=\sigma_{con}-\sigma_{l2}\xrightarrow{\text{损失}\,\sigma_{l1}}\sigma_{p\mathrm{I}}=\sigma_{con}-\sigma_{l2}-\sigma_{l1}=\sigma_{con}-\sigma_{l\mathrm{I}}$（拉应力）

非预应力钢筋 $\sigma_{s}=\alpha_{s}\sigma_{pc\mathrm{I}初}\xrightarrow[\Delta\sigma_{s}=\alpha_{s}(\sigma_{pc\mathrm{I}}-\sigma_{pc\mathrm{I}初})]{\text{变形协调}}\sigma_{s\mathrm{I}}=\alpha_{s}\sigma_{pc\mathrm{I}}$（压应力）

完成第一批损失后的混凝土压应力 $\sigma_{pc\mathrm{I}}$ 可由截面内力平衡条件求得，即

$$(\sigma_{con}-\sigma_{l\mathrm{I}})A_{p}=\alpha_{s}\sigma_{pc\mathrm{I}}A_{s}+\sigma_{pc\mathrm{I}}A_{c}$$

整理后得

$$\sigma_{pc\mathrm{I}}=\frac{(\sigma_{con}-\sigma_{l\mathrm{I}})A_{p}}{A_{c}+\alpha_{s}A_{s}}=\frac{N_{p\mathrm{I}}}{A_{n}} \tag{12-29}$$

式中 $N_{p\mathrm{I}}$ ——完成第一批损失后，预应力钢筋的总预拉力，$N_{p\mathrm{I}}=(\sigma_{con}-\sigma_{l\mathrm{I}})A_p$。

（4）混凝土受到预压应力后，发生预应力筋松弛、混凝土收缩和徐变引起的应力损失 σ_{l4} 、σ_{l5}（可能还有 σ_{l6} ），完成第二批损失。此时，混凝土、预应力钢筋和非预应力钢筋的应力分别为

混凝土 $\sigma_{pc}=\sigma_{pc\mathrm{II}}$（压应力）

预应力钢筋

$$\sigma_{p\mathrm{I}}=\sigma_{con}-\sigma_{l\mathrm{I}}\xrightarrow[\text{并忽略混凝土回弹影响}]{\text{发生损失}\,\sigma_{l\mathrm{II}}}\sigma_{p\mathrm{II}}=\sigma_{con}-\sigma_{l\mathrm{I}}-\sigma_{l\mathrm{II}}=\sigma_{con}-\sigma_{l}\ \text{（拉应力）}$$

非预应力钢筋

$$\sigma_{s\mathrm{I}}=\alpha_{s}\sigma_{pc\mathrm{I}}\xrightarrow[\text{变形协调}:\Delta\sigma_{s\mathrm{II}}=\alpha_{s}(\sigma_{pc\mathrm{II}}-\sigma_{pc\mathrm{I}})]{\sigma_{l\mathrm{II}}\,\text{中的}\,\sigma_{l5}\,\text{使产生附加压应力}}\sigma_{s\mathrm{II}}=\alpha_{s}\sigma_{pc\mathrm{II}}+\sigma_{l5}\ \text{（压应力）}$$

完成第二批损失后的混凝土压应力 $\sigma_{pc\mathrm{II}}$ ，可由截面内力平衡条件求得，即

$$(\sigma_{con}-\sigma_{l})A_{p}=(\alpha_{s}\sigma_{pc\mathrm{II}}+\sigma_{l5})A_{s}+\sigma_{pc\mathrm{II}}A_{c}$$

整理后得
$$\sigma_{pc\text{II}}=\frac{(\sigma_{con}-\sigma_l)A_p-\sigma_{l5}A_s}{A_c+\alpha_sA_s}=\frac{N_{p\text{II}}-\sigma_{l5}A_s}{A_n} \tag{12-30}$$

式中　$N_{p\text{II}}$ ——完成全部损失后，预应力钢筋的总预拉力，$N_{p\text{II}}=(\sigma_{con}-\sigma_l)A_p$ 。

2）使用阶段

（1）混凝土处于消压状态。由外荷载（设此时外荷载为 N_0 ）引起的截面拉应力大小恰好与混凝土的有效预压应力 $\sigma_{pc\text{II}}$ 全部抵消，此时，混凝土、预应力筋和非预应力钢筋的应力分别为

混凝土　$\sigma_{pc}=\sigma_{pc\text{II}}\xrightarrow{\text{使混凝土消压}}\sigma_{pc}=0$

预应力钢筋　$\sigma_{p\text{II}}=\sigma_{con}-\sigma_l\xrightarrow[\Delta\sigma_p=\alpha_p\sigma_{pc\text{II}}]{\text{变形协调}}\sigma_{p0}=\sigma_{con}-\sigma_l+\alpha_p\sigma_{pc\text{II}}$（拉应力）

非预应力钢筋 $\sigma_{s\text{II}}=\alpha_s\sigma_{pc\text{II}}+\sigma_{l5}\xrightarrow[\Delta\sigma_s=\alpha_s\sigma_{pc\text{II}}]{\text{变形协调}}\sigma_{s0}=\sigma_{l5}$　（压应力）

外荷载轴向拉力 N_0 可由材料的应力变化或截面上内力外平衡条件求得，即

$$N_0=\sigma_{pc\text{II}}A_c+\alpha_p\sigma_{pc\text{II}}A_p+\alpha_s\sigma_{pc\text{II}}A_s=\sigma_{pc\text{II}}(A_c+\alpha_pA_p+\alpha_sA_s)=\sigma_{pc\text{II}}A_0 \tag{12-31}$$

（2）混凝土的开裂界限状态。此时，混凝土、预应力筋和非预应力钢筋的应力分别为

混凝土　$\sigma_{pc}=f_{tk}$（拉应力）

预应力钢筋

$$\sigma_{p0}=\sigma_{con}-\sigma_l+\alpha_p\sigma_{pc\text{II}}\xrightarrow[\Delta\sigma_p=\alpha_pf_{tk}]{\text{变形协调}}\sigma_{p,cr}=\sigma_{con}-\sigma_l+\alpha_p\sigma_{pc\text{II}}+\alpha_pf_{tk}\text{（拉应力）}$$

非预应力钢筋　$\sigma_{s0}=\sigma_{l5}\xrightarrow[\Delta\sigma_p=\alpha_sf_{tk}]{\text{变形协调}}\sigma_{s,cr}=-\sigma_{l5}+\alpha_sf_{tk}$

混凝土开裂外荷载 N_{cr} 可由材料的应力变化或截面上内外力平衡条件求得，即

$$N_{cr}=N_0+f_{tk}A_c+\alpha_pf_{tk}A_p+\alpha_sf_{tk}A_s=N_0+f_{tk}A_0=(\sigma_{pc\text{II}}+f_{tk})A_0 \tag{12-32}$$

（3）构件破坏。此时混凝土、预应力筋和非预应力钢筋的应力分别为

混凝土　$\sigma_{pc}=0$

预应力钢筋　$\sigma_{p,cr}=\sigma_{con}-\sigma_l+\alpha_p\sigma_{pc\text{II}}+\alpha_pf_{tk}\rightarrow\sigma_p=f_{py}$

非预应力钢筋　$\sigma_{s,cr}=-\sigma_{l5}+\alpha_sf_{tk}\rightarrow\sigma_s=f_y$

破坏外荷载 N_u 可由截面上内外力平衡条件求得，即

$$N_u=f_{py}A_p+f_yA_s \tag{12-33}$$

从式（12-27）和式（12-33）中可以看出，预应力混凝土构件在材料和配筋相同（与普通混凝土相比）的情况下不能提高构件的轴心受拉承载力。

12.3.2　预应力混凝土轴心受拉构件的计算

预应力混凝土轴心受拉构件的计算可分为施工阶段的验算和使用阶段的计算两部分。

1. 施工阶段的验算

1）张拉预应力钢筋的构件承载力验算。当先张法放张预应力钢筋或后张法张拉预应力钢筋完毕时，混凝土将受到最大的预压应力 σ_{cc} ，但由于混凝土强度通常仅达到设计强度的 75%，所以，构件强度是否足够，应予以验算。

$$\sigma_{cc}\leqslant 0.8f'_{ck} \tag{12-34}$$

式中　f'_{ck} ——放张或张拉预应力筋完毕时混凝土的轴心抗压强度标准值；

σ_{cc}——放张或张拉预应力筋完毕时，混凝土承受的预压应力，先张法按第一批损失出现后计算 σ_{cc}，即 $\sigma_{cc}=\dfrac{(\sigma_{con}-\sigma_{l\mathrm{I}})A_p}{A_0}$；后张法按未加锚具前的张拉端计算 σ_{cc}，即不考虑锚具和摩擦损失，$\sigma_{cc}=\dfrac{\sigma_{con}A_p}{A_n}$。

2）构件端部锚固区的局部受压承载力验算。后张法混凝土的预压应力是通过锚头对端部混凝土的局部压力来维持的。锚头下局部受压使混凝土处于三向受力状态，不仅有压应力，而且存在不小的拉应力，如图 12-15 所示，当拉应力超过混凝土的抗拉强度时，混凝土开裂。

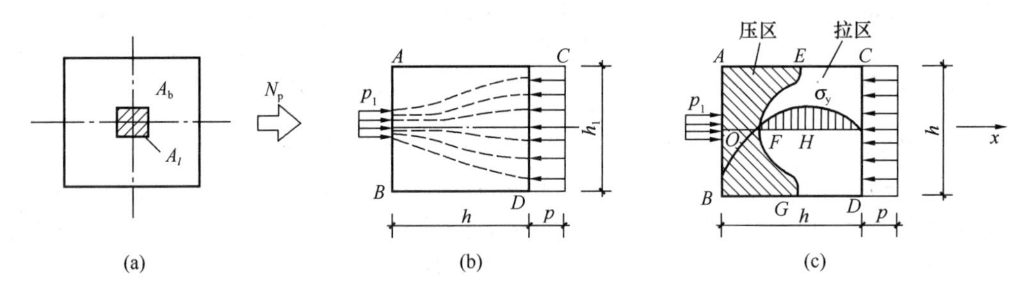

图 12-15　构件端部混凝土局部受压时内力分布

（1）为了满足构件端部局部受压的抗裂要求，防止由于间接钢筋配置过多、局部受压混凝土可能产生锚头下沉等问题，规范规定，局部受压区的截面尺寸应满足式（12-35）要求。

$$F_l\leqslant 1.35\beta_c\beta_l f_c A_{ln} \tag{12-35}$$

其中
$$\beta_l=\sqrt{\frac{A_b}{A_l}}$$

式中　F_l——局部受压面上作用的局部荷载或局部压力设计值，在后张法有黏结预应力混凝土构件中的锚头局压区，取 $F_l=1.2\sigma_{con}A_p$；对无黏结预应力混凝土，F_l 取 $1.2\sigma_{con}A_p$ 和 $f_{ptk}A_p$ 两者中的较大值；

β_c——混凝土强度影响系数，当混凝土强度等级不超过 C50 时，取 $\beta_c=1.0$；当混凝土强度等级等于 C80 时，取 $\beta_c=0.8$；其间按线性内插法取用；

β_l——混凝土局部受压时的强度提高系数；

A_b——局部受压的计算底面积，可按局部受压面积与计算底面积同心对称的原则进行计算，并不扣除开孔构件的孔道面积，如图 12-16 所示；

A_l——局部承压面积，如有钢垫板，可考虑垫板按 45°扩散后的面积，并不扣除开孔构件的孔道面积，如图 12-16 所示；

f_c——混凝土轴心抗压强度设计值，在后张法预应力混凝土构件的张拉阶段验算中，可根据相应阶段的混凝土立方体抗压强度 f'_{cu}，按附录 1 中的附表 1-1 中立方体抗压强度与轴心抗压强度的关系，采用线性内插法得到；

A_{ln}——混凝土局部受压净面积，对于后张法构件，应在混凝土局部受压面积中扣除孔道和凹槽部分的面积。

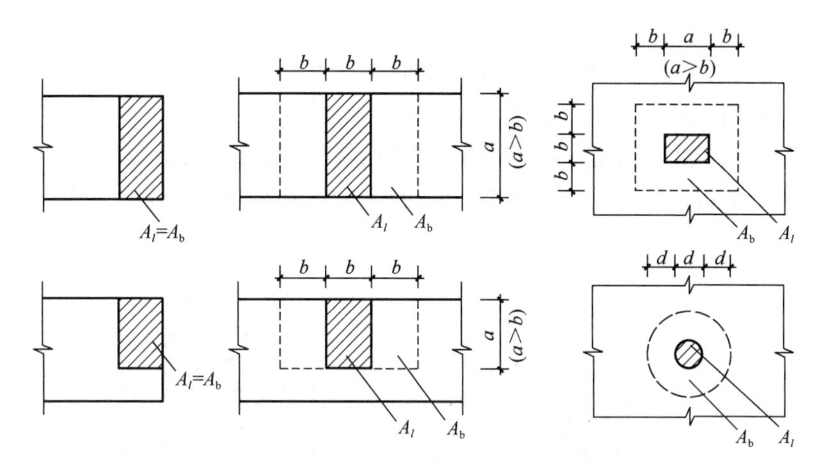

图 12-16　局部受压的计算底面积 A_b

当局部受压承载力验算不能满足式（12-35）时，应加大端部锚固区的截面尺寸、调整锚具位置或提高混凝土强度等级。

（2）满足式（12-35）所要求的局部受压区截面尺寸时，在锚固区段配置间接钢筋（焊接钢筋网或螺旋式钢筋）可以有效地提高锚固区段的局部受压强度，防止局部受压破坏。因此，当配置间接钢筋（方格网或螺旋钢筋）时，局部受压承载力按式（12-36）计算。

$$F_l \leqslant 0.9(\beta_c \beta_l f_c + 2\alpha\rho_v \beta_{cor} f_y)A_{ln} \tag{12-36}$$

式中　α——间接钢筋对混凝土约束的折减系数，当混凝土强度等级为 C80 时，取 0.85；当混凝土强度等级不超过 C50 时，取 1.0；其间按线性内插法取用；

ρ_v——间接钢筋的体积配筋率，要求 $\rho_v \geqslant 0.5\%$；

β_{cor}——配置间接钢筋的局部受压承载力提高系数，$\beta_{cor} = \sqrt{\dfrac{A_{cor}}{A_l}}$，当 $A_{cor} > A_b$ 时，取 $A_{cor} = A_b$；当 $A_{cor} \leqslant 1.25A_l$ 时，取 $\beta_{cor} = 1.0$。

体积配筋率 ρ_v 是核心面积 A_{cor} 范围内单位混凝土体积所含间接钢筋的体积。当配置方格钢筋网时，如图 12-17（a）所示。

$$\rho_v = \frac{n_1 A_{s1} l_1 + n_2 A_{s2} l_2}{A_{cor} s} \tag{12-37}$$

此时钢筋网两个方向上单位长度钢筋截面面积的比值不宜大于 1.5 倍。当配置螺旋筋时，如图 12-17（b）所示。

$$\rho_v = \frac{4A_{ss1}}{d_{cor} s} \tag{12-38}$$

式（12-37）和式（12-38）中

l_1、l_2——钢筋两个方向的长度，$l_2 \geqslant l_1$；

n_1、A_{s1}——方格网沿 l_1 方向的钢筋根数和单根钢筋的截面面积；

n_2、A_{s2}——方格网沿 l_2 方向的钢筋根数和单根钢筋的截面面积；

A_{cor}——配置方格网或螺旋式间接钢筋内表面范围以内的混凝土核心面积（不扣除孔道面积），应大于混凝土局部受压面积 A_l，且其重心应与 A_l 的重心重合；

s ——方格网式或螺旋式间接钢筋的间距，宜取 30～80mm；

A_{ss1} ——螺旋式单根间接钢筋的截面面积；

d_{cor} ——螺旋式间接钢筋内表面范围内的混凝土截面直径。

式（12-36）中所需的钢筋网片或螺旋钢筋应配置在如图 12-17 所示的 h 范围内，且方格网片不小于 4 片，螺旋筋不小于 4 圈。

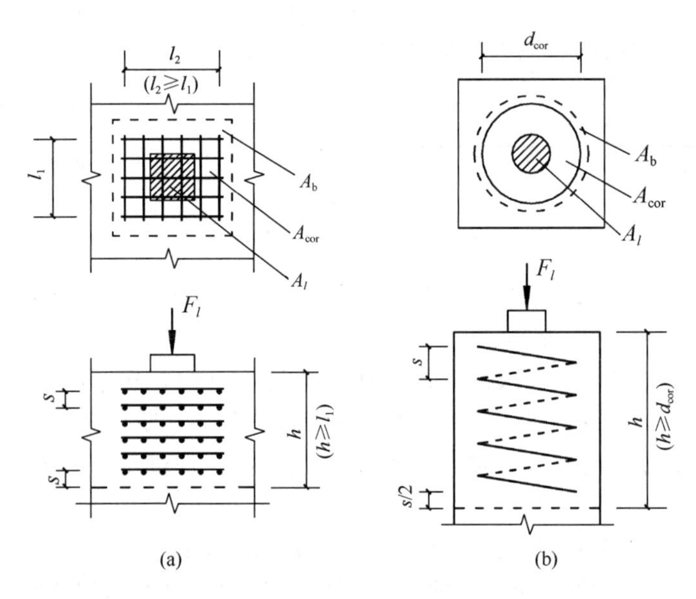

图 12-17　局部受压区的间接钢筋

(a) 方格网式配筋；(b) 螺旋式配筋

2. 使用阶段的计算

预应力轴心受拉构件使用阶段的计算分为承载力计算、抗裂度验算和裂缝宽度验算。

1）承载力计算。当加荷载至构件破坏时，全部荷载由预应力筋和非预应力筋承担。其正截面受拉承载力为

$$\gamma_0 N \leqslant N_u = f_{py} A_p + f_y A_s \tag{12-39}$$

式中　N ——轴向拉力设计值；

f_{py}、f_y ——预应力筋及非预应力筋的抗拉强度设计值；

A_p、A_s ——预应力筋和非预应力筋的截面面积。

2）抗裂度验算。要求结构构件在使用荷载作用下不开裂或裂缝宽度不超过限值。规范规定，在预应力混凝土结构设计中，针对不同抗裂性能的要求，应选用不同的裂缝控制等级。

轴心受拉构件抗裂度的验算，由式（12-26）与式（12-32）可知，如果构件由荷载标准值产生的轴向拉力 N 不超过 N_{cr}，则构件不会开裂，即满足下列条件时构件不会开裂。

$$N \leqslant N_{cr} = (\sigma_{pc\text{II}} + f_{tk}) A_0 \tag{12-40}$$

$$\frac{N}{A_0} \leqslant \sigma_{pc\text{II}} + f_{tk}, \quad \sigma_c - \sigma_{pc\text{II}} \leqslant f_{tk} \tag{12-41}$$

对于裂缝控制等级分别为一、二级的轴心受拉构件，其计算公式如下所述。

(1) 一级裂缝控制等级构件。严格要求不出现裂缝，在荷载标准组合下，受拉边缘应力应符合下列要求。

$$\sigma_{ck} - \sigma_{pc} \leqslant 0 \tag{12-42}$$

(2) 二级裂缝控制等级构件。即一般要求不出现裂缝的构件，其在荷载标准组合下的受拉边缘应力应符合下列要求。

$$\sigma_{ck} - \sigma_{pc} \leqslant f_{tk} \tag{12-43}$$

$$\sigma_{ck} = \frac{N_k}{A_0}$$

式中　σ_{ck}——荷载效应的标准组合下抗裂验算边缘的混凝土法向应力；

N_k——按荷载效应标准组合计算的轴向拉力值；

σ_{pcII}——扣除全部预应力损失后，在抗裂验算边缘混凝土的预压应力，按式 (12-24) 和式 (12-30) 计算。

3) 裂缝宽度验算。当预应力混凝土构件为三级裂缝控制等级时，允许开裂，其最大裂缝宽度按荷载标准组合并考虑荷载长期作用的影响，满足式 (12-44)；对于环境类别为二 a 类的预应力混凝土构件，在荷载准永久值组合下，受拉边缘应力尚应满足式 (12-45) 的要求。

$$w_{max} = \alpha_{cr}\psi\frac{\sigma_{sk}}{E_s}\left(1.9c + 0.08\frac{d_{eq}}{\rho_{te}}\right) \leqslant w_{lim} \tag{12-44}$$

其中

$$\sigma_{cq} - \sigma_{pc} \leqslant f_{tk} \tag{12-45}$$

$$\sigma_{sk} = \frac{N_k - N_{p0}}{A_p + A_s}$$

$$d_{eq} = \frac{\sum n_i d_i^2}{\sum n_i \upsilon_i d_i}$$

$$\rho_{te} = \frac{A_s + A_p}{A_{te}}$$

$$\sigma_{cq} = \frac{N_q}{A_0}$$

式中　α_{cr}——构件受力特征系数，预应力轴心受拉构件取 $\alpha_{cr} = 2.2$；

σ_{sk}——按荷载效应标准组合计算的预应力混凝土构件纵向受拉钢筋的等效应力；

N_k、N_q——按荷载效应标准组合、准永久组合计算的轴向拉力值；

N_{p0}——混凝土法向预应力等于零时，全部纵向预应力筋和非预应力筋的合力；

d_{eq}——纵向受拉钢筋的等效直径 (mm)，对于无黏结后张构件，仅为受拉区纵向受拉普通钢筋的等效直径；

d_i——受拉区第 i 种纵向钢筋的公称直径 (mm)，对于有黏结预应力钢绞线束的直径取为 $d_{p1}\sqrt{n_1}$，其中 d_{p1} 为单根钢绞线的公称直径；n_1 为单束钢绞线根数；

n_i——受拉区第 i 种纵向钢筋的根数，对于有黏结预应力钢绞线，取为钢绞线束数；

υ_i——受拉区第 i 种纵向钢筋的相对黏结特性系数，可按表 12-5 取用；

其他符号含义同第 9 章。

钢筋的相对黏结特性系数 **表 12-5**

钢筋	非预应力钢筋		先张法预应力钢筋			后张法预应力钢筋		
	光圆钢筋	带肋钢筋	带肋钢筋	螺旋肋钢丝	钢绞线	带肋钢筋	钢绞线	光面钢丝
υ_i	0.7	1.0	1.0	0.8	0.6	0.8	0.5	0.4

注：对环氧树脂涂层带肋钢筋，其相对黏结特性系数应按表中系数的 0.8 倍取用。

【例 12-1】

24m 跨度预应力混凝土梯形屋架下弦杆如图 12-18 所示，孔道在预应力筋张拉固定后灌浆，形成有黏结预应力构件。设计条件如表 12-6 所示，试对该下弦杆进行使用阶段承载力计算、抗裂验算、施工阶段验算及端部受压承载力计算。

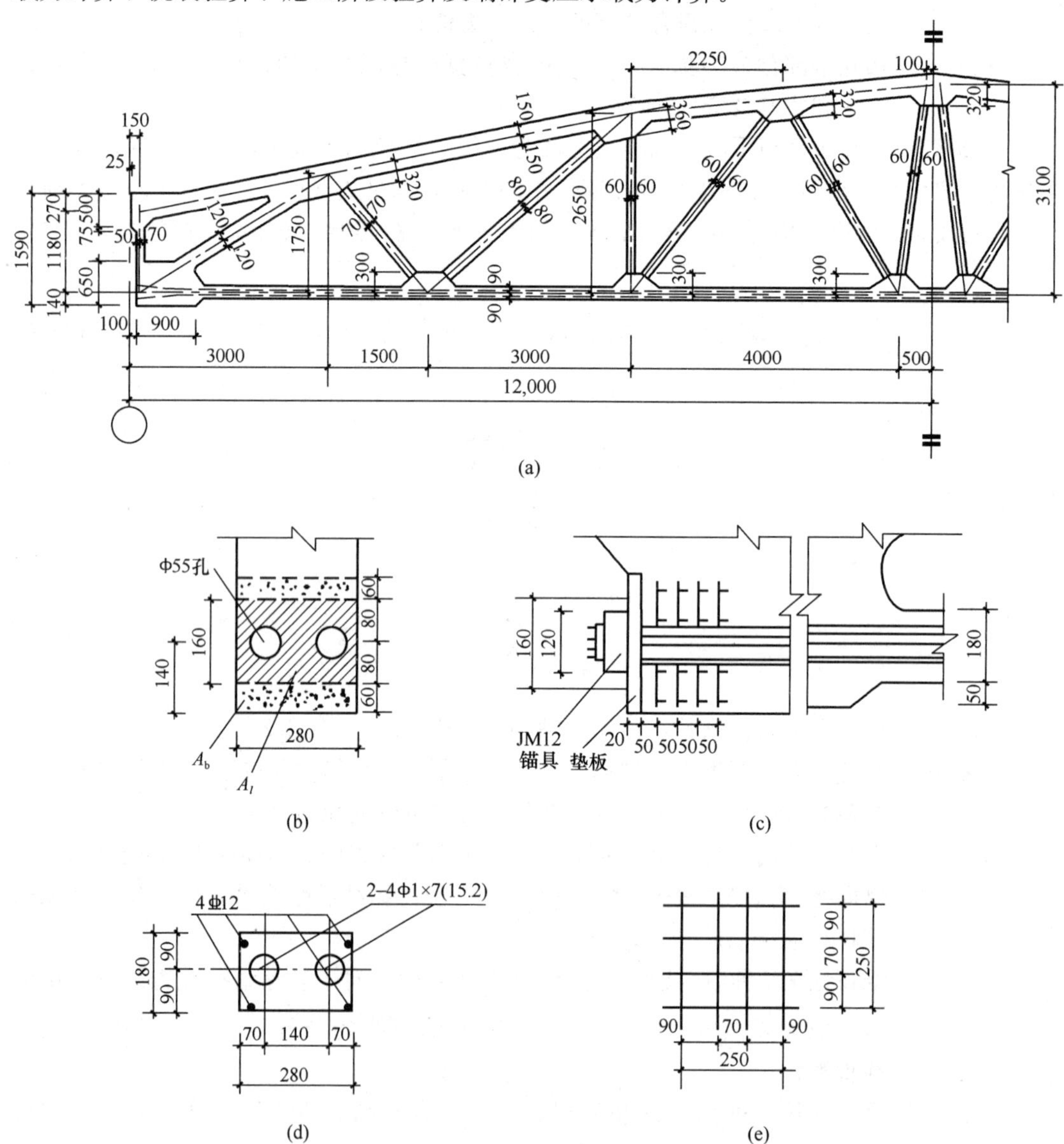

图 12-18 预应力混凝土梯形屋架端部构造图（单位：mm）

（a）屋架示意图；（b）屋架下弦杆端部横侧立面；（c）屋架端部节点立面构造；（d）垫板示意图；（e）钢筋网片

例 12-1 设计条件　　**表 12-6**

材料	混凝土	预应力钢筋	非预应力钢筋
品种和强度等级	C60	钢绞线	HRB400
截面（mm^2）	280×180 孔道 2Φ55	$\Phi^s1\times7(d=15.2mm)$ $A_p=140mm^2$ 低松弛型	4Φ12（$A_s=452mm^2$）
材料强度（N/mm^2）	$f_{tk}=2.85$	$f_{ptk}=1860, f_{py}=1320$	$f_y=360$，$f_{yk}=400$
弹性模量（N/mm^2）	$E_c=3.6\times10^4$	$E_p=1.95\times10^5$	$E_s=2\times10^5$
张拉工艺	后张法，夹片式锚具，有顶压，孔道为预埋金属波纹管成型		
张拉控制应力（N/mm^2）	$\sigma_{con}=0.60f_{ptk}=0.60\times1860=1116$		
张拉时混凝土立方体强度及弹性模量（N/mm^2）	$f'_{cu}=55, E'_c=3.55\times10^4, f'_c=25.3$，$f'_{ck}=35.5$		
下弦拉力	永久荷载标准值产生的轴力 $N_{Gk}=800kN$， 可变荷载标准值产生的轴力 $N_{Qk}=250kN$，组合值系数 $\psi_c=0.7$		
裂缝控制等级	二级		

【解】

1）使用阶段承载力计算

轴力设计值计算如下

$$N=1.3N_{Gk}+1.5N_{Qk}=1.3\times800+1.5\times250=1415kN$$

又由式（12-33）得

$$A_p\geqslant\frac{N-f_yA_s}{f_{py}}=\frac{1415\times10^3-360\times452}{1320}=948.7mm^2$$

选 2 束 $4\Phi^s1\times7$（$d=15.2mm$）钢绞线，$A_p=2\times4\times140=1120mm^2$。

由式（12-20），预应力强度比 $PPR=\dfrac{f_{py}A_p}{f_{py}A_p+f_yA_s}=\dfrac{1320\times1120}{1320\times1120+360\times452}=0.90$。

2）截面几何特征

预应力钢筋

$$\alpha_p=\frac{E_p}{E_c}=\frac{1.95\times10^5}{3.6\times10^4}=5.42$$

非预应力钢筋

$$\alpha'_s=\frac{E_s}{E'_c}=\frac{2\times10^5}{3.55\times10^4}=5.63\text{（计算混凝土收缩与徐变损失时用）}$$

$$\alpha_s=\frac{E_s}{E_c}=\frac{2\times10^5}{3.6\times10^4}=5.56\text{（正常使用时，抗裂度验算用）}$$

$$A_n=A_c+\alpha'_sA_s=280\times180-2\times\pi\times\frac{55^2}{4}-452+5.63\times452=47,741mm^2$$

$$A_0=A_c+\alpha_sA_s+\alpha_pA_p\text{（忽略孔道内 C30 灌浆料作用）}$$

$$=280\times180-2\times\pi\times\frac{55^2}{4}-452+5.56\times452+5.42\times1120=53,780mm^2$$

3）预应力损失值计算

（1）锚具变形损失。对于夹片式锚具有顶压施工时，查表12-2，取 $a=5\text{mm}$，考虑预应力筋在构件全长内进行均匀回缩，故由式（12-1）可得

$$\sigma_{l1}=\frac{E_{\mathrm{p}}a}{l}=\frac{1.95\times10^{5}\times5}{24\times10^{3}}=40.625\text{N/mm}^{2}$$

（2）孔道摩擦损失。该项损失按锚固端计算，因 $l=24\text{m}$，直线配筋 $\theta=0^{\circ}$，金属波纹管成型 $\kappa=0.0015$，$\kappa x=0.0015\times24=0.036$，故由式（12-2）可得固定端预应力损失。

$$\sigma_{l2}=\sigma_{\mathrm{con}}\left(1-\frac{1}{\mathrm{e}^{\kappa x+\mu\theta}}\right)=1116\times\left(1-\frac{1}{\mathrm{e}^{0.036}}\right)=39.46\text{N/mm}^{2}$$

按表12-4进行预应力损失组合，则第一批预应力损失为

$$\sigma_{l\,\mathrm{I}}=\sigma_{l1}+\sigma_{l2}=80.09\text{N/mm}^{2}$$

第一批应力损失后的混凝土应力为

$$\sigma_{\mathrm{pc\,I}}=\frac{N_{\mathrm{p\,I}}}{A_{\mathrm{n}}}=\frac{(\sigma_{\mathrm{con}}-\sigma_{l\,\mathrm{I}})A_{\mathrm{p}}}{A_{\mathrm{c}}+\alpha'_{\mathrm{s}}A_{\mathrm{s}}}=\frac{(1116-80.09)\times1120}{47,741}=24.30\text{N/mm}^{2}$$

（3）预应力钢筋因松弛引起的应力损失。由式（12-10）可得

$$\sigma_{l4}=0.125(\sigma_{\mathrm{con}}/f_{\mathrm{ptk}}-0.5)\sigma_{\mathrm{con}}=0.125\times(1116/1860-0.5)\times1116=13.95\text{N/mm}^{2}$$

（4）混凝土的收缩和徐变损失。因为

$$\sigma_{\mathrm{pc\,I}}/f'_{\mathrm{cu}}=24.30/55=0.442<0.5$$

$$\rho=\frac{0.5(A_{\mathrm{p}}+A_{\mathrm{s}})}{A_{\mathrm{n}}}=\frac{0.5\times(1120+452)}{47,741}=0.016$$

故由式（12-16）可得

$$\sigma_{l5}=\frac{55+300\sigma_{\mathrm{pc\,I}}/f'_{\mathrm{cu}}}{1+15\rho}=\frac{55+300\times0.442}{1+15\times0.016}=151.29\text{N/mm}^{2}$$

所以第二批预应力损失为

$$\sigma_{l\,\mathrm{II}}=\sigma_{l4}+\sigma_{l5}=13.95+151.29=165.24\text{N/mm}^{2}$$

总损失为

$$\sigma_{l}=\sigma_{l\,\mathrm{I}}+\sigma_{l\,\mathrm{II}}=80.09+165.24=245.33\ \text{N/mm}^{2}>80\text{N/mm}^{2}$$

4）抗裂度验算

混凝土有效预应力为

$$\sigma_{\mathrm{pc\,II}}=\frac{(\sigma_{\mathrm{con}}-\sigma_{l})A_{\mathrm{p}}-\sigma_{l5}A_{\mathrm{s}}}{A_{\mathrm{n}}}=\frac{(1116-245.33)\times1120-151.29\times452}{47,741}$$

$$=18.99\text{N/mm}^{2}$$

在荷载标准效应组合下有

$$N_{\mathrm{k}}=N_{\mathrm{Gk}}+N_{\mathrm{Qk}}=800+250=1050\text{kN}$$

$$\sigma_{\mathrm{ck}}=\frac{N_{\mathrm{k}}}{A_{0}}=\frac{1050\times10^{3}}{53,780}=19.52\text{N/mm}^{2}$$

$$\sigma_{\mathrm{Ck}}-\sigma_{\mathrm{pc\,II}}=19.52-18.99=0.53\text{N/mm}^{2}<f_{\mathrm{tk}}=2.85\text{N/mm}^{2}$$

满足要求。

5）施工阶段验算

最大张拉力为

$$N_{\mathrm{p}} = \sigma_{\mathrm{con}} A_{\mathrm{p}} = 1116 \times 1120 = 1249.9 \times 10^{3}\,\mathrm{N}$$

采用式（12-34），截面上混凝土压应力为

$$\sigma_{\mathrm{cc}} = \frac{N_{\mathrm{p}}}{A_{\mathrm{n}}} = \frac{1249.9 \times 10^{3}}{47,741} = 26.18\mathrm{N/mm^2} < 0.8 f'_{\mathrm{ck}} = 0.8 \times 35.5 = 28.4\mathrm{N/mm^2}$$

故满足要求。

6）锚具下局部受压验算

（1）端部受压区截面尺寸验算。锚具直径为 120mm，锚具下垫板厚 20mm，局部受压面积可按压力 F_l 从锚具边缘在垫板中按 45°扩散的面积计算，在计算局部受压底面积时，可近似地用两实线所围的矩形面积代替两个圆面积，如图 12-18（b）、（c），则有

$$A_l = 280 \times (120 + 2 \times 20) = 44,800\mathrm{mm^2}$$

锚具下局部受压计算底面积为

$$A_{\mathrm{b}} = 280 \times (160 + 2 \times 60) = 78,400\mathrm{mm^2}$$

混凝土局部受压净面积为

$$A_{l\mathrm{n}} = 44,800 - 2 \times \pi \times \frac{55^2}{4} = 40,048\mathrm{mm^2}$$

故

$$\beta_l = \sqrt{\frac{A_{\mathrm{b}}}{A_l}} = \sqrt{\frac{78,400}{44,800}} = 1.323$$

当 $f'_{\mathrm{cu}} = 55\mathrm{N/mm^2}$ 时，按直线内插法可得 $\beta_{\mathrm{c}} = 0.967$ 。故按式（12-35）计算可得

$$\begin{aligned} F_l &= 1.2\sigma_{\mathrm{con}} A_{\mathrm{p}} = 1.2 \times 1116 \times 1120 = 1,499,904\mathrm{N} \\ &\approx 1499.9\mathrm{kN} < 1.35\beta_{\mathrm{c}}\beta_l f'_{\mathrm{c}} A_{l\mathrm{n}} = 1.35 \times 0.967 \times 1.323 \times 25.3 \times 40,048 \times 10^{-3} \\ &= 1.750 \times 10^{3}\mathrm{N} = 1750\mathrm{kN} \end{aligned}$$

故满足要求。

（2）局部受压承载力计算。间接钢筋网片采用 4 片Φ 8 方格焊接网片，如图 12-18（c）所示，间距 s=50mm，网片尺寸如图 12-18（e）所示，可得

$$A_{\mathrm{cor}} = 250 \times 250 = 62,500\ \mathrm{mm^2} > 1.25 A_l = 56,000\mathrm{mm^2}$$

$$\beta_{\mathrm{cor}} = \sqrt{\frac{A_{\mathrm{cor}}}{A_l}} = \sqrt{\frac{62,500}{44,800}} = 1.181$$

故间接钢筋的体积配筋率为

$$\rho_{\mathrm{v}} = \frac{n_1 A_{\mathrm{s1}} l_1 + n_2 A_{\mathrm{s2}} l_2}{A_{\mathrm{cor}} s} = \frac{4 \times 50.3 \times 250 + 4 \times 50.3 \times 250}{62,500 \times 50} = 0.032$$

按式（12-36）计算可得

$$\begin{aligned} 0.9(\beta_{\mathrm{c}}\beta_l f'_{\mathrm{c}} + 2\alpha\rho_{\mathrm{v}}\beta_{\mathrm{cor}} f_{\mathrm{yv}}) A_{l\mathrm{n}} &= 0.9 \times (0.967 \times 1.323 \times 25.3 + 2 \times 0.975 \\ &\quad \times 0.032 \times 1.181 \times 270) \times 40,048 \times 10^{-3} \\ &= 1.884 \times 10^{3}\mathrm{N} = 1884\mathrm{kN} > F_l = 1499.9\mathrm{kN} \end{aligned}$$

故满足要求。

12.4　预应力混凝土受弯构件的计算

在预应力混凝土轴心受拉构件中，预应力钢筋 A_{p} 和普通钢筋 A_{s} 均在截面内对称布

置，因而在构件横截面上建立了均匀的预压应力。与轴心受拉构件不同，预应力混凝土受弯构件中，沿构件长度方向预应力钢筋的布置可以为直线型或曲线型。在构件截面内，设置在使用阶段受拉区的预应力钢筋的重心 A_p 与截面的重心有偏心；为了防止在制作、运输和吊装等施工阶段，构件的使用阶段受压区（称预拉区，即在预应力作用下可能受拉）出现裂缝或裂缝过宽，有时也在受压区设置预应力钢筋 A'_p；同时在构件的受拉区和受压区也设置适量的普通钢筋 A_s 和 A'_s，如图 12-19 所示。由于预应力混凝土受弯构件截面内钢筋的非对称布置，通过张拉预应力筋所建立的混凝土预应力值 σ_{pc} 沿截面高度是变化的。

12.4.1 受弯构件各阶段的应力分析

预应力混凝土受弯构件的受力过程也分为两个阶段：施工阶段和使用阶段。

1. 施工阶段

（1）先张法构件。轴心受拉构件施工阶段应力分析的概念，对受弯构件的计算同样适用。如图 12-19（a）所示，截面混凝土应力计算公式为

$$\sigma_{pc}=\frac{N_{p0}}{A_0}\pm\frac{N_{p0}e_{p0}}{I_0}y_0 \tag{12-46}$$

其中 $N_{p0}=(\sigma_{con}-\sigma_l)A_p+(\sigma'_{con}-\sigma'_l)A'_p-\sigma_{l5}A_s-\sigma'_{l5}A'_s$

预应力混凝土构件中配置普通钢筋时，由于混凝土收缩和徐变的影响，会在这些普通钢筋中产生压应力。这些应力减小了受拉区混凝土的法向预压应力，使构件的抗裂性能降低，在计算时应考虑其影响。为简化计算，假定普通钢筋因混凝土收缩、徐变产生的压力为 $\sigma_{l5}A_s$、$\sigma'_{l5}A'_s$。

$$e_{p0}=\frac{(\sigma_{con}-\sigma_l)A_py_p-(\sigma'_{con}-\sigma'_l)A'_py'_p-\sigma_{l5}A_sy_s+\sigma'_{l5}A'_sy'_s}{N_{p0}}$$

式中 σ_{pc}——混凝土应力，压应力时为正，拉应力时为负；

A_0——构件换算截面积，包括扣除孔道、凹槽等部分以外的混凝土全部截面面积，以及全部纵向预应力钢筋和非预应力钢筋截面面积换算成混凝土的截面面积；对于由不同强度混凝土等级组成的截面，应根据混凝土的弹性模量比值换算成同一混凝土强度等级的截面面积；

I_0——换算截面惯性矩；

y_0——换算截面重心至所计算纤维的距离；

y_p、y'_p——受拉区、受压区预应力钢筋合力点至换算截面重心的距离；

y_s、y'_s——受拉区、受压区非预应力钢筋合力点至换算截面重心的距离。

相应阶段预应力钢筋和非预应力钢筋的应力分别为

预应力钢筋 $\sigma_p=\sigma_{con}-\sigma_l-\alpha_p\sigma_{pc}$，$\sigma'_{pc}=\sigma'_{con}-\sigma'_l-\alpha_p\sigma'_{pc}$

非预应力钢筋 $\sigma_s=\alpha_s\sigma_{pc}+\sigma_{l5}$，$\sigma'_s=\alpha_s\sigma'_{pc}+\sigma'_{l5}$

（2）后张法构件。如图 12-19（a）所示，混凝土的应力可由式（12-47）表示。

$$\sigma_{pc}=\frac{N_p}{A_n}\pm\frac{N_pe_{pn}}{I_n}y_n \tag{12-47}$$

其中 $N_p=(\sigma_{con}-\sigma_l)A_p+(\sigma'_{con}-\sigma'_l)A'_p-\sigma_{l5}A_s-\sigma'_{l5}A'_s$

$$e_{pn}=\frac{(\sigma_{con}-\sigma_l)A_py_{pn}-(\sigma'_{con}-\sigma'_l)A'_py'_{pn}-\sigma_{l5}A_sy_{sn}+\sigma'_{l5}A'_sy'_{sn}}{N_p}$$

式中 A_n——构件的净截面面积（换算截面面积减去全部纵向预应力钢筋换算成的混凝土截面面积）；

I_n——净截面惯性矩；

y_n——净截面重心至所计算纤维的距离；

y_{pn}、y'_{pn}——受拉区、受压区预应力筋合力点至净截面重心的距离；

y_{sn}、y'_{sn}——受拉区、受压区非预应力筋合力点至净截面重心的距离。

相应阶段预应力钢筋和非预应力钢筋的应力分别为

预应力钢筋 $\sigma_p=\sigma_{con}-\sigma_l,\ \sigma'_{pc}=\sigma'_{con}-\sigma'_l$

非预应力钢筋 $\sigma_s=\alpha_s\sigma_{pc}+\sigma_{l5},\ \sigma'_s=\alpha_s\sigma'_{pc}+\sigma'_{l5}$

在利用以上各式计算时，均需采用施工阶段的有关数值，若构件截面中 $A'_p=0$，则以上各式中的 $\sigma'_{l5}=0$。另外，当后张法构件为超静定构件时，式（12-47）应考虑由次内力引起的混凝土截面法向应力。

2. 使用阶段

（1）加荷至受拉边缘混凝土应力为零。截面在消压弯矩 M_0 作用下受拉边缘的拉应力正好抵消受拉边缘混凝土的预压应力 $\sigma_{pcⅡ}$，如图 12-19（b）所示，则

$$\frac{M_0}{W_0}-\sigma_{pcⅡ}=0 \quad 或 \quad M_0=\sigma_{pcⅡ}W_0 \tag{12-48}$$

式中 W_0——换算截面受拉边缘的弹性抵抗矩。

（2）加荷至受拉区混凝土即将出现裂缝。受拉区混凝土应力达到其抗拉强度标准值 f_{tk} 时，混凝土即将出现裂缝，此时，截面上受到的弯矩为 M_{cr}，相当于构件截面在承受消压弯矩 M_0 后，又增加了一个普通钢筋混凝土构件的抗裂弯矩 $\overline{M_{cr}}$，如图 12-19（c）所示，故

$$M_{cr}=M_0+\overline{M_{cr}}=\sigma_{pcⅡ}W_0+\gamma f_{tk}W_0=(\sigma_{pcⅡ}+\gamma f_{tk})W_0 \tag{12-49}$$

式中 γ——截面抵抗矩塑性影响系数。

截面抵抗矩塑性影响系数与截面形状和高度有关，规范建议 γ 值按式（12-50）确定。

$$\gamma=\left(0.7+\frac{120}{h}\right)\gamma_m \tag{12-50}$$

式中 γ_m——截面抵抗矩塑性影响系数基本值，取值见附表 5-5；

h——截面高度，当 $h<400$mm 时，取 $h=400$mm；当 $h>1600$mm 时，取 $h=1600$mm。

比较普通混凝土受弯构件可知，由于预应力混凝土受弯构件开裂弯矩 M_{cr} 中的 $\sigma_{pcⅡ}$ 远大于 f_{tk}，所以预应力混凝土受弯构件的开裂时间大大推迟，构件的抗裂度大大提高。

（3）加荷至构件破坏。当 M 超过 M_{cr} 时，受拉区将出现裂缝，裂缝截面混凝土退出工作，拉力全部由钢筋承受，当加荷至破坏时，与普通混凝土截面应力状态类似，计算方法也基本相同，如图 12-19（d）所示。

12.4.2 预应力受弯构件使用阶段承载力计算

预应力混凝土受弯构件的计算可分为使用阶段正截面承载力计算、使用阶段斜截面承载力计算、使用阶段抗裂度验算、变形验算和施工阶段验算等。下面主要介绍使用阶段正

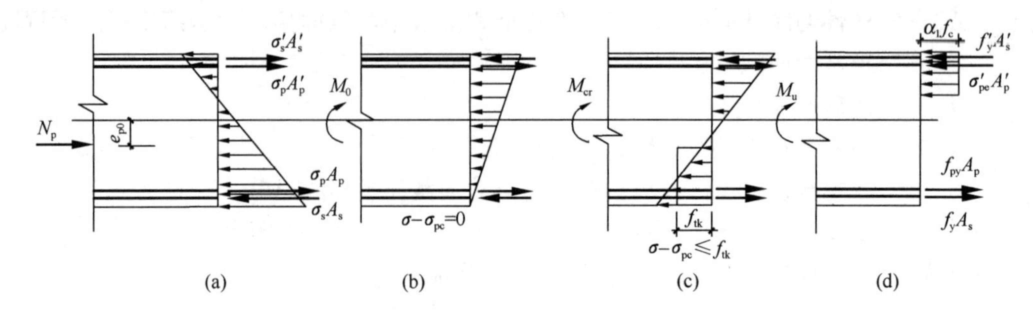

图 12-19 受弯构件截面的应力变化

(a) 预应力作用下；(b) 受拉区截面下边缘混凝土应力为零；

(c) 受拉区截面下边缘混凝土即将出现裂缝；(d) 受拉钢筋屈服，受压区混凝土达到受压极限

截面承载力计算、使用阶段斜截面承载力计算。

1. 使用阶段正截面承载力计算

1）截面应力状态

（1）界限破坏时截面相对受压区高度 ξ_b 的计算

对于有明显屈服点的预应力钢筋，界限相对受压区高度为

$$\xi_b=\frac{x_b}{h_0}=\frac{\beta_1}{1+\dfrac{f_{py}-\sigma_{p0}}{E_s\varepsilon_{cu}}} \tag{12-51}$$

二维码12-8 预应力混凝土的相对界限受压区高度

混凝土强度等级不大于 C50 时，取 $\varepsilon_{cu}=0.0033$。当 $\sigma_{p0}=0$ 时，式（12-51）即为普通钢筋混凝土构件的界限相对受压区高度。

对于无明显屈服点的预应力钢筋（钢丝、钢绞线），根据条件屈服点定义，钢筋达到条件屈服点的拉应变为

$$\xi_b=\frac{\beta_1}{1+\dfrac{0.002}{\varepsilon_{cu}}+\dfrac{f_{py}-\sigma_{p0}}{E_s\varepsilon_{cu}}} \tag{12-52}$$

式中 σ_{p0} ——受拉区纵向预应力钢筋合力点处混凝土法向应力等于零时的预应力钢筋的应力。

（2）任意位置处预应力钢筋及非预应力钢筋应力的计算

纵向钢筋应力可按式（12-53）和式（12-54）近似计算。

预应力钢筋
$$\sigma_{pi}=\frac{f_{py}-\sigma_{p0i}}{\xi_b-\beta_1}\left(\frac{x}{h_{0i}}-\beta_1\right)+\sigma_{p0i} \tag{12-53}$$

非预应力钢筋
$$\sigma_{si}=\frac{f_y}{\xi_b-\beta_1}\left(\frac{x}{h_{0i}}-\beta_1\right) \tag{12-54}$$

式（12-53）和式（12-54）中

σ_{pi}、σ_{si} ——第 i 层纵向预应力钢筋、非预应力钢筋的应力，正值代表拉应力，负值代表压应力；

h_{0i} ——第 i 层纵向钢筋截面重心至混凝土受压区边缘的距离；

x ——等效矩形应力图形的混凝土受压区高度；

σ_{p0i} ——第 i 层纵向预应力钢筋截面重心处混凝土法向应力等于零时预应力钢筋的应力。

预应力钢筋的应力 σ_{pi} 应符合条件 $\sigma_{p0i}-f'_{py}\leqslant\sigma_{pi}\leqslant f_{py}$，当 σ_{pi} 为拉应力且其值大于 f_{py} 时，取 $\sigma_{pi}=f_{py}$；当 σ_{pi} 为压应力且其绝对值大于（$\sigma_{p0i}-f'_{py}$）的绝对值时，取 $\sigma_{pi}=\sigma_{p0i}-f'_{py}$。非预应力钢筋的应力 σ_{si} 应符合条件 $-f'_{y}\leqslant\sigma_{si}\leqslant f_{y}$，当 σ_{si} 为拉应力且其值大于 f_{y} 时，取 $\sigma_{si}=f_{y}$；当 σ_{si} 为压应力且其绝对值大于 f'_{y} 时，取 $\sigma_{si}=-f'_{y}$。

（3）受压区预应力钢筋应力 σ'_{p} 的计算

截面达到破坏时，A'_{p} 的应力可能仍为拉应力，也可能变为压应力，但其应力值 σ'_{p} 达不到抗压强度设计值 f'_{py}，而仅为

先张法构件　　$\sigma'_{p}=(\sigma'_{con}-\sigma'_{l})-f'_{py}=\sigma'_{p0}-f'_{py}$

后张法构件　　$\sigma'_{p}=(\sigma'_{con}-\sigma'_{l})+\sigma_{p}\sigma'_{pc\text{II}}-f'_{py}=\sigma'_{p0}-f'_{py}$

2）正截面受弯承载力计算

对于图 12-20 所示的矩形截面或翼缘位于受拉边的 T 形截面预应力混凝土受弯构件，其正截面受弯承载力计算的基本公式为

$$\alpha_{1}f_{c}bx=f_{y}A_{s}-f'_{y}A'_{s}+f_{py}A_{p}+(\sigma'_{p0}-f'_{py})A'_{p} \tag{12-55}$$

$$M\leqslant M_{u}=\alpha_{1}f_{c}bx(h_{0}-0.5x)+f'_{y}A'_{s}(h_{0}-a'_{s})-(\sigma'_{p0}-f'_{py})A'_{p}(h_{0}-a'_{p}) \tag{12-56}$$

式（12-55）和式（12-56）中

M——弯矩效应设计值；

M_{u}——正截面受弯承载力设计值；

A_{s}、A'_{s}——受拉区、受压区纵向非预应力钢筋的截面面积；

A_{p}、A'_{p}——受拉区、受压区纵向预应力钢筋的截面面积；

h_{0}——截面的有效高度；

b——矩形截面的宽度或倒 T 形截面的腹板宽度；

α_{1}——混凝土的等效矩形应力图系数；

a'_{s}、a'_{p}——受压区纵向非预应力钢筋合力点、预应力钢筋合力点至截面受压边缘的距离。

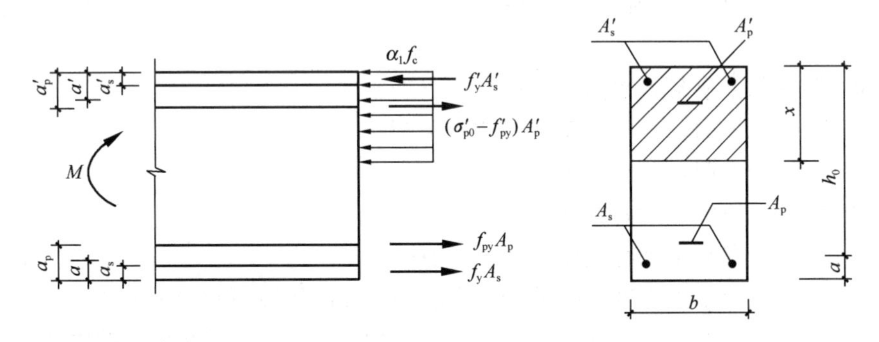

图 12-20　矩形截面受弯构件正截面受弯承载力计算

混凝土受压区高度尚应符合下列条件。

$$2a'\leqslant x\leqslant\xi_{b}h_{0}$$

式中　a'——受压区全部纵向钢筋合力点至截面受压边缘的距离，当受压区未配置纵向预应力钢筋或受压区纵向预应力钢筋应力 $\sigma'_{p}=\sigma'_{p0}-f'_{py}$ 为拉应力时，式中的 a' 用 a'_{s} 代替。

当 $x < 2a'$ 或当 σ'_p 为拉应力时，取 $x = 2a'_s$，则

$$M \leqslant M_u = f_{py}A_p(h - a_p - a'_s) + f_y A_s(h - a_s - a'_s) + (\sigma'_{p0} - f'_{py})A'_p(a'_p - a'_s) \tag{12-57}$$

式中　a_s、a_p——受拉区纵向非预应力钢筋、预应力钢筋合力点至受拉边缘的距离。

2. 使用阶段斜截面承载力计算

因为预应力抑制了斜裂缝出现和发展，根据试验结果可知，计算预应力混凝土梁的斜截面受剪承载力，可在钢筋混凝土梁计算公式的基础上，增加一项由预应力而提高的斜截面受剪承载力设计值 V_p。

1）对于矩形截面、T 形截面及工字形截面的预应力混凝土受弯构件，当仅配置箍筋时，其斜截面的受剪承载力按式（12-58）计算。

$$V \leqslant V_u = V_{cs} + V_p \tag{12-58}$$

2）当配有箍筋和预应力弯起钢筋时，其斜截面受剪承载力按式（12-59）计算。

$$V \leqslant V_u = V_{cs} + V_p + 0.8 f_y A_{sb} \sin\alpha_s + 0.8 f_{py} A_{pb} \sin\alpha_p \tag{12-59}$$

式（12-58）和式（12-59）中

V_{cs}——构件斜截面上混凝土和箍筋的受剪承载力设计值，对于一般梁，$V_{cs} = 0.7 f_t b h_0 + f_{yv}\dfrac{nA_{sv1}}{s}h_0$；对集中荷载作用下的独立梁，$V_{cs} = \dfrac{1.75}{\lambda + 1.0} f_t b h_0 + f_{yv}\dfrac{nA_{sv1}}{s}h_0$，$V_p = 0.05 N_{p0}$，$N_{p0}$ 为计算截面上混凝土法向应力等于零时的预应力钢筋及非预应力钢筋的合力，$N_{p0} = (\sigma_{con} - \sigma_l)A_p + (\sigma'_{con} - \sigma'_l)A'_p - \sigma_{l5}A_s - \sigma'_{l5}A'_s$，当 $N_{p0} > 0.3 f_c A_0$ 时，取 $N_{p0} = 0.3 f_c A_0$，但在计算 N_{p0} 时应不考虑预应力弯起钢筋的面积；

A_{sb}、A_{pb}——同一弯起平面内非预应力弯起钢筋、预应力弯起钢筋的截面面积；

α_s、α_p——斜截面上非预应力弯起钢筋、预应力弯起钢筋的切线与构件纵向轴线的夹角。

3）为了防止斜压破坏，受剪截面应符合下列条件。

（1）当 $h_w/b \leqslant 4$ 时，应满足 $V \leqslant 0.25\beta_c f_c b h_0$

（2）当 $h_w/b \geqslant 6$ 时，应满足 $V \leqslant 0.2\beta_c f_c b h_0$

（3）当 $4 < h_w/b < 6$ 时，按线性内插法取用

式中　f_c——混凝土轴心抗压强度设计值；

β_c——混凝土强度影响系数，当混凝土强度等级不超过 C50 时，取 $\beta_c = 1.0$；当混凝土强度等级为 C80 时，取 $\beta_c = 0.8$；其间按线性内插法取用；

V——计算截面上的最大剪力设计值；

b——矩形截面宽度，T 形或工字形截面的腹板宽度；

h_w——截面的腹板高度，矩形截面 $h_w = h_0$，T 形截面 $h_w = h_0 - h'_f$，工字形截面

$h_w = h - h'_f - h_f$（h_f 为截面下部翼缘的高度）。

4）矩形截面、T 形截面、工字形截面的一般预应力混凝土受弯构件，当符合式（12-

60）的要求时，可不进行斜截面受剪承载力计算，仅需按构造要求配置箍筋。

$$V \leqslant 0.7f_{\mathrm{t}}bh_0 + 0.05N_{\mathrm{p0}} \text{ 或 } V \leqslant \frac{1.75}{\lambda + 1.0}f_{\mathrm{t}}bh_0 + 0.05N_{\mathrm{p0}} \tag{12-60}$$

12.4.3　预应力混凝土受弯构件抗裂验算

1. 正截面抗裂验算

对预应力混凝土构件，应进行受拉边缘应力或正截面裂缝宽度验算。

1）一级裂缝控制等级构件。即严格要求不出现裂缝的构件，在荷载标准组合下，受拉边缘应力应符合下列要求。

$$\sigma_{\mathrm{ck}} - \sigma_{\mathrm{pc}} \leqslant 0 \tag{12-61}$$

2）二级裂缝控制等级构件。即一般要求不出现裂缝的构件，在荷载标准组合下，受拉边缘应力应符合下列要求。

$$\sigma_{\mathrm{ck}} - \sigma_{\mathrm{pc}} \leqslant f_{\mathrm{tk}} \tag{12-62}$$

式中　σ_{ck}——荷载效应的标准组合下抗裂验算边缘的混凝土法向应力，$\sigma_{\mathrm{ck}} = \frac{M_{\mathrm{k}}}{W_0}$；

M_{k}——按荷载效应标准组合计算的弯矩值；

W_0——构件换算截面受拉边缘的弹性抵抗矩；

σ_{pc}——扣除全部预应力损失后，在抗裂验算边缘混凝土的预压应力，按式（12-46）和式（12-47）计算。

3）裂缝宽度验算。当预应力混凝土受弯构件为三级裂缝控制等级时，允许开裂，但其最大裂缝宽度按荷载标准组合并考虑荷载长期作用的影响，并应满足式（12-63）；对于环境类别为二 a 类的预应力混凝土构件，在荷载准永久值组合下，受拉边缘应力尚应满足式（12-64）的要求。

$$w_{\max} = \alpha_{\mathrm{cr}}\psi\frac{\sigma_{\mathrm{sk}}}{E_{\mathrm{s}}}\left(1.9c + 0.08\frac{d_{\mathrm{eq}}}{\rho_{\mathrm{te}}}\right) \leqslant w_{\lim} \tag{12-63}$$

$$\sigma_{\mathrm{cq}} - \sigma_{\mathrm{pc}} \leqslant f_{\mathrm{tk}} \tag{12-64}$$

其中

$$\sigma_{\mathrm{sk}} = \frac{M_{\mathrm{k}} - N_{\mathrm{p0}}(Z - e_{\mathrm{p}})}{(A_{\mathrm{s}} + \alpha_1 A_{\mathrm{p}})Z}$$

$$\sigma_{\mathrm{cq}} = \frac{M_{\mathrm{q}}}{W_0}$$

式中　α_{cr}——构件受力特征系数，预应力受弯构件取 1.5；

σ_{sk}——按荷载效应标准组合计算的预应力混凝土构件纵向受拉钢筋的等效应力；

σ_{cq}——荷载准永久组合下抗裂验算受拉边缘混凝土的法向应力；

M_{q}——按荷载的准永久组合计算的弯矩值；

σ_{sk}——按荷载效应的标准组合计算的预应力混凝土构件纵向受拉钢筋的应力；

Z——受拉区纵向非预应力和预应力钢筋合力点到受压区合力点的距离，$Z = \left[0.87 - 0.12(1-\gamma_{\mathrm{f}}')\left(\frac{h_0}{e}\right)^2\right]h_0$；

e——轴向压力作用点至纵向受拉钢筋合力点的距离，$e = e_{\mathrm{p}} + \frac{M_{\mathrm{k}}}{N_{\mathrm{p0}}}$；

e_p ——计算截面混凝土法向预应力等于零时预加力 N_{p0} 的作用点到受拉区纵向预应力钢筋和非预应力钢筋合力点的距离，$e_p = y_{ps} - e_{p0}$，其中 y_{ps} 为受拉区纵向预应力筋和普通钢筋合力点的偏心距；e_{p0} 为计算截面混凝土法向预应力等于零时预加力 N_{p0} 的作用点的偏心距，同式（12-46）中 e_{p0}；

α_1 ——无黏结预应力的等效折减系数，取 α_1 为 0.3；对灌浆的后张预应力筋，取 α_1 为 1.0；

γ'_f ——受压翼缘截面面积与腹板有效截面面积的比值（其中 b'_f、h'_f 为受压翼缘的宽度），$\gamma'_f = \dfrac{(b'_f - b)h'_f}{bh_0}$，当 $h'_f > 0.2h_0$ 时，取 $h'_f = 0.2h_0$；

其他符号的物理意义同预应力轴心受拉构件裂缝宽度验算。

2. 斜截面抗裂验算

规范规定，在进行预应力混凝土受弯构件斜截面的抗裂验算时，主要是验算截面上混凝土的主拉应力 σ_{tp} 和主压应力 σ_{cp} 不超过规定的限值。

1）斜截面抗裂验算的规定

（1）混凝土主拉应力

对一级裂缝控制等级的构件，应符合

$$\sigma_{tp} \leqslant 0.85 f_{tk} \tag{12-65}$$

对二级裂缝控制等级的构件，应符合

$$\sigma_{tp} \leqslant 0.95 f_{tk} \tag{12-66}$$

式（12-65）和式（12-66）中

0.85、0.95——考虑张拉时的不准确性和构件质量变异影响的经验系数。

（2）混凝土主压应力

对一、二级裂缝控制等级的构件，均应符合

$$\sigma_{cp} \leqslant 0.6 f_{ck} \tag{12-67}$$

式中　0.6——主要防止腹板在预应力和荷载作用下压坏，并考虑到主压应力过大会导致斜截面抗裂能力降低的经验系数。

2）混凝土主拉应力 σ_{tp} 和主压应力 σ_{cp} 的计算

预应力混凝土构件在斜截面开裂前，基本处于弹性工作状态，故主应力可按材料力学的方法计算。

$$\left.\begin{matrix}\sigma_{tp}\\ \sigma_{cp}\end{matrix}\right\} = \frac{\sigma_x + \sigma_y}{2} \pm \sqrt{\left(\frac{\sigma_x - \sigma_y}{2}\right)^2 + \tau^2} \tag{12-68}$$

$$\sigma_x = \sigma_{pc} + \frac{M_k y_0}{I_0} \tag{12-69}$$

$$\tau = \frac{(V_k - \Sigma \sigma_p A_{pb} \sin\alpha_p) S_0}{bI_0} \tag{12-70}$$

式（12-68）～式（12-70）中

σ_x ——由预应力和按荷载标准组合计算的弯矩值 M_k 在计算纤维处产生的混凝土法向应力；

y_0、I_0 ——换算截面重心至所计算纤维处的距离和换算截面惯性矩；

σ_y ——由集中荷载标准值 F_k 产生的混凝土竖向压应力；

τ ——由剪力值 V_k 和预应力弯起钢筋的预应力在计算纤维处产生的混凝土剪应力；

V_k ——按荷载标准组合计算的剪力值；

σ_p ——预应力弯起钢筋的有效预应力；

S_0 ——计算纤维以上部分的换算截面面积对构件换算截面重心面积矩；

A_{pb} ——计算截面上同一弯起平面内的预应力弯起钢筋的截面面积；

α_p ——计算截面上预应力弯起钢筋的切线与构件纵向轴线的夹角。

式（12-68）～式（12-70）中，当应力为拉应力时，以正值代入；当应力为压应力时，以负值代入。

3）斜截面抗裂验算位置

在对先张法预应力混凝土构件端部进行斜截面受剪承载力计算以及正截面、斜截面抗裂验算时，应考虑预应力钢筋在其预应力传递长度 l_{tr} 范围内实际应力值的变化，如图 12-21 所示。预应力钢筋的实际预应力按线性规律增大，在构件端部为零，在其传递长度的末端有效预应力值为 σ_{pe} 。当采用瞬时放张预应力的施工工艺时，对光面预应力钢丝的锚固长度应从距构件末端 1/4 传递长度处开始计算。

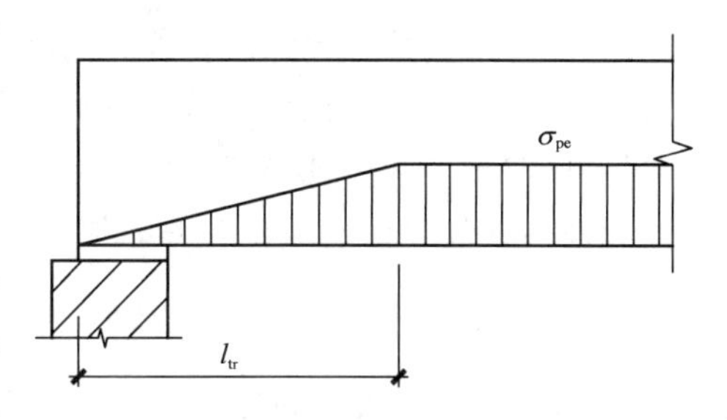

图 12-21　预应力的传递范围内有效预应力值的变化

12.4.4　预应力混凝土受弯构件的挠度验算

预应力混凝土受弯构件的挠度由两部分叠加而成：一部分是由使用荷载产生的挠度 f_{1l}；另一部分是由预加应力产生的反拱 f_{2l}。

1. 使用荷载作用下构件的挠度 f_{1l}

使用荷载作用下的构件挠度可按一般材料力学方法进行计算，即

$$f_{1l} = S\frac{Ml^2}{B} \tag{12-71}$$

其中，截面弯曲刚度 B 应分别按下列情况计算。

1）按荷载效应标准组合下的短期刚度计算

（1）对于使用阶段要求不出现裂缝的构件，有

$$B_s = 0.85E_cI_0 \tag{12-72}$$

（2）对于使用阶段允许出现裂缝的构件，有

$$B_s = \frac{0.85E_cI_0}{\kappa_{cr} + (1-\kappa_{cr})\omega} \tag{12-73}$$

$$\omega = \left(1+\frac{0.21}{\alpha_E\rho}\right)(1+0.45\gamma_f) - 0.7 \tag{12-74}$$

式中　0.85——刚度折减系数，考虑混凝土受拉区开裂前出现的塑性变形；

κ_{cr} ——预应力混凝土受弯构件正截面的开裂弯矩 M_{cr} 与荷载标准组合弯矩 M_k 的比值，

即 $\kappa_{cr}=\dfrac{M_{cr}}{M_k}\leqslant 1.0$，当 $\kappa_{cr}>1.0$ 时，取 $\kappa_{cr}=1.0$；$M_{cr}=(\sigma_{pc}+\gamma f_{tk})W_0$；

α_E ——钢筋弹性模量与混凝土弹性模量的比值，$\alpha_E=\dfrac{E_s}{E_c}$；

ρ ——纵向受拉钢筋配筋率，$\rho=\dfrac{\alpha_1 A_p+A_s}{bh_0}$，对无黏结后张预应力筋，取 α_1 为 0.3；对灌浆的后张预应力筋，取 α_1 为 1.0；

γ_f ——受拉翼缘面积与腹板有效截面面积的比值，$\gamma_f=\dfrac{(b_f-b)h_f}{bh_0}$；

b_f、h_f ——受拉区翼缘的宽度、高度；

γ ——混凝土构件的截面抵抗矩塑性影响系数。

对预压时预拉区出现裂缝的构件，B_s 应降低 10%。

2）按荷载效应标准组合并考虑预加应力长期作用影响的刚度

$$B=\frac{M_k}{M_q(\theta-1)+M_k}B_s \tag{12-75}$$

式中 B——按荷载效应的标准组合，并考虑荷载长期作用影响的刚度；

M_k ——按荷载效应的标准组合计算的弯矩值，取计算区段的最大弯矩值；

M_q ——按荷载效应的准永久组合计算的弯矩值，取计算区段的最大弯矩值；

θ——考虑荷载长期作用对挠度增大的影响系数，取 2.0；

B_s ——荷载效应的标准组合作用下受弯构件的短期刚度，按式（12-72）或式（12-73）计算。

2. 预加应力产生的反拱 f_{2l}

预应力混凝土构件在偏心距为 e_p 的总预压力 N_p 作用下将产生反拱 f_{2l}，设梁的跨度为 l，截面弯曲刚度为 B，则

$$f_{2l}=\frac{N_p e_p l^2}{8B} \tag{12-76}$$

其中，N_p、e_p 及 B 等按下列不同的规定取用不同的数值。

1）荷载标准组合下的反拱值。按 $B=E_c I_0$ 计算，此时的 N_p、e_p 均按扣除第一批预应力损失值后的情况计算，先张法构件为 $N_{p0\mathrm{I}}$、$e_{p0\mathrm{I}}$，后张法构件为 $N_{p\mathrm{I}}$、$e_{pn\mathrm{I}}$。

2）考虑预加应力长期影响的反拱值。按刚度 $B=0.5E_c I_0$ 计算，此时 N_p、e_p 应按扣除全部预应力损失后的情况计算，先张法构件为 $N_{p0\mathrm{II}}$、$e_{p0\mathrm{II}}$，后张法构件为 $N_{p\mathrm{II}}$、$e_{pn\mathrm{II}}$。

3. 挠度验算

使用荷载标准组合下构件产生的挠度扣除预应力产生的反拱，即为预应力混凝土受弯构件的挠度，应不超过规定的限值。即

$$f=f_{1l}-f_{2l}\leqslant f_{lim} \tag{12-77}$$

式中 f_{lim} ——受弯构件挠度限值。

12.4.5 预应力混凝土受弯构件施工阶段验算

《混凝土结构设计规范》GB 50010—2010（2015 年版）规定，对于制作、运输及安装等施工阶段预拉区允许出现拉应力的构件，或预压时全截面受压的构件，在预加力、自重

及施工荷载作用下（必要时应考虑动力系数）截面边缘的混凝土法向拉应力 σ_{ct} 和压应力 σ_{cc} 应符合下列规定（图 12-22）。

$$\sigma_{ct} \leqslant f'_{tk} \tag{12-78}$$

$$\sigma_{cc} \leqslant 0.8f'_{ck} \tag{12-79}$$

简支构件的端部区段截面预拉区边缘纤维的混凝土拉应力允许大于 f'_{tk}，但不应大于 $1.2f'_{tk}$。

截面边缘的混凝土方向应力应按式（12-80）计算。

$$\left.\begin{matrix}\sigma_{cc}\\ \sigma_{ct}\end{matrix}\right\} = \sigma_{pc} + \frac{N_k}{A_0} \pm \frac{M_k}{W_0} \tag{12-80}$$

式（12-78）～式（12-80）中

f'_{tk}、f'_{ck}——按相应施工阶段混凝土强度等级 f'_{cu} 确定的混凝土抗拉强度和抗压强度标准值，按附录 1 中附表 1-1 采用线性内插法确定；

σ_{ct}、σ_{cc}——相应施工阶段计算截面边缘纤维的混凝土法向拉应力和压应力；

σ_{pc}——由预应力产生的混凝土法向应力，当 σ_{pc} 为压应力时，取正值；当 σ_{pc} 为拉应力时，取负值；

N_k、M_k——构件自重及施工荷载的标准组合在计算截面产生的轴向力值及弯矩值，当 N_k 为轴向压力时取正值，反之取负值；由 M_k 产生的边缘纤维为压应力时取正值，反之取负值。

W_0——验算边缘的换算截面弹性抵抗矩。

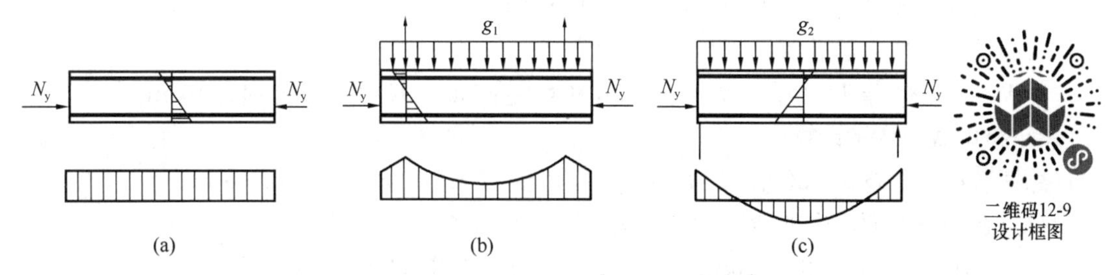

图 12-22　预应力混凝土受弯构件

（a）制作阶段；（b）吊装阶段；（c）使用阶段

【例 12-2】

后张法预应力混凝土简支梁，跨度 $l = 20\text{m}$，截面尺寸 $b \times h = 400\text{mm} \times 1200\text{mm}$。梁上均布恒荷载标准值 $g_k = 27\text{kN/m}$（包括自重），均布活荷载标准值 $q_k = 15\text{kN/m}$，组合值系数 $\psi_c = 0.7$，采用预埋波纹管孔道的后张法 1860 级有黏结预应力筋及 HRB400 普通钢筋的混合配筋方式。预应力筋线形布置如图 12-23（a）所示，张拉后孔道内灌浆密封。混凝土强度等级 C45，裂缝控制等级为三级，一类使用环境。试设计该梁配筋并计算该简支梁跨中截面的预应力损失，验算其正截面受弯承载力和正截面的裂缝宽度是否满足要求（按单筋截面）。

【解】

1）材料特性

混凝土 C45：$f_{ck} = 29.6\text{N/mm}^2$，$f_c = 21.1\text{N/mm}^2$，$f_{tk} = 2.51\text{N/mm}^2$，$E_c = 3.35 \times$

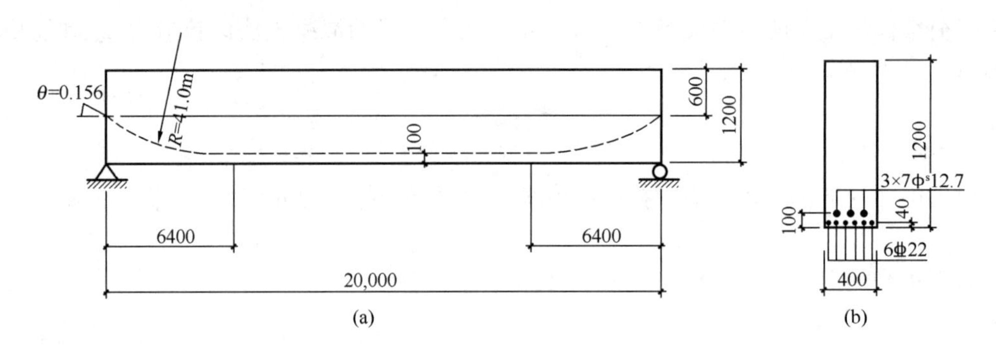

图 12-23　混合配筋预应力混凝土梁（单位：mm）

10^4N/mm^2，$\alpha_1 = 1.0$，$\beta_1 = 0.8$；

普通钢筋 HRB400：$f_y = 360\text{N/mm}^2$，$E_s = 2.0\times10^5\ \text{N/mm}^2$；

钢绞线采用 1860 级，$f_{ptk} = 1860\text{N/mm}^2$，$f_{py} = 1320\text{N/mm}^2$，$E_p = 1.95\times10^5\text{N/mm}^2$。

2）截面几何特性（确定钢筋前简化计算，略去钢筋影响）

孔道由两端的圆弧段（水平投影长度为 6.4m）和梁跨中部的直线段（长度为 7.2m）组成。预应力筋端点处的切线倾角 $\theta = 0.156\text{rad}(8.94°)$，曲线孔道的曲率半径 $r_c = 41.0\text{m}$，跨中截面 $a_p = 100\text{mm}, a_s = 40\text{mm}$，$h_{p0} = 1100\text{mm}$，$h_{s0} = 1160\text{mm}$。

梁截面面积　$A_n = A_0 = A = bh = 400\times1200 = 4.8\times10^5\text{mm}^2$

惯性矩　$I = bh^3/12 = 400\times1200^3/12 = 5.76\times10^{10}\text{mm}^4$

受拉边缘截面抵抗矩　$W = bh^2/6 = 400\times1200^2/6 = 9.6\times10^7\text{mm}^3$

跨中截面预应力筋处截面抵抗矩

$$W_p = I/y_p = I/(h/2-a_p) = 5.76\times10^{10}/(600-100) = 1.152\times10^8\text{mm}^3$$

3）跨中截面弯矩计算

总恒载产生的弯矩标准值　$M_{Gk} = g_k l^2/8 = 27\times20^2/8 = 1350\text{kN}\cdot\text{m}$

自重在跨中截面产生的弯矩标准值为

$$M_{G1k} = g_{1k}l^2/8 = 25bhl^2/8 = 25\times0.4\times1.2\times20^2/8 = 600\text{kN}\cdot\text{m}$$

活载产生的弯矩标准值　$M_{Qk} = q_k l^2/8 = 15\times20^2/8 = 750\text{kN}\cdot\text{m}$

跨中弯矩标准组合值　$M_k = M_{Gk} + M_{Qk} = 1350 + 750 = 2100\text{kN}\cdot\text{m}$

基本组合弯矩设计值

$$M = \gamma_G M_{Gk} + \gamma_Q M_{Qk} = 1.3\times1350 + 1.5\times750 = 2880\text{kN}\cdot\text{m}$$

4）配筋计算

暂取普通钢筋与预应力钢筋的合力中心 $a = 100\text{mm}$，则 $h_0 = h - a = 1200 - 100 = 1100\text{mm}$

$$\alpha_s = \frac{M}{\alpha_1 f_c b h_0^2} = \frac{2880\times10^6}{1.0\times21.1\times400\times1100^2} = 0.282$$

$$\xi = 1-\sqrt{1-2\alpha_s} = 1-\sqrt{1-2\times0.282} = 0.340$$

由于无明显屈服点预应力混凝土的相对界限受压高度一般小于普通钢筋的相对界限受压区高度，可取两种钢筋的相对受压高度为 $0.8\xi_b = 0.8\times0.518 = 0.414 > 0.340$，可预判截面合适。

取 PPR=0.8

$$A_p=\frac{PPR\cdot\xi f_c bh_0}{f_{py}}=\frac{0.8\times0.340\times21.1\times400\times1100}{1320}=1913.07\text{mm}^2$$

$$A_s=\frac{(1-PPR)\cdot\xi f_c bh_0}{f_y}=\frac{0.2\times0.340\times21.1\times400\times1100}{360}=1753.64\text{mm}^2$$

预应力筋选取 1×7 标准型低松弛钢绞线 3 束 7 Φ^s12.7，预应力钢筋面积 $A_p=21\times98.7=2072.7\text{mm}^2$；普通钢筋采用 6 Φ 22 的 HRB400 级热轧钢筋，受拉钢筋面积 $A_s=2281\text{mm}^2$。配筋截面如图 12-23（b）。

暂取预应力度 $\lambda=0.7$，预应力合力距离梁形心轴距离 $e_p=h/2-a=600-100=500\text{mm}$，由

$$\frac{\sigma_p A_p}{bh}+\frac{\sigma_p A_p e_p}{W}=\lambda\frac{M_k}{W}$$

$$\sigma_p=\lambda\frac{M_k}{W}\Big/\left(\frac{A_p}{bh}+\frac{A_p e_p}{W}\right)=0.7\times\frac{2100\times10^6}{9.6\times10^7}\times1\Big/\left(\frac{2072.7}{480,000}+\frac{2072.7\times500}{9.6\times10^7}\right)$$
$$=1013.17\text{MPa}$$

考虑预应力损失值为 25%，则控制应力 $\sigma_{con}\approx1013.17/0.75=1350.9\text{MPa}$。

最终取 $\sigma_{con}=0.70f_{ptk}=0.70\times1860=1302\text{N/mm}^2$，采用夹片式锚具，两端同时张拉。

5）跨中截面预应力损失计算

在张拉开始前，拆除梁侧面模板，保留梁底模板。随着张拉力加大，梁逐渐发生反拱，梁底除支座两端外与底模分离。

查表 12-3 得 $\kappa=0.0015$，$\mu=0.25$；查表 12-2 得，$a=5\text{mm}$。

（1）锚具变形损失 σ_{l1}

圆弧形曲线的反向摩擦影响长度由式（12-3）和式（12-4）确定，即

$$l_f=\sqrt{\frac{aE_p}{1000\sigma_{con}(\mu/r_c+\kappa)}}=\sqrt{\frac{5\times1.95\times10^5}{1000\times1302\times(0.25/41.0+0.0015)}}=9.93<10$$

则跨中截面不考虑锚具回缩引起的预应力损失，$\sigma_{l1}=0\text{MPa}$。

（2）摩擦损失 σ_{l2}

跨中处，$x=10\text{m}$，$\theta=0.156\text{rad}(8.94^\circ)$，由式（12-2）得

$$\sigma_{l2}=\sigma_{con}\left(1-\frac{1}{e^{\kappa x+\mu\theta}}\right)=1302\times\left[1-\frac{1}{e^{(0.0015\times10+0.25\times0.156)}}\right]=68.443\text{N/mm}^2$$

第一批损失 $\sigma_{l\text{I}}=\sigma_{l1}+\sigma_{l2}=0+68.443=68.443\text{N/mm}^2$

（3）松弛损失 σ_{l4}

因 $\sigma_{con}=0.70f_{ptk}$，故采用式（12-10）计算

$$\sigma_{l4}=0.125\left(\frac{\sigma_{con}}{f_{ptk}}-0.5\right)\sigma_{con}=0.125\times(0.70-0.5)\times1302=32.55\text{N/mm}^2$$

（4）收缩徐变损失 σ_{l5}

设混凝土达到 100%的设计强度时开始张拉预应力筋，$f'_{cu}=f_{cu,k}=45\text{N/mm}^2$，配筋率 $\rho=\frac{A_s+A_p}{A_n}=\frac{2281+2072.7}{4.8\times10^5}=0.00907$。

$$N_{p\mathrm{I}}=(\sigma_{con}-\sigma_{l\mathrm{I}})A_p=(1302-68.443)\times 2072.7=2,556,793.6\mathrm{N}$$

由于张拉过程中梁发生反拱，梁自重发挥效应，自重使梁截面下半部分受拉，则跨中受拉区预应力筋合力点处混凝土法向压应力为

$$\sigma_{pc\mathrm{I}}=\frac{N_{p\mathrm{I}}}{A_n}+\frac{N_{p\mathrm{I}}(h/2-a_p)-M_{G1k}}{W_p}$$

$$=\frac{2,556,793.6}{4.8\times 10^5}+\frac{2,556,793.6\times(600-100)-600\times 10^6}{1.152\times 10^8}$$

$$=11.22<0.5f'_{cu}=22.5\mathrm{N/mm^2}$$

$$\sigma_{l5}=\frac{55+300\frac{\sigma_{pc}}{f'_{cu}}}{1+15\rho}=\frac{55+300\times\frac{11.22}{45}}{1+15\times 0.00907}=114.256\ \mathrm{N/mm^2}$$

6）跨中截面预应力总损失 σ_l 及混凝土的有效预压应力

$$\sigma_l=\sigma_{l1}+\sigma_{l2}+\sigma_{l4}+\sigma_{l5}=0+68.443+32.55+114.256$$

$$=215.249\mathrm{N/mm^2}>80\mathrm{MPa}$$

$$N_p=(\sigma_{con}-\sigma_l)A_p-\sigma_{l5}A_s=(1302-215.249)\times 2072.7-114.256\times 2281$$

$$=1,991,891\mathrm{N}$$

$$e_{pn}=\frac{(\sigma_{con}-\sigma_l)A_py_{pn}-\sigma_{l5}A_sy_{sn}}{N_p}$$

$$=\frac{(1302-215.249)\times 2072.7\times 500-114.256\times 2281\times 560}{1,991,891}$$

$$=492.1\mathrm{mm}$$

梁截面底部受拉边缘处混凝土法向预压应力为（不包括反拱引起的自重效应）

$$\sigma_{cc1}=\frac{N_p}{A_n}+\frac{N_pe_{pn}}{W}=\frac{1,991,891}{4.8\times 10^5}+\frac{1,991,891\times 492.1}{9.6\times 10^7}$$

$$=4.150+10.211=14.361\mathrm{N/mm^2}$$

荷载标准组合下（包含自重）

$$\sigma_{ck}=\frac{M_k}{W_0}=\frac{2100\times 10^6}{9.6\times 10^7}=21.875\mathrm{N/mm^2}$$

预应力度 $\lambda=\frac{\sigma_{cc1}}{\sigma_{ck}}=\frac{14.361}{21.875}=0.657$，与设计时预设的预应力度取值 0.7 基本符合。

预应力筋处混凝土法向预压应力为（不包括反拱引起的自重效应）

$$\sigma_{pc\mathrm{II}}=\frac{N_p}{A_n}+\frac{N_pe_{pn}}{W_p}=\frac{1,991,891}{4.8\times 10^5}+\frac{1,991,891\times 492.1}{1.152\times 10^8}$$

$$=4.150+8.509=12.659\mathrm{N/mm^2}$$

7）施工阶段验算

在预应力筋张拉后、锚具尚未固定前，曲线型孔道与直线型孔道交接处的预应力损失较小，而形成的混凝土应力较大，可作为施工阶段混凝土应力验算的控制截面。

$x=6.4\mathrm{m}$ 处，$\theta=0.156\mathrm{rad}(8.94°)$，由式（12-2）得

$$\sigma_{l2}=\sigma_{con}\left(1-\frac{1}{e^{\kappa x+\mu\theta}}\right)=1302\times\left(1-\frac{1}{e^{(0.0015\times 6.4+0.25\times 0.156)}}\right)=61.76\mathrm{N/mm^2}$$

考虑反拱引起的自重效应（6.4m 处自重引起的弯矩为 522.2kN·m）后，底部混凝

土受压应力为（未发生徐变损失，不考虑非预应力筋受压引起的偏心距的变化）

$$\sigma_{cc}=\frac{(\sigma_{con}-\sigma_{l2})A_p}{A_n}+\frac{(\sigma_{con}-\sigma_{l2})A_p y_{pn}}{W}-\frac{M_{G1k}}{W}$$

$$=\frac{(1302-61.76)\times 2072.7}{4.8\times 10^5}+\frac{(1302-61.76)\times 2072.7\times 500}{9.6\times 10^7}-\frac{522.2\times 10^6}{9.6\times 10^7}$$

$$=5.36+13.39-5.44=13.31\text{N/mm}^2<0.8f'_{ck}=0.8\times 29.6=23.68\text{N/mm}^2$$

梁截面顶部边缘处混凝土法向预压应力为（包括反拱引起的自重效应）

$$\sigma_{ct}=\frac{(\sigma_{con}-\sigma_{l2})A_p}{A_n}-\frac{(\sigma_{con}-\sigma_{l2})A_p y_{pn}}{W}+\frac{M_{G1k}}{W}$$

$$=5.36-13.39+5.44=-2.59\text{N/mm}^2<1.2f'_{tk}$$

$$=1.2\times 2.51=3.012\text{N/mm}^2$$

故不会开裂。

8）裂缝控制、裂缝宽度验算

荷载标准组合设计值作用时

$$\sigma_{ck}-\sigma_{cc1}=21.875-14.361=7.514\text{N/mm}^2>\gamma f_{tk}=(0.7+120/h)\gamma_m f_{tk}$$

$$=(0.7+120/1200)\times 1.55\times 2.51=3.11\text{N/mm}^2$$

截面发生开裂，需验算裂缝宽度。

混凝土截面处于消压状态时，预应力钢筋的应力为

$$\sigma_{p0}=\sigma_{con}-\sigma_l+\alpha_p\sigma_{pc\text{II}}=1302-215.249+5.82\times 12.659=1160.43\text{N/mm}^2$$

消压轴力

$$N_{p0}=\sigma_{p0}A_p-\sigma_{l5}A_s=1160.43\times 2072.7-114.256\times 2281=2{,}144{,}605.3\text{N}$$

极限状态时，受拉区全部纵向钢筋合力作用位置

$$a=\frac{A_p f_{py}a_p+A_s f_y a_s}{A_p f_{py}+A_s f_y}=\frac{2072.7\times 1320\times 100+2281\times 360\times 40}{2072.7\times 1320+2281\times 360}=86.15\text{mm}$$

$$h_0=h-a=1200-86.15=1113.85\text{mm}$$

每束 7 根钢绞线并筋后等效直径为 $d_p=d_{p1}\sqrt{n}=12.7\times\sqrt{7}=33.6\text{mm}$

$$d_{eq}=\frac{\sum n_i d_i^2}{\sum n_i\nu_i d_i}=\frac{3\times 33.6^2+6\times 22^2}{3\times 0.5\times 33.6+6\times 1.0\times 22}=34.49\text{mm}$$

（1）纵向受拉钢筋等效应力计算

由
$$\sigma_{sk}=\frac{M_k-N_{p0}(Z-e_p)}{(A_s+\alpha_1 A_p)Z}$$

$$e_p=y_{ps}-e_{p0}=h_0-h/2-e_{pn}=1113.85-600-492.1=21.75\text{mm}$$

$$e=e_p+\frac{M_k}{N_{p0}}=21.75+\frac{2100\times 10^6}{2{,}144{,}605.3}=1000.95\text{mm}$$

$$Z=\left[0.87-0.12(1-\gamma'_f)\left(\frac{h_0}{e}\right)^2\right]h_0$$

$$=\left[0.87-0.12\times\left(\frac{1113.85}{1000.95}\right)^2\right]\times 1113.85=803.53\text{mm}$$

$$\sigma_{sk}=\frac{M_k-N_{p0}(Z-e_p)}{(A_s+\alpha_1 A_p)Z}=\frac{2100\times 10^6-2{,}144{,}605.3\times(803.53-21.75)}{(2281+1.0\times 2072.7)\times 803.53}=121.03\text{N/mm}^2$$

（2）裂缝宽度计算

$$w_{max}=\alpha_{cr}\psi\frac{\sigma_{sk}}{E_s}\left(1.9c+0.08\frac{d_{eq}}{\rho_{te}}\right)\leqslant w_{lim}$$

式中 $\alpha_{cr}=1.5$，$c=29\text{mm}$，$\rho_{te}=\dfrac{A_s+A_p}{0.5bh}=\dfrac{2281+2072.7}{0.5\times400\times1200}=0.0181$

$$\psi=1.1-0.65\frac{f_{tk}}{\rho_{te}\sigma_{sk}}=1.1-0.65\times\frac{2.51}{0.0181\times121.03}=0.355$$

$$w_{max}=\alpha_{cr}\psi\frac{\sigma_{sk}}{E_s}\left(1.9c+0.08\frac{d_{eq}}{\rho_{te}}\right)=1.5\times0.355\times\frac{121.03}{2.0\times10^5}\times\left(1.9\times29+0.08\times\frac{34.49}{0.0181}\right)$$

$=0.067\text{mm}\leqslant w_{lim}=0.2\text{mm}$

满足规范要求。

9）正截面承载力复核

求相对界限受压区高度 x_b

（1）按 A_p 计算时，$h_{p0}=h-a_p=1200-100=1100\text{mm}$

$$\xi_{pb}=\frac{x_{pb}}{h_{p0}}=\frac{\beta_1}{1+\dfrac{0.002}{\varepsilon_{cu}}+\dfrac{f_{py}-\sigma_{p0}}{E_p\varepsilon_{cu}}}=\frac{0.8}{1+\dfrac{0.002}{0.0033}+\dfrac{1320-1160.43}{1.95\times10^5\times0.0033}}$$

$=0.431$

$$x_{pb}=\xi_{pb}h_{p0}=0.431\times1100=474.1\text{mm}$$

（2）按 A_s 计算时，$h_{s0}=h-a_s=1200-40=1160\text{mm}$

$$\xi_{sb}=\frac{x_{sb}}{h_{s0}}=\frac{\beta_1}{1+\dfrac{f_y}{E_s\varepsilon_{cu}}}=\frac{0.8}{1+\dfrac{360}{2\times10^5\times0.0033}}=0.518$$

$$x_{sb}=\xi_{sb}h_{s0}=0.518\times1160=600.88\text{mm}$$

所以，$x_b=\min(x_{pb},x_{sb})=474.1\text{mm}$，$\xi_b=0.431$

由截面法向力的平衡得 $\alpha_1f_cbx=f_{py}A_p+f_yA_s$

解得

$$x=\frac{f_{py}A_p+f_yA_s}{\alpha_1f_cb}=\frac{1320\times2072.7+360\times2281}{1.0\times21.1\times400}=421.46\text{mm}<x_b=474.1\text{mm}$$

由式（12-21），预应力强度比为

$$PPR=\frac{f_{py}A_p\left(h_{p0}-\dfrac{x}{2}\right)}{f_{py}A_p(h_{p0}-\dfrac{x}{2})+f_yA_s\left(h_{s0}-\dfrac{x}{2}\right)}$$

$$=\frac{1320\times2072.7\times\left(1100-\dfrac{421.46}{2}\right)}{1320\times2072.7\times\left(1100-\dfrac{421.46}{2}\right)+360\times2281\times\left(1160-\dfrac{421.46}{2}\right)}$$

$=0.76$

预应力强度比与前述设定值基本一致。

对受拉区全部纵筋合力点取矩，得梁正截面受弯承载力为

$$M_u=\alpha_1f_cbx(h_0-x/2)=1.0\times21.1\times400\times421.46\times(1113.85-421.46/2)\times10^{-6}$$

$=3212.51\text{kN}\cdot\text{m}>M=2880\text{kN}\cdot\text{m}$

故梁正截面受弯承载力满足要求。

12.5 预应力混凝土构件的构造要求

预应力混凝土结构构件的构造要求，除应满足普通钢筋混凝土结构的有关规定外，还应根据预应力张拉工艺、锚固措施和预应力钢筋种类的不同，满足相应的构造要求。

12.5.1 一般规定

1. 预应力混凝土构件的截面形式应根据构件的受力特点进行合理选择。对于轴心受拉构件，通常采用正方形或矩形截面；对于受弯构件，宜选用 T 形、工字形、箱形截面或其他空心截面。

此外，沿受弯构件的纵轴，其截面形式可以根据受力要求改变，如预应力混凝土屋面大梁和吊车梁，其跨中可采用薄壁工字形截面，而在支座处，为了承受较大的剪力以及能有足够的面积布置曲线预应力钢筋和锚具，往往要加宽截面厚度。

和相同受力情况的普通混凝土构件的截面尺寸相比，预应力构件的截面尺寸可以设计得小些，因为预应力构件具有较大的抗裂度和刚度。确定截面尺寸时，既要考虑构件承载力，又要考虑抗裂度和刚度的需要，而且还必须考虑施工时模板制作、钢筋、锚具的布置等要求。截面的宽高比宜小，翼缘和腹部的厚度也不宜大。梁高通常可取普通钢筋混凝土梁高的 70%。

2. 当跨度和荷载不大时，预应力纵向钢筋可用直线布置，施工时采用先张法或后张法均可；当跨度和荷载较大时，预应力钢筋可用曲线布置，施工时一般采用后张法；当构件有倾斜受拉边的梁时，预应力钢筋可用折线布置，施工时一般采用先张法。

3. 为了在预应力混凝土构件制作、运输、堆放和吊装时防止预拉区出现裂缝或减小裂缝宽度，可在构件上部（即预拉区）布置适量的非预应力钢筋。当受拉区部分钢筋施加预应力已能满足构件使用阶段的抗裂度要求时，则按承载力计算所需的其余受拉钢筋允许采用非预应力钢筋。

12.5.2 先张法构件的构造要求

1. 先张法预应力钢筋之间的净间距应根据浇筑混凝土、施加预应力及钢筋锚固等要求确定。先张法预应力钢筋之间的净间距不宜小于其公称直径的 2.5 倍和混凝土粗骨料最大粒径的 1.25 倍，且应符合下列规定：预应力钢丝，不应小于 15mm；三股钢绞线，不应小于 20mm；七股钢绞线，不应小于 25mm。当混凝土振捣密实性具有可靠保证时，先张法预应力筋净间距可放宽为最大粗骨料粒径。

2. 混凝土保护层厚度。为保证钢筋与混凝土的黏结强度，防止放松预应力钢筋时出现纵向劈裂裂缝，必须有一定的混凝土保护层厚度。对于设计工作年限为 50 年的混凝土结构，最外层钢筋的保护层厚度应符合附表 5-4 的规定；设计工作年限为 100 年的混凝土结构，最外层钢筋的保护层厚度不应小于附表 5-4 中数值的 1.4 倍。

3. 对于先张法预应力混凝土构件，预应力钢筋端部周围的混凝土应采取下列加强措施。

（1）单根配置的预应力筋，其端部宜设置螺旋筋。

（2）分散布置的多根预应力筋，在构件端部 $10d$ 且不小于 100mm 长度范围内，宜设置 3～5 片与预应力筋垂直的钢筋网片，此处 d 为预应力筋的公称直径。

（3）采用预应力钢丝配筋的薄板，在板端 100mm 长度范围内宜适当加密横向钢筋。

（4）槽形板类构件，应在构件端部 100mm 长度范围内沿构件板面设置附加横向钢筋，其数量不应少于 2 根。

4. 在预应力混凝土屋面梁、吊车梁等构件靠近支座的斜向主拉应力较大部位，宜将一部分预应力钢筋弯起。

5. 对预应力钢筋在构件端部全部弯起的受弯构件或直线配筋的先张法构件，当构件端部与下部支承结构焊接时，应考虑混凝土收缩、徐变及温度变化所产生的不利影响，宜在构件端部可能产生裂缝的部位设置足够的非预应力纵向构造钢筋。

12.5.3 后张法构件的构造要求

1. 后张法预应力钢丝束、钢绞线束的预留孔道，应符合下列规定。

（1）对预制构件，孔道之间的水平净间距不宜小于 50mm，且不宜小于粗骨料粒径的 1.25 倍；孔道至构件边缘的净间距不宜小于 30mm，且不宜小于孔道直径的 50%。

（2）现浇混凝土梁中，预留孔道在竖直方向的净间距不应小于孔道外径，水平方向的净间距不宜小于 1.5 倍孔道外径，且不应小于粗骨料粒径的 1.25 倍；从孔道外壁至构件边缘的净间距，梁底不宜小于 50mm，梁侧不宜小于 40mm；裂缝控制等级为三级的梁，梁底、梁侧分别不宜小于 60mm 和 50mm。

（3）预留孔道的内径应比预应力钢丝束或钢绞线束外径及需穿过孔道的连接器外径大 10～20mm，且孔道的截面积宜为穿入预应力束截面积的 3～4 倍。

（4）当有可靠经验并能保证混凝土浇筑质量时，预留孔道可水平并列贴紧布置，但并排的数量不应超过 2 束。

（5）在现浇楼板中采用扁形锚固体系时，穿过每个预留孔道的预应力筋数量宜为 3～5 根；在常用荷载情况下，孔道在水平方向的净间距不应超过 8 倍板厚及 1.5m 中的较大值。

（6）板中单根无黏结预应力筋的间距不宜大于板厚的 6 倍，且不宜大于 1m；带状束的无黏结预应力筋根数不宜多于 5 根，带状束间距不宜大于板厚的 12 倍，且不宜大于 2.4m。

（7）梁中集束布置的无黏结预应力筋，集束的水平净间距不宜小于 50mm，集束至构件边缘的净距不宜小于 40mm。

2. 对后张法预应力混凝土构件的端部锚固区，应按下列规定配置间接钢筋。

（1）采用普通垫板时，应进行局部受压承载力计算，并配置间接钢筋，其体积配筋率不应小于 0.5%，垫板的刚性扩散角应取 45°。

（2）在局部受压间接钢筋配置区以外，在构件端部长度 l 不小于 $3e$（e 为截面重心线上部或下部预应力钢筋的合力点至邻近边缘的距离）但不大于 $1.2h$（h 为构件端部截面高度）、高度为 $2e$ 的附加配筋区范围内，应均匀配置附加箍筋或网片，其体积配筋率不应小于 0.5%。

（3）当构件端部预应力钢筋需集中布置在截面下部或集中布置在上部和下部时，应在构件端部 $0.2h$（h 为构件端部截面高度）范围内设置附加竖向焊接钢筋网、封闭式箍筋或其他形式的构造钢筋（图 12-24），以防止端面裂缝。

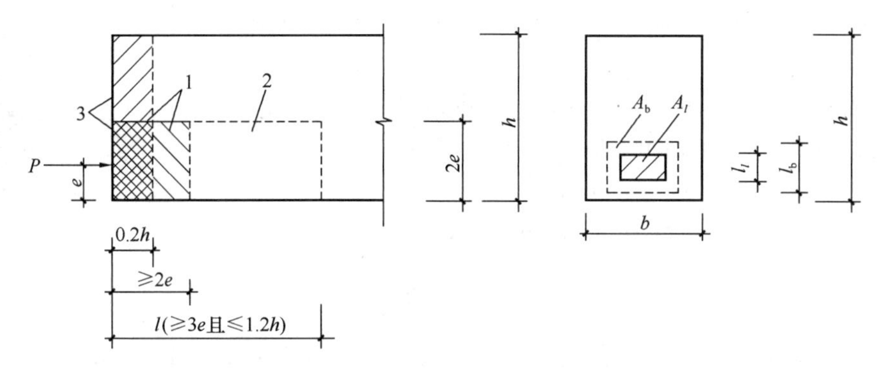

图 12-24　防止端部裂缝的配筋范围

1-局部受压间接钢筋配置区；2-附加防劈裂配筋区；3-附加防端面裂缝配筋区

附加竖向钢筋宜采用带肋钢筋，其截面面积应符合下列要求：当 $e \leqslant 0.2h$ 时，$A_{sv} = (0.25 - e/h)N_p/f_y$；当 $e > 0.2h$ 时，可根据实际情况适当配置构造钢筋。式中 N_p 为作用在构件端部截面重心线上部或下部预应力钢筋的合力，并乘以预应力分项系数 1.2，此时，仅考虑混凝土预压前的预应力损失值；e 为截面重心线上部或下部预应力钢筋的合力点至截面近边缘的距离。当端部截面上部和下部均有预应力钢筋时，附加竖向钢筋的总截面面积应按上部和下部的预应力合力分别计算的数值叠加后采用。

3. 当构件在端部有局部凹进时，应增设折线构造钢筋或其他有效的构造钢筋，如图 12-25 所示。

4. 后张法预应力混凝土构件中，曲线预应力钢丝束、钢绞线束的曲率半径不宜小于 4m；对折线配筋的构件，在预应力钢筋弯折处的曲率半径可适当减小。

5. 在后张法预应力混凝土构件的预拉区和预压区中，应设置纵向非预应力构造钢筋；在预应力钢筋弯折处，应加密箍筋或沿弯折处内侧设置钢筋网片。

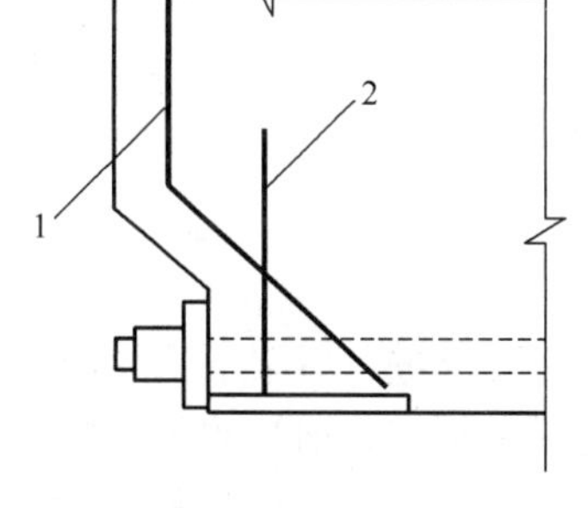

图 12-25　端部凹进处构造钢筋

1-折线构造钢筋；2-竖向构造钢筋

6. 构件端部尺寸应考虑锚具的布置、张拉设备的尺寸和局部受压的要求，必要时应适当加大。在预应力钢筋锚具下及张拉设备的支承处，应设置预埋钢垫板并按规定设置间接钢筋和附加构造钢筋。对外露金属锚具，应采取可靠的防锈措施。

名词和术语

预应力混凝土结构　Prestressed concrete structure（PC）

先张法预应力混凝土结构　Pretensioned prestressed concrete structure

后张法预应力混凝土结构　Post-tensioned prestressed concrete structure

无黏结预应力混凝土结构　Unbonded prestressed concrete structure

预应力筋　Tendon

无黏结预应力筋　Unbonded tendon

有黏结预应力筋　Bonded tendon

二维码12-10
思维导图

缓黏结预应力筋　Retard-bonded prestressing steel strand
锚具　Anchorage
张拉控制应力　Control stress for tensioning
预应力损失　Prestressing loss
有效预应力　Effective prestress
预应力度　Partial prestressing ratios（PPR）

习　题

12-1　18m跨度预应力混凝土屋架下弦，截面尺寸为150mm×200mm。后张法施工，一端张拉。孔道直径为50mm，充压橡皮管抽芯成型，JM12锚具。桁架端部构造如图12-26所示。预应力钢筋为钢绞线 $d=12.7$mm（7 Φ^s4），非预应力钢筋为4 Φ 12的HRB400级热轧钢筋。混凝土C40，裂缝控制等级为二级。永久荷载标准值产生的轴向拉力 $N_{Gk}=280$kN，可变荷载标准值产生的轴向拉力 $N_{Qk}=110$kN，可变荷载的准永久值系数 $\psi_q=0.8$，混凝土达100%设计强度时张拉预应力钢筋。

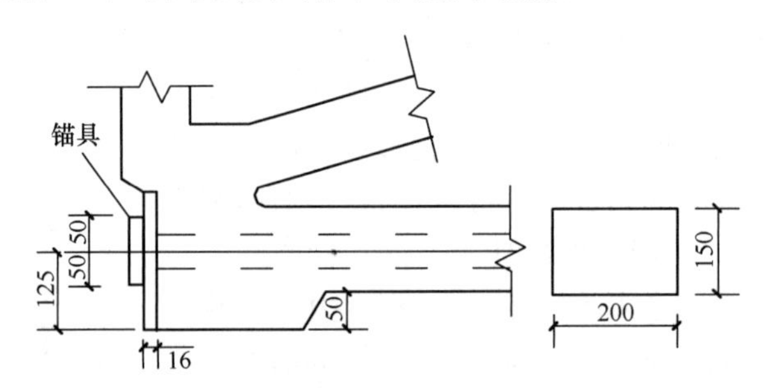

图12-26　习题12-1附图（单位：mm）

要求进行屋架下弦的使用阶段承载力计算，裂缝控制验算以及施工阶段验算。由此确定纵向预应力钢筋数量、构件端部的间接钢筋以及预应力钢筋的张拉控制力等。

12-2　某跨度为4.8m的先张法预应力混凝土圆孔板，计算跨径 $l_0=4.6$m，截面尺寸如图12-27所示，混凝土强度等级为C40，预应力钢筋为消除应力钢丝12 Φ^P5。该板制作要求：长线张拉台座长度 $l=80$m，预应力钢丝其一次张拉，锚具变形和钢丝内缩值 $a=5$mm，蒸汽养护，受张拉钢丝与台座之间温差 $\Delta t=20$℃，混凝土达到设计强度的75%时，放松预应力钢丝。试按《混凝土结构设计规范》GB 50010—2010（2015年版）计算该板预应力损失。

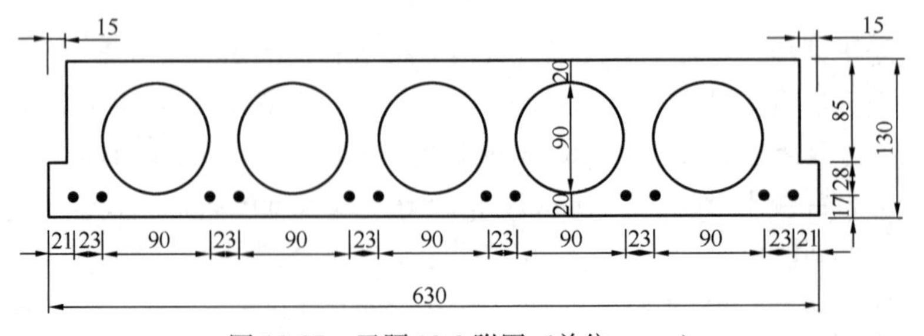

图12-27　习题12-2附图（单位：mm）

附录1 《混凝土结构设计规范》GB 50010—2010（2015年版）及《混凝土结构通用规范》GB 55008—2021规定的材料力学指标

混凝土强度标准值（N/mm²）　　**附表1-1**

强度种类	符号	混凝土强度等级					
		C20	C25	C30	C35	C40	C45
轴心抗压	f_{ck}	13.4	16.7	20.1	23.4	26.8	29.6
轴心抗拉	f_{tk}	1.54	1.78	2.01	2.20	2.39	2.51

强度种类	符号	混凝土强度等级						
		C50	C55	C60	C65	C70	C75	C80
轴心抗压	f_{ck}	32.4	35.5	38.5	41.5	44.5	47.4	50.2
轴心抗拉	f_{tk}	2.64	2.74	2.85	2.93	2.99	3.05	3.11

混凝土强度设计值（N/mm²）　　**附表1-2**

强度种类	符号	混凝土强度等级					
		C20	C25	C30	C35	C40	C45
轴心抗压	f_c	9.6	11.9	14.3	16.7	19.1	21.1
轴心抗拉	f_t	1.10	1.27	1.43	1.57	1.71	1.80

强度种类	符号	混凝土强度等级						
		C50	C55	C60	C65	C70	C75	C80
轴心抗压	f_c	23.1	25.3	27.5	29.7	31.8	33.8	35.9
轴心抗拉	f_t	1.89	1.96	2.04	2.09	2.14	2.18	2.22

混凝土弹性模量 E_c（$\times 10^4$ N/mm²）　　**附表1-3**

强度等级	C20	C25	C30	C35	C40	C45	C50	C55	C60	C65	C70	C75	C80
E_c	2.55	2.80	3.00	3.15	3.25	3.35	3.45	3.55	3.60	3.65	3.70	3.75	3.80

注：1. 当有可靠试验依据时，弹性模量可根据实测数据确定。
2. 当混凝土中掺有大量矿物掺合料时，弹性模量可按规定龄期根据实测数据确定。

普通钢筋强度标准值（N/mm²）　　**附表1-4**

牌号	符号	公称直径 d(mm)	屈服强度标准值 f_{yk}	极限强度标准值 f_{stk}
HPB300	Φ	6～14	300	420
HRB335	Φ	6～14	335	455

续表

牌号	符号	公称直径 d(mm)	屈服强度标准值 f_{yk}	极限强度标准值 f_{stk}
HRB400 HRBF400 RRB400	Φ Φ^{F} Φ^{R}	6～50	400	540
HRB500 HRBF500	Φ Φ^{F}	6～50	500	630

预应力筋强度标准值（N/mm²） **附表 1-5**

种类		符号	公称直径 d(mm)	屈服强度标准值 f_{pyk}	极限强度标准值 f_{ptk}
中强度预应力钢丝	光圆/螺旋肋	ϕ^{PM} ϕ^{HM}	5、7、9	620	800
				780	970
				980	1270
预应力螺纹钢筋	螺纹	ϕ^{T}	18、25、32、40、50	785	980
				930	1080
				1080	1230
消除应力钢丝	光圆/螺旋肋	ϕ^{P} ϕ^{H}	5	—	1570
				—	1860
			7	—	1570
			9	—	1470
				—	1570
钢绞线	1×3 （3 股）	ϕ^{s}	8.6、10.8、12.9	—	1570
				—	1860
				—	1960
	1×7 （7 股）		9.5、12.7、15.2、17.8	—	1720
				—	1860
				—	1960
			21.6	—	1860

注：极限强度标准值为 1960N/mm² 的钢绞线作后张预应力钢筋时，应有可靠的工程经验。

普通钢筋强度设计值（N/mm²） **附表 1-6**

牌号	抗拉强度设计值 f_y	抗压强度设计值 f'_y
HPB300	270	270
HRB400、HRBF400、RRB400	360	360
HRB500、HRBF500	435	435

注：1. 当构件中配有不同种类的钢筋时，每种钢筋应采用各自的强度设计值。
2. 对轴心受压构件，当采用 HRB500、HRBF500 钢筋时，钢筋的抗压强度设计值 f'_y 应取 400 N/mm² 。
3. 横向钢筋的抗拉强度设计值 f_{yv} 应按表中 f_y 的数值采用，但用作受剪、受扭、受冲切承载力计算时，其数值大于 360 N/mm² 时应取 360 N/mm² 。

预应力筋强度设计值（N/mm²）　　**附表 1-7**

种类	极限强度标准值 f_{ptk}	抗拉强度设计值 f_{py}	抗压强度设计值 f'_{py}
中强度预应力钢丝	800	510	410
	970	650	
	1270	810	
消除应力钢丝	1470	1040	410
	1570	1110	
	1860	1320	
钢绞线	1570	1110	390
	1720	1220	
	1860	1320	
	1960	1390	
预应力螺纹钢筋	980	650	400
	1080	770	
	1230	900	

注：当预应力筋的强度标准值不符合附表 1-5 的规定时，其强度设计值应进行相应的比例换算。

钢筋的弹性模量（$\times 10^5$ N/mm²）　　**附表 1-8**

牌号或种类	弹性模量 E_s
HPB300 钢筋	2.10
HRB400、HRB500 钢筋 HRBF400、HRBF500、RRB400 钢筋 预应力螺纹钢筋	2.00
消除应力钢丝、中强度预应力钢丝	2.05
钢绞线	1.95

附录2　《公路钢筋混凝土及预应力混凝土桥涵设计规范》JTG 3362—2018规定的材料力学指标

混凝土强度标准值和设计值（MPa）　　**附表 2-1**

强度种类		符号	混凝土强度等级											
			C25	C30	C35	C40	C45	C50	C55	C60	C65	C70	C75	C80
强度标准值	轴心抗压	f_{ck}	16.7	20.1	23.4	26.8	29.6	32.4	35.5	38.5	41.5	44.5	47.5	50.2
	轴心抗拉	f_{tk}	1.78	2.01	2.20	2.40	2.51	2.65	2.74	2.85	2.93	3.00	3.05	3.10
强度设计值	轴心抗压	f_{cd}	11.5	13.8	16.1	18.4	20.5	22.4	24.4	26.5	28.5	30.5	32.4	34.6
	轴心抗拉	f_{td}	1.23	1.39	1.52	1.65	1.74	1.83	1.89	1.96	2.02	2.07	2.10	2.14

混凝土的弹性模量 E_c（$\times 10^4$ MPa）　　**附表 2-2**

混凝土强度等级	C25	C30	C35	C40	C45	C50	C55	C60	C65	C70	C75	C80
E_c	2.80	3.00	3.15	3.25	3.35	3.45	3.55	3.60	3.65	3.70	3.75	3.80

注：1. 当采用引气剂及较高砂率的泵送混凝土且无实测数据时，表中C50～C80的 E_c 值乘折减系数0.95。

2. 当有可靠试验依据时，可按实测数据确定。

3. 混凝土的剪切变形模量 G_c 可按表中数值的0.4倍采用。

普通钢筋抗拉强度标准值（MPa）　　**附表 2-3**

钢筋种类	符号	公称直径 d（mm）	f_{sk}
HPB300	Φ	6～22	300
HRB400 HRBF400 RRB400	Φ Φ^{F} Φ^{R}	6～50	400
HRB500	Φ	6～50	500

普通钢筋抗拉、抗压强度设计值（MPa）　　**附表 2-4**

钢筋种类	f_{sd}	f'_{sd}
HPB300	250	250
HRB400、HRBF400、RRB400	330	330
HRB500	415	400

注：1. 钢筋混凝土轴心受拉和小偏心受拉构件的钢筋抗拉强度设计值大于330MPa时，应按330MPa取用；在斜截面抗剪承载力、受扭承载力和冲切承载力计算中，垂直于纵向受力钢筋的箍筋或间接钢筋等横向钢筋的抗拉强度设计值大于330MPa时，应取330MPa。

2. 构件中配有不同种类的钢筋时，每种钢筋应采用各自的强度设计值。

钢筋的弹性模量（$\times 10^5$ MPa） **附表 2-5**

钢筋种类	E_s	钢筋种类	E_p
HPB300	2.10	钢绞线	1.95
HRB400、HRB500 HRBF400、RRB400	2.00	消除应力钢丝	2.05
		预应力螺纹钢筋	2.00

注：当有可靠试验依据时，E_s 和 E_p 可按实测数据确定。

附录 3 《铁路桥涵混凝土结构设计规范》TB 10092—2017 规定的材料力学指标

混凝土的极限强度（MPa） **附表 3-1**

强度种类	符号	混凝土强度等级							
		C25	C30	C35	C40	C45	C50	C55	C60
轴心抗压	f_c	17.0	20.0	23.5	27.0	30.0	33.5	37.0	40.0
轴心抗拉	f_{ct}	2.00	2.20	2.50	2.70	2.90	3.10	3.30	3.50

混凝土弹性模量 E_c（MPa） **附表 3-2**

强度等级	C25	C30	C35	C40	C45	C50	C55	C60
弹性模量 E_c	3.00×10^4	3.20×10^4	3.30×10^4	3.40×10^4	3.45×10^4	3.55×10^4	3.60×10^4	3.65×10^4

注：混凝土的剪切变形模量 G_c 可按附表 3-2 所列数值的 0.43 倍采用。

钢筋抗拉强度标准值（MPa） **附表 3-3**

种类 强度	普通钢筋 f_{sk}			预应力螺纹钢筋 f_{pk}	
	HPB300	HRB400	HRB500	PSB830	PSB980
抗拉强度标准值	300	400	500	830	980

钢筋弹性模量（MPa） **附表 3-4**

钢筋种类	符号	弹性模量
钢丝	E_p	2.05×10^5
钢绞线	E_p	1.95×10^5
预应力螺纹钢筋	E_p	2.0×10^5
HPB300	E_s	2.1×10^5
HRB400、HRB500	E_s	2.0×10^5

注：计算钢丝、钢绞线伸长值时，可按 $E_p\pm1\times10^4$ MPa 作为上、下限。

附录 4　钢筋的计算截面面积及公称质量

钢筋的计算截面面积及理论重量　　　　**附表 4-1**

公称直径 d (mm)	不同根数钢筋的公称截面面积 (mm^2)									单根钢筋理论重量 (kg/m)
	1	2	3	4	5	6	7	8	9	
6	28.3	57	85	113	142	170	198	226	255	0.222
8	50.3	101	151	201	252	302	352	402	453	0.395
10	78.5	157	236	314	393	471	550	628	707	0.617
12	113.1	226	339	452	565	678	791	904	1017	0.888
14	153.9	308	461	615	769	923	1077	1231	1385	1.21
16	201.1	402	603	804	1005	1206	1407	1608	1809	1.58
18	254.5	509	763	1017	1272	1527	1781	2036	2290	2.00 (2.11)
20	314.2	628	942	1256	1570	1884	2199	2513	2827	2.47
22	380.1	760	1140	1520	1900	2281	2661	3041	3421	2.98
25	490.9	982	1473	1964	2454	2945	3436	3927	4418	3.85 (4.10)
28	615.8	1232	1847	2463	3079	3695	4310	4926	5542	4.83
32	804.2	1609	2413	3217	4021	4826	5630	6434	7238	6.31 (6.65)
36	1017.9	2036	3054	4072	5089	6107	7125	8143	9161	7.99
40	1256.6	2513	3770	5027	6283	7540	8796	10,053	11,310	9.87 (10.34)
50	1963.5	3928	5892	7856	9820	11,784	13,748	15,712	17,676	15.42 (16.28)

注：括号内为预应力螺纹钢筋的数值。

钢筋混凝土板每米宽的钢筋面积 (mm^2)　　　　**附表 4-2**

钢筋间距 (mm)	钢筋直径 (mm)													
	3	4	5	6	6/8	8	8/10	10	10/12	12	12/14	14	14/16	16
70	101.0	180.0	280.0	404.0	561.0	719.0	920.0	1121.0	1369.0	1616.0	1907.0	2199.0	2536.0	2872.0
75	94.2	168.0	262.0	377.0	524.0	671.0	859.0	1047.0	1277.0	1508.0	1780.0	2052.0	2367.0	2681.0
80	88.4	157.0	245.0	354.0	491.0	629.0	805.0	981.0	1198.0	1414.0	1669.0	1924.0	2218.0	2513.0
85	83.2	148.0	231.0	333.0	462.0	592.0	758.0	924.0	1127.0	1331.0	1571.0	1811.0	2088.0	2365.0
90	78.5	140.0	218.0	314.0	437.0	559.0	716.0	872.0	1064.0	1257.0	1483.0	1710.0	1972.0	2234.0
95	74.4	132.0	207.0	298.0	414.0	529.0	678.0	826.0	1008.0	1190.0	1405.0	1620.0	1886.0	2116.0
100	70.6	126.0	196.0	283.0	393.0	503.0	644.0	785.0	958.0	1131.0	1335.0	1539.0	1775.0	2011.0
110	64.2	114.0	178.0	257.0	357.0	457.0	585.0	714.0	871.0	1028.0	1214.0	1399.0	1614.0	1828.0
120	58.9	105.0	163.0	236.0	327.0	419.0	537.0	654.0	798.0	942.0	1113.0	1283.0	1480.0	1676.0
125	56.5	101.0	157.0	226.0	314.0	402.0	515.0	628.0	766.0	905.0	1068.0	1231.0	1420.0	1608.0

续表

钢筋间距（mm）	钢筋直径（mm）													
	3	4	5	6	6/8	8	8/10	10	10/12	12	12/14	14	14/16	16
130	54.4	96.6	151.0	218.0	302.0	387.0	495.0	604.0	737.0	870.0	1027.0	1184.0	1336.0	1547.0
140	50.5	89.8	140.0	202.0	281.0	359.0	460.0	561.0	684.0	808.0	954.0	1099.0	1268.0	1436.0
150	47.1	83.8	131.0	189.0	262.0	335.0	429.0	523.0	639.0	754.0	890.0	1026.0	1183.0	1340.0
160	44.1	78.5	123.0	177.0	246.0	314.0	403.0	491.0	599.0	707.0	834.0	962.0	1110.0	1257.0
170	41.5	73.9	115.0	166.0	231.0	296.0	379.0	462.0	564.0	665.0	785.0	905.0	1044.0	1183.0
180	39.2	69.8	109.0	157.0	218.0	279.0	358.0	436.0	532.0	628.0	742.0	855.0	985.0	1117.0
190	37.2	66.1	103.0	149.0	207.0	265.0	339.0	413.0	504.0	595.0	703.0	810.0	934.0	1058.0
200	35.3	62.8	98.2	141.0	196.0	251.0	322.0	393.0	479.0	565.0	668.0	770.0	888.0	1005.0
220	32.1	57.1	89.2	129.0	179.0	229.0	293.0	357.0	436.0	514.0	607.0	700.0	807.0	914.0
240	29.4	52.4	81.8	118.0	164.0	210.0	268.0	327.0	399.0	471.0	556.0	641.0	740.0	838.0
250	28.3	50.3	78.5	113.0	157.0	201.0	258.0	314.0	383.0	452.0	534.0	616.0	710.0	804.0
260	27.2	48.3	75.5	109.0	151.0	193.0	248.0	302.0	369.0	435.0	513.0	592.0	682.0	773.0
280	25.2	44.9	70.1	101.0	140.0	180.0	230.0	280.0	342.0	404.0	477.0	550.0	634.0	718.0
300	23.6	41.9	65.4	94.2	131.0	168.0	215.0	262.0	319.0	377.0	445.0	513.0	592.0	670.0
320	22.1	39.3	61.4	88.4	123.0	157.0	201.0	245.0	299.0	353.0	417.0	481.0	554.0	630.0

钢绞线的公称直径、公称截面面积及理论重量　　附表 4-3

种类	公称直径（mm）	公称截面面积（mm²）	理论重量（kg/m）
1×3	8.6	37.7	0.296
	10.8	58.9	0.462
	12.9	84.8	0.666
1×7 标准型	9.5	54.8	0.430
	12.7	98.7	0.775
	15.2	140	1.101
	17.8	191	1.500
	21.6	285	2.237

钢丝的公称直径、公称截面面积及理论重量　　附表 4-4

公称直径（mm）	公称截面面积（mm²）	理论重量（kg/m）
5.0	19.63	0.154
7.0	38.48	0.302
9.0	63.62	0.499

附录 5 《混凝土结构设计规范》GB 50010—2010（2015 年版）及《混凝土结构通用规范》GB 55008—2021 的相关规定

受弯构件的挠度限值　　附表 5-1

构件类型		挠度限值
吊车梁	手动吊车	$l_0/500$
	电动吊车	$l_0/600$
屋盖、楼盖及楼梯构件	当 $l_0<7$m 时	$l_0/200$（$l_0/250$）
	当 7m$\leqslant l_0\leqslant$9m 时	$l_0/250$（$l_0/300$）
	当 $l_0>9$m 时	$l_0/300$（$l_0/400$）

注：1. 表中 l_0 为构件的计算跨度，计算悬臂构件的挠度限值时，其计算跨度 l_0 按实际悬臂长度的 2 倍取用。
2. 表中括号内的数值适用于使用上对挠度有较高要求的构件。
3. 如果构件制作时预先起拱，且使用上也允许，则在验算挠度时，可将计算所得的挠度值减去起拱值；对预应力混凝土构件，尚可减去预加力所产生的反拱值。
4. 构件制作时的起拱值和预加力所产生的反拱值，不宜超过构件在相应荷载组合作用下的计算挠度值。

混凝土结构的环境类别　　附表 5-2

环境类别		说明
一		室内干燥环境 无侵蚀性静水浸没环境
二	a	室内潮湿环境 非严寒和非寒冷地区的露天环境 非严寒和非寒冷地区与无侵蚀性的水或土壤直接接触的环境 严寒和寒冷地区的冰冻线以下与无侵蚀性的水或土壤直接接触的环境
	b	干湿交替环境 水位频繁变动环境 严寒和寒冷地区的露天环境 严寒和寒冷地区冰冻线以上与无侵蚀性的水或土壤直接接触的环境
三	a	严寒和寒冷地区冬季水位变动区环境 受除冰盐影响环境 海风环境
	b	盐渍土环境 受除冰盐作用环境 海岸环境
四		海水环境
五		受人为或自然的侵蚀性物质影响的环境

注：1. 室内潮湿环境是指构件表面经常处于结露或湿润状态的环境。
2. 严寒和寒冷地区的划分应符合现行国家标准《民用建筑热工设计规范》GB 50176—2016 的有关规定。
3. 海岸环境和海风环境宜根据当地情况，考虑主导风向及结构所处迎风、背风部位等因素的影响，由调查研究和工程经验确定。
4. 受除冰盐影响环境是指受到除冰盐盐雾影响的环境；受除冰盐作用环境是指被除冰盐溶液溅射的环境以及使用除冰盐地区的洗车房、停车楼等建筑。
5. 暴露的环境是指混凝土结构表面所处的环境。

结构构件的裂缝控制等级及最大裂缝宽度的限值 ω_{lim}（mm）　　附表 5-3

<table>
<tr><th rowspan="2">环境类别</th><th colspan="2">钢筋混凝土结构</th><th colspan="2">预应力混凝土结构</th></tr>
<tr><th>裂缝控制等级</th><th>ω_{lim}</th><th>裂缝控制等级</th><th>ω_{lim}</th></tr>
<tr><td>一</td><td rowspan="4">三级</td><td>0.30（0.40）</td><td rowspan="2">三级</td><td>0.20</td></tr>
<tr><td>二 a</td><td rowspan="3">0.20</td><td>0.10</td></tr>
<tr><td>二 b</td><td>二级</td><td>—</td></tr>
<tr><td>三 a、三 b</td><td>一级</td><td>—</td></tr>
</table>

注：1. 对处于年平均相对湿度小于 60%地区一类环境下的受弯构件，其最大裂缝宽度限值可采用括号内的数值。
2. 在一类环境下，对钢筋混凝土屋架、托架及需进行疲劳验算的吊车梁，其最大裂缝宽度限值应取为 0.20mm；对钢筋混凝土屋面梁和托架，其最大裂缝宽度限值应取为 0.30mm。
3. 在一类环境下，对预应力混凝土屋架、托架及双向板体系，应按二级裂缝控制等级进行验算；对一类环境下的预应力混凝土屋面梁、托梁、单向板，应按表中二 a 类环境的要求进行验算；在一类和二 a 类环境下需作疲劳验算的预应力混凝土吊车梁，应按裂缝控制等级不低于二级的构件进行验算。
4. 表中规定的预应力混凝土构件的裂缝控制等级和最大裂缝宽度限值仅适用于正截面的验算；预应力混凝土构件的斜截面裂缝控制验算应符合本规范正常使用极限状态验算的有关规定。
5. 对于烟囱、筒仓和处于液体压力下的结构构件，其裂缝控制要求应符合专门标准的有关规定。
6. 对于处于四、五类环境下的结构构件，其裂缝控制要求应符合专门标准的有关规定。
7. 表中的最大裂缝宽度限值为用于验算荷载作用引起的最大裂缝宽度。

混凝土保护层的最小厚度 c（mm）　　附表 5-4

环境类别	板、墙、壳	梁、柱、杆
一	15	20
二 a	20	25
二 b	25	35
三 a	30	40
三 b	40	50

注：1. 混凝土强度等级不大于 C25 时，表中保护层厚度数值应增加 5mm。
2. 钢筋混凝土基础宜设置混凝土垫层，基础中钢筋的混凝土保护层厚度应从垫层顶面算起，且不应小于 40mm。

截面抵抗矩塑性影响系数基本值 γ_m　　附表 5-5

<table>
<tr><td>项次</td><td>1</td><td>2</td><td colspan="2">3</td><td colspan="2">4</td><td>5</td></tr>
<tr><td rowspan="2">截面形状</td><td rowspan="2">矩形截面</td><td rowspan="2">翼缘位于受压区的 T 形截面</td><td colspan="2">对称 I 形截面或箱形截面</td><td colspan="2">翼缘位于受拉区的倒 T 形截面</td><td rowspan="2">圆形和环形截面</td></tr>
<tr><td>$b_f/b \leqslant 2$、h_f/h 为任意值</td><td>$b_f/b > 2$、$h_f/h < 0.2$</td><td>$b_f/b \leqslant 2$、h_f/h 为任意值</td><td>$b_f/b > 2$、$h_f/h < 0.2$</td></tr>
<tr><td>γ_m</td><td>1.55</td><td>1.50</td><td>1.45</td><td>1.35</td><td>1.50</td><td>1.40</td><td>$1.6 \sim 0.24 r_1/r$</td></tr>
</table>

注：1. 对 $b'_f > b_f$ 的 I 形截面，可按项次 2 与项次 3 之间的数值采用；对 $b'_f < b_f$ 的 I 形截面，可按项次 3 与项次 4 之间的数值采用。
2. 对于箱形截面，b 指各肋宽度的总和。
3. r_1 为环形截面的内环半径，对圆形截面取 r_1 为零。

纵向受力普通钢筋的最小配筋率 ρ_{min}（%） **附表 5-6**

受力构件类型			最小配筋百分率
受压构件	全部纵向钢筋	强度 500MPa	0.50
		强度 400MPa	0.55
		强度 300MPa	0.60
	一侧纵向钢筋		0.20
受弯构件、偏心受拉、轴心受拉构件一侧的受拉钢筋			0.20 和 45 f_t/f_y 中的较大值

注：1. 当采用 C60 以上强度等级的混凝土时，受压构件全部纵向普通钢筋最小配筋率应按表中的规定值增加 0.10%采用。

2. 除悬臂板、柱支承板之外的板类受弯构件，当纵向受拉钢筋采用强度 500MPa 的钢筋时，其最小配筋率应采用 0.15%和 0.45 f_t/f_y 中的较大值。

3. 对于卧置于地基上的钢筋混凝土板，板中受拉普通钢筋的最小配筋率不应小于 0.15%。

钢筋混凝土轴心受压构件的稳定系数 **附表 5-7**

l_0/b	≤8	10	12	14	16	18	20	22	24	26	28
l_0/d	≤7	8.5	10.5	12	14	15.5	17	19	21	22.5	24
l_0/i	≤28	35	42	48	55	62	69	76	83	90	97
φ	1.00	0.98	0.95	0.92	0.87	0.81	0.75	0.70	0.65	0.60	0.56
l_0/b	30	32	34	36	38	40	42	44	46	48	50
l_0/d	26	28	29.5	31	33	34.5	36.5	38	40	41.5	43
l_0/i	104	111	118	125	132	139	146	153	160	167	174
φ	0.52	0.48	0.44	0.40	0.36	0.32	0.29	0.26	0.23	0.21	0.19

注：1. l_0 为构件的计算长度，对钢筋混凝土柱可按附表 5-8 和附表 5-9 的规定采用。

2. b 为矩形截面的短边尺寸；d 为圆形截面的直径；i 为截面的最小回转半径。

刚性屋盖单层房屋排架柱、露天吊车柱和栈桥柱的计算长度 **附表 5-8**

柱的类别		l_0		
		排架方向	垂直排架方向	
			有柱间支撑	无柱间支撑
无吊车房屋柱	单跨	$1.5H$	$1.0H$	$1.2H$
	两跨及多跨	$1.25H$	$1.0H$	$1.2H$
有吊车房屋柱	上柱	$2.0H_u$	$1.25H_u$	$1.5H_u$
	下柱	$1.0H_l$	$0.8H_l$	$1.0H_l$
露天吊车柱和栈桥柱		$2.0H_l$	$1.0H_l$	—

注：1. 表中 H 为从基础顶面算起的柱子全高；H_l 为从基础顶面至装配式吊车梁底面或现浇式吊车梁顶面的柱子下部高度；H_u 为从装配式吊车梁底面或从现浇式吊车梁顶面算起的柱子上部高度。

2. 表中有吊车房屋排架柱的计算长度，当计算中不考虑吊车荷载时，可按无吊车房屋柱的计算长度采用，但上柱的计算长度仍可按有吊车房屋采用。

3. 表中有吊车房屋排架柱的上柱在排架方向的计算长度，仅适用于 $H_u/H_l \geqslant 0.3$ 的情况；当 $H_u/H_l < 0.3$ 时，计算长度宜采用 $2.5H_u$。

框架结构各层柱的计算长度 **附表 5-9**

楼盖类型	柱的类别	l_0
现浇楼盖	底层柱	$1.0H$
	其余各层柱	$1.25H$
装配式楼盖	底层柱	$1.25H$
	其余各层柱	$1.5H$

注：表中 H 为底层柱从基础顶面到一层楼盖顶面的高度，对其余各层柱为上下两层楼盖顶面之间的高度。

附录6 《公路钢筋混凝土及预应力混凝土桥涵设计规范》JTG 3362—2018的相关规定

公路桥涵混凝土结构及构件所处环境类别划分 **附表 6-1**

环境类别	条件
Ⅰ类——一般环境	仅受混凝土碳化影响的环境
Ⅱ类——冻融环境	受反复冻融影响的环境
Ⅲ类——近海或海洋氯化物环境	受海洋环境下氯盐影响的环境
Ⅳ类——除冰盐等其他氯化物环境	受除冰盐等氯盐影响的环境
Ⅴ类——盐结晶环境	受混凝土孔隙中硫酸盐结晶膨胀影响的环境
Ⅵ类——化学腐蚀环境	受酸碱性较强的化学物质侵蚀的环境
Ⅶ类——磨蚀环境	受风、水流或水中夹杂物的摩擦、切削、冲击等作用的环境

混凝土强度等级最低要求 **附表 6-2**

构件类别	梁、板、塔、拱圈、涵洞上部		墩台身、涵洞下部		承台、基础	
设计工作年限	100年	50年、30年	100年	50年、30年	100年	50年、30年
Ⅰ类——一般环境	C35	C30	C30	C25	C25	C25
Ⅱ类——冻融环境	C40	C35	C35	C30	C30	C25
Ⅲ类——近海或海洋氯化物环境	C40	C35	C35	C30	C30	C25
Ⅳ类——除冰盐等其他氯化物环境	C40	C35	C35	C30	C30	C25
Ⅴ类——盐结晶环境	C40	C35	C35	C30	C30	C25
Ⅵ类——化学腐蚀环境	C40	C35	C35	C30	C30	C25
Ⅶ类——磨蚀环境	C40	C35	C35	C30	C30	C25

构件纵向弯曲计算长度 l_0 **附表 6-3**

杆件	杆件及两端固定情况	计算长度 l_0
直杆	两端固定	$0.5l$
	一端固定，一端为不移动铰	$0.7l$
	两端均为不移动铰	$1.0l$
	一端固定，一端自由	$2.0l$

钢筋混凝土轴心受压构件的稳定系数 **附表 6-4**

l_0/b	≤8	10	12	14	16	18	20	22	24	26	28
$l_0/2r$	≤7	8.5	10.5	12	14	15.5	17	19	21	22.5	24
l_0/i	≤28	35	42	48	55	62	69	76	83	90	97
φ	1.00	0.98	0.95	0.92	0.87	0.81	0.75	0.70	0.65	0.60	0.56
l_0/b	30	32	34	36	38	40	42	44	46	48	50
$l_0/2r$	26	28	29.5	31	33	34.5	36.5	38	40	41.5	43
l_0/i	104	111	118	125	132	139	146	153	160	167	174
φ	0.52	0.48	0.44	0.40	0.36	0.32	0.29	0.26	0.23	0.21	0.19

注：表中 l_0 为构件计算长度；b 为矩形截面的短边尺寸；r 为圆形截面的半径；i 为截面最小回转半径。

最大裂缝宽度限值（mm） **附表 6-5**

环境类别	最大裂缝宽度限值	
	钢筋混凝土构件、采用预应力螺纹钢筋的B类预应力混凝土构件	采用钢丝或钢绞线的B类预应力混凝土构件
Ⅰ类——一般环境	0.20	0.10
Ⅱ类——冻融环境	0.20	0.10
Ⅲ类——近海或海洋氯化物环境	0.15	0.10
Ⅳ类——除冰盐等其他氯化物环境	0.15	0.10
Ⅴ类——盐结晶环境	0.10	禁止使用
Ⅵ类——化学腐蚀环境	0.15	0.10
Ⅶ类——磨蚀环境	0.20	0.10

混凝土保护层的最小厚度 c_{min}（mm） **附表 6-6**

构件类别	梁、板、塔、拱圈、涵洞上部		墩台身、涵洞下部		承台、基础	
设计工作年限	100年	50年、30年	100年	50年、30年	100年	50年、30年
Ⅰ类——一般环境	20	20	25	20	40	40
Ⅱ类——冻融环境	30	25	35	30	45	40
Ⅲ类——近海或海洋氯化物环境	35	30	45	40	65	60
Ⅳ类——除冰盐等其他氯化物环境	30	25	35	30	45	40
Ⅴ类——盐结晶环境	30	25	40	35	45	40
Ⅵ类——化学腐蚀环境	35	30	40	35	60	55
Ⅶ类——磨蚀环境	35	30	45	40	65	60

注：1. 表中数值是针对各环境类别的最低作用等级，按《公路钢筋混凝土及预应力混凝土桥涵设计规范》JTG 3362—2018 第 4.5.3 条要求的最低混凝土强度等级以及钢筋和混凝土无特殊防腐措施规定的。

2. 对工厂预制的混凝土构件，其保护层最小厚度可将表中相应数值减小 5mm，但不得小于 20mm。

3. 表中承台和基础的保护层最小厚度，是针对基坑底无垫层或侧面无模板的情况规定的，对于有垫层或有模板的情况，保护层最小厚度可将表中相应数值减少 20mm，但不得小于 30mm。

附录 7 《铁路桥涵混凝土结构设计规范》TB 10092—2017 的相关规定

附录 7-1 T 形截面梁受压翼缘参与计算的规定

当 T 形截面梁翼缘位于受压区，且符合下列三项条件之一时，可按 T 形截面计算（附图 7-1）。

（1）无梗肋翼缘板厚度 h'_f 大于或等于梁全高 h 的 1/10。

（2）有梗肋而坡度 $\tan\alpha$ 不大于 1/3，且板与梗肋相交处板的厚度 h''_f 不小于梁全高 h 的 1/10。

（3）梗肋坡度 $\tan\alpha$ 大于 1/3，但 $h'_f+\frac{1}{3}c\geqslant\frac{h}{10}$。

当不符合上述第 1、2 或 3 项条件时，则应按宽度为 b 的矩形截面计算。

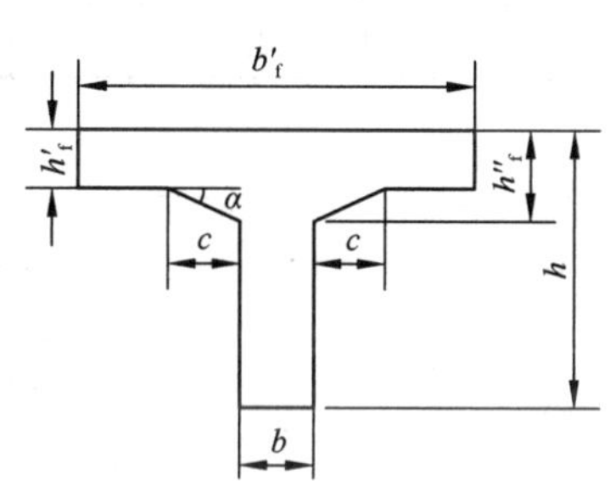

附图 7-1　T 形梁截面计算图

附录 7-2 T 形截面梁受压翼缘计算宽度

T 形截面梁伸出板的计算宽度应符合下列规定。

1）当伸出板对称时，板的计算宽度应采用下列三项中的最小值。

（1）对于简支梁为计算跨度的 1/3。

（2）相邻两梁轴线间的距离。

（3）$b+2c+12h'_f$。

2）当伸出板不对称时，若其最大悬臂一边从梁梗中线算起，宽度小于上述第（1）、（3）中较小者的一半时，可按实际宽度采用。

3）计算超静定力时，翼缘宽度可取实际宽度。

受弯构件的截面最小配筋率（%）　　附表 7-1

钢筋种类	混凝土强度等级	
	C25～C45	C50～C60
HPB300	0.20	0.25
HRB400	0.15	0.20
HRB500	0.14	0.18

注：表中数值仅计受拉区钢筋。

受压构件的截面最小配筋率（%） **附表 7-2**

受力类型		最小配筋百分率
全部纵向钢筋	HPB300	0.55
	HRB400	0.50
	HRB500	0.45
一侧纵向钢筋	HPB300、HRB400	0.20
	HRB500	0.18

n 值 **附表 7-3**

结构类型＼混凝土强度等级	C25～C35	C40～C60
桥跨结构及顶帽	15	10
其他结构	10	8

混凝土的容许应力（MPa） **附表 7-4**

序号	应力种类	符号	混凝土强度等级							
			C25	C30	C35	C40	C45	C50	C55	C60
1	中心受压	$[\sigma_c]$	6.8	8.0	9.4	10.8	12.0	13.4	14.8	16.0
2	弯曲受压及偏心受压	$[\sigma_b]$	8.5	10.0	11.8	13.5	15.0	16.8	18.5	20.0
3	有箍筋及斜筋时的主拉应力	$[\sigma_{tp-1}]$	1.80	1.98	2.25	2.43	2.61	2.79	2.97	3.15
4	无箍筋及斜筋时的主拉应力	$[\sigma_{tp-2}]$	0.67	0.73	0.83	0.90	0.97	1.03	1.10	1.17
5	梁部分长度中全由混凝土承受的主拉应力	$[\sigma_{tp-3}]$	0.33	0.37	0.42	0.45	0.48	0.52	0.55	0.58
6	纯剪应力	$[\tau_c]$	1.00	1.10	1.25	1.35	1.45	1.55	1.65	1.75
7	光圆钢筋与混凝土之间的黏结力	$[c]$	0.83	0.92	1.04	1.13	1.21	1.29	1.38	1.46
8	局部承压应力 A——计算底面积 A_c——局部承压面积	$[\sigma_{c-1}]$	$6.8\times\sqrt{\frac{A}{A_c}}$	$8.0\times\sqrt{\frac{A}{A_c}}$	$9.4\times\sqrt{\frac{A}{A_c}}$	$10.8\times\sqrt{\frac{A}{A_c}}$	$12.0\times\sqrt{\frac{A}{A_c}}$	$13.4\times\sqrt{\frac{A}{A_c}}$	$14.8\times\sqrt{\frac{A}{A_c}}$	$16.0\times\sqrt{\frac{A}{A_c}}$

注：1. 计算主力＋附加力时，表第 1、2 及 8 项容许应力可提高 30%。

2. 对厂制及工艺符合厂制条件的构件，表第 1、2 及 8 项容许力可提高 10%。

3. 当检算施工临时荷载产生的应力时，表第 1、2 及 8 项容许力在主力＋附加力的基础上可再提高 10%。

4. 带肋钢筋与混凝土之间的黏结力按表第 7 项数值的 1.5 倍采用。

5. 计算主力＋特殊荷载时，表第 1、2 及 8 项容许力可提高 50%。

6. 第 8 项中的计算底面积参见《公路钢筋混凝土及预应力混凝土桥涵设计规范》JTG 3362—2018。

钢筋容许应力（MPa）　　**附表 7-5**

钢筋种类	主力	主力+附加力	施工临时荷载	主力+特殊荷载
HPB300	160	210	230	240
HRB400	210	270	297	315
HRB500	260	320	370	390

注：检算挡砟墙承受列车脱轨水平撞击时，普通钢筋的容许应力可按钢筋抗拉强度标准值取值。

纵向弯曲系数 ϕ 值　　**附表 7-6**

l_0/b	≤8	10	12	14	16	18	20	22	24	26	28	30
l_0/d	≤7	8.5	10.5	12	14	15.5	17	19	21	22.5	24	26
l_0/i	≤28	35	42	48	55	62	69	76	83	90	97	104
ϕ	1.00	0.98	0.95	0.92	0.87	0.81	0.75	0.70	0.65	0.60	0.56	0.52

注：l_0 为构件的计算长度，两端刚性固定时 $l_0=0.5l$；一端刚性固定，另一端为不移动的铰时 $l_0=0.7l$；两端均为不移动的铰时 $l_0=l$；一端刚性固定，另一端为自由端时 $l_0=2l$。l 为构件的全长；b 为矩形截面构件的短边尺寸；d 为圆形截面构件的直径；i 为任意形状截面构件的回转半径，$i=\sqrt{\frac{I_c}{A_c}}$。其中，I_c 为混凝土截面惯性矩；A_c 为混凝土截面积。

裂缝宽度容许值 w_f（mm）　　**附表 7-7**

环境类别	环境等级	w_f
碳化环境	T1、T2、T3	0.20
氯盐环境	L1、L2	0.20
	L3	0.15
化学腐蚀环境	H1、H2	0.20
	H3、H4	0.15
盐类结晶破坏环境	Y1、Y2	0.20
	Y3、Y4	0.15
冻融破坏环境	D1、D2	0.20
	D3、D4	0.15
磨蚀环境	M1、M2	0.20
	M3	0.15

注：1. 表列数值为主力作用时的容许值，当主力+附加力作用时可提高 20%。
2. 当钢筋保护层实际厚度超过 30mm 时，可将钢筋保护层厚度的计算值取为 30mm。

普通钢筋的混凝土保护层最小厚度 c_{min}（mm）　　**附表 7-8**

结构类别	设计工作年限	碳化环境			氯盐环境			化学侵蚀环境			
		T1	T2	T3	L1	L2	L3	H1	H2	H3	H4
桥梁涵洞	100 年	35	35	45	45	50	60	40	45	50	60
隧道衬砌	100 年	35	35	40	40	45	55	35	40	45	55
路基支挡	60 年	25	30	35	35	40	50	30	35	40	50
	100 年	30	35	40	40	45	55	35	40	45	55

续表

结构类别	设计工作年限	磨蚀环境			冻融破坏环境				盐类结晶破坏环境			
		M1	M2	M3	D1	D2	D3	D4	Y1	Y2	Y3	Y4
桥梁涵洞	100年	35	40	45	40	45	50	60	40	45	50	60
隧道衬砌	100年	—	—	—	35	40	45	55	35	40	45	55
路基支挡	60年	30	35	40	30	35	40	50	30	35	40	50
	100年	35	40	45	35	40	45	55	35	40	45	55

注：1. 钢筋的混凝土保护层最小厚度应与《铁路混凝土结构耐久性设计规范》TB 10005—2010 规定的混凝土配合比参数限值相匹配。如实际采用的水胶比比《铁路混凝土结构耐久性设计规范》TB 10005—2010 中的规定值小 0.1 及以上时，保护层厚度可适当减少，但减少量最多不超过 10mm，且减少后的保护层厚度不得小于 30mm。

2. 钢筋的混凝土保护层最小厚度不得小于所保护钢筋的直径。

3. 直接接触土体浇筑的基础结构，钢筋的混凝土保护层最小厚度不得小于 70mm。

4. 如因条件所限钢筋的混凝土保护层最小厚度必须采用低于表中规定的数值时，除了混凝土的实际水胶比应低于《铁路混凝土结构耐久性设计规范》TB 10005—2010 中的规定值外，应同时采取其他经试验证明能确保混凝土耐久性的有效附加防腐蚀措施。

5. 对于轨道结构、抗滑桩，钢筋的混凝土保护层最小厚度可根据结构构造形式和耐久性要求等另行研究确定。

参 考 文 献

［1］ 中华人民共和国住房和城乡建设部．工程结构通用规范：GB 55001—2021[S]．北京：中国建筑工业出版社，2021.

［2］ 中华人民共和国住房和城乡建设部．铁路工程结构可靠性设计统一标准：GB 50216—2019[S]．北京：中国计划出版社，2019.

［3］ 中华人民共和国交通运输部．公路工程结构可靠性设计统一标准：JTG 2120—2020[S]．北京：人民交通出版社，2020.

［4］ 中华人民共和国住房和城乡建设部．建筑结构可靠性设计统一标准：GB 50068—2018[S]．北京：中国建筑工业出版社，2018.

［5］ 国家铁路局．铁路桥涵混凝土结构设计规范：TB 10092—2017[S]．北京：中国铁道出版社，2017.

［6］ 中国铁路总公司．铁路桥涵设计规范(极限状态法)：Q/CR 9300—2018[S]．北京：中国铁道出版社，2018.

［7］ 中华人民共和国交通运输部．公路桥涵设计通用规范：JTG D60—2015[S]．北京：人民交通出版社，2015.

［8］ 中华人民共和国交通运输部．公路钢筋混凝土及预应力混凝土桥涵设计规范：JTG 3362—2018[S]．北京：人民交通出版社，2018.

［9］ 中华人民共和国住房和城乡建设部．混凝土结构通用规范：GB 55008—2021[S]．北京：中国建筑工业出版社，2021.

［10］ 中华人民共和国住房和城乡建设部．混凝土结构设计规范(2015 年版)：GB 50010—2010[S]．北京：中国建筑工业出版社，2015.

［11］ 中华人民共和国住房和城乡建设部．建筑结构荷载规范：GB 50009—2012[S]．北京：中国建筑工业出版社，2012.

［12］ 中华人民共和国住房和城乡建设部．建筑抗震设计规范(2016 年版)：GB 50011—2010[S]．北京：中国建筑工业出版社，2016.

［13］ 中华人民共和国住房和城乡建设部．组合结构设计规范：JGJ 138—2016[S]．北京：中国建筑工业出版社，2016.

［14］ 中华人民共和国住房和城乡建设部．钢管混凝土结构技术规范：GB 50936—2014[S]．北京：中国建筑工业出版社，2014.

［15］ 吕晓寅，刘林，贾英杰，等．混凝土结构基本原理[M]．北京：中国建筑工业出版社，2012.

［16］ 叶见曙．结构设计原理[M]．5 版．北京：人民交通出版社，2021.

［17］ 梁兴文，史庆轩．混凝土结构设计原理[M]．4 版．北京：中国建筑工业出版社，2019.

［18］ 贾英杰，杨维国．混凝土结构设计原理[M]．5 版．北京：国家开放大学出版社，2022.

［19］ 邱洪兴．混凝土结构设计原理[M]．北京：高等教育出版社，2017.

［20］ 顾祥林．混凝土结构基本原理[M]．3 版．上海：同济大学出版社，2015.

［21］ 沈蒲生．混凝土结构设计原理[M]．4 版．北京：中国建筑工业出版社，2012.

［22］ 胡狄．预应力混凝土结构设计基本原理[M]．北京：中国铁道出版社，2019.